Deepen Your Mind

序一

——周吉鑫[1]

本書的讀者是幸運的！我運用領域驅動設計跌跌撞撞十餘年，讀過本書的內容之後，深感它是一本可與《領域驅動設計》和《實現領域驅動設計》互補的書，它在領域驅動設計實踐方面尤其出色。

2007 年，我閱讀了 Eric Evans 的《領域驅動設計》。2014 年，我又閱讀了由 Eric Evans 作序、Vaughn Vernon 撰寫的《實現領域驅動設計》，後來，我有幸認識了該書的審校者張逸老師，和張逸老師的溝通令我受益匪淺。雖然知道張逸老師在領域驅動設計方面功力頗深，但在拜讀了張逸老師的這本書的初稿之後，我依然非常吃驚，覺得張逸老師真正做到了將領域驅動設計知識融會貫通。張逸老師在這本書中對界限上下文、聚合、領域服務概念進行了深刻說明，並透過案例的運用讓研發人員在使用這些概念時不再迷惑。他還在參透了六邊形整潔架構、架構與分層架構的本質後，大膽突破，提出了精簡的菱形對稱架構，從架構角度讓領域驅動設計更加容易了解和實踐，並透過服務驅動設計，以任務分解的方式讓測試驅動開發和領域驅動設計無縫結合，讓設計可以推導驗證，讓開發人員可以自然而然寫出不再「貧血」的程式。

本書不僅具備中文作者難得的寬闊視野和理論深度，而且有豐富的案例與實戰經驗複習，其中一些複習還細心地標明了出處，如關於過度設計和設計不足的權衡案例後面的複習：「具有實證主義態度的設計理念是面對不可預測的變化時，應首先保證方案的簡單性；當變化真正發生時，可以透過諸如提煉介面（extract interface）[6]341 的重構手法，滿足解析邏輯的擴充。」

本書中有很多這樣的複習，因此閱讀這本書相當於吸收了很多本書的精華。記得張逸老師曾向我推薦過 Robert Martin 的《架構整潔之道》，當時我告訴他那是我 2019 年讀的最好的一本書，而今天，我要告訴他，他的這本書是我今年讀到的最好的一本書！

1　周吉鑫，京東資深業務架構師，2011 年起至今在京東公司進行物流系統的建模、分析和設計工作，主要工作包括京東亞洲一號 WMS、WMS3.0 ～ WMS6.0 系統、雲倉、國際化物流系統、無人倉系統等的建模、分析和設計。

序二

—— 高翊凱 [2]

2019 年的冬天，我從台灣趕往上海，為公司內的團隊進行領域驅動設計（DDD）與事件風暴的教育訓練，在完成了教育訓練工作後馬不停蹄地趕往北京，只為了與領域驅動設計社區的夥伴王威、張逸相聚。在 2019 年領域驅動設計中國高峰會（2019 DDD China Conference）上，我們分享了領域驅動設計台灣社區對領域驅動設計的了解與實踐方式。是日恰巧迎來了北京的初雪，趁著此情此景，一行人把酒言歡，正是「初雪紛飛夜訪，奇聞經歷共話，點撥思緒再整，把酒笑談學涯」。

當時我們探討了一個很重要的話題：很多人在學習領域驅動設計時，往往初探不得其竅門，而工作背景不同的人看待這一方法又往往僅偏重於一部分戰略指導，或只關注戰略設計實踐的程式層級，但不管偏重於哪一部分，都會讓這種經典的指導協作與實現業務戰略目標的軟體工程方法略顯失重，無法盡得其精要。

2003 年，Eric Evans 的著作《領域驅動設計》從歐洲席捲而來，乃至於全球的軟體工作者都渴望從他提出的領域建模方法中得到幫助，但十多年來，Eric Evans 本人經常被問到：「有沒有一種方法可以極佳地指引我們進產業務建模？什麼樣的建模才是合理的，或說可以一次就成其事達其標？」Eric Evans 本人在很多公開場合都提過，其實這一切都依然需要依賴一些經驗和持續累積的領域知識。對於這樣需要由高度經驗法則施行的領域驅動設計，一般的軟體架構師、程式設計師以及相關的從業人員往往望而卻步，個中原因便是始終少了一個系統性的指引，將業務流程整理的產物對接到後續的程式開發中，實現從業務架構到系統架構的良好實踐，使常見的業務與技術之間的隔閡降到最低。

---

2 高翊凱（Kim Kao），Amazon Web Services（AWS）資深解決方案架構師，領域驅動設計台灣社區共同發起人之一。他的專長是軟體系統設計，並致力於無伺服器服務推廣，推動企業透過領域驅動設計與便捷的雲端服務打造更適切的建構系統方案，解決實際的業務問題。

對於這本書，我首先要向張逸老師表達感激之情，然後祝賀本書的讀者！感激張逸老師花了多年時間整理並融合了其在軟體設計領域的實務經驗，將戰略推進到戰術過程中佚失的部分，並透過領域驅動設計統一過程（DDDUP），使領域驅動設計方法更加完備。祝賀本書的讀者在拿到本書時就幾乎綜覽了過去 20 多年的軟體開發歷程所提到的諸多重要元素。本書結合大量實務案例來探討為何需要戰略指導、為何需要以固有的戰術設計範式指導實踐，並輔以領域驅動設計統一過程的指導原則，指引讀者逐步實踐。本書不單純以領域驅動設計來講老生常談的方法，而更像一位坐在你身邊的資深架構師，與你結對進行系統架構設計，一起探索軟體架構設計的奧秘。

如果讀者對軟體工程有極大的熱情，渴望更進一步地了解、實施領域驅動設計，解決複雜的業務問題，就千萬別錯過這本書。但我最真切地提醒讀者，在購書之後務必閱讀與身體力行兼具。行之才是學之。

序三

——王立[3]

自 2003 年 Eric Evans 的著作《領域驅動設計》面世以來,領域驅動設計
(DDD)相關的實踐書籍並不多,整體的理論發展速度並不快,以至於很
長一段時間,開發團隊的實踐過程總是跌跌撞撞,這讓他們覺得領域驅
動設計的門檻很高,甚至有人懷疑領域驅動設計是否是一種足夠成熟與
系統化的方法論。根據我個人的經驗,我確實發現其中不少問題仍舊沒
有什麼經典論著能完全覆蓋與討論。看過這本書的內容後,我的感受是:
無論是理論還是實踐,領域驅動設計知識系統確實都已經成熟了,與國
內外的經典領域驅動設計著作相比,這本書包含了更多案例,覆蓋了更
多問題場景,回答了更多人們不常考慮的細節。本書作者不僅繼承了各
類經典著作的精華,更難得的是他能夠在實踐中深入細節進行推敲,批
判與改良一些不成熟的理論,甚至有了自己的理論創新,舉例來說,提
出了菱形架構概念、對強一致交易與聚合的邊界的一致性提出挑戰。特
別是,他還創造性地提出了領域驅動設計統一過程(DDDUP),極佳地
複習了完整的領域驅動設計知識系統。

有些讀者可能不了解本書為什麼這麼厚。網路上有大量碎片式的領域驅動
設計文章,一個案例只有幾頁,市場上也有不少領域驅動設計方面的教
育訓練,兩天就能幫我們「搞定」領域驅動設計,領域驅動設計的知識
系統似乎並沒有我們想像的那麼豐滿。但事實上,這本書將告訴我們,
領域驅動設計背後完整的知識系統並沒有那麼簡單,我們需要掌握的是
從業務到技術的整個技能堆疊。我們必須接受的事實是:領域驅動設計
是有一定學習曲線的。所以,不要拒絕一本足夠厚的書,這恰恰是其價
值的表現。這本書的各個部分不是泛泛而談,而是透過展開細節,層層
推進,幫助讀者建立紮實的理論基礎,並透過大量充實的案例,讓讀者

---

3 王立,微信支付 12 級專家工程師、技術領導者。他從 2006 年起開始研究領域驅動設
   計,曾經在阿里巴巴、神州數碼、網宿科技等上市公司擔任技術專家與技術經理,現在
   負責騰訊微信支付和智慧零售技術團隊在領域建模、分析和設計方面的實踐指導。

能靈活運用理論知識。對於初學者，本書盡可能詳盡地把問題展開、講透；對於有一定經驗的老手，本書也有更多有深度的細節思考和理論拓展。相信這本書會成為領域驅動設計技術書籍的標桿。

張逸先生是最早一批接觸並實踐領域驅動設計的先行者，經驗極其豐富。本書不僅是他在該領域十多年實戰經驗的沉澱和昇華，也是他多年教學經驗的複習和提煉。他曾經為很多產業巨頭提供過諮詢服務，是在領域驅動設計方面影響力最大的佈道者之一。看到張逸先生的書終於要出版了，我感到非常高興，我們太需要這樣一本既有理論昇華又如此接地氣的大作了。

我熟讀了幾乎所有的領域驅動設計經典著作，但仍舊從張逸先生的書中獲益良多。我認為本書的廣度、深度與創新性已經可以與該領域的國際經典著作看齊，本書的出版是領域驅動設計理論界的重要事件，是對軟體產業在領域驅動設計方面的巨大貢獻，必將降低整個產業掌握領域驅動設計的門檻，加速領域驅動設計的普及。能為這本書作序是我的榮幸，同為領域驅動設計佈道者，我將向我的同行強烈推薦本書。這本書也是我本人將來開展工作的重要理論指導。

序四

——于君澤（右軍）[4]

領域驅動設計方面的書現在不是太多，而是太少。想必不少讀者受過《領域驅動設計》和《實現領域驅動設計》兩本書的啟蒙。本書是我特別推薦的領域驅動設計方面的技術書，為何特別推薦，且聽下文。

大約在 2007 年，我第一次讀《領域驅動設計》一書時，如讀天書，主要記住了類似實體、值物件、工廠、倉儲等概念。近年來，隨著微服務的流行，對領域驅動設計的研究和實踐愈發多了起來。

我對領域驅動設計的態度是：相對於戰術設計，應該更看重戰略設計。數年前，我醉心於研究領域模型。領域是業務變化中接近不變性的部分，業務包括領域物件、業務邏輯和介面互動 3 個層次，其中領域物件是最穩定的。2015 年我舉辦領域建模工作坊活動時，用的就是《分析模式：可重複使用的物件模型》一書中的需求場景。2016 年我寫了一篇文章，強調了問題域和解決方案域的區分。張逸兄在 GitChat 上的兩個連載專欄歷時兩年，創作數十萬字，內容之豐滿，關鍵節點探討之深刻，於我之所見，浩瀚領域專家，無出其右者。雖大家都各自奔忙，僅偶有線上問候或面聊，但皆有受益。本書的成書過程尤其令人欽佩，張逸兄不是直接將專欄調整成書，而是重新組織架構，提煉出自己的方法區塊系，可以說是推陳出新，自成一家。

張逸兄敢言人之所未言。領域驅動設計有四大不足：領域驅動設計缺乏規範的統一過程，領域驅動設計缺乏與之符合的需求管理系統，領域驅動設計缺乏規範化的、具有指導意義的架構系統，領域驅動設計的領域建模方法缺乏固化的指導方法。他創造性地提出領域驅動設計統一過程，雖然此方法有無調整空間，一定是要在不斷實踐中去檢驗的，但單就他的這份膽識和專業，足以讓人欽佩。

---

4 于君澤（右軍），技術專家，《深入分散式快取：從原理到實踐》和《程式設計師的三門課：技術精進、架構修煉、管理探秘》聯合作者。

vii

如果說非要給本書提一點意見的話，我覺得本書有點厚了。我認為一本好書也要兼顧讀者的情況，最好能達到讓讀者快速上手的學習效果。但張逸兄堅持讓本書以集大成者的面貌出現，洋洋灑灑數十萬字，力求讓其成為一本值得珍藏的技術書。

凡學習，須循序漸進。我建議讀者把物件導向的分析（object-oriented analysis，OOA）、物件導向的設計（object-oriented design，OOD）、統一模組化語言（unified modeling language，UML）、模式等相關知識作為閱讀本書的前序內容。《領域驅動設計》一書也特別提到了「複雜性」，有一定的軟體從業經驗的朋友對「複雜性」更感同身受。

每個人心中都有一個哈姆雷特，每一位讀者都可以登臨領域驅動設計的閣樓，從不同的角度或俯瞰、或仰望、或凝視。我之所得：於道，是對界限上下文特別有共鳴的部分，以及問題空間（域）與解空間（域）；於術，是作者提出的領域驅動設計的「三大紀律八項注意」，可作為團隊執行作戰任務的紀律規範。其中，「三大紀律」是實施領域驅動設計的準則：

- 領域專家與開發團隊在一起工作；
- 領域模型必須遵循統一語言；
- 時刻堅守兩重分析邊界與四重設計邊界。

信筆至此，茲為張兄推薦。本書精彩之處甚多，留待讀者去發現。祝閱讀愉快！

前言

寫下本書第一個字的具體時間已不可考。從文件創建的時間看，本書的寫作至少可以追溯到 2017 年 11 月，屈指算來，三載光陰已逝。為了本書，我已算得上嘔心瀝血。回想這三年多時光，無論是在萬公尺高空的飛行途中，還是在蔚藍海邊的旅行路上，抑或工作之餘正襟危坐於書桌之前，我的心弦一刻不敢放鬆，時刻沉思系統的建構，糾結案例的選擇，反覆推敲文字的運用。我力求輸出最好的內容，希望打造領域驅動設計技術書籍的經典！

我在 ThoughtWorks 的前同事滕雲開我的玩笑：「老人家，你寫完這本書，也就功德圓滿了！」、「老人家」是我在 ThoughtWorks 的諢名。我雖然對此稱呼一直敬謝不敏，不過寫作至今，我已心力交瘁，被稱作「老人家」，也算「名副其實」了。至於是否「功德圓滿」，就要交給讀者諸君來品評了。

本書內容主要來自我在 GitChat 發佈的課程「領域驅動設計實踐」。該課程歷經兩年打造，完成於 2020 年 1 月 21 日。當時的我，頗有感慨地寫下如此後記：

課程寫作結束了。戰略篇一共 34 章，約 15.5 萬字；戰術篇一共 71 章，約 35.1 萬字。合計 105 章，50.6 餘萬字，加上 2 篇訪談錄、2 篇開篇詞與這篇可以稱為「寫後感」的後記，共 110 章。如此成果也足可慰藉我為之付出的兩年多的艱辛時光！

我對「領域驅動設計實踐」課程的內容還算滿意，然而，隨著我對領域驅動設計的了解的蛻變與昇華，我的「野心」也在不斷膨脹，我不僅希望講清楚應該如何實踐領域驅動設計，還企圖對這套方法區塊系進行深層次的解構。

所謂「解構」，就是解析與重構：

- 解析，就是要做到知其然更知其所以然；
- 重構，則要做到青出於藍而勝於藍。

我欽佩並且尊敬 Eric Evans 對領域驅動設計革命性的創造，他對設計的洞見讓我尊敬不已。尤其在徹底吃透界限上下文的本質之後，微服務又蔚然成風，我更加佩服他的遠見卓識。然而，尊敬不是膜拜，佩服並非盲從，在實踐領域驅動設計的過程中，我確實發現了這套方法區塊系天生的不足。於是，我在本書中提出了我的 GitChat 課程不曾涵蓋的領域驅動設計統一過程（domain-driven design unified process，DDDUP），相當於我站在巨人 Eric Evans 的肩膀上，建構了自己的一套領域驅動設計知識系統。

領域驅動設計統一過程的提出，從根基上改變了本書的結構。我調整和整理了本書的寫作脈絡，讓本書呈現出與「領域驅動設計實踐」課程迥然有別的全新面貌。本書不再滿足於粗略地將內容劃分為戰略篇和戰術篇，而是在領域驅動設計統一過程的指導下，將該過程的 3 個階段——全域分析、架構映射和領域建模作為本書的 3 個核心篇，再輔以開篇和融合，共分為 5 篇（20 章）和 4 個附錄，全面而完整地表達了我對領域驅動設計的全部認知與最佳實踐。在對內容做進一步精簡後，本書仍然接近 600 頁，算得上是軟體技術類別的大部頭了。

該如何閱讀這樣一本厚書呢？

若你時間足夠充裕，又渴望徹底探索領域驅動設計的全貌，我建議還是按部就班、循序漸進地進行閱讀。或許在閱讀開篇的 3 章時，你會因為太多資訊的一次性湧入而產生迷惑、困擾和不解，這只是因為我期望率先為讀者呈現領域驅動設計的整體面貌。在獲得領域驅動設計的全貌之後，哪怕你只是在腦海中存留了一個朦朧的輪廓，也足以開啟自己對設計細節的了解和認識。

若你追求高效閱讀，又渴望尋求領域驅動設計問題的答案，可以根據目錄精準定位你最為關心的技術講解。或許你會失望，甚至產生質疑，從目錄中你獲得了太多全新的概念，而這些概念從未見於任何一本領域驅動設計的圖書，這是因為這些概念都是我針對領域驅動設計提出的改進

與補充，是我解構全新領域驅動設計知識系統的得意之筆——要不然，一本技術圖書怎麼會寫三年之久呢？

我將自鳴得意的創新概念一一羅列於此。

- 業務服務。業務服務是全域分析的基本業務單元，在統一語言的指導下完成對業務需求的抽象，既可幫助我們辨識界限上下文，又可幫助開發團隊開展領域分析建模、領域設計建模和領域實現建模。業務服務的粒度也是服務契約的粒度，由此拉近了需求分析與軟體設計的距離，甚至可以說跨越了需求分析與軟體設計的鴻溝。

- 菱形對稱架構。雖然菱形對稱架構脫胎於六邊形架構與整潔架構，但它更為簡潔，與界限上下文的搭配可謂珠聯璧合，既保證了界限上下文作為基本架構單元的自治性，又融入了上下文映射的通訊模式，極大地豐富了設計要素的角色構造型。

- 服務驅動設計。服務驅動設計採用程序式的設計思維，卻又遵循物件導向的職責分配，能在提高設計品質的同時降低開發團隊的設計門檻，完成從領域分析模型到領域實現模型的無縫轉換，並可作為測試驅動開發的前奏，讓領域邏輯的實現變得更加穩健而高效。

以上概念皆為領域驅動設計統一過程的設計專案，又都能與領域驅動設計的固有模式有機融合。對軟體複雜度成因的剖析，對價值需求和業務需求的劃分，在領域驅動設計統一過程基礎上建立的能力評估模型與參考過程模型，提出的諸多新概念、新方法、新模式、新系統，雖說都出自我的一孔之見，但也確乎來自我的第一線實踐和複習，我自覺其可圈可點。至於內容的優劣，還是交給讀者評判吧。

若讀者在閱讀本書時有任何意見與回饋，可關注我的微信公眾號「逸言」與我取得聯繫，我也會在公眾號上發佈後續我對領域驅動設計系統的更多探索與思考，也歡迎讀者加入我的知識星球 "NoDDD"，與我共同探討軟體技術的二三事。

照例列出致謝！

感謝 GitChat 創始人謝工女士，沒有她的支援與鼓勵，就不會有「領域驅動設計實踐」課程的誕生，自然也就不會讓我下定決心撰寫本書。感謝人民郵電出版社非同步圖書的楊海玲女士，她沒有因為錯過最好的出版時機而催促我儘快交稿，她的寬容與耐心使我有足夠充裕的時間精心打磨本書的內容。感謝本書的責任編輯劉雅思以及非同步圖書的其他素未謀面的後台工作者，是他們認真嚴謹地確保了本書順利走完「最後一公里」，抵達終點。感謝京東周吉鑫、AWS 高翊凱（Kim Kao）、騰訊王立與技術專家于君澤（花名「右軍」）諸兄的抬愛，他們不僅撥冗為我的著作作序，也給了我許多好的建議與指點，提升了本書的整體品質。感謝老東家 ThoughtWorks 的徐昊、王威、肖然、滕雲、楊雲等同事，他們曾經是我同一戰壕的戰友，在寫書過程中，我也獲得了他們的鼎力相助。感謝阿里的彭佳斌（花名「言武」）、自主創業人張闖、中航信楊成科、工商銀行勞永安，四位兄台作為試讀本書的第一批讀者，花費了大量時間認真閱讀了我的初稿，提出了非常寶貴的回饋意見，幫助我訂正了不少錯誤。感謝我的領域驅動設計技術交流群的近 1600 名群友，他們的耐心等待以及堅持不懈的督促，使我能夠堅持寫完本書。

之所以「三年磨一劍」，是希望透過我的努力讓本書的品質對得起讀者！可是，對得起讀者的同時，我卻對不起我生命中最重要的兩個人：我的妻子漆茜與兒子張子瞻。這三年我把大部分業餘時間都用於寫作這本書，多少個晚上筆耕不綴，妻子陪著兒子，我則陪著電腦，對此我深感愧疚。妻兒為了支援我的創作，沒有怨懟，只有默默的支援，子瞻還為本書貢獻了一幅美麗的插圖。本書的出版，有他們一大半的功勞！最後，還要感謝我的父母，每次匆匆回家看望他們，都只有極短的時間和他們聊天，擠出來的時間都留給了本書的寫作！

在寫這篇前言的前一天，我偶然讀到蘇東坡的一首小詞：

春未老，風細柳斜斜。試上超然台上看，半壕春水一城花。煙雨暗千家。
寒食後，酒醒卻諮嗟。休對故人思故國，且將新火試新茶。詩酒趁年華。

驀然內心被叩擊，仿佛心弦被優美的辭章輕輕地帶著詩意撥弄。吾身雖
不能上超然台，然而書成之後，可否看到半壕春水一城花？未曾飲酒，
卻諮嗟，是否多情笑我早生華髮？如今的我，已然焙出新火，恰當新火
試新茶，卻不知待到明年春未老時，能否做到何妨吟嘯且徐行的落拓不
羈？無論如何，還當詩酒趁年華——仰天大笑出門去，吾輩豈是蓬蒿人！

張逸

於西元 2020 年 11 月 24 日夜
時旅居北京順義區藍天苑

目錄

第四篇 領域建模

13 模型驅動設計

17 領域實現建模

第五篇 融合

18 領域驅動設計的戰略考量

19 領域驅動設計的戰術考量

附錄

A 領域建模範式

B 事件驅動模型

C 領域驅動設計魔方

D 領域驅動設計統一過程發表物

E 參考文獻

第一篇 開篇

開篇，明義。

領域驅動設計（domain-driven design，DDD）需要應對軟體複雜度的挑戰！那麼，軟體複雜度的成因究竟是什麼，又該如何應對？概括而言，即：

▶ 規模——透過分而治之控制規模；
▶ 結構——透過邊界保證清晰有序；
▶ 變化——順應變化方向。

領域驅動設計對軟體複雜度的應對之道可進一步說明為：

▶ 規模——以子領域、界限上下文對問題空間與解空間分而治之；
▶ 結構——以分層架構隔離業務複雜度與技術複雜度，形成清晰的架構；
▶ 變化——透過領域建模抽象為以聚合為核心的領域模型，回應需求之變化。

子領域、界限上下文、分層架構和聚合皆為領域驅動設計的核心元模型，分屬戰略設計和戰術設計，貫穿了從問題空間到解空間的全過程。

領域驅動設計的開放性是其生命長青的基礎，但它過於靈活的特點也讓運用它的開發團隊舉步維艱。我之所以提出領域驅動設計統一過程，正是要在開放的方法區塊系指導之下，摸索出一條行之有效的軟體建構之路，既不悖於領域驅動設計之精神，又不吝於運用設計元模型，透過提供簡單有效的實踐方法，建立具有目的性和可操作性的建構過程。

領域驅動設計統一過程分為 3 個階段：

▶ 全域分析階段；
▶ 架構映射階段；
▶ 領域建模階段。

每個階段的過程工作流既融合了領域驅動設計既有的設計元模型，又提出了新的模式、方法和實踐，豐富了領域驅動設計的外延。領域驅動設計統一過程對專案管理、需求管理和團隊管理也提出了明確的要求，因為它們雖然不屬於領域驅動設計關注的範圍，卻是保證領域驅動設計實踐與成功實踐的重要因素。

領域驅動設計統一過程是對領域驅動設計進行解構的核心內容！

軟體複雜度剖析

電腦程式設計的本質就是控制複雜度。　　　　　——*Brian Kernighan*

複雜的事物中蘊含著無窮的變化，讓人既沉迷其美，又深恐自己無法掌控。我們每日每時對軟體的建構就在與複雜的鬥爭中不斷前行。軟體系統的複雜度讓我覺得設計有趣，因為每次發現不同的問題，都會有一種讓人耳目一新的滋味油然而生，仿佛開啟了新的旅程，看到了不同的風景。同時，軟體系統的複雜度又讓我覺得設計無趣，因為要探索的空間實在太遼闊，一旦視野被風景所惑，就會迷失前進的方向，感到複雜難以掌控，從而失去建構高品質系統的信心。

那麼，什麼是複雜系統？

1.1 什麼是複雜系統

我們很難給複雜系統下一個舉世公認的定義。專門從事複雜系統研究的 Melanie Mitchell 在接受 *Ubiquity* 雜誌專訪時，「勉為其難」地為複雜系統列出了一個相對通俗的定義：由大量相互作用的部分組成的系統。與整個系統比起來，這些組成部分相對簡單，沒有中央控制，組成部分之間也沒有全域性的通訊，並且組成部分的相互作用導致了複雜行為。[1]388

這個定義差不多可以表達軟體複雜度的特徵。定義中的「組成部分」對於軟體系統，就是所謂的「軟體元素」，以粒度為基礎的不同可以是函數、類別、模組、元件和服務等。這些軟體元素相對簡單，然而彼此之間的相互作用卻導致了軟體系統的複雜行為。軟體系統符合複雜系統的定義，不過是進一步證明了軟體系統的複雜度。然而該如何控制軟體系統的複雜度呢？恐怕還要從複雜度的成因開始剖析。

Jurgen Appelo 從了解能力與預測能力兩個維度分析了複雜度的成因 [2]39。這兩個維度各自分為不同的複雜層次：

■ 了解能力維度——簡單的（simple）和複雜的（complicated）；
■ 預測能力維度——有序的（ordered）、複雜的（complex）和混沌的（chaotic）。

兩個維度都蘊含了「複雜」的含義：前者與簡單相對，意為複雜至難以了解，可闡釋為「複雜難解」；後者與有序相對，意為它的發展規律難以預測，可闡釋為「複雜難測」。在預測能力維度，「難測」還不是最複雜的層次，最高層次為混沌，即根本不可預測。兩個維度交換，可以形成 6 種代表不同複雜意義的層次定義，Jurgen Appelo 透過圖 1-1 形象地說明了各個複雜層次的特徵。

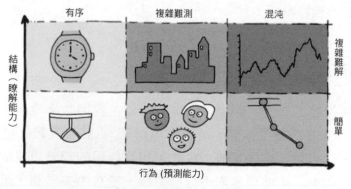

▲ 圖 1-1　複雜系統的特徵[1]

1　圖片來自 Jurgen Appelo 的《管理 3.0：培養和提升敏捷領導力》。

以下是 Jurgen Appelo 對這些例子列出的説明 [2]39：

我的衣服很簡單。我很容易了解它們的工作原理。我的手錶是精密複雜的，如果把它拆開，我需要很長時間才能了解其設計原理和元件。但是我的手錶或我的衣服都沒有什麼讓人吃驚的（至少對我而言）。它們是有序的、可以預測的系統。

一個三人軟體開發團隊也是簡單的，只需要開幾次會議，提供一些晚餐，外加幾杯啤酒，就可以了解這個團隊的每一個人了。一座城市是不簡單的、繁雜的，計程車司機需要幾年時間才能熟悉這座城市的所有街道、胡同、賓館和飯店。但同時，團隊和城市又都是複雜的。不管你有多了解它們，總會有意想不到的事情發生它們身上。在某種程度上，它們是可預測的，但是你永遠不清楚明天會發生什麼。

雙擺（兩個擺錘互相連接）也是一個簡單的系統，容易製作也很容易了解。但因為對鐘擺的初始設定具有高度敏感性，所以它進行的是不可預測的混沌運動。股票市場也是混沌的，根據定義，它是不可預測的，否則每個人都知道怎麼利用股票交易來賺錢，就會導致整個系統崩跌。但是，股票市場又不像鐘擺那樣，它是相當繁雜的。

軟體系統屬於哪一個複雜層次呢？

大多數軟體系統需要實現的整體功能往往是難以了解的，同時，隨著需求的不斷演進，它又在一定程度具有未來的不可預測性，這表示軟體系統的「複雜」同時覆蓋了「複雜難解」（complicated）與「複雜難測」（complex）兩個層面，對標圖 1-1 列出的案例，就是一座城市的複雜特徵。無獨有偶，Pete Goodliffe 也將軟體系統類比為城市，他説：「軟體系統就像一座由建築和後面的路組成的城市——由公路和旅館組成的錯綜複雜的網路。在繁忙的城市裡發生著許多事情，控制流不斷產生，它們的生命在城市中交織在一起，然後死亡。豐富的資料積聚在一起、儲存起來，然後銷毀。有各式各樣的建築：有的高大美麗，有的低矮實用，還有的坍塌破損。資料圍繞著它們流動，形成了交通堵塞和追撞、尖峰時段和道路維護。」[5]33 既然如此，那麼設計一個軟體系統就像規劃一座城

市,既要考慮城市佈局,以便居民的生活與工作,滿足外來遊客或商務人員的旅遊或出差需求,又要考慮未來因素的變化,例如「當居民對城市的使用方式有所變化,或受到外力的影響時,城市就會對應地演化」[3]13。參考城市的複雜度特徵,我們要剖析軟體系統的複雜度,就可以從了解能力與預測能力這兩個維度探索軟體複雜度的成因。

1.2　了解能力

是什麼阻礙了開發人員對軟體系統的了解?設想專案小組招入一位新人,當這位新人需要了解整個專案時,就像一位遊客來到一座陌生的城市。他是否會迷失在錯綜複雜的城市交通系統中,不辨方向?倘若這座城市實則是鄉野郊外的一座村落,只有房屋數間,一條街道連通城市的兩頭,他還會生出迷失之感嗎?

因而,影響了解能力的第一要素是規模。

1.2.1　規模

軟體的需求決定了系統的規模。一個只有數十萬行程式的軟體系統自然不可與有數千萬行程式的大規模系統相提並論。軟體系統的規模取決於需求的數量,更何況需求還會像樹木那樣生長。一棵小樹會隨著時間增長漸漸長成一棵參天大樹,只有到了某個時間節點,需求的數量才會慢慢穩定下來。當需求呈現線性增長的趨勢時,為了實現這些功能,軟體規模也會以近似的速度增長。

系統規模的擴張,不僅取決需求的數量,還取決於需求功能點之間的關係。需求的每個功能不可能做到完全獨立,彼此之間相互影響相互依賴,修改一處就會牽一髮而動全身,就好似城市中的某條道路因為施工需要臨時關閉,車輛只得改道繞行,這又導致了其他原本已經飽和的道路因為湧入更多車輛而變得更加擁堵。這種擁堵現象又會順勢向其他分叉道路蔓延,形成輻射效應。

軟體開發的擁堵現象或許更嚴重,這是因為:

- 函數存在副作用,呼叫時可能對函數的結果做了隱含的假設;
- 類別的職責繁多,導致開發人員不敢輕易修改,因為不知會影響到哪些模組;
- 熱點程式被頻繁變更,職責被包裹了一層又一層,沒有清晰的邊界;
- 在系統某個角落,隱藏著伺機而動的 bug,當誘發條件具備時,就會讓整條呼叫鏈癱瘓;
- 不同的業務場景包含了不同的例外場景,每種例外場景的處理方式都各不相同;
- 同步處理程式與非同步處理程式糾纏在一起,不可預知程式執行的順序。

隨著軟體系統規模的擴張,軟體複雜度也會增長。這種增長並非線性的,而是呈現出更加陡峭的指數級趨勢。這實際上是軟體的熵發揮著副作用。正如 David Thomas 與 Andrew Hunt 認為的:「雖然軟體開發不受絕大多數物理法則的約束,但我們無法躲避來自熵的增加的重擊。熵是一個物理學術語,它定義了一個系統的『無序』總量。不幸的是,熱力學法則決定了宇宙中的熵會趨在最大化。當軟體中的無序化增加時,程式設計師會説『軟體在腐爛』。」[4]6

軟體之所以無法躲避熵的重擊,源於我們在建構軟體時無法避免技術債(technical debt)[2]。不管軟體的架構師與開發人員有多麼的優秀,他們針對目前需求做出的看似合理的技術決策,都會隨著軟體的演化變得不堪一擊,區別僅在於債務的多少,以及償還的利息有多高。根據 Ward Cunningham 的建議,對付技術債的唯一方案就是儘量讓它可見,例如透過技術債列表或技術債雷達等視覺化形式及時呈現給團隊成員,並制訂計畫主動地消除或降低技術債。

2　技術債由 Ward Cunningham 提出,他用債務形象地說明為遵循軟體開發計畫而做出推遲的技術決策,如文件、重構等。技術債是不可避免的,關鍵在於要透過維護一個技術債列表讓技術債可見,並及時「還債」,避免更高的「利息」。

我曾經負責設計與開發一款商業智慧（business intelligence，BI）產品，它需要展現報表下的所有視圖。這些視圖的資料來自多個不同的資料集，視圖的展現類型多種多樣，如柱狀圖、聚合線圖、散點圖和熱力圖等。在這個「難搞」的報表問題空間中，需要滿足以下業務需求：

▶ 在編輯狀態下，支援對每個視圖進行拖曳以改變視圖的位置；

▶ 在編輯狀態下，允許透過拖曳邊框調整視圖的尺寸；

▶ 點擊視圖的繪圖區域時，應反白顯示當前圖形對應的組成部分；

▶ 點擊視圖的繪圖區域時，獲取當前值，並對屬於相同資料集的視圖進行聯動；

▶ 如果打開鑽取開關，則在點擊視圖的繪圖區域時，獲取當前值，並根據事先設定的鑽取路徑對視圖進行鑽取；

▶ 支援創建篩選器這樣的特殊視圖，透過篩選器選擇資料，對當前報表中所有相同資料集的視圖進行篩選。

以上業務需求都是事先規劃好，並且可以清晰預見的，由於它們都對視圖操作，因此視圖控制項的多個操作之間出現衝突。舉例來說，反白與串聯都需要回應相同的點擊事件。鑽取同樣如此，不同之處在於它要判斷鑽取開關是否已經打開。在操作效果上，反白與鑽取僅針對當前視圖，聯動與篩選則會因為當前視圖的操作影響到同一張報表下相同資料集的其他視圖。對於拖曳操作，雖然它監聽的是 MouseDown 事件，但該事件與 Click 事件存在一定的衝突。

多個功能點的開發實現以及功能點之間存在的千絲萬縷的關係帶來了軟體規模的成倍擴張：不同的業務場景會增加不同的分支，導致圈複雜度的增加；設計上如果未能做到功能之間的正交，就會使得功能之間相互影響，導致程式維護成本的增加；沒有為業務邏輯撰寫單元測試，建立功能程式的測試網，就可能因為對某一處功能實現的修改引入了潛在的缺陷，導致系統運行的風險增加。紛至沓來的技術債逐漸累積，一旦累積到某個臨界點，就會由量變引起質變，在軟體系統的規模達到巔峰之時，迅速步入衰亡的老年期，成為「可怕」的遺留系統（legacy system）。這

遵循了飼養場的乳牛規則：乳牛逐漸衰老，最終無奶可擠；與此同時，乳牛的飼養成本卻在上升。

軟體規模的顯著特徵是程式行數（lines of code）。然而，程式行數常常具有欺騙性。如果需求的功能數量與程式行數之間呈現出不成比例的關係，說明該系統的生命症狀可能出現了異常，舉例來說，程式行數的龐大其實可能是一種肥胖症，表示可能出現了大量的重複程式。

我曾經利用 Sonar 工具對諮詢專案的模組執行程式靜態分析，分析結果如圖 1-2 所示。

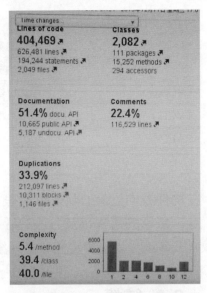

▲ 圖 1-2　程式靜態分析結果

該模組程式共計 40 多萬行，重複程式竟然佔到了驚人的 33.9%，超過一半的程式檔案混入了重複程式。顯然，這裡估算的程式行數並沒有真實地表現軟體規模；相反，重複的程式還額外增加了軟體的複雜度。

Neal Ford 認為需要透過指標指導設計[3]，例如使用物件導向設計品質評估的平台工具 iPlasma，透過它生成的指標可以作為評價軟體規模的要素，如表 1-1 所示。

表 1-1　品質評估指標

程式開發	說　　明
NDD	直接後代的數量
HIT	繼承樹的高度
NOP	套件的數量

3　Neal Ford 在《演化架構與緊急設計》系列文章中提到了透過指標指導緊急設計，包括使用 iPlasma 生成品質評估指標。

程式開發	說　明
NOC	類別的數量
NOM	方法的數量
LOC	程式行數
CYCLO	圈複雜度
CALL	每個方法的呼叫數
FOUT	分散呼叫（指定的方法呼叫的其他方法數量）

在物件導向設計的軟體專案裡，除了程式行數，套件、類別、方法的數量，繼承的層次以及方法的呼叫數，還有我們常常提及的圈複雜度，都會或多或少地影響整個軟體系統的規模。

1.2.2 結構

你去過迷宮嗎？相似而迴旋繁複的結構使得封閉狹小的空間被魔法般地擴充為一個無限的空間，變得無限大，仿佛這空間被安置了一個循環，倘若沒有找到正確的退出條件，循環就會無休無止，永遠無法退出。許多規模較小卻格外複雜的軟體系統，就好似這樣的一座迷宮。

此時，結構成了決定系統複雜度的關鍵因素。

結構之所以變得複雜，多數情況下還是由系統的品質屬性（quality attribute）決定的。舉例來說，我們需要滿足高性能、高併發的需求，就需要考慮在系統中引入快取、平行處理、CDN、非同步訊息以及支援分區的可伸縮結構；又舉例來說，我們需要支援對巨量資料的高效分析，就得考慮這些巨量資料該如何分佈儲存，並如何有效地利用各個節點的記憶體與 CPU 資源執行運算。

從系統結構的角度看，單體架構一定比微服務架構更簡單，更便於掌控，正如單細胞生物比人體的生理結構要簡單。那麼，為何還有這麼多軟體組織開始清算自己的軟體資產，花費大量人力物力對現有的單體架構進行重構，走向微服務化？究其主因，還是系統的品質屬性。

縱觀軟體設計的歷史，不是分久必合合久必分，而是不斷拆分的微型化過程。分解的軟體元素不可能單兵作戰。怎麼協作，怎麼通訊，就成了系統分解後面臨的主要問題。如果沒有控制好，這些問題固有的複雜度甚至會在某些場景下超過分解帶來的收益。舉例來說，對企業 IT 系統而言，系統與系統之間的整合往往透過與平台無關的訊息通訊來完成，由此就會在各個系統乃至模組之間形成複雜的通訊網結構。要理清這種通訊網結構的脈絡，就得弄清楚系統之間訊息的傳遞方式，明確訊息格式的定義，即使在系統之間引入企業服務匯流排（Enterprise Service Bus，ESB），也只能減少點對點的通訊量，而不能改變分散式系統固有的複雜度，例如訊息通訊不可靠，資料不一致等因為分散式通訊導致的意外場景。換言之，系統因為結構的繁複增加了複雜度。

軟體系統的結構繁複還會增加軟體組織的複雜度。系統架構的分解促成了軟體建構工作的分工，這種分工雖然使得高效的平行開發成為可能，卻也可能因為溝通成本的增加為管理帶來挑戰。管理一個十人團隊和百人團隊，其難度顯然不可相提並論，對百人團隊的管理也不僅是細分為 10 個十人團隊這麼簡單，這其中牽涉到團隊的劃分依據、團隊的協作模式、團隊成員組成與角色組成等管理因素。

康威定律（Conway's law）[4] 就指出：「任何組織在設計一套系統（廣義概念上的系統）時，所發表的設計方案在結構上都與該組織的溝通結構保持一致。」Sam Newman 認為是需要「適應溝通途徑」使得康威定律在軟體結構與組織結構中生效 [3]163。他分析了一種典型的分處異地的分散式團隊。整個團隊共用單一服務的程式所有權，由於分散式團隊的地域和時區界限使得溝通成本變高，因此團隊之間只能進行粗粒度的溝通。當協調變化的成本增加後，人們就會想方設法降低協調和溝通的成本。

4　該定律由 Melvin E. Conway 在 1967 年發表的論文 "How Do Committees Invent?" 中提出。Fred Brooks 在《人月神話》中引用了該思想，並明確稱其為康威定律。本書多個章節都提及了康威定律對團隊組織結構與軟體系統架構的影響。

直截了當的做法就是分解程式，分配程式所有權，物理分隔的團隊各自負責一部分程式庫，從而能夠更容易地修改程式，團隊之間會有更多關於如何整合兩部分程式的粗粒度的溝通。最終，與這種溝通路徑符合形成的粗粒度應用程式設計發展介面（application programming interface，API）組成了程式庫中兩部分之間的邊界。

注意，與設計方案相符合的團隊結構指的是負責開發的團隊組織，而非使用軟體產品的客戶團隊。我們常常遇見分散式的客戶團隊，舉例來說，一些客戶團隊的不同的部門位於不同的地理位置，他們的使用場景也不盡相同，甚至使用者的角色也不相同，但在對軟體系統進行架構設計時，我們卻不能按照部門組織、地理位置或使用者角色來分解模組（服務），並錯以為這遵循了康威定律。

> 我曾經參與過一款通訊產品的改進與維護工作。這是一款為通訊電信業者提供對寬頻網的授權、認證與費率工作的產品，它的終端使用者主要由兩種角色組成：營業廳的營業員與購買寬頻網服務的消費者。最初，設計該產品的架構師就錯誤地按照這兩種不同的角色，將整個軟體系統劃分為後台管理系統與服務門戶兩個完全獨立的子系統，為營業員與消費者都提供了費率套餐管理、話單查詢、客戶資訊維護等相似的業務。兩個子系統產生了大量重複程式，增加了軟體系統的複雜度。在我接手該通訊產品時，因為資料庫性能瓶頸而考慮對話單資料庫進行分庫分表，發現該方案的調整需要同時修改後台管理系統與服務門戶的話單查詢功能。

無論設計是優雅還是拙劣，系統結構都可能因為某種設計權衡而變得複雜。唯一的區別在於前者是主動地控制結構的複雜度，而後者帶來的複雜度是偶發的，是錯誤的滋生，是一種技術債，它會隨著系統規模的增大產生一種無序設計。《架構之美》中第 2 章「兩個系統的故事：現代軟體神話」詳細地羅列了無序設計系統的幾種警告訊號 [5]34：

- 程式沒有顯而易見的進入系統中的路徑；
- 不存在一致性，不存在風格，也沒有能夠將不同的部分組織在一起的統一概念；

- 系統中的控制流讓人覺得不舒服，無法預測；
- 系統中有太多的「壞味道」；
- 資料很少放在它被使用的地方，經常引入額外的巴洛克式快取層，試圖讓資料停留在更方便的地方。

看一個無序設計的軟體系統，就好像隔著一層半透明的玻璃觀察事物，系統的軟體元素都變得模糊不清，充斥著各種技術債。細節層面，程式污濁不堪，違背了「高內聚鬆散耦合」的設計原則，不是許多程式放錯了位置，就是出現重複的程式區塊；架構層面，缺乏清晰的邊界，各種通訊與呼叫依賴糾纏在一起，同一問題空間的解決方案各式各樣，讓人眼花繚亂，仿佛進入了沒有規則的無序社會。

分層架構的引入原本是為了維護系統的有序性，而如果團隊卻不注意維護邏輯分層確定的邊界，不按照架構規定的層次分配各個類別的職責，就會隨著職責的亂入讓邏輯分層形成的邊界變得越來越模糊。我在對一個專案進行架構評審時，曾看到圖 1-3 所示的三層架構。

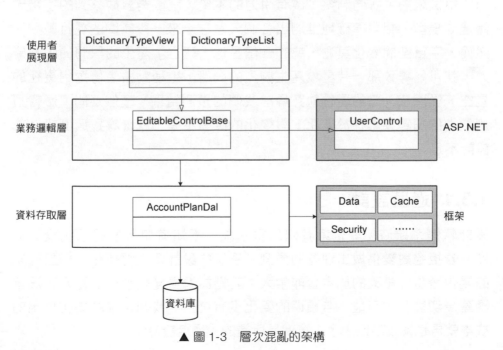

▲ 圖 1-3　層次混亂的架構

雖然架構師根據重點的不同劃分了不同的層次，但各個邏輯層沒有守住自己的邊界：業務邏輯層定義了 EditableControlBase、EditablePageBase 與 PageBase 等類別，它們都繼承自 ASP.NET 框架的 UserControl 使用者控制項類別，同時又作為自訂使用者控制項的父類別，提供了控制項資料載入、提交等通用職責；繼承這些父類別的子類別屬於使用者控制項，定義在使用者展現層，如 EditablePageBase 類別的子類別（如 DictionaryTypeView、DictionaryView 和 DictionaryTypeList 等）。一旦邏輯層沒有守住自己的邊界，分層架構模式就失去了規劃清晰結構的價值。隨著需求的增加，系統結構會變得越來越混亂，最終陷入無序設計的泥沼。

1.3 預測能力

當我們掌握了事物發展的客觀規律時，就具有了一定的對未來的預測能力。舉例來說，我們洞察了萬有引力的本質，就能夠對觀察到的宇宙天體建立模型，相對準確地推測出各個天體在未來一段時間的運行軌跡。然而，宇宙空間變化莫測，或許一個星球「死亡」產生的黑洞的吸噬能力，就可能導致那一片星域產生劇烈的動盪，這種動盪會傳遞到更遠的星空，從而使天體的運行軌跡偏離我們的預測結果。毫無疑問，影響預測能力的關鍵要素在於變化。對變化的應對不妥，就會導致過度設計或設計不足。

1.3.1 過度設計

設計軟體系統時，變化讓我們患得患失，不知道如何把握系統設計的度。若拒絕對變化做出理智的預測，系統的設計會變得僵化，一旦有新的變化發生，修改的成本會非常大；若過於看重變化產生的影響，渴望涵蓋一切變化的可能，若預期的變化沒有發生，我們之前為變化付出的成本就再也補償不回來了，這就是所謂的「過度設計」。

> 我曾經在設計一款教育產業產品時，因為考慮太多未來可能的變化，引入了不必要的抽象來保證產品的可擴充性，使得整個設計方案變得過於複雜。更加不幸的是，我所預知的變化根本不曾發生。該設計方案針對產品的 UI 引擎（UI engine）模組。作為驅動介面的引擎，它主要負責從介面中繼資料獲取與介面相關的視圖屬性，並根據這些屬性來構造介面，實現介面的可訂製。產品展現的視圖由諸多視圖元素組合而成，這些視圖元素的屬性透過介面中繼資料進行訂製。為此，我為視圖元素定義了抽象的 ViewElement 介面，作為所有視圖元素類型包括 SelectView、CheckboxGroupView 的抽象類別型。

ViewElement 決定了視圖元素的類型，從而確定呈現的格式；至於真正生成視圖呈現程式的職責，則交給了視圖元素的解析器。由於我認為視圖元素的呈現除需要支援現有的 JSP 之外，未來可能還要支援 HTML、Excel 等實現元素，因此在設計解析器時，定義了 ViewElementResolver 介面：

```
public interface ViewElementResolver {
    String resolve(ViewElement element);
}
```

ViewElementResolver 介面確保了解析功能的可擴充性，為了更進一步地滿足未來功能的變化，我又引入了解析器的工廠介面 ViewElementResolverFactory 以及實現該介面的抽象工廠類別 AbstractViewElementResolverFactory：

```
public interface ViewElementResolverFactory {
    ViewElementResolver create(String viewElementClassName);
}
public abstract class AbstractViewElementResolverFactory implements
    ViewElementResolverFactory {
    public ViewElementResolver create(String viewElementClassName) {
        String className = generateResolverClassName(viewElementClassName);
        // 透過反射創建 ViewElementResolver 物件
    }

    private String generateResolverClassName(String viewElementClassName)
```

```
{
    return getPrefix() + viewElementClassName + "Resolver";
}

protected abstract String getPrefix();
}

public class JspViewElementResolverFactory extends AbstractViewElementRes
olverFactory {
    @Override
    protected String getPrefix() {
        return "Jsp";
    }
}
```

ViewElement 介 面 可 以 注 入 ViewElementResolverFactory 物 件， 由
它來創建 ViewElementResolver，由此完成視圖元素的呈現，例如
SelectViewElement：

```
public class SelectViewElement implements ViewElement {
    private ViewElementResolver resolver;
    private ViewElementResolverFactory resolverFactory;
    public void setViewElementResolverFactory(ViewElementResolverFactory
resolverFactory) {
        this.resolverFactory = resolverFactory;
    }
    public String Render() {
        resolverFactory.create(this.getClass().getName()).resolve(this);
    }
}
```

整個 UI 引擎模組的設計如圖 1-4 所示。

如此設計看似保證了視圖元素呈現的可擴充性，也遵循了單一職責原
則，卻因為抽象過度而增加了方案的複雜度。擴充式設計是為不可知的
未來做投資，一旦未來的變化不符合預期，就會導致過度設計。具有實
證主義態度的設計理念是面對不可預測的變化時，應首先保證方案的簡
單性。當變化真正發生時，可以透過諸如提煉介面（extract interface）
[6]341 的重構手法，滿足解析邏輯的擴充。方案中工廠介面與抽象工廠類別

的引入，根本沒有貢獻任何解耦與擴充的價值，反而帶來了不必要的間接邏輯，讓設計變得更加複雜。到產品研發的後期，我所預期的 HTML 和 Excel 呈現的需求變化實際並沒有發生。

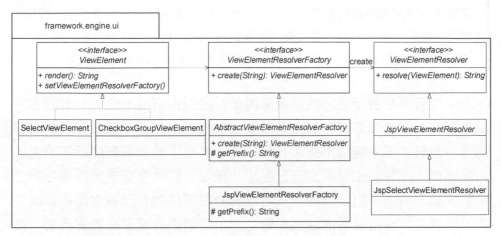

▲ 圖 1-4　UI 引擎模組的類別圖

1.3.2　設計不足

要應對需求變化，終歸需要一些設計技巧。很多時候，因為設計人員的技能不足，沒有明確辨識出未來確認會發生的變化，或對需求變化發展的方向缺乏前瞻，所以導致整個設計變得過於僵化，修改的成本太高，從而走向了過度設計的另外一個極端，我將這一問題稱為「設計不足」。

設計不足的方案只顧眼前，對於一定要發生的變化視而不見，這不僅導致方案缺乏可擴充性，甚至有可能出現技術實現方在的錯誤。這樣的設計不是恰如其分的簡單設計，而是對於糟糕品質視而不見的簡陋處置，是為了應付進度蒙混過關用的臨時花招，表面看來滿足了進度要求，但在未來償還欠下的債務時，需要付出幾倍的成本。如果整個軟體系統都由這樣設計不足的方案組成，那麼未來任何一次需求的變更或增加，都可能成為壓垮系統的最後一根稻草。

我曾負責一個以巨量資料為基礎的資料平台的設計與開發，該資料平台需要即時擷取來自某產業各個系統各種協定的業務資料，並按照主題區的資料模型標準來治理資料。當時，我對整個產業的資料標準與規範尚不了解，對於資料平台未來的產品規劃也缺乏充分認識。迫於進度壓力，我選擇了採用快速而簡潔的強制寫入方式實現從原始資料到主題區模型物件的轉換，這一設計讓我們能夠在規定的進度週期滿足同時應對多家客戶治理資料的要求。

然而，為資料平台產品，在該產業內進行廣泛推廣時，隨著針對的客戶越來越多，需要擷取資料的上游系統也變得越來越多。此時，回首之前的方案設計，不由後悔不迭：方案的簡陋導致了開發品質的低下和生產力的降低。此時的主題區劃分已經趨於穩定，雖然需要支援的客戶和上游系統越來越多，但要治理的資料所屬的主題仍然在已有主題區範圍之內，換言之，原始資料的協定是變化的，主題區的範圍卻相對穩定。透過對主題區模型與資料治理邏輯進行共通性與可變性分析 [7]，我辨識出了原始資料訊息的共通性特徵，建立了抽象的訊息模型，又為主題區模型抽象出一套樹狀結構的核心主題模型，並以此核心模型建立新為基礎的主題區模型。在確保主題區模型不變的情況下，找到資料治理邏輯中不變的轉換過程與規則，將不同上游系統遵循不同資料協定而帶來的變化轉移到一個定義映射關係的樣式設定檔中，形成對變化的隔離，實現了一個相對穩定的資料治理方案，如圖 1-5 所示。

採用新方案之後，如果需要擷取一個不超出主題區範圍的全新系統，只需定義一個樣式映射檔案，並付出極少量訂製開發的成本，就能以最快的迭代進度滿足新的資料治理需求。正因為改進了舊有方案，團隊才能夠在不斷湧入新需求的功能壓力下，基本滿足產品研發的進度要求。只可惜，之前的資料治理功能已經被多家客戶廣泛運用到生產環境中，對應的資料交換邏輯也依靠於舊的主題區模型，使得整個資料平台產品在近兩年的開發週期中一直處於新舊兩套主題區模型共存的尷尬局面。由於一部分資料治理和資料交換邏輯要對接兩套主題區模型，因此，迫於

無奈,也必須實現兩套資料治理和資料交換邏輯,無謂地增加了團隊的工作量。由於改造舊模型的工作量極為繁重,團隊一直未能獲得喘息的機會對模型以新汰舊,因此這一尷尬局面還會在一段時間內繼續維持下去。這正是設計不足在應對變化時帶來的負面影響。

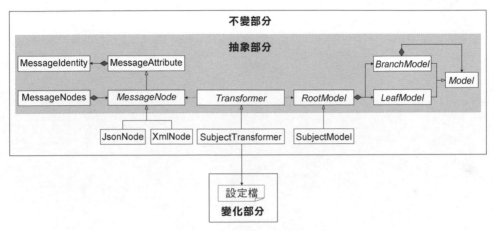

▲ 圖 1-5　隔離變化的設計方案

我們無法預知未來,自然就無法預測未來可能發生的變化,這就帶來了軟體系統的不可預測性。軟體設計者不可能對變化聽之任之,卻又因為它的不可預測性而無可適從。在軟體系統不斷演化的過程中,面對變化,我們需要盡可能地保證方案的平衡:既要避免因為設計不足使得變化對系統產生根本影響,又要防止因為滿足可擴充性讓方案變得格外複雜,最後背上過度設計的壞名聲。故而,變化之難,難在如何在設計不足與過度設計之間取得平衡。

領域驅動設計概覽

軟體的核心是其為使用者解決領域相關的問題的能力。所有其他特性，不管有多麼重要，都要服務於這個基本目的。

——*Eric Evans*，《領域驅動設計》

應對複雜度的挑戰，或許是建構軟體的過程中唯一亙古不變的主題。為了更進一步地應對軟體複雜度，許多頂尖的軟體設計人員與開發人員紛紛結合實踐提出自己的真知灼見，既包括程式設計思想、設計原則、模式語言、過程方法和管理理論，又包括對程式設計利器自身的打磨。毫無疑問，透過這些真知灼見，軟體領域的先行者已經改變或正在改變我們建構軟體的方法、過程和目標，我們欣喜地看到了軟體的建構正在向著好的方向改變。然而，整個客觀世界的所有現象都存在諸如黑與白、陰與陽、亮與暗的相對性，任何技術的發展都不是單向的。隨著技術日新月異向前發展，軟體系統的複雜度也日益增長。中國有一句古諺：「道高一尺，魔高一丈。」又有諺語：「魔高一尺，道高一丈。」究竟是道高還是魔高，就看你是站在「道」的一方，還是「魔」的一方。

在建構軟體的場景中，軟體複雜度顯然就是「魔」，控制軟體複雜度的方法則是「道」。在軟體建構領域，「道」雖非虛無縹緲的玄幻敘述，卻也不是綁定在具象之上的具體手段。軟體複雜度的應對之道提供了一些基本法則，這些基本法則可以說放之四海而皆準，其中一個基本法則就是：能夠控制軟體複雜度的，只能是設計（指廣泛意義上的設計）方法。因

為我們無法改變客觀存在的問題空間（參見 2.1.2 節對問題空間和解空間的闡釋），卻可以改變設計的品質，讓好的設計為控制複雜度創造更多的機會。如果我們將軟體系統限制在業務軟體系統之上，又可得到另外一個基本法則：「要想克服」（業務系統的）複雜度，就需要非常嚴格地使用領域邏輯設計方法。[8]1 在近 20 年的時間內，一種有效的領域邏輯設計方法就是 Eric Evans 提出的領域驅動設計（domain-driven design）。

Eric Evans 透過他在 2003 年出版的經典著作《領域驅動設計》（*Domain-Driven Design: Tackling Complexity in the Heart of Software*）全方位地介紹了這一設計方法，該書的副標題旗幟鮮明地指出該方法為「軟體核心複雜性應對之道」。

領域驅動設計究竟是怎樣應對軟體複雜度的？身為將「領域」放在核心地位的設計方法，其名稱足以說明它應對複雜度的態度。用 Eric Evans 自己的話來說：「領域驅動設計是一種思維方式，也是一組優先任務，它旨在加速那些必須處理複雜領域的軟體專案的開發。為了實現這個目標，本書列出了一套完整的設計實踐、技術和原則。」[8]2

結合我們透過了解能力和預測能力兩個維度對軟體系統複雜度成因的剖析，確定了影響複雜度的 3 個要素：規模、結構與變化。控制複雜度的著力點就在這 3 個要素之上！領域驅動設計對軟體複雜度的應對，是引入了一套提煉為模式的設計元模型，對業務軟體系統做到了對規模的控制、結構的清晰化以及對變化的回應。

要深刻體會領域驅動設計是如何控制軟體複雜度的，還需要整體了解 Eric Evans 建立的這一套完整的軟體設計方法區塊系，包括該方法區塊系提出的設計概念與設計過程。

2.1 領域驅動設計的基本概念

領域驅動設計作為一個針對大型複雜業務系統的領域建模方法區塊系（不僅限於物件導向的領域建模），它改變了傳統軟體開發工程師針對資料庫建模的方式，透過針對領域的思維方式，將要解決的業務概念和業務規則等內容提煉為領域知識，然後借由不同的建模範式將這些領域知識抽象為能夠反映真實世界的領域模型。

Eric Evans 之所以提出這套方法區塊系，並非刻意地另闢蹊徑，創造出與眾不同的設計方法與模式，而是希望恢復業務系統設計核心重點的本來面貌，也就是意識到領域建模和設計的重要性，然而在當時看來，這卻是全新的知識提煉。正如他自己所説：「至少 20 年前 [1]，一些頂尖的軟體設計人員就已經意識到領域建模和設計的重要性，但令人驚訝的是，這麼長時間以來幾乎沒有人寫出點什麼，告訴大家應該做哪些工作或如何去做……本書為做出設計決策提供了一個框架，並且為討論領域設計提供了一個技術詞彙庫。」[8] 這裡提到的「技術詞彙庫」就是我提到的設計元模型。

2.1.1 領域驅動設計元模型

領域驅動設計元模型是以模式的形式呈現在大家眼前的，由諸多鬆散的模式組成，這些模式在領域驅動設計中的關係如圖 2-1 所示。

領域驅動設計的核心是模型驅動設計，而模型驅動設計的核心又是領域模型，領域模型必須在統一語言（參見第 4 章）的指導下獲得。為整個業務系統建立的領域模型不是屬於核心子領域（參見第 6 章），就是屬於通用子領域 [2]。之所以區分子領域，一方面是為了將一個不易解決的龐大問

---

1 指的是《領域驅動設計》一書出版時（2003 年）的 20 年前，也就是 20 世紀 80 年代。

2 Eric Evans 提出了核心領域與通用子領域，Vaughn Vernon 在《實現領域驅動設計》一書中補充了支撐子領域。為了統一，我將「核心領域」稱為「核心子領域」。

題切割為團隊可以掌控的許多小問題，達到各個擊破的目的，另一方面也是為了更進一步地實現資產（人力資產與財力資產）的合理分配。

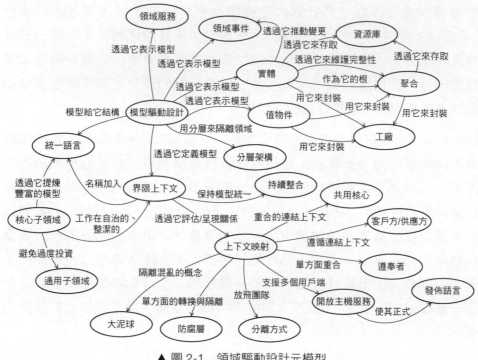

▲ 圖 2-1　領域驅動設計元模型

為了保證定義的領域模型在不同上下文表達各自的知識語境，需要引入界限上下文（參見第 9 章）來確定業務能力的自治邊界，並考慮透過持續整合來維護模型的統一。上下文映射（參見第 10 章）清晰地表達了多個界限上下文之間的協作關係。根據協作方式的不同，可以將上下文映射分為以下 8 種模式[3]：

- 客戶方 / 供應方；
- 共用核心；
- 遵奉者；
- 分離方式；

3　Vaughn Vernon 在《實現領域驅動設計》一書中補充了合作夥伴模式。

■ 開放主機服務；
■ 發佈語言；
■ 防腐層；
■ 大泥球。

模型驅動設計可以在界限上下文的邊界內部進行，它透過分層架構
（layered architecture）將領域獨立出來，並在統一語言的指導下，透過
與領域專家的協作獲得領域模型。表示領域模型的設計要素（參見第
15 章）包括實體（entity）、值物件（value object）、領域服務（domain
service）和領域事件（domain event）。領域邏輯都應該封裝在這些物件
中。這一嚴格的設計原則可以避免領域邏輯洩露到領域層之外，導致技
術實現與領域邏輯的混淆。

聚合（aggregate）（參見第 15 章）是一種邊界，它可以封裝一到多個實體
與值物件，並維持該邊界範圍之內的業務完整性。聚合至少包含一個實
體，且只有實體才能作為聚合根（aggregate root）。工廠（factory）和資源
庫（repository）（參見第 17 章）負責管理聚合的生命週期。前者負責聚合
的創建，用於封裝複雜或可能變化的創建邏輯；後者負責從存放資源的位
置（資料庫、記憶體或其他 Web 資源）獲取、增加、刪除或修改聚合。

2.1.2　問題空間和解空間

哲學家常常會圍繞真實世界和理念世界的映射關係探索人類生存的意
義，即所謂「兩個世界」的哲學思考。軟體世界也可一分為二，分為組
成描述需求問題的真實世界與獲取解決方案的理念世界。整個軟體建構
的過程，就是從真實世界映射到理念世界的過程。

如果真實世界是複雜的，在映射為理念世界的過程中，就會不斷受到複
雜度的干擾。根據 Allen Newell 和 Herbert Simon 的問題空間理論：「人
類是透過在問題空間（problem space）中尋找解決方案來解決問題的」
[9]，建構軟體（世界）也就是從真實世界中的問題空間尋找解決方案，將
其映射為理念世界的解空間（solution space）來滿足問題空間的需求。因

此，軟體系統的建構實則是對問題空間的求解，以獲得組成解空間的設計方案，如圖 2-2 所示。

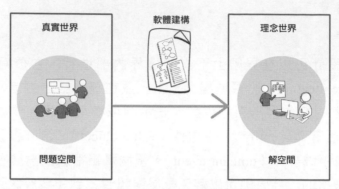

▲ 圖 2-2　從問題空間到解空間

為什麼要在軟體建構過程中引入問題空間和解空間？

實際上，隨著 IT 技術的發展，軟體系統正是在這兩個方向不斷發展和變化的。在問題空間，我們要解決的問題越來越棘手，空間規模越來越大，因為隨著軟體技術的發展，許多原本由人來處理的線下流程慢慢被自動化操作所替代，人機互動的方式發生了翻天覆地的變化，IT 化的範圍變得更加寬廣，涉及的領域也越來越多。問題空間的難度與規模直接決定了軟體系統的複雜度。

針對軟體系統提出的問題，解決方案的推陳出新自然毋庸諱言，無論是技術、工具，還是設計思想與模式，都有了很大變化。解決方案不是從石頭裡蹦出來的，而必然是為了解決問題而生的。面對錯綜複雜的問題，解決方案自然也需要靈活變化。軟體開發技術的發展是伴隨著重複使用性和擴充性發展的。倘若問題存在相似性，解決方案就有重複使用的可能。透過抽象尋找到不同問題的共通性時，相同的解決方案也可以運用到不同的問題中。同時，解決方案還需要回應問題的變化，能在變化發生時以最小的修改成本滿足需求，同時確保解決方案的新鮮度。無疑，組成解空間的解決方案不僅要解決問題，還要控制軟體系統的複雜度。

問題空間需要解空間來應對，解空間自然也不可脫離問題空間而單獨存

在。對於客戶提出的需求，要分清楚什麼是問題，什麼是解決方案，真正的需求才可能浮現出來。在看清了問題的真相之後，我們才能有據可依地尋找真正能解決問題的解決方案。軟體建構過程中的需求分析，實際就是對問題空間的定位與探索。如果在問題空間還是一團迷霧的時候就貿然開始設計，帶來的災難性結果是可想而知的。徐鋒認為，「要做好軟體需求工作，業務驅動需求思想是核心。傳統的需求分析是站在技術角度展開的，關注的是『方案級需求』；而業務驅動的需求思想則是站在使用者角度展開的，關注的是『問題級需求』。」[10]2

怎麼區分方案級需求和問題級需求？方案級需求就好比一個病人到醫院看病，不管病情就直接讓醫生開阿司匹林，而問題級需求則是向醫生描述自己身體的症狀。病情是醫生要解決的問題，處方是醫生提供的解決方案。

那種站在技術角度展開的需求分析，實際就是沒有明確問題空間與解空間的界限。在針對問題空間求解時，必須映射於問題空間定義的問題，如此才能遵循恰如其分的設計原則，在問題空間的上下文約束下尋找合理的解決方案。

領域驅動設計為問題空間與解空間提供了不同的設計元模型。對於問題空間，強調運用統一語言來描述需求問題，利用核心子領域、通用子領域與支撐子領域來分解問題空間，如此就可以「揭示什麼是重要的以及在何處付出努力」[11]9。除去統一語言與子領域，其餘設計元模型都將運用於解空間，指導解決方案圍繞著「領域」這一核心開展業務系統的戰略設計與戰術設計。

2.1.3 戰略設計和戰術設計

對於一個複雜度高的業務系統，過於遼闊的問題空間使得我們無法在深入細節的同時把握系統的全景。既然軟體建構的過程就是對問題空間求解的過程，那麼面對太多太大的問題，就無法奢求一步求解，需要根據問題的層次進行分解。不同層次的求解目標並不相同：為了把握系統的

全景,就需要從巨觀層次分析和探索問題空間,獲得對等於軟體架構的戰略設計原則;為了深入業務的細節,則需要從微觀層次開展建模活動,並在戰略設計原則的指導下做出戰術設計決策。這就是領域驅動設計的兩個階段:戰略設計階段和戰術設計階段。

戰略設計階段要從以下兩個方面來考量。

- 問題空間:對問題空間進行合理分解,辨識出核心子領域、通用子領域和支撐子領域,並確定各個子領域的目標、邊界和建模策略。
- 解空間:對問題空間進行解決方案的架構映射,透過劃分界限上下文,為統一語言提供知識語境,並在其邊界內維護領域模型的統一。每個界限上下文的內部具有自己的架構,界限上下文之間的協作關係則透過上下文映射來表現和表達。

子領域的邊界明確了問題空間中領域的優先順序,界限上下文的邊界則確保了領域建模的最大自由度。這也是戰略設計在分治上造成的效用。當我們在戰略層次從問題空間映射到解空間時,子領域也將映射到界限上下文,即可根據子領域的類型為界限上下文選擇不同的建模方式。例如為處於核心子領域的界限上下文選擇領域模型(domain model)模式[12]116,為處於支撐子領域(supporting sub domain)的界限上下文選擇交易指令稿(transaction script)模式[12]110,這樣就可以靈活地平衡開發成本與開發品質。

戰術設計階段需要在界限上下文內部開展領域建模,前提是你為界限上下文選擇了領域模型模式。在界限上下文內部,需要透過分層架構將領域獨立出來,在排除技術實現的干擾下,透過與領域專家的協作在統一語言的指導下逐步獲得領域模型。

戰術設計階段最重要的設計元模型是聚合模式。雖然聚合是實體和值物件的概念邊界,然而在獲得了清晰表達領域知識的領域模型後,我們可以將聚合視為表達領域邏輯的最小設計單元。如果領域行為是無狀態的,或需要多個聚合的協作,又或需要存取外部資源,則應該將它分配給領域服務。至於領域事件,則主要用於表達領域物件狀態的遷移,也

可以透過事件來實現聚合乃至界限上下文之間的狀態通知。

戰略設計與戰術設計並非割裂的兩個階段,而是模型驅動設計過程在不同階段展現出來的不同視圖。戰略設計指導著戰術設計,這就等於設計原則指導著設計決策。Eric Evans 就明確指出,「戰略設計原則必須把模型的重點放在捕捉系統的概念核心,也就是系統的『遠景』上。」[8]231 當一個業務系統的規模變得越來越龐大時,戰略設計高屋建瓴地透過界限上下文規劃了整個系統的架構。只要維護好界限上下文的邊界,管理好界限上下文之間的協作關係,限制在該邊界內開展的戰術設計所要面對的就是一個複雜度得到大幅降低的小型業務系統。

人們常以「只見樹木,不見森林」來形容一個人不具備高瞻遠矚的戰略眼光,然而,若是「只見森林,不見樹木」,也未見得是一個褒揚的好詞語,它往往可以形容一個人好高騖遠,不願意腳踏實地將戰略方案徹底實踐。無論戰略的規劃多麼完美,到了戰術設計的實際執行時,團隊在開展對領域的深層次了解時,總會發現之前被遺漏的領域概念,並經過不斷的溝通與協作,「碰撞」出對領域的新的了解。對領域概念的新發現與完善除了能幫助我們將領域模型突破到深層模型,還可能促進我們提出對戰略設計的修改與調整,其中就包括對界限上下文邊界的調整,從而使戰略設計與戰術設計保持統一。

從戰略設計到戰術設計是一個自頂向下的設計過程,表現為設計原則對設計決策的指導;將戰術設計方案回饋給戰略設計,則是自底向上的演化過程,表現為對領域概念的重構引起對戰略架構的重構。二者形成不斷演化、螺旋上升的設計循環。

2.1.4 領域模型驅動設計

領域驅動設計是一種思維方式[8]2,而模型驅動設計則是領域驅動設計的一種設計元模型。因此,模型驅動設計必須在領域驅動設計思維方式的指導下進行,那就是針對領域的模型驅動設計,或更加準確地將其描述為領域模型驅動設計。

領域模型驅動設計透過單一的領域模型同時滿足分析建模、設計建模和實現建模的需要，從而將分析、設計和程式開發實現糅合在一個整體階段中，避免彼此的分離造成知識傳遞帶來的知識流失和偏差。它樹立了一種關鍵意識，就是開發團隊在針對領域邏輯進行分析、設計和程式開發實現時，都在進行領域建模，產生的輸出無論是文件、設計圖還是程式，都是組成領域模型的一部分。Eric Evans 將那些參與模型驅動設計過程並進行領域建模的人員稱為「親身實踐的建模者」（hands-on modeler）[8]40。

模型驅動設計主要在戰術階段進行，換言之，整個領域建模的工作是在界限上下文的邊界約束下進行的，統一語言的知識語境會對領域模型產生影響，至少，建模人員不用考慮在整個系統範圍下領域概念是否存在衝突，是否帶來問題。由於界限上下文擁有自己的內部架構，一旦領域模型牽涉到跨界限上下文之間的協作，就需要遵循界限上下文與上下文映射的架構約束了。

既然模型驅動設計是針對領域的，就必須明確以下兩個關鍵原則。

■ 以領域為建模驅動力：在建模過程中，針對領域知識提煉抽象的領域模型，並不斷針對領域模型進行深化與突破，直到最終以程式來表達領域模型。

■ 排除技術因素的干擾：領域建模與技術實現的重點分離有助保證領域模型的純粹性，也能避免混淆領域概念和其他只與技術相關的概念。

模型驅動設計不能一蹴而就。畢竟，即使透過界限上下文降低了業務複雜度，對領域知識的了解是一個漸進的過程。在這個過程中，開發團隊需要和領域專家緊密協作，共同研究領域知識。在獲得領域模型之後，也要及時驗證，確認領域模型有沒有真實表達領域知識。一旦發現遺漏或失真的現象，就需要重構領域模型。首先建立領域模型，然後重構領域模型，進而精煉領域模型，保證領域概念被直觀而真實地表達為簡單清晰的領域模型。顯然，在戰術設計階段，模型驅動設計也應該是一個演進的不斷完整的螺旋上升的循環過程。

2.2 領域驅動設計過程

領域驅動設計過程是一條若隱若現的由許多點組成的設計軌跡，這些點就是領域驅動設計的設計元模型。如果我們從問題空間到解空間，從戰略設計到戰術設計尋找到對應的設計元模型，分別「點亮」它們，那麼這條設計軌跡就會如圖 2-3 那樣格外清晰地呈現在我們眼前。

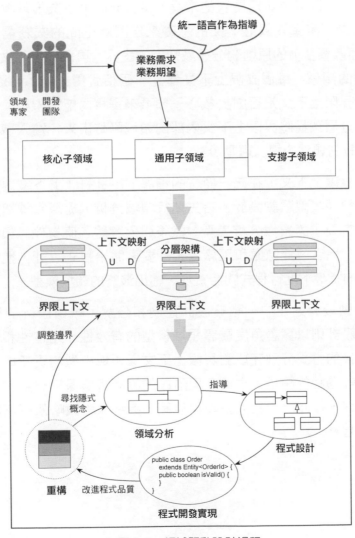

▲ 圖 2-3　領域驅動設計過程

領域驅動設計的過程幾乎貫穿了整個軟體建構的生命週期，包括對業務需求的探索和分析，系統的架構和設計，以及程式開發實現、測試和重構。面對客戶的業務需求，由領域專家與開發團隊展開充分的交流，經過需求分析與知識提煉，獲得清晰明確的問題空間，並從問題空間的業務需求中提煉出統一語言，然後利用子領域分解問題空間，根據價值高低確定核心子領域、通用子領域和支撐子領域。

透過對問題空間開展戰略層次的求解，獲得界限上下文形成解空間的主要支撐元素。辨識界限上下文的基礎來自問題空間的業務需求，遵循「高內聚鬆散耦合」的原則劃分領域知識的邊界，再透過上下文映射管理它們之間的關係。每個界限上下文都是一個相對獨立的「自治王國」，可以根據界限上下文是否屬於核心子領域來選擇內部的架構。一般來說需要透過分層架構將界限上下文內部的領域隔離出來，進入戰術設計階段，進行針對領域的模型驅動設計。

選定一個界限上下文，在統一語言的指導下，針對該上下文內部的領域知識開展領域模型驅動設計。首先進行領域分析，提煉領域知識建立滿足統一語言要求的領域分析模型，然後引入實體、值物件、領域服務、領域事件、聚合、資源庫和工廠等設計要素開始程式設計，獲得設計模型後在它的指導下進行程式開發實現，輸出最終的領域模型。

在領域驅動設計過程中，戰略設計控制和分解了戰術設計的邊界與粒度，戰術設計則以實證角度驗證領域模型的有效性、完整性和一致性，進而以迭代的方式分別完成對界限上下文與領域模型的更新與演化，各自形成設計過程的閉環。兩個不同階段的設計目標保持一致，形成一個連貫的過程，彼此之間相互指導與規範，最終保證戰略架構與領域模型的同時演進。

2.3 控制軟體複雜度

回到對軟體複雜度的本質分析。問題空間的規模與結構製造了了解能力障礙，問題空間的變化製造了預測能力障礙，從而形成了問題空間的複雜度。問題空間的複雜度決定了「求解」的難度，領域驅動設計對軟體複雜度的控制之道就是竭力改變設計的品質，也就是在解空間中引入設計元模型，對問題空間的複雜度進行有效的控制。

2.3.1 控制規模

問題空間的規模客觀存在，除了在軟體建構過程中透過降低客戶的期望，明確目標系統的範圍能夠有效地限制規模，要在問題空間控制規模，我們手握的籌碼確實不多，然而到了解空間，開發團隊就能掌握主動權了。雖然不能改變系統的規模，卻可以透過「分而治之」的方法將一個規模龐大的系統持續分解為小的軟體元素，直到每個細粒度（視問題空間的問題粒度而定）的軟體元素能夠解決問題空間的問題為止。當然，這種分解並非不分原則地拆分，在分解的同時還必須保證被分解的部分能夠被合併為一個整體。分而治之的過程首先是自頂向下持續分解的過程，然後又是自底向上進行整合的過程。

分而治之是一個好方法，可是，該採用什麼樣的設計原則、以什麼樣的粒度對軟體系統進行分解，又該如何將分解的軟體元素組合起來形成一個整體，卻讓人倍感棘手。領域驅動設計提出了兩個重要的設計元模型：界限上下文和上下文映射，它們是控制系統規模最為有效的手段，也是領域驅動設計戰略設計階段的核心模式。

下面讓我們透過一個案例意識到如何透過界限上下文控制系統的規模。

國際報稅系統是為跨國公司的駐外員工提供的、方便一體化的稅收資訊填報平台。稅務專員透過該平台收集員工提交的報稅資訊，然後對這些資訊進行稅務評審。如果稅務專員評審出資訊有問題，則將其返回給員

工重新修改和填報。一旦資訊確認無誤，則進行稅收分析和計算，並生成最終的稅務報告提交給當地政府以及員工本人。

系統主要涉及的功能包括：

- 駐外員工的薪酬與福利；
- 稅收計畫與符合規範評審；
- 對稅收評審的分配管理；
- 稅收策略設計與評審；
- 對駐外出差員工的稅收符合規範評審；
- 全球的簽證服務。

主要涉及的使用者角色包括：

- 駐外員工（assignee）；
- 稅務專員（admin）；
- 出差員工的雇主（client）。

採用領域驅動設計，我們將架構的主要重點為「領域」，在與客戶進行充分的需求溝通和交流後，透過分析已有系統的問題空間，結合客戶提出的新需求，在解空間利用界限上下文對系統進行分解，獲得以下界限上下文。

- 帳戶（account）：管理使用者的身份與設定資訊。
- 日程（calendar）：管理使用者的日程與旅行足跡。
- 工作（work record）：實現工作的分配與任務的追蹤。
- 檔案共用（file sharing）：實現客戶與系統之間的檔案交換。
- 符合規範（consent）：管理合法的遵守法規的狀態。
- 通知（notification）：管理系統與客戶之間的交流。
- 問卷調查（questionnaire）：對問卷調查的資料收集。

整個系統的解空間分解為多個界限上下文，每個界限上下文提供了自身領域獨立的業務能力，獲得了圖 2-4 所示的系統架構。

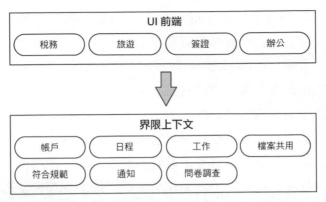

▲ 圖 2-4　引入界限上下文的國際報稅系統架構

每個界限上下文都是一個獨立的自治單元。根據界限上下文的邊界劃分團隊，建立單獨的程式庫。團隊只為所屬界限上下文負責：除了需要了解界限上下文之間的協作介面，以確定上下文映射的模式，團隊只需要了解邊界內的領域知識，為其建立各自的領域模型。系統複雜度透過界限上下文的分解獲得了明顯的控制。

2.3.2　清晰結構

保持系統結構的清晰是控制結構複雜度的不二法門。關鍵在於，要以正確的方式認清系統內部的邊界。界限上下文從業務能力的角度形成了一條清晰的邊界，它與業務模組不同，在內部也擁有獨立的架構（參見第 9 章），透過分層架構將領域分離出來，在業務邏輯與技術實現之間劃定一條清晰的邊界。

為何要在業務邏輯與技術實現之間劃分邊界呢？實際上仍然可以從軟體複雜度的角度列出理由。

問題空間由真實世界的客戶需求組成，需求可以簡單分為業務需求與品質需求。

業務需求的數量決定了系統的規模，這是業務需求對軟體複雜度帶來的直觀影響。以電子商務系統的促銷規則為例。針對不同類型的顧客與產品，

商家會提供不同的促銷力度。促銷的形式多種多樣，包括贈送積分、紅包、優惠券、禮品；促銷的週期需要支援訂製，既可以是特定的日期（例如「雙十一」促銷），也可以是節假日的固定促銷模式。顯然，促銷需求帶來了促銷規則的複雜度，包括支援多種促銷類型，根據促銷規則進行的複雜計算。這些業務需求並非獨立的，它們還會互相依賴、互相影響，例如在處理促銷規則時，還需要處理好它與商品、顧客、賣家與支付乃至於物流、倉儲之間的關係。這對整個系統的結構提出了更高的要求。如果不能維持清晰的結構，就可能因為業務需求的不斷變化帶來業務邏輯的多次修改，再加上溝通不暢、客戶需求不清晰等多種局外因素，整個系統的業務邏輯程式會變得糾纏不清，系統慢慢腐爛，變得不可維護，最終形成一種 Brian Foote 和 Joseph Yoder 所説的「大泥球」系統。

我們可以將業務需求帶來的複雜度稱為「業務複雜度」（business complexity）。

軟體系統的品質需求就是我們為系統定義的品質屬性，包括安全、高性能、高併發、高可用性等，它們往往給軟體的技術實現帶來挑戰。假設有兩個經營業務完全一樣的電子商務網站，但其中一個電子商務網站的併發造訪量是另一個電子商務網站的一百倍。此時，針對下訂單服務，要達到相同的服務水準，就不再是透過撰寫更好的業務程式所能解決的了。品質屬性對技術實現的挑戰還表現在它們彼此之間的影響，如系統安全性要求對存取進行控制，無論是增加防火牆，還是對傳遞的訊息進行加密，又或對存取請求進行認證和授權，都需要為整個系統架構增加額外的間接層。這會不可避免地對存取的低延遲產生影響，拖慢系統的整體性能。又比如為了滿足系統的高併發存取，需要對業務服務進行物理分解，透過水平增加更多的機器來分散存取負載；同時，還可以將一個同步的存取請求拆分為多級步驟的非同步請求，引入訊息中介軟體對這些請求進行整合和分散處理。這種分離一方面增加了系統架構的複雜度，另一方面也因為引入了更多的資源，使得系統的高可用面臨挑戰，且增加了維護資料一致性的難度。

我們可以將品質需求帶來的複雜度稱為「技術複雜度」（technology complexity）。

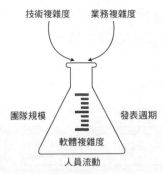

▲ 圖 2-5　業務複雜度與技術複雜度

技術複雜度與業務複雜度並非完全獨立的，二者的共同作用會讓系統的複雜度變得不可預期、難以掌控。同時，技術的變化維度與業務的變化維度並不相同，產生變化的原因也不一致。倘若未能極佳地界定二者之間的關係，確定兩種複雜度之間的清晰邊界，一旦各自的複雜度增加，團隊規模也將隨之擴大，再糅以嚴峻的發表週期、人員流動等諸多因素，就好似將各種不穩定的易燃易爆氣體混合在一個密閉容器中，隨時都可能產生複雜度的組合爆炸，如圖 2-5 所示。

要避免業務邏輯的複雜度與技術實現的複雜度混雜在一起，就需要確定業務邏輯與技術實現的邊界，從而隔離各自的複雜度。這種隔離也符合重點分離的設計原則。舉例來說，在電子商務的領域邏輯中，訂單業務關注的業務規則包括驗證訂單有效性，計算訂單總額，提交和審核訂單的流程等；技術重點則從實現層面確保這些業務能夠正確地完成，包括確保分散式系統之間的資料一致性，確保服務之間通訊的正確性等。業務邏輯不需要關心技術如何實現。無論採用何種技術，只要業務需求不變，業務規則就不會變化。換言之，理想狀態下，我們應該保證業務規則與技術實現是正交的。

領域驅動設計引入的分層架構規定了嚴格的分層定義，將業務邏輯封裝到領域層（domain layer），支撐業務邏輯的技術實現放到基礎設施層

（infrastructure layer）。在領域層之上的應用層（application layer）則扮演了雙重角色：一方面，作為業務邏輯的外觀（facade），它曝露了能夠表現業務使用案例的應用服務介面；另一方面，它又是業務邏輯與技術實現之間的黏合劑，實現了二者之間的協作。

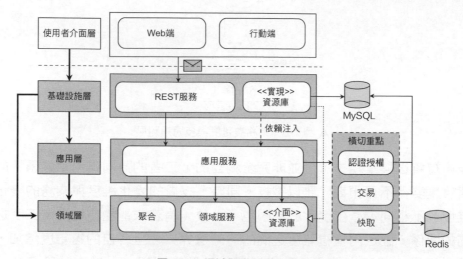

▲ 圖 2-6　領域驅動設計分層架構

圖 2-6 展示了一個典型的領域驅動設計分層架構。領域層的內容與業務邏輯有關，基礎設施層的內容與技術實現有關，二者涇渭分明，然後匯合在作為業務外觀的應用層。應用層確定了業務邏輯與技術實現的邊界，透過依賴注入（dependency injection）的方式將二者結合起來。

抽象的資源庫介面隔離了業務邏輯與技術實現。資源庫介面屬於領域層，資源庫實現則放在基礎設施層，透過依賴注入[4]可以在執行時期為業務邏輯注入具體的資源庫實現。無論資源庫的實現怎麼調整，領域層的程式都不會受到牽連。例如：領域層的領域服務 OrderService 透過 OrderRepository 資源庫增加訂單，OrderService 並不會知道 OrderRepository 的具體實現：

4　由 Martin Fowler 提出，以利於有效解耦，參見文章 Inversion of Control Containers and the Dependency Injection pattern。

```
package com.dddexplained.ecommerce.ordercontext.domain;

@Service
public class OrderService {
    @Autowired
    private OrderRepository orderRepository;

    public void execute(Order order) {
        if (!order.isValid()) {
throw new InvalidOrderException(String.format("the order which placed by
buyer with %s
is invalid.", buyerId));
        }
        orderRepository.add(order);
    }
}

@Repository
public interface OrderRepository {
    void add(Order order);
}
```

領域驅動設計透過界限上下文隔離了業務能力的邊界，透過分層架構隔
離了業務邏輯與技術實現，如此就能保證整個業務系統的架構具有清晰
的結構，實現了有序設計，可以避免不同重點的程式混雜在一處，形成
可怕的「大泥球」。

2.3.3 回應變化

未來的變化是無法控制的，我們只能以積極的態度擁抱變化。變被動為
主動的方式就是事先洞察變化的規律，辨識變化方向，把握業務邏輯的
本質，使得整個系統的核心領域邏輯能夠更進一步地回應需求的變化。

領域驅動設計透過模型驅動設計針對界限上下文進行領域建模，形成了
結合分析、設計和實現於一體的領域模型。領域模型是對業務需求的一
種抽象，表達了領域概念、領域規則以及領域概念之間的關係。一個好
的領域模型是對統一語言的視覺化表示，可以減少需求溝通可能出現的
問題。透過提煉領域知識，並運用抽象的領域模型去表達，就可以達到

對領域邏輯的化繁為簡。模型是封裝，實現了對業務細節的隱藏；模型是抽象，提取了領域知識的共同特徵，保留了面對變化時能夠良好擴充的可能性。

領域建模的困難是如何將看似分散的事物抽象成一個統一的領域模型。舉例來說，我們要開發的專案管理系統需要支援多種軟體專案管理流程，如瀑布、統一過程、極限程式設計或 Scrum，這些專案管理流程迥然不同，如果需要我們為各自提供不同的解決方案，就會使系統的模型變得非常複雜，也可能引入許多不必要的重複。透過領域建模，我們可以對專案管理領域的知識進行抽象，尋找具有共同特徵的領域概念。這就需要分析各種專案管理流程的主要特徵與表現，以從中提煉出領域模型。

瀑布式軟體開發由需求、分析、設計、程式開發、測試、驗收 6 個階段組成，每個階段都由不同的活動組成，這些活動可能是設計或開發任務，也可能是召開評審會。

統一過程（rational unified process，RUP）清晰地劃分了 4 個階段：先啟階段、細化階段、構造階段和發表階段。每個階段可以包含一到多個迭代，每個迭代有不同的工作，例如業務建模、分析設計、設定和變更管理等。

極限程式設計（eXtreme programming，XP）身為敏捷方法，採用了迭代的增量式開發，提倡為客戶發表具有業務價值的可運行軟體。在執行發表計畫之前，極限程式設計要求團隊對系統的架構做一次預研（architectural spike，又被譯為架構穿刺）。當架構的初始方案確定後，就可以進入每次小版本的發表。每個小版本發表又被劃分為多個週期相同的迭代。在迭代過程中，要求執行一些必需的活動，如撰寫使用者故事、故事點估算、接受度測試等。

Scrum 同樣是迭代的增量開發過程。專案在開始之初，需要在準備階段確定系統願景、整理業務使用案例、確定產品待辦項（product backlog）、制訂發佈計畫以及組建團隊。一旦確定了產品待辦項以及發佈計畫，就

進入衝刺（sprint）迭代階段。sprint 迭代過程是一個固定時長的專案過程，在這個過程中，整個團隊需要召開計畫會議、每日站會、評審會議和回顧會議。

顯然，不同的專案管理流程具有不同的業務概念，例如瀑布式開發分為 6 個階段，卻沒有發佈和迭代的概念；RUP 沒有發佈的概念；Scrum 為迭代引入了衝刺的概念。不同的專案管理流程具有不同的業務規則，例如 RUP 的 4 個階段可以包含多個迭代週期，每個迭代週期都需要完成對應的工作，只是不同工作在不同階段所佔的比重不同；XP 需要在進入發佈階段之前進行架構預研，而在每次小版本發佈之前，都需要進行接受度測試和客戶驗收；Scrum 的衝刺是一個基本固定的流程，每個迭代召開的「四會」（計畫會議、評審會議、回顧會議和每日站會）都有明確的目標。

領域建模就是要從這些紛繁複雜的領域邏輯中尋找到能夠表示專案管理領域的概念，對概念進行抽象，確定它們之間的關係。經過分析這些專案管理流程，我們發現它們的業務概念和規則上雖有不同之處，但都歸屬於軟體開發領域，因此必然具備一些共同特徵。

從專案管理系統的角度看，無論針對何種專案管理流程，我們的主題需求是不變的，就是要為這些管理流程制訂軟體開發計畫（plan）。不同之處在於，計畫可以由多個階段（phase）組成，也可以由多個發佈（release）組成。一些專案管理流程沒有發佈的概念，我們也可以認為是一個發佈。那麼，到底是一個發佈包含多個階段，還是一個階段包含多個發佈呢？我們發現，在 XP 中明顯地劃分了兩個階段：架構預研階段與發佈計畫階段，而發佈只屬於發佈計畫階段。因而從概念內涵上，可以認為是階段（phase）包含了發佈（release），每個發佈又包含了一到多個迭代（iteration）。至於 Scrum 的 sprint 概念，其實可以看作迭代的一種特例。每個迭代可以開展多種不同的活動（activity），這些活動可以是整個團隊參與的會議，也可以是部分成員或特定角色執行的實踐。對計畫而言，我們還需要追蹤任務（task）。與活動不同，任務具有明確的計畫起止時間、實際起止時間、工作量、優先順序和承擔人。

於是可提煉出圖 2-7 所示的統一領域模型。

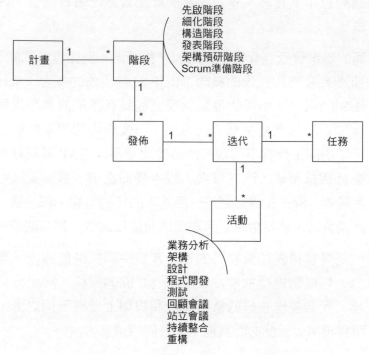

▲ 圖 2-7　專案管理系統的統一領域模型

為了讓專案管理者更加方便地制訂專案計畫，產品經理提出了計畫範本功能。當管理者選擇對應的專案管理生命週期類型後，系統會自動創建滿足其規則的初始計畫。以增加為基礎的這一新需求，我們更新了之前的領域模型，如圖 2-8 所示。

在增加的領域模型中，生命週期規格（life cycle specification）是一個隱含的概念，遵循領域驅動設計提出的規格（specification）模式 [8]154，封裝了專案開發生命週期的約束規則。

領域模型以視覺化的方式清晰地表達了業務含義。我們可以利用這個模型指導後面的程式設計與程式開發實現：當需求發生變化時，能夠敏銳地捕捉到現有模型的不符合之處，並進行更新，使得我們的設計與實現能夠以較小的成本響應需求的變化。

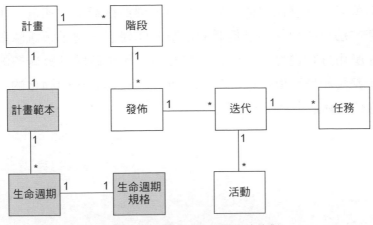

▲ 圖 2-8　領域模型對變化的應對

2.4　冷靜認識

控制軟體複雜度是建構軟體過程中永恆的旋律，必須明確：軟體複雜度可以控制，但不可消除。領域驅動設計控制軟體複雜度的中心主要在於「領域」，Eric Evans 就認為：「很多應用程式最主要的複雜度並不在技術上，而是來自領域本身、使用者的活動或業務。」[8]2 這當然並不全面，隨著軟體的「觸角」已經蔓延到人類生活的各方面，在業務複雜度變得越來越高的同時，技術複雜度也在不斷地向技術極限發起挑戰，其製造的技術障礙完全不亞於業務層面帶來的困難。領域驅動設計並非「銀彈」，它的適用範圍主要是大規模的、具有複雜業務的中大型軟體系統，至於對技術複雜度的應對，它的選擇是「隔離」，然後交給專門的技術團隊設計合理的解決方案。

領域驅動設計控制軟體複雜度的方法當然不僅限於本章列出的闡釋和說明，它的設計元模型在軟體建構的多個方面都在發揮著作用，其目的自然也是改進設計品質以應對軟體複雜度——這是領域驅動設計的立身之本！如果你要建構的軟體系統沒有什麼業務複雜度，領域驅動設計就發揮不了它的價值；如果建構軟體的團隊對於軟體複雜度的控制漠不關

心，只顧著追趕進度而採取「頭痛醫頭，腳痛醫腳」的態度，領域驅動
設計這套方法可能也入不了他們的法眼。即使意識到了領域驅動設計的
價值，怎麼用好它也是一個天大的難題。我嘗試破解實踐難題的方法，
就是重新整理領域驅動設計的知識系統，嘗試建立一個固化的、具有參
考價值的領域驅動設計統一過程。

領域驅動設計統一過程

只憑經驗，我們得經過遙遙遼遠的汗漫之遊，才能得到便利直捷之徑。

——洛節·愛鏗，轉引自湯瑪斯·哈代的《德伯家的苔絲》

距離領域驅動設計的提出已有十餘年，開發人員面對的軟體開發模式、開發技術和 IT 規模都有了天翻地覆的變化。即使領域驅動設計身為設計思維方式與軟體設計過程，並未涉及具體的開發技術，但技術的發展仍然會對它產生影響，就連 Eric Evans 自己也認為：「如果在推行領域驅動設計時繼續照本宣科地使用《領域驅動設計》一書，這就不太光彩了！」[1]

領域驅動設計具有一定的開放性，只要遵循「以領域為驅動力」的核心原則，就可以在軟體建構過程中使用不限於領域驅動設計提出的方法，以控制軟體複雜度。事實上，在領域驅動設計社區的努力下，如今的領域驅動設計包容的實踐方法與模型已經超越了 Eric Evans 最初提出的領域驅動設計範圍。這是一套可以自我成長自我完整的過程系統，只要軟體仍然以滿足使用者的業務需求為己任，領域驅動設計就不會脫離它成長的土壤。

---

[1] 來自 Eric Evans 在 2017 年的 Explore DDD 大會上所作的開幕式主題演講。

既然看到了領域驅動設計的開放性，只要不違背它的核心原則，我們自然可以按照對它的了解，結合自身在專案中的實踐來擴充整套方法論。社區對領域驅動設計的補充更多地表現在對設計元模型的不斷豐富上。以「模式」作為表達方式的設計元模型是一種鬆散的組織方式，每個模式都有其意圖與適用性，這表示我們可以輕鬆地增加新的模式。目前，社區已經為這套設計元模型分別增加了諸如支撐子領域、領域事件、事件溯源、命令查詢職責分離（command query responsibility segregation，CQRS）等模式，本書也針對上下文映射提出了發行者 / 訂閱者模式（參見第 10 章），為界限上下文定義了菱形對稱架構模式（參見第 12 章），在領域建模階段增加了角色構造型（參見第 16 章）的概念，提出了服務驅動設計（參見第 16 章）方法。

領域驅動設計的開放性還表現在適用範圍的擴大。它身為方法論，囊括了在軟體設計領域提煉出來的諸多真知灼見，並以設計原則和模式的形式將其呈現出來。這些設計原則和模式具備技術領先性和前瞻性，表現了頑強的生命力，仿佛可以預見技術發展的未來。例如：它「預見」了微服務架構，可以將界限上下文作為設計和辨識微服務邊界的參考模式；它「預見」了文件型的 NoSQL 資料庫，可以使用聚合模式封裝 NoSQL 資料庫的每一項；它「預見」了中台戰略，可以透過對子領域的劃分提供能力中心建構的設計支援。

領域驅動設計的開放性是其永葆青春的秘訣。當然，在選擇為這套方法論添磚加瓦時，也不能率意而為，肆意擴大領域驅動設計的外延，仿佛它是一個筐，什麼都能向裡面裝。本著實證主義的態度，在對現有領域驅動設計系統進行完善之前，需要充分了解它現存的不足。

3.1 領域驅動設計現存的不足 [2]

領域驅動設計系統建構在設計元模型的基礎之上，具有前所未有的開放性。然而，這種由各種模式組成的鬆散模型卻也使得它對設計上的指導過於隨意，對技能的要求過高。如果沒有掌握其精髓，就難以合理地運用這些設計元模型。歸根結底，領域驅動設計缺乏一個系統的統一過程作為指導。雖然領域驅動設計劃分了戰略設計階段與戰術設計階段，但這兩個階段的劃分僅是對組成元模型的模式進行類別上的劃分，例如將界限上下文、上下文映射等模式劃分到戰略設計階段，將聚合、實體、值物件等模式劃分到戰術設計階段，卻沒有一個統一過程去規範這兩個階段需要執行的活動、發表的工件以及階段里程碑，甚至沒有清晰定義這兩個階段該如何銜接、它們之間執行的工作流到底是怎樣的。畢竟，除了極少數菁英團隊，大多數開發團隊都需要一個清晰的軟體建構過程作為指導。領域驅動設計無法形成這樣的統一過程，使得其缺乏可操作性。團隊在運用領域驅動設計時，更多取決於設計者的產業知識與設計經驗，使得領域驅動設計在專案上的成功存在較大的偶然性。因此，領域驅動設計缺乏規範的統一過程，是其不足之一。

領域驅動設計宣導以「領域」為設計的核心驅動力，這就需要針對問題空間的業務需求進行領域知識的抽象和精煉。可是，系統的問題空間是如何辨識和界定出來的？問題空間的業務需求又該如何獲得，具備什麼樣的特徵？如何定義它們的粒度和層次？如何規範和約定團隊各個角色對問題空間的探索和分析？在不同階段，業務需求的表現形式與驗證標準分別是什麼？針對種種問題，領域驅動設計都沒有列出答案，甚至根本未曾提及這些內容！雖說可以將這些問題納入需求管理系統，從而認為它們不屬於領域驅動設計的範圍，可是，不同層次的業務需求貫穿於

2　這裡分析的不足，主要針對 Eric Evans 的著作《領域驅動設計》中的內容，社區針對這些不足也提出了各自的解決方案或模式。

領域驅動設計過程的每個環節，例如辨識界限上下文需要對業務需求和業務流程具有清晰的了解，建立領域模型需要的領域知識和概念也都來自細粒度層次的業務需求，更不用說領域驅動設計本身就強調領域專家需要就領域知識與開發團隊進行充分溝通。可以說，沒有好的問題空間分析，就不可能獲得高品質的領域架構與領域模型。因此，領域驅動設計缺乏與之符合的需求分析方法，是其不足之二。

領域驅動設計戰略設計階段的核心模式是界限上下文，指導架構設計的核心模式是分層架構，前者決定了業務架構和應用架構，後者決定了技術架構。領域驅動設計的核心訴求是讓業務架構和應用架構形成綁定關係，同時降低與技術架構的耦合，使得在面對需求變化時，應用架構能夠適應業務架構的調整，並隔離業務複雜度與技術複雜度，滿足架構的演進性。領域驅動設計雖然列出了這些模式的特徵，卻失之於簡單鬆散，不足以支撐複雜軟體專案的架構需求。更何況，對於如何從問題空間映射到戰略層次的解空間、問題空間的業務需求如何為界限上下文與上下文映射的辨識提供參考等問題，領域驅動設計完全語焉不詳。因此，領域驅動設計缺乏規範化的、具有指導意義的架構系統，是其不足之三。

在戰術設計階段，領域驅動設計雖然以模型驅動設計為主線，卻沒有列出明確的領域建模方法。無論是否採用敏捷的迭代建模過程，整個建模過程分為分析、設計和實現這 3 個不同的活動都是客觀存在的事實。雖然要保證領域模型的一致性，但這 3 個活動存在明顯的存續關係，每個活動的目標、參與角色和建模知識存在本質差異，這也是客觀存在的事實。領域驅動設計卻沒有為領域分析建模、領域設計建模和領域實現建模提供對應的方法指導，建模活動率性而為，要獲得高品質的領域模型，主要憑藉建模人員的經驗。因此，領域驅動設計的領域建模方法缺乏固化的指導方法，是其不足之四。

3.2 領域驅動設計統一過程

針對領域驅動設計現存的這 4 個不足，我對領域驅動設計系統進行了精簡與豐富。精簡，表示做減法，就是要剔除設計元模型中不太重要的模式，凸顯核心模式的重要性，並對領域驅動設計過程進行固化，提供簡單有效的實踐方法，建立具有目的性和可操作性的建構過程；豐富，表示做加法，就是突破領域驅動設計的範圍，擴大領域驅動設計的外延，引入更多與之相關的方法與模式來豐富它，彌補其自身的不足。

軟體建構的過程就是不斷對問題空間求解獲得解決方案，進而組成完整的解空間的過程。在這個過程中，若要建構出優良的軟體系統，就需要不斷控制軟體的複雜度。因此，我對領域驅動設計的完善，就是在問題空間與解空間背景下，定義能夠控制軟體複雜度的領域驅動設計過程，並將該過程執行的工作流限定在領域重點的邊界之內，避免該過程的擴大化。我將這一過程稱為領域驅動設計統一過程（domain-driven design unified process，DDDUP）。

3.2.1 統一過程的二維模型

領域驅動設計統一過程參考了統一過程（rational unified process，RUP）的二維開發模型。整個過程的二維模型如圖 3-1 所示，橫軸代表推動領域驅動設計在建構過程中的時間，表現了過程的動態結構，組成元素主要為 3 個階段（phase），每個階段可以由多個迭代組成；縱軸表現了領域驅動設計在各個階段中執行的活動，表現了過程的靜態結構，組成元素包括工作流（work flow）和元模型（meta model）。

不同於 RUP 等專案管理過程，領域驅動設計統一過程並沒有也不需要覆蓋完整的軟體建構生命週期，例如軟體的部署與發佈就不在該統一過程的考慮範圍內。結合領域驅動設計對問題空間和解空間的階段劃分、對戰略設計和戰術設計的層次劃分，整個統一過程分為 3 個連續的階段：

- 全域分析階段；
- 架構映射階段；
- 領域建模階段。

每個階段都規定了自己的里程碑和產出物。里程碑作為階段目標，可以作為該階段結束的標示，避免團隊無休止地投入人力物力到該階段的工作流中；每個階段都必須輸出產出物，這些產出物無論形式如何，都是領域知識的一部分，並作為輸入，成為執行下一階段工作流的重要參考，甚至可以指導下一個階段工作流的執行。根據情況，團隊可以對每個階段的產出物進行評審。每個團隊可以設定驗收規則，甚至做出嚴格規定，只有本階段產出物通過了評審，才可以進入下一個階段。

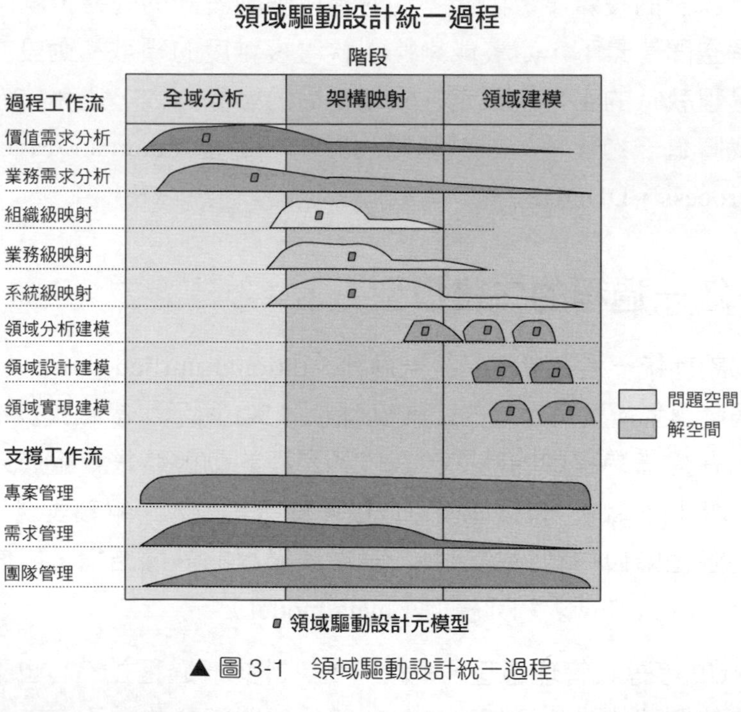

領域驅動設計統一過程

▲ 圖 3-1　領域驅動設計統一過程

統一過程的每個階段要執行的活動主要透過工作流來表現，一個工作流就是一個具有可觀察結果的活動序列。整個統一過程的工作流分為過程工作流（process work flow）與支撐工作流（supporting work flow）。每

個工作流都可能貫穿統一過程的所有階段，只不過因為階段目標與工作流活動的不同，工作流在不同階段所佔的比重各不相同，表示在不同階段花費的人力成本與時間成本的不同。圖 3-1 中工作流圖例的面積直觀地表現了這種成本的差異。舉例來說，價值需求分析工作流主要用於確定系統的利益相關者、系統願景和系統範圍，這些活動與全域分析階段需要達成的里程碑相吻合，但這並不表示在專案進入架構映射階段時就不需要執行該工作。軟體系統就像一座不斷擴張的城市，透過價值需求分析獲得的利益相關者、系統願景和系統範圍也會隨著軟體系統問題空間的變化而發生調整，其他工作流同樣如此。

過程工作流組成了領域驅動設計統一過程的主要活動，它融合了領域驅動設計元模型，為工作流提供設計原則和模式的指導。這也使得整個統一過程保留了領域驅動設計的特徵，遵循了「以領域為驅動力」的核心原則。支撐工作流嚴格説來不屬於領域驅動設計的範圍，但對它們的選擇卻會在整個統一過程中不斷地影響著實施領域驅動設計的效果。領域驅動設計不能與它們強行綁定，畢竟不同企業、不同團隊的文化基因和管理機制存在差異，但需要選擇與領域驅動設計統一過程具有高符合度的支撐工作流。

3.2.2 統一過程的動態結構

領域驅動設計統一過程的動態結構透過 3 個階段，從問題空間到解空間完整而準確地展現了運用領域驅動設計建構目標系統的過程。這裡所謂的「目標系統」是一個抽象的概念，取決於領域驅動設計統一過程的運用範圍，既可大至整個組織，將該組織的所有 IT 系統都囊括在這一統一過程之下（問題空間的範圍也將由此擴大至整個組織），也可小至一個已有系統的新開發功能模組，將其獨立出來，嚴格遵循該統一過程，運用領域驅動設計完成其建構。目標系統的大小直接決定了問題空間的大小，自然也就決定了它所映射的解空間的大小。

1. 全域分析階段

全域分析（big picture analysis）階段的目標是探索與分析問題空間。該
階段主要透過對目標系統執行價值需求分析與業務需求分析這兩個工作
流，完全拋開對解決方案的思考與選擇，光從需求分析的角度以遞進方
式開展對問題空間的深入剖析。整個全域分析過程如圖 3-2 所示。

▲ 圖 3-2 全域分析

從價值需求開始，辨識目標系統的利益相關者，明確系統願景，辨識系
統範圍。只有明確了利益相關者，才能就不同利益相關者的專案目標達
成共識，以明確組織對目標系統樹立的願景，確保建構的目標系統能夠
對準組織的戰略目標，避免軟體投資方向的偏離。通過了解目標系統的
當前狀態和預期的未來狀態，可以確定目標系統的範圍，從而界定問題
空間的邊界，為進一步探索目標系統的解決方案提供戰略指導。價值需
求分析的成果看似虛無標緲，似乎都是巨觀層次言不及義的大話、套
話，實則描繪了目標系統的藍圖，避免開發團隊只見樹木不見森林，缺
乏對系統的整體把控。同時，它還指明了目標系統的方向，為我們確定
和排列業務需求優先順序提供了參考，為解空間進行技術選型和技術決
策提供了依據，做出恰如其分的設計。

在價值需求的指導和約束下，根據使用者發起的服務請求，逐一整理出
提供業務價值的動態業務流程，表現了多個角色在不同階段進行協作的
執行序列。每個業務流程都具有時間屬性，透過劃定里程碑時間節點，
即可在業務目標的指導下將業務流程劃分為不同時間階段的多個業務場
景。業務場景由多個角色共同參與，每個角色在該場景下與目標系統的

一次功能互動，都是為了滿足該角色希望獲得的服務價值，由此即可獲得業務服務。

在對業務需求進行深入分析後，可以結合價值需求分析的結果，將那些對準系統願景的業務需求放到核心子領域，將提供支撐作用的業務需求放到支撐子領域，將提供公共功能的業務需求放到通用子領域，由此就可以從價值角度完成對問題空間的分解。

全域分析階段的里程碑目標是探索和固定目標系統的問題空間，透過分析價值需求與業務需求，獲得以業務服務為業務需求單元的全域分析規格說明書（參見附錄 D）。

參與全域分析階段的角色包括客戶或客戶代表、業務分析師、產品經理、使用者體驗設計師、架構師或技術負責人、測試負責人。其中，客戶、業務分析師、產品經理共同扮演領域專家的角色，並在本階段作為關鍵的引導者和推動者。

2. 架構映射階段

架構映射（architectural mapping）階段根據全域分析階段獲得的產出物，即價值需求與業務需求，分別從組織級、業務級與系統級 3 個層次完成對問題空間的求解，映射為架構層面的解決方案。整個架構映射階段與主要工作流的關係如圖 3-3 所示。

透過全域分析階段完成對問題空間的探索後，對解空間架構層面的解決方案映射，幾乎可以做到順勢而為。透過執行組織級映射、業務級映射與系統級映射這 3 個過程工作流，分別獲得組織級架構、業務級架構與系統級架構。

在執行組織級映射時，設計者站在整個組織的高度，在全域分析階段輸出的價值需求的指導下，透過系統上下文呈現利益相關者、目標系統與衍生系統之間的關係。系統上下文實際上確定了解空間的邊界，除了系統邊界與外部環境之間必要的整合，整個開發團隊都工作在系統上下文的邊界之內。

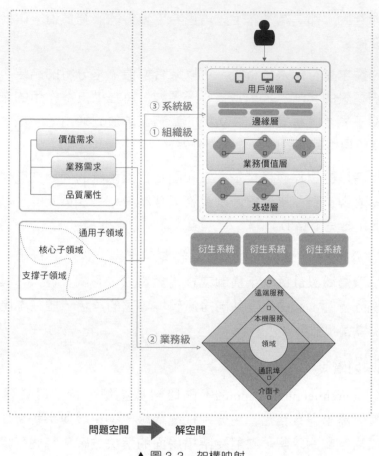

問題空間 ➡ 解空間

▲ 圖 3-3　架構映射

一旦確定了系統上下文，就可以根據全域分析階段輸出的業務需求執產
業務級映射。根據語義相關性和功能相關性對業務服務表達出來的業務
知識進行歸類與歸納，即可辨識出邊界相對合理的界限上下文。界限上
下文的內部架構遵循菱形對稱架構模式，充分表現它作為自治的架構單
元、領域模型的知識語境，提供獨立完整的業務能力；界限上下文之間
則透過不同的上下文映射模式表達上游和下游之間的協作方式，規範服
務契約。

系統級映射建立在界限上下文之上，在全域分析階段劃分的子領域的指
導下，在系統上下文的邊界內部建立系統分層架構。該分層架構將屬於

核心子領域的界限上下文映射為業務價值層，將支撐子領域和通用子領域的界限上下文映射為基礎層，並從前端使用者體驗的角度考慮引入邊緣層，為前端提供一個統一的閘道入口，並透過聚合服務的方式回應前端發來的用戶端請求。

架構映射階段的里程碑目標是完成從問題空間到解空間的架構映射，透過組織級映射、業務級映射和系統級映射獲得遵循領域驅動架構風格的架構映射戰略設計方案（參見附錄 D）。

架構映射階段就是目標系統的架構戰略設計。解決方案的獲得建立在全域分析結果的基礎之上，不同層次的映射方法引入了不同的領域驅動設計元模型，建立的領域驅動架構風格發揮了這些設計元模型的價值，保證了目標系統架構的一致性，以界限上下文為核心的業務級架構與系統級架構也成了回應業務變化的關鍵。

參與架構映射階段的角色包括業務分析師、產品經理、使用者體驗設計師、專案經理、架構師、技術負責人、開發人員。其中，業務分析師和產品經理共同扮演領域專家的角色。由於架構映射階段屬於解空間的範圍，邀請客戶參與本階段的戰略設計活動，可能會適得其反。若有必要，在執行組織級映射獲得系統上下文的過程中，可以諮詢和參考客戶的意見。在本階段，架構師（尤其是業務架構師與應用架構師）應成為關鍵的引導者和推動者。

3. 領域建模階段

領域建模階段是對問題空間戰術層次的求解過程，它的目標是建立領域模型。領域建模必須在領域驅動架構風格的約束下，在界限上下文的邊界內進行。這樣一方面用分而治之的思想降低了領域建模的難度，另一方面也表現了領域建模依據的統一語言存在限定的語境，這也是模型驅動設計區別於其他建模過程的根本特徵。根據領域模型表現特徵的不同，領域建模可分為領域分析建模、領域設計建模和領域實現建模，對應於本階段的 3 個主要過程工作流。整個領域建模階段與主要工作流的關係如圖 3-4 所示。

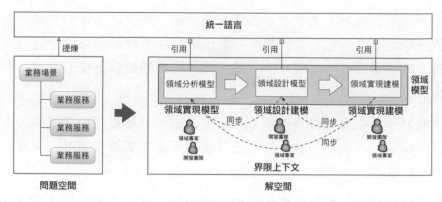

▲ 圖 3-4　領域建模

領域建模是一個統一而連續的過程。執行領域分析建模時，以領域專家為主導，整個領域特性團隊共同針對界限上下文對應的領域開展分析建模，即在統一語言的指導下對業務服務進行提煉與抽象，獲得的領域概念形成領域分析模型；執行領域設計建模時，以開發團隊為主導，圍繞每個完整的業務服務開展設計工作，獲得領域設計模型；領域實現建模仍然由開發團隊主導，在拆分業務服務為任務的基礎上開展測試驅動開發，撰寫出領域相關的產品程式和單元測試程式，形成領域實現模型。

領域分析模型、領域設計模型和領域實現模型共同組成了領域模型。在執行主要的過程工作流時，還需要注意領域分析模型、領域設計模型和領域實現模型之間的同步，保證領域模型的統一。

推動領域建模完成從問題空間到解空間戰術求解的核心驅動力是「領域」，在領域驅動設計統一過程中，就是透過業務服務表達領域知識，成為領域分析建模、領域設計建模和領域實現建模的驅動力。

領域建模階段的里程碑目標是完成從問題空間到解空間的模型建構，透過領域分析建模、領域設計建模和領域實現建模逐步獲得領域模型。領域模型包括以下內容。

■　領域分析模型：業務服務歸約和領域模型概念圖。
■　領域設計模型：以聚合為核心的靜態設計類別圖和由角色構造型組成的動態序列圖與序列圖指令稿。

■ 領域實現模型：實現業務功能的產品程式和驗證業務功能的測試程式。

參與領域建模階段的角色主要為領域特性團隊業務分析師、開發人員和測試人員，其中業務分析師負責細化業務服務，測試人員為業務服務撰寫驗收標準，開發人員進行服務驅動設計和測試驅動開發，共同完成領域建模。

3.2.3 統一過程的靜態結構

領域驅動設計統一過程透過縱軸展現了工作流（work flow），包括過程工作流與支撐工作流。其中，在執行過程工作流時，還需要應用領域驅動設計元模型中的模式（pattern）或豐富到領域驅動設計系統中的方法（method）。

1. 過程工作流

在講解領域驅動設計統一過程的各個階段時，我已說明了這些階段與各個過程工作流之間的關係，圖 3-1 也透過工作流圖示的面積大小表現了這種關係。這一對應關係主要表現了各個階段執行活動的主次之分，過程工作流的執行效果會直接影響階段的里程碑與產出物。

統一過程的所有過程工作流都運用了領域驅動設計的設計元模型。正是透過這種方式將相對零散的設計元模型糅合到一個完整的設計過程中，為開發團隊運用領域驅動設計提供過程指導。為了更進一步地使領域驅動設計實踐，我在沿用設計元模型的基礎上，豐富了領域驅動設計系統，增加了一些新的方法，這些方法也可以認為是設計元模型的一部分。過程工作流與其運用的設計元模型之間的關係如表 3-1 所示。

表 3-1　過程工作流與設計元模型

過程工作流	模式	方法
價值需求分析	統一語言	商業模式畫布
業務需求分析	統一語言、核心子領域、通用子領域、支撐子領域	業務流程圖、服務藍圖、業務服務圖、事件風暴

過程工作流	模式	方法
組織級映射	系統上下文	系統上下文圖、業務序列圖
業務級映射	界限上下文、上下文映射、菱形對稱架構	V 型映射過程、事件風暴、服務序列圖、康威定律、領域特性團隊
系統級映射	核心子領域、通用子領域、支撐子領域、系統分層架構	康威定律
領域分析建模	統一語言、界限上下文、模型驅動設計	快速建模法、事件風暴
領域設計建模	統一語言、模型驅動設計、實體、值物件、聚合、領域服務、領域事件、資源庫、工廠、事件溯源	角色構造型、服務驅動設計
領域實現建模	統一語言、模型驅動設計	測試驅動開發、簡單設計、測試金字塔

無論模式還是方法，都有知識零散之虞，它們就像一顆顆晶瑩剔透的珍珠，在實踐實踐時常常會有遺珠之憾，因此需要用領域驅動設計統一過程這條線把它們串聯起來，打造成一件完整的珠寶首飾，如此才能發出整體的耀眼光芒。

2. 支撐工作流

雖說領域驅動設計是以「領域」為核心重點的軟體建構過程，但它仍然屬於軟體建構的技術範圍；而我們在軟體建構工作中面對的太多問題，實際屬於管理學的範圍。《人件》認為：「開發的本質迥異於生產；然而，開發管理者的思想卻通常被生產環境衍生而來的管理哲學所左右。」[13] 同理，當我們改變了軟體建構的過程時，如果還在沿用過去那一套管理軟體建構的方法，就會出現「水土不服」的現象。因此，領域驅動設計統一過程需要對專案管理流程、需求管理系統和團隊管理制度做出對應的調整，這些共同組成了統一過程的支撐工作流。

關於專案管理，Eric Evans 早在十餘年前就提到了敏捷開發過程與領域驅動設計之間的關係，他提出了兩個開發實踐 [8]3：

■ 迭代開發；

■ 開發人員與領域專家具有密切的關係。

領域驅動設計統一過程並未對專案管理流程做出硬性的規定，然而迭代開發因為其增量開發、小步前行、快速回饋、回應變化等優勢，能夠非常好地與領域驅動設計相結合，可考慮將其引入領域建模階段，形成分析、設計和實現的迭代建模與開發流程。全域分析階段與架構映射階段也可採用迭代模式，但它們在管理流程上更像 RUP 的先啟階段。短暫快速的先啟階段與迭代建模的增量開發相結合，形成一種「最小計畫式設計」。它是軟體開發過程的中庸之道，既避免了瀑布型的計畫式設計因為龐大的問題空間形成分析癱瘓（analysis paralysis），又不至於走向無設計的另一個極端。

領域驅動設計的成敗很大程度上取決於需求的品質。全域分析階段的主要目標就是對問題空間進行價值需求分析與業務需求分析；在領域建模階段，也需要領域特性團隊的業務分析師針對全域分析獲得的業務服務進行深入分析。這些都是領域驅動設計統一過程對需求管理流程的要求。

與需求管理流程不同，領域驅動設計統一過程並沒有強制約定需求分析的方法，團隊可以根據自身能力和方法的要求，選擇使用案例需求分析方法，也可以選擇協作性更強的使用者故事地圖或事件風暴，甚至將多種需求分析方法與實踐結合起來，只要能獲得更有價值的業務需求。當然，為了讓參與者能夠在需求分析與管理過程中達成共識，也需要就需求術語定義「統一語言」。表 3-2 列出了統一過程使用的技術術語與主流需求分析方法使用的技術術語之間的對應關係。

表 3-2　需求分析的統一語言

領域驅動設計統一過程	業務與系統建模	精益需求	使用者故事地圖	事件風暴
業務流程	業務序列圖	使用者體驗地圖	敘事主線	事件流
業務場景	業務使用案例	史詩故事	無	關鍵事件與水道
業務服務	系統使用案例	特性	活動	決策命令
業務任務	使用案例執行步驟	使用者故事	任務	決策命令

領域驅動設計統一過程使用業務流程、業務場景、業務服務和業務任務 4 個層次的技術術語來表現不同層級的業務需求。

領域驅動設計對團隊管理也提出了要求:「團隊共同應用領域驅動設計方法,並且將領域模型作為專案溝通的核心。」[8]6 這一要求的目的是讓團隊成員更進一步地溝通與交流,並在團隊內部形成一種公共語言,在開發節奏上保持與建模過程的步調一致。為了促進團隊的充分交流,應為提供業務能力的界限上下文建立領域特性團隊,為具有內聚功能的模組建立元件團隊,針對用戶端呼叫者尤其是前端 UI 建立前端元件團隊,這種團隊組建方式也符合康威定律的要求。

第二篇 全域分析

解決問題的第一要務是明確問題。尚不知問題就嘗試求解,自然就是無的放矢。全域分析的目標就是確定問題空間,在統一語言的指導下,透過各種視覺化手段,由領域專家與團隊一起完成對問題空間的探索,幫助領域驅動設計對準問題,輸出價值需求和業務需求。

價值需求既是目標系統的目標,也是對目標系統問題空間的界定和約束,指導著業務需求分析;業務需求由動態的業務流程和靜態的業務服務組成,二者的結合依靠業務場景按照時間點和業務目標對業務流程進行的切分。運用商業模式畫布,可以獲得組成價值需求的利益相關者、系統願景和系統範圍。

業務流程的整理可以幫助團隊對問題空間的各條業務線形成整體認識,弄清楚各種角色如何參與到一個完整的流程中,而流程的時序性也可以避免辨識業務服務時可能出現的缺失。業務流程圖與服務藍圖以視覺化的方式形象地呈現了每一個提供業務價值的業務流程。

業務服務是角色與目標系統之間的一次功能性互動,是表現了服務價值的功能行為。一直以來,該如何確定業務需求層次、劃分業務需求粒度,總是眾說紛紜,沒有一個客觀統一的標準。業務服務將目標系統視為一個黑箱,從功能性互動的完整性保證了每個業務服務都是正交的,無須再考慮業務服務的層次和粒度,或說,只要確定了完整性,確保了正交性,業務服務的層次與粒度也就確定下來了。業務服務圖和業務服務歸約分別以視覺化和文字方式呈現了每一個業務服務。

業務服務是全域分析階段的基本業務單元，它的輸出對於架構映射與領域建模具有以下重要意義。

- 架構映射：業務服務是辨識界限上下文、確定上下文映射的基礎，同時，它的粒度正好對應每個界限上下文向外公開的服務契約。
- 領域建模：業務服務歸約既是領域分析建模的重要參考，又是服務驅動設計的起點。

全域分析是領域驅動設計統一過程的起點，它的目的是探索問題空間，使團隊就問題空間的價值需求和業務需求達成共識，並在統一語言的指導下將其清晰地呈現出來。只有將問題定義清楚，團隊才能更進一步地尋求解決方案。

問題空間探索

一旦你了解了問題所在，答案就變得相對簡單了。我從中得出結論：我們應該立志去增強人類的自我意識，這樣才能更進一步地去了解問題所在。

——伊隆·馬斯克，《伊隆·馬斯克的冒險人生》

在專案之初，問題空間對我們而言是完全未知的。我們就像進入一座陌生城市的遊客，充滿了困惑。想要遊刃有餘、悠然自得地穿梭於這座城市的巷陌街衢，就必須事先做一番有計劃的探索。考慮到鉅細靡遺的探索會耗費大量的時間，在專案開發的早期，我們應在巨觀層次對問題空間做一次全方位的整理和分析，這就是領域驅動設計統一過程的全域分析階段。

探索問題空間並非興之所至、率性而為的一場漫遊，其目的在於獲得合理的「求解方程式」，若取漫遊的態度作漫無目的之探索，既費時又費力，還不能取得最佳效果，結果可能像一隻無頭蒼蠅撞入錯綜複雜的蜘蛛網中，越掙扎，越沒有出路。對問題空間的探索如做路徑規劃，需要表現問題的方向與層次，否則就會在重重迷霧中失去前進的方向；又像一場遇見美好自己的旅遊，以遊客的心境融入時空的場景中，享受一場視覺的盛宴。既要做到空間的規劃，又要融入場景的體驗，最佳方法就是透過 5W 模型展開對問題空間的探索。

4.1 全域分析的 5W 模型

要清晰地描述一件事情，可以遵循 6W 要素的情景敘述法：誰（Who）以什麼原因（Why）為基礎在什麼地點（Where）什麼時候（When）做了什麼事情（What），是怎麼做到的（hoW）。

6W 要素中的前 5 個要素皆與問題空間需要探索的內容存在對應關係。

- Who：利益相關者。
- Why：系統願景。
- Where：系統範圍。
- When：業務流程。
- What：業務服務。

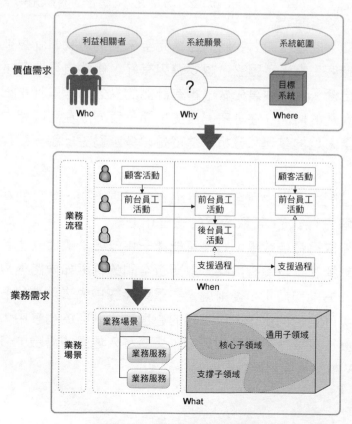

▲ 圖 4-1　全域分析的 5W 模型

由於全域分析是在巨觀層次對問題空間的分析，因此無須考慮屬於怎麼做（hoW）的具體實現細節，由此就組成了圖 4-1 所示的全域分析的 5W 模型。

全域分析的 5W 模型包含價值需求和業務需求，它們共同組成了目標系統的問題空間。

價值需求需要從系統價值的角度進行分析獲得。沒有價值，系統就沒有開發的必要，而價值一定是為人提供的。不同角色的人對於該系統的期望並不相同，牽涉到的利益也不相同，這也是將系統的參與者稱為「利益相關者」（stakeholder）[1] 的原因。利益相關者是團隊進行需求調研的主要訪談物件。在綜合利益相關者提出的各種價值之後，我們需要對這些價值進行提煉和概括，並將所有利益相關者關注的主要價值統一到一個方向上，如此就明確了系統的願景。確定了系統的願景，就可將其作為業務目標的衡量標準，並透過分析目標系統的當前狀態與未來狀態，確定目標系統的範圍。利益相關者、系統願景和系統範圍共同組成了目標系統的價值需求，分屬於 5W 模型中的 Who 模型、Why 模型與 Where 模型。

業務需求由動態的業務流程與靜態的業務場景、業務服務組成。每個業務流程都表現了一個業務價值，多個角色在不同階段參與到這個業務流程中，所執行的所有業務行為都是為完成該業務價值服務的。整個流程由處於不同時間點的執行步驟組成，具有時間屬性，屬於 5W 模型中的 When 模型。根據流程環節中不同的業務目標，可以將一個完整的業務流程劃分為多個階段，每個階段都完成自己的業務目標。因此，可以在業務目標的指導下將業務流程劃分為多個業務場景。業務場景好像業務目標在業務流程中的投影，形成了對業務流程的垂直切割，組成了多個

1　《系統架構：複雜系統的產品設計與開發》（第 232 頁）提到「利益相關者」的概念來自 Edward Freeman 在 1984 年出版的 *Strategic Management: A Stakeholder Approach*。這一概念在有的圖書中也被翻譯為「利益相關人」「參與方」或「關係人」。

角色執產業務服務的時空背景。每個角色在該時空背景下與目標系統的一次完整功能互動，都是為了獲得服務價值，這就是業務場景下的業務服務。業務服務是全域分析階段獲得的基本業務單元。業務服務描述了目標系統到底做什麼，即目標系統提供的業務功能，屬於 5W 模型中的 What 模型。

不同業務服務的重要性並不相同。如果某個業務服務提供了目標系統的核心價值，或具有不可替代的作用，滿足了最重要的利益相關者的價值需求，就應劃入核心子領域；如果某個業務服務並沒有鮮明的領域特徵，雖然仍然屬於業務需求的一部分，但在針對各個領域的業務系統中都能看到，又不可或缺，形成了不具有個性特徵的通用功能，自然就應劃入通用子領域；如果某個業務服務為另外一些提供了核心價值的業務服務提供支撐，具有輔助價值卻又不具有通用意義，就應劃入支撐子領域。核心子領域、通用子領域和支撐子領域共同組成了整個目標系統的問題空間。

4.2　高效溝通

全域分析的 5W 模型撐起了精準獲得問題空間的整個骨架，在價值需求分析與業務需求分析過程中，需要引入不同的方法與實踐幫助分析者探索問題空間不同層次的模型要素。運用正確的方法、遵循正確的過程是正確做事的原則，但對於全域分析這樣一個探索問題空間的特殊階段，還離不開業務分析師與利益相關者的高效溝通，它是探索問題空間的前提。

在探索問題空間時，業務分析師不僅要豎起雙耳聆聽各個利益相關者的「心聲」，還要擦亮眼睛觀察使用者的操作行為，聽其言觀其行，細心發掘需求。業務分析師必須是一名循循善誘的引導者，與利益相關者共同組成一個密不可分的利益共同體，共同培育需求。發掘和培育需求的過程需要雙向的溝通、回饋，更要達成對領域知識了解上的共識。每個人心中都對原始需求有自己的了解，如果沒有正確的溝通交流方式，團隊

達成的所謂「需求一致」不過是一種假像罷了。因此，高效溝通的基礎是達成共識。

4.2.1 達成共識

每個人獲得的資訊不同、知識背景不同，各自的角色不同又導致我們設想的上下文也不相同。諸多的不同使得我們在對話交流中好似被蒙住了雙眼，面對需求這頭大象，各自獲得了局部的知識，卻自以為掌控了全域，如圖 4-2 所示。

▲ 圖 4-2　瞎子摸象 [2]

或許有人會認為利益相關者提出的需求就應該是全部，我們只需了解利益相關者的需求，然後積極回應這些需求即可。傳統的開發合作模式更妄圖以合約的形式約定需求知識，要求甲乙雙方在一份沉甸甸的需求規格說明書上簽字畫押，以為如此即可約定需求內容和邊界。一旦出現超出合約範圍的變更，就需要將變更申請提交到需求變更委員會進行評審。這種方式一開始就站不住腳，因為我們對客戶需求的了解存在 3 個方向的偏差：

- 我們從利益相關者了解到的需求並非最終使用者的需求；
- 若無有效的溝通方式，需求的了解偏差會導致結果與預期大相徑庭；

2　謝謝我的孩子張子瞻繪製了這幅精彩的瞎子摸象插圖！

■ 了解到的需求並沒有揭示完整的領域知識，導致領域建模與設計出現認知偏差。

Jeff Patton 使用圖 4-3 所示的漫畫來描述達成共識的過程 [14]25 。

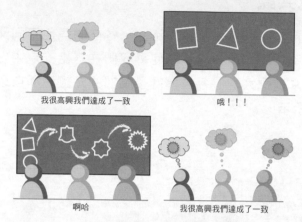

我很高興我們達成了一致

哦！！！

啊哈

我很高興我們達成了一致

▲ 圖 4-3　達成一致 3

這幅漫畫形象地展現了多個角色之間如何透過視覺化的交流形式逐漸達成共識。正如前面所述，在團隊交流中，每個人都可能「瞎子摸象」。怎麼避免認知偏差？很簡單，就是要用視覺化的方式展現出來。繪圖、使用便簽、撰寫使用者故事或測試使用案例，都是重要的輔助手段。視覺化形式的交流可以讓不同角色看到需求之間的差異。一旦明確了這些差異，就可以利用各自掌握的知識互補不足去掉有餘，最終得到大家都一致認可的需求，形成統一的認知模型。

4.2.2 統一語言

達成共識的目的是確定目標系統的統一語言（ubiquitous language）4。獲得統一語言就是在全域分析過程中不斷達成共識的過程，即團隊中各個角

3　引自《使用者故事地圖》。

4　也有圖書將其翻譯為「通用語言」，就中文意義而言，使用「統一」一詞更能表現它的目的，即在整個團隊中就需求達成一致。

色就系統願景、範圍和業務需求達成一致，並透過一種直觀的形式表現出來，以作為溝通與協作的基礎。

使用統一語言可以幫助我們將參與討論的利益相關者、領域專家和開發團隊拉到同一個維度空間進行討論。沒有達成這種一致，那就是雞同鴨講，毫無溝通效率，甚至會造成誤解。因此，在溝通需求時，團隊中的每個人都應使用統一語言進行交流。

一旦確定了統一語言，無論是與領域專家的討論，還是最終的實現程式，都可以透過相同的術語清晰準確地定義和表達領域知識。重要的是，當我們建立了符合整個團隊皆認同的一套統一語言後，就可以在此基礎上尋找正確的領域概念，為建立領域模型提供重要參考。利用統一語言還可以對領域模型做完整性檢查，保證團隊中的每位成員共用相同的領域知識。

1. 統一的領域術語

形成統一的領域術語，尤其是以模型為基礎的語言概念，是讓溝通達成一致的前提。開發人員與領域專家掌握的知識存在差異，開發人員更擅長技術細節，領域專家更熟悉業務，兩種角色之間的交流就好似使用兩種不同語言的人直接交談，必然跌跌撞撞。從需求中提煉統一語言，就是在兩種不同的語言之間進行正確翻譯的過程。

某些領域術語是有產業規範的，例如財會領域就有標準的會計準則，對於帳目、對賬、成本、利潤等概念都有標準的定義，在一定程度上避免了分歧。然而，標準並非絕對的，在某些產業甚至存在多種標準共存的現象。以民航業的運輸統計指標為例，牽涉到與運量、運力和周轉量相關的術語，就存在國際民用航空組織（International Civil Aviation Organization，ICAO）與國際航空運輸協會（International Air Transport Association，IATA）兩大系統，而中國民航局又有自己的中文解釋，航空公司和各大機場亦有自己衍生的定義。

舉例來說，針對一次航空運輸的運量，分為城市對與航段的運量統計。

城市對運量統計的是出發城市到目的城市兩點之間的旅客數量，機場將其稱為流向。ICAO 定義的領域術語為 City-pair（On-Flight Origin and Destination，OFOD），而 IATA 則將其命名為 O&D。航段運量又稱為載客量，指某個特定航段上承載的旅客總數量，ICAO 將其稱為 TFS（Traffic by flight stage），而 IATA 則將其稱為 Segment Traffic。

城市對與航段這兩個概念很容易混淆。以班機 CZ5724 為例 [5]，該班機從北京（目的地代碼 PEK）出發，經停武漢（目的地代碼 WUH）飛往廣州（目的地代碼 CAN）。假設從北京到武漢的旅客數為 105，從北京到廣州的旅客數為 14，從武漢到廣州的旅客數為 83，則統計該次班機的城市對運量時，應該對 3 個城市對（即 PEK-WUH、PEK-CAN、WUH-CAN）分別進行統計，而航段運量的統計則僅分為兩個航段（即 PEK-WUH 與 WUH-CAN）。至於從北京到廣州的 14 名旅客，則被截分為了兩段，分別計數。如圖 4-4 所示。

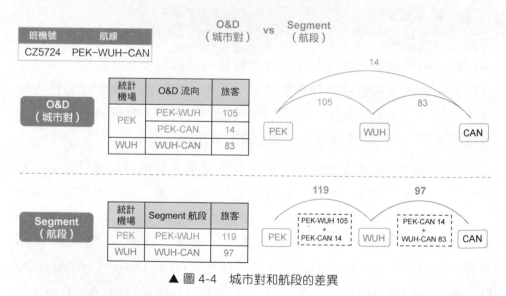

▲ 圖 4-4　城市對和航段的差異

5　本例和圖 4-4 來自中國民航局資訊中心巨量資料建設處副處長邢偉在 2017 年參加 IATA 會議時的演講。我在現場聆聽了這一精彩的分享，並由此認識了邢偉先生，在此感謝他的授權。

如果我們不明白城市對運量與航段運量的真正含義，就可能混淆兩種指標的統計計算規則。這種術語了解錯誤帶來的缺陷往往難以發現，除非業務分析師、開發人員和測試人員能就此知識的了解達成一致。

可以透過定義一個大家一致認可的術語表來建立統一語言。術語表包含整個團隊精煉出來的術語概念，以及對該術語的清晰明了的解釋。若有可能，可以為難以了解的術語提供具體的案例。該術語表是領域建模的關鍵，是模型的重要參考規範，能夠真實地反映模型的領域意義。一旦術語發生變更，也需要及時更新。

在維護領域術語表時，建議列出對應的英文術語，否則可能直接影響到程式實現，因為從中文到英文的翻譯可能多種多樣，甚至千奇百怪。翻譯得不夠純正地道倒也罷了，糟糕的是針對同一個確定無疑的領域概念形成了多套英文術語。例如在資料分析領域，針對「維度」與「指標」兩個術語，可能會衍生出兩套英文定義，分別為 dimension 與 metric、category 與 measure。這種混亂人為地製造了溝通障礙。好的統一語言既是正確的，又是一致的，如果真的無法找到準確的英文概念表達，我寧願犧牲正確性，也要保證統一語言的一致性。

2. 領域行為描述

領域行為描述可以視為領域術語判別的一種延伸。領域行為是對業務過程的描述，相對於領域術語，它表現了更加完整的業務需求以及複雜的業務規則。在描述領域行為時，需要滿足以下要求：

- 從領域的角度而非實現角度描述領域行為；
- 若涉及領域術語，必須遵循術語表的規範；
- 強調動詞的精確性，符合業務動作在該領域的合理性；
- 要突出與領域行為有關的領域概念。

以專案管理系統為例，我們採用 Scrum 敏捷專案管理流程，要描述 Sprint Backlog 的任務安排，可以撰寫如下所示的使用者故事：

作為一名 Scrum Master，
我想要將 Sprint Backlog 分配給團隊成員，
以便明確 Backlog 的負責人並追蹤進度。

驗收標準：
* 被分配的 Sprint Backlog 沒有被關閉；
* 分配成功後，系統會發送郵件給指定的團隊成員；
* 一個 Sprint Backlog 只能分配給一個團隊成員；
* 若已有負責人與新的負責人為同一個人，則取消本次分配；
* 每次對 Sprint Backlog 的分配都需要保存，以便查詢。

在使用者故事中，將 Sprint Backlog 分配給團隊成員就是一種領域行為，它是角色在特定上下文中觸發的動作。該領域行為規定了服務提供者與消費者之間的業務關係，形成行為的契約，即領域行為的前置條件、執行主語、賓語和執行結果。這些描述豐富了該領域的統一語言，直接影響了 API 的設計。針對分配 Sprint Backlog 的行為，使用者故事明確了未關閉的 Sprint Backlog 只能分配給一個團隊成員，且不允許重複分配，表現了分配行為的業務規則。驗收標準中提出對任務分配的保存，實際上也幫助我們獲得了 SprintBacklogAssignment 這個領域概念。

顯然，領域行為同樣是統一語言的一部分。我們可將其加入領域術語表，並列出對應的英文術語，在領域建模時，對應的術語需與其保持一致。

3. 大聲說出來

定義和確定統一語言，有利於消除領域專家與團隊之間、團隊成員之間的分歧與誤解，使得各種角色能夠在相同的語境下行事，避免「瞎子摸象」的「視覺」障礙。

在明確統一語言時，需要「大聲說出來」，清晰地表達出統一語言蘊含的領域概念，否則就可能像圖 4-3 揭示的那樣，在出現了解偏差的時候尚不自知，各個角色還以為達成了統一語言的共識。知之為知之，不知為不

知,千萬不要以你的「知道」去揣測別人的「知道」。在需求溝通中,但凡有不明確的領域概念,就要大聲說出來,不要膽怯,也不要害怕在客戶面前曝露你的業務知識盲區:有時候,你不知道的業務知識,客戶同樣懵懂不知呢。

> 有一次,我參加某機場系統的使用者訪談,對客戶反覆提到的「過站班機」「過夜班機」「停場班機」等概念感到茫然,便大聲說出了我的困惑,沒想到,機場的業務部門其實對這些概念也沒有一致的定義,由於各個機場的情形並不相同,民航局也未就這些概念列出定義。於是,我們和客戶一起探索,結合他們自身的業務要求和背景,最終確定了這些領域概念的定義,至少在該機場內確定了他們的統一語言。

要「大聲說出來」,除了積極地溝通並引入視覺化的手段,有時候還需要「局外人」的介入。局外人不了解業務,任何領域概念對他而言可能都是陌生的。透過局外人的不斷提問,有可能發現,所謂「已達成一致」的領域概念,不過是成員各自思維模型中的固有概念:大家都以為已經向局外人明確了自己對概念的了解,實際上不同人的了解相去甚遠。

在針對一款供應鏈產品進行使用案例分析時,資金團隊透過視覺化的方式標識了各個使用案例。他(她)們用各種顏色的即時貼代表各種使用案例,將它們張貼在白板上,形成圖 4-5 所示的使用案例圖,然後一起就此進行溝通。

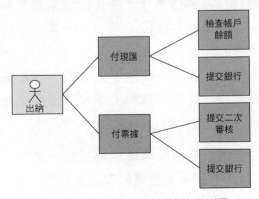

▲ 圖 4-5　付現匯和付票據的用例圖

圖 4-5 中的「付現匯」和「付票據」主使用案例都包含「提交銀行」子使用案例。團隊在描述該子使用案例時，根據自己了解的業務就使用案例的描述達成了一致，而我作為一名「局外人」，卻無法了解「提交銀行」這一子使用案例。同時我也發現，既然付現匯和付票據都包含「提交銀行」子使用案例，為何不重複使用該子使用案例呢？我提出了我的困惑，希望團隊成員為我講解什麼是「提交銀行」。結果發現，分別負責付現匯和付票據的團隊成員講出來的子使用案例存在顯著差異：付現匯主使用案例中的「提交銀行」子使用案例指的是「提交收款指令」，付票據主使用案例的「提交銀行」子使用案例指的則是「提交電票指令」。直到大聲說出該子使用案例的業務含義時，團隊成員方才恍然大悟，意識到統一語言的意義不僅在於統一概念，還要統一認識，確定以無問題的方式精確描述業務。這些團隊成員都是深耕該產業十餘年的資深分析人員與開發人員，而他們早已爛熟於胸的業務知識卻遮掩了真相，這也算得上是一種「知見障」了吧。

4. 價值

在領域驅動設計中，怎麼強調統一語言都不為過！如果我們不能做到使用統一語言來表達業務邏輯，就不敢奢談領域驅動設計了。

建立統一語言不限於全域分析階段，實際上它貫穿了整個領域驅動設計統一過程。在全域分析階段，所有參與價值需求分析與業務需求分析的領域專家和開發團隊成員都透過統一語言來就業務知識達成共識，以此來探索問題空間；在架構映射階段，需要統一語言來規範對業務服務的描述，才能透過語義相關性與功能相關性辨識界限上下文；到了領域建模階段，領域模型與統一語言的關係更是成為一種相輔相成的關係，統一語言指導著領域建模，而領域建模的成果又反過來豐富了統一語言，確保了領域模型與統一語言的一致性。

毋庸諱言，若能在全域分析階段準確地把握統一語言，就能在進入解空間後，給架構映射階段和領域建模階段帶來更好的指導。

我在為一家物流公司提供領域驅動設計的諮詢時，發現他們對運輸的定義未曾形成統一語言。他們認為運輸是一個單段運輸，整體的多式聯運則被認為是一項委託，而委託又是客戶提出的需求訂單。這就導致團隊在使用運輸、委託和訂單等概念時總是產生混淆，形成了混亂的領域概念，在進行架構設計與領域建模時，就顯得格外不自然。

我為該專案引入了領域驅動設計統一過程，清晰地劃出了全域分析階段，要求團隊在全面整理產品需求時，進一步確定各種領域概念的統一語言。我和他們一起分析，結合不同的業務場景分別了解運輸、委託和訂單等領域概念，發現承運人在確認委託時，需要對整個運輸過程制訂計畫。在制訂計畫時，所謂的一次運輸可能是從 A 到 B 的鐵路運輸，也可能是從 B 到 C 的公路運輸，還可能是從 A 經 B 到 C 的多式聯運。如果是鐵路運輸，到達的 B 站就是鐵路堆場，如果是公路運輸，到達的 C 站就是貨站。至於一次運輸委託，則是一次完整的運輸過程。

我們一致認為：應該將「運輸」了解為從起點到終點的整個運輸過程。整個運輸過程可能經過多個「網站」，包括堆場和貨站，兩個網站之間的運輸則稱為「運輸段」。當我們在談論運輸這一領域概念時，往往指的是運輸計畫與路徑規劃，在這一業務背景下，無須考慮委託合約的簽訂、履行，也無須考慮運輸指令的執行以及堆場與貨站的差異。這些概念實際上各自代表了界限上下文的知識語境（參見第 9 章）。運輸、網站和運輸段屬於運輸上下文，用於管理運輸計畫與運輸路線，網站是堆場和貨站的抽象。在運輸過程中，堆場和貨站是兩個完全不同的概念：堆場針對的資源是貨櫃，貨站針對的資源是件散貨。用於裝卸貨的工作區域和用於儲存貨物的倉庫組成一個獨立的貨站上下文，而堆場上下文則包含堆場區域的資訊管理以及掏箱、轉場和修箱等業務操作。運輸上下文中的網站概念並不牽涉對網站內部的管理，這就使得運輸與網站之間的邏輯互不干擾，如圖 4-6 所示。

在建立了運輸上下文的領域模型之後，我們發現鐵路運輸和公路運輸可以合併到同一個運輸領域模型中，並表現為運輸的兩種方式。開發團隊

在日常交流和討論中提及的委託、規劃、計畫,其實是同一個概念。我們定義其統一語言為運輸規劃,它與運輸形成了一對一的關係。

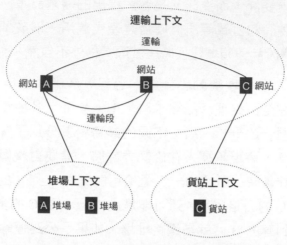

▲ 圖 4-6　不同界限上下文的領域概念

沒有統一語言,就不能消除溝通的問題,也不能就正確的領域邏輯達成一致認識。對問題空間的全域分析就是整理各種需求問題的領域概念,如果能在這個階段逐步形成統一語言,就能清晰地明確問題,在對問題進行求解時,就有了參考的標準。當然,我們不要簡單地認為統一語言是一個術語表,或一份文件、範本、規範。統一語言是領域驅動設計的指導原則,無論是撰寫全域分析規格說明書,還是確定架構映射戰略設計方案,抑或建立領域模型,都需要「虔誠」地表現它的意志,甚至說統一語言領導整個領域驅動設計過程,似乎也不為過。

4.3 高效協作

難以想像,一個僅靠文字組成的文件進行紙面(或電子郵件)交流的團隊,會是一個高效協作的團隊。在我開展諮詢工作時,每次與客戶一起開會討論問題,倘若會議室沒有一塊白板,或沒有準備白板紙與即時貼,我就感覺沒法把團隊調動起來,也無法準確表達我想要說明的含義。

「一圖勝千言」,透過引入分析與設計圖形來豐富表達力是交流方式的進步,然而,面臨高複雜度的大規模業務系統,僅靠直觀的分析圖形來進行全域分析顯然不夠,我們還需要改變協作的方式。

Scott Millett 就建議:「要讓你的知識提煉環節充滿有趣的互動,可以引入一些有促進作用的遊戲以及其他形式的需求收集方式來吸引你的業務使用者。」[11]19 歸根結底,全域分析階段就是從巨觀層面對領域知識的提煉。在這個過程中,沒有高效的協作方法,就無法實現高效的交流,更難説達成共識形成統一語言了。

要讓全域分析過程「充滿有趣的互動」,就要以視覺方式引導團隊,召開視覺會議來促進團隊的高效溝通。這種視覺會議具有更強的參與感,在互動過程中提高了參與者的投入意識;共同協作創造的全景圖,表現了團隊整體的全景思維;創建了更容易記憶的媒介,極大地增加了群眾記憶 [15]18 。

正因為如此,我在全域分析階段引入了視覺會議形式的各種協作方法。這些方法的共同特徵是透過視覺化的互動方式建立開發團隊、領域專家和利益相關者之間的高效協作。

4.3.1 商業模式畫布

Alexander Osterwalder 和 Yves Pigneur 提出的商業模式畫布(business model canvas)可以用於價值需求分析。這一方法適合分析師透過召集團隊進行腦力激盪,並以畫布的視覺化方式引導大家一起整理目標系統(當然也可以説是產品)的價值需求。一個典型的商業模式畫布如圖 4-7 所示。

商業模式畫布由 9 個板塊組成。

- 客戶細分(customer segments):企業所服務的或多個客戶分類群眾,可以是企業組織、最終使用者等。
- 價值主張(value propositions):透過價值主張來解決客戶難題和滿足客戶需求,為客戶提供有價值的服務。

- 通道通路（channels）：透過溝通、經銷和銷售通路向客戶傳遞價值主張，即企業將銷售的商品或服務發表給客戶的方式。
- 客戶關係（customer relationships）：在每一個客戶細分市場建立和維護企業與客戶之間的關係。
- 收益來源（revenue streams）：透過成功提供給客戶的價值主張獲得營業收入，是企業的盈利模式。
- 核心資源（key resources）：企業最重要的資產，也是保證企業保持競爭力的關鍵，這些資源包括人力和物力。
- 關鍵業務（key activities）：透過執行一些關鍵業務活動，運轉企業的商業模式。
- 重要合作（key partnership）：需要從企業外部獲得資源，就需要尋求合作夥伴。
- 成本結構（cost structure）：該商業模式要獲得成功所引發的成本組成。

▲ 圖 4-7　商業模式畫布

要建立團隊的高效協作，需要選擇一位引導師在白板（或白板紙）上繪製好商業模式畫布的範本，然後分別針對這 9 個板塊向參會者提出對應的問題。為了讓交流變得更加高效，在引導師提出問題之後，可以讓參會者針對這些問題將個人的想法寫在即時貼上。引導師將大家寫好的即時貼張貼在畫布對應的板塊上，然後逐項進行討論，以求達成共識。在

詢問問題時，選擇板塊的順序是有講究的：順序代表了思考的方向、認知的遞進，或準確地說就是一種心流，是一種層層遞進的因與果的驅動力，如圖 4-8 所示。

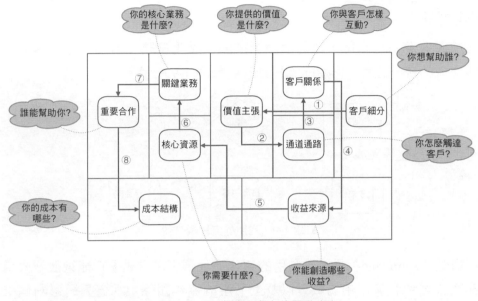

▲ 圖 4-8　商業模式畫布的驅動方向

針對目標系統而言，首先需要確定目標系統要幫助的各類型細分的客戶，以更進一步地明確它的價值主張。然而，有了意向客戶，也有了為客戶提供的價值，又該如何將價值傳遞給客戶呢？這就驅動出目標系統的通道通路。通道通路的形式取決於目標系統如何與客戶互動，因而需定義出客戶關係。理清楚了客戶關係，就可以思考目標系統能夠創造哪些收益，確定收益來源。至此，目標系統的方向與輪廓已大致確定，接下來需要考慮如何實踐的問題。這時需要辨識企業的可用資源，並與實現該目標系統需要的資源相比對，以確定核心資源。這些核心資源是為目標系統的關鍵業務服務的。要推進關鍵業務，只靠一家公司或一個團隊獨木難支，需要得到合作夥伴的幫助。最後，需要確定要實現該目標系統需要的成本，如此才能確定採用該商業模式的目標系統是否有利潤可期。

4.3.2 業務流程圖

業務流程圖（transaction flow diagram，TFD）善於表現業務流程。它透過使用諸如任務流程圖、水道圖等圖形形象地描述真實世界中各種業務流程的執行步驟與處理過程。

在繪製業務流程圖時，儘量使用標準的視覺化符號，如此就可以形成一種交流的統一語言。常用的流程圖符號如圖 4-9 所示。

▲ 圖 4-9　常用的流程圖符號

水道圖（swimlane）是最為常用的業務流程圖表現形式，它能夠很好表現部門或角色在流程中的職責以及上下游的協作關係。水道圖透過兩個維度分別表現業務流程的劃分階段與參與部門（或職位），分別稱為階段維度與部門 / 職位維度，如圖 4-10 所示。

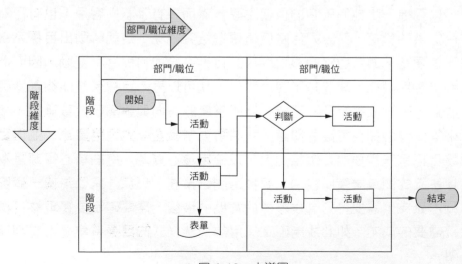

▲ 圖 4-10　水道圖

部門／職位維度決定了某個活動由哪個部門或職位完成，例如企業的人力資源部、商場營運的客服；階段維度由不同的階段組成，每個階段表現了各個部門或職位執行活動的業務目標，流程圖中的各個階段應處於同一個層級。垂直和水平方向的水道決定了一個網格內的活動由該部門該職位在該階段執行。水道圖並沒有死板地規定部門／職位維度與階段維度所在的方向，舉例來說，階段維度可以放在水平方向，也可以放在垂直方向；有的水道圖甚至可能只有部門／職位維度，而沒有清晰地刻畫階段維度。

繪製業務流程圖時，為保證業務流程的清晰度，倘若一個主業務流程中還牽涉到多個巢狀結構的子流程，可以使用子流程符號來「封裝」子流程的執行步驟細節。

4.3.3 服務藍圖

服務藍圖是用於服務設計的主要工具，相較於使用者體驗地圖或使用者旅程，它以更加全面的角度展現了客戶與前台員工、前台員工與後台員工、後台員工與內部支援者（包括支援部門或支援系統）之間的協作。因此，服務藍圖能夠全方位地展現具有完整業務價值的業務流程。如果將一個業務流程了解為是對客戶提供的服務，那麼一個服務藍圖就對應了一個業務流程。

服務藍圖透過 3 條分界線（即可見性分界線、互動分界線、內部互動分界線）將一個完整的業務流程分割為不同參與角色執產業務活動的不同區域。分割出來的各個區域代表了不同角色的活動類型，也表現了不同的觀察視圖，在保證業務流程全貌的基礎上清晰地表現了參與角色、活動類型、活動階段的不同特徵。服務藍圖的視覺化範本如圖 4-11 所示。

這 3 條分界線清晰地展現了各個角色的職責邊界，形成了以下 4 個活動區域。

- 客戶活動（customer actions）：客戶為了滿足自己的服務要求執行的操作。

■ 前台員工活動（onstage employee actions）：客戶能夠看到的前台員工操作的行為和步驟。
■ 後台員工活動（backstage employee actions）：發生在客戶看不到的後台，支援前台的後台員工活動。
■ 支援過程（support process）：內部支援者為前台、後台員工履行服務提供支援。

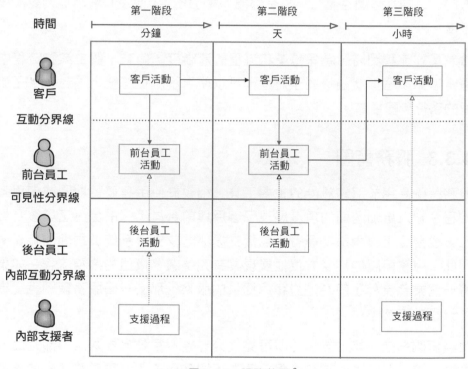

▲ 圖 4-11　服務藍圖[6]

在這 4 個活動區域針對的角色中，客戶通常屬於組織外的角色，前台員工和後台員工屬於組織內的角色。不同角色履行不同的職責，組成了各自的活動類型：客戶只會與前台員工發生行為上的互動協作，互動分界

6　可見性分界線區分前台和後台，在服務藍圖中用實線表示，互動分界線和內部互動分界線用虛線表示。

線清晰地劃分了組織的邊界；前台員工與後台員工也存在行為上的互動協作，可見性分界線表現了前台與後台的差異，同時也向客戶隱藏了他（她）不需要了解的業務環節（即後台員工行為與支援過程），杜絕了客戶與後台員工之間的行為互動。在可見性分界線的內部，支援過程又被內部互動分界線隔出。參與支援過程的角色為內部支援者，而支援過程的行為往往組成了業務流程的支援流程。4 個活動區域在分界線的保護下，涇渭分明地執行各自的活動。

時間因素將服務地圖展現的角色活動分為不同的階段，形成了具有時間節點的垂直區域。在劃分時間階段時，不要僅從客戶的角度考慮，而要使所有角色參與到整個業務流程中，為了實現一個共同業務價值，在不同階段滿足了不同的業務目標。舉例來說，對於購買商品這一業務流程，從客戶角度看，可以劃分為商品瀏覽、購買、消費和評價 4 個階段，對電子商務平台而言，前台員工與客戶的互動發生在購買（商品諮詢）與評價（售後服務）兩個階段，後台員工的活動包括出貨、配送等階段。這些階段雖然是客戶不需要了解的，但缺少了這些階段，客戶又無法完成商品的購買。

在運用服務藍圖展現一個完整的業務流程之前，團隊需要事先了解服務企業的組織結構和員工角色，這些角色與客戶一起共同組成參與服務藍圖的角色。繪製服務藍圖需要團隊與提供服務的組織成員共同協作，協作的過程就是將業務流程逐步呈現的過程，具體步驟如下：

（1）在空白的白板上畫出互動分界線，在左側對應位置分別貼上當前業務流程的客戶角色；

（2）從客戶角度描繪整個業務流程中為客戶提供服務的過程，寫在即時貼上，按照時間順序依次貼在互動分界線的上方；

（3）辨識出與客戶活動存在互動關係的前台員工活動，寫在即時貼上並標記出前台員工角色，貼在對應活動下方，用帶箭頭的實線表示活動之間的呼叫關係，箭頭方向表現了流程方向；

（4）畫出可見性分界線，在左側對應位置貼上後台員工角色；

（5）辨識出支援前台員工活動的後台員工活動，寫在即時貼上並標記出後台員工角色，貼在對應活動下方，用帶箭頭的虛線表示支援關係，箭頭指向被支援的活動；

（6）畫出內部互動分界線；

（7）辨識出支援各類活動的支援過程，並標記出內部支援者角色，用帶箭頭的虛線表示支援關係，箭頭指向被支援的活動。

服務藍圖是展現業務流程的全景圖。無論是線上活動還是線下活動，也不管是順序呼叫還是等待訊息通知，只要是該業務流程的執行步驟，都需要在服務藍圖中表現出來。服務藍圖是真實世界業務流程的真實表現。

4.3.4 使用案例圖

使用案例（use case）是對一系列活動（包括活動變形）的描述；主體（subject）執行並產生可觀察的有價值的結果，並將結果返回給參與者（actor）[16]226。如果將整個組織作為使用案例的主體，參與者就應該是組織外的角色，使用案例表現的就是該角色與組織之間的一次互動，此時的使用案例稱為業務使用案例，代表了組織的本質價值[17]75；如果將目標系統作為使用案例的主體，參與者就變成了目標系統外的角色（人或外部系統），此時的使用案例稱為系統使用案例，表現的是角色與目標系統之間的一次互動，透過這種互動，參與者獲得了目標系統提供的業務價值。顯然，使用案例的主體表現了邊界的大小與層次，它決定了參與者的角色、價值的層次以及參與者和主體之間的互動形式。

可以透過使用案例圖對主體行為進行視覺化建模。一個使用案例圖由火柴棍人表示的參與者、橢圓形表示的使用案例、矩形表示的主體邊界和連線表示的關係共同組成。如果還需要表現一個使用案例內部的執行步驟，還可以有使用案例的包含使用案例、擴充使用案例，以及可能具有的泛化關係（參與者的泛化或使用案例的泛化），如圖 4-12 所示。

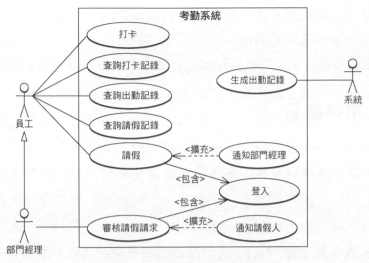

▲ 圖 4-12　考勤系統的使用案例圖

使用案例名是領域知識的呈現，更是統一語言的有效輸入。使用案例名應使用動詞子句，描述時需要字斟句酌，把握每一個動詞和名詞的精確表達。動詞是領域行為的表現，名詞是領域概念的象徵，這些行為與概念就能再借助領域模型傳遞給設計模型，最終透過可讀性強的程式來表現。

採用視覺形式的使用案例圖可以更進一步地促進團隊的交流，讓所有團隊成員與領域專家一起參與業務需求分析。拋開一本正經的 UML 建模工具，使用即時貼以腦力激盪的形式協作地繪製使用案例圖，會取得意想不到的良好效果。

在進行視覺化使用案例圖協作時，分析者將整張白板當作使用案例圖的主體，並就主體的邊界（是組織還是目標系統）達成共識，然後分別找出所有參與者，在黃色即時貼上寫上參與者的名稱，貼在白板上。接下來，選擇其中一個參與者，站在主體邊界的角度思考該參與者與主體之間的互動，或該主體能為參與者提供什麼具有價值的服務，以動詞子句描述出來，寫在藍色即時貼上，貼在白板對應位置，作為系統使用案例。若有必要，可繼續針對使用案例辨識出綠色的包含使用案例與擴充使用案例。辨識出該參與者的所有使用案例後，依次調整順序，並在確認使

用案例沒有錯誤或疏漏後，在白板上繪製連線將它們連起來。注意使用案例與統一語言之間的關係：使用案例的描述是統一語言的一部分，而在命名使用案例時，又要從已有的統一語言中提取描述精確的領域概念。

4.3.5 事件風暴

Alberto Brandolini 提出的事件風暴（參見附錄 B）是以一種工作坊形式對複雜業務領域進行探索的高效協作方法。它對業務探索的改進表現在兩點：

■ 以事件為核心驅動力對業務開展探索；
■ 強調視覺化的互動，更進一步地調動所有參與者共同對業務展開探索。

白色畫冊紙、膠帶紙條、各種顏色的即時貼以及馬克筆成了開展事件風暴的利器。將白色畫冊紙張貼在一面足夠寬的牆上，它就成了所有參與者的「作戰沙盤」，所有人都面對著這面牆開始互動：辨識業務流程中的事件、討論描述事件的統一語言、拿著即時貼進行張貼或調整位置……一場轟轟烈烈的糊牆遊戲面壁而展開，如圖 4-13 所示。

▲ 圖 4-13　事件風暴

用於領域驅動設計的事件風暴有以下兩個層次。

■ 探索業務全景：屬於巨觀層次，尋找業務流程產生的事件，形成一個全景的事件流。
■ 領域分析建模：屬於設計層次，透過探索業務全景獲得的事件流，圍繞著事件獲得領域分析模型。

在全域分析階段，可以引入巨觀層次的事件風暴，探索目標系統的問題空間，獲得與業務流程對應的事件流。由於事件流具有時間屬性，透過標記時間軸上的關鍵時間點或辨識關鍵事件，可以劃分出業務場景，而由角色觸發的事件則表現了業務場景下的業務服務，由此即可獲得問題空間的業務需求。

4.3.6 學習循環

商業模式畫布、服務藍圖、事件風暴之類的協作方法都是視覺會議形式的協作方法。這種協作方法之所以能夠促進團隊高效協作，是因為它使得每個與會者都能充分參與，形成一種良性的群眾思考過程，這一過程就是圖 4-14 所示的學習循環。

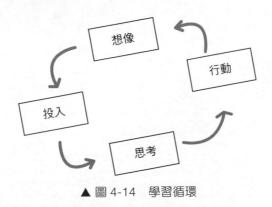

▲ 圖 4-14　學習循環

學習循環「開始於對意圖和任務焦點的想像，接著是探索與投入，然後是思考和發現模式，最後是決定行動與應用。這些步驟整合了我們認知的知覺、情緒、思考和感覺部分。」[15]11 探索問題空間本身就是從未知到已知的學習過程，視覺會議協作方式對傳統協作方式最大的變革在於它將原本屬於個人的學習過程轉變為群眾共同工作的學習過程。協作的難能可貴之處就是要向著一個共同目標以正確而高效的步伐邁進，不止如此，在這個過程中還需要創意與見解形成腦力的激盪。從想像開始，透過視覺化吸引團隊投入，然後用視覺思維呈現每個人的想法，最後就可以收穫探索的結果，以決定下一步的行動。

如上所述的各種視覺協作方式雖然並非領域驅動設計的內容，但是，它們都遵循了學習循環的過程，不僅透過視覺化的互動協作方式提高每一位團隊成員的主觀能動性，讓他們積極參與到每一次全域分析活動中，還促進了領域專家和開發團隊的交流，促使其達成共識，定義統一語言，完成對問題空間的探索。

價值需求分析

> 如果觀眾告訴我,「你的動機與效果已經一致」,就等於告訴我,創作是成功的;如果反之,觀眾覺得動機與效果是矛盾的,就宣告了創作的失敗。
>
> ——木心,《動機與效果》

「天下熙熙,皆為利來;天下攘攘,皆為利往。」不得不說這句話道破了世情的現實與無奈,然而折射到軟體開發領域,倒也點明了軟體開發的本質:開發軟體系統,皆為利來利往。軟體系統的利,就是為客戶解決問題、創造機會,也就是為客戶帶來價值。

價值需求分析會對整個目標系統進行價值判斷,辨識利益相關者、明確系統願景、確定系統範圍,從而組成全域分析階段要獲得的價值需求。讓利益相關者希望獲得的價值清晰地浮現出來,就能確認系統的定位,站在巨觀層次把握全域分析的目標與方向。價值需求就好像一把尺規,每當我們捕捉到一筆業務需求,就用這把尺規度量它的尺寸是否滿足我們的要求;價值需求又好像一桿秤,每當我們採擷到一筆業務需求,就拿到這桿秤上稱一稱,然後根據它的品質(俗稱重量)來確定優先順序。

5.1 辨識利益相關者

要辨識利益相關者,要先明確什麼是利益相關者,以及利益相關者到底包括哪些角色。

5.1.1 什麼是利益相關者

「利益相關者是積極參與專案、受專案結果影響，或能夠影響專案結果的個人、團隊或組織。」[18]57 由於全域分析階段的分析目標是我們的目標系統，且該系統為要處理的問題空間，因此可以將利益相關者定義為與目標系統存在利益關係的個人、團隊或組織。當然，在辨識利益相關者時，眼光不能侷限在目標系統，而應放到整個企業乃至整個產業生態圈的大背景。

利益相關性並不僅指獲得利益，也指損害利益。利益可以是經濟上諸如投資回報這樣實際可以量化的指標，也可以是開發的目標系統解決了相關人的痛點與問題，由此改進了工作流程，提高了工作效率，為相關人提供了原來不曾擁有的價值等抽象概念。從正向了解，那就是展望目標系統的成功開發會給哪些人或角色帶來如上價值；反過來，則是如果目標系統的開發遇到了障礙甚至遭遇了滑鐵盧，又會影響到哪些人或角色。

以網路叫車平台為例。存在利益關係的角色包括網路租車公司、計程車司機、專車或快車司機、乘客。負責營運網路叫車平台的公司作為一家企業，需進一步細化該企業哪些部門的利益與坐計程車軟體的成敗息息相關，例如負責營運的計程車事業部、專車事業部等，負責體驗的後台支撐部、公關部等，牽涉到的角色包括策略制訂人、管理人員、技術開發人員、設計團隊、實現人員、營運人員、銷售人員、服務人員以及行銷人員等。網路叫車平台支援計程車叫車，解決了計程車司機接單不夠便捷的問題，同時也牽涉計程車司機與網路租車公司間的賬務關係。由於計程車司機也可以不通過網路叫車平台為乘客提供服務，因此他們與網路叫車平台間的利益關係遠不如專車或快車司機與平台的關係這麼緊密，在某些城市，網路叫車平台甚至損害了計程車司機的利益。乘客是網路叫車平台的主要使用者，軟體的功能直接影響到他們的利益，例如提供預約時間訂車的功能，解決了乘客叫車難的痛點。

上述角色是存在顯而易見利益關係的利益相關者。除此之外，還有一些不那麼明顯的利益關係，如對網路叫車平台的投資人來說，軟體的成敗

直接影響投資回報率。同樣存在利益關係的還有競爭者或潛在的競爭者，如別的網路租車公司以及計程車公司。如果網路租車公司除了利用共用車資源，還自己提供專車，那麼提供專車的供應商也可能成為坐計程車軟體的利益相關者。此外，還有網路叫車相關法律法規的制定者，網路叫車安全的監管者，乃至與地面出行有關的交通部門，影響網路叫車經營範圍的交通地域（如火車站、機場等場所）的所屬機構，也可能是網路叫車平台的利益相關者。舉例來說，在網路叫車人身安全事故頻頻發生之後，在監管部門的要求下，網路叫車平台增加了提供緊急聯繫電話、路線偏離警示、司機身份驗證等與安全相關的業務需求。

如果目標系統不是整個網路叫車平台，而是僅包含網路叫車平台的專車服務平台，由於目標系統發生了變化，利益相關者的範圍也需要做出對應調整。舉例來說，計程車公司與計程車司機就不再屬於該目標系統的利益相關者，除非我們將計程車公司當作專車服務平台的競爭者。雖然營運網路叫車平台的企業仍然是專車服務平台的利益相關者，但與目標系統利益相關的部門也會發生變化，如專車事業部才是主要的利益相關者。因此，全域分析階段的價值需求分析是明確目標系統的利益相關者，而非對企業做戰略分析，雖然二者之間或多或少存在一定的關係。企業的戰略規劃必然會影響目標系統的開發計畫，開發一個目標系統也需要對準企業的戰略目標。

5.1.2 利益相關者的分類

可以簡單地根據範圍將利益相關者分為組織內部和組織外部。這一分類標準最簡單，只需確定該利益相關者到底是在目標系統所在組織的範圍內還是範圍外。由於利益相關者並不一定是具體的人，也可以指參與該目標系統的角色，因此組織內的部門也可被認為是利益相關者。角色不同，與其相關的利益關係自然也有所不同。

按照組織範圍劃分利益相關者過於簡單，參考價值不大。在分辨利益相關者時，可以分析價值需求的影響方向。目標系統提供的業務需求會輸

出價值，使得利益相關者能夠從目標系統的成功開發中獲取利益，這類利益相關者又可稱為受益的利益相關者（beneficial stakeholder），或簡稱為「受益者」（beneficiary）[19]233；另一種利益相關者會為目標系統的成功輸入價值，因而團隊可以「從他們那裡獲取解決問題所需的東西」，此類利益相關者可稱為解決問題的利益相關者（problem stakeholder）[19]233，或簡稱為「支援者」。[1] 這兩類利益相關者與團隊、目標系統的關係如圖 5-1 所示。

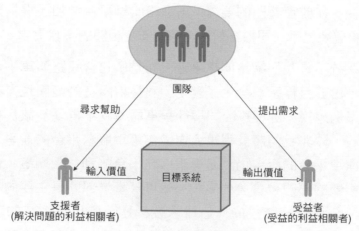

▲ 圖 5-1　利益相關者的分類

圖 5-1 所示的關係圖隱含著兩條上下游關係鏈。

一條是價值流向的上下游關係鏈。我們可以結合價值交換理論來了解它們之間的關係。「利益相關者理論的核心原則，就是認為利益相關者的價值是從交換中得來的。」[19]238 在確定受益者時，可以提出以下問題：誰會從目標系統輸出的價值中受益？顯然，根據這一問題確定利益相關

1　《系統架構：複雜系統的產品設計與開發》一書還定義了一種並非利益相關者的受益者，稱為「慈善受益人」。但我認為，既然該角色從目標系統獲益了，就應該是利益相關者的一部分，更何況，創造太多的概念反而干擾了我們正確地理解利益相關者，因此我在這裡只借鏡了利益需求的影響方向，將利益相關者分為「受益的利益相關者」與「解決問題的利益相關者」。

者時，其實也驅動出了目標系統的價值需求和業務需求，即利益相關者的期望以及滿足該期望需要輸出的特性功能。舉例來說，網路叫車平台一旦上線，直接獲得輸出價值的主要利益相關者就是乘客，乘客的期望為「隨時隨地的叫車服務與安全舒適的乘坐體驗」，並由此催生出該平台需要開發的特性功能。在確定支援者時，可以提出以下問題：目標系統要獲得成功的輸入值，需由誰來提供？根據這一問題確定利益相關者，表示找出了目標系統要獲得成功需要的先決條件，也決定了團隊需要獲得這些利益相關者的支援與幫助。舉例來說，網路叫車平台需要取得成功，需要投資者的資金投入，需要企業營運部門的業務支援，還需要透過交通監管者的審核，如果不具備這些先決條件，團隊再怎麼努力也無法順利地完成目標系統。透過價值交換理論提出的這兩個問題可被認為是價值交換過程的兩個組成部分，前者是輸出價值滿足受益者的需求，後者是支援者的輸入價值滿足團隊的需求。

另一條是服務方向的上下游關係鏈。受益者擁有需求，要讓需求得到滿足，就需要團隊為其提供服務，團隊是受益者的上游；支援者為團隊提供了必要的輸入，團隊要讓目標系統取得成功，就需要尋求他們的幫助，但目標系統的成功卻未必給支援者帶來價值，因此，支援者是團隊的上游。這種上下游關係也決定了利益相關者的重要性與優先順序。在價值需求分析階段，支援者更加重要，他們決定目標系統的願景與範圍，確定開發目標系統的限制條件；在業務需求分析階段，受益者更加重要，他們決定了目標系統的業務流程與業務場景，前提是這些業務需求必須獲得支援者的認可。

在價值需求分析階段，我們需要辨識所有的利益相關者，包括支援者與受益者。辨識的方法就是根據價值交換理論對目標系統提出前面所述的兩個問題。支援者通常包括組織、組織下的相關部門與員工、投資者、監管者以及參與目標系統的上游第三方（可能是合作夥伴，也可能是第三方系統所屬的組織），受益者通常包括組織內使用者、組織外使用者和參與目標系統的下游第三方，如圖 5-2 所示。

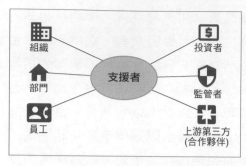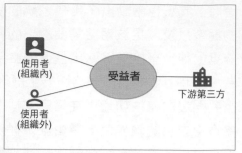

▲ 圖 5-2　支援者和受益者

受益者中的組織內使用者通常就是組織的員工，組織外使用者通常為客戶。要注意區分作為支援者的員工與作為受益者的組織內使用者的差異，後者更強調他（她）是目標系統的操作者，即實際要操作和使用目標系統的角色，如網路叫車組織內的車輛排程人員。

明確「使用者是目標系統的實際操作者」這一點有助分辨一個角色是否是受益者。如果目標系統是為火車站開發的售票系統，作為購票者的旅客就不是使用者，因為他（她）不是該售票系統的實際操作者，火車站的售票工作人員才是。有的火車站在售票時特別體貼地用另一台顯示器向旅客展示工作人員售票的操作過程，便於旅客了解火車路線、時刻和車票的基本資訊，但操作權仍然掌握在售票工作人員手上。倘若目標系統是 "12306" App，那麼旅客在購買車票時，就是 App 的實際操作者。

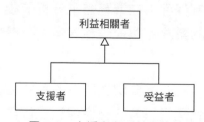

▲ 圖 5-3　支援者與受益者的抽象

圖 5-3 直觀地說明了利益相關者是支援者與受益者的抽象。

在不同專案類型的背景下，支援者與受益者還可能參差多形地「表演」不同的角色。在辨識利益相關者時，需要定位這些角色到底是為目標系

統輸入價值的支援者，還是目標系統輸出價值的受益者，如此才能明確在進行價值需求分析時應該找誰，進產業務需求分析時又該找誰，不會因為混淆角色而影響團隊的判斷。舉例來說，對針對 B 端的企業專案而言，作為支援者的員工同時又是受益者（作為使用者角色），在進行需求訪談和調研時，就要分辨對方提出的內容，哪些屬於專案的願景，哪些屬於業務需求；如果是企業的自研專案，則團隊與作為支援者的部門可能屬於同一家組織，甚至團隊成員自身也可能成為利益相關者，此時辨明利益相關者的身份就顯得非常重要了；倘若目標系統針對 C 端的網際網路產品，則支援者與受益者之間普遍存在明確的分界線，而我們很難直接面對作為受益者的產品最終使用者，這時，企業內部的產品經理就在其中扮演使用者代表的角色，可以被認為是受益者。

5.2 明確系統願景

系統願景（system vision）是對目標系統價值需求的精煉提取，若能以精簡的話語清晰描述出來，就能幫助團隊就專案需要達成的目標達成共識。明確系統願景的一種方式是將其描繪為一張藍圖，利用一種貼切的比喻向利益相關者對藍圖進行勾勒。一次，我去拜訪一家民航業通航領域的龍頭企業，企業負責人向我們描述的系統願景就一句話：打造一個通航領域的淘寶平台。在我們已經了解通航領域業務背景、經營模式和盈利方式的前提下，這樣動人的描述確實能夠一下子抓住我們的眼光，並能瞬間把握主要利益相關者的業務期望，畢竟淘寶是如何取得商業成功的，所有人都了然於胸。

借鏡電梯演講（elevator pitch）也可以幫我們快速確定系統願景。可以認為電梯演講是一種交流方法，在價值需求分析階段，就可以透過它來組織語言，描述系統願景。電梯演講的參考範本如下：

產品名稱；
產品所屬類別；

描述目標客戶的需求或機會；

闡釋產品能夠帶來的關鍵價值（或説購買的理由）；

與競爭產品的不同之處。

譬如，我們要打造一款敏捷商業智慧（bussiness intelligence，BI）工具，使用電梯演講的範本，就可將系統願景描述為：

產品名稱：超級 BI。

產品所屬類別：一款以巨量資料平台為基礎的敏捷 BI 工具。

描述目標客戶的需求或機會：它能夠讓普通使用者像資料分析師那樣洞察資料，以視覺化形式展現自己或主管需要看到的資料分析結果。

闡釋產品能夠帶來的關鍵價值（或説購買的理由）：購買我們的 BI 產品可以讓資料分析變得更簡單，讓資料變得更有價值。

與競爭產品的不同之處：與 Tableau、PowerBI 等競爭產品的不同之處在於，它更加輕量級、操作更簡單、支援報表訂製，而且價格更便宜。

倘若僅是在全域分析階段定義系統願景，還可以進一步簡化上述電梯演講範本，只需描述系統要做什麼，為何要做。描述系統要做什麼，是對系統核心功能的一種概括，決定了該系統的特徵，簡言之，可以由此決定產品名或產品類型。闡釋為何要做該系統，就是從價值的角度分析該系統能夠從利益相關者獲得什麼樣的利益、得到什麼樣的機會、解決什麼樣的問題。

倘若不能一下子抓住目標系統的願景，也可以透過精細的分析來獲得。一個好的系統願景，會將所有利益相關者統一到一個方向上。如何統一？答案就是分析利益相關者提出的業務期望。由於系統願景由支援者決定，甚至準確地講，由於監管者與上游合作夥伴屬於純粹的問題解決者，因此真正需要統一業務期望的是組織和投資者。

組織和投資者提出的業務期望，實則就是他（她）們為系統設定的業務目標（business object）。組織和投資者的重點有所不同：前者偏向於經營

相關的業務目標,後者偏向於財務相關的業務目標。舉例來說,目標系統上線後,顧客滿意度至少達到 ×× ,就屬於經營相關的業務目標;目標系統上線後,在 6 個月取得 ××% 的市佔率,就屬於財務相關的業務目標。當然,這兩種類型的業務目標並不矛盾,因為最終目標還在於目標系統給組織帶來收益(包括成本控制與收入利潤)。要提煉目標系統的願景,可以整理客戶與投資者各個角色的業務目標,然後根據利益相關者的重要性和優先順序對每個角色提出的目標進行取捨與平衡,進而統一到一個方向,形成最終的系統願景。

5.3 確定系統範圍

確定系統範圍是為了確定目標系統問題空間的邊界。系統範圍保證了問題空間的開放性,同時又能確保問題空間內業務需求的收斂性。系統範圍並非一個密閉的問題空間,而是為業務需求是否屬於目標系統劃定了變化的方向以及範圍的界線,正如圖 5-4 所示的手電筒那樣,它照射出一束光線,被光線籠罩的部分都屬於系統的範圍,而光線可以沿著一個方向不斷延伸。

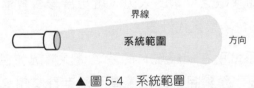

▲ 圖 5-4 系統範圍

系統範圍確定的界線可以將無效的、不合理的需求拒之門外,確保了業務需求的收斂性;系統範圍認定的方向又提供了指導依據,允許接納吻合此方向的新的業務需求,保證了問題空間的開放性。靜態的界線確定了問題空間的邊界,代表趨勢的方向保證了系統範圍的動態性,允許團隊在專案進度、預算、資源和品質的約束內對每個版本的內容進行調整。

光線籠罩的範圍取決於光源與光線的盡頭。系統範圍與之類似,取決於目標系統的當前狀態(光源)與未來狀態(光線的盡頭),只要我們明確了二者,自然就可勾畫出系統的範圍界線與變化方向。

無論是改造舊系統或為舊系統增加功能，還是啟動一個全新專案，都需要了解目標系統的當前狀態。或許有人會心存疑惑：一個全新專案的當前狀態不應該是零嗎，還有何了解的必要？實際並非如此，雖然對一個全新專案而言，目標系統還沒有開始建構，但有可能已經存在一個隱含運行的業務流程。這就好似 18 世紀、19 世紀的古老銀行早已存在存款、提款、貸款等業務流程了，只是不具備取代某些人工作業的 IT 系統罷了。類似這樣表達當前真實狀態的業務流程，未必是目標系統需要實現的目標，卻可以作為確定系統範圍的起點。

要了解目標系統的狀態，需要辨識出它的可用資源，包括業務資源、人力資源、IT 資源和資金資源。業務流程屬於業務資源的一部分，除了業務流程，還需要了解使用者當前已有的操作手冊、需求文件、業務知識（包括專業領域的產業知識）。在條件允許的情況下，在全域分析階段收集到的業務資源越詳盡，越有利於我們對問題空間的探索，自然也越有利於確定目標系統的當前狀態。

要辨識的人力資源，就是與目標系統相關的利益相關者與參與建構整個目標系統的團隊資源。辨識利益相關者自不待言，了解可用的團隊資來自然也很重要，如果缺乏足夠的人力，就更要學會控制系統的範圍，否則就會影響專案的發表與迭代計畫。

IT 資源就是目標系統所在組織現有的系統資源情況，包括硬體資源與軟體資源，尤其需要了解與目標系統範圍可能存在交集、重疊和整合的現有系統的當前狀態。明確這些系統非常重要，目標系統的部分功能可能會取代這些系統，也可能需要和這些系統整合，無論如何，它們的現狀會直接影響到目標系統的範圍，甚至影響到整個建構過程。

毫無疑問，資金資源非常重要，沒有資金，軟體研發也就寸步難行，資金的多少決定了建構的系統能夠走多遠，能夠涵蓋多少業務需求。團隊需要就資金資源進行成本收益的評估，也會影響對系統範圍的界定。

了解目標系統的未來狀態，就是要了解那束光究竟能走多遠！既然那束光代表了目標系統的未來，就會融合利益相關者的目標。業務目標、組織的戰略規劃和產品規劃（或產品路線圖）共同組成了未來狀態的業務資源。與了解當前狀態相同，除了需要辨識業務資源，還需要辨識人力資源、IT 資源和資金資源，只不過這些資源是就未來期望的狀態做出的前瞻性規劃，存在較大的不確定性，在目標系統的建構過程中，需要隨時對這些資源做出調整。

在確定了目標系統的未來狀態與當前狀態之後，就可根據未來狀態與當前狀態辨識出來的資源界定系統的界線與方向。所謂「界線與方向」是一種較為模糊的定義，為了清晰地勾勒出系統的範圍，需要透過整合當前狀態與未來狀態之後的目標清單的方式來呈現，如圖 5-5 所示。

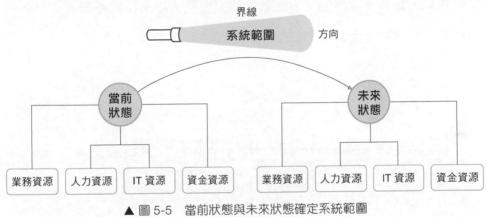

▲ 圖 5-5　當前狀態與未來狀態確定系統範圍

業務目標是系統邊界的判斷標準。透過需求調研獲得的原始需求，必須吻合系統範圍中目標清單的其中一個或多個目標，才被認為是問題空間中業務需求的一部分。

目標系統的當前狀態、未來狀態和目標清單共同組成了目標系統的範圍。

5.4 使用商業模式畫布

分析價值需求，就是對尚處於「懵懂狀態」的目標系統進行探索。目標系統不是是過去的舊模樣，需要以新汰舊，就是還會有客戶心中，只是一種若隱若現的概念……種種情形，不一而足。如果沒有分析清楚目標系統的價值需求，就無法定位業務需求，更談不上進行領域驅動設計了。

在還未確定價值需求之前，目標系統的模樣真可以說是「千人千面」。要就價值需求達成共識，單靠開發團隊對需求展開調研，對客戶進行啟動，然後就期望獲得客戶一致認可的價值需求定義，無異於天方夜譚。分析價值需求時，一定要讓客戶和團隊坐在一起，透過有效的互動形式進行協作與交流，將價值需求透過視覺化方式明白無誤地表達出來，以達成共識。這種高效的協作方法就是前面提及的商業模式畫布。

商業模式畫布的 9 大板塊與價值需求之間的關係如圖 5-6 所示。

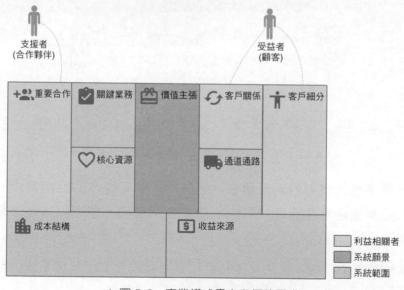

▲ 圖 5-6 商業模式畫布與價值需求

假設一家創業公司希望打造一款針對廣大文學創作者和文學同好的文學平台，在價值需求分析時，可採用視覺會議的形式，讓創業公司、領域

專家（產品經理）與開發團隊一起在商業模式畫布的指導與規範下進行
腦力激盪。遵循畫布 9 大板塊的順序，引導者依次向與會人員提出問
題，透過即時貼展示大家對當前版本的想法與意見。與會人員對這些想
法和意見依次進行討論，得到圖 5-7 所示的商業模式畫布。

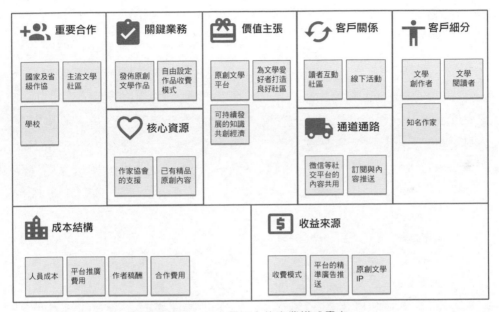

▲ 圖 5-7　文學平台的商業模式畫布

這一過程當然不是一蹴而就的，例如對客戶進行細分時，一開始並沒有
找出「知名作家」，待到考慮收益來源時，考慮到文學平台的影響力與品
牌塑造，才想到邀請知名作家入駐文學平台，並由此確定引入作家協會
的支援，考慮和作家協會的合作。商業模式畫布的好處在於它可以有效
地啟發和約束思維，採用面對面互動的高效協作方式，也有助儘快就目
標系統的價值需求達成一致。

業務需求分析

就改善你自己那是你為改善世界能做的一切。
——路德維希·維特根斯坦,《維特根斯坦傳:天才之為責任》

如果說價值需求是綱領,業務需求就是填充綱領的具體內容,用以清晰地表達利益相關者對目標系統提出的業務功能要求[1]。屬於問題空間的業務需求一定要站在使用者角度展開,屬於「問題級需求」[10],千萬勿受所謂「功能」的影響,錯將解決方案視為需求,這也就要求業務需求必須在價值需求的指引之下進行分析。尤其在明確了各種利益相關者之後,應當在支援者的幫助下,更多地考慮受益者的業務目標,思考目標系統能夠為受益者提供什麼樣的服務。

要完整地展現問題空間的業務需求,需要透過動靜結合的方式進行需求分析,既要表現多個角色為實現同一個業務價值進行協作的執行序列,

---

1　需求的分類有多種定義,Karl E. Wiegers 的著作《軟體需求》定義了需求層次（第 6頁）,從類別上將需求分為功能性需求和非功能性需求,領域驅動設計主要應對的需求為功能性需求。功能性需求又分為業務需求、使用者需求、功能需求、系統需求。這些定義顯得似是而非而又紛繁複雜,較難區分它們各自表達的真實含義。我借鏡了徐鋒的《有效需求分析》中提到的價值需求概念,將與領域邏輯有關的需求簡單地分為兩個層次:價值需求和業務需求。價值需求相當於 Wiegers 提出的業務需求,業務需求相當於使用者需求。

又要表現角色與目標系統之間為完成業務目標進行的功能性互動，即動態的業務流程與靜態的業務場景。

如果從需求層次來看，業務需求根據價值和目標可分為以下 3 個層次。

- 業務流程：表現了一個完整的業務價值。
- 業務場景：在一個階段內共同滿足多個角色的業務目標，也可認為是該階段的里程碑目標。
- 業務服務：系統為一個角色提供的服務價值。

其中，業務服務屬於業務場景的進一步細化，是全域分析階段的基本業務單元。

6.1 業務流程

軟體系統的核心價值在於回應使用者的服務請求，系統內部以及系統之間透過一系列的協作各自履行不同的業務職責，共同滿足該服務請求對應的各階段業務目標，從而提供給使用者業務價值。這一協作的過程可以稱為「業務流程」。

6.1.1 業務流程的關鍵點

在辨識目標系統的業務流程時，需要把握兩個關鍵點[2]：完整和邊界。

一個有效的業務流程必須是完整的、端對端的服務過程，簡言之，發起一個業務流程必有其起因，也有其結果（表現為業務價值），從因到果表現的就是點對點的完整性。原因只能有一個，但它帶來的結果存在多種可能。舉例來說，顧客購買商品是一個完整的端對端業務流程。購買商品的請求就是因，商品買到顧客手上就是果；商品缺貨，顧客未能如意買到自己想要的商品也是果；顧客帳戶餘額不足，導致購買交易失敗同樣還是果。組成該購買流程的諸多活動，如加入購物車、結算、支付等

---

2 參考了徐鋒的《有效需求分析》對業務流程的剖析（第 91 頁）。

活動都不是購買請求的業務價值，不具備端對端的完整性，這些活動實則屬於購買商品業務流程的執行步驟。

針對目標系統辨識業務流程，就需要結合系統範圍確定業務流程的邊界。例如目標系統為掛號系統，則掛號系統滿足了病人的掛號請求後，就履行了它的職責，為病人提供了業務價值，至於病人接受醫生診斷與治療的流程則不在要辨識的業務流程範圍之內。在界定業務流程邊界時，還需要結合完整性進行綜合判斷。還是考慮掛號系統，病人掛號時需要支付掛號費用，雖然具體的支付活動發生在掛號系統之外，但由於支付活動屬於掛號業務流程不可缺少的環節，因而需要納入掛號流程中。

業務流程的起點往往由一個角色向目標系統發起服務請求，而要完成整個流程，則需要多個角色共同參與協作。在整理業務流程時，必須採用全方位角度來觀察目標系統和目標系統所在的組織，確定各個角色在該流程中應該履行的職責和它們的協作順序。

6.1.2 業務流程的分類

從業務流程的特徵看 [3]，可以分為主業務流、變形業務流和支撐業務流。主業務流代表從因到果的點對點主體流程；變形業務流是主業務流的變形，即從主業務流中脫離而形成的獨立業務流（因為出現了干擾主業務流並導致主業務流無法完成的主客觀因素）；支撐業務流則是為主業務流與變形業務流提供支援的輔助流程。

從業務流程的發起者看，可以分為外部業務流、內部業務流和管理業務流。外部業務流往往由組織外使用者（客戶）主動發起服務請求；內部業務流則由組織內使用者（員工）主動發起服務請求的流程；管理業務流由負責管理職能的業務部門人員主動發起的服務請求，且該服務請求主要在於實現控制、監督、審核等管理意圖的流程。

3　對業務流程的分類，主要參考了徐鋒的《有效需求分析》。

6.1.3 業務流程的呈現

呈現業務流程最為直接的方式自然是運用業務流程圖。業務流程圖為動態的業務需求提供了簡單清晰的視覺化方案，可以幫助受眾快速了解業務本身的運作形式，明確業務規則。

以文學平台為例，可使用業務流程圖中的水道圖呈現使用者、作者、讀者和平台之間的關係，如圖 6-1 所示。

業務流程圖更像對真實世界業務執行流程的真實反映，直觀地表現了各個角色、部門之間的交流與協作。業務流程圖的各個角色（或部門）是平等的，並無主次之分，都是參與流程的協作方。

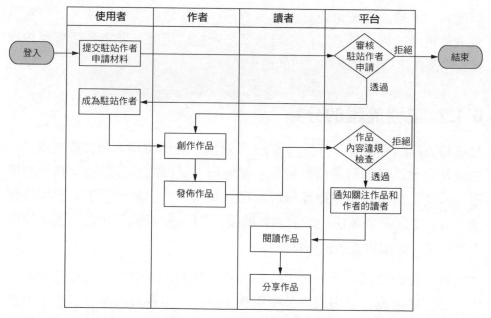

▲ 圖 6-1　文學平台的業務流程圖

根據業務流程的分類，一個完整的業務流程可能牽涉到組織內外各種使用者角色，組成業務流程的執行活動雖然都是為了最後要滿足的業務價值，但在執行環節中的操作目的與意圖卻不相同。組織內的一些執行步驟對主動發起服務請求的角色而言，甚至是不可見的。一些提供業務支

撐或管理意圖的執行步驟，可能出現在多個不同的業務流程中。因此，對於一個複雜的業務流程，既要從全景角度表現其完整性，又要準確地劃分邊界，可以使用服務藍圖來呈現。

以文學平台為例，閱讀作品的業務流程涉及的參與角色只有閱讀者，屬於服務藍圖中的客戶角色。在使用服務藍圖表示該業務流程時，不會牽涉到組織內的前台員工和後台員工，自然不會產生與他（她）們的互動。使用服務藍圖表達閱讀作品的業務流程如圖 6-2 所示。

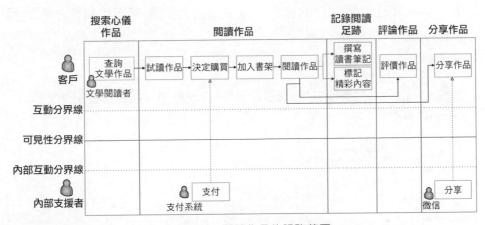

▲ 圖 6-2　閱讀作品的服務藍圖

服務藍圖從左到右表現了時間因素。倘若兩個活動沒有明顯的時間先後順序，可以垂直排列，表示二者不分先後，例如「撰寫讀書筆記」和「標記精彩內容」就沒有先後順序之分。垂直區域根據參與角色的業務目標進行劃分，如「決定購買」「加入書架」等活動雖然看起來和閱讀無關，但實際上它們為閱讀作品這一業務目標提供了必要的執行步驟，離開了「閱讀作品」這一業務目標，它們就沒有存在的價值了；「評價作品」和「分享作品」具有獨立的業務目標，因此它們被分為兩個獨立的垂直區域，雖然這兩個活動與「撰寫讀書筆記」等活動並無時間先後順序，但受限於二維圖形的表達力，只能水平排列，這時可以輔以箭頭來表示流程執行順序。

在閱讀作品的服務藍圖中，只有閱讀者參與到了流程中。除此之外，還引

入了支援過程。不同於前台員工和後台員工，內部支援者可以是組織內的支援部門，也可以是業務流程提供支援的目標系統自身或外部的衍生系統（參見第 8 章），如圖中的支付系統與微信就屬於文學平台的衍生系統。實際上，服務藍圖中的支援行為往往組成了業務流程中的支撐業務流，如圖 6-2 中的支付活動與分享活動其實都是閱讀主流程的支撐業務流。

每個業務流程只有一個起點，該起點必然由服務藍圖的客戶角色發起服務請求。這表示，在一張服務藍圖中只能由一個客戶參與，它所反映的業務流程其實是一個客戶的旅程。以文學創作的業務流程為例，它的服務藍圖如圖 6-3 所示。

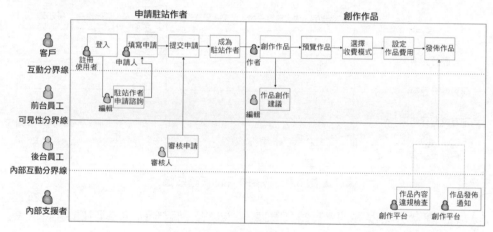

▲ 圖 6-3 文學創作的業務流程

互動分界線之外的客戶活動都由一個客戶執行。注意了解這裡提到的客戶，指的是一個實實在在的人，如果採用了人物誌，就是你從巨量真實客戶中提煉和刻畫出來的有名有姓的虛擬人物，而非這個人頭上戴著的角色帽子。在文學創作的業務流程中，客戶可以是托爾斯泰，但他在還沒有申請成為駐站作者時，他的角色為註冊使用者。換言之，參與該業務流程的客戶角色包含了註冊使用者與作者，甚至還可以細粒度地辨識出申請人（針對提交申請活動）角色，但參與到業務流程中的客戶只是托爾斯泰這個具體的人，就是寫出《戰爭與和平》和《安娜‧卡列尼娜》的那個人。

如果目標系統只針對組織使用者，根本沒有組織外的客戶角色參與業務流程，又或服務藍圖要描繪的業務流程完全屬於組織的內部過程，那麼，參與服務的員工亦可視為服務藍圖中的客戶角色。

服務藍圖中的前台員工與後台員工都屬於組織內員工，該如何區分二者的差異呢？關鍵在於可見性分界線，它恰好隔離了前台員工活動和後台員工活動，表示前者在幕前發生，後者在後台發生。這也解釋了為何客戶不會與後台員工產生行為互動，因為後台員工對客戶而言，是完全不可見的。以文學創作流程的服務藍圖為例，審核人對申請的審核就屬於後台員工活動，從流程圖看，當審核人審核透過申請後，會向申請人發送通知，這也正是圖 6-3 中由「審核申請」到「提交申請」的箭頭的含義，但這兩個角色並沒有直接產生行為互動。與之相對，編輯角色作為前台員工，在諮詢和建議時，直接與註冊使用者和作者發生了對話，形成了可見的協作關係。

在實際進產業務流程分析時，可以將業務流程圖與服務藍圖結合起來，表現不同層次的業務流程。舉例來說，先使用水道圖形式的業務流程圖整理業務流程的整體運行過程，這一整體運行過程對準了價值需求中的系統願景，再使用服務藍圖進行細化，建立相對獨立的表現業務價值的主業務流，以及與之對應的變形業務流和支撐業務流。除了業務流程圖與服務藍圖，諸如線方塊圖和 UML 圖中的活動圖與序列圖都可以表示業務流程，只是表現形式各異，為分析人員提供的觀察角度也不盡相同罷了。

6.2 業務場景

什麼是場景？從字面了解，「場」是時間和空間的概念，「景」是情景和互動。場景就是角色之間為了實現共同的業務目標進行互動的時空背景，透過角色在特定時間、空間內執行的活動來推動情景的發展，形成角色與目標系統之間的體驗與互動。當我們用場景來描述業務需求時，可以將表現業務目標的場景稱為「業務場景」。在了解業務需求時，業務

場景以使用者為中心，採用一種身臨其境的方式體驗使用者角色的操作行為。作為透過業務場景表現使用者對產品的使用狀態的例子，圖 6-4 展示了手機的來電顯示介面，左側為螢幕鎖定場景下的來電顯示，右側為未螢幕鎖定場景下的來電顯示。

為何需要設計兩種不同的來電顯示介面呢？因為它們各自表現了不同的使用者使用場景。設計者假設使用者會將螢幕鎖定後的手機放進口袋，如果仍然透過觸碰按鈕來接聽或拒絕電話，出現誤操作的機率要遠大於採用滑動接聽的方式。

▲ 圖 6-4　不同場景下的來電顯示

6.2.1 業務場景的 5W 模型

接聽電話的業務場景表現了組成業務場景的 5 個要素：角色（Who）、時間（When）、空間（Where）、活動（What）和業務目標（Why）：要下班了（時間），我將手機螢幕鎖定後放進口袋（空間），家裡人（角色）打來電話（活動），我（角色）拿出手機（活動），透過滑動接聽電話（活動），與家裡人建立了關聯（業務目標）。與之相對的是業務流程，透過服務藍圖也表現了這 5 個要素，不同之處在於，一個業務流程的不同階段表現了不同的業務目標。這充分說明：一個動態的業務流程是由一到

多個靜態的業務場景組成的，業務流程是端對端的完整協作過程，業務場景則是在業務目標的指導下在時間維度對業務流程的垂直切分。

組成業務場景的 5 個要素恰好組成了圖 6-5 所示的問題描述的 5W 模型，可以認為它是粒度更細的問題空間。

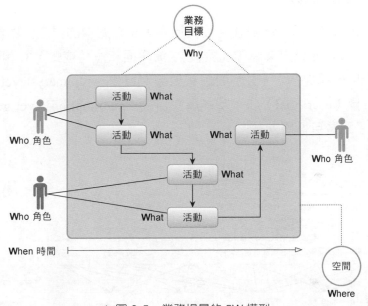

▲ 圖 6-5　業務場景的 5W 模型

在一個業務場景中，所有角色執行的活動都是為了滿足一個共同的業務目標，這是確定業務場景的關鍵。業務服務之間的協作存在時間流逝的痕跡，即這些服務在某個時間階段內透過協作形成了相對完整的執行序列。這些活動都發生在確定的空間範圍內，也就是目標系統的系統範圍。

只要按照階段性的業務目標劃分業務流程，就可以獲得業務場景。以文學創作的業務流程為例，參考該流程的服務藍圖，可以獲得以下業務場景：

- 駐站作者申請；
- 原創作品創作。

業務場景的名稱直接表現了該場景的業務目標，參與場景的角色可能存在多個，每個角色為了滿足共同的業務目標執行各自的活動。劃分業務

場景時，活動是業務流程的各個執行步驟，不能直接映射為業務服務。業務服務是組成業務需求的基本業務單元，對它的辨識是業務需求分析階段的關鍵。

6.2.2　業務服務

分析業務需求時，分析人員往往受困於需求功能層次的界定。舉例來說，Alistair Cockburn 就用雲朵（或風箏）、海平面和魚（或蛤）3 個層次來展現不同的目標層次 [20]50，分別對應概要層次目標（summary-level goal）、使用者目標（user goal）和子功能層次目標（subfunction-level goal），圖 6-6 闡釋了這些目標層次 [20]50。

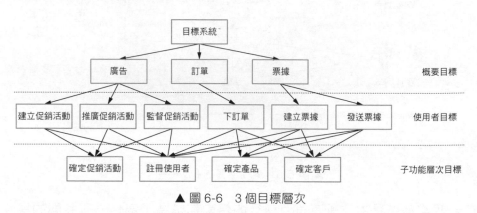

▲ 圖 6-6　3 個目標層次

在 Cockburn 的隱喻中，海平面是一條可見的分界線，Jeff Patton 就說：「一個海平面等級的任務，是指我們會連續完成的、通常在完成之後才去做其他事情的任務。」[14]88 即使如此，在分析業務需求時，分析人員往往難以辨別正確的使用者目標層次，因為所謂的「使用者目標」會受到不同領域、不同角度的影響，就連 Cockburn 自己也說：「找出正確的目標層次是關於使用案例的最棘手的問題。」[20] 如圖 6-6 中的註冊使用者，為何不是使用者目標，而被放到海平面之下的子功能層次目標中呢？這是因為在廣告和訂單領域，註冊使用者並非市場人員或買家的使用者目標。如果切換到身份管理領域，情形就不同了，對於遊客角色，註冊使用者屬於可見的使用者目標，應該位於海平面。

如果能夠引入相對客觀的判斷標準作為基本業務單元的劃分依據，就能避開主觀對層次或目標的判斷帶來的模稜兩可。業務服務[4]解決了這一問題，它是角色主動向目標系統發起服務請求完成的一次完整的功能互動，表現了服務價值的業務行為。業務服務的定義實則包含了 3 個用於判斷的客觀標準：服務價值、角色和執行序列。

1. 服務價值

所謂「服務價值」，就是要站在目標系統的角度，思考它能為執產業務服務的角色提供什麼樣的服務。服務價值決定了業務服務是否滿足角色的服務請求，回答了角色為何要參與該業務服務的原因。舉例來說，「提交訂單」是一個具有服務價值的業務服務，如果客戶不執行該業務服務，整個購買流程就無法完成；驗證訂單雖然提供了驗證訂單有效性的價值，但它對客戶而言卻是隱藏不知的，因為如果訂單為有效訂單，那麼客戶可能不知道在提交訂單時還會有這一操作。實際說來，驗證訂單其實是提交訂單的執行步驟。

2. 角色

一個業務服務必須有一個角色作為發起者，它會觸發業務請求，通常包括使用者（user）、策略（policy）或衍生系統（accompanying system）[5]。

使用者是關心業務服務的人或組織（部門），透過執行某個操作觸發服務請求，例如發送一筆訊息、按一個按鈕或輸入一個按鍵。作為角色的策略較為特殊，它屬於規則的一種特殊情況，需要透過計時器按照條件定時主動觸發，因此也可以認為策略是封裝了業務規則的計時器。位於目

4　業務架構也定義了業務服務的概念。《微服務設計：企業架構轉型之道》將業務服務定義為「表示顯式定義的暴露業務行為，代表了用於實現組織內外客戶需求的服務，並處理主體與主體之間、主體與客體之間的連接物。」本書定義的業務服務與業務架構中的業務服務是完全不同的概念。

5　業務服務的角色相當於系統用例的最終主參與者（ultimate primary actor），這裡提到的策略角色，實際參考了事件風暴中的概念，細節參見附錄 B。

標系統之外的衍生系統作為角色，也可以主動觸發一個業務服務，前提是觸發後的執行邏輯屬於目標系統的範圍。

以電子商務平台作為目標系統。客戶要購買商品，需要通過點擊「提交訂單」按鈕發起提交訂單的服務請求，此時的業務服務為「提交訂單」，角色為客戶使用者。客戶在提交訂單之後，業務規則要求在 15 分鐘內完成訂單支付，若按照規則未完成支付請求，系統會自動取消訂單，此時的業務服務為「取消訂單」，角色為取消訂單策略。商家在收到下單通知後，透過進銷存系統查看訂單詳情，此時的業務服務為「查詢訂單詳情」，它會呼叫目標系統獲得訂單的詳細內容。由於進銷存系統在電子商務平台的範圍之外，故而角色為進銷存系統。

無論是使用者、策略還是衍生系統，要成為業務服務的角色，都必須主動觸發服務請求，目標系統[6] 回應該請求，執產業務邏輯規定的步驟，直到滿足角色的服務價值。觸發服務請求的角色也可以是多個，例如取消訂單的角色，可以是提交訂單的客戶，也可以是取消訂單策略。

3. 執行序列

業務服務的執行序列表示執行的所有步驟都是連續且不可中斷的，如此才能完成一次完整的功能互動。考慮顧客在超市購物的業務場景，顧客推著購物車在超市中尋找自己要買的商品，並將它們一一放到購物車，選好商品後推車到收銀台結帳；收銀員掃完所有商品的條碼後，計算出總價；顧客付款，拿好已購商品走出超市，業務場景結束。如果將整個超市視為我們要設計的目標系統，那麼目標系統中的角色就是顧客與收銀員。

顧客參與的業務服務包括：

- 加入購物車；
- 付款。

---

6 由於領域驅動設計通常不考慮 UI 前端，因此在辨識業務服務時，響應服務請求的目標實則指目標系統的後端，即解空間辨識的界限上下文。

收銀員參與的業務服務包括：

■ 掃描商品條碼；

■ 收款。

這 4 個業務服務都是連續且不可中斷的完整過程。「加入購物車」與「付款」是兩個分開的業務服務，因為顧客有可能在將商品加入購物車後，突然接到一個電話，沒有買東西就離開了超市。在收銀員的「收款」業務服務中，還有「計算商品總價」「計算商品折扣」「增加會員積分」等操作，但是它們都是連續執行的。收銀員計算了商品總價後，如果不執行收款工作，顧客就沒法付款，這表示「收款」才是完整的業務服務，「計算商品總價」只是它的執行步驟。

在了解執行序列的完整功能互動時，還需結合需求的業務規則而定。以訂單為例，假設業務規則規定，使用者在提交訂單後必須透過商戶對訂單進行人工審核，這表示「提交訂單」和「審核訂單」的執行序列存在中斷，它們是兩次獨立而完整的功能互動，應各自訂為業務服務；如果審核訂單在客戶提交訂單後由系統按照審核規則自動完成，審核訂單就沒有發起請求的角色，它就變成了提交訂單業務服務的執行步驟。

業務服務的上述 3 個關鍵要素相輔相成，缺一不可，共同決定了一個業務功能是否是一個正確的業務服務。

為什麼引入業務服務

業務服務代表了角色與目標系統的一次互動，它的含義與位於使用者目標的系統使用案例非常相似。那為何我還要引入一個新的概念？

一直以來，透過業務建模進行軟體設計都存在一個錯誤和一個困難。錯誤在於團隊進行需求分析時，沒有拎清問題空間與解空間的差異，混淆了問題級需求與方案級需求，也容易讓技術實現干擾需求分析。困難在於如何消除需求分析到軟體設計的鴻溝，使得需求分析的結果能夠作為指導設計的參考。

業務服務避開了使用案例層次的含混不清，它不看業務功能的粒度和層次，只考慮是否是角色向目標系統發起的一次完整功能互動，並以此作為劃分業務服務的標準。這一標準界定的粒度使得問題空間的業務服務恰好對應解空間的服務契約，即第 12 章定義的菱形對稱架構的北向閘道。

不僅如此，業務服務還可以幫助確定界限上下文，並透過建立業務服務與界限上下文的映射關係，確定界限上下文之間以及界限上下文與衍生系統之間的協作關係；業務服務的規格説明則為領域建模提供了建模依據，幫助分解任務和明確職責分配，並在透過測試驅動開發進行領域實現建模時，作為辨識和撰寫測試使用案例的主要參考。換言之，業務服務雖然位於問題空間，但它又成為解空間中架構、設計與程式開發的核心驅動力。

即使如此，它並沒有混淆問題空間和解空間。在辨識和細化業務服務時，領域專家並不需要知道解空間的設計要素，只需針對目標系統進產業務需求分析，並遵循統一語言準確描述即可。

6.2.3 業務服務的辨識

要獲得業務服務，可以以業務流程和業務場景為基礎，分別整理執行環節的每個使用者活動，然後根據業務服務的 3 個標準判斷並整理出問題空間的業務服務。表 6-1 列出了閱讀作品和文學創作業務流程中的所有業務服務。

表 6-1　文學平台的業務服務

查詢文學作品	閱讀作品	購買作品
將作品加入書架	撰寫讀書筆記	標記精彩內容
評價作品	分享作品	登入
提交駐站作者申請	審核駐站作者申請	創作作品
預覽作品	設定作品收費模式	設定作品費用
發佈作品	……	

比較表 6-1 中的業務服務與業務流程圖（參見圖 6-3）中的使用者活動，它們存在細微的差異，舉例來說，在圖 6-3 所示的文學創作的業務流程

中，包含了「作品內容違規檢查」和「作品發佈通知」使用者活動，然而根據業務服務的判斷標準，這兩個使用者活動只是「發佈作品」業務服務執行序列中的執行步驟，不屬於業務服務。

6.2.4 業務服務的呈現

業務流程可以透過業務流程圖與服務藍圖以視覺化協作的形式進行呈現，而業務場景和業務服務的視覺化呈現，則借用了 UML 使用案例圖形式的業務服務圖[7]。

1. 業務服務圖

使用案例圖的組成要素與業務場景的 5W 模型頗為相似，二者形成了以下對應關係。

- 參與者：代表了場景 5W 模型的 Who。
- 使用案例：代表了場景 5W 模型的 What。
- 使用案例關係：包括使用、包含、擴充、泛化、特化等關係，其中，使用（use）關係代表了場景 5W 模型的 Why，即使用案例為參與者提供了價值。
- 邊界：代表了場景 5W 模型的 Where。

使用案例圖是領域專家與開發團隊之間進行溝通的一種視覺化手段，它以目標系統為主體邊界，舉例來說，以整個文學平台作為主體邊界形成的使用案例圖如圖 6-7 所示。

使用案例圖中的橢圓形本來表示一個系統使用案例，這裡用來表示業務服務。圖 6-7 列出的業務服務僅是該平台的「冰山一角」，因為使用案例圖將目標系統看作「能獨立對外提供服務的整體」[17]146，也就是說，整個目標系統是使用案例圖的主體邊界。如果目標系統的規模較大，就會

7　除了業務場景和業務服務進行業務需求分析，還可以運用事件風暴，它的分析方式與呈現方式有其特殊之處，詳細內容參見本書的附錄 B。

形成一個非常龐大的使用案例圖。雖說一圖勝千言，但如果圖形太過龐大，密密麻麻的連線像一張蜘蛛網一般，帶來的視覺化效果恐怕還不如誠懇的文字描述。

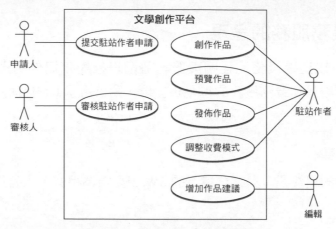

▲ 圖 6-7　文學平台的使用案例圖

引入業務場景，可為每個業務場景繪製一個使用案例圖，主體邊界就變成了業務場景，如圖 6-8 所示。

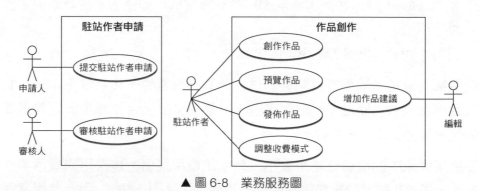

▲ 圖 6-8　業務服務圖

圖 6-8 透過業務場景表現主體邊界，內部的橢圓呈現了一個個業務服務，可將這樣的圖稱為業務服務圖，以示業務服務與使用案例的區別。注意，業務場景雖然成為業務服務圖的主體邊界，但業務服務面對的主體仍然為目標系統，否則就有悖於業務服務的本質。

2. 業務服務歸約

除了可以使用業務服務圖對業務服務進行視覺化呈現,還可以為其撰寫文字形式的業務服務歸約。為了更進一步地表現業務服務角色、服務價值和執行序列這 3 個特徵,我糅合了使用者故事和使用案例歸約的形式,將業務服務歸約分為表 6-2 所示的組成元素。

表 6-2　業務服務歸約的組成元素

組成元素	說明
服務編號	標記業務服務的唯一編號
服務名	動詞子句形式的服務名
服務描述	作為 < 角色 > 我想要 < 服務功能 > 以便 < 服務價值 >
觸發事件	觸發該業務服務的事件,如按鈕點擊、策略規則的觸發或接收指定的訊息等
基本流程	用於表現業務服務的主流程,即執行成功的業務場景
替代流程	用於表現業務服務的擴充流程,即執行失敗的業務場景
驗收標準	一系列可以接受的條件或業務規則,以要點形式列舉

要撰寫業務服務歸約,需要深入業務服務內部,展現它的執行步驟,描述的內容可以作為服務序列圖(參見第 11 章)與領域分析建模(參見第 14 章)的參考,也是服務驅動設計(參見第 16 章)進行任務分解的重要輸入。在全域分析階段,為保持對問題空間整體的把握,也為了避免出現分析癱瘓,只需對業務需求細分到業務服務粒度即可。

6.3　子領域

當目標系統的問題空間透過業務流程、業務場景和業務服務呈現在團隊面前時,問題空間的面貌才變得清晰起來。然而,即使我們將全域分析的粒度控制在業務服務層次,倘若面臨一個龐大的問題空間,這些業務單元仍然過散、過細,不利於形成利益相關者、領域專家和開發團隊對問題空間的共同了解。

問題空間太大，業務服務又太小，我們需要尋找一個粒度合理的業務單元，一方面降低問題空間規模過大帶來的業務複雜度，另一方面幫助領域專家與開發團隊更進一步地把握問題空間而不至於迷失在業務細節中。這個業務單元就是「子領域」。

6.3.1　子領域元模型

經過領域驅動設計十多年的發展，社區就子領域達成了以下共識：

- 子領域屬於問題空間的範圍；
- 子領域用於分辨問題空間的核心問題和次要問題。

為了區分問題空間的核心問題和次要問題，領域驅動設計引入了圖 6-9 所示的元模型。

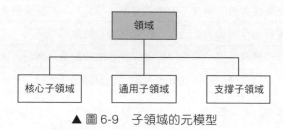

▲ 圖 6-9　子領域的元模型

核心子領域 [8] 是目標系統最為核心的業務資產，表現了目標系統的核心價值。核心子領域表現了問題空間的核心問題，它的成敗直接影響了系統願景，而通用子領域和支撐子領域則表現了問題空間的次要問題，它們包含的內容並非利益相關者的主要重點：通用子領域包含的內容缺乏領域個性，例如各行各業的領域都需要授權認證、企業組織等業務；支撐子領域包含的內容往往為核心子領域的功能提供了支撐，例如物流系統的路徑規劃業務需要用到地圖服務，則地圖功能就屬於支撐子領域。

8　Eric Evans 的《領域驅動設計》將其稱為「核心領域」，為了統一概念，我將其稱為「核心子領域」。

透過判斷價值高低可以確定哪些業務屬於核心子領域、通用子領域或支撐子領域，它們都很重要，因為缺失了任何一個子領域，目標系統都會變得不完整，沒有通用子領域與支撐子領域，核心子領域的功能也無法運行。

子領域的劃分並非絕對，對於不同的產業背景、不同的目標系統，對領域核心問題的認識也會隨之發生變化。正如前面提及的地圖服務，在物流系統中屬於支撐子領域，但從地圖服務供應商的角度來看，地圖服務是供應商的核心競爭力所在，屬於其核心子領域。對於專注做授權認證的公司，授權認證業務具有了專有領域的特點，提供了核心價值，應該歸屬為該公司軟體系統的核心子領域。

當我們將問題空間的業務需求劃歸為核心子領域時，表示這些業務需求優先順序更高，值得投入更多的成本（時間成本、人力成本和資金成本）去實現與完善。Eric Evans 甚至建議：「讓最有才能的人來開發核心子領域，並據此要求進行對應的應徵。在核心子領域中努力開發能夠確保實現系統藍圖的深層模型和柔性設計。仔細判斷任何其他部分的投入，看它是否能夠支援這個提煉出來的核心。」[8]280 讓最有才能的團隊成員工作在核心子領域，可能會讓那些參與通用子領域與支撐子領域開發的團隊成員對自身能力產生懷疑，從而影響團隊文化建設。但不可否認，很多企業確實會考慮以購買或外包的方式建構通用子領域與支撐子領域。

為了保證企業的核心競爭力，不僅需要最有才能的團隊成員參與開發目標系統的核心子領域，還要改變對它的認識。Scott Millett 與 Nick Tune 就提出將核心子領域當作一款產品而非一個專案來對待 [11]36。這是因為產品需要結合企業戰略進行規劃，它的功能需要不斷演化，屬於核心子領域的領域模型也需要不斷演進和重構，形成深層模型，作為企業的核心資產來被維護。

全域分析階段是在確定了目標系統的範圍之後才開始確定子領域。我們劃分出核心子領域、通用子領域和支撐子領域，其目的是促進團隊對問題空間的共同了解，包括確定業務功能的優先順序。至於這些子領域該如何建構，選擇什麼樣的解決方案，究竟是購買現有產品還是交給外包

團隊，諸如此類的問題都屬於解空間的內容，通常會在架構映射階段解決。全域分析階段要解決的應是子領域的辨識與劃分。

6.3.2 子領域的劃分

劃分問題空間的子領域仍然是「分而治之」思想的表現，是控制問題空間複雜度的一種手段。要劃分子領域，關鍵在於確定核心子領域。Eric Evans 列出的方法是領域願景描述（domain vision statement），即「寫一份核心子領域的簡短描述以及它將創造的價值，也就是『價值主張』」[8]288。這實際上就是價值需求分析中需要確定的系統願景，以及組成系統範圍的業務目標清單。

價值需求的指引可以幫助團隊確定哪些是核心子領域，哪些是通用或支撐子領域。至於問題空間到底該分為哪些子領域，就需要團隊對目標系統整體進行探索，然後根據目標系統的功能分類策略子領域的分解。這些功能分類策略有以下幾種。

- 業務職能：當目標系統運用於企業的生產和管理時，與目標系統業務有關的職能部門往往會影響目標系統的子領域劃分，並形成一種簡單的映射關係。
- 業務產品：當目標系統為客戶提供諸多具有業務價值的產品時，可以按照產品的內容與方向進行子領域劃分。
- 業務環節：對貫穿目標系統的核心業務流進行階段劃分，然後按照劃分出來的每個環節確定子領域。
- 業務概念：捕捉目標系統中一目了然的業務概念，將其作為子領域。

如果按照業務職能劃分子領域，只需要了解企業的組織結構，就可以輕而易舉地獲得對應的子領域。例如為一所學校開發一套管理系統，按照學校的業務職能劃分，就可以獲得教務、學生管理、科學研究、財務、人事等子領域，這些子領域實際上恰好對應學校的職能部門，如教務處、學生處、科學研究處、財務處、人事處等。在辨識子領域時，需要

就目標系統的範圍確定組織結構的範圍，例如管理系統的範圍沒有要求支援圖書館的管理，我們就不需要考慮圖書館這一機構，也不會辨識出圖書館子領域。

如果按照業務產品劃分子領域，就可以確定企業的產品線或業務線，根據描繪出的業務結構得到各個與之對應的子領域。舉例來説，為銀行開發網銀系統，就可以根據儲蓄業務、信用卡業務、理財業務、外匯業務、保險業務等業務產品確定對應的子領域。同理，在確定這些子領域時，也需要界定它是否在目標系統的範圍內。

若根據業務環節劃分子領域，確定核心業務流就成為重中之重。對一個全景流程而言，一定存在多個明顯的時間節點，將流程劃分為具有不同目標的業務環節。舉例來説，一個典型的電子商務平台，買家購買商品的業務流程就是該目標系統的其中一個核心業務流，該業務流明顯可以劃分為購買、倉儲、配送、售後等業務環節。這些業務環節不正好形成了電子商務平台的子領域嗎？

如果要透過捕捉業務概念的方法辨識子領域，就需要依靠對問題空間的深刻了解和一種分析中的直覺。尋找的業務概念往往屬於人、事、物中的一種，由此形成的子領域其實就是對這些業務概念的管理。舉例來説，當我們想到一款音樂線上平台時，一下子浮現在我們腦海中的業務概念會有哪些？音樂、歌手、直播、電台……這些業務概念是否一目了然呢？當然！根據這些業務概念就能找到與之對應的管理這些業務概念的子領域，如歌手子領域的主要功能，就是對歌手的管理。

劃分了子領域後，還需要結合價值需求中的系統願景判斷哪些子領域是核心子領域，哪些子領域是通用或支撐子領域。當然，上述列出的功能分類策略未必能幫助我們窮盡整個問題空間的子領域，但它們確實為子領域的辨識提供了不錯的參考。辨識子領域時，確定核心子領域是關鍵，也是辨識過程的起點。在獲得了核心子領域之後，再來通盤考慮這些核心子領域都需要哪些通用功能，又或針對一個個核心子領域，去尋

找與它相關卻並非核心重點的支撐功能，即可獲得通用子領域和支撐子
領域。

不可否認，劃分子領域的過程存在很多經驗因素，一個對該產業領域知
識瞭若指掌的領域專家，可以在確定了目標系統的願景與範圍之後，快
速地列出一份子領域列表。因此，領域專家的參與就顯得非常重要！開
發團隊要和領域專家協作，把這份可能存在於領域專家腦海中的子領域
列表顯現出來，然後就子領域的劃分、名稱和分類進行討論，一旦確定
了子領域，再將之前辨識出來的業務服務分配到各個子領域，形成對問
題空間的共同了解。

6.3.3　子領域映射圖

獲得的子領域最好以子領域映射圖的形式進行視覺化。用整個橢圓形代
表目標系統的問題空間，從橢圓中劃分出來的每一個區域代表一個子領
域。每個子領域標記了它究竟是核心子領域、通用子領域還是支撐子領
域。文學平台的子領域映射圖如圖 6-10 所示。

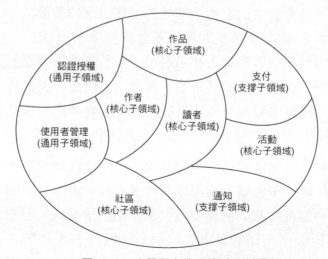

▲ 圖 6-10　文學平台的子領域映射圖

分析問題空間時，必須從業務角度進行溝通和交流，對子領域的劃分也不例外。如果將技術方案帶入這個過程中，全域分析就會變味，獲得的子領域就會摻雜解決方案的內容，或乾脆受到解決方案的影響，形成一些偏技術的子領域[9]領域驅動設計統一過程旗幟鮮明地將全域分析階段劃入問題空間的範圍，正是以這一目為基礎的。為了減少技術方案對子領域的影響，可以考慮在劃分子領域時，將那些具有技術背景的團隊角色（如技術負責人、開發人員）排除在外，只保留領域專家、業務分析師、業務架構師、專案經理和測試人員，除非技術角色能夠分清問題空間與解空間的界限。

9　不要混淆技術問題與屬於業務問題的技術內容，例如安全屬於技術問題，不能為安全劃分一個子領域；但是，如果要開發的目標系統本身屬於安全領域，安全就屬於問題空間的內容，自然可以將安全視為一個子領域。

第三篇 架構映射

架構映射對應解空間的戰略設計層次。

本階段,映射成為獲得架構的主要設計手段。價值需求中利益相關者、系統願景和系統範圍可映射為系統上下文,業務服務透過對業務相關性的歸類與歸納可映射為界限上下文,系統上下文與界限上下文共同組成了系統架構的重要層次,前者勾勒出解空間的控制邊界,後者勾勒出領域模型的知識邊界,組成了一個穩定而又具有演進能力的領域驅動架構。

界限上下文是架構映射階段的基本架構單元,封裝了領域知識的領域物件在知識語境的界定下,扮演不同的角色,執行不同的活動,對外公開相對完整的業務能力,此為界限上下文的定義。這一定義充分説明了界限上下文的本質特徵:它是領域模型的知識語境,又是業務能力的垂直切分。設計界限上下文時,需要滿足自治單元的 4 個要素:最小完備、自我履行、穩定空間、獨立進化。一個自治的界限上下文一定遵循菱形對稱架構模式。

菱形對稱架構模式將整個界限上下文分為內部的領域層和外部的閘道層,閘道層根據呼叫方向分為北向閘道和南向閘道。北向閘道表現了「封裝」的設計思想,根據通訊方式的不同分為遠端服務與應用服務;南向閘道表現了「抽象」的設計思想,將抽象與實現分離,分為通訊埠與介面卡。在諸多上下文映射模式中,除了共用核心與遵奉者模式,其餘模式都應在菱形對稱架構閘道層的控制下進行協作。

系統上下文對應解空間的範圍，它站在組織層面思考利益相關者、目標系統和衍生系統之間的關係。它透過系統分層架構表現目標系統的邏輯結構，並按照子領域價值的不同，為界限上下文確定了不同的層次。根據康威定律的規定，系統分層架構可以映射為由前端元件團隊、領域特性團隊和元件團隊組成的開發團隊。

界限上下文是順應業務變化進行功能分解的軟體元素，菱形對稱架構規定了界限上下文之間、界限上下文與外部環境之間的關係，由系統分層架構模式與菱形對稱架構模式組成的領域驅動架構風格則是指導架構設計與演進的原則。這些內容符合架構的定義，同時也是對控制軟體複雜度的呼應。

領域建模要在架構的約束下進行，系統上下文和界限上下文的邊界對領域模型有著設計約束的作用。根據界限上下文的價值高低，屬於支撐子領域和通用子領域的界限上下文，往往因為業務簡單而無須進行領域建模，以實現快速開發，降低開發成本。因此，架構映射是領域建模的前提，也可以被認為是戰略對戰術的設計指導。

同構系統

城堡所在的那處山峰連個影子都望不見，霧靄和黑暗完全吞噬了它，同樣
地，也不存在哪怕一點點能夠昭示出那座巨大城堡所在位置的光亮。
　　　　　　　　　　　　　　　　　──法蘭斯·卡夫卡，《城堡》

對於同一個目標系統，問題空間代表了真實世界的真實系統，解空間是
一面鏡子，利用求解過程照射的光，將這一真實的系統映成理念世界的
虛擬系統。虛擬系統是透過對真實世界的概念進行抽象與提煉獲得的：
如果求解的光足夠明亮，解空間這面鏡子足夠光滑而平整，映出的虛擬
系統就足夠逼真。除了系統的本質不同，真實系統和虛擬系統的結構應
保持一致，形成兩個「同構」的系統。侯世達認為所謂同構系統，就是
「兩個複雜結構可以互相映射，並且每一個結構的每一部分在另一個結構
中都有一個對應的部分」[21]67，這説明，同構系統的組成部分可以形成
一一對應的映射關係，這正是架構映射的存在前提。

在領域驅動設計統一過程的架構映射階段，不只存在真實系統與虛擬系
統這一組同構系統。從問題空間到解空間的架構映射屬於領域驅動設計
的戰略層面，在該層面獲得的解決方案透過架構呈現其戰略意義。幾乎
所有設計良好的軟體系統的架構都是相似的，它們共同具有的架構之美
符合優良架構的定義；反過來，若能在架構設計時遵循優良架構的定
義，也能收穫設計良好的軟體系統。架構定義的概念系統與架構設計的
模式系統只有形成同構系統，才能保證架構設計的過程不會偏離架構定

義的方向。在領域驅動設計統一過程中,這一組同構系統的映射關係是透過領域驅動架構風格來完成的。

康威定律的定義明確指出團隊組織與系統結構互為映射關係,因而我們也可將團隊組織形成的管理系統與設計方案形成的架構系統視為一組同構系統。在開篇講解支撐工作流(參見第 3 章)時,正是在這一映射關係的作用下,領域驅動設計統一過程對團隊管理提出了要求。雖然屬於團隊管理範圍,但也可以認為這是團隊管理對架構設計的一種約束,在架構映射階段需要考慮這一組同構系統之間的映射關係。

整個架構映射階段由以下 3 組同構系統組成。

■ 架構定義的概念系統與架構設計的模式系統:對應架構映射階段的概念層次。

■ 問題空間的真實系統與解空間的軟體系統:對應架構映射階段的設計層次。

■ 設計方案的架構系統與團隊組織的管理系統:對應架構映射階段的管理層次。

概念層次的同構系統為架構映射建立了理論基礎,設計層次的同構系統表現了動態的架構映射過程,而管理層次的同構系統則對映射獲得的架構提出了劃分軟體元素的約束,使得在戰略層次(架構層次)對問題空間的求解變得有序而富有指導意義。

「意識到兩個已知結構有同構關係,這是知識的重要發展 —— 正是這種對於同構的認識在人們的頭腦中創造了意義。」[21]67 在我們對問題空間進行求解時,當發現在問題空間中存在一個系統、在解空間也存在一個對應的同構系統的時候,只要確定了二者的映射原則,就可以進行系統的推導。利用同構系統的特徵,就可以讓戰略階段的求解過程變得更加簡單:一旦確定同構系統一側的組成部分,就能根據映射原則獲得另一側的組成部分。這就好似兩個存在映射函數的集合,在已知一個集合的前提下,透過映射函數就能輕而易舉獲得另一個集合。

7.1 概念層次的同構系統

概念層次的同構系統圍繞著架構的定義展開映射。在軟體領域，架構（architecture）是最引人注目的概念，表達了高層次的設計指引、原則和具體的設計模型。正如 Martin Fowler 認為的：「無論架構是什麼，它都與重要的事物有關。」[1] 然而，這一含混不清的定義顯然不能讓人滿意。雖然至今仍然沒有一個得到業界公認的架構定義，不過，若能比較一些獲得大多數人認可的架構定義，或許能窺見架構定義的基本特徵。

7.1.1 架構的定義

IEEE 1471 對架構的定義為：「架構是以元件、元件之間的關係、元件與環境之間的關係為內容的某一系統的基本組織結構，以及指導上述內容設計與演化的原則。」[32]

RUP 4+1 視圖模型的提出者 Philippe Kruchten 對架構的定義為：「軟體架構包含了關於以下內容的重要決策：軟體系統的組織；選擇組成系統的結構元素和它們之間的介面，以及當這些元素相互協作時所表現的行為；如何組合這些元素，使它們逐漸合成為更大的子系統；用於指導這個系統組織的架構風格：這些元素以及它們的介面、協作和組合。」[32]

卡內基‧美隆大學軟體工程研究院的 Len Bass 等人則將架構定義為：「系統的軟體架構是對系統進行推演獲得的一組結構，每個結構均由軟體元素、這些元素的關係以及它們的屬性組成。」[33]4

軟體標準組織和架構大師對架構的定義雖然具有不同的表現形式，但它們蘊含的本質特徵極為相似，概括而言，一個設計良好的架構應具有以下基本設計要素：

1　參見 Martin Fowler 發表在 IEEE Software 2003 年 9 月的文章 "Who Needs an Architect?"。

- 功能分解的軟體元素；
- 軟體元素之間的關係；
- 軟體元素與外部環境之間的關係；
- 指導架構設計與演化的原則。

架構是解空間控制軟體複雜度的核心力量。對解空間進行功能分解，並以一個封裝良好的軟體元素來表達系統的結構，可以有效地控制軟體系統的規模；管理好軟體元素之間的關係以及軟體元素與外部環境之間的關係，可以保證系統結構的清晰度；無論是軟體元素的分解，還是關係的整理，都需要回應需求的變化並隨之對架構進行演化。至於該如何設計、如何演化，不可能列出過於具體的「解題方法」，只能「直指本心」，列出符合軟體架構思想的設計原則與演化原則。由是觀之：

- 軟體元素的分解能夠有效地控制規模；
- 整理軟體元素及外部環境的關係可以清晰結構；
- 架構設計與演化原則保證了架構能夠回應變化。

顯然，架構定義的設計要素實際上是對軟體複雜度的一種回答。

然而，這樣的架構定義並沒有回答以下問題：

- 該如何分解軟體元素；
- 軟體元素表現為什麼形式；
- 該如何整理關係；
- 設計與演化的原則是什麼。

這些問題顯然不該由一個統一的架構定義來回答。它們甚至沒有一個確定的答案，而需要架構師在設計具體系統的架構時，一一做出符合具體系統現狀的解答——這是架構師需要面臨的挑戰。

7.1.2 架構方案的推演

為了讓這一挑戰變得更加容易，可以在抽象和具體之間尋找到一種平衡的架構設計方法，獲得具有指導意義的架構方案。

要取得架構設計方法的平衡，需要弄清楚各種架構之間的關係。TOGAF[2]
的架構開發方法（architecture development method，ADM）規劃了組
成企業架構的內容：業務架構、資訊系統架構（分為應用架構和資料架
構）和技術架構。它們分別對應架構模型的 3 個層次：業務層、應用層
和技術層，如圖 7-1 所示。

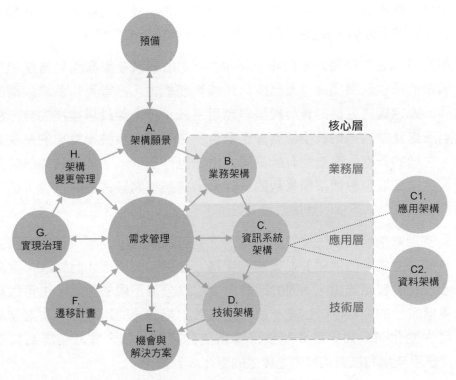

▲ 圖 7-1　TOGAF 架構開發方法

在企業架構中，業務架構「從企業戰略出發，按照企業戰略設計業務及
業務過程；業務過程是需要業務能力支撐的，從戰略到業務再到對業務
能力的需要，就形成了支援企業戰略實現的能力佈局」[22]15。資訊系統架

2　TOGAF 由國際標準權威組織 The Open Group 制訂，為「開放組織架構框架」（The Open
　　Group Architecture Framework）的縮寫，屬於企業架構（enterprise architecture）的一種
　　方法區塊系，其關鍵是架構開發方法。

構中的資料架構整理和治理企業資料資產,建立資料標準與資料模型,形成企業全域資料的全生命週期管理;應用架構則描述了各種用於支援業務架構並對資料架構所定義的各種資料進行處理的應用系統;應用系統的劃分需要從功能佈局的角度支撐業務架構需要提供的業務能力,並就業務能力需要使用的資料進行處理。到了技術架構階段,就需要將應用架構定義的應用元件映射為對應的技術元件,並從物理層面和邏輯層面對架構進行分解,就技術實現做出設計決策與技術選型。

運用到表現企業戰略規劃的企業架構中,3 個架構在架構開發方法中存在明顯的前後延續關係:業務架構定義業務能力,指導資訊系統架構的設計,確定與之對應的資料模型與應用系統;技術架構根據技術參考模型與所處產業的通用技術模型確定融合了業務邏輯與技術實現的解決方案。它們的觀察角度自然有所不同,由此也分別形成了不同的架構師角色,各自擷取整數體架構景觀的一部分,在架構開發方法的指導下進行融合,形成企業架構的解決方案全景圖。

如果將企業架構的關注層次從企業下沉到目標系統,要獲得目標系統的架構解決方案,仍然需要從業務、資料、應用和技術這 4 個觀察角度來思考系統的整體架構。不同的觀察角度可以分離不同的重點,也可以降低架構設計的複雜度,這是一種行之有效的辦法。問題在於:當業務需求發生變化時,如果需要調整目標系統的業務架構,該怎麼讓資料架構、應用架構和技術架構隨之發生的變化降到最少?

當變化不可避免時,一種行之有效的方法是共同順應變化的方向,如此就能降低變化帶來的影響。若能尋找到一種「軟體元素」將業務架構與應用架構綁定起來,就能讓它們共同順應業務需求變化的方向。在領域驅動設計中,這樣的軟體元素就是界限上下文(參見第 9 章)。

界限上下文是根據領域知識語境對業務進行的功能分解,表現了獨立的業務能力。作為一個表達業務能力的自治架構單元,它可以在業務架構中維護業務的邊界。同時,它又透過對應用架構的垂直切分來支援業務能力,使得業務架構的業務邊界與應用架構的應用邊界保持一定的重疊,

遵守相同的邊界劃分原則，完成對業務架構與應用架構之間的綁定。我們透過界限上下文獲得組成業務架構的軟體元素時，實際上已經同步地獲得了應用架構的應用系統，保證了二者的同步演進。

界限上下文透過領域模型表達領域知識，它的邊界實則是領域的知識語境。在知識語境的邊界內，透過領域模型定義資料架構的資料模型，形成從領域模型到資料模型的映射關係，就能將資料模型的變化控制在界限上下文的業務邊界中，保證資料架構與業務架構的同步演進，提高資料架構回應業務需求變化的能力。

業務、應用和資料都以界限上下文為邊界組成其架構的軟體元素，就能確保業務架構、應用架構和資料架構遵循一致的業務變化方向。

考慮到業務複雜度與技術複雜度的成因不同，我們無法將目標系統的技術架構也綁定到業務架構上。既然無法建立一致的綁定關係，就需要從解耦的角度分離二者，讓業務需求謹慎地與具體的技術因素保持距離。領域驅動設計統一過程透過在界限上下文內部建立的菱形對稱架構（參見第 12 章），清晰地劃分了業務邏輯與技術實現的邊界，確定了業務與技術在架構層次的正交關係，使得引起業務架構與技術架構變化的原因被分離開，形成了兩種架構之間的鬆散耦合。同時，從重複使用和變化的角度對技術重點進行水平切分，形成由業務價值層（value-added layer）、基礎層（foundation layer）、邊緣層（edge layer）和用戶端層（client layer）組成的系統分層架構（system layered architecture）。

7.1.3 領域驅動架構風格

建構在界限上下文之上的系統表現了一種相同的架構風格，我將其稱為領域驅動架構風格（domain-driven architectural style）。該架構風格由領域驅動設計元模型中用於解空間戰略設計的模式組成，規範了目標系統架構的設計，定義了指導架構演進的原則。由該架構風格形成的模式系統做到了對抽象的架構定義的具體化：

- 透過界限上下文劃分軟體元素；
- 透過界限上下文的菱形對稱架構管理軟體元素之間的關係；
- 透過系統上下文界定軟體元素與外部環境中衍生系統的關係，透過菱形對稱架構與系統分層架構管理軟體元素與環境資源之間的關係；
- 確立以領域為核心驅動力、業務能力為核心重點作為指導架構設計與演化的原則。

由此形成了圖 7-2 所示的架構定義的概念系統與架構設計的模式系統之間的映射關係。

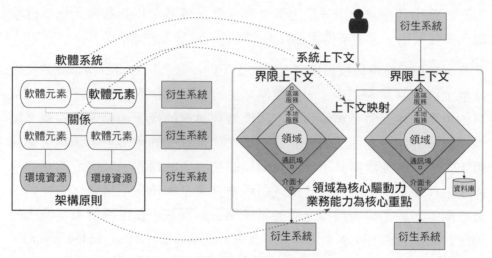

▲ 圖 7-2　概念層次的同構系統

整個目標系統的解空間分為系統上下文與界限上下文兩個層次。系統上下文層次界定了目標系統與衍生系統之間的關係，透過系統分層架構模式進行約束；界限上下文表現了領域模型和業務能力的邊界，透過菱形對稱架構模式進行約束。它們同指導設計與演化的架構原則共同組成了領域驅動架構風格的模式系統。

從抽象的架構定義映射為具體的領域驅動架構風格，就在抽象和具體之間找到了架構設計方法的平衡，形成了一種固化的架構映射規範，作為在設計層次將問題空間映射到解空間形成架構解決方案的設計指導。

7.2 設計層次的同構系統

對問題空間的求解,就是從問題空間跨入解空間,形成能夠滿足價值需求與業務需求的架構方案。遵循領域驅動架構風格,可以嘗試將問題空間的價值需求與業務需求分別映射為組成領域驅動架構風格的設計要素。

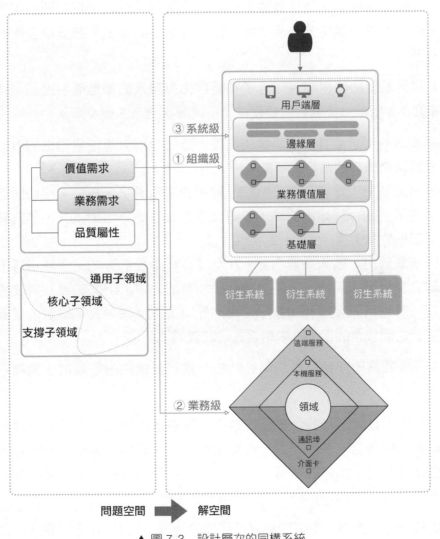

▲ 圖 7-3　設計層次的同構系統

首先，價值需求以組織為角度分析了目標系統的願景與範圍，形成以系統上下文為核心的組織級映射；其次，業務需求的業務服務以目標系統為角度表現了具體的業務功能，形成以界限上下文與菱形對稱架構為核心的業務級映射；最後，業務需求對子領域的劃分從業務價值的角度確定了各個業務功能所處的層次，形成以系統分層架構為核心的系統級映射。組織、業務和系統 3 個層次映射的結果共同組成了解空間的架構方案，形成了設計層次的同構系統，即問題空間的真實系統與解空間的軟體系統。

兩個同構系統的映射關係蘊含了不斷細化與深入的動態映射過程，該過程如圖 7-3 所示。整個映射過程根據不同層次分為 3 個步驟。

- 組織級映射：站在整個組織的高度，透過全域分析階段輸出的價值需求確定組織級的系統上下文。
- 業務級映射：透過全域分析階段輸出的業務需求，根據業務相關性對業務服務進行歸類與歸納，辨識出邊界合理的界限上下文，並為其建立菱形對稱架構。
- 系統級映射：進入系統內部，在全域分析階段劃分的子領域指導下，建立系統分層架構，將屬於核心子領域的界限上下文映射為業務價值層，將通用子領域和支撐子領域的界限上下文映射為基礎層，並確定它們之間協作的上下文映射模式，定義服務契約。

這 3 個步驟實則就是領域驅動設計統一過程架構映射階段的 3 個核心工作流。

架構映射過程實則借鏡了數學思維中的問題求解想法：將需要求解的問題當作未知內容，針對問題，層層逆推，尋找更小的未知問題，直到能夠根據現有的已知內容求解。此時，目標系統的架構解決方案就呼之欲出了。

讓我們一起來推演一下對問題層層逆推的過程。「如何獲得問題空間的架構方案」是團隊需要求解的問題，解決該問題的前提在於以下兩個問題。

- 待求解的問題空間是什麼？
- 問題空間與解空間架構方案的關係是什麼？

逆推獲得了這兩個問題後，我們分別求解。

價值需求與業務需求相對完整地反映了問題空間，因此，第一個問題在全域分析階段已經獲得了解決。對於第二個問題，我們透過概念層次的同構系統建立的架構映射規範，確定了由系統上下文、界限上下文、菱形對稱架構和系統分層架構組成的領域驅動架構風格。該風格組成了解空間的架構方案，並與構成問題空間的價值需求和業務需求形成映射關係。一旦建立了映射關係，第二個問題就轉為以下幾個問題。

- 如何透過價值需求獲得組織級的系統上下文？
- 如何透過業務需求獲得業務級的界限上下文，並確定菱形對稱架構？
- 如何透過子領域獲得系統分層架構？

對目標系統進行架構設計是一個發散的問題，而問題空間與解空間的架構映射關係就像一片稜鏡膜，對這一發散的問題進行了適度的收斂。收斂後的 3 個問題更為具體，在問題空間已經確定的前提下，更容易得出領域驅動架構風格，這也說明了全域分析階段與架構映射階段之間具有延續性。對這 3 個問題的求解，也是架構映射階段主要討論的內容。

7.3 管理層次的同構系統

管理層次的同構系統是對康威定律的一種解釋。架構設計的目標系統投影在設計方案上，形成了架構系統，在領域驅動設計中，它的基本組成單元就是代表軟體元素的界限上下文；投影在組織結構上，就形成了管理系統，它的基本組成單元則為開發該界限上下文的團隊。為了滿足團隊的高效開發需求，在將架構系統映射為管理系統時，必須考慮交流與協作的成本，組建的團隊需要符合領域驅動設計統一過程中團隊管理支撐工作流的要求。

7.3.1 組建團隊的原則

要符合團隊管理支撐工作流的要求，首先需要考慮團隊的規模。一個理想的開發團隊規模最好能符合亞馬遜公司創始人 Jeff Bezos 提出的「Two-Pizza Teams 規則」，即 2PTs 規則。該規則認為「如果兩個披薩都不能餵飽一個團隊的成員，那這個團隊的規模就太大了」。大致而言，2PTs 規則就是要將團隊成員人數控制在 5 ～ 9 人，以形成一個高效溝通的小團隊。

2PTs 規則自有其科學依據。哈佛心理學教授 J. Richard Hackman 提出了「連結管理」（link management）的想法。所謂「連結」（link），就是人與人之間的溝通，連結數 N 遵循以下公式（其中 n 為團隊的人數）：

$$N = \frac{n(n-1)}{2}$$

連結的數量直接決定了溝通的成本：4 個成員的團隊，連結數為 6；6 個成員的團隊，連結數增長到 15；6 個成員團隊的規模再加倍，連結數就會陡增至 66。圖 7-4 直觀地展現了連結數增長帶來的溝通障礙。

4個成員　　　　　　6個成員　　　　　　12個成員
6個連結　　　　　　15個連結　　　　　　66個連結

▲ 圖 7-4　溝通的成本 [3]

隨著溝通成本的增加，團隊的適應性也會下降。Jim Highsmith 認為：「最佳的單節點（你可以想像成是通訊網路中可以唯一定位的人或群眾）連結數是一個比較小的值，它不太容易受網路規模的影響。即使網路變

3　圖片來自 Livewire Markets 網站中的文章 "If you can't feed a team with two pizzas, it's too-large"。

大，節點數量增加，每個節點所擁有的連結數量也一定保持著相對穩定的狀態。」[23] 要做到人數增加不影響到連結數，就是要找到這個節點網路中的最佳溝通數量，這正是 2PTs 規則的科學依據。

控制了團隊規模，並不能完全解決溝通問題。如果劃分權責不當，即使遵循了 2PTs 規則，交流不暢的現象依然存在。Edsger Wybe Dijkstra 就程式設計師的分工問題舉了一個非常貼切的例子 [24]：

假設有 3 位住在不同城市的作曲家，決定共同譜寫一首絃樂四重奏。一種分工方式是你寫第一樂章、我寫慢板樂章、他寫終曲。另一種方式是你寫第一小提琴，我寫大提琴，他寫中提琴。如果是後一種劃分，作曲家們就需要進行大量的溝通。這個例子極佳地說明了實用與不實用的工作分工。程式設計師必須考慮到這一點。

按照曲譜篇章分工的方式，實際上就是按照特性來組織軟體開發團隊，這種團隊被稱為「特性團隊」（feature team）；按照樂器分工的方式，那就是按照成員的專業技能劃分團隊，這樣的團隊被稱為「元件團隊」（component team）。

元件團隊強調專業技能與功能的重複使用，例如熟練掌握資料庫開發技能的成員組建一個資料庫團隊、深諳前端框架的成員組建一個前端開發團隊。這種團隊組織模式強調專業的事情交給專業的人去做，可以更進一步地發揮每個人的技能特長，保持技術學習的專注度，然而短處是團隊成員業務知識的缺失、對客戶價值的漠視。

還有一種特殊的元件團隊，它按照團隊成員的職能而非專業技能組織團隊，如業務分析人員組成業務團隊，開發人員組成開發團隊，測試人員組成測試團隊，甚至還有專門的文件團隊。這種團隊可以被稱為「單一功能的元件團隊」。職能的劃分往往表示企業組織結構的部門分解，如開發部、測試部、業務分析部等，這種團隊組織模式往往與企業組織結構符合，適合人力資源的日常管理，故而在許多大型組織中屢見不鮮。

開發一個完整特性，需要協調參與該特性開發的多個元件團隊；從業務

分析到最後發佈該特性，又需要協調多個單一功能的團隊，從而導致團隊之間的交流頻繁發生，造成交流成本的增加。當業務變更發生時，更是一場災難！舉例來說，當客戶提出需要調整使用者資訊的欄位，需要業務團隊協調開發團隊與測試團隊討論這一變更，再由開發團隊修改程式，測試團隊修改測試使用案例。開發團隊了解到這一業務變更後，還需要協調資料庫元件團隊、業務元件團隊和前端元件團隊，分別對資料表、領域模型和視圖模型進行修改。完成修改後，還要通知測試團隊對該修改進行測試。倘若測試團隊又分為整合測試團隊、系統測試團隊等元件團隊，又需要協調這些測試元件團隊的工作。倘若這樣的團隊還分處不同城市，且包含了來自不同供應商組成的外包團隊，可以想像這樣的場景會是多麼糟糕！

特性團隊就能避開不必要的跨團隊溝通與交流。大力推進特性團隊建設的易立信公司在一份報告 [4] 中指出：「特性是我們開發並發表給客戶功能的自然組成單位，是團隊理想的任務。在指定時間、品質標準和預算範圍內，特性團隊將負責把這一特性發表給客戶。特性團隊必須是跨專業功能的，因為工作範圍需要涵蓋從聯繫客戶到系統測試的各個階段，並且包含系統中所有受特性影響的領域（跨元件領域）。」

這一定義說明了特性團隊是一個發表領域特性的跨功能團隊，它將需求分析、架構設計、開發測試等多個角色糅合在一起，且包含了該領域特性所需的專業領域的專家，不同角色共同協作實現該領域特性的完整的端對端開發。注意，特性團隊並未要求其成員是通才型的全端工程師，畢竟術業有專攻，在學習精力和時間有限的情況下，只要保證該特性團隊作為一個整體能夠打通軟體開發的全端即可。Craig Larman 複習了一個理想特性團隊的特徵：

4　參見 E.-A. Karlsson 等人在 2000 年召開的大會 International Conference on Software Engineering（ICSE）上發表的論文 "Daily build and feature development in large distributed projects"。

- 長期存在，即團隊凝聚成一體以取得較高的績效，不斷負責新特性的開發；
- 跨專業功能、跨元件；
- 同地協作；
- 橫跨所有元件和科目（分析、程式設計、測試等），共同開發一個完整的以客戶為中心的特性；
- 有許多通用型專家組成；
- 在 Scrum 中團隊人數通常為 7±2 人。

特性團隊的人數特徵滿足了 2PTs 規則，以特性進行分工的特徵也符合界限上下文作為控制領域模型的業務邊界的要求，也就是説特性團隊與界限上下文之間存在映射關係。一旦確定界限上下文，就等於確定了特性團隊的工作邊界；確定了界限上下文之間的關係，也就表示確定了特性團隊之間的合作模式，反之亦然。在領域驅動設計統一過程中，為了凸顯針對領域的特徵，我們可以將滿足 2PTs 原則的特性團隊稱為領域特性團隊。

7.3.2 康威定律的運用

遵循領域驅動架構風格，目標系統的系統分層架構自底向上分別由基礎層、業務價值層、邊緣層和用戶端層組成。根據康威定律，基礎層的界限上下文取決於上下文映射模式，可映射為管理系統的元件團隊或領域特性團隊；業務價值層由界限上下文表現垂直的業務能力，故而映射為管理系統的領域特性團隊；邊緣層與用戶端層主要針對客戶，是站在客戶體驗的角度思考功能的劃分，需要的技能主要為前端開發的單一技能，故而映射為管理系統的前端元件團隊。根據這樣的映射關係，就可獲得對應的團隊組織結構，如圖 7-5 所示。

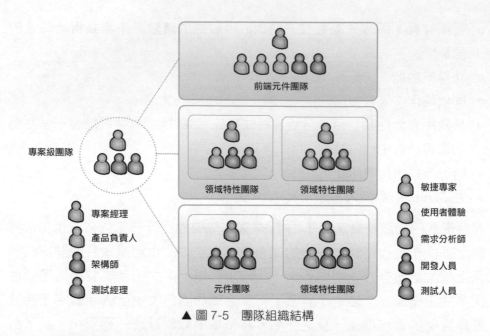

專案級團隊

專案經理
產品負責人
架構師
測試經理

前端元件團隊

領域特性團隊   領域特性團隊

元件團隊   領域特性團隊

敏捷專家
使用者體驗
需求分析師
開發人員
測試人員

▲ 圖 7-5　團隊組織結構

按照領域特性組建團隊可以使同一個界限上下文的團隊成員溝通更加順暢，因為領域特性團隊共用了該界限上下文的領域知識。倘若位於基礎層的通用型界限上下文或支撐型界限上下文為目標系統提供了專有功能，需要具有專門知識去解決那些公共型的基礎問題，也可以為其建立專門的元件團隊。

系統上下文

所有系統都有邊界（可能宇宙是個例外）。

——*Edward Crawley*、*Bruce Cameron* 和 *Daniel Selva*，
《系統架構：複雜系統的產品設計與開發》

軟體系統當然不是無邊無際的，卻往往沒有定義清晰的邊界。每個人心中都有一個自己定義的系統邊界，這種「自以為是」讓人失去了探索外界的好奇心。系統之外到底還有什麼呢？仿佛邊界是一堵牆，只需輕身一攀，就能看清系統內外的風景，心裡覺得觸手可及，也就不再迫切探尋了。殊不知我們以為明確存在的邊界並非那麼清晰。誰都以為系統邊界已經確定，所以誰也不曾想到要去證明邊界的存在，或去追問它有沒有清晰地顯現。

8.1「系統內」和「系統外」

系統邊界總這樣含糊不清地存在著：開發團隊嘴裡說著「系統」，其實連系統的範圍到底有哪些都語焉不詳。這是許多軟體專案的真實狀況。侯世達剖析了更為普遍的狀況。他認為，出現這種情況不是是因為無人意識到這是一個系統，就是是因為每個人對系統邊界的定義並不相同。他舉了一個生動的例子 [21]51：

假設一個人 A 正在看電視，另一個人 B 進了屋子，並且明顯地表示不喜歡當時的狀況。A 可能認為自己了解了問題的所在，並且試圖透過從當前系統（那時的電視節目）退出來改變現狀，於是 A 輕輕按了一下頻道按鈕，找一個好一點的節目。不過 B 可能對於什麼是「退出系統」有更極端的概念——把電視機關掉！當然也有這種情況：只有極少數的人有那種眼光，看出一個支配著許多人生活的系統，而以前卻從來沒有人認為這是一個系統。

A 和 B 對系統的了解完全不一樣，甚至可能 A 並沒有意識到這是一個系統。讓我們把侯世達描繪的場景搬到軟體開發領域：

假設一個軟體團隊成員 A 正在進行架構設計，繪製了漂亮的方塊圖表現各個業務功能與基礎模組之間的關係，成員 B 與之溝通，並且明顯地表示不喜歡當時的架構設計。A 可能認為自己了解了問題的所在，並且試圖透過調整架構的軟體元素來改變這個現狀，於是他輕輕拖了一下滑鼠，調整了架構中模組的位置。不過 B 可能對於架構的調整有更極端的概念——把調整的模組刪掉！

你以為這是一個虛擬的場景嗎？並非如此！

一家電信業者想要創建一個針對全網的點對點檢測系統，以發揮開發營運一體化的優勢。該系統希望覆蓋全國網點，部署硬探針即時擷取各網點的資料，以支援業務資料分析的需求。系統由整個集團組建開發團隊，建立全國統一的平台。在開發團隊對該系統進行架構設計時，我作為諮詢師被邀請參與了對該架構的諮詢。在了解系統需求後，我評審了他們初步列出的系統架構，對資料獲取模組提出了我的疑問：資料獲取模組需要連線全國網點，由於各網點存在多套硬探針系統，資料協定和介面皆不一致，該如何實現不同系統的即時資料擷取？

我的疑問提醒了團隊：究竟是由集團定義資料獲取的規範與協定，各網點負責部署硬探針實現自己的擷取功能，並按照集團規定的協定與規範推送到系統；還是將各網點的資料獲取納入系統範圍內，作為系統的一

部分功能？顯然，團隊還未考慮到這一點。換言之，網點資料獲取模組是否屬於系統的邊界之內，仍然處於含糊不清的狀態。團隊對系統的了解存在分歧，在我提出這個問題之前，團隊成員甚至還未意識到系統邊界並未確定。

侯世達提到：「在人類的日常交易經驗中，幾乎不可能將『在系統之內』和『在系統之外』清楚地區別開，生活是由許多連接並交織又常常不協調的『系統』組成的，用『系統內』『系統外』這類詞彙來思考似乎過於簡單化了」[21]52。在架構映射階段，我們不能想當然地認為團隊成員都了解了系統的意義，並能清楚地區分系統內和系統外。這就解釋了為何要為軟體系統引入系統上下文。

8.2 系統上下文

系統上下文（system context）屬於 Simon Brown 提出的 C4 模型 [1]，該模型「透過在不同的抽象層次上重新定義方塊和虛線框的含義來將我們的表達限制在一個抽象層次上，從而避免在表達的時候產生抽象層次混亂的問題」[2]。不同的抽象層次重點不同，需要考慮的細節也有所不同。

系統上下文代表了目標系統的解空間。要注意，問題空間和解空間的邊界並不一定完全重疊。在確定系統上下文時，可以從目標系統向外延伸，尋找那些雖然不是本系統的部件，卻對系統的價值表現具有重要意義的物件：這些物件就是目標系統範圍之外的衍生系統（accompanying system）[19]75。衍生系統位於系統上下文的邊界之外，但它提供的功能可能屬於問題空間的業務需求範圍。

1　Simon Brown 提出的 C4 模型將整個系統分為 4 個層次：系統上下文（System Context）、容器（Container）、元件（Component）和類別（Class）。

2　參見 ThoughtWorks 仝鍵發表在 ThoughtWorks 洞見的文章《視覺化架構設計——C4 介紹》。

8.2.1 衍生系統

衍生系統的類型直接影響了目標系統與衍生系統的協作。如果目標系統與衍生系統對應的團隊處於同一組織下，就有了緊密協作的可能，目標系統所在的團隊甚至可以與衍生系統共同協商介面的定義；如果衍生系統是對外採購的外部系統，我們作為採購方，就具有一定的控制權，可以決定選擇哪一款系統，這一決定可以作為架構決策的一部分。

了解衍生系統的狀態也很重要。如果衍生系統是已經在生產環境中運行的現有系統或遺留系統，對衍生系統提出改進要求就幾乎不可行，我們只能被動地做出決策，如通過了解它對外公開的介面與通訊協定，以確定目標系統與衍生系統之間的互動形式。倘若衍生系統也處於開發過程中（通常在這種情形下，衍生系統的開發團隊屬於同一組織），目標系統的開發團隊就應該嘗試與之建立良好的協作與交流機制，共同協商介面以及整合方式，討論和確定合理的發佈計畫。

8.2.2 系統上下文圖

可以透過系統上下文圖表示系統上下文。在系統上下文圖中，兩種顏色的方塊圖各自代表目標系統和衍生系統，整個系統上下文圖如圖 8-1 所示，以目標系統為核心，勾勒出使用者、目標系統和衍生系統之間的關係。

系統上下文圖不會展現目標系統的細節，目標系統是一個黑箱，代表解空間的邊界，環繞在解空間邊界之外的是目標系統的週邊環境，如此即可直觀地表現「系統內」與「系統外」的內涵與外延。

繪製系統上下文圖時，需要弄明白目標系統與衍生系統之間的依賴方向。北向依賴表示衍生系統會呼叫目標系統的服務，需要考慮目標系統定義了什麼樣的服務契約；南向依賴表示目標系統呼叫衍生系統的服務，需要了解衍生系統定義的介面、呼叫方式、通訊機制，甚至判斷當衍生系統出現故障時，目標系統該如何處理。

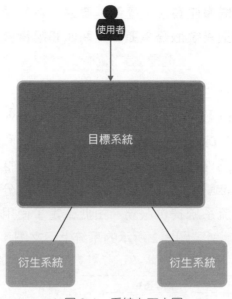

▲ 圖 8-1　系統上下文圖

8.3　系統上下文的確定

全域分析階段輸出的價值需求有助確定系統上下文。

8.3.1　參考價值需求

價值需求中的利益相關者可以充當系統上下文的使用者，系統範圍可以幫助界定系統解空間的邊界，分辨哪些功能屬於目標系統，哪些屬於衍生系統，也就是區分「系統內」和「系統外」。對解空間邊界的確定還需要結合系統願景進行判斷，因為在進行設計決策時，與系統願景不相符合的功能往往不會作為目標系統的核心功能，如果建構成本太高，就可能優先考慮購買。

以一家經營網上書店的企業為例。企業的戰略目標是拓展線上銷售。為了滿足這一戰略目標，要求開發一個個性書店系統。該系統的願景是為

顧客提供個性化的購書體驗，以達到提高線上銷售量的目的；系統範圍主要包括線上銷售與售後服務；顧客、商家和配貨員是該系統的利益相關者。

根據企業當前的業務生態與運行狀況，結合目標系統的願景和範圍，明確推薦、支付和配送屬於目標系統之外的衍生系統。推薦功能由推薦系統提供，作為企業內的系統由另一個團隊負責開發和營運維護，在獲取顧客的購買偏好與個性特徵後，結合巨量資料建立推薦演算法模型，提供高符合度的圖書推薦服務；支付功能與配送功能分別由企業外部的第三方支付系統和物流系統提供服務。由此確定了使用者、目標系統和衍生系統之間的關係，繪製圖 8-2 所示的系統上下文圖。

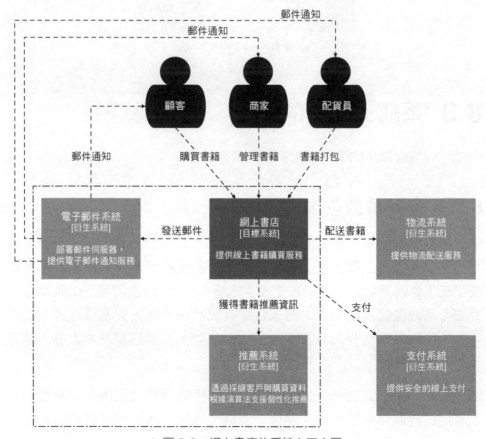

▲ 圖 8-2　網上書店的系統上下文圖

8.3.2 業務序列圖

系統上下文圖雖然直觀表現了企業級的利益相關者、目標系統和衍生系統之間的關係，但它主要表現的是這些參與物件的靜態視圖。要展現目標系統與衍生系統之間的動態協作關係，可以引入業務序列圖。

業務序列圖實際脫胎於 UML 的序列圖。序列圖可以從左側的角色開始，表現訊息傳遞的次序。這隱含了一種驅動力：我們每次從左側的參與物件開始，尋找與之直接協作的執行步驟，然後層層遞進地推導出整個完整的協作流程。

倘若將序列圖用於企業級的系統抽象層次，就可以透過它直觀地表示利益相關人員、目標系統和衍生系統之間的協作順序，以一種運動的態勢展現價值流階段。這就形成了業務序列圖 [17]101。

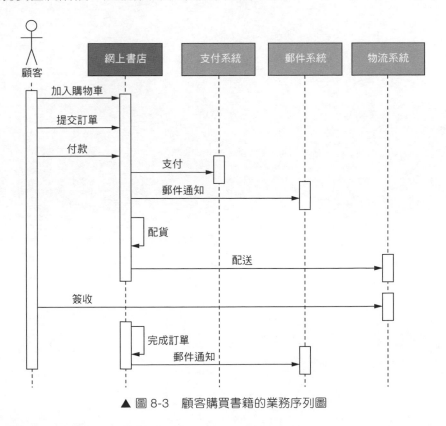

▲ 圖 8-3　顧客購買書籍的業務序列圖

繪製業務序列圖時，參與協作的系統是一個完整的整體，所以我們不需要也不應該考慮參與系統的內部實現細節。序列圖上的訊息代表的不是資料之間的流動，而是參與系統承擔的職責。以顧客購買書籍為例，其業務序列圖如圖 8-3 所示。

無論是系統上下文圖還是業務序列圖，核心的目標都是明確目標系統解空間的範圍，也就是勾勒出界定系統外與系統內的那條邊界線。在確定了解空間的範圍後，目標系統就固定下來，由系統上下文明確它與利益相關者、衍生系統之間的關係，以便正確地建立目標系統位於解空間的架構。

界限上下文

細胞之所以能夠存在，是因為細胞膜限定了什麼在細胞內，什麼在細胞外，並且確定了什麼物質可以透過細胞膜。

——*Eric Evans*，《領域驅動設計》

我曾經有機會向事件風暴的提出者 Alberto Brandolini 請教他對界限上下文的了解。他做了一個非常精彩的複習：「界限上下文表示安全。」我問他安全應做何解？他解釋說：「安全在於控制，不會帶來驚訝。」控制，表示目標系統的架構與組織結構是可控的；沒有驚訝，雖然顯得不夠浪漫，卻能讓團隊避免過大的壓力。正如 Alberto 進一步告訴我的：「出乎意料的驚訝會導致壓力，而壓力就會使得團隊疲於加班，缺少學習。」

這當然是真正看清界限上下文字質的高論！然而曲高和寡，這一了解並不能解除我們對界限上下文的困惑。雖說界限上下文的重要性無須多言，隨著微服務的興起，界限上下文更是被拔高到戰略設計的核心地位，也成了連接問題空間與解空間的重要橋樑，但不可否認，一方面，領域驅動設計社區紛紛發聲強調它的重要性；另一方面，還有很多人依舊弄不清楚界限上下文到底是什麼。

9.1 界限上下文的定義

什麼是界限上下文（bounded context）？我認為，要明確界限上下文的定義，需要從「界限」與「上下文」這兩個詞的含義來了解。上下文表現了業務流程的場景片段，整個業務流程由諸多具有時序的活動組成，隨著流程的進行，不同的活動需要不同的角色參與，並導致上下文因為某個活動的執行發生切換，形成了場景的邊界。因而，上下文其實是動態的業務流程被邊界靜態切分的產物。

假設有這樣一個業務場景：我作為一名諮詢師從成都出發前往深圳為客戶做領域驅動設計的諮詢。無論是從家乘坐地鐵到達成都雙流機場，還是乘坐飛機到達深圳寶安機場，抑或從寶安機場乘坐計程車到達酒店，我的身份都是一名乘客，雖然因為交通工具的不同，我參與的活動也不盡相同，但無論是上車下車，還是辦理登機手續、安檢、登機以及下機等活動，都與交通出行有關。

那麼，我坐在交通工具上，是否就一定代表我屬於這個上下文？未必！注意，其實交通出行上下文模糊了「我」而強調了「乘客」這個概念。這一概念代表了參與到該上下文的「角色」，或說「身份」。我坐在飛機上，忽然想起給客戶提供的諮詢方案有待完善，於是拿出電腦，在萬公尺高空完善我的領域驅動設計諮詢方案。此時的我雖然還在飛機上，身份卻切換成了一名諮詢師，執行的業務活動也與諮詢內容有關，當前的上下文也就從出行上下文切換為諮詢上下文。

當我作為乘客乘坐計程車前往酒店，並至前台辦理入住手續時，我又「撕下了乘客的面具」，搖身一變成為酒店上下文的賓客角色，當前的上下文隨之切換為住宿上下文。次日清晨，我離開酒店前往客戶公司。隨著我走出酒店這一活動的發生，住宿上下文又切換回交通出行。我到達客戶所在地開始以一名諮詢師身份與客戶團隊交談，了解他們的諮詢目標與現有痛點，制訂諮詢計畫與方案，並與客戶一起評審諮詢方案，於是，當前的上下文又切換為諮詢上下文了。

無論是交通出行還是入住酒店,都需要支付費用。支付的費用雖然不同,支付的行為也有所差別,需要用到的領域知識卻是相同的,因此支付活動又可以歸為支付上下文。

上下文在流程中的切換猶如同一個演員在不同電影扮演了不同的角色,參與了不同的活動。由於活動的目標發生了改變,履行的職責亦有所不同。上述場景如圖 9-1 所示。

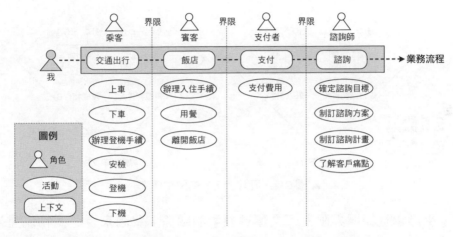

▲ 圖 9-1　諮詢活動的上下文切換

每個界限上下文提供了不同的業務能力,以滿足當前上下文中各個角色的目標。這些角色只會執行滿足當前界限上下文業務能力的活動,因為界限上下文劃定了領域知識的邊界,不同的界限上下文需要不同的領域知識,形成了各自的知識語境。業務能力與領域知識存在業務相關性,要提供該業務能力,需要具備對應的領域知識。領域知識由界限上下文的領域物件所擁有,或說,這些領域物件共同提供了符合當前知識語境的業務能力,並被分散到物件扮演的各個角色之上,由角色履行的活動來表現。如果該角色執行該活動卻不具備對應的領域知識,說明對活動的分配不合理;如果該活動的目標與該界限上下文保持一致,卻缺乏對應知識,說明該活動需要與別的界限上下文協作。領域知識、領域物件、角色、活動、知識語境以及業務能力之間的關係可以透過圖 9-2 形象地展現。

由圖 9-2 可知，封裝了領域知識的領域物件組成了領域模型，在知識語境的界定下，不同的領域物件扮演不同的角色，執行不同的業務活動，並與界限上下文內的其他非領域模型物件[1]一起，對外提供完整的業務能力。

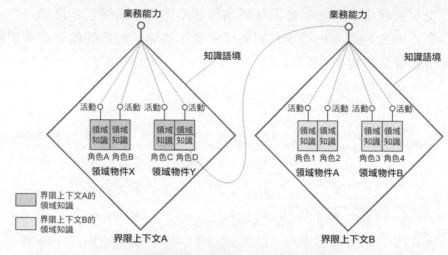

▲ 圖 9-2　界限上下文的關鍵要素

為了更形象地説明界限上下文關鍵要素的關係，我們來看一個物流運輸系統的案例。該系統能夠支援貨櫃在鐵路運輸與公路運輸的多式聯運，需要計算每次多式聯運的運費，以管理公司與委託公司之間的往來賬。系統定義了運輸上下文和財務上下文，現在思考一下：運費計算活動是否可以放在財務上下文？

如果從「知識」和「能力」的角度去了解，財務上下文的領域模型物件並不具備計算運費的領域知識，不了解運輸過程中的各種費率，如運輸費、貨站租賃費、貨物裝卸人工費、保費，也不了解運輸費用的計算規則。缺乏這些知識，自然也就不具備計算運費的能力。財務上下文其實只需要獲得與往來賬有關的結算費用，而非具體的運費計算過程。

1　領域模型物件包括領域服務、由實體和值物件組成的聚合、領域事件，非領域模型物件包括各種遠端服務、本機服務、各種通訊埠和介面卡，這些物件組成了第 16 章的領域驅動設計角色構造型。

既然財務上下文不具備計算運費的能力，就不應該將運費計算活動放到財務上下文，而應考慮將其放到運輸上下文，因為計算運費需要的領域知識都在它的知識語境內。財務需要運費計算的結果，說明財務上下文需要運輸上下文的支援，呼叫運輸上下文提供的業務能力。結合前面對界限上下文的了解，生成運輸委託往來賬的業務場景就可表現為兩個界限上下文業務能力的協作，如圖 9-3 所示。

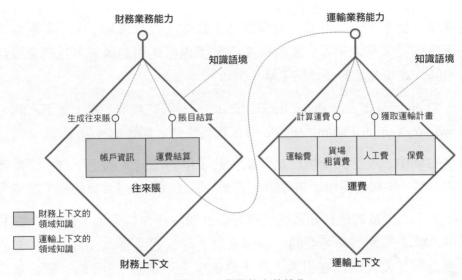

▲ 圖 9-3 業務能力的協作

界限上下文之間業務能力的協作是重複使用性的表現，顯然，界限上下文之間的重複使用表現為對業務能力的重複使用，而非對知識語境邊界內領域模型的重複使用。

9.2 界限上下文的特徵

根據界限上下文的定義，可以明確它的業務特徵與設計特徵。

在辨識界限上下文時，必須考慮它的業務特徵：

■ 它是領域模型的知識語境；
■ 它是業務能力的垂直切分。

在設計界限上下文時，必須考慮它的設計特徵：

■ 它是自治的架構單元。

9.2.1 領域模型的知識語境

讓我們先來讀一個句子：

wǒ yǒu kuài dì.

到底是什麼意思？究竟是「我有快遞」還是「我有塊地」？哪個意思才是正確的呢？確定不了，或說即使確定了也可能引起誤解！我們需要結合說話人說這句話的語境來了解。例如：

■ wǒ yǒu kuài dì，zǔ shàng liú xià lái de. ──我有塊地，祖上留下來的。
■ wǒ yǒu kuài dì，shùn fēng de. ──我有快遞，順豐的。

日常對話中，說話的語境就是幫助我們了解對話含義的上下文。了解業務需求時，同樣需要借助這樣的上下文，形成能夠達成共識的知識語境[2]。

界限上下文形成的這種知識語境就好似對領域物件指定了「定語」。在程式中，就是類別的命名空間。舉例來說，當我們談論「合約」時，它的語義是模稜兩可的，在引入「員工應徵」上下文後，「合約」概念就變得明朗了，它隱含地表示了「員工應徵的合約」這一概念，程式表現為 recruitingcontext. Contract。如果熟悉相關領域知識，即可明確合約概念代表了員工與公司簽訂的「勞務合約」，這一概念不會與同一系統的其他「合約」概念混淆，例如屬於行銷上下文的「合約」，其本質含義是「銷售合約」。

沒有界限上下文的邊界保護，建立的領域模型就會針對整個系統乃至整個企業，要保證領域概念的一致性，就需要為那些出現知識衝突的領域概念增加顯性的定語修飾，如「合約」概念就需要明確細分，分別命名為「銷售合約」「租賃合約」「教育訓練合約」「勞務合約」等。這些領域

2　實際上英文單字 context 本身就可以翻譯為「語境」。

概念固然都在統一語言的指導下進行,但當目標系統的問題空間變得規模龐大時,統一語言也將變得規模龐大。一個目標系統需要多個團隊共和協作完成。即使明確了這種顯性定語修飾的規則,在一個團隊不了解其他團隊需要面對的領域知識的情況下,團隊成員也往往意識不到這種概念的衝突,而傾向於選擇適合自己團隊的命名,不會刻意保留與相似概念的差別。沒有界限上下文的界定,就可能悄無聲息地出現了領域概念的衝突。所以 Eric Evans 就提到:「在整個企業系統中保持這種水準的統一是一件得不償失的事情。在系統的各個不同部門中開發多個模型是很有必要的,但我們必須慎重地選擇系統的哪些部分可以分開,以及它們之間是什麼關係……大型系統領域模型的完全統一既不可行,也不划算。」[8]234

這種「得不償失」還表現在界定領域知識的難度上。領域概念的一致性與完整性並不僅表現在領域模型的命名上,它蘊含的業務規則也必須保證一致而完整。許多時候,在同一個目標系統表達相同領域概念的模型物件,在不同上下文,需要關注的領域知識也可能並不相同。Martin Fowler 在解釋界限上下文的文章[3]中,就列出了圖 9-4 所示的領域模型圖。

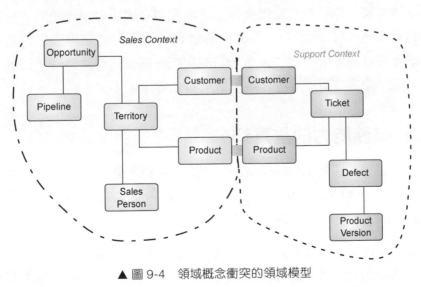

▲ 圖 9-4　領域概念衝突的領域模型

3　參見 Martin Fowler 的網誌文章 "BoundedContext"。

在圖 9-4 中，銷售人員和售後人員面對的客戶（Customer）是同一個領域概念，因緣際會下，甚至可能是同一個人，扮演的也是同一個角色，產品（Product）也如此。然而，因為銷售人員與售後人員工作內容和工作性質的不同，他們需要了解客戶和產品的領域知識存在較大差異：為了精準行銷，銷售人員需要掌握客戶的資訊越詳細越好，包括客戶的職業、收入、消費習慣等，而售後人員為了提供售後服務，掌握客戶的聯繫方式與聯繫地址就足矣。如果沒有界限上下文引入的知識語境，不是需要生硬地造出一個個細小的具有修飾語的領域概念，就是就創造出一個合併了各種屬性的龐大類。

在問題空間，統一語言形成了團隊對領域知識的共識，它貫穿於領域驅動設計統一過程始終，在架構映射階段與領域建模階段造成的作用就是維護領域模型的一致性。Eric Evans 將模型的一致性視為模型的最基本要求：「模型最基本的要求是它應該保持內部一致，術語總具有相同的意義，並且不包含互相矛盾的規則：雖然我們很少明確地考慮這些要求。模型的內部一致性又叫作統一（unification），在這種情況下，每個術語都不會有模稜兩可的意義，也不會有規則衝突。除非模型在邏輯上是一致的，否則它就沒有意義。」[8]233 界限上下文的邊界就是領域模型的邊界，它的目的就在於維護領域模型的一致性，這一目的與統一語言的作用重合，因此可以認為：統一語言在解空間的作用域針對每個界限上下文。

9.2.2 業務能力的垂直切分

要了解所謂「業務能力的垂直切分」，就要明確一個問題：為何領域驅動設計不使用模組（module）、服務（service）、函數庫（library）或元件（component）這些耳熟能詳的概念來表現業務能力？

要回答這一疑問，需要先弄清這些概念的真正含義。Neal Ford 認為：「模組表示邏輯分組，而元件表示物理劃分。」[31]39 且元件有兩種物理劃分形式，分別為函數庫和服務：「函數庫……往往和呼叫程式在相同的記憶體位址內運行，透過程式語言的函數呼叫機制進行通訊……服務傾向於在

自己的位址空間中運行，透過低級網路通訊協定（比如 TCP/IP）、更高級的網路通訊協定（比如 SOAP），或 REST 進行通訊。」[31]39

模組屬於邏輯架構視圖的軟體元素，元件（函數庫和服務）屬於物理架構視圖的軟體元素。模組與元件的區別表現了觀察視圖的不同，它們之間並不存在必然的映射關係。模組雖然是邏輯分組的結果，卻不僅針對業務邏輯，某些基礎設施的功能如檔案操作、檔案傳輸、網路通訊等，也可以視為功能的邏輯劃分，並在邏輯架構視圖中被定義為模組，然後在物理架構視圖中根據具體的品質屬性要求實現為函數庫或服務。為了與界限上下文做比較，不妨將表現了業務邏輯劃分的模組稱為「業務模組」。

業務模組是否就是界限上下文呢？非也！因為模組作為表現職責內聚性的設計概念，缺乏一套完整的架構系統支撐，它的邊界是模糊不清的。業務模組是從業務角度針對純粹的業務邏輯的歸類與組織，僅此而已。它缺乏自頂向下端對端的獨立架構，使得自身無法支撐業務能力的實現，如圖 9-5 所示。

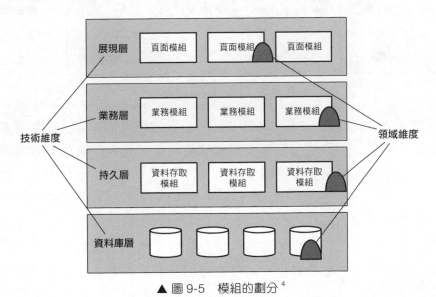

▲ 圖 9-5　模組的劃分 [4]

4　本圖參考了《演進式架構》一書的圖 4-11。

圖 9-5 所示的架構首先從技術維度進行重點切分，形成一個分層架構；然後，業務模組又在此基礎上針對業務層進行了領域維度 [25]56 的再度切分，封裝了純粹的領域邏輯。業務模組不具備獨立的業務能力，只有把分散在各層中與對應領域維度有關的業務模組、資料存取模組以及資料庫層的資料庫或資料表整合起來，才能為展現層的頁面模組提供完整的業務能力支撐 —— 這正是業務模組的致命缺陷。分散在分層架構各個層次的領域維度切片也說明了模組的劃分沒有按照同一個業務變化方向進行，一旦該領域維度的業務邏輯發生變化，就需要更改整個系統的每一層。這正是我所謂的「模組缺乏一套完整架構系統支撐」的原因所在。

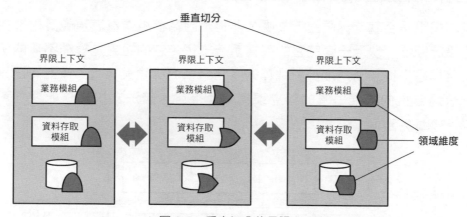

▲ 圖 9-6　垂直切分的界限上下文

界限上下文與之相反。Eric Evans 指出：「根據團隊的組織、軟體系統的各個部分的用法以及物理表現（程式和資料庫綱要等）來設定模型的邊界。在這些邊界中嚴格保持模型的一致性，而不要受到邊界之外問題的干擾和混淆。」[8]236 這表示界限上下文邊界的控制力不只限於業務，還包括實現業務能力的技術內容，如程式與資料庫綱要。它是對目標系統架構的垂直切分，切分的依據是從業務進行考慮的領域維度。為了提供完整的業務能力，在根據領域維度進行切分時，還需要考慮支撐業務能力的基礎設施實現，如與該業務相關的資料存取邏輯，以及將領域知識持久化的資料庫模型，形成垂直的邏輯邊界，即界限上下文的邊界。然後，在界限上下文的內部，再從技術維度根據重點進行水平切分，分離

業務邏輯與技術實現，形成內部的獨立架構。當然，考慮到前後端分離的架構以及使用者體驗的特殊性，一般來說界限上下文並不包含對展現層的垂直切分。切分後的架構如圖 9-6 所示。

比較圖 9-5 和圖 9-6 可以發現，模組與界限上下文在設計思想上有本質區別。

■ 模組：先從技術維度進行水平切分，再從領域維度針對領域層進行垂直切分。業務模組僅包含業務邏輯，需要其他層模組的支援才能提供完整的業務能力。這樣的架構沒有將業務架構、應用架構、資料架構綁定起來，一旦業務發生變化，就會影響到水平層次的各個模組。

■ 界限上下文：先從領域維度進行垂直切分，再從技術維度對界限上下文進行水平切分，因此界限上下文是一個對外曝露業務能力的架構整體。無論是業務架構、應用架構，還是資料架構，都在一個邊界中，一旦業務發生變化，只會影響到與該業務相關的界限上下文。

界限上下文的引入改變了架構的格局。界限上下文是一個整體，與之強相關的領域維度切片被集中在一處，如此就能降低業務變化帶來的影響，因為變化影響的內容被收攏在一處。界限上下文自身又可視為一個小型的應用系統。按照重點分離原則進行水平切分，把蘊含業務邏輯的領域層單獨剝離出來，形成清晰的結構，隔離業務複雜度與技術複雜度。

界限上下文是領域驅動設計戰略層面最重要、最基本的架構設計單元。對外，界限上下文提供了清晰的邊界，在邊界保護下，整個目標系統的業務架構、應用架構與資料架構才能統一起來；對內，界限上下文的內部架構又確定了業務與技術的邊界，實現了對技術架構的解耦。內外結合，就形成了業務能力的垂直切分。

9.2.3 自治的架構單元

界限上下文作為基本的架構設計單元，既要表現領域模型的知識語境，又要能獨立提供業務能力。這就要求它具有自治性，形成自治的架構單元。

自治的架構單元具備 4 個要素，即最小完備、自我履行、穩定空間和獨立進化，如圖 9-7 所示。

▲ 圖 9-7　自治的 4 個要素

最小完備是實現界限上下文自治的基本條件。所謂「完備」，是指界限上下文在履行屬於自己的業務能力時，擁有的領域知識是完整的，無須針對自己的資訊去求助別的界限上下文，這就避免了不必要的領域模型依賴。簡言之，界限上下文的完備性，就是領域模型的完備性，也就是領域知識的完備性。當然，僅追求界限上下文的完備性是不夠的。要知道，一個大而全的領域模型必然是完備的，所以為了避免領域模型被盲目擴大，就必須透過「最小」加以限制，避免將不必要的職責錯誤地增加到當前界限上下文。最小完備表現了界限上下文作為領域模型知識語境的特徵。

自我履行表示由界限上下文自己決定要做什麼。界限上下文就好似擁有了智慧，能夠根據自我擁有的知識對外部請求做出符合自身利益的明智判斷。分配業務功能時，設計者就應該化身為界限上下文，模擬它的思考過程：「我擁有足夠的領域知識來履行這一業務能力嗎？」如果沒有，而領域知識的分配又是合理的，就說明該業務能力不該由當前界限上下文獨立承擔。「履行」是對能力的承擔，而非對資料或資訊單純地擁有與傳遞，這就暗示著，當一個界限上下文具有自我履行的意識時，它就不會輕易突破邊界，企圖重複使用別人的領域模型，甚至繞過界限上下文直接存取不屬於它的資料，而會優先以業務能力協作進行重複使用。自我履行表現了界限上下文垂直切分業務能力的特徵。

穩定空間要求界限上下文必須防止和減少外部變化帶來的影響。在滿足了「最小完備」與「自我履行」特徵的前提下，一個界限上下文已經擁有了必備的領域知識。這些領域知識代表的邏輯即使發生了變化，也是可控的。只有面對發生在界限上下文外界的變化，界限上下文才鞭長莫及、力不從心。因此，要保證內部空間的穩定性，就是要解除或降低對

外部軟體元素的依賴，包括必須存取的環境資源如資料庫、檔案、訊息佇列等，也包括當前界限上下文之外的其他界限上下文或衍生系統。解決之道就是透過抽象的方式降低耦合，只要保證存取介面的穩定性，外界的變化就不會產生影響。

獨立進化則與穩定空間相反，指減少界限上下文內部變化對外界產生的影響。這表現了邊界的控制力，對外公開穩定的介面，而將內部領域模型的變化封裝在界限上下文的內部。顯然，滿足獨立進化的核心思想是封裝。抽象與封裝都要求界限上下文劃分合理而清晰的內外層次，在其邊界內部形成獨立的架構空間，即透過菱形對稱架構的閘道層（參見第12章）滿足界限上下文回應變化的能力。

界限上下文自治的 4 個要素相輔相成。最小完備是基礎，只有指定了界限上下文足夠的知識，才能保證它的自我履行。穩定空間對內，獨立進化對外，二者都是對變化的有效應對，而它們又透過最小完備和自我履行來保證界限上下文受到變化的影響最小。遵循自治特性的界限上下文組成了整個系統的架構單元，成為回應業務變化與技術變化的關鍵支撐點。

9.2.4 案例：供應鏈的商品模型

讓我們透過供應鏈的案例，深刻體會自治的界限上下文與模組的不同之處。供應鏈系統的核心資源是商品，無論是採購、訂單、運輸還是庫存，都需要用到商品的資訊，因而需要在供應鏈系統的領域模型中定義「商品」（Product）模型。在未引入界限上下文邊界之前，領域模型如圖9-8 所示。

為了便於了解，圖 9-8 對供應鏈的領域模型做了精簡，僅展現了與商品概念相關的領域模型。代表商品概念的 Product 類別在整個領域模型中唯一表達了真實世界的商品概念，但在採購、訂單、運輸、庫存等不同角度中，商品卻呈現了不同的面貌。舉例來說，採購員在採購商品時，並不需要了解與運輸相關的商品知識，如商品的高度、寬度和深度；運輸商品時，配送人員並不關心商品的進價、最小起訂量和供貨週期。在沒有

邊界的領域模型中，Product 類別若要完整呈現這些差異性，就必須包含
與之相關的領域知識，使得 Product 領域模型變得越發臃腫，最後可能被
定義為圖 9-9 所示的類別。

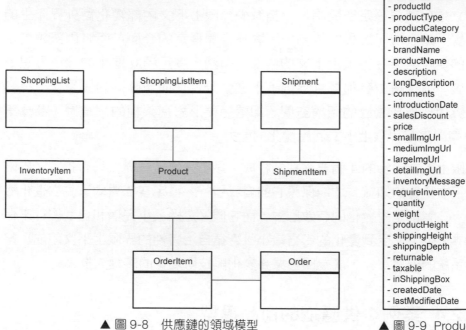

▲ 圖 9-8　供應鏈的領域模型　　　　　　　　▲ 圖 9-9　Product
類別的定義

Product 類別涵蓋了整個供應鏈系統範圍的商品知識。沒有邊界限定這些
知識，就可能因為定義的模棱兩可引起領域概念的衝突。舉例來説，管
理庫存時，倉儲團隊需要知道商品的高度，以便確定它在倉庫的存放空
間。於是，倉儲團隊在建模時為 Product 類別定義了 height 屬性來代表商
品的高度。運輸商品時，運輸團隊也需要知道商品的高度，目的是計算
每個包裹的佔用空間。同樣都是高度，卻在庫存和運輸這兩個場景中，
代表了不同的含義：前者是商品的實際高度，後者為商品的包裝高度。
如果將它們混為一談，就會引起計算錯誤。在同一模型下為了避免這種
衝突，只能為屬性增加定語來修飾，圖 9-9 中的模型就將高度分別定義為
productHeight 和 shippingHeight。

這樣一個龐大的 Product 類別必然違背了「單一職責原則」[26]，包含了多個引起它變化的原因。當採購功能對商品的需求發生變化時，需要修改它；當運輸功能對商品的需求發生變化時，也需要修改它……它成了一個極不穩定的熱點。它為不同的業務場景公開了不同的資訊，因此封裝遭到了破壞，依賴變得更多，就像一塊巨大的磁鐵，產生了強大的吸力，將與之相關的模組或類別吸附其上，造成了業務邏輯的強耦合。

為供應鏈系統引入業務模組是否能解決這些問題呢？業務模組是對業務邏輯的劃分。可劃分為採購模組、運輸模組、庫存模組、訂單模組和商品模組，根據業務功能的相關性強弱，Product 類別應定義在商品模組中，形成圖 9-10 所示的模組結構。

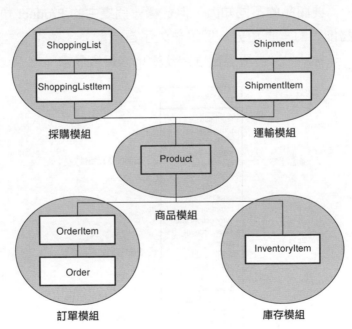

▲ 圖 9-10　引入業務模組

由於業務模組的內部沒有一個層次清晰的架構，不具備對模組邊界的控制能力。當各個模組都需要 Product 類別封裝的領域知識時，根據模組（套件）的共同重複使用原則（common reuse principle，CRP）[26]，為了重複使用 Product 類別，呼叫 Product 的業務模組都需要依賴整個商品模

組，一個類別的重複使用導致了多個業務模組緊緊地耦合在一起。隨著需求不斷變化，這些業務模組的邊界會變得越來越模糊。模組之間存在若有若無的依賴，原本的內聚力缺乏了邊界的有效隔離，就會慢慢吸附上諸多灰塵，漸漸填補模組之間的空隙，變成一個「大泥球」。一個直觀的現象就是龐大的 Product 類別在各個模組之間傳來傳去，而在 Product 類別的實現中，隨處可見採購、訂單、運輸和庫存等業務邏輯的蹤影，形成了「你中有我、我中有你」的親密關係 [6]85。目標系統的架構因為缺乏空隙變得沒有彈性，無法回應業務變化，架構的演化也會變得步履蹣跚。

究其原因，業務模組沒有按照領域模型的知識語境劃分商品概念的邊界，使得商品的領域知識被匯聚到了一處。在不同的業務場景下，不同的業務能力需要商品的不同知識，但這樣一個集中的 Product 類別顯然無法做到業務能力的垂直切分。模組缺失了自治能力，使得它控制邊界的能力太弱，無法滿足大型專案回應業務變化的架構需求。

▲ 圖 9-11　不同內聚性的領域知識

界限上下文首先需要滿足「最小完備」的自治特徵，根據不同的知識語境劃分專屬於自己的領域模型。不同業務場景對商品領域知識的需求是分散的，相同業務場景需要的商品領域知識卻是內聚的，如果仍然定義為一個 Product 類別，就會形成多個具有不同內聚性的領域知識，如圖 9-11 所示。

如果不將商品的運輸高度、寬度、是否裝箱等領域知識指定給運輸上下文，運輸上下文就缺乏「完備性」，可要是將商品進價、最小起訂量和供貨週期也一股腦兒提供給它，就破壞了「最小性」對知識完備的約束。因此，「最小完備」要求界限上下文對領域模型各取所需，擁有自己專屬的領域模型，根據知識語境定義獨立的 Product 類別，如圖 9-12 所示。

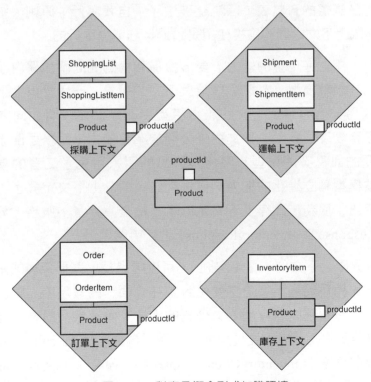

▲ 圖 9-12　對商品概念形成知識語境

不同的界限上下文都定義了 Product 類別。了解領域模型時，應以當前上下文為基礎的知識語境，如 ShoppingListItem 連結的 Product 類別表達了

與採購相關的商品領域知識。倘若要確認多個界限上下文的商品是否屬於同一件商品，可由商品上下文統一維護商品的唯一身份標識，將界限上下文之間對 Product 類別的依賴更改為對 productId 的依賴，並以此維持商品的唯一性。

以「自我履行」為基礎的要求，一個界限上下文應該根據自己擁有的資訊判斷該由誰來履行以領域知識提供為基礎的業務能力。舉例來說，運輸上下文需要了解商品是否裝箱，即獲得 inShoppingBox 的領域知識，由於在它的知識語境中定義了包含該領域知識的 Product 類別，它就可以自己履行這一業務能力；倘若它還需要了解商品的詳情，這一領域知識交給了商品上下文，此時，它不應該越俎代庖繞開商品上下文，直接存取儲存了商品詳情的資料表，因為這破壞了「自我履行」原則。這進一步說明了界限上下文之間的重複使用是透過業務能力進行的。

為了確保「獨立進化」的能力，菱形對稱架構的北向閘道保護了領域模型，不允許領域模型「穿透」界限上下文的邊界。一個界限上下文不能直接存取另一個界限上下文的領域模型，而是需要呼叫北向閘道的服務，該服務表現了界限上下文對外公開的業務能力，服務返回了滿足該請求需要的訊息契約模型。服務與訊息的引入避免了二者的耦合，保留了領域模型獨立進化的能力。舉例來說，商品上下文定義了「獲取商品基本資訊」服務，庫存上下文定義了「檢查庫存量」服務，分別返回 ProductResponse 與 InventoryResponse 訊息物件。

要想維持界限上下文的「穩定空間」，可以透過菱形對稱架構的南向閘道建立抽象的用戶端通訊埠，將變化封裝在介面卡的實現中。舉例來說，訂單上下文需要呼叫庫存上下文公開的「檢查庫存量」服務，為了抵禦該服務可能的變化，就需要透過抽象的用戶端通訊埠 InventoryClient，將變化封裝在介面卡 InventoryClientAdapter 中。庫存上下文為了檢查庫存量，需要存取庫存資料庫。資料庫屬於外部的環境資源，為了不讓它的變化影響領域模型，亦需要定義抽象的資源庫通訊埠 InventoryRepository，隔離存取資料庫的實現。

比較業務模組，界限上下文更加淋漓盡致地展現了「自治」的特徵。它透過其邊界維持了各自領域模型的一致性，避免出現一個龐大而臃腫的領域模型，並利用內部的菱形對稱架構保證了界限上下文之間的鬆散耦合，支撐它對業務能力的實現，建立了保證領域模型不受污染的邊界屏障。

9.3 界限上下文的辨識

不少領域驅動設計專家都非常重視界限上下文，越來越多的實踐者也看到了它的重要性。Mike Mogosanu 認為：「界限上下文是領域驅動設計中最難解釋的原則，但或許也是最重要的原則。可以説，沒有界限上下文，就不能做領域驅動設計。在了解聚合根（aggregate root）、聚合（aggregate）、實體（entity）等概念之前，需要先了解界限上下文。」遺憾的是，即使是領域驅動設計之父 Eric Evans 對於如何辨識界限上下文，也語焉不詳。

界限上下文的品質直接限制我們的設計，而高明的架構師雅擅於此，一個個界限上下文隨著他們的設計而躍然於紙上，讓我們驚歎於概念的準確性和邊界的合理性。當被問起如何獲得這些時，他們卻笑稱這是妙手偶得。軟體設計亦是一門藝術，似乎需要憑藉一種妙至毫巔、心領神會的神秘力量，於 那之間迸發靈感，促生設計的奇思妙想——實情當然不是這樣。若要説讓人秘而不宣的神奇力量真的存在，那就是架構師們經過千錘百煉造就的「經驗」。

Andy Hunt 分析了德雷福斯模型（Dreyfus model）的 5 個成長階段，即新手、進階新手、勝任者、精通者和專家。對於最高階段的「專家」，Andy Hunt 得出一個有趣的結論：「專家根據直覺工作，而不需要理由。」[27]21 這一結論充滿了神秘色彩，讓人反覆回味，卻又顯得理所當然：專家的「直覺」實際就是透過不斷的專案實踐磨煉出來的。當然，經驗的累積過程需要方法，否則所謂數年經驗不過是相同的經驗重複多次，沒有價

值。Andy Hunt 認為：「需要給新手提供某種形式的規則去參照，之後，進階新手會逐漸形成一些整體原則，然後透過系統思考和自我校正，建立或遵循一套系統方法，慢慢成長為勝任者、精通者乃至專家。」因此，從新手到專家是一個量變引起質變的過程，在沒有能夠依靠直覺的經驗之前，我們需要一套方法。

Edward Crawley 談到過系統思考者在對複雜系統進行分析或綜合時可以運用的技巧：「自頂向下和自底向上是思考系統時的兩種方向……我們先從系統的目標開始，然後思考概念及高層架構。在制訂架構時，我們會反覆地對架構進行細化，並在我們所關注的範圍內，把架構中的實體分解到最小……自底向上……就是先思考工件、能力或服務等最底層的實體，然後沿著這些實體向上建構，以預測系統的湧現物。除了這兩種方式，還有一種方法是同時從頂部和底部向中間行進，這叫作由外向內的思考方式。」[19]44 在辨識界限上下文時，可以借鏡這一想法。

9.3.1 業務維度

辨識界限上下文的過程，就是將問題空間的業務需求映射到解空間界限上下文的過程。全域分析階段的業務需求分析工作流採取自頂向下的分析方法：將問題空間中的業務流程根據時間維度切分為各個相對獨立的業務場景，再根據角色維度將業務場景分解為業務服務。然後，架構映射階段的業務級映射工作流又採取自底向上的求解方法：從業務服務逆行而上，透過逐步的歸類與歸納獲得表現業務能力的界限上下文。問題空間的分析過程與解空間的求解過程共同組成了圖 9-13 所示的辨識界限上下文的 V 型映射過程。

整個映射過程從分解、歸類和歸納，到邊界整理，形成了一套相對固化的映射過程，在一定程度上消解了我們對經驗的依賴。全域分析階段輸出的業務服務，作為分析過程的終點，同時又是求解過程的起點，在 V 型映射過程中起了關鍵作用。

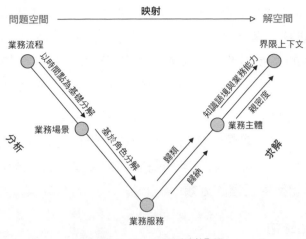

▲ 圖 9-13　V 型映射過程

1. 業務知識的歸類

業務服務是表達業務知識的最基本元素，按照業務相關性歸類，就是按照「高內聚」原則劃定業務知識的邊界，就好像整理房間，相同類別的物品會整理放在一處，例如衣服類，鞋子類，圖書類……每個類其實就是所謂的「主體」。業務相關性主要表現為：

- 語義相關性；
- 功能相關性。

業務服務的定義遵循了統一語言，透過動詞子句描述，動詞代表領域行為，動詞子句中的名詞代表它要操作的物件。

語義相關性表示存在相同或相似的領域概念，對應於業務服務描述的名詞，如果不同的業務服務操作了相同或相似的物件，即可認為它們存在語義相關性。

功能相關性表現為領域行為的相關性，但它並非設計意義上領域行為之間的功能依賴，而是指業務服務是否服務於同一個業務目標。

以文學平台為例，諸如「查詢作品」「預覽作品」「發佈作品」「閱讀作品」「收藏作品」「評價作品」「購買作品」等業務服務皆表現了「作品」

語義,可考慮將其歸為同一類;「標記精彩內容」「撰寫讀書筆記」「評價作者」「加入書架」等業務服務與「作品」「作者」「書架」等語義有關,屬於比較分散的業務服務,但從業務目標來看,實則都是為平台的讀者提供服務,為此,可以認為它們具有功能相關性,可歸為同一類[5]。

語義相關性的歸類方法屬於一種表面的分析,只要業務服務的名稱準確地表現了業務知識,歸類就變得非常容易;分析功能相關性需要採擷各個業務服務的業務目標,站在業務需求的角度進行深入分析,需要付出更多的心血才能獲得正確的分類。

2. 業務知識的歸納

對業務服務進行了歸類,就劃定了業務的主體邊界。接下來,就需要對主體邊界內的所有業務服務進產業務知識的歸納。

歸納的過程就是抽象的過程,需要概括所有業務服務所屬的主體特徵,並使用準確的名詞表達它們,形成業務主體。業務主體是候選的界限上下文,主要原因在於它的主體邊界還需要結合界限上下文的特徵做進一步整理。歸納的過程就是對業務主體命名的過程。業務主體的命名遵循單一職責原則,即這個名稱只能代表唯一的最能表現其特徵的領域概念。倘若對業務服務的歸類欠妥當,命名就會變得困難,要是找不到準確的名稱,就該反過來思考之前的歸類是否合理,又或在之前的歸類之上建立一個更高的抽象。因此,歸納業務主體時,對其命名亦可作為檢驗界限上下文是否辨識合理的一種手段。

以文學平台為例,以下業務服務具有「讀者群」的語義,可歸類為同一業務主體:

- 建立讀者群;
- 加入讀者群;
- 發佈群內訊息;

5　後文透過親密度分析時,會調整根據業務相關性劃分的業務主體。

以下業務服務從行為上具有交流的相同業務目標，可從功能相關性歸類為同一業務主體：

- 即時聊天；
- 發送離線訊息；
- 一對一私聊；
- 發送私信。

進一步歸納，無論是讀者群的語義概念，還是交流的業務目標，都滿足「社交」這一主體特徵，就可將它們統一歸納為「社交」業務主體。

在對業務服務進行歸類時，倘若將「閱讀作品」「收藏作品」「關注作者」「查看作者資訊」等業務服務歸為一類，在為該業務主體進行命名時，就會發現它們實際存在兩個交換的主體，即「作品」和「作者」，這時，我們不能強行將其命名為「作品和作者」業務主體，因為這樣的命名違背了單一職責原則，傳遞出主體邊界辨識不合理的訊號！

3. 業務主體的邊界整理

業務主體的確定依據了業務相關性，表現了「高內聚」原則，位於同一主體內的業務服務相關性顯然要強於不同主體的業務服務，這種「親疏」關係決定了業務主體的邊界是否合理。因此，分析親密度可以幫助我們進一步整理業務主體的邊界。對親密度的判斷，實則需要明確業務服務需要的領域知識和哪一個業務主體相關性更強，它的服務價值與哪一個業務主體的業務目標更接近。舉例來說，比較圖 9-14 所示的兩個業務主體，是否發現了親密度的差異？

雖然作品業務主體內的「收藏作品」「評價作品」與「購買作品」都與「作品」語義有關，但它們與「查詢作品」等業務服務不同，除了要用到作品的領域知識，還需要用到讀者的領域知識；同時，它們的服務價值也都是為讀者服務的。分析親密度，我認為「收藏作品」「評價作品」與「購買作品」等業務服務更適合放在讀者業務主體。若對領域知識的歸納還會有猶疑不定之處，可進一步探索業務服務歸約，從更為細節的業務

服務描述確定領域知識的主次之分，進一步明確業務服務到底歸屬於哪一個界限上下文更為合適。

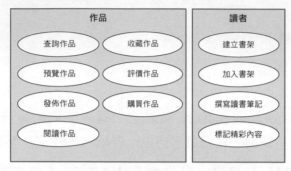

▲ 圖 9-14　兩個業務主體的業務服務

在整理業務主體的邊界時，還要結合界限上下文特徵判斷。

一個重要的判斷依據是領域模型的知識語境。倘若在多個業務主體中存在相同或相似的概念，不要盲目地從語義相關性歸類，還要考慮它們在不同的業務主體邊界內，是否代表了不同的領域概念。界限上下文規定了解空間領域模型邊界的統一語言，兩個相同或相似的概念如果代表了不同的領域概念，卻存在於同一個界限上下文，必然會帶來領域概念的衝突。

舉例來說，文學平台辨識出了會員業務主體，該主體定義了帳戶和銀行帳戶領域概念，前者為會員的帳戶資訊，包括「會員 ID」「名稱」「會員類別」等屬性，後者提供了支付需要的銀行資訊，二者代表的概念完全不同。銀行帳戶透過定語修飾說明了概念用於支付，並不會導致領域概念的衝突，然而從領域概念的知識語境來看，假設將員業務主體定義為界限上下文，銀行帳戶是否應該放在會員上下文？表面看來，銀行帳戶也是帳戶的屬性，但它與會員 ID、會員名稱等屬性不同，它僅適用於支付相關的業務場景，倘若文學平台還定義了支付上下文，銀行帳戶領域概念更適合歸類到支付上下文。

另一個重要的判斷依據是業務能力的垂直切分。位於同一個界限上下文的業務服務應提供統一的業務能力，不是是業務能力的核心功能，就是

為業務能力提供輔助能力支撐。分析業務能力的角度接近於功能相關性的分析，服務於同一個業務目標，實則就是要提供完整的業務能力。

仍以文學平台為例，它為了促進文學同好關注平台，加強與文學創作者之間的互動，由平台組織定期的文學創作大賽、線下作者見面會，文學同好可以報名參加這些線上和線下的活動。文學創作大賽的業務服務屬於活動業務主體，這是將比賽當作平台組織的活動；線下作者見面會的業務服務屬於社交業務主體，因為它的目的是促進平台成員的交流與互動。活動業務主體定義了「報名參加比賽」業務服務，社交業務主體定義了「報名參加作者見面會」業務服務，顯然，這兩個業務服務都需要平台提供報名的業務能力，該業務能力放在上述任何一個業務主體都不合適，遵循垂直切分業務能力的要求，將其放在一個單獨的界限上下文才能更進一步地為它們提供能力支撐。

透過對業務主體的邊界整理，就確定了業務維度的界限上下文。

4. 呈現界限上下文

業務服務圖可以用來呈現業務維度的界限上下文。全域分析階段獲得了業務服務圖，它可作為辨識界限上下文的起點。針對業務服務圖中每個業務場景的業務服務進產業務相關性分析，透過歸類和歸納，形成業務主體，再對其邊界進行整理，獲得業務維度的界限上下文，圖 9-15 所示的業務服務圖呈現了作品上下文。

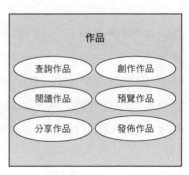

▲ 圖 9-15　作品上下文

此時的業務服務圖是對業務服務的歸納，它抹去了角色的資訊，因為在映射界限上下文時，角色概念變得無關緊要，甚至角色的存在可能會誤導我們對界限上下文的判斷。

雖然都是業務服務圖，全域分析階段的業務服務圖是對問題空間的探索，業務服務圖的邊界表現了業務場景；架構映射階段的業務服務圖是

對問題空間的求解，它的邊界是解空間的業務邊界，即業務維度的界限上下文邊界。二者的映射關係表現了業務級架構映射的特點。

為何要進產業務服務到界限上下文的映射

在對問題空間進行全域分析後，即使憑藉經驗，也能辨識出一部分正確的界限上下文。舉例來説，對於一個電子商務後台系統，即使不採用 V 型映射過程，也可以輕易地辨識出「訂單」「商品」「庫存」「購物車」「交易」「支付」「發票」「物流」等界限上下文，為何要需要進產業務服務到界限上下文的映射呢？

一方面，如此憑經驗辨識出的界限上下文邊界是否合理，需要進一步驗證，又或可能漏掉一些必要的界限上下文；另一方面，即使獲得了這樣的界限上下文，也對架構的實踐沒有指導意義。如果不確定業務服務究竟屬於哪一個界限上下文，就無法確定領域模型的邊界，也無法真實地探知界限上下文之間的協作關係和協作方式，實際上就等於沒有清晰地勾勒出界限上下文的邊界。沒有劃定清晰的邊界，最後仍然會導致領功能變數代碼的混亂，形成事實上的「大泥球」。

透過 V 型映射過程不僅獲得了業務維度的界限上下文，同時還確定了界限上下文與業務服務之間的映射關係，這對於在設計服務契約時確定界限上下文之間的協作關係，在領域分析建模時確定領域模型與界限上下文的關係，在領域設計建模時確定由哪個界限上下文的遠端服務回應服務請求，都具有非常重要的參考價值。

9.3.2 驗證原則

在獲得了界限上下文之後，還應該遵循界限上下文的驗證原則對邊界的合理性進行驗證。

1. 正交原則

正交性要求：「如果兩個或更多事物中的發生變化，不會影響其他事物，這些事物就是正交的。」[4] 變化的影響主要表現在變化的傳遞性，即一個

事物的變化會傳遞到另一個事物引起它的變化，但這個變化影響並不包含彼此正交的點。舉例來說，界限上下文之間存在呼叫關係，當被呼叫的界限上下文公開的介面發生變化，自然會影響呼叫方。這一影響是合理的，也是軟體設計很難避免的依賴。故而界限上下文存在正交性，指的是各自邊界封裝的業務知識不存在變化的傳遞性。

要破除變化的傳遞性，就要保證每個界限上下文對外提供的業務能力不能出現雷同，這就需要保證為完成該業務能力需要的領域知識不能出現交換；要讓領域知識不能出現交換，就要保證封裝了領域知識的領域模型不能出現重疊。業務能力、領域知識、領域模型，三者之間存在層次的遞進關係，無論是自頂向下去推演，還是自底向上來概括，都不允許同一層次之間存在非正交的事物，如圖 9-16 所示。

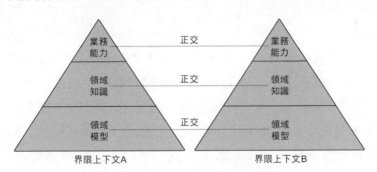

▲ 圖 9-16　界限上下文的正交性

領域模型違背了正交性，表示各自訂的領域模型物件代表的領域概念出現了重複。注意，界限上下文展現的領域概念具有知識語境，不能因為領域概念名稱相同就認為領域概念出現了重複。判斷領域模型的重複性，必須將界限上下文作為修飾，將二者組合起來共同評判。舉例來說，在供應鏈系統中，商品界限上下文、運輸界限上下文與庫存界限上下文的領域模型都定義了 Product 類別，但結合各自的知識語境，這一領域模型類別實際代表了不同的領域概念；在保險系統，車險界限上下文、壽險界限上下文的領域模型都定義了 Customer 類別，關注的客戶屬性也是近似的，屬於相同的領域概念，導致領域模型的重複。

領域知識違背了正交性，代表了業務問題的解決方案出現了重複，通常包含了領域行為與業務規則，例如在電子商務系統中，運費計算的規則不能同時存在於多個界限上下文，如果在訂單上下文和配送上下文都各自實現了運費計算的邏輯，就會使得這一重複蔓延到系統各處，一旦運費計算規則發生變化，就需要同時修改多個界限上下文，修改時，如果遺漏了某個重複的實現，還會引入潛在的缺陷。

業務能力違背了正交性，表示業務服務出現的重複。舉例來說，在一個物流系統中，地圖上下文提供了地理位置定位的業務服務，結果在導覽上下文又定義了這一服務。之所以出現這一結果，可能是因為各個領域特性團隊溝通不暢。

2. 單一抽象層次原則

單一抽象層次原則（Single Level of Abstraction Principle，SLAP）來自 Kent Beck 的程式開發實踐，他在組合方法（Composed Method）模式中要求：「保證一個方法中的所有操作都在同一個抽象層次」[28]24。不過，這一原則卻是由 Gleann Vanderburg 在了解了這一概念之後提煉出來的。辨識界限上下文時，歸納業務知識的過程就是抽象的過程，界限上下文的名稱代表一個抽象的概念，因此，我們可以引入該原則作為界限上下文的驗證原則。

要了解單一抽象層次原則，需要先了解什麼是概念的抽象層次。

抽象這個詞的拉丁文為 abstractio，原意為排除、抽出。中文對這個詞語的翻譯也很巧妙，顧名思義，可以視為抽出具體形象的東西。舉例來說，人是一個抽象的概念，一個具體的人有性別、年齡、身高、相貌、社會關係等具體特徵，而抽象的人就是不包含這些具體特徵的概念。抽象概念指代一類事物，因此，抽象實際上並非真正抽出這些具體特徵，而是對一類具有共同特徵的事物進行歸納，從而抹掉具體類型之間的差異。

抽象層次與概念的內涵有關，概念的內涵即事物的特徵。內涵越小，表示抽象的特徵越少，抽象的層次就越高，外延也越大，反之亦然。舉例

來說，男人和女人有性別特徵的具體值，人抽象了性別特徵，使得該概念的內涵要少於男人或女人，而外延的範圍卻更大，抽象層次也就更高。同理，生物的概念層次要高於人，物質的概念層次又要高於生物。

違背了單一抽象層次原則的界限上下文會導致概念層次的混亂。一個高抽象層次的概念由於內涵更小，使得它的外延更大，就有可能包含低抽象層次的概念，使得位於不同抽象層次的界限上下文存在概念上的包含關係，這實際上也違背了正交原則。舉例來說，在一個貨櫃多式聯運系統中，商務上下文與合約上下文就不在一個抽象層次上，因為商務的概念實際涵蓋了合約、客戶、專案等更低抽象層次的概念；運輸、堆場、貨站界限上下文則遵循了單一抽象層次原則，運輸上下文是對運輸計畫和路線的抽象，堆場上下文是對鐵路運輸場區概念的抽象，貨站上下文則是對公路運輸網站工作區域相關概念的抽象，它們關注的業務維度可能並不相同，但不影響它們的抽象層次位於同一條水平線上。

抽象層次與重要程度無關，不能說提供支撐功能的界限上下文低於提供核心業務能力的界限上下文。仍然是在貨櫃多式聯運系統，運輸、堆場以及貨站等界限上下文都需要作業和作業指令，區別在於操作的作業內容不同。提煉出來的作業上下文為運輸、堆場以及貨站等界限上下文提供了業務功能的支撐，但它們屬於同一抽象層次的界限上下文。

3. 奧卡姆剃刀原理

界限上下文作為高層的抽象機器制，表現了我們在軟體建構過程中對領域思考的本質，它是架構映射階段的核心模式。因此，界限上下文的辨識直接影響了領域驅動設計的架構品質。透過分解、歸類、歸納到最後的驗證之後，如果對辨識出來的界限上下文的準確性依然心存疑慮，比較務實的做法是保證界限上下文具備一定的粗粒度。

這正是奧卡姆剃刀原理的表現，即「切勿浪費較多東西去做用較少的東西同樣可以做好的事情」，更文雅的說法就是「如無必要，勿增實體」[30]352。遵循該原則，表示當我們沒有尋找到必須切分界限上下文的必要

證據時，就不要增加新的界限上下文。倘若覺得功能的邊界不好把握分寸，可以考慮將這些模棱兩可的功能放在同一個界限上下文中。待到該界限上下文變得越來越龐大，以至於一個領域特性團隊無法完成發表目標；又或違背了界限上下文的自治原則，或品質屬性要求它的邊界需要再次切分時，再對該界限上下文進行分解，增加新的界限上下文。這才是設計的實證主義態度。

9.3.3　管理維度

正如架構設計需要多個視圖全方位表現架構的諸多要素，我們也應從更多的維度全方位分析界限上下文。如果説從業務維度辨識界限上下文更偏向於從業務相關性判斷業務的歸屬，那麼以團隊合作劃分界限上下文為基礎的邊界則是從管理維度思考和確定界限上下文合理的工作粒度。

管理層次的同構系統實現了架構系統與管理系統的映射，其中扮演關鍵作用的是界限上下文與領域特性團隊之間的映射。這一映射的理論基礎來自康威定律。如果團隊的工作邊界與界限上下文的業務邊界不符合，就需要調整團隊或界限上下文的邊界，使得二者的分配更加合理，降低溝通成本，提高開發效率。

這是否表示界限上下文與領域特性團隊之間的關係是一對一的關係呢？如果是，就表示團隊的工作邊界與界限上下文的邊界重合，自然是理想的；可惜，界限上下文與團隊的劃分標準並不一致。如果目標系統為軟體產品，領域特性團隊可以在很長一段時間保證其穩定性；如果目標系統為專案，參與研發的領域特性團隊就很難保證它的穩定了。此外，團隊的規模是可以控制的，界限上下文的粒度卻要受到業務因素、技術因素以及時間因素的影響，要讓二者的邊界完全吻合，實在有些勉為其難。

如果無法做到二者一對一的映射，至少要避免出現將一個界限上下文分配給兩個或多個團隊的情形。因此，在辨識界限上下文時，團隊的工作邊界可以對界限上下文的邊界劃分以啟發：「界限上下文的粒度是過粗，還是過細？」當一個界限上下文的粒度過粗，以至於計畫中的功能特性

完全超出了領域特性團隊的工作量，就應該考慮分解界限上下文。因此，領域特性團隊與界限上下文的映射關係應如圖 9-17 所示。

▲ 圖 9-17　領域特性團隊與界限上下文

一個領域特性團隊與界限上下文形成一對一或一對多的關係，表示專案經理需要將一個或多個界限上下文分配給 6 ～ 9 人的領域特性團隊。對界限上下文的粒度辨識就變成了對團隊工作量的估算。

以管理維度判斷界限上下文工作邊界劃分是否合理時為基礎，還可以依據界限上下文之間是否允許平行開發進行判斷。無法平行開發，表示界限上下文之間的依賴太強，違背了「高內聚鬆散耦合」原則。

無論是界限上下文，還是領域特性團隊，都會隨著時間演進發生動態的演化。康威就認為：「大多數情況下，最先產生的設計都不是最完美的，主導的系統設計理念可能需要更改。因此，組織的靈活性對於有效的設計具有舉足輕重的作用。必須找到可以鼓勵設計經理保持他們的組織精簡與靈活的方法。」根據二者的映射關係，ThoughtWorks 的技術雷達提出了「康威逆定律」（Inverse Conway Maneuver），即「圍繞業務領域而非技術分層組建跨功能團隊[6]」。這裡所謂的「業務領域」，在領域驅動設計的語境中，就是指界限上下文。換言之，就是先確定界限上下文的邊界，再由此組織與之對應的領域特性團隊。倘若界限上下文的邊界發生演進，則領域特性團隊也隨之演進，以保證二者的符合度。界限上下文與領域特性團隊的邊界相互影響，表示在管理層面，每個領域特性團隊的負責人也需要判斷新分配的任務是否屬於界限上下文的邊界。不當的任務分配會導致團隊邊界的模糊，進而導致界限上下文邊界的模糊，影

6　參見 Jim Highsmith 與 Neal Ford 的文章 "The CxO Guide to Microservices"。

響它對領域模型的控制。利用康威定律與康威逆定律，就能將界限上下文與領域特性團隊結合起來。二者相互影響，形成對界限上下文邊界動態的持續改進。

領域特性團隊對辨識界限上下文的促進不只表現為團隊規模傳遞的分解訊號，它的組建原則同樣有助加深我們對界限上下文邊界的認識。Jurgen Appelo 認為，一個高效的團隊需要滿足兩點要求 [2]：

■ 共同的目標；
■ 團隊的邊界。

雖然 Jurgen Appelo 在提及邊界時，是站在團隊結構的角度來分析的，但在確定團隊的工作邊界時，恰恰與界限上下文的邊界暗暗相合。建立一個良好的領域特性團隊，需要保證以下兩點。

■ 團隊成員應對團隊的邊界形成共識。這表示團隊成員需要了解自己負責的界限上下文邊界，以及該界限上下文如何與外部的資源以及其他界限上下文進行通訊；同時，界限上下文內的領域模型也是在統一語言指導下達成的共識。
■ 團隊的邊界不能太封閉（拒絕外部輸入），也不能太開放（失去內聚力），即所謂的「滲透性邊界」[2]。這種滲透性邊界恰恰與「高內聚鬆散耦合」的設計原則完全契合。

針對這種「滲透性邊界」，團隊成員需要對自己負責開發的需求「抱有成見」。在辨識界限上下文時，「任勞任怨」的好員工並不是真正的好員工。一個好的員工明確地知道團隊的職責邊界，應該學會勇於承擔屬於團隊邊界內的需求開發任務，也要敢於拒絕強加於他（她）的職責範圍之外的需求。透過團隊每個人的主觀能動，促進組織結構的「自治單元」逐漸形成，進而催生出架構設計上的「自治單元」。同理，「任勞任怨」的好團隊也不是真正的好團隊。團隊對自己的邊界已經達成了共識，為什麼還要違背這個共識去承接不屬於自己邊界內的工作呢？這並非團隊之間的惡性競爭，也不是工作上的互相推諉，恰恰相反，這實際上是一種良好的合作：表面上是在維持自己的利益，然而在一個組織下，如果

每個團隊都以這種方式維持自我利益，反而會形成一種「你給我搔背，我也替你抓抓癢」的「互利主義」。

互利主義最終會形成團隊之間的良好協作。如果團隊領導者與團隊成員能夠充分意識到這一點，就可以從團隊層面思考界限上下文。此時，界限上下文就不僅是架構師侷限於一孔之見去完成判別，而是每個團隊成員自發組織的內在驅動力。當每個人都在思考這項工作該不該我做時，他們就是在變相地思考職責的分配是否合理、界限上下文的劃分是否合理。

9.3.4 技術維度

Martin Fowler 認為：「架構是重要的東西，是不容易改變的決策。如果我們未曾預測到系統存在的風險，不幸它又發生了，帶給架構的改變可能是災難性的。」利用界限上下文的邊界，就可以將這種風險帶來的影響控制在一個極小的範圍。從技術維度看界限上下文，首先要關注目標系統的品質屬性（quality attribute）。

1. 品質屬性

架構映射階段雖然是以「領域」為中心的問題求解過程，但這並非意味在整個過程中可以完全不考慮品質需求、技術因素和實現手段。對一名架構師而言，考慮系統的品質屬性應該成為一種工作習慣。John Klein 和 David Weiss 就認為：「軟體架構師的首要重點不是系統的功能……你關注的是需要滿足的品質（即品質屬性）。品質重點指明了功能必須以何種方式發表，才能被系統的利益相關人所接受，系統的結果包含這些人的既定利益。」[5]19

既要針對領域進行架構映射，又要確保品質屬性得到滿足，還不能讓業務複雜度與技術複雜度混淆在一起──該如何兼顧這些關鍵點？領域驅動設計要求：

- 辨識界限上下文時，應首先考慮業務需求對邊界的影響，在界限上下文滿足了業務需求之後，再考慮品質屬性的影響；

■ 技術因素在影響界限上下文的邊界時，仍然要保證領域模型的完整性與一致性。

在確定了系統上下文即解空間的邊界之後，業務級映射是從領域維度對整個目標系統進行的垂直切分，由界限上下文實現業務之間的正交性。舉例來說，訂單業務與商品業務各自業務的變化互不影響，只有協作關係會成為垂直相交的交點。在界限上下文內部，菱形對稱架構（參見第 12 章）定義了內部的領域層與外部的閘道層，完成對界限上下文內部架構的內外切分，實現了業務功能與技術實現的正交性。舉例來說，訂單業務與訂單資料庫的操作變化互不影響，它們之間的呼叫關係透過通訊埠的解耦，形成了唯一依賴的垂直交點。

如果認為某個界限上下文的部分業務功能不能滿足品質屬性需求，就需要調整界限上下文的邊界。雖然變化因素是品質屬性，但影響到的內容卻是對應的業務功能。為了不破壞設計的正交性，仍應按照業務變化的方向進行切分，也就是透過垂直切分，將品質因素影響的那部分業務功能完整地分解出來，形成一個個垂直的業務切片，組成一個單獨的界限上下文。同時仍然在界限上下文內部保持菱形對稱架構，以隔離業務功能與技術實現，並在一個更小的範圍維持領域模型的統一性和一致性。

考慮電子商務平台開展的秒殺業務。一種秒殺方式同時規定了秒殺數量和秒殺時間，如果商品秒殺完畢或達到規定時間，就會結束秒殺活動；另一種秒殺是超低價的限量搶購，如「一元搶購」，價格只有一元，限量一件商品。無論秒殺採用什麼樣的業務規則，其本質仍然是一種電子商務的行銷行為，業務流程仍然是下訂單、扣除庫存、支付訂單、配送和售後，只是部分流程根據秒殺業務的特性進行了精簡。遵循領域驅動架構風格（參見第 12 章），假設我們設計了圖 9-18 所示的由界限上下文組成的電子商務平台架構。

從業務需求角度考慮，由於秒殺業務屬於促銷規則的一種，因此與秒殺有關的領域模型被定義在促銷上下文內。買家完成秒殺之後，提交的訂單、扣減的庫存和購買商品的配送，與其他行銷行為並無任何區別，與

秒殺相關的訂單模型、庫存模型以及配送模型也都放在各自的界限上下文內。當電子商務平台引入了新的秒殺業務後，原有架構的訂單上下文、庫存上下文和配送上下文都不需要調整，唯一需要改變的是促銷上下文的領域模型能夠表達秒殺的領域知識，這正是正交性的表現。

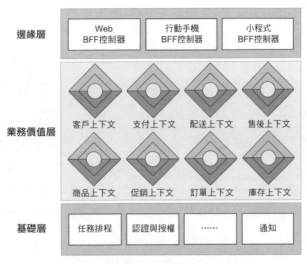

▲ 圖 9-18　電子商務平台架構

然而，秒殺業務的增加不止於領域邏輯的變化，還包括其他特性。

- 暫態併發量大：秒殺時會有大量使用者在同一時間進行搶購，暫態併發存取量突增數十乃至數百倍；
- 庫存量少：參與秒殺活動的商品庫存量通常很少，只有極少數使用者能夠成功購買，這樣才能增加秒殺的刺激性，並保證價格超低的情況下不至於影響銷售利潤。

暫態併發量大，就要求系統能在極高峰值的併發存取下，既保證系統的高可用，又要滿足低延遲的要求，確保使用者的存取體驗不受影響；庫存量少，就要求系統能在極高峰值的併發存取下，在不影響正常購買的情況下避免超賣。在保證秒殺業務的高可用時，還必須保證其他業務功能的正常存取，不因為秒殺業務的高併發佔用其他業務服務的資源。在高併發存取要求下，可擴充性、高可用性、資源獨佔性、資料一致性等

多個品質屬性決定了秒殺業務對已有架構產生了影響，除了必要的技術手段，如限流、削峰、非同步、快取，還有一種根本的手段，就是分離秒殺業務與已有業務。從領域驅動設計的角度講，秒殺業務的技術因素影響了電子商務平台的界限上下文劃分。

遵循領域驅動架構風格，雖然這些技術因素看起來影響了系統的技術實現層面，但我們對現有架構的改造並不是提煉出與技術因素有關的模組，如非同步處理模組、快取模組，因為這些模組從變化頻率與方向看，不只是為秒殺業務提供支撐，而是針對了整個系統，屬於系統分層架構定義的基礎層內容。

分析引起架構調整的這些品質屬性需求，導致變化的主因還是秒殺業務，自然就該在各個界限上下文中提煉出與秒殺業務相關的功能，形成垂直的秒殺業務切片。這些業務切片仍然按照領域層與閘道層的內外層次組織，形成一個專有的界限上下文──秒殺上下文，如圖 9-19 所示。

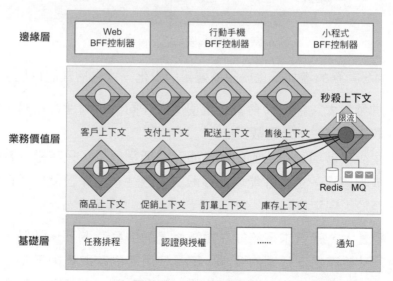

▲ 圖 9-19　引入秒殺上下文

秒殺上下文相當於為秒殺業務建立了一個獨立王國。供秒殺業務的商品、秒殺業務的促銷規則、秒殺訂單和庫存都定義在秒殺上下文的領域

模型中。當秒殺請求從用戶端傳遞到秒殺界限上下文時，可對北在閘道的遠端服務進行技術調整（如增加專門的限流功能），只允許少部分流量進入服務端；在提交訂單請求時，可以調整南向閘道資源庫介面卡的實現，並不直接存取秒殺的訂單資料庫，而是存取 Redis 快取資料庫，以提高存取效率。客戶在支付秒殺訂單時，仍然發生在秒殺界限上下文內部，可選擇由北向閘道的本機服務發佈 PaymentRequested 事件，引入訊息佇列作為事件匯流排完成非同步支付，以減輕秒殺服務端的壓力。這一系列改進的關鍵在於引入了一個垂直切片的秒殺上下文，於是就可以將秒殺的整體業務從已有系統中獨立出來，為其分配單獨的資源，保證資源的隔離性以及秒殺服務自身的可伸縮性。[7]

2. 重複使用和變化

不管是重複使用領域邏輯還是重複使用技術實現，都是設計層面考慮的因素。需求變化更是影響設計策略的關鍵因素。以界限上下文自治性為基礎的 4 個特徵，可以認為這個自治的單元其實就是邏輯重複使用和封裝變化的設計單元。這時對界限上下文邊界的考慮，更多出於技術設計因素，而非出於業務因素。

運用重複使用原則分離出來的界限上下文往往對應於支撐子領域，作為支撐功能可以同時服務於多個界限上下文。我曾經為一個多式聯運管理系統團隊提供領域驅動設計諮詢服務，透過與領域專家的溝通，我注意到他在描述運輸、貨站和堆場的相關業務時，都提到了作業和指令的概念。雖然屬於不同的領域，但作業的制訂與排程、指令的收發都是相同的，區別只在於作業與指令的內容，以及作業排程的週期。為了避免在運輸、貨站和堆場各自的界限上下文中重複設計和實現作業與指令等領

7　這裡針對秒殺系統的架構設計是從領域驅動設計的角度進行思考的。因為存在高併發存取這一風險，從而驅動我們為秒殺定義專門的界限上下文。在確定了秒殺上下文的邊界後，再針對秒殺業務進行領域建模，同時運用諸如限流、削峰、快取等技術手段，才是我認為的最佳方式。具體的技術手段，可以參考曹林華的 51CTO 網誌「秒殺架構設計」。

域模型，可以將作業與指令單獨劃分到一個專門的界限上下文中。它作為上游界限上下文，提供對運輸、貨站和堆場的業務支撐。

界限上下文對變化的應對，其實表現了「單一職責原則」，即對於一個界限上下文，不應該存在兩個引起它變化的原因。依然考慮物流聯運管理系統。團隊的設計人員最初將運費計算與帳目、結帳等功能放在了財務上下文中。這樣，當國家的企業徵稅政策發生變化時，財務上下文也會對應變化。此時，引起變化的原因是財務規則與政策的調整。倘若運費計算的規則也發生了變化，也會引起財務上下文的變化，但此時引起變化的原因卻是物流運輸的業務需求。如果我們將運費計算單獨從財務上下文中分離出來，就可以讓它們獨立演化，這樣就符合界限上下文的自治原則，實現了兩種不同重點的分離。

3. 遺留系統

界限上下文自治原則的唯一例外是遺留系統。如果目標系統需要與遺留系統協作（注意，它並不一定是系統上下文之外的衍生系統），通常需要為它單獨建立一個界限上下文。無論該遺留系統是否定義了領域模型，都可以透過界限上下文的邊界作為屏障，以避免遺留系統的混亂結構對系統整體架構的污染，也可以避免開發人員在開發過程中陷入遺留系統龐大程式庫的泥沼。

系統之所以要將現有遺留系統當作一個界限上下文，不是是因為還要繼續維護遺留系統，滿足新增需求，就是是因為系統的一部分業務功能需要與遺留系統整合。對於前者，遺留系統界限上下文定義了一個獨立進化的自治邊界，它能小心翼翼控制新增需求的程式，並以適合遺留系統特性的方式自行選擇開發與設計模式；對於後者，與之整合的界限上下文由於採用了菱形對稱架構模式，因此可透過南向閘道的用戶端通訊埠來固定當前界限上下文，使之不受遺留系統的影響，甚至可以透過此方式，慢慢對遺留系統進行重構。在重構的過程中，仍然需要遵循自治原則，站在呼叫者的角度觀察遺留系統，考慮如何與它整合，然後逐步取出與遷移，形成自治的界限上下文。

上下文映射

> 甘其食，美其服，安其居，樂其俗。鄰國相望，雞犬之聲相聞，民至老死不
> 相往來。
>
> ——老子，《道德經》

界限上下文即使都被設計為自治的獨立王國，也不可能「老死不相往來」。要完成一個完整的業務場景，可能需要多個界限上下文的共同協作。只有如此，才能提供系統的全域視圖。

每個界限上下文的邊界只能控制屬於自己的領域模型，對於彼此之間的協作空間卻無能為力。在將不同的界限上下文劃分給不同的領域特性團隊進行開發時，每個團隊只了解自己工作邊界內的內容，跨團隊交流的成本會阻礙知識的正常傳遞。隨著變化不斷發生，難免會在協作過程中產生邊界的裂隙，導致界限上下文之間產生無人控管的灰色地帶。當灰色地帶逐漸陷入混沌時，就需要引入上下文映射（context map）讓其恢復有序。

10.1 上下文映射概述

軟體系統的架構，無非分分合合的藝術。界限上下文封裝了分離的業務能力，上下文映射則建立了界限上下文之間的關係。二者合一，就表現了高內聚鬆散耦合的架構原則。高內聚的界限上下文要形成鬆散耦合的

協作關係，就需要在控制邊界的基礎上管理邊界之間的協作關係。業務場景的協作是起因，它突破了界限上下文的業務邊界。當我們將界限上下文視為團隊的工作邊界時，這種協作關係就轉換成團隊的協作，需要用專案管理手段來解決。為了避免界限上下文之間產生混亂的灰色地帶，還需要引入一些軟體設計手段，讓跨界限上下文之間的協作變得更加可控。

以客戶提交訂單業務場景為例。驗證訂單時，需要檢查商品的庫存量，提交訂單時需要鎖定庫存，由此產生訂單上下文與庫存上下文的協作。協作必然帶來領域知識的傳遞，表示兩者的模型需要互通有無。為了滿足這一業務協作關係，工作在訂單上下文的團隊需要庫存團隊配合提供檢查庫存與鎖定庫存的服務介面，由此產生了兩個團隊之間的協作。如果庫存團隊提供的服務總在變化，訂單團隊就需要採取一定的設計手段來避免服務變化帶來的干擾。

上下文映射的目的是讓軟體模型、團隊組織和通訊整合之間的協作關係能夠清晰呈現，為整個系統的各個領域特性團隊提供一個清晰的視圖。呈現出來的這個視圖就是上下文映射圖。

上下文映射圖將提供服務的界限上下文稱為「上游」上下文，與之對應，消費（呼叫）服務的界限上下文自然稱為「下游」上下文。「上游」和「下游」這兩個術語其實是借喻於河流。一條大河奔流而下，上游水質、水量和流速的任何變化都會影響到下游，下游浩浩湯湯的河水也主要來自上游，因此，上下游關係既表達了影響作用力的方向，也代表了知識的傳遞方向。

繪製上下文映射圖時，使用 U 代表上游，D 代表下游，如圖 10-1 所示。

以訂單上下文與庫存上下文為例。庫存為訂單提供了檢查庫存與鎖定庫存的服務，如果服務的介面發生了變化，就會影響到訂單上下文。知識的傳遞也如此，庫存上下文為訂單上下文提供這兩個服務時，會將庫存量的知識傳遞給位於下游的訂單上下文。因此，庫存上下文是訂單上下

文的上游，如圖 10-2 所示。

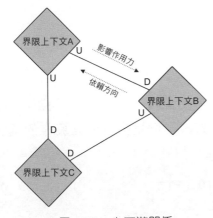

▲ 圖 10-1　上下游關係

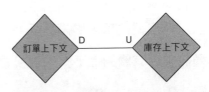

▲ 圖 10-2　訂單上下文與庫存上下文

上下文映射圖的視覺化呈現只是一種形式，重要的是界限上下文的協作模式，它們組成了上下文映射的元模型。Eric Evans 定義的上下文映射模式包括客戶方 / 供應方[1]、共用核心、遵奉者、分離方式、防腐層、開放主機服務與發佈語言。隨著領域驅動設計社區的發展，又誕生了合作關係模式與大泥球模式[2]。它們也被 Eric Evans 編入了 *Domain-Driven Design Reference*，算是獲得了「官方」的認可。

為了更進一步地了解上下文映射模式，分析這些模式的特徵與應用場景，我將它們歸納為兩個類別：通訊整合模式與團隊協作模式。通訊整合模式從技術實現角度討論了界限上下文之間的通訊整合方式，重點主要表現在對界限上下文邊界的定義與保護，確定模型之間的協作關係以及通訊整合的機制和協定；團隊協作模式將界限上下文的邊界視為領域

1　Eric Evans 將該模式命名為客戶方 / 供應方開發（customer/supplier development）模式，我認為開發這個詞在團隊協作模式中是不言而喻的，因而將該模式名稱做了精簡。

2　大泥球模式實際上是領域驅動設計對待混亂遺留系統的一種方式，它作為技術因素影響著界限上下文的設計，充分表現了界限上下文的邊界控制力。一旦我們將其視為界限上下文，它與其他界限上下文的協作仍然需要根據具體的業務場景，選擇不同的上下文映射模式，因此，我並未將其放入上下文映射的元模型中。

特性團隊的工作邊界，界限上下文之間的協作實際上展現了團隊之間的協作方式。

10.2 通訊整合模式

通訊整合模式決定了界限上下文之間的協作品質。只要產生了協作，就必然會帶來依賴，選擇正確的通訊整合方式，就是要在保證協作的基礎上盡可能降低依賴，維護界限上下文的自治性。

與通訊整合有關的上下文映射模式如圖 10-3 所示。

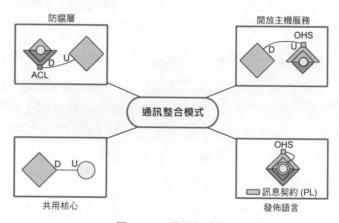

▲ 圖 10-3　通訊整合模式

在圖 10-3 中，我以菱形代表採用了菱形對稱架構（參見第 12 章）的界限上下文，以 U 和 D 分別代表上游和下游，以圓形代表只有領域模型的領域層。

10.2.1 防腐層

正如 David Wheeler 所說：「電腦科學中的大多數問題都可以透過增加一層間接性來解決。」防腐層（anti corruption layer，ACL）的引入正是「間接」設計思想的一種表現。在架構層面，為界限上下文之間的協作引入一個間接的層，就可以有效隔離彼此的耦合。

防腐層往往位於下游,透過它隔離上游界限上下文可能發生的變化,這也正是「防腐層」得名的由來。若下游界限上下文的領域模型直接呼叫了上游界限上下文的服務,就會產生多個依賴點,如圖 10-4 所示。

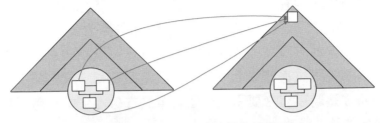

▲ 圖 10-4　下游對上游的依賴

下游團隊無法掌控上游的變化。變化會影響到下游領域模型的多處程式,破壞了界限上下文的自治性,引入防腐層,在下游定義一個與上游服務相對應的介面,就可以將掌控權轉移到下游團隊,即使上游發生了變化,影響的也僅是防腐層的單一變化點,只要防腐層的介面不變,下游界限上下文的其他實現不會受到影響,如圖 10-5 所示。

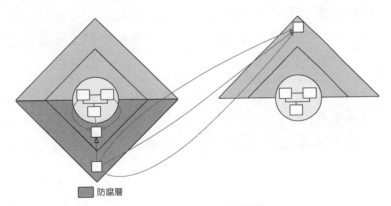

防腐層

▲ 圖 10-5　引入防腐層

當上游界限上下文存在多個下游時,倘若都需要隔離變化,就需要在每個下游界限上下文的自治邊界內定義相同的防腐層,造成防腐層程式的重複。如果該防腐層封裝的轉換邏輯較為複雜,重複的成本就太大了。為了避免這種重複,可以考慮將防腐層的內容升級為一個獨立的界限上下文。

舉例來說，在確定電子商務平台的系統上下文不包含支付系統的前提下，所有的支付邏輯都被推給了外部的支付系統，訂單上下文在支付訂單時、售後上下文在發起商品退貨請求時都需要呼叫。雖說支付邏輯封裝在支付系統中，但在向支付系統發起請求時，難免需要定義一些與支付邏輯相關的訊息模型。可以認為，它們都是整合支付系統的轉換邏輯。這些邏輯該放在哪裡呢？原本防腐層是這些邏輯的最佳去處，但位於下游的訂單上下文與售後上下文都需要這些邏輯，就會帶來支付轉換邏輯的重複。這時就有必要引入一個簡單的支付上下文，用來封裝與外部支付系統的整合邏輯。

該支付上下文僅是一層薄薄的轉換業務，是從各個下游上下文的防腐層程式成長起來的，其邏輯簡單到不需要定義領域模型。它成為訂單上下文與售後上下文的上游，故而需要定義對外公開的服務。服務的實現是對支付系統服務的轉換，同時還包括與之對應的訊息契約（參見第 11 章）。

不要將這個由防腐層升級成的界限上下文與其他提供了業務能力的界限上下文混為一談。說起來，防腐層升級成的界限上下文更像衍生系統放在系統上下文內部的代理。

在講解如何辨識界限上下文時我提到，從技術維度考慮，可將遺留系統視為一個單獨的界限上下文，通常作為上游而存在。為了避免遺留系統對下游界限上下文造成污染，也可為消費遺留系統的下游界限上下文引入防腐層。

為防腐層的呼叫引入一個新的界限上下文，就能幫助我們漸進地完成對遺留系統的遷移。遷移時要從呼叫者的角度觀察遺留系統，先在新的界限上下文中建立防腐層需要消費的服務介面，並在介面實現中指遷移到遺留系統的已有實現；在驗證了整合的功能無誤後，站在呼叫者角度分辨遺留系統中需要重複使用的業務功能，再將其複製到這個新的界限上下文。整個過程需要小步前行，針對一個一個業務功能逐步完成映射。如果這些業務功能屬於核心子領域，則應該以領域建模的方式改寫、重

新定義或重構遺留程式。一旦透過對遷移功能的測試和驗證，遺留系統
也就完成了歷史使命。整個遷移過程如圖 10-6 所示。

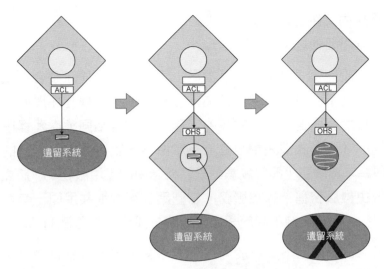

▲ 圖 10-6　對遺留系統的遷移

在逐步替換遺留系統功能的過程中，防腐層僅扮演了「隔離」的作用，
防腐層從未提供真正的業務實現，業務實現被放到了另一個界限上下文
中，防腐層會向它發起呼叫。

10.2.2　開放主機服務

如果說防腐層是下游界限上下文對抗上游變化的利器，開放主機服務
（open host service，OHS）就是上游服務招徠更多下游呼叫者的「誘
餌」。設計開放主機服務，就是定義公開服務的協定，包括通訊的方式、
傳遞訊息的格式（協定）。同時，開放主機服務也可被視為一種承諾，保
證開放的服務不會輕易做出變化。

Eric Evans 在提出開放主機服務模式時，並未明確地定義界限上下文的通
訊邊界。不和的部署方式，例如本機系統和分散式系統，需要不同的通
訊機制：本地通訊與分散式通訊的差別主要表現在是否需要跨越處理程
序邊界。

之所以將「處理程序」作為劃分通訊邊界的標準，是因為它代表了兩種不同的程式設計模式：

■ 處理程序內元件之間的呼叫方式；
■ 跨處理程序元件之間的呼叫方式。

這兩種程式設計模式直接影響了界限上下文之間的通訊整合模式，可以以處理程序為單位將通訊邊界分為處理程序內與處理程序間兩種邊界。對開放主機服務而言，服務的契約定義可能完全相同，處理程序內與處理程序間的呼叫形式卻大相徑庭。為示區別，我將處理程序內的開放主機服務稱為本機服務（即領域驅動設計概念中的應用服務[3]），將處理程序間的開放主機服務稱為遠端服務，它們應盡可能地共用同一套對外公開的服務契約。服務契約不屬於領域模型的一部分（參見第 11 章）。

倘若上下游的界限上下文位於同一個處理程序，下游就應該直接呼叫上游的應用服務，以避開分散式通訊引發的問題，例如序列化帶來的性能問題、分散式交易的一致性問題以及遠端通訊帶來的不可靠問題；若它們位於不同處理程序，下游就需要呼叫上游的遠端服務，自然也需要遵循分散式通訊的架構約束。因為通訊機制的不同，一旦界限上下文的通訊邊界發生了變化，就不可避免地要影響下游界限上下文的呼叫者。為了回應這一變化，需要將防腐層與開放主機服務結合起來。防腐層就好像開放主機服務的「代理」：由於應用服務與遠端服務的服務契約相同，因此防腐層在指向開放主機服務時就可以保證介面不變，而僅改變內部的呼叫方式。

即使同為遠端服務，選擇了不同的分散式通訊技術，也會定義出不同類型的遠端服務。用於遠端服務的主流分散式通訊技術包括 RPC、訊息中介軟體、REST 風格服務，以及少量遺留的 Web 服務。以 RPC 通訊機制

3　對遠端服務和本機服務的定義可以清晰地表現服務為處理程序內還是處理程序外，但是為了和領域驅動設計的概念對應，我仍然保留了應用服務的概念，由其指代本機服務。為避免概念的混淆，在本書後面一概以應用服務指代本機服務。

定義為基礎的遠端服務被命名為提供者（provider），針對的是服務行為；以表述性狀態遷移為基礎（REpresentational State Transfer，REST）風格定義的遠端服務被命名為資源（resource），針對的是服務資源；以訊息中介軟體通訊機制定義為基礎的遠端服務被命名為訂閱者（subscriber），針對的是事件。還有一種遠端服務針對前端 UI，可能採用 Web 服務或 REST 風格服務，為前端視圖提供了模型物件，因此被命名為控制器（controller）。

10.2.3 發佈語言

發佈語言（published language）是一種公共語言，用於兩個界限上下文之間的模型轉換。防腐層和開放主機服務都是存取領域模型時建立的一層包裝，前者針對發起呼叫的下游，後者針對回應請求的上游，以避免上下游之間的通訊整合將各自的領域模型引入進來，造成彼此之間的強耦合。因此，防腐層和開放主機服務操作的物件都不應該是各自的領域模型，這正是引入發佈語言的原因。

如果下游防腐層呼叫了上游的開放主機服務，則二者操作的發佈語言存在一一映射。舉例來説，訂單上下文作為庫存上下文的下游，它會呼叫檢查庫存的開放主機服務 InventoryResource：

```
package com.dddexplained.ecommerce.inventorycontext.northbound.remote.
resource;

@RestController
@RequestMapping(value="/inventories")
public class InventoryResource {
    @Autowired
    private InventoryAppService inventoryAppService;

    @PostMapping
    public ResponseEntity<InventoryReviewResponse>
check(CheckingInventoryRequest request) {
        InventoryReviewResponse reviewResponse = inventoryAppService.
checkInventory(request);
        return new ResponseEntity<>(reviewResponse, HttpStatus.OK);
    }
}
```

CheckingInventoryRequest 和 InventoryReviewResponse 作為服務介面方法 check() 的請求訊息與回應訊息，組成了該服務的發佈語言。

訂單上下文引入了防腐層，定義了抽象介面 InventoryClient。它使用的是當前界限上下文定義的領域物件：

```
package com.dddexplained.ecommerce.ordercontext.southbound.port.client;

public interface InventoryClient {
    InventoryReview check(Order order);
}
```

它的實現需要呼叫庫存上下文 InventoryResource 服務的介面方法 checkInventory()，這表示它需要發送與之對應的請求訊息，並獲得該服務返回的回應訊息：

```
package com.dddexplained.ecommerce.ordercontext.southbound.adapter.
client;

public class InventoryClientAdapter implements InventoryClient {
    private static final String INVENTORIES_RESOURCE_URL = "http://
inventory-service/
inventories";

    @Autowired
    private RestTemplate restTemplate;

    @Override
    public InventoryReview check(Order order) {
        CheckingInventoryRequest request = CheckingInventoryRequest.
from(order);
        InventoryReviewResponse reviewResponse = restTemplate.
postForObject(INVENTORIES_
RESOURCE_URL, order, InventoryReviewResponse.class);
        return reviewResponse.to();
    }
}
```

在 InventoryClientAdapter 的實現中，領域模型物件轉換的 Checking InventoryRequest 和 InventoryReviewResponse 類別與上游界限上下文的發佈語言對應，可以認為是防腐層的發佈語言。之所以要重複定義，是

因為庫存上下文與訂單上下文分屬不同處理程序，需要支援各自處理程序內對訊息協定的序列化與反序列化[4]。當然，若上下游的界限上下文位於同一處理程序內，則下游的防腐層也可以呼叫上游的本機服務，並重複使用上游的發佈語言，無須重複定義。

我將開放主機服務操作的發佈語言稱為「訊息契約」（message contract）。防腐層呼叫開放主機服務時用到的發佈語言，亦可認為是訊息契約。

遵循發佈語言模式的訊息契約模型為領域模型提供了一層隔離和封裝。這樣做除了能避免領域模型的外泄，也在於二者變化的原因和方向並不一致。

- 粒度不同：開放主機服務通常設計為粗粒度服務，位於領域模型的領域服務則需要滿足單一職責原則，粒度更細。細粒度的領域服務操作領域模型，粗粒度的開放主機服務操作訊息契約模型。舉例來說，下訂單領域服務或許只需要完成對訂單的驗證與創建，而下訂單開放主機服務有可能還需要在成功創建訂單之後，通知下訂單的買家以及商品的賣家。

- 持有的資訊完整度不同：開放主機服務針對界限上下文外部的呼叫者。呼叫者在發起請求訊息時，了解的資訊並不完整，以「最小知識原則」為基礎，不應苛求呼叫者提供太多的資訊。舉例來說，提供轉帳功能的開放主機服務，請求訊息只需提供轉出帳戶與轉入帳戶的 ID，並不需要整個 Account 領域模型物件。呼叫者在獲得服務返回的回應訊息時，可能只需要轉換後的資訊，例如在獲取客戶資訊時，呼叫者需要的客戶名可能就是一個全名。有的服務呼叫者還可能需要多個領域物件的組合，例如查詢班機資訊時，除了需要獲得班機的基本資訊，還需要了解班機動態與班機資源資訊，用戶端希望發起一次呼叫請求，就能獲得所有完整的資訊。

4　為了避免發佈語言的重複定義，另一種做法是將上下游都需要呼叫的訊息類別放在一個單獨的 JAR 包中，如此即可滿足發佈語言的重複使用。不過，這一做法可能引入耦合，一旦上游的發佈語言發生變化，就需要重新部署，破壞了下游界限上下文的獨立性。

■ 穩定性不同：因為開放主機服務要公開給外部呼叫者，所以應儘量保證服務契約的穩定性。訊息契約作為服務契約的組成部分，它的穩定性實際上決定了服務契約的穩定性。一個頻繁變更的開放主機服務是無法討取呼叫者「歡心」的。領域模型則不然。設計時本身就應該考慮領域模型對需求變化的回應，即使沒有需求變化，我們也要允許它遵循統一語言或滿足程式可讀性而頻繁的重構。

發佈語言需要定義一種標準協定，以表現幾個層面的含義。

一個層面是為開放主機服務定義標準的通訊訊息協定，使得雙方在進行分散式通訊時能夠遵循標準進行序列化和反序列化。可以選擇的協定包括 XML、JSON 和 Protocol Buffers 等，當然，訊息協定的選擇還要取決於遠端服務選擇的通訊機制。

另一個層面是為訊息內容定義的標準協定，這樣的標準協定可以採用業界標準，也可採用組織標準，或採用為專案定義的一套內部標準。針對特定的領域，還可以使用領域特定語言（Domain Specific Language，DSL）來定義發佈語言。它的實踐往往是在領域層之外包裝一層 DSL。一般會使用外部 DSL 表達發佈語言，透過清晰明白、接近自然語言的方式來定義指令稿。

10.2.4 共用核心

當我們將一個界限上下文標記為共用核心時，一定要意識到它實際上曝露了自己的領域模型，這就削弱了界限上下文邊界的控制力。

任何軟體設計決策都要考量成本與收益，只有收益高於成本，決策才是合理的。共用核心的收益不言而喻，成本則來自耦合。這違背了自治單元的「獨立進化」原則，一個界限上下文一旦決定重複使用共用核心，就得承擔它可能發生變化的風險。要讓收益高於成本，就必須能夠控制共用核心模型的變化。Eric Evans 就指出：「共用核心不能像其他設計部分那樣自由更改。」[8]249 因此，我們只能將那些穩定且具有重複使用價值的領域模型物件封裝到共用核心上下文中。

一些產業通用的值物件（參見第 15 章）是相對穩定的，例如金融領域的 Money、Currency 類別，使用者領域的 Address、Phone 類別，運輸領域的 QuantityBreak 類別，零售領域的 Price、Quantity 類別等。這些類型通常屬於通用子領域，會被系統中幾乎所有的界限上下文重複使用。

核心子領域最為關鍵的抽象模型也可能是穩定的。這些抽象模型往往與產業核心業務的本質特徵有關，並經歷了漫長時間的淬煉，形成了穩定的結構。建立這樣的模型，就是要找到領域知識與業務流程中最本質的特徵，並進行合理抽象。Martin Fowler 複習的「分析模式」[35] 亦是為了達到這一目的，即定義穩定的可重複使用的領域物件模型。Peter Coad 等人提出的彩色 UML 方法，則提煉出與領域無關的元件 [36]13，然後在其基礎上整理與領域有關的元件，形成的領域物件模型存在較高的穩定性和重複使用性。諸如這樣透過分析模式或彩色建模獲得的領域模型，皆有可能作為共用核心，至少也可作為核心領域模型的參考。這些領域模型都是對產業核心知識的分析，在保證足夠抽象層次的同時，又形成了固定的產業慣例。它們又都屬於問題空間的核心子領域，屬於企業的核心資產，因此值得付出大量的時間成本與人力成本去打造。

由於共用核心缺乏自治能力，往往以函數庫的形式被其他界限上下文重複使用，因此可以認為它是一種特殊的處理程序內通訊整合模式。

10.3 團隊協作模式

如果將界限上下文了解為對團隊工作邊界的控制，且遵循康威定律和康威逆定律，就可將界限上下文之間的關係映射為領域特性團隊之間的協作。Vaughn Vernon 就認為：「上下文映射展現了一種組織動態能力，它可以幫助我們辨識出有礙專案進展的一些管理問題。」[37] 因此，在確定界限上下文的團隊協作模式時，需要更多站在團隊管理與角色配合的角度去思考。

依據團隊的協作方式與緊密程度，我定義了 5 種團隊協作模式，如圖 10-7 所示。

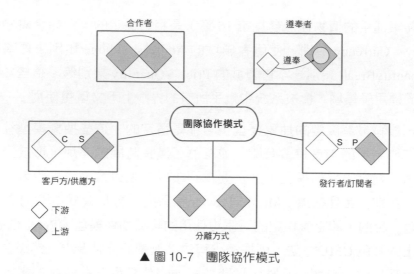

▲ 圖 10-7　團隊協作模式

圖 10-7 用菱形圖示代表界限上下文映射的領域特性團隊，菱形之間的連結線代表它們之間的關係，菱形的位置代表團隊所處的地位。

10.3.1 合作者

Vaughn Vernon 將合作者（partnership）模式定義為：「如果兩個界限上下文的團隊不是一起成功，就是一起失敗，此時他們需要建立起一種合作關係。他們需要一起協調開發計畫和整合管理。兩個團隊應該在介面的演化上進行合作以同時滿足兩個系統的需求。應該為相互連結的軟體功能制訂好計畫表，這樣可以確保這些功能在同一個發佈中完成。」[37]

團隊之間的良好協作當然是好事，可要是變為一起成功或一起失敗的「同生共死」關係，就未必是好事了：那樣只能說明兩個團隊分別開發的界限上下文存在強耦合關係，正是設計界限上下文時需要竭力避免的。同生共死，表示彼此影響，設計上就是雙向依賴或循環依賴的表現。解決的辦法通常有以下 3 種。

■ 合併：既然界限上下文存在如此緊密的合作關係，就說明當初拆分的理由較為牽強。與其讓它們因為分開而「難分難捨」，不如乾脆讓它們合在一起。

- 重新分配：將產生特性依賴的職責分配到正確的位置，儘量移除一個方向的多餘依賴，減少兩個團隊之間不必要的溝通。
- 取出：辨識產生雙向（循環）依賴的原因，然後將它們從各個界限上下文中取出出來，並為其建立單獨的界限上下文。

倘若界限上下文之間存在相互依賴（mutually dependent），又沒有更好的技術手段解決這種職責糾纏問題，那麼，在上下文映射中明確宣告團隊之間採用「合作者」模式是引入這一模式的主要目的。Eric Evans 明確提出：「當兩個上下文中任意一個的開發失敗會導致整個發表失敗時，就需要努力迫使負責這兩個上下文的團隊加強合作。」⁵ 這時，合作者模式成了一種風險標記，提醒我們要加強管理手段和技術手段去促進兩個團隊緊密的合作，如採用敏捷發佈火車（agile release train）⁶ 建立一種持續的團隊合作機制，要求參與的團隊一起做計畫、一起提交程式、一起開發和部署，採用持續整合（continuous integration，CI）⁷ 的方式保證兩個界限上下文的整合度與一致性，避免因為其中一個團隊的修改影響整合點的失敗。

因此，我們要意識到合作者模式是一種「不當」設計引起的「適當」的團隊協作模式。

10.3.2 客戶方 / 供應方

當一個界限上下文單向地為另一個界限上下文提供服務時，它們對應的團隊就形成了客戶方 / 供應方（customer/supplier）模式。這是最為常見的團隊協作模式，客戶方作為下游團隊，供應方作為上游團隊，二者協作的主要內容包括：

5　參見 Eric Evans 的 *Domain-Driven Design Reference*。
6　屬於大規模敏捷框架（Scaled Agile Framework，SAFe）提出的一種管理實踐。
7　Eric Evans 的《領域驅動設計》將持續整合定義為戰略模式中的一種，但它實際上已經被公認為敏捷社區的技術實踐之一。

- 下游團隊對上游團隊提出的服務呼叫需求；
- 上游團隊提供的服務採用什麼樣的協定與呼叫方式；
- 下游團隊針對上游服務的測試策略；
- 上游團隊給下游團隊承諾的發表日期；
- 當上游服務的協定或呼叫方式發生變更時，如何控制變更。

供應方的上游團隊面對的下游團隊往往不止一個。如何排定不同服務的優先順序，如何為服務建立統一的抽象，都是上游團隊需要考慮的問題。下游團隊需要考慮上游服務還未實現時該如何模擬上游服務，以及當上游團隊不能按時履行發表承諾時的應對方案。上游團隊定義的服務介面形成了上下游團隊共同遵守的契約，在架構映射階段與領域建模階段，雙方團隊需要事先確定服務介面定義。若因為存在需求變化或技術實現帶來的問題需要變更服務介面的定義，則上游團隊要及時與所有下游團隊進行協商，或告知該變更，由下游團隊評估該變更可能帶來的影響。若下游團隊因為需求變化對上游服務的定義提出了不同的消費需求，也應及時告知上游團隊。

舉例來說，人力資源系統的通知上下文作為供應方定義了通知服務，該服務需要為許多下游的界限上下文提供功能支撐。在上下文映射中，將通知上下文與其他界限上下文標記為「客戶方／供應方」關係時，就要求與通知服務相關的團隊充分協作。客戶方應結合自己的業務需求對通知服務提出要求，例如教育訓練上下文要求提供郵件、站內資訊推送等通知方式，並要求通知內容能夠支援範本定義，而應徵上下文則要求支援簡訊通知，以便更加方便地通知到面試者。供應方團隊在了解到這些多樣化需求後，確定服務的介面定義與呼叫方式，告知客戶方。客戶方若認為設計的服務存在不妥，可以要求供應方對服務做出調整，至少也可以就該服務的定義進行協商或設計評審。

一般來說供應方希望定義一個通用的服務一勞永逸地解決各個客戶方提出的呼叫請求，例如將簡訊、郵件和站內訊息推送等通知方式糅合在一個

服務裡，並透過服務請求中的 notificationType 來區分通知類型。相反，客戶方希望呼叫的服務具有清晰的意圖、簡單的介面。由於供應方與客戶方各自了解的資訊並不對等，這就需要雙方就服務的通用性與便利性達成設計方案的一致。舉例來說，應徵上下文只需要供應方提供簡訊通知服務，並不了解教育訓練上下文需要的郵件與站內資訊通知服務，因此有可能無法了解為何在呼叫服務時，還需要傳遞 notificationType 值。此外，不同通知類型要求的請求資訊也不相同，例如簡訊通知需要知道手機號碼，郵件通知需要電子郵寄位址，站內資訊通知則需要使用者 ID。當用戶端請求差異過大時，統一服務的代價就會太高，服務的呼叫資訊也可能存在部分容錯。

協商服務介面的定義時，還需要根據界限上下文擁有的領域知識，維持各自的職責邊界。譬如，通知上下文定義了 Message 與 Template 領域物件，後者內部封裝了一個 Map<String,String> 類型的屬性。Map 的 key 對應範本中的變數，value 為實際填充的值。由於通知上下文並不了解各種組裝通知內容的業務規則，因此，在協調上下文的映射關係時，供應方團隊需要明確：通知服務僅履行填充範本內容的職責，但不負責對值的解析。顯然，供應方團隊作為上游服務的提供者，有權拒絕超出自己職責範圍的要求，嚴格地恪守自己的自治邊界。

客戶方對供應方服務的呼叫形成了兩個界限上下文之間的整合點，因此應採用持續整合分別為上、下游界限上下文建立整合測試、API 測試等自動化測試，完成從建構、測試到發佈的持續整合管道，避開兩個界限上下文之間的整合風險，及時而持續地回饋上游服務的變更。若二者位於不同的處理程序邊界，還需要追蹤和監控呼叫鏈，並考慮引入熔斷器，避免引起服務失敗帶來的連鎖反應。

10.3.3 發行者 / 訂閱者

發行者 / 訂閱者（publisher/subscriber）模式並不在 Eric Evans 提出的上下文映射模式之列，但在事件成為領域驅動設計建模的「一等公民」[8] 之後，發行者 / 訂閱者模式也被普遍用於處理界限上下文之間的協作關係，因此，我認為是時候將它列入上下文映射模式了。

發行者 / 訂閱者模式本身是一種通訊整合模式。本質上，它脫胎於設計模式中的觀察者（observer）模式 [31]194，當它用於系統之間的整合時，即企業整合模式中的發行者 - 訂閱者通道（publisher-subscriber channel）模式 [38]71。採用這一模式時，往往由訊息佇列擔任事件匯流排發佈與訂閱事件。在訊息處理場景中，這是一種慣用的設計模式，故而 Java 訊息服務（Java Message Service，JMS）定義了 TopicPublisher 與 TopicSubscriber 介面分別代表發行者與訂閱者，用以指導和規範這一模式的設計。Frank Buschmann 等人也將發行者 / 訂閱者模式列入分散式基礎設施模式中，將其身為訊息通知機制，用以告知元件相關狀態的變化和其他需要關注的事件 [34]。

現有的通訊整合模式已經涵蓋了發行者和訂閱者的職責：事件訂閱者可以視為開放主機服務，事件發行者則是防腐層的一部分。透過發佈 / 訂閱事件參與協作的界限上下文，以更鬆散的耦合度對團隊協作提出了新的要求。事件的發行者屬於上游團隊，但它與供應方團隊不同之處在於，前者主動發佈事件提供服務，後者被動提供服務供客戶方呼叫。事件的訂閱者屬於下游團隊，但它會主動監聽事件匯流排，一旦接收到事件，就會執行對應的事件處理邏輯。除了事件，雙方感知不到對方的存在。

8　在程式設計語言中，「一等公民」的概念是由英國電腦學家 Christopher Strachey 提出來的，指支援所有操作的實體，這些操作通常包括「作為參數傳遞」「從函數返回」「修改並分配給變數」等。

當我們將團隊協作標記為發行者／訂閱者模式[9]時，表示他們之間的協作將圍繞著「事件」進行。無論事件是領域事件，還是應用事件，都屬於業務事件而非技術事件，因而在發佈與訂閱過程中產生的事件流，代表了貫穿多個場景的業務流程，決定了團隊之間的協作方式。舉例來說，如果我們將電子商務系統中訂單上下文與配送上下文之間的上下文映射定義為發行者／訂閱者模式，表示它包含了一個由事件流組成的業務場景：

- 訂單在完成支付後，需要發佈 OrderConfirmed 事件，配送上下文監聽到該事件後，執行配送流程；
- 當配送結束後，配送上下文又會發佈 ShipmentDelivered 事件，訂單上下文監聽到該事件後，會關閉訂單，將訂單的狀態標記為 "COMPLETED"。

該事件流可以透過表 10-1 來表示。

表 10-1　事件的發行者與訂閱者

ID	事件	發行者	訂閱者
0007	OrderConfirmed	訂單上下文	配送上下文
0008	ShipmentDelivered	配送上下文	訂單上下文

很明顯，採用發行者／訂閱者映射模式的這兩個團隊，他們互為發行者和訂閱者，這樣的協作方式看起來更像合作者模式，但協作的緊密程度卻遠遠沒有達到「同生共死」的關係；若說是客戶方／供應方模式也有不妥，因為兩個不同的事件決定的上下游關係是互逆的。

這正表現了發行者／訂閱者模式有別於其他協作模式的特殊性。

9　在本書，如果考慮的並非團隊協作模式，而是技術實現的模式，則稱之為「發佈-訂閱模式」，以示區別。

10.3.4 分離方式

分離方式（separate way）的團隊協作模式是指兩個界限上下文之間沒有一丁點的關係。這種「無關係」仍然是一種關係，而且是一種最好的關係，表示我們無須考慮它們之間的整合與依賴，它們可以獨立變化，互相不影響。還有什麼比這更美好的呢？

電子商務網站的支付上下文與商品上下文之間就沒有任何關係，二者是「分離方式」的表現。雖然從業務角度了解，客戶購買商品，確乎是為商品進行支付，但在商品上下文中，我們關心的是商品的價格，而在支付上下文，關注的卻是每筆交易的金額。商品價格的變化也不會影響支付上下文，支付上下文只負責按照傳遞過來的支付金額完成付款交易，並不關心這個支付金額是如何計算出來的。

不過，二者的領域模型都依賴 Money 值物件，如果其中一方的領域模型重複使用了另一方的領域模型，就不可避免地帶來了協作關係。這也正是要求在上下文映射中確定這種「無關係」協作模式的原因所在。一旦確定為「分離方式」映射模式，就要徹底隔斷這兩個團隊之間的任何關聯。既然雙方都需要 Money 值物件，要遵循分離方式模式，就可以透過在兩個界限上下文中重複定義 Money 值物件來完成解耦。不要害怕這樣的重複，在領域驅動設計中，我們遵循的原則應該是「只有在一個界限上下文中才能消除重複」[8]249。

如果我們深為它產生的重複感到羞愧，還可以運用「共用核心」模式。畢竟 Money 值物件還會牽涉到複雜的貨幣轉換以及高精度的運算邏輯。當重複的代價太高，且該模型屬於一個穩定的領域概念時，共用核心能以更優雅的方式平衡重複與耦合的衝突。例如單獨定義一個貨幣上下文，將其作為支付上下文與商品上下文的共用核心，同時保持了支付上下文與商品上下文之間的分離關係，如圖 10-8 所示。

一旦系統的領域知識變得越來越複雜，導致多個界限上下文之間存在錯綜複雜的關係時，要辨識兩個界限上下文之間壓根沒有一點關係，就需

要敏銳的「視力」了。同時，要將兩個界限上下文的團隊協作定義為「分離方式」模式，也需要承擔設計的壓力，一旦確定有誤，就可能因為隱含的關係沒有發現，導致遺漏必要的服務定義。有時候，我們也會刻意追求這種模式，如果解耦的價值遠遠大於重複使用的價值，即使兩個界限上下文之間存在重複使用形成的上下游關係，也可以透過引入少許重複，徹底解除它們之間的耦合。

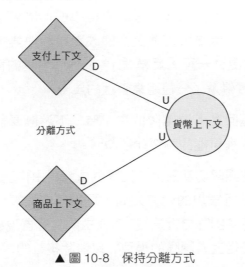

▲ 圖 10-8　保持分離方式

沒有關係的關係看起來似乎無足輕重，其實不然。它對設計品質的改進以及團隊的組織都有較大幫助。兩個毫無交流與協作關係的團隊看似冷漠無情，然而，正是這種「無情」才能促進它們獨立發展，彼此不受影響。

10.3.5　遵奉者

不管是客戶方 / 供應方，還是發行者 / 訂閱者，它們所在的團隊之間都存在清晰的上下游關係，用於指導上游團隊與下游團隊之間的協作。雖然服務由上游團隊提供，但它本質上應該是應下游團隊的需求做出的回應。然而，一旦控制權發生了反轉，服務的定義與實現交由上游團隊全權負責時，遵奉者（conformist）模式就產生了。

這種情形在現實的團隊合作中可謂頻頻發生，尤其當兩個團隊分屬於不同的管理者時，牽涉到的因素不僅與技術有關。界限上下文影響的不僅是設計決策與技術實現，還與企業文化、組織結構直接有關。許多企業推行領域驅動設計之所以不夠成功，除了團隊成員不具備領域驅動設計的能力，還要歸咎於企業文化和組織結構層面，比如企業的組織結構人為地製造了領域專家與開發團隊的門檻，又比如兩個界限上下文因為利益傾軋而導致協作障礙。團隊領導的求穩心態，也可能導致領域驅動設計的改良屢屢碰壁，無法將這種良性的改變順利地傳遞下去。從這一角度看，遵奉者模式更像一種「反模式」。當兩個團隊的協作模式被標記為「遵奉者」時，其實傳遞了一種組織管理的風險。

當上游團隊不積極回應下游團隊的需求時，下游團隊該如何應對？ Eric Evan 列出了以下 3 種可能的解決途徑 [8]253。

- 分離方式：下游團隊切斷對上游團隊的依賴，由自己來實現。
- 防腐層：如果自行實現的代價太高，可以考慮重複使用上游的服務，但領域模型由下游團隊自行開發，然後由防腐層實現模型之間的轉換。
- 遵奉者：嚴格遵從上游團隊的模型，以消除複雜的轉換邏輯。

最後一種方式，實際上是權衡了重複使用成本和依賴成本的情況下做出的取捨。當下游團隊選擇「遵奉」於上游團隊設計的模型時，表示：

- 可以直接重複使用上游上下文的模型（好的）；
- 減少了兩個界限上下文之間模型的轉換成本（好的）；
- 使得下游界限上下文對上游產生了模型上的強依賴（壞的）。

Eric Evans 告誡我們對領域模型的重複使用要保持清醒的認識，他說：「界限上下文之間的程式重複使用是很危險的，應該避免。」[8]241 如果不是因為重複開發的成本太高，應避免出現遵奉者模式。

採用遵奉者模式時，需要明確這兩個界限上下文的統一語言是否存在一致性，畢竟，界限上下文的邊界本身就是為了維護這種一致性而存在的。理想狀態下，互為協作的兩個界限上下文都應該使用自己專屬的領

域模型，因為不同界限上下文觀察統一語言的角度多少會出現分歧，但模型轉換的成本確實會令人左右為難。設計總是如此，沒有絕對好的解決方案，只能依據具體的業務場景權衡利弊得失，以求得到相對好（而非最好）的方案。這是軟體設計讓人感覺棘手的原因，卻也是它的魅力所在。

雖然共用核心與遵奉者模式都是下游界限上下文對上游界限上下文領域模型的重複使用，選擇它們的起因卻迥然不同。選擇遵奉者模式是被動的選擇，因為上游團隊對下游團隊的合作不感興趣，只得無可奈何地順從於它。共用核心卻是團隊高度合作的結果，從團隊協作的角度看，它與合作者模式、客戶方 / 供應方模式並無太大差異，之所以採用共用核心，完全可以看作是對通訊整合方式的選擇。

10.4 上下文映射的設計錯誤

在確定上下文映射之前，需要先確定兩個界限上下文之間是否真正存在協作關係。

10.4.1 語義關係形成的錯誤

一個常見錯誤是慣以語義之間的關係去揣測界限上下文之間的關係。譬如，客戶提交訂單的業務服務如圖 10-9 所示。

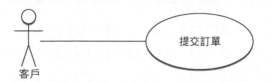

▲ 圖 10-9　提交訂單業務服務

其中，「客戶」作為業務服務的角色，是一個領域概念；「訂單」是另一個領域概念。這兩個領域概念從語義上分屬客戶上下文與訂單上下文。客戶提交訂單時，是否表示客戶所屬的客戶上下文需要發起對訂單上下

文的呼叫？如果是，就表示訂單上下文是客戶上下文的上游，二者可映射為客戶方 / 供應方模式。

然而，我們不可妄下判斷，而需從物件的職責進行判斷。物件履行職責的方式有 3 種，Rebecca Wirfs-Brock 將其複習為 3 種形式 [39]：

- 親自完成所有的工作；
- 請求其他物件幫忙完成部分工作（和其他物件協作）；
- 將整個服務請求委託給另外的幫助物件。

只有後兩種形式才會產生物件的協作。兩個界限上下文之間若存在上下游的同步呼叫關係，必然表示參與協作的物件分屬兩個界限上下文。關鍵需要明確這樣的物件協作是否存在：

- 職責由誰來履行，這牽涉到領域行為該放置在哪一個界限上下文的物件；
- 誰發起對該職責的呼叫，倘若發起呼叫者與職責履行者在不同界限上下文，表示二者存在協作關係，並能確定上下游關係。

提交訂單的職責由誰來履行呢？依據物件導向的設計原則，一個物件是否該履行某一個職責，是由它所具備的資訊（即物件的知識）決定的。職責就是物件的行為，它具備的資訊就是物件的資料。遵循資訊專家模式（information expert pattern）[41]，要求「將職責分配給擁有履行一個職責所必需資訊的類別」，即「資訊專家」。既然提交訂單職責操作的資訊主體就是訂單，就應該考慮將該職責分配給擁有訂單資訊的訂單上下文。

提交訂單的職責又該由誰發起呼叫呢？在真實世界，當然由客戶提交訂單，因此客戶是發起提交訂單服務請求的使用者角色。但是，對界限上下文而言，提交訂單是訂單上下文對外公開的遠端服務，呼叫者並非客戶上下文，而是前端的使用者介面。客戶透過前端的使用者介面與後端的界限上下文產生互動，如圖 10-10 所示。

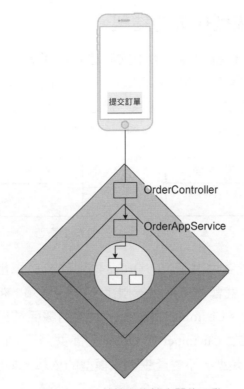

▲ 圖 10-10　前端與後端之間的互動

由於界限上下文的邊界並不包含前端的使用者介面，使用者介面層發起
對界限上下文的呼叫自然也不屬於界限上下文之間的協作。真實世界中
真正點擊「提交訂單」按鈕的那個客戶，其實是委託前端發起對訂單上
下文的呼叫。

當我們將呼叫職責分配給前端的使用者介面時，需要保持警惕，切忌不
分青紅皂白，一股腦兒地將本該由界限上下文呼叫的工作全都交給前
端，以此來解除界限上下文之間的耦合。前端確乎是發起呼叫的最佳位
置，但前提是，我們不能讓前端承擔本由後端封裝的業務邏輯。前端只
該做介面呈現的工作，職責的分配不公，會帶來角色的錯位。如果我們
一味地讓前端承擔了太多業務職責，當一個系統需要多種前端類型支援
時，過分的職責分配就會讓前端出現大量重複程式，業務邏輯也會「偷
偷」地洩露到界限上下文之外。

10.4.2 物件模型形成的錯誤

如果說透過語義關係推導界限上下文關係是犯了將真實世界與物件的理想世界混為一談的錯誤,那麼,辨識上下文映射的另一種錯誤就是將物件的理想世界與領域模型世界混為一談了。舉例來說,在分析客戶與訂單的關係時,會得到圖 10-11 所示的一對多的物件模型。

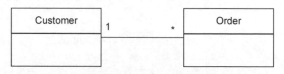

▲ 圖 10-11　一對多的物件模型

Customer 類別屬於客戶上下文,Order 類別屬於訂單上下文,遵循二者的一對多關聯性,就會產生兩個界限上下文的依賴。但在設計領域模型時,實際並非如此。Customer 與 Order 之間的關係透過 CustomerId 來維持彼此的連結。雖然 Customer 與 Order 之間共用了 CustomerId,但這種共用僅限於值而非類型,不會產生領域模型的依賴,如圖 10-12 所示。

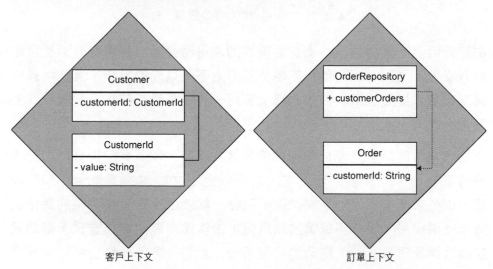

▲ 圖 10-12　沒有模型依賴的界限上下文

與客戶提交訂單相同，客戶查詢訂單仍然透過前端向訂單上下文遠端服務 OrderController 發起呼叫，在進入領域層後，又透過 OrderRepository 獲得訂單資料。Customer 與 Order 之間不存在模型依賴，不會引起兩個界限上下文的協作。

10.5　上下文映射的確定

只有當一個領域行為成為另一個領域行為「內嵌」的執行步驟，二者操作的領域邏輯分屬不同的界限上下文，才會產生真正的協作，形成除「分離方式」之外的上下文映射模式。

10.5.1　任務分解的影響

要解決一個專案問題，可以透過任務分解把一個大問題拆分成多個小問題，為這些小問題形成各自的解決方案，再組合在一起 [42]108。以計算訂單總價為例，它需要根據客戶類別確定促銷策略，計算促銷折扣，從而計算出訂單的總價。計算訂單總價是當前場景最高層次的目標，可以分解為以下任務：

- 獲得客戶類別；
- 確定促銷策略；
- 計算促銷折扣。

這 3 個任務為「計算訂單總價」提供了功能支撐，形成了所謂的「內嵌」執行步驟。根據職責分配的原則，計算訂單總價屬於訂單上下文，獲得客戶類別屬於客戶上下文，確定促銷策略並計算促銷折扣屬於促銷上下文。這些領域行為彼此內嵌，形成一種「犬牙交錯」的協作方式，橫跨了 3 個不同的界限上下文。

任務分解存在不同的抽象層次，觀察的角度不同，抽象的特徵不同，分解出來的任務所處的抽象層次也會不同，進而影響到界限上下文協作的順序。

一種任務分解方式是將計算訂單總價視為一個控制制者,由它協調所有的支撐任務,層次如下:

■ 計算訂單總價——訂單上下文。
  • 獲得客戶類別——客戶上下文。
  • 獲得促銷策略——促銷上下文。
  • 計算促銷折扣——促銷上下文。

訂單上下文總覽全域,分別透過客戶上下文與促銷上下文執行對應的子任務。最後,由訂單上下文完成訂單總價的計算。客戶上下文與促銷上下文互不知曉,它們同時作為訂單上下文的上游被動地接收下游發起的呼叫,獲得的上下文映射圖如圖 10-13 所示。

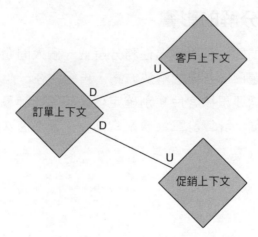

▲ 圖 10-13　訂單上下文為總控制者

如果將獲得客戶類別視為獲得促銷策略的實現細節,它的抽象層次就會降低,成為獲得促銷策略任務的子任務,任務分解的層次與順序就變為:

■ 計算訂單總價——訂單上下文。
  • 獲得促銷策略——促銷上下文。
    • 獲得客戶類別——客戶上下文。
  • 計算促銷折扣——促銷上下文。

訂單上下文只需了解獲得的促銷策略。至於該策略如何而來，屬於促銷上下文的內部職責。於是，促銷上下文成了訂單上下文的上游，客戶上下文又成了促銷上下文的上游，如圖 10-14 所示。

▲ 圖 10-14　促銷上下文封裝了細節

可以進一步對職責進行封裝。對計算訂單總價而言，它只需要知道最終的促銷折扣。獲得促銷策略是計算促銷折扣的細節，獲得客戶類別又是獲得促銷策略的細節，從而形成了層層遞進的抽象：

- 計算訂單總價——訂單上下文。
  - 計算促銷折扣——促銷上下文。
    - 獲得促銷策略——促銷上下文。
      - 獲得客戶類別——客戶上下文。

這樣的任務分解方式建立了更多的抽象層次，因而封裝更加徹底。合理的封裝讓訂單上下文了解的細節更少，減少了界限上下文的協作次數。對促銷上下文而言，「計算促銷折扣」才是提供服務價值的使用案例，更加適合定義為開放主機服務，「獲得促銷策略」則屬於內部的領域行為，無須公開。

第二種和第三種任務分解方式形成的上下文映射圖完全一樣，協作序列則有所不同。第二種任務分解形成的協作序列如圖 10-15 所示。

圖 10-15 中的三角形體現了訂單上下文與促銷上下文的協作，表示促銷上下文需要定義兩個開放主機服務，訂單上下文會發起兩次呼叫。

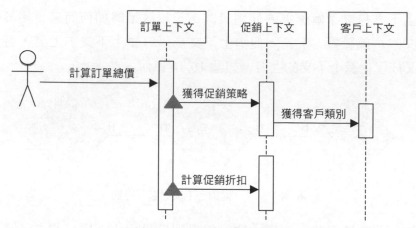

▲ 圖 10-15　公開兩個服務的促銷上下文

第三種任務分解形成的協作序列如圖 10-16 所示。

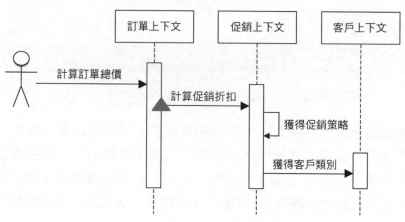

▲ 圖 10-16　公開一個服務的促銷上下文

很明顯，這種任務分解方式更加合理：訂單上下文與促銷上下文之間的協作減少為一次，後者公開的開放主機服務只有一個。

比較幾種任務分解的方式，最小知識法則（principle of least knowledge）成了最後的勝者。它好像一個魅惑的精靈，讓界限上下文樂意屈從，甘心成為一個了解最少知識的快樂「傻子」。有捨才有得，界限上下文克制住了刺探別人隱私的好奇心，反而保全了屬於自己的自治權。

要正確認識界限上下文之間真正的協作關係，僅憑臆測是不對的。確定上下文映射模式的工作是與服務契約設計（參見第 11 章）的工作同時進行的。設計服務契約時，需要透過為業務服務建立服務序列圖（參見第 11 章）才能真正弄明白界限上下文之間的真實協作關係，在確定服務契約的同時，上下文映射模式自然也就確定了。

10.5.2 呈現上下文映射

在確定了上下文映射後，還需要將其視覺化，以便直觀地呈現目標系統界限上下文關係的全貌，這個視覺化工具就是上下文映射圖。

上下文映射圖利用橢圓框代表界限上下文，連線代表界限上下文之間的關係，並在連線上透過文字標記出上下游關係或選擇的上下文映射模式，如圖 10-17 所示。

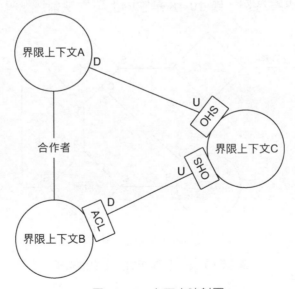

▲ 圖 10-17　上下文映射圖

如果為界限上下文引入了菱形對稱架構（參見第 12 章），由於它結合了防腐層模式、開發主機服務模式和發佈語言模式，故而在上下文映射圖中，若以菱形代表界限上下文，就已經說明了對應的通訊整合模式。一

個例外是共用核心模式，它對應的領域模型直接公開在外。為示區別，可使用橢圓表示採用共用核心模式的界限上下文。由此，上下文映射圖可對各個圖例進行明確規定：

■ 菱形或橢圓代表界限上下文，無須說明它們之間採用的通訊整合模式；

■ 連線代表界限上下文之間的協作關係，其中虛線僅適用於發行者／訂閱者模式；

■ 連線兩端，若 C 和 S 結合，代表客戶方／供應方（**C**ustomer ／**S**upplier）模式；若 P 和 S 結合，代表發行者／訂閱者（**P**ublisher ／**S**ubscriber）模式；遵奉者模式需要在連線上清晰說明為遵奉者（conformist）；沒有連線，說明為分離方式模式；有連線無說明文字，則為合作者模式，也可用帶有雙向箭頭的連線表示。

以一個供應鏈專案為例，圖 10-18 是它的上下文映射圖。

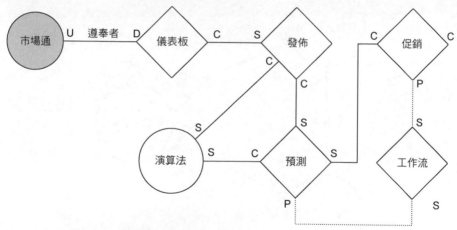

▲ 圖 10-18　供應鏈的上下文映射圖

解讀此圖，可以直接得出彼此之間的團隊協作模式，由於菱形和橢圓已經說明了它們採用的通訊整合模式，故而無須另行說明。

如果目標系統的規模較大，辨識出來的界限上下文數量較多，繪製出的上下文映射圖可能顯得極度複雜，讓人無法快速地辨別出它們之間的關

係。這時，可以降低要求，不去呈現整個目標系統所有界限上下文的協
作全貌，借鏡由 Kent Beck 與 Ward Cunningham 提出的圖 10-19 所示的類
別 - 職責 - 協作者索引卡（Class-Responsibility-Collaborator index card，
CRC 索引卡）。

▲ 圖 10-19　CRC 索引卡

此工具的目的是清晰地描述物件之間的協作關係，且這種協作關係是從
物件的職責角度進行思考，從而驅動出合理的類別。明確界限上下文之
間的協作關係，相當於將界限上下文作為參與業務服務的物件，定義的
服務契約即它所應履行的職責。至於協作者，則需要區分上游和下游，
以說明誰影響了當前界限上下文，而它又影響了誰。既然該卡片的主
體是界限上下文，可以將這樣的卡片稱為界限上下文 - 職責 - 協作者卡
（BoundedContext-Responsibility-Collaborator card，BRC 卡）。其中，還
要在協作者區域劃分出上游和下游兩個子區域，如圖 10-20 所示。

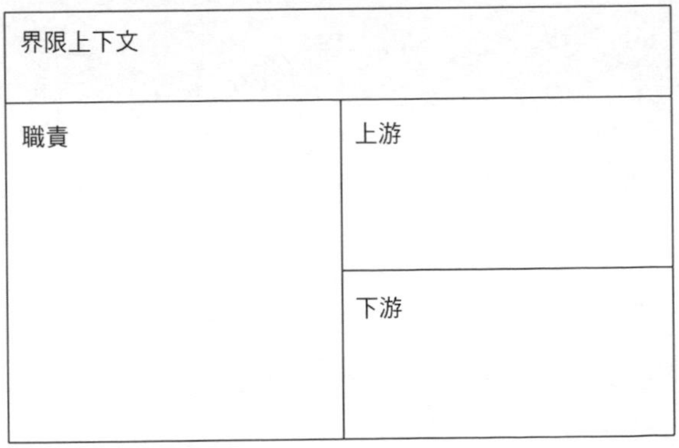

▲ 圖 10-20　BRC 卡

為界限上下文繪製上下文映射圖的目的是以視覺化方式直觀地展現界限上下文之間的協作關係。對上下文映射模式的選擇會對系統的架構產生影響，甚至可以認為是一種架構決策，例如發行者／訂閱者模式的選擇、遵奉者模式的選擇、共用核心模式的選擇都會影響系統的架構風格。上下文映射圖及 BRC 卡可以和服務契約定義放在一起，共同組成服務定義文件，並作為組成架構映射戰略設計方案的重要部分。

Chapter

11

服務契約設計

社會秩序是一種神聖的權利，它是所有其他權利的基礎。但是，這種權利絕
非源於自然，而是建立在契約的基礎之上。

——尚-雅克·盧梭，《社會契約論》

在軟體領域，使用最頻繁的詞語之一就是「服務」。領域驅動設計也有
領域服務和應用服務之分，菱形對稱架構則將開放主機服務分為遠端服
務和本機服務，其中本機服務即 Eric Evans 提出的應用服務。全域分析
階段輸出的業務需求也被我稱為業務服務。業務服務滿足了角色的服務
請求，在解空間表現為服務與客戶的協作關係，形成的協作介面可稱為
契約（contract）。一個業務服務對應於架構映射階段需要定義的服務契
約[1]，表現為菱形對稱架構北向閘道的開放主機服務。服務契約針對服務模
型，它向用戶端傳遞的訊息資料稱為訊息契約。訊息契約是組成服務契
約的一部分。

---

[1] 業務服務屬於問題空間，服務契約屬於解空間，一個業務服務映射到解空間，一定有一
    個服務契約與之對應，但解空間的服務契約未必對應問題空間的業務服務，二者之間的
    映射關係並非互逆的。

11.1　訊息契約

訊息契約對應上下文映射的發佈語言模式，根據用戶端發起對服務操作的類型，分為命令、查詢和事件[2]。

- 命令：是一個動作，要求其他服務完成某些操作，會改變系統的狀態。
- 查詢：是一個請求，查看是否發生了什麼事。重要的是，查詢操作沒有副作用，也不會改變系統的狀態。
- 事件：既是事實又是觸發器，用通知的方式向外部表明發生了某些事。

不同的操作類型決定了用戶端與服務端不同的協作模式，常見的協作模式包括請求 / 回應（request/response）模式、即發即忘（fire-and-forget）模式與發佈 / 訂閱（publish/subscribe）模式。查詢操作採用請求 / 回應模式。命令操作如果需要返回操作結果，也需選擇請求 / 回應模式，否則可以選擇即發即忘模式，並結合業務場景選擇定義為同步或非同步作業。至於事件，自然選擇發佈 / 訂閱模式。

11.1.1　訊息契約模型

操作類型與協作模式決定了訊息契約模型。

遵循請求 / 回應協作模式的訊息契約分為請求訊息與回應訊息。請求訊息按照操作類型的不同分為查詢請求（query request）和命令請求（command request）。若操作為命令，返回的回應訊息為命令結果（command result）；若操作為查詢，返回的回應訊息又分為兩種：針對前端 UI 的視圖模型（view model）與針對下游界限上下文的資料契約（data contract）。遵循即發即忘協作模式的訊息契約只有命令請求訊息，遵循發佈 / 訂閱協作模式的訊息契約就是事件本身。整個訊息契約模型如圖 11-1 所示。

2　參見 Ben Stopford 的文章 "Build Services on a Backbone of Events"。

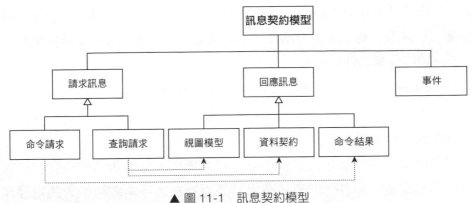

▲ 圖 11-1 訊息契約模型

訊息契約模型最好遵循統一的命名規範。

對請求訊息，我建議以「動名詞 +Request」的形式命名，舉例來說，將查詢商品請求命名為 QueryingProductRequest，將下訂單請求命名為 PlacingOrderRequest，有的實踐透過 Query 與 Command 尾碼來區分查詢操作與命令操作，也是很好的做法，尤其在 CQRS 架構模式（參見第 18 章）中，這樣的命名能更清晰地區分操作類型。

對回應訊息，建議視圖模型以 Presentation 或 View 為尾碼，資料契約以 Response 為尾碼，命令結果以 Result 為尾碼。舉例來說，查詢訂單返回的資料契約命名為 OrderResponse，向前端 UI 返回的視圖模型則為 OrderPresentation 或 OrderView，取消訂單的命令結果命名為 OrderCancellingResult。如果返回的視圖模型和資料契約為多個訊息契約物件，就要看訊息契約物件的集合是否具有業務含義，再決定是否有必要對集合類型進行封裝，因為封裝的集合類型會直接影響到回應訊息的契約定義。視圖模型與資料契約儘量以扁平結構返回，若確實需要巢狀結構（如訂單巢狀結構了訂單項），那麼內嵌類型也應定義對應的訊息契約物件（如 OrderResponse 巢狀結構 OrderItemResponse）。

訊息契約模型定義在界限上下文的外部閘道層，它的引入是為了保護領域模型，這是菱形對稱架構明確要求的。對遠端服務而言，為它定義訊息契約模型的做法，實則運用了資料傳輸物件（data transfer object，

DTO）模式 [3]（參見第 19 章）。之所以引入訊息契約模型而非直接曝露領域模型，不只是「為了減少方法呼叫的數量」。以下原因説明了遠端服務直接呼叫領域模型物件的壞處。

- 通訊機制：領域模型物件在處理程序內傳遞，無須序列化和反序列化。為了支援分散式通訊，需要讓領域模型物件支援序列化，這就造成了對領域模型的污染。
- 安全因素：領域驅動設計提倡避免貧血模型，且多數領域實體物件並非不可變的值物件。若直接曝露給外部服務，呼叫者可能會繞過服務方法直接呼叫領域物件封裝的行為，或透過 set 方法修改其資料。
- 變化隔離：若將領域物件直接曝露，就可能受到外部呼叫請求變化的影響。領域邏輯與外部呼叫的變化方向往往不一致，需要一層間接的物件來隔離這種變化。

引入專門的訊息契約物件自然也有付出。在大多數業務場景中，訊息契約物件與對應的領域模型物件之間的相似度極高，會造成一定程度的程式重複，也會增加二者之間的轉換成本。

11.1.2 訊息契約的轉換

領域模型物件與訊息契約物件之間的轉換應以資訊專家模式為基礎，優先考慮將轉換行為分配給訊息契約物件，因為它最了解自己的資料結構。相反，領域模型物件位於界限上下文的內部領域層，遵循「整潔架構」[43]（參見第 12 章）思想，它不應該知道訊息契約物件。

轉換行為分為兩個方向。

---

3 DTO 本身作為一種模式，用於封裝遠端服務的資料，因而既可用於 UI 用戶端，又可用於非 UI 用戶端。為了更好地區分遠端服務以及它的協作模式與資料定義，在本書中，我不再使用 DTO 這一術語，而以訊息契約來代表（本質上屬於發佈語言）。訊息契約的類型足以表明它組成了什麼樣的服務契約，面向什麼樣的呼叫者，採用了什麼樣的上下文映射模式。

一個方向是將訊息契約物件轉為領域模型物件。由於訊息契約物件將自身實例轉為領域模型物件，故而定義為實例方法：

```
package com.dddexplained.eas.trainingcontext.message;

public class NominationRequest implements Serializable {
    private String ticketId;
    private String trainingId;
    private String candidateId;
    private String candidateName;
    private String candidateEmail;
    private String nominatorId;
    private String nominatorName;
    private String nominatorEmail;
    private TrainingRole nominatorRole;

    public NominationRequest(String ticketId,
                        String trainingId,
                        String candidateId,
                        String candidateName,
                        String candidateEmail,
                        String nominatorId,
                        String nominatorName,
                        String nominatorEmail,
                        TrainingRole nominatorRole) {
        this.ticketId = ticketId;
        this.trainingId = trainingId;
        this.candidateId = candidateId;
        this.candidateName = candidateName;
        this.candidateEmail = candidateEmail;
        this.nominatorId = nominatorId;
        this.nominatorName = nominatorName;
        this.nominatorEmail = nominatorEmail;
        this.nominatorRole = nominatorRole;
    }

    public Candidate toCandidate() {
        return new Candidate(candidateId, candidateName, candidateEmail,
    TrainingId.from
    (trainingId));
    }
}
```

另一個方向是將領域模型物件轉為訊息契約物件。由於訊息契約物件的
實例還沒有創建，故而定義為靜態方法[4]：

```
package com.dddexplained.eas.trainingcontext.message;

public class TrainingResponse implements Serializable {
    private String trainingId;
    private String title;
    private String description;
    private LocalDateTime beginTime;
    private LocalDateTime endTime;
    private String place;

    public TrainingResponse(
            String trainingId,
            String title,
            String description,
            LocalDateTime beginTime,
            LocalDateTime endTime,
            String place) {
        this.trainingId = trainingId;
        this.title = title;
        this.description = description;
        this.beginTime = beginTime;
        this.endTime = endTime;
        this.place = place;
    }

    public static TrainingResponse from(Training training) {
        return new TrainingResponse(
                training.id().value(),
                training.title(),
                training.description(),
                training.beginTime(),
                training.endTime(),
                training.place());
    }
}
```

4　在 Scala 中，可以在北向閘道為領域模型物件定義隱式方法。呼叫者在呼叫該轉換方法
　　時，更像領域模型物件擁有的實例方法。C# 的擴充方法也能做到這一點。

領域模型物件往往以聚合（參見第 15 章）為單位，聚合的設計原則要
求聚合之間透過根實體的 ID 進行連結。如果訊息契約需要組裝多個聚
合，又未提供聚合的資訊，就需要求助於南向閘道的通訊埠存取外部
資源。舉例來說，當 Order 聚合的 OrderItem 僅持有 productId 時，如
果用戶端執行查詢請求時希望返回具有產品資訊的訂單，就需要在組
裝 OrderResponse 訊息物件時透過 ProductClient 通訊埠獲得產品資訊。
為了避免訊息契約物件依賴南向閘道的通訊埠，最好由專門的裝配器
（assembler）物件 [12] 負責訊息契約物件的裝配：

```
package com.dddexplained.ecommerce.ordercontext.message;

public class OrderResponseAssembler {
    private ProductClient productClient;

    public OrderResponse of(Order order) {
        OrderResponse orderResponse = OrderResponse.of(order);
        orderResponse.addAll(compose(order));
        return orderResponse;
    }

    private List<OrderItemResponse> compose(Order order) {
        Map<String, ProductResponse> orderIdToProduct =
retrieveProducts(order);
        return order.getOrderItems.stream()
                            .map(oi ->compose(oi, orderIdToProduct))
                            .collect(Collectors.toList());
    }
    private Map<String, ProductResponse> retrieveProducts(Order order) {
        List<String> productIds = order.items().stream.map(i ->
i.productId()).collect(Collectors.toList());
        return productClient.allProductsBy(productIds);
    }
    private OrderItemResponse compose(OrderItem orderItem, Map<String,
ProductResponse> orderIdToProduct) {
        ProductResponse product = orderIdToProduct.get(orderItem.
getProductId());
        return OrderItemResponse.of(orderItem, product);
    }
}
```

有的設計實踐將訊息契約與抽象的服務契約介面放在一個單獨的 JAR 套件（或 .NET 程式集）中，此時的訊息契約就不能依賴領域模型，則可以考慮在應用服務層引入專門的裝配器物件。

訊息契約模型與領域模型的轉換不屬於領域邏輯的一部分，因而一定要注意維護好菱形對稱架構中內部領域層與外部閘道層的邊界。

11.2 服務契約

領域驅動設計的服務契約對應上下文映射的開放主機服務模式，通常指採用分散式通訊的遠端服務。如果不採用跨處理程序通訊，則應用服務也可認為是服務契約，與遠端服務共同組成菱形對稱架構的北向閘道。

11.2.1 應用服務

Eric Evans 定義了領域驅動設計的分層架構，在領域層和使用者介面層之間引入了應用層：「應用層要儘量簡單，不包含業務規則或知識，而只為下一層（指領域層）中的領域物件協調任務，分配工作，使它們互相協作。」[8]44 若採用物件建模範式（參見附錄 A），遵循物件導向的設計原則，應盡可能為領域層定義細粒度的領域模型物件。細粒度設計不利於它的用戶端呼叫，以 KISS（Keep It Simple and Stupid）原則或最小知識原則為基礎，我們希望呼叫者了解的知識越少越好、呼叫越簡單越好，這就需要引入一個間接的層來封裝。這就是應用層存在的主要意義。

1. 應用服務設計的準則

應用層定義的內容主要為應用服務（application service），它是外觀（facade）模式的表現，即「為子系統中的一組介面提供一個一致的介面，外觀模式定義了一個高層介面，這個介面使得這一子系統更加容易使用」[31]122。使用外觀模式的場景主要包括：

■ 當你要為一個複雜子系統提供一個簡單介面時；

- 當客戶程式與抽象類別的實現部分之間存在著很大的依賴性時；
- 當你需要建構一個層次結構的子系統時，使用外觀模式定義子系統中每層的進入點。

這 3 個場景恰好說明了應用服務作為外觀的本質。對外，應用服務為外部呼叫者提供了一個簡單統一的介面，該介面為一個完整的業務服務提供了自給自足的功能，使得呼叫者無須求助於別的介面就能滿足服務請求；對內，應用服務自身並不包含任何領域邏輯，僅負責協調領域模型物件，透過其領域能力來組合完成一個完整的應用目標。應用服務是呼叫領域層的進入點，透過它降低客戶程式與領域層之間的依賴，自身不應該包含任何領域邏輯。由此可得到應用服務設計的第一個準則：不包含領域邏輯的業務服務應被定義為應用服務。

一個完整的業務服務，多數時候不僅限於領域邏輯，也不僅限於存取資料庫或其他第三方服務，往往還需要和以下邏輯進行協作：

- 訊息驗證；
- 錯誤處理；
- 監控；
- 交易；
- 認證與授權；
- ……

Scott Millett 等人認為以上內容屬於基礎架構問題 [11]679。它們與具體的領域邏輯無關，且在目標系統中，可能會作為重複使用模組被諸多服務呼叫。呼叫時，這些重點是與領域邏輯交織在一起的，屬於橫切重點。

從針對切面程式設計（aspect-oriented programming，AOP）的角度看，所謂「橫切重點」就是那些在職責上是內聚的，但在使用上又會散佈在所有物件層次中，且與所散佈到的物件的核心功能毫無關係的重點。與「橫切重點」對應的是「核心重點」，就是與系統業務有關的領域邏輯。舉例來說，訂單業務是核心重點，提交訂單時的交易管理以及日誌記錄則是橫切重點：

```
public class OrderAppService {
    @Service
    private PlacingOrderService placingOrderService;

    // 交易管理為橫切重點
    @Transactional(propagation=Propagation.REQUIRED)
    public void placeOrder(Order order) {
        try {
            orderService.execute(order);
        } catch (InvalidOrderException ex | Exception ex) {
            // 日誌記錄為橫切重點
            logger.error(ex.getMessage());
            // ApplicationException 衍生自 RuntimeException，交易會在拋出該異常
            時回覆
            throw new ApplicationException("failed to place order", ex);
        }
    }
}
```

橫切重點與具體的業務無關，與核心重點在邏輯上應該是分離的。為保證領域邏輯的純粹性，應儘量避免將橫切重點放在領域模型物件中。於是，應用服務就成了與橫切重點協作的最佳位置。由此，可以得到應用服務設計的第二個準則：與橫切重點協作的服務應被定義為應用服務。

2. 應用服務與領域服務

雖然說應用服務被推出到領域層外，放到了一個單獨的應用層中，但它對領域模型物件的包裝也常常讓人無法區分這些包裝邏輯算不算領域邏輯的一部分。於是，在領域驅動設計社區，就產生了應用服務與領域服務之辯。舉例來說，對「下訂單」使用案例而言，我們在各自的領域物件中定義了以下行為：

- 驗證訂單是否有效；
- 提交訂單；
- 移除購物車中已購商品；
- 發送郵件通知買家。

這些行為的組合正好滿足了「下訂單」這個完整使用案例的需求，同

時，為了保證客戶呼叫的簡便性，我們需要協調這 4 個領域行為。這一協調行為牽涉到不同的領域物件，因此只能定義為服務。此時，這個服務應該定義為應用服務，還是領域服務？

Eric Evans 無法就此列出一個確鑿的答案。他的闡釋反倒讓這一爭辯變得雲山霧罩：「應用層類別（這裡指應用服務）是協調者，它們只負責提問，而不負責回答，回答是領域層的工作。」[8]110 該怎麼了解這一闡釋？我們可以將「提問」了解為 Why，即明確應用服務代表的業務服務的服務價值；「回答」則是 What，就像下級匯報工作一般，即領域服務向應用服務匯報它到底做了什麼。這實際上是服務價值與業務功能之間的關係。業務服務為發起服務請求的角色提供了服務價值，該價值由應用服務提供。要實現這一服務價值，需要許多業務功能按照某種順序進行組合，組合的順序就是編制，編制的業務功能就是回答問題的領域模型物件。

針對業務功能的編制工作，應用與領域的邊界恰恰顯得含混不清。畢竟，在一些領域服務的內部，也不乏對業務功能的編制，因為業務功能是具有層級的。價值與功能在不同的層次會產生一種層層遞進的遞迴關係。舉例來說，下訂單是業務價值，驗證訂單就是實現該業務價值的業務功能。再進一層，又可以將驗證訂單視為業務價值，而將驗證訂單的配送地址有效性作為實現該業務價值的業務功能。

Scott Millett 等人又列出了一個判斷標準：「決定一系列互動是否屬於領域的一種方式是提出『這種情況總是會出現嗎？』或『這些步驟無法分開嗎？』的問題。如果答案是肯定的，這看起來就是一個領域策略，因為這些步驟總是必須一起發生的。如果這些步驟可以用許多方式重新組合，可能它就不是一個領域概念。」[11]690 這一判斷標準大約是以「任務編制」得出為基礎的結論。如果領域邏輯的步驟必須一起發生，就說明這些邏輯不存在「任務編制」的可能，因為它們在本質上是一個整體，只是以單一職責原則與分治原則進行了分解為基礎，做到物件各司其職而已。如果領域步驟可以用許多方式重新組合，就表示可以有多種方式進

行「任務編制」。因此，任務編制邏輯就屬於應用邏輯的範圍，編制的每個任務則屬於領域邏輯的範圍。前者由應用服務來承擔，後者由領域模型物件來承擔。

還有一種區分標準是辨別邏輯到底是應用邏輯還是領域邏輯。在領域驅動設計背景下，領域與軟體系統服務的產業有關，如金融產業、製造產業、醫療產業和教育產業等。在領域驅動設計統一過程的全域分析階段，我們將目標系統問題空間的領域劃分為核心子領域、通用子領域和支撐子領域，它們解決的是不同的問題重點。在解空間，應用服務和領域服務都屬於一個具體的界限上下文，必然映射到問題空間的某一個子領域上。由此，似乎可以得出一個推論：領域邏輯對應問題空間各個子領域包含的業務知識和業務規則；應用邏輯則為了完成業務服務而包含除領域邏輯之外的其他業務邏輯，包括作為基礎架構問題的橫切重點，也可能包含對非領域知識相關的處理邏輯，如對輸入、輸出格式的轉換等。這些邏輯並不在子領域的問題空間範圍內。

Eric Evans 用銀行轉帳的案例講解應用邏輯與領域邏輯的差異。他說：「資金轉帳在銀行領域語言中是一項有意義的操作，而且它涉及基本的業務邏輯。」[8]69 這就說明資金轉帳屬於領域邏輯。至於應用服務該做什麼，他又說道：「如果銀行應用程式可以把我們的交易進行轉換並匯出到一個試算表檔案中，以便進行分析，那麼這個匯出操作就是應用服務。『檔案格式』在銀行領域中是沒有意義的，它也不涉及業務規則。」[8]69

到底選擇應用服務還是領域服務，就看它的實現到底屬於應用邏輯的範圍，還是領域邏輯的範圍，判斷標準就是看服務程式蘊含的知識是否與它所處的界限上下文要解決的問題重點直接有關。如此說來，針對「下訂單」業務服務，在前面列出的 4 個領域行為中，只有「發送郵件」與購買子領域沒有關係，因此可考慮將其作為要編制的任務放到應用服務中。如此推導出來的訂單應用服務實現為：

```
public class OrderAppService {
    @Service
    private PlacingOrderService placingOrderService;
```

```
// 此時將 NotificationService 視為基礎設施服務
@Service
private NotificationService notificationService;

// 交易管理為橫切重點
@Transactional(propagation=Propagation.REQUIRED)
public void placeOrder(PlacingOrderRequest request) {
    try {
        Order order=request.to();
        orderService.placeOrder(order);
        notificationService.send(notificationComposer.compose(order));
    } catch (InvalidOrderException ex | Exception ex) {
        // 日誌記錄為橫切重點
        logger.error(ex.getMessage());
        // ApplicationException 衍生自 RuntimeException，交易會在拋出該異常
時回覆
        throw new ApplicationException("failed to place order", ex);
    }
}
}
```

即使如此，應用邏輯與領域邏輯的邊界線依舊模糊。透過菱形對稱架構
維護的領域與閘道的邊界，應用服務與領域服務將作為不同的角色構造
型（參見第 16 章）。它們承擔不同的職責，共同參與到一個業務服務的
實現中。透過對應用服務與領域服務之間的協作進行約定，就可以破解
應用服務與領域服務之爭。

11.2.2 遠端服務

建立服務模型的思想不同，定義的遠端服務也不同，由此驅動出來的服
務契約模型也有所不同。大致而言，可分為：針對資源的服務建模思想
驅動出服務資源契約，它又根據呼叫者的不同分為資源服務和控制器服
務；針對行為的服務建模思想驅動出服務行為契約，採用了針對服務架
構（service-oriented architecture，SOA）的概念模型，被定義為提供者服
務；針對事件的服務建模思想驅動出服務事件契約，該契約的消費者反
而成了界限上下文的開放主機服務，即訂閱者服務。

1. 服務資源契約

針對資源的服務建模思想，遵循了 REST 架構風格。Jim Webber 等人認為 REST 服務設計的關鍵是從資源的角度思考服務設計：「資源是以 Web 系統為基礎的基礎建構區塊，在某種程度上，Web 經常被稱作是『針對資源的』。一個資源可以是我們曝露給 Web 的任何東西，從一個文件或視訊片段，到一個業務過程或裝置。從消費者的觀點看，資源可以是消費者能夠與之互動以達成某種目標的任何東西。」[44]12

服務本身是一種行為，但針對資源的服務建模思想要求我們將重點放在該行為要操作的目標物件上，由此辨識出服務資源來組成服務模型。例如查詢訂單服務行為操作的目標物件為訂單，資源就應該是 Orders[5]。有的服務看起來似乎只有行為沒有資源，這就驅使我們去尋找那個隱含的資源概念，而不能透過行為建立服務模型。例如執行一次統計分析，不能將服務資源建模為 AnalysisService，而應該嘗試辨識資源物件：執行統計分析就是創建一個分析結果，資源為 AnalysisResults。

如果服務資源針對下游界限上下文，可以將該服務以 "< 資源名稱 >+ Resource" 格式命名，例如 OrderResource；如果服務資源針對前端 UI，可遵循模型 - 視圖 - 控制器（Model-View-Controller，MVC）模式，資源就是模型，服務為控制器，可以以 "< 模型名 >+Controller" 格式命名，例如 OrderController。無論是資源還是模型，結合領域驅動設計，都可以映射為領域模型中的聚合，即以聚合根實體為入口，將聚合內的領域模型當作資源。

僅辨識出資源並不足以建立服務資源模型，建立服務資源模型的最終目的是設計 REST 風格服務。一個 REST 風格服務實際上是對用戶端與資源之間互動協作的抽象，利用了重點分離原則分離了資源、存取資源的動作和表述資源的形式，如圖 11-2 所示。

5　遵循 REST 風格的命名規範，通常將資源對應的名詞定義為複數。

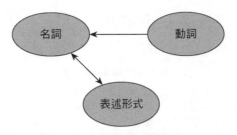

▲ 圖 11-2　用戶端與資源協作的抽象模型

資源作為名詞，是對一組領域概念的映射；動詞是在資源上執行的動作。服務端在執行完該動詞後，返回給用戶端的內容則以某種表述形式呈現，它們共同組成了一個完整的服務資源契約。

為了保證用戶端與服務端之間的鬆散耦合，REST 架構風格對存取資源的動詞提煉了統一的介面。這正是 Roy Fielding 推導 REST 風格時的一種架構約束，他認為：「使 REST 架構風格區別於其他以網路為基礎的架構風格的核心特徵是，它強調元件之間要有一個統一的介面。透過在元件介面上應用通用性的軟體工程原則，整體的系統架構獲得了簡化，互動的可見性也獲得了改善。實現與它們所提供的服務是解耦的，這促進了獨立的可進化性。然而，付出的代價是，統一介面降低了效率，因為資訊都使用標準化的形式來轉移，而不能使用特定於應用的需求的形式。」[6]

為了滿足統一介面的約束，REST 採用標準的 HTTP 語義，即 GET、POST、PUT、DELETE、PATCH、HEAD、OPTION、TRACE 這 8 種不同類型的 HTTP 動詞，來描述用戶端和服務端的互動。到底選擇哪一類型的動詞，除了從業務行為的特性進行判斷，還需要考慮兩個指標：

- 冪等性，即一次或多次執行該操作產生的結果是否一致；
- 安全性，即操作是否改變伺服器的狀態，產生了副作用。

6　參見 Roy Fielding 的論文《架構風格與以網路為基礎的軟體架構設計》。該論文由李錕譯為中文版。

就常用的 GET、POST、PUT、PATCH 和 DELETE 而言，它們的操作含義與指標如表 11-1 所示。

表 11-1　常用 HTTP 動詞

HTTP 動詞	操作含義	冪等性	安全性
GET	從伺服器取出資源（一項或多項）	是	是
POST	在伺服器新建一個資源	否	否
PUT	在伺服器更新資源（用戶端提供改變後的完整資源）	是	否
PATCH	在伺服器更新資源（用戶端提供改變的屬性）	不確定	否
DELETE	從伺服器刪除資源	是	否

由於 REST 風格服務遵循了統一介面的約束，使得它具有擴充性的同時，也犧牲了對業務語義的表達。舉例來説，OrderResource 資源的 URI 定義為 https://dddexplained.com/cafe/orders/ 12345，HTTP 動詞為 PUT，由此組成的服務契約無法説明該服務到底做了什麼。如前所述，一個完整的服務資源契約需要包含資源、動詞和表述形式，其中，表述形式就是該服務契約對應的訊息契約，即訊息契約中的請求訊息和回應訊息。請求訊息可能是包含在 URI 中的變數或參數，也可能包含在 HTTP 請求訊息的訊息體中；回應訊息除了包含用戶端需要獲得的資訊，還包含與 HTTP 動詞對應的 HTTP 狀態碼。

2. 服務行為契約

如果將服務視為一種行為，那麼用戶端與服務之間的協作更像一種方法呼叫關係。服務行為的呼叫者可以認為是服務消費者（service consumer），提供服務行為的物件則是服務提供者（service provider）。為了讓服務消費者能夠發現服務，還需要提供者發佈已經公開的服務，需要引入服務註冊（service registry），從而滿足圖 11-3 所示的 SOA 概念模型。

以服務行為驅動服務契約的定義，需要根據消費者與提供者之間的協作關係來確定。消費者發起服務請求，提供者履行職責並返回結果，組成了服務行為契約。服務行為契約表現了協作雙方的義務與權力，它的定

義應遵循 Bertrand Meyer 提出的契約式設計（design by contract）思想。Meyer 認為：「契約的主要目的是：盡可能準確地規定軟體元素彼此通訊時的彼此義務和權利，從而有效組織通訊，進而幫助我們構造出更好的軟體。」契約式設計對消費者和提供者兩方的協作進行了約束：作為請求方的消費者，需要定義發起請求的必要條件，這就是服務行為的輸入參數，在契約式設計中被稱為前置條件（pre-condition）；作為回應方的提供者，需要闡明服務必須對消費者做出保證的條件，在契約式設計中被稱為後置條件（post-condition）。前置條件和後置條件組成了服務行為契約的訊息契約模型。

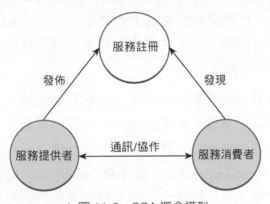

▲ 圖 11-3　SOA 概念模型

前置條件和後置條件是對稱的：前置條件是消費者的義務，同時就是提供者的權利；後置條件是提供者的義務，同時就是消費者的權利。

以轉帳服務為例，從發起請求的角度來看，服務消費者為義務方，服務提供者為權利方。契約的前置條件為來源帳戶、目標帳戶和轉帳金額。當服務消費者發起轉帳請求時，它的義務是提供前置條件包含的資訊。如果消費者未提供這 3 個資訊，又或提供的資訊是非法的，例如值為負數的轉帳金額，則服務提供者就有權利拒絕請求。

從回應請求的角度來看，權利與義務發生了顛倒，服務消費者成了權利方，服務提供者則為義務方。一旦服務提供者回應了轉帳請求，其義務就是返回轉帳操作是否成功的結果，同時，這也是消費者應該享有的權

利。如果消費者不知道轉帳結果，就會因這筆交易而感到惴惴不安，甚而會因為缺乏足夠的返回資訊而發起額外的服務，例如再次發起轉帳請求或查詢交易歷史記錄。這就會導致消費者和提供者之間的契約關係遭到破壞。遵循契約式設計的轉帳服務契約可以定義為：

```
public interface TransferService {
    TransferResult transfer(SourceAccount from, TargetAccount to, Money
amount);
}
```

TransferService 服務契約的定義利用 SourceAccount 與 TargetAccount 區分來源帳戶和目標帳戶，透過 Money 類型封裝貨幣幣種，避免傳遞值為負數的轉帳金額，保證轉帳交易結果的準確性；TransferResult 封裝了轉帳的結果，與布林類型不同，它不僅可以標示結果成功或失敗，還可包含轉帳結果的提示訊息。

契約式設計會謹慎地規定雙方各自擁有的權利和義務。為了讓服務能夠更進一步地「招徠」顧客，會更多地考慮服務消費者，畢竟「顧客是上帝」嘛，需要讓權利適當向消費者傾斜，努力讓消費者更加舒適地呼叫服務。要保證服務介面的便利性，應遵循「最小知識法則」，讓消費者對提供者盡可能少地了解，降低呼叫的複雜度。從契約的角度講，就是將服務消費者承擔的義務降到最少，讓服務消費者提供適量的資訊即可。

仍以轉帳服務為例。為了減少服務消費者承擔的義務，可以考慮是否需要消費者提供來源和目標的整個帳戶資訊？顯然，服務方自身具備了獲取帳戶資訊的能力，消費者實際只需提供帳戶的 ID 即可，於是，轉帳服務契約可修改為：

```
public interface TransferService {
    TransferResult transfer(String sourceAcctId, String targetAcctId,
Money amount);
}
```

當服務行為設計的驅動者轉向服務消費者時，設計想法就可以採用意圖導向程式設計（programming by intention）的設計軌跡：「先假設當前這個物件中，已經有了一個理想方法，它可以準確無誤地完成你想做的事

情,而非直接盯著每一點要求來撰寫程式。先問問自己:『假如這個理想的方法已經存在,它應該具有什麼樣的輸入參數,返回什麼值?還有,對我來說,什麼樣的名字最符合它的意義?』」[45]

在定義服務行為模型時,我們也可以問自己以下幾個問題。

- 假如服務行為已經存在,它的前置條件與後置條件應該是什麼?
- 服務消費者應該承擔的最小義務包括哪些,而它又應該享有什麼樣的權利?
- 該用什麼樣的名字才能表達服務行為的價值?

採用意圖導向程式設計設計服務契約時,需要區分觸發業務服務的角色,明確它所處的業務場景。舉例來說,同樣都是投保行為,如果是企業購買團體保險,需要請求者提供保額、投保人、被保人、等級保益、受益人和銷售通路等資訊;如果是貨物托運人購買運輸保險,請求者應提供保額、貨物名稱、運輸路線、運輸工具和開航日期等資訊。

服務消費者與服務提供者之間通常採用 RPC 通訊機制。為了呼叫遠端服務,消費者需要在用戶端獲得遠端服務的本地引用。因此,服務行為契約需要遵循介面與實現分離的設計原則,分離抽象的服務契約介面和具體的實現。訊息契約與抽象的服務契約放在一起,同時部署在用戶端與服務端。部署在用戶端的服務契約作為呼叫遠端服務的「代理」,服務行為契約的實現則部署在服務端。

服務行為契約的變化對用戶端的影響要比服務資源契約大。由於用戶端直接依賴包括訊息契約的服務提供者介面,因此一旦服務介面發生了變化,就需要重新編譯服務介面套件。

3. 服務事件契約

倘若用戶端與服務端協作雙方不再關注服務的行為,也無須操作服務資源,而是就狀態變更觸發的事件達成協作契約,就形成了服務事件契約。服務端的服務事件契約透過發佈事件達成通知狀態變更的目的;用戶端的呼叫者會訂閱事件,當事件到達後對事件進行處理。這表示服務事件

契約就是事件，是用戶端與服務端之間傳遞的唯一媒介。這正是典型的事件驅動架構（event-driven architecture，EDA）風格（參見附錄 B）。

既然契約就是事件，表示發行者與訂閱者之間的耦合僅限於事件。發行者不需要知道究竟有哪些界限上下文需要訂閱該事件，只需要按照自己的心意，在業務狀態發生變更時發佈事件；訂閱方也不需要關心它所訂閱的事件究竟來自何方，只需要主動拉取事件匯流排的事件訊息，或等著事件匯流排將來自上游的事件訊息根據事先設定的路由推送給它。

事件存在兩種不同的定義風格：事件通知（event notification）和事件攜帶狀態遷移（event-carried state transfer）。

採用事件通知風格定義的事件不會傳遞整個領域模型物件，而是僅攜帶該領域模型物件的身份標識（ID）。這樣傳遞的事件是不完整的，倘若事件的訂閱者需要進一步了解該領域模型物件的更多屬性，就需要透過 ID 呼叫發行者所在界限上下文的遠端服務。服務的呼叫為界限上下文引入了複雜的協作關係，反過來破壞了事件帶來的鬆散耦合。

為了避免不必要的界限上下文協作，可考慮將事件定義為一個自給自足的物件，這就是事件攜帶狀態遷移的定義風格。所謂「自給自足」，是發行者與訂閱者協商的結果，且只滿足該事件參與協作的業務場景，並不一定要求傳遞整個領域模型物件。舉例來說，對於「付款已收到」事件，就沒必要在其中傳遞該付款所對應的所有水單資訊。

為了區分事件的作用範圍，我將領域層發佈的事件稱為領域事件（domain event），它屬於領域模型設計要素（參見第 15 章）定義在菱形對稱架構的內部領域層；將應用服務發佈的事件稱為應用事件（application event），通常定義在外部閘道層。

領域事件通常用於聚合之間的協作，或作為事件溯源模式（參見附錄 B）操作的物件。應用事件才是服務事件契約的組成部分，如果領域事件也需要穿越界限上下文的邊界，就要保證領域事件的穩定性，這一要求與對實體、值物件的要求完全一致。為了確保界限上下文的自治性，也可

以考慮將領域事件轉為應用事件。

一個定義良好的應用事件應具備以下特徵：

- 事件屬性應以基本類型為主，保證事件的平台中立性，減少甚至消除對領域模型的依賴；
- 發行者的聚合 ID 作為組成應用事件的主要內容；
- 保證應用事件屬性的最小集；
- 為應用事件定義版本編號，支援應用事件的版本管理；
- 為應用事件定義唯一的 ID；
- 為應用事件定義創建時間戳記，支援對事件的按序處理；
- 應用事件應是不變的物件。

我們可以為應用事件定義一個抽象父類別：

```
public class ApplicationEvent implements Serializable {
    protected final String eventId;
    protected final String occuredOn;
    protected final String version;

    public ApplicationEvent() {
        this("v1.0");
    }

    public ApplicationEvent(String version) {
        eventId = UUID.randomUUID().toString();
        occuredOn = new Timestamp(new Date().getTime()).toString();
        this.version = version;
    }
}
```

我們經常會面對存在兩種操作結果的應用事件。不同的結果會導致不同的執行分支，回應事件的方式也有所不同。定義這樣的應用事件也存在兩種不同的形式。一種形式是將操作結果作為應用事件攜帶的值，例如支付完成事件：

```
package com.dddexplained.store.paymentcontext.message.event;

public class PaymentCompleted extends ApplicationEvent {
```

```
    private final String orderId;
    private final OperationResult paymentResult;

    public PaymentCompleted(String orderId, OperationResult
paymentResult) {
        super();
        this.orderId = orderId;
        this.paymentResult = paymentResult;
    }
}

package com.dddexplained.store.paymentcontext.message.event;

public enum OperationResult {
    SUCCESS = 0, FAILURE = 1
}
```

這樣的事件定義方式可以減少事件的個數，但由於事件自身沒有表現的業務含義，事件訂閱者就需要根據 OperationResult 的值做分支判斷。例如訂單上下文北向閘道的遠端服務 PaymentEventSubscriber 訂閱了 PaymentCompleted 應用事件：

```
package com.dddexplained.store.ordercontext.northbound.remote.subscriber;

public class PaymentEventSubscriber {
    @Autowired
    private ApplicationEventHandler eventHandler;

    @KafkaListener(id = "payment", clientIdPrefix = "payment", topics =
{"topic.
ecommerce.payment"}, containerFactory = "containerFactory")
    public void subscribeEvent(String eventData) {
        ApplicationEvent event = json.deserialize<PaymentCompleted>(eventData);
        eventHandler.handle(event);
    }
}
```

ApplicationEventHandler 是一個介面，由應用服務 OrderAppService 實現，在處理 PaymentCompleted 應用事件時，要對支付操作的結果進行判斷：

```
package com.dddexplained.store.ordercontext.northbound.local.appservice
```

```
public class OrderAppService implements ApplicationEventHandler {
    @Autowired
    private UpdatingOrderStatusService updatingService;
    @Autowired
    private ApplicationEventPublisher eventPublisher;

    public void handle(ApplicationEvent event) {
        if (event instanceOf PaymentCompleted) {
            onPaymentCompleted((PaymentCompleted)event);
        } else {...}
    }

    private void onPaymentCompleted(PaymentCompleted paymentEvent) {
        if (paymentEvent.OperationResult == OperationResult.SUCCESS) {
            updatingService.execute(OrderStatus.PAID);
            ApplicationEvent orderPaid = composeOrderPaidEvent(paymentEvent.
orderId());
            eventPublisher.publishEvent("payment", orderPaid);
        } else {...}
    }
}
```

要保證訂閱者程式的簡潔性，可以採用第二種形式，即透過事件類型直接表現操作的結果：

```
public class PaymentSucceeded extends ApplicationEvent {
    private final String orderId;

    public PaymentSucceeded (String orderId) {
        super();
        this.orderId = orderId;
    }
}

public class PaymentFailed extends ApplicationEvent {
    private final String orderId;

    public PaymentFailed (String orderId) {
        super();
        this.orderId = orderId;
    }
}
```

應用事件的類型直接表達了支付結果，訂閱者就可以為各個應用事件分別撰寫處理方法：

```
private void onPaymentSucceeded(PaymentSucceeded paymentEvent) {}

private void onPaymentFailed(PaymentFailed paymentEvent) {}
```

服務事件契約往往需要引入事件匯流排完成事件的發佈與訂閱。事件的傳遞採用了非同步非阻塞的通訊方式，發行者在發佈事件後無須等候，也不關心該事件是否被訂閱，被哪些界限上下文訂閱。除了事件，參與協作的發佈上下文與訂閱上下文可以做到完全自治。

11.3 設計服務契約

倘若界限上下文采用菱形對稱架構，則界限上下文之間、前端與界限上下文之間以及界限上下文與衍生系統之間的協作都將透過北向閘道與南向閘道進行。

設計服務契約，實則是要定義界限上下文遠端服務或應用服務的服務契約。倘若目標系統的系統分層架構（參見第 12 章）引入了邊緣層，在定義服務契約時，還需要從 UI 的角度思考控制器遠端服務的契約定義。

在界限上下文邊界內，遠端服務與應用服務的服務方法通常形成一對一的映射關係。它們都作為角色構造型（參見第 16 章）滿足用戶端向目標系統發起的服務請求，提供服務價值。如此一來，遠端服務或應用服務的服務方法就會作為服務驅動設計（參見第 16 章）的唯一進入點，服務方法履行的職責其實就是全域分析階段獲得的業務服務。

11.3.1 業務服務的細化

對發起服務請求的角色而言，目標系統是一個黑箱。但到了架構映射階段，目標系統的問題空間已經被映射為由多個界限上下文組成的解空

間，一個業務服務有可能需要多個界限上下文共同協作。因此，要設計服務契約，就應該圍繞著業務服務開展。

無論是界限上下文北向閘道的遠端服務，還是邊緣層的控制器遠端服務，都可以回應角色發出的服務請求。在前後端分離的架構下，應用服務通常不會直接面對角色發起的服務請求，但可能參與界限上下文的協作，即面對下游界限上下文南向閘道用戶端通訊埠的呼叫。這種呼叫關係發生在界限上下文之間，除了需要確定服務契約，還需要確定上下文映射模式。

設計服務契約時，需要注意區分以下概念：

- 公開給 UI 前端或外部呼叫者的服務契約；
- 公開給下游界限上下文的服務契約。

為了更加準確地辨識出目標系統所有界限上下文公開的服務契約，就需要針對全域分析階段獲得的業務服務進行細化。設計服務契約時，無須考慮領域模型物件，只需要考慮：

- 針對 UI 的控制器服務；
- 針對第三方呼叫或下游界限上下文的資源服務；
- 針對第三方呼叫或下游界限上下文的供應者服務；
- 針對下游界限上下文的應用服務；
- 發生在發行者與訂閱者之間的應用事件；
- 作為發佈語言的訊息契約。

設計服務契約的前提是已經辨識出目標系統的界限上下文。當我們開始針對業務服務進行整理時，可以抹去領域邏輯的細節，特別注意：

- 哪一個界限上下文（或邊緣層）公開服務，以回應角色的服務請求；
- 哪些界限上下文參與了業務服務的執行，定義了什麼樣的服務。

為了弄清楚參與業務服務的協作方式，需要為業務服務撰寫業務服務歸約。舉例來說，文學平台的發佈作品業務服務歸約如下。

服務編號：L0006

服務名稱：發佈作品

服務描述：

  作為作者

  我想要發佈我的作品

  以便更多讀者閱讀我的作品

觸發事件：

  作者點擊「發佈文章」按鈕

基本流程：

  1.檢查作品是否符合發佈標準

  2.對作品內容進行違規檢查

  3.發佈作品

  4.發送訊息通知作品的訂閱者

替代流程：

  1a. 如果作品不符合發佈標準，提示「作品不符合發佈標準」

  2a. 如果作品內容未透過違規檢查，提示「作品內容包含敏感內容，禁止發佈」

  3a. 如果作品發佈失敗，提示失敗原因

驗收標準：

  1.作品標題字數不得超過 50 個字元（1 個中文字為 2 個字元）

  2.作品標題只能使用中文字、英文字元和數字

  3.發佈的作品必須包含標題、作品類型和作品內容，且內容在規定字數範圍內

  4.作品發佈成功後，狀態為「已發佈」

  5.作品的訂閱者收到作品發佈的通知

  6.作品的訂閱者可以閱讀已發佈的作品

整理出業務服務歸約有利於我們根據業務的執行步驟繪製服務序列圖。

11.3.2 服務序列圖

服務序列圖的本質是 UML 的序列圖（sequence diagram）。序列圖透過訊息流產生一種不斷向前的設計驅動力。界限上下文作為序列圖的參與物件，發出的訊息實則就是我們要辨識的服務契約，而訊息之間的傳遞，也代表了界限上下文之間的協作。如果執行步驟還需要與目標系統之外的衍生系統產生協作，則衍生系統也將作為序列圖的參與物件。我將這樣由衍生系統與界限上下文參與的序列圖稱為服務序列圖。引入服務序

列圖的目的就是弄清楚界限上下文之間、界限上下文與衍生系統、外部呼叫者與界限上下文之間的執行序列，從而幫助我們確定服務契約。

業務服務中由角色發起的服務請求是服務序列圖的起點。繪製服務序列圖的前提是已經透過架構映射階段的 V 型映射過程獲得了界限上下文。

以文學平台為例，假設我們透過 V 型映射過程對業務服務進行歸類與歸納，辨識出以下界限上下文：

- 會員上下文；
- 作品上下文；
- 社交上下文；
- 促銷上下文；
- 符合規範上下文；
- 帳戶上下文；
- 推薦上下文；
- 支付上下文；
- 通知上下文。

現在分析「發佈作品」這一業務服務。

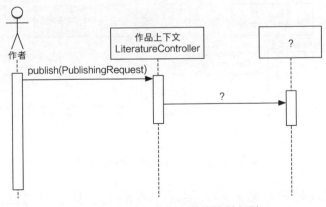

▲ 圖 11-4　服務序列圖的設計起點

如果不考慮邊緣層，文學平台的作者應該向作品上下文的控制器遠端服務發起「發佈作品」的服務請求。該業務服務操作的資源是「作品」

（literature）。作品上下文是發佈作品業務服務的當前界限上下文，是服務序列圖的設計起點，如圖 11-4 所示。

作品上下文作為當前界限上下文，在繪製服務序列圖時，就應當以自治的角度思考：哪些執行步驟是它可以自我履行的，哪些執行步驟又需要求助於其他界限上下文或衍生系統。分析的標準無非兩點：業務能力和領域知識，這也正是界限上下文的特徵。

根據發佈作品的業務服務歸約，發佈作品時，需要先檢查作品是否符合發佈標準，檢查規則包括作品標題、類型、內容字數等基本屬性是否符合要求，這些領域知識是作品上下文具備的，故而無須求助其他界限上下文。作品內容的違規檢查能力明確規定由符合規範上下文承擔，因此在服務序列圖中，緊接著參與協作的上下文為符合規範上下文。同理，發佈作品成功後，需要借助通知上下文的能力向訂閱者發送站內通知。考慮到通知可以採用非同步方式進行，可以由作品上下文發佈應用事件到事件匯流排，通知上下文向事件匯流排訂閱該事件。至於訂閱者的資訊，就在作品上下文中，屬於它能夠自我履行的職責範圍。最終獲得的服務序列圖如圖 11-5 所示。

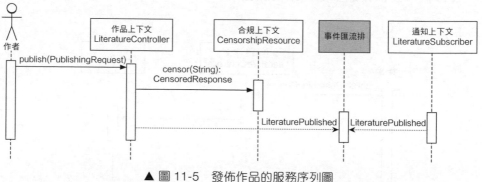

▲ 圖 11-5　發佈作品的服務序列圖

服務序列圖以動態互動的形式展現了界限上下文之間的協作關係。同時，透過對訊息的定義也驅動出了與該業務服務相關的服務契約。

11.3.3 服務契約的表示

根據服務序列圖輸出的內容，即可獲得服務契約的定義，可以透過表 11-2 所示的服務契約表列出每個服務契約的設計資訊。

表 11-2　服務契約表

服務功能	服務功能描述	服務方法	生產者	消費者	模式	業務服務	服務操作類型
發佈作品	發佈創作好的文學作品	LiteratureController::publish(request: PublishingRequest):void	作品上下文	UI	無	發佈作品	命令
檢查符合規範性	檢查待發佈作品的符合規範性	CensorshipResource::censor(content:String): CensoredResponse	符合規範上下文	作品上下文	客戶方/供應方模式	發佈作品	查詢
通知	發送站內通知	LiteraturePublished	作品上下文	通知上下文	發行者/訂閱者模式	發佈作品	事件

服務契約表的格式並非固定或唯一的，我們也可以增加更詳盡的列來描述服務契約的資訊，例如增加服務契約的命名空間、訊息契約定義等。表中的「模式」指的是上下文映射模式。如果該服務契約並非發生在界限上下文之間，可以將模式標記為「無」。

表現服務契約的格式並不重要，只要能清晰地描述服務契約的基本屬性，為後續的領域建模提供設計參考，什麼樣的格式都可以。舉例來說，我們也可以採用文件形式描述每個服務契約：

```
服務：LiteratureController
業務服務：發佈作品
命名空間：iworks.literaturecontext.northbound.remote.controller
服務契約定義：publish(request: PublishingRequest):void
描述：發佈創作好的文學作品
模式：無
操作類型：命令
```

上下文映射圖（或 BRC 卡）與定義好的服務契約共同組成了架構映射戰略設計方案（參見附錄 D）。上下文映射圖表現了目標系統應用架構的全貌，服務契約重點明確了服務的契約，為界限上下文之間的整合以及領域特性團隊的平行開發提供參考依據與設計指導。

領域驅動架構

> 我們談到交響樂的「架構」，反過來，又將架構稱為「凝固的音樂」。
> ——Deryck Cooke，《音樂語言》

領域驅動架構是針對領域驅動設計建立的一種架構風格。它以領域為核心驅動力，以業務能力為核心重點，建立目標系統的架構解決方案。其核心元模型為系統上下文與界限上下文，並以它們為邊界，形成各自的架構模式：系統分層架構模式與菱形對稱架構模式。

12.1 菱形對稱架構

界限上下文是架構映射階段的基本架構單元，每個界限上下文都是一個自治的獨立王國。一個典型的界限上下文是以領域模型為核心重點進行垂直切分的自治單元。它在邊界內維護著由自己控制的架構系統，使得內部所有的軟體元素共同形成一個相對獨立的主體，為系統貢獻了內聚的業務能力。它在領域驅動設計中的重要性不言而喻。然而，Eric Evans在提出界限上下文的概念時，並沒有提出與之符合的架構模式。他提出的分層架構是對整個系統的層次劃分，核心思想是將領域單獨分離出來。這是從技術維度對整個系統的水平切分，與界限上下文領域維度的垂直切分形成了一種交錯的架構系統。從系統層次觀察這種交錯的架構系統，可以映射出系統級的架構，而對於界限上下文內部，我們也亟需

一種架構模式來表達它內部的視圖，以滿足它的自治特性。領域驅動設計社區做出的嘗試是為界限上下文引入六邊形架構。

12.1.1　六邊形架構

六邊形架構（hexagonal architecture）又被稱為通訊埠介面卡（port and adapter），由 Alistair Cockburn 提出。Cockburn 列出的定義為：無論是被使用者、程式、還是自動化測試或批次處理指令稿驅動，應用程式都能一視同仁地對待，最終使得應用程式能獨立於執行時期裝置和資料庫進行開發與測試。[1]

應用程式封裝了領域邏輯，並將其放在六邊形的邊界內，使得它與外界的通訊只能透過通訊埠和介面卡進行。通訊埠存在兩個方向：入口和出口。與之相連的介面卡自然也存在兩種介面卡：入口介面卡（inbound adapter，又稱 driving adapter）和出口介面卡（outbound adapter，又稱 driven adaptor）。入口介面卡負責處理系統外部發送的請求（即驅動應用程式運行的使用者、程式、自動化測試或批次處理指令稿向入口介面卡發起），將該請求轉換為符合內部應用程式執行的輸入格式，轉交給通訊埠，再由通訊埠呼叫應用程式。出口介面卡負責接收內部應用程式透過出口通訊埠傳遞的請求，轉換後，向位於外部的執行時期裝置和資料庫發起請求。

從內外邊界的角度觀察通訊埠與介面卡的協作，整個過程如圖 12-1 所示。

在 Cockburn 對六邊形架構的初始定義中，應用程式位於六邊形邊界內部，封裝了支援業務功能的領域邏輯。入口通訊埠與出口通訊埠在六邊形邊界上，前者負責接收外部的入口介面卡轉換過來的請求，後者負責發送應用程式的請求給外部的出口介面卡，由此可以勾勒出一個清晰的

1　原文為 "Allow an application to equally be driven by users, programs, automated test or batch scripts, and to be developed and tested in isolation from its eventual run-time devices and databases."。

六邊形，如圖 12-2 所示。

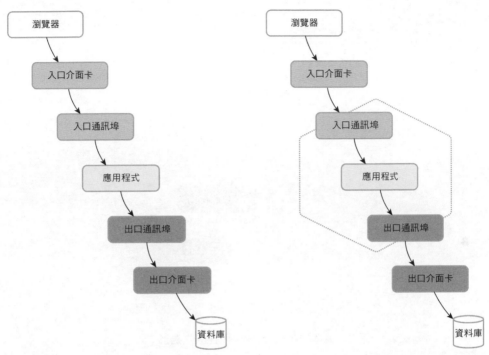

▲ 圖 12-1　通訊埠與介面卡的協作方向　　　▲ 圖 12-2　通訊埠所在的六邊形

界限上下文是在專有知識語境下業務能力的表現。這一業務能力固然以領域模型為核心，卻必須透過與外部環境的協作方可支援其能力的實現。因此，界限上下文的邊界實則包含了對驅動它運行的入口請求的轉換與回應邏輯，也包含了對外部裝置和資料庫的存取邏輯。要將界限上下文與六邊形架構結合起來，就需要將入口介面卡和出口介面卡放在界限上下文的邊界內，組成一個外部的六邊形，如圖 12-3 所示。

六邊形架構清晰地勾勒出界限上下文的兩個邊界。

- 外部邊界：透過外部六邊形將單獨的業務能力抽離出來，隔離了不同的業務重點。我將此六邊形稱為「應用六邊形」。
- 內部邊界：透過內部六邊形將領域單獨抽離出來，隔離了業務複雜度與技術複雜度。我將此六邊形稱為「領域六邊形」。

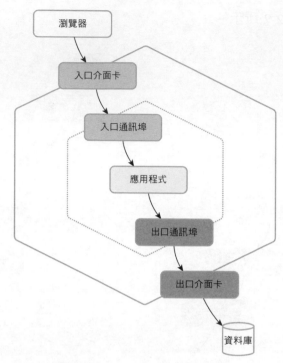

▲ 圖 12-3 介面卡所在的六邊形

以預訂機票場景為例。使用者透過瀏覽器造訪訂票網站，在訂票系統發起訂票請求。根據六邊形架構，瀏覽器造訪的網站前端位於應用六邊形之外，屬於驅動應用程式運行的起因。訂票請求透過瀏覽器發送給以 REST 風格服務契約定義的控制器服務 ReservationController。ReservationController 作為入口介面卡，介於應用六邊形與領域六邊形之間，在接收到以 JSON 格式傳遞的前端請求後，將其轉換（反序列化）為入口通訊埠 ReservationAppService 需要的請求物件。入口通訊埠為應用服務，位於領域六邊形的邊界之上。當它接收到入口介面卡轉換後的請求物件後，呼叫位於領域六邊形邊界內的領域服務 TicketReservation，執行領域邏輯。在執行訂票的領域邏輯時，需要在資料庫增加一筆訂票記錄。這時，位於領域六邊形邊界內的領域模型物件會呼叫出口通訊埠 ReservationRepository。出口通訊埠為資源庫，位於領域六邊形的邊界之上，定義為介面，真正存取資料庫的邏輯則由介於應用六邊形與領域六

邊形間的出口介面卡 ReservationRepositoryAdapter 實現。該實現存取了
資料庫，將通訊埠發送過來的插入訂票記錄的請求轉為資料庫能夠處理的
訊息，執行插入操作。該業務場景在六邊形架構中的表現如圖 12-4 所示。

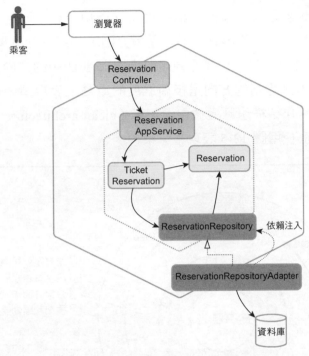

▲ 圖 12-4　預訂機票場景的六邊形架構

六邊形架構中的通訊埠是解耦的關鍵。入口通訊埠表現了「封裝」的思
想，既隔離了外部請求轉換必需的技術實現，如 REST 風格服務的序列化
機制與 HTTP 請求路由等基礎設施功能，又防止了領域模型向外洩露，
因為通訊埠公開的服務介面方法已經抹掉了領域模型的資訊。出口通訊
埠表現了「抽象」的思想，它通常被定義為抽象介面，不包含任何具體
存取外部裝置和資料庫的實現。入口通訊埠抵禦了外部資源可能對當前
界限上下文造成的侵蝕，因此，入口介面卡與入口通訊埠之間的關係是
一個依賴呼叫關係；出口通訊埠隔離了領域邏輯對技術實現以及外部框
架或環境的依賴，因此，出口介面卡與出口通訊埠之間的關係是介面實
現關係。

12.1.2 整潔架構思想

Robert Martin 複習了六邊形架構以及其他相似架構（如 DCI 架構[2]）的共同特徵，他認為：「它們都具有同一個設計目標：按照不同重點對軟體進行切割。也就是説，這些架構都會將軟體切割成不同的層，至少有一層只包含該軟體的業務邏輯，而使用者介面、系統介面則屬於其他層。」[43] 界限上下文同樣是對軟體系統的切割：外部切割的方向是領域維度的業務能力；內部切割的方向是技術維度的重點，表現清晰的層次結構。內部切割的層次結構也應遵循整潔架構（clean architecture）[43] 的思想。Robert Martin 使用圖 12-5 表現整潔架構。

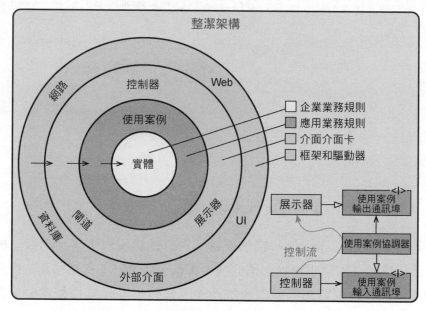

▲ 圖 12-5　整潔架構[3]

2　DCI 架構由資料（data）、上下文（context）和互動（interaction）組成，是一種關注行為的架構模式。

3　圖片來自 Robert Martin 的《架構整潔之道》。

該架構思想提出的模型是一個類似核心模式的內外層架構。由內及外分為 4 層，包含的內容分別為：[4]

- 企業業務規則；
- 應用業務規則；
- 介面介面卡；
- 框架和驅動器。

解密整潔架構模型，可以發現許多值得深思的架構特徵。

- 不同層次的元件的變化頻率不相同，引起變化的原因也不相同。
- 層次越靠內的元件依賴的內容越少，處於核心的業務實體沒有任何依賴。
- 層次越靠內的元件與業務的關係越緊密，屬於特定領域的內容，因而難以形成通用的框架。
- 業務實體封裝了企業業務規則，準確地講，它組成了針對業務的領域模型。
- 應用業務規則層是打通內部業務與外部環境的通道，因而提供了輸出通訊埠與輸入通訊埠，但它對外呈現的介面是一個使用案例，表現了系統的應用邏輯。
- 介面介面卡層包含了閘道、控制器與展示器，用於打通應用業務邏輯與外層的框架和驅動器。
- 位於外部的框架與驅動器負責對接外部環境，不屬於界限上下文的範圍，但選擇這些框架和驅動器，是設計決策要考慮的內容。

遵循整潔架構思想的界限上下文就是要根據變化的速率與特徵進行切割，定義一個由同心圓組成的內外分離的架構模型。該模型的每個層次表現了不同的重點，維持了清晰的職責邊界。在這個架構模型中，外層

4　注意「企業業務規則」與「應用業務規則」的區別。前者為純粹領域邏輯的業務規則，後者則面向應用，需要串接支援領域邏輯正常流轉的非業務功能，通常為一些橫切關注點，如日誌、安全、事務等，從而保證實現整個應用業務流程。

圓代表的是機制，內層圓代表的是策略 [43]。機制屬於技術實現的細節，容易受到外界環境變化的影響；策略與業務有關，封裝了界限上下文最為核心的領域模型，最不容易受到外界影響而變化。遵循穩定依賴原則（stable dependencies principle）[26]，一個軟體元素應該依賴於比自己更穩定的軟體元素，因此，依賴方向應該從外層圓指向內層圓，以保證核心的領域模型更加純粹，不對外部易於變化的事物形成依賴，隔離了外部變化的影響。

整潔架構與六邊形架構一脈相承。六邊形架構中的應用六邊形與領域六邊形就是根據變化速率對重點的切割，位於外層的介面卡分別透過職責委派與介面實現依賴了內部對應的通訊埠，通訊埠又依賴了內部的領域模型。

但是，六邊形架構僅區分了內外邊界，提煉了通訊埠與介面卡角色，卻沒有規劃界限上下文內部各個層次與各個物件之間的關係；整潔架構又是通用的架構思想，提煉的是企業系統架構設計的基本規則與主體。二者都無法完美地契合界限上下文的架構訴求。因此，當我們將六邊形架構與整潔架構思想引入界限上下文時，還需要引入分層架構列出更為細緻的設計指導，即確定層、模組和角色構造型（參見第 16 章）之間的關係。

12.1.3 分層架構

分層架構是運用最為廣泛的架構模式，幾乎每個軟體系統都需要透過層（layer）來隔離不同的重點（concern point），以此應對不同需求的變化，使得這種變化可以獨立進行。Scott Millett 等人解釋了在領域驅動設計中引入分層架構模式的原因和目的：「為了避免將程式庫變成大泥球並因此減弱領域模型的完整性且最終減弱可用性，系統架構要支援技術複雜度與領域複雜度的分離。引起技術實現發生變化的原因與引起領域邏輯發生變化的原因顯然不同，這就導致基礎設施和領域邏輯問題會以不同速率發生變化。」[11]104

引起變化的原因不同導致了變化的速率不同，表現了單一職責原則（single-responsibility principle，SRP）。Robert Martin 認為單一職責原則

就是「一個類別應該只有一個引起它變化的原因」[26]，換言之，如果有兩個引起類別變化的原因，就需要將類別分離。若將單一職責原則運用到分層架構模式，考慮的變化粒度就是層。

軟體的經典三層架構自頂向下由使用者介面層（user interface layer）、業務邏輯層（business logic layer）和資料存取層（data access layer）組成，如圖 12-6 所示。

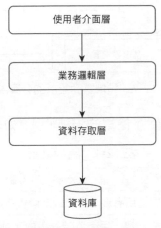

▲ 圖 12-6　經典三層架構

經典三層架構在過去的大多數企業系統中得到廣泛運用，這有其歷史原因：在提出該分層架構模式的時代，多數企業系統往往較為簡單，本質上都是採用用戶端 - 伺服器風格的資料庫管理系統，對業務的處理就是對資料庫的管理，而使用者介面的呈現與業務邏輯並未在物理上分離。如果在邏輯上不加以解耦，就無法有效隔離介面呈現、業務功能與資料存取，程式糾纏在一起，形成大泥球一般的程式庫。分層滿足了職責分類的要求。

領域驅動設計在經典三層架構的基礎上做了改良，在使用者介面層與業務邏輯層之間引入了新的一層，即應用層。同時，層次的命名也發生了變化。業務邏輯層被改名為領域層自然是題中應有之義，而將資料存取層改名為基礎設施層，則突破了之前資料庫管理系統的限制，擴大了這個負責封裝技術複雜度的基礎邏輯層的內涵。圖 12-7 為 Eric Evans 定義的分層架構 [8]43。

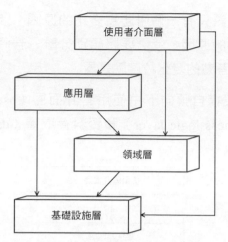

▲ 圖 12-7　領域驅動設計的分層架構 [5]

Eric Evans 對各層的職責做了簡單的描述 [8]44，如表 12-1 所示。

表 12-1　層的職責

層次	職責
使用者介面 / 展現層	負責向使用者展現資訊以及解釋使用者命令
應用層	很薄的一層，用來協調應用的活動。它不包含業務邏輯，不保留業務物件的狀態，但保留應用任務的進度狀態
領域層	本層包含關於領域的資訊，這是業務軟體的核心所在。在這裡保留業務物件的狀態，對業務物件和它們狀態的持久化被委託給了基礎設施層
基礎設施層	本層作為其他層的支撐函數庫。它提供了層間的通訊，實現對業務物件的持久化，包含對使用者介面層的支撐函數庫等作用

視分層為一個固有的架構模式，其濫觴應為 Frank Buschmann 等人著的《針對模式的軟體架構（卷 1）：模式系統》。Buschmann 等人對分層的描述為：「分層架構模式有助建構這樣的應用：它能被分解成子任務組，其中每個子任務組處於一個特定的抽象層次上。」[46]

5　圖片來自 Eric Evans 的《領域驅動設計》。

所謂的「分層」是邏輯上的分層,為一種水平的抽象層次。既然為水平的分層,必然存在層的高與低,抽象層次的不同,又決定了分層的數量。因此,為了了解分層架構,我們需要解決以下問題:

- 分層的依據與原則是什麼;
- 層與層之間是怎樣協作的。

1. 分層的依據與原則

之所以要以水平方式對整個系統進行分層,是因為我們下意識地確定了一個認知規則:機器為本,使用者至上。機器是運行系統的基礎,但我們打造的系統卻是提供給使用者服務的。分層架構中的層次越往上,其抽象層次就越針對業務、針對使用者;分層架構中的層次越往下,其抽象層次就變得越通用、針對裝置。為什麼經典分層架構為三層架構?正是源於這樣的認知規則:向上,針對使用者的體驗與互動;置中,針對應用與業務邏輯;向下,面對各種外部資源與裝置。

在為系統建立分層架構時,完全可以以經典三層架構為基礎,沿著水平方向進一步切分屬於不同抽象層次的重點。因此,分層的第一個依據是以重點為不同為基礎的呼叫目的劃分層次。領域驅動設計的分層架構之所以要引入應用層,目的就是給呼叫者提供完整的業務使用案例,使呼叫者無須與細粒度的領域模型物件直接協作。

分層的第二個依據是面對變化。分層時應針對不同的變化原因確定層次的邊界,嚴禁層次之間互相干擾,或至少將變化對各層帶來的影響降到最低。舉例來說,對資料庫結構的修改會影響到基礎設施層的資料模型[6]以及領域層的領域模型,但當我們僅需修改基礎設施層中資料庫存取的實現邏輯時,就不應該影響到領域層了。層與層之間的關係應該是正交的。

6　在領域驅動設計中,基礎設施層的資料模型指的是資料庫的模式(schema),即資料表的設計以及表之間的關係,並非定義的資料模型物件。持久層要存取的模型物件其實是領域模型物件。

我們還應該遵循單一抽象層次原則（SLAP），運用到分層架構，就是確保同一層的元件處於同一個抽象層次。

2. 層之間的協作

在大多數人的固有認識中，分層架構的依賴都是自頂向下傳遞的。從抽象層次看，層次越處於下端，就會變得越通用，與具體的業務隔離得越遠，從而形成基礎設施層。為了避免重複製造輪子，它還會呼叫位於系統外部的平台或框架，如依賴注入框架、物件關係映射（object relational mapping，ORM）框架、訊息中介軟體等，以完成更加通用的功能。若依賴的傳遞方向仍然採用自頂向下方式，就會導致包含領域邏輯的領域層依賴於基礎設施層，又因為基礎設施層依賴於外部平台或框架，使得領域層也將受制於外部平台或框架。

依賴倒置原則（dependency inversion principle，DIP）[26] 提出了對自頂向下依賴的挑戰，要求高層模組不應該依賴於低層模組，二者都應該依賴於抽象。這個原則正本清源，給了我們新的想法——誰規定在分層架構中，依賴就一定要沿著自頂向下的方向傳遞？我們常常了解依賴，是因為被依賴方需要為依賴方（呼叫方）提供功能支撐。這是從功能重複使用的角度來考慮的，但不能忽略變化對系統產生的影響！與建造房屋一樣，分層的模組需要「建構」在穩定的模組之上。誰更穩定？抽象更穩定。因此，依賴倒置原則隱含的本質是，我們要依賴不變或穩定的元素（類別、模組或層），也就是該原則的第二句話：抽象不應該依賴於細節，細節應該依賴於抽象。

這一原則實際是針對介面設計原則的表現，即「針對介面程式設計，而非針對實現程式設計」[31]。遵循這一原則，作為呼叫者的高層模組只知道低層模組的抽象，而懵然不知其實現。這樣帶來的好處是：

- 低層模組的細節實現可以獨立變化，避免變化對高層模組產生污染；
- 編譯時，高層模組可以獨立於低層模組單獨存在；
- 對高層模組而言，低層模組的實現是可替換的。

倘若高層依賴於低層的抽象，就必然面對一個問題：如何將具體的實現傳遞給高層的類別？在高層透過介面隔離了對具體實現的依賴，表示這個具體依賴被轉移到了外部，究竟使用哪一種具體實現，應由外部的呼叫者決定，只有在運行呼叫者程式時，才將外面的依賴傳遞給高層的類別。Martin Fowler 形象地將這種機制稱為依賴注入（dependency injection）。

層之間的協作還有可能是自底向上通訊，例如在電腦整合製造系統中，往往會由低層的裝置監測系統去監測裝置狀態的變化。當狀態發生變化時，需要將變化的狀態通知到上層的業務系統。如果說自頂向下的訊息傳遞被描述為「請求」（或呼叫），則自底向上的訊息傳遞則被形象地稱為「通知」。倘若顛倒一下方向，自然也可以視為這是上層對下層的觀察，故而可以運用觀察者（observer）模式，在上層定義 Observer 介面，並提供 update() 方法供下層主體（subject）在感知狀態發生變更時呼叫。

針對介面設計帶來了低層實現對高層抽象的依賴，觀察者模式帶來了低層主體對高層觀察者的依賴。它們都表現了分層架構中低層對高層的依賴，顛覆了固有思維形成的自頂向下的依賴方向。

了解了分層的依據和原則，確定了層之間的協作關係，就能夠更加自如地運用分層架構。它透過水平抽象表現了重點分離。只要存在相同抽象層次的重點，就可以單獨為其建立一個邏輯層。抽象層數不是固定的，每一層的名稱也不必一定遵循經典的分層架構要求。當然，層的數量需要權衡：層太多，會引入太多的間接而增加不必要的開支；層太少，又可能導致重點不夠分離，使得系統的結構不夠合理。

12.1.4 演進為菱形對稱架構

回到界限上下文的內部視圖。

六邊形架構透過外部的應用六邊形與內部的領域六邊形，將整個界限上下文分隔為圖 12-8 所示的 3 個區域。

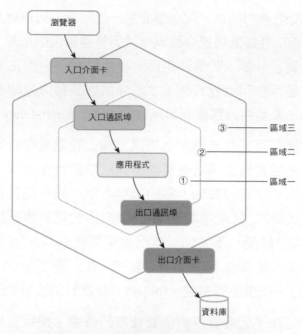

瀏覽器

入口介面卡

入口通訊埠

應用程式

出口通訊埠

出口介面卡

資料庫

③ —— 區域三
② —— 區域二
① —— 區域一

▲ 圖 12-8　六邊形架構分隔的 3 個區域

可惜，六邊形架構並未對這 3 個區域命名，這就為團隊的協作交流製造了障礙。舉例來說，當團隊成員正在討論一個入口通訊埠的設計時，需要確定入口通訊埠在程式模型的位置，即它的命名空間。我們既不可能說它放在「領域六邊形的邊線」上，也不可能為該命名空間定義一個冗長 的套件名，例如 currentbc.boundaryofdomainhexagon。命名的目的是交流，然後形成一種約定，就可以使溝通更為默契。因此，我們需要尋找一種「架構的統一語言」，為這些區域命名，如此即可將六邊形的設計專案映射到程式模型對應的命名空間。

從重點分離的角度看，六邊形架構實則為隔離內外的分層架構，因此我們完全可以將兩個六邊形隔離出來的 3 個區域映射到領域驅動設計的分層架構上。映射時，自然要依據設計專案承擔的職責來劃分層次。

■ 入口介面卡：回應邊界外用戶端的請求，需要實現處理程序間通訊以及訊息的序列化和反序列化。這些功能皆與具體的通訊技術有關，故而映射到基礎設施層。

- 入口通訊埠：負責協調外部用戶端請求與內部應用程式之間的互動，恰好與應用層的協調能力相配，故而映射到應用層。
- 應用程式：承擔了整個界限上下文的領域邏輯，包含了當前界限上下文的領域模型，毫無疑問，應該映射到領域層。
- 出口通訊埠：作為一個抽象的介面，封裝了對外部裝置和資料庫的存取，由於它會被應用程式呼叫，遵循整潔架構內部層次不能依賴外部層次的原則，只能映射到領域層。
- 出口介面卡：存取外部裝置和資料庫的真正實現，與具體的技術實現有關，應該映射到基礎設施層。

如此就建立了六邊形架構與領域驅動分層架構之間的映射關係，如圖 12-9 所示。

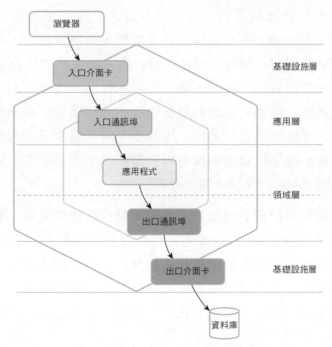

▲ 圖 12-9 六邊形架構與分層架構

透過這一映射，我們為六邊形架構的設計專案找到了統一語言。舉例來說，入口通訊埠屬於應用層，它的命名空間自然應命名為 currentbc.

application。這一映射關係與命名規則實則為指導團隊開發的架構原則。當團隊成員在討論設計方案時，一旦確定該類別屬於入口通訊埠，大家就都能知道它歸屬於應用層，定義在 application 命名空間下。

在確定分層架構與六邊形架構的映射關係時，對出口通訊埠的層次映射顯得非常勉強，二者在設計概念上存在衝突。六邊形架構的出口通訊埠用於抽象領域模型對外部環境的存取，位於領域六邊形的邊線之上。根據分層原則，我們應該將介於領域六邊形與應用六邊形的中間區域劃分到基礎設施層；根據六邊形架構的協作原則，領域模型若要存取外部資源，又需要呼叫出口通訊埠；根據整潔架構思想，位於內部的領域層不能依賴外部的基礎設施層，自然也就不能依賴出口通訊埠了。

要消弭設計原則的矛盾，唯一的辦法是將出口通訊埠放在領域層。對存取資料庫的出口通訊埠而言，領域驅動設計定義的資源庫（參見第 15 章）就放在了領域層。將資源庫放在領域層確有論據佐證，畢竟，在抹掉資料庫技術的實現細節後，資源庫的介面方法就是對聚合（參見第 15 章）的管理，包括查詢、修改、增加和刪除行為。這些行為也可視為領域邏輯的一部分。然而，領域模型要存取的外部環境不僅限於資料庫，還包括檔案、網路和訊息佇列等，也包括別的界限上下文與目標系統之外的衍生系統。為了隔離領域模型與外部環境，同樣需要為它們定義抽象的出口通訊埠。它們又該放在哪裡呢？

如果仍然將這些出口通訊埠放在領域層，就很難自圓其說。舉例來說，出口通訊埠 EventPublisher 負責將事件發佈到訊息佇列，如果放在領域層，即使作為抽象介面不提供任何具體實現，也會顯得不倫不類。如果將其移出，放在外部的基礎設施層，又違背了整潔架構思想。如果將資源庫從其他出口通訊埠單獨剝離出來，又破壞了六邊形架構對通訊埠定義的一致性。

與其如此糾結，不如嘗試突破觀念！

我們可以將六邊形架構看作一個對稱的架構：以領域為軸心，入口介面卡與出口介面卡是對稱的，入口通訊埠與出口通訊埠也是對稱的。同

時，介面卡又必須和通訊埠對應，如此方可保證架構的鬆散耦合。剖析通訊埠與介面卡的本質，實質上都是對外部系統或外部資源的處理，只是處理的方向各有不同。Martin Fowler 將「封裝存取外部系統或資源行為的物件」定義為閘道 [12]，引入界限上下文的內部架構，就代表了領域層與外部環境之間互動的出入口，即：

$$閘道 = 通訊埠 + 介面卡$$

閘道統一了通訊埠和介面卡。根據入口與出口方向的不同，為了表現它所處的方位，我將閘道分別命名為北向閘道（northbound gateway）與南向閘道（southbound gateway）。

北向閘道提供了由外向內的存取通道。這一存取方向符合整潔架構的依賴方向，因此不必對北向閘道元素進行抽象 [7]，只需為外部的呼叫者提供服務契約。為了避免內部領域模型的洩露，北向閘道的服務契約不能直接曝露領域模型物件，需要為組成契約的方法參數和返回值定義專門的模型。該模型主要用於呼叫者的請求和回應，因而稱為「訊息契約模型」。北向閘道的服務契約必須呼叫領域模型的業務方法才能滿足呼叫者的請求，由於領域模型並不知道訊息契約模型，需要北向閘道負責完成這兩個模型之間的互換。北向閘道既要對外提供服務契約，又要對內完成模型的轉換，相當於同時承擔了通訊埠與介面卡的作用，因而不再區分入口通訊埠和入口介面卡。界限上下文的外部請求可能來自處理程序外，也可能來自處理程序內，處理程序內外的差異，決定了通訊協定的不同。有必要根據處理程序的邊界將北向閘道分為本地閘道與遠端閘道，前者支援處理程序內通訊，後者用於處理程序間通訊。

南向閘道負責封裝領域層對外部環境的存取。所謂「外部環境」，包括如資料庫、訊息佇列、檔案系統之類的環境資源，也包括目標系統內的上

---

7 採用 RPC 協定的北向閘道服務契約，由於需要在呼叫者提供該遠端服務的本地代理，因此需要抽象與實現的分離。

游界限上下文與目標系統外的衍生系統，它們也是組成整潔架構的最外層圓環，包含了具體的技術細節。這些外部環境變化的方向和頻率與領域模型完全不同，需要分離抽象介面與具體實現，也就是六邊形架構的出口通訊埠與出口介面卡，它們共同組成了南向閘道。南向閘道的命名已經代表了出口方向，因此無須區分入口和出口，可直接命名為通訊埠與介面卡。通訊埠未提供任何實現，即使被領域層的領域模型呼叫，也不會將技術實現混入領域邏輯中。執行時期，系統透過依賴注入將介面卡實現注入領域層，滿足領域邏輯對外部裝置的存取需求。

整個對稱架構的結構如下所示：

- 北向閘道
  - 遠端
  - 本地
- 領域
- 南向閘道
  - 通訊埠
  - 介面卡

六邊形架構的入口介面卡與入口通訊埠在對稱架構中被合併為北向閘道，並依據通訊協定的區別分為遠端閘道與本地閘道；出口通訊埠與出口介面卡共同組成了南向閘道，在對稱架構中分別代表南向閘道的抽象和實現。如此，即組成了圖 12-10 所示的由內部領域模型與外部閘道組成的對稱架構。

對稱架構凸顯了領域層的重要地位，抹去了領域驅動設計原有分層架構中的基礎設施層與應用層，以對稱的外部閘道層代替。在界限上下文內部，閘道層為領域層與外部環境之間的協作提供支撐，二者的區別僅在於方向。

該對稱架構雖脫胎於六邊形架構與分層架構，卻又有別於二者。對稱架構北向閘道定義的遠端閘道與本地閘道同時承擔了通訊埠與介面卡的職

責，這實際上改變了六邊形架構通訊埠 - 介面卡的風格。領域層與南北閘道層的內外分層結構，以及南向閘道規定的通訊埠與介面卡的分離，又與領域驅動設計的分層架構漸行漸遠。為了更進一步地表現這一架構模式的對稱特質，我換用菱形結構來表達，將其稱為菱形對稱架構[8]（rhomboid symmetric architecture），如圖 12-11 所示。

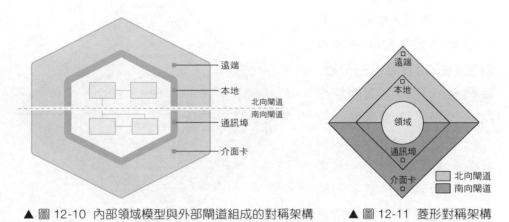

▲ 圖 12-10 內部領域模型與外部閘道組成的對稱架構　　▲ 圖 12-11 菱形對稱架構

12.1.5 菱形對稱架構的組成

菱形對稱架構從分層架構與六邊形架構汲取了營養，形成了以領域為軸心的內外分層對稱結構，以此作為推薦的界限上下文內部架構。考慮到目前的系統多採用前後端分離的架構，且前端 UI 的設計更多是從使用者體驗的角度對視圖元素進行劃分，與界限上下文的邊界劃分並不吻合，因此，界限上下文邊界並未將前端 UI 包含在內。一個遵循了菱形對稱架構的界限上下文包括的設計專案有：

- 北向閘道的遠端閘道；
- 北向閘道的本地閘道；
- 領域層的領域模型；

8　菱形對稱架構形如鑽石（diamond 亦有菱形之義），亦可稱為鑽石架構。

■ 南向閘道的通訊埠抽象；
■ 南向閘道的介面卡實現。

界限上下文以領域模型為
核心向南北方向對稱發散，
在邊界內形成了清晰的邏
輯層次。內部領域層與外部
閘道層恰好表現了業務複
雜度與技術複雜度的分離。
每個組成元素之間的協作
關係表現了清晰直觀的自
北向南的呼叫關係。仍以預
訂機票場景為例，參與該場
景的各個類別在菱形對稱
架構下的位置與協作關係
如圖 12-12 所示。

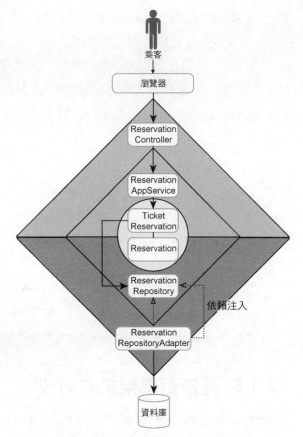

▲ 圖 12-12 預訂機票的菱形對稱架構

本地閘道 ReservationAppService 映射為領域驅動設計元模型中的應用
服務，對外提供了完整的預訂機票使用案例，對內呼叫了領域層的領
域模型物件。為了支援分散式呼叫，在本地閘道之上定義了遠端閘道
ReservationController，它是一個針對前端視圖遵循 MVC 模式設計的遠
端服務。通訊埠 ReservationRepository 映射為領域驅動設計元模型中的資
源庫，是對資料庫存取的抽象。介面卡 ReservationRepositoryAdapter 提
供了該通訊埠的實現。領域層的領域服務 TicketReservation 呼叫了通訊
埠，並在執行時期將介面卡注入領域服務，以支援機票預訂記錄的持久
化。

資源庫作爲通訊埠

資源庫作為南向閘道的通訊埠，顛覆了領域驅動設計對資源庫的定位。資源庫的作用在於管理聚合的生命週期，將資源庫介面視為領域模型的一部分，是領域驅動設計的一個重要指導原則。即使如此，我仍然願意將資源庫放到南向閘道。無論資源庫是什麼，它本質上有著分離領域行為與持久化行為的作用。它的操作單元是聚合，一個聚合對應一個資源庫。聚合是領域模型中最小的自治單元，為了保證領域模型的穩定性，它不會依賴於任何外部資源，甚至不應該感知到資源庫的存在，只有領域服務才需要與資源庫協作。為了隔離領域模型與資料庫的持久化，有必要對資源庫進行抽象，這不正是通訊埠與介面卡應該履行的職責嗎？資料庫如此，其他外部資源與環境同樣如此。如果我們對所有的外部環境一視同仁，皆以通訊埠抽象之，以介面卡封裝內部的技術細節，就能保證架構方案的簡單性。

資源庫需要操作領域模型，領域模型中的領域服務又依賴抽象的通訊埠，這可能導致領域層與南向閘道的通訊埠之間形成雙向依賴。考慮到菱形對稱架構的領域層與閘道層僅是一種邏輯劃分，只要確保二者在編譯時放在同一個模組中，這樣的雙向依賴就是可以接受的。為了保證領域模型的純粹性，通訊埠與介面卡之間的分離才是非常重要的。

菱形對稱架構規定，只有外部閘道層可以存取內部的領域層。這符合整潔架構的設計原則，唯一的例外是內部領域層對外部南向閘道通訊埠的依賴。但由於通訊埠都是抽象的，它仍然遵循穩定依賴原則和依賴倒置原則。

菱形對稱架構完全滿足界限上下文的自治特徵。菱形的邊界即界限上下文的邊界，以最小完備的方式實現了領域模型的知識語境；內部的領域模型自成一體，以自我履行的方式回應外部閘道對它的呼叫，滿足業務能力的服務要求；遠端閘道與本地閘道對領域模型的封裝，避免了內部的變化對外部的呼叫者產生影響，滿足了界限上下文的獨立進化能力；通訊埠對外部資源存取的抽象，防止了外部的變化對領域模型的影響，使得界限上下文的內部成為穩定空間。顯然，菱形對稱架構對自治架構單元的呼應，能夠更進一步地保證界限上下文具有回應變化的演進能力。

菱形對稱架構透過外部閘道層構築了界限上下文的邊界，它包裹的領域
模型通常採用領域建模驅動設計獲得，使得架構映射階段與領域建模階
段形成了過程的銜接。針對不同的業務場景，在閘道邊界的保護下，也
可以採用不同方式建立領域模型，舉例來説，針對業務操作主要為「增
刪改查」的業務場景，採用交易指令稿與貧血模型也未嘗不可；在一些
特殊場景下，如統計分析或 CQRS 的查詢場景，領域模型甚至可以被弱
化至無，即領域模型物件等於資料模型和訊息契約模型。這樣的菱形對
稱架構可以稱為弱化的菱形對稱架構，但仍然滿足了界限上下文的「獨
立進化」和「穩定空間」特性。在架構層面，它與採用領域建模形成領
域模型的正常菱形對稱架構並無差異，仍然是自治的架構單元。

12.1.6 引入上下文映射

菱形對稱架構還能有機地與上下文映射模式結合起來，充分展現了這一
架構風格更加適用於領域驅動設計。二者的結合主要表現在北向閘道與
南向閘道對上下文映射模式的借用。

1. 引入開放主機服務

比較上下文映射的通訊整合模式，開放主機服務模式的設計目標與菱形
對稱架構的北向閘道完全一致。開放主機服務為界限上下文提供對外公
開的一組服務，以便下游界限上下文方便地呼叫它。根據界限上下文通
訊邊界的不同，處理程序內通訊呼叫本地閘道，處理程序間通訊呼叫遠
端閘道。二者都遵循開放主機服務模式。

為了更進一步地表現上下文映射模式，可以將北向閘道的遠端閘道和本
地閘道分別命名為遠端服務和本機服務。

遠端服務是為跨處理程序通訊定義的開放主機服務。根據通訊協定和消
費者的差異，遠端服務可分為資源服務、控制器服務、供應者服務和訂
閱者服務。它們分別屬於服務資源契約、服務行為契約和服務事件契約
（參見第 11 章）。

本機服務是為處理程序內通訊定義的開放主機服務，對應於應用層的應用服務[9]。引入應用服務的價值在於：

- 對領域模型形成了一層間接的外觀層，避免領域模型洩露；
- 對於處理程序內協作的界限上下文，降低了跨處理程序呼叫的通訊成本與序列化成本。

根據服務契約與呼叫方的不同，遠端服務可以分為以下 4 種。

- 資源（resource）服務：服務資源契約，針對下游界限上下文或第三方呼叫者，服務的訊息契約模型由請求訊息與回應訊息組成。
- 控制器（controller）服務：服務資源契約，針對 UI 前端，服務的訊息契約模型為針對前端的展現（presentation）模型。
- 提供者（provider）服務：服務行為契約，針對下游界限上下文或第三方呼叫者，服務的訊息契約模型由請求訊息與回應訊息組成。
- 訂閱者（subscriber）服務：服務事件契約，服務的訊息契約模型就是事件。

無論是什麼類型的遠端服務，一旦它接收到外部請求，都必須經由應用服務才能發起對領域層的呼叫請求。

2. 引入防腐層

如果將防腐層防止腐化的目標從上游界限上下文擴大至當前界限上下文的所有外部環境，包括如資料庫、訊息佇列這樣的環境資源，也包括目標系統外的衍生系統，防腐層就承擔了菱形對稱架構南向閘道的角色。其中，南向閘道的通訊埠提供了抽象，並由介面卡封裝存取外部環境的具體實現，它們共同組成了防腐層。

9　為了表現本書定義與領域驅動設計的延續性，同時避免概念不清引起的混淆，從本章開始，若非特別情況，我都以「應用服務」代表本機服務，也可以認為是應用服務扮演了本機服務的角色。

根據一個界限上下文與之協作的外部環境的不同，通訊埠可以分為以下 3 種。

- 資源庫（repository）通訊埠：隔離對外部資料庫的存取，對應的介面卡提供聚合的持久化能力。
- 用戶端（client）通訊埠：隔離對上游界限上下文或第三方服務的存取，對應的介面卡提供對服務的呼叫能力。
- 發行者（publisher）通訊埠：隔離對外部事件匯流排的存取，對應的介面卡提供發佈事件訊息的能力。

若界限上下文還需要與其他外部環境，如檔案、網路，也可以定義其他對應的通訊埠。

3. 引入發佈語言

保證界限上下文自治的關鍵在於隔離領域模型。除了共用核心模式和遵奉者模式，界限上下文應儘量避免將領域模型曝露在外，因此需要為北向閘道的服務建立訊息契約模型。遠端服務和應用服務的方法定義不應包含領域模型物件，而應採用訊息契約模型。

當南向閘道需要存取上游的界限上下文時，倘若上游也採用了菱形對稱架構，南向閘道的用戶端就需要呼叫（重複使用）上游界限上下文定義的訊息契約模型。如果這兩個界限上下文不在同一處理程序，下游無法重複使用上游的訊息契約模型，則需要定義與之對應的訊息契約模型。由於南向閘道的用戶端通訊埠會被領域層的領域服務呼叫，為了避免訊息契約模型對領域模型造成污染，用戶端通訊埠的定義不應該牽涉到任何訊息契約模型，對訊息契約模型的呼叫或定義僅放在（或隔離在）用戶端介面卡。

北向閘道和南向閘道的訊息契約模型組成發佈語言。

引入發佈語言後，通常由北向閘道的應用服務完成（或呼叫）訊息契約模型與領域模型之間的轉換。有時，遠端服務與它呼叫的應用服務採用的訊息契約模型並不相同，還需要完成兩種不同訊息契約模型的轉換。

同理,南向閘道的用戶端介面卡也可能需要完成訊息契約模型與領域模型之間的轉換。

12.1.7 改進的菱形對稱架構

當我們將上下文映射模式引入菱形對稱架構後,整個架構的設計專案變得更加簡單,各層之間的關係與邊界也更加清晰。它也可以表現為一種全新的分層架構,菱形對稱架構與分層架構之間的關係如圖 12-13 所示。

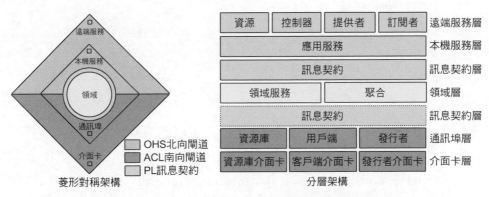

▲ 圖 12-13　菱形對稱架構 [10] 與分層架構

菱形對稱架構對領域驅動設計的分層架構做出了調整。使用者展現層被當作外部資源推到界限上下文的邊界之外,還去掉了應用層和基礎設施層的概念,以統一的閘道層進行概括,並以北向與南向分別表現來自不同方向的請求。原本屬於應用層的應用服務放在了北向閘道,位於領域層的資源庫則被推向了外部的南向閘道,由此形成的對稱結構突出了領域模型的核心作用,更加清晰地表現了業務邏輯、技術功能與外部環境之間的邊界。遵循菱形對稱架構的界限上下文程式模型如下:

```
currentcontext
  - ohs(northbound)
```

---

10 採用發佈語言模式的訊息契約模型仍然屬於閘道層的組成部分,若無特別要求,可以不在菱形對稱架構圖中表現出來。

```
          - remote
             - controller
             - resource
             - provider
             - subscriber
          - local
             - appservice
       - pl(message)
       - domain
       - acl(southbound)
          - port
             - repository
             - client
             - publisher
          - adapter
             - repository
             - client
             - publisher
```

該程式模型使用了上下文映射的模式名，ohs 代表開放主機服務模式，pl 代表發佈語言，acl 代表防腐層模式，當然，我們也可以使用北向（northbound 或 north）與南向（sourthbound 或 sourth）取代 ohs 與 acl 作為套件名，使用訊息（message）契約取代 pl 的套件名。這取決於不同團隊對這些設計要素的認識。無論如何，作為整個系統的架構師，一旦確定在界限上下文層次運用菱形對稱架構，就表示向團隊成員傳遞了統一的設計元語，潛在地列出了架構的設計原則與指導思想，即維持領域模型的清晰邊界，隔離業務複雜度與技術複雜度，並將界限上下文之間的協作通訊隔離在領域模型之外。

12.1.8　菱形對稱架構的價值

菱形對稱架構可以更加清晰地展現上下文映射模式之間的差異，並凸顯防腐層與開放主機服務的重要性，遵循菱形對稱架構的領域驅動架構亦能夠更進一步地回應變化。

1. 展現上下文映射模式

讓我們以查詢訂單業務場景來展現菱形對稱架構對上下文映射模式的表現。

查詢訂單時，需要獲取訂單項對應商品的商品資訊，即產生訂單上下文與商品上下文的協作關係，進而產生兩個界限上下文的模型依賴。隨著設計角度的變化，選擇的上下文映射模式也在對應發生變化，菱形對稱架構可以清晰地表現這一變化。

上游的商品上下文團隊總是高高在上，不大願意理睬下游團隊的呼喚，而下游團隊又不願意拋開上游團隊另起爐灶，就會無奈選擇遵奉者模式。或，如果認為商品上下文設計的領域模型足夠穩定，且具有非常大的重複使用價值，就可以主動選擇共用核心模式。它們的共同特點都是重複使用上游的領域模型，此時的模型依賴應準確地描述為領域模型的依賴，透過菱形對稱架構，可以表現為圖 12-14。

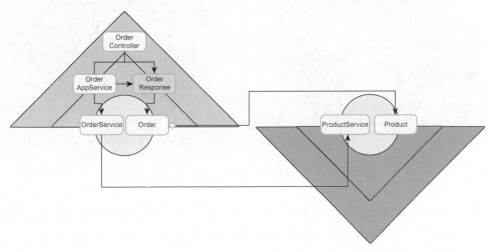

▲ 圖 12-14　遵奉者或共用核心

圖 12-14 清晰地展現了重複使用領域模型會突破菱形對稱架構北向閘道修築的堡壘，讓商品上下文的領域模型直接曝露在外。下游界限上下文修築的南向閘道防線也形同虛設，因為它被領域層的 OrderService「完美」地忽略了。

如果訂單上下文與商品上下文位於同一處理程序，根據菱形對稱架構的定義，位於下游的訂單上下文可以透過其南向閘道發起對商品上下文北向閘道中應用服務的呼叫。為了保護領域模型，商品上下文在北向閘道中還定義了訊息契約模型，表現為圖 12-15。

此時的菱形對稱架構表現了防腐層模式與開放主機服務模式的共同協作，兩邊的領域模型互不知情，但為了避免重複的模型定義，位於下游的訂單上下文直接重複使用了上游定義的訊息契約模型類別 ProductResponse，以減少轉換訊息模型物件的成本。此時的「模型依賴」可以視為對「訊息契約模型的依賴」，由於南向閘道中的 ProductClient 通訊埠對呼叫關係進行了抽象，防腐層的價值仍然存在。

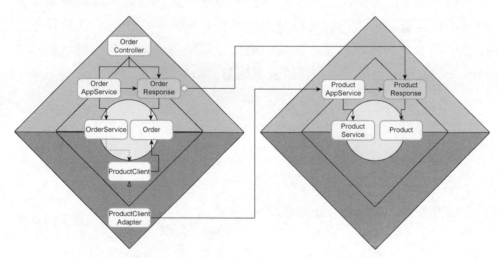

▲ 圖 12-15　防腐層與開放主機服務的應用服務

雖然 ProductClientAdapter 直接重複使用了上游的 ProductResponse 類別，但是，在 ProductClient 通訊埠的介面定義中，卻不允許出現上游的訊息契約模型，否則就會讓訊息契約模型侵入訂單上下文的領域模型中。為此，南向閘道用戶端通訊埠的介面方法應操作自己的領域模型，然後由介面卡完成訊息契約模型與領域模型的轉換。

如果訂單上下文與商品上下文位於不同處理程序，它們之間就不存在模型依賴了，需各自訂自己的模型物件。舉例來說，訂單上下文南向

閘道的 ProductClientAdapter 呼叫了商品上下文北向閘道的外部服務
ProductResource[11]，該服務操作的訊息契約模型為 ProductResponse。為
了支援訊息反序列化，就需要在訂單上下文的南向閘道定義與之一致的
ProductResponse 類別，如圖 12-16 所示。

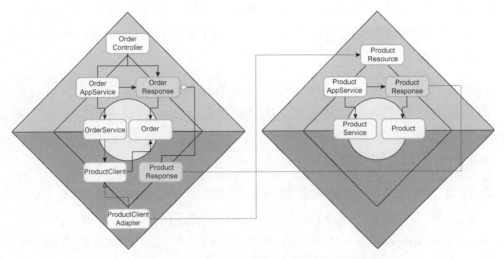

▲ 圖 12-16　防腐層與開放主機服務的遠端服務

如圖 12-16 所示，在各自界限上下文內部定義各自的訊息契約模型，徹底
解除了兩個界限上下文之間的「模型依賴」，南向閘道防腐層與北向閘道
開放主機服務也降低了兩個界限上下文的耦合。

模型依賴的解除並不表示兩個界限上下文是徹底解耦的。即使它們各自訂
了自己的訊息契約模型，斬斷了因為重複使用模型引起的依賴鏈條，卻
仍然存在隱含的邏輯概念映射關係，這一映射關係表現為對變化的串聯
反應。假如電子商務平台要求為銷售的所有商品增加一個「是否綠色環

11　如果這種跨處理程序呼叫方式採用了 RPC，則遠端服務將定義為提供者（Provider）服
　　務。RPC 的用戶端透過部署在本地的 Stub 以代理方式發起對遠端服務的呼叫，因此在設
　　計時要遵循介面與實現分離的原則。作為提供者服務介面一部分的訊息契約物件，與抽象
　　的服務介面放在同一個包中，並同時部署在用戶端和服務端，相當於下游的界限上下文仍
　　然重複使用了上游的訊息契約模型，與 REST 風格服務協作產生的模型依賴略有不同。

保」的新屬性，為此，商品上下文領域層的 Product 類別新增了 isGreen 屬性，對應地，北向閘道層定義的 ProductResponse 類別也需隨之調整。這一知識的變更也會傳遞到下游的訂單上下文。當然，透過對開放主機服務進行版本管理，或在下游引入防腐層進行隔離保護，一定程度可維持訂單上下文領域模型的穩定性。但是，如果需求要求商品資訊必須呈現「是否綠色環保」的屬性，就只能修改訂單上下文中 ProductResponse 類別的定義了。

若真正體會了界限上下文作為知識語境的業務邊界特徵，就可以將訂單包含的商品資訊視為訂單上下文的領域模型。隱含的統一語言為「已購商品」，與商品上下文的商品屬於不同的領域概念，位於不同的業務邊界，但共用同一個 productId。

在訂單上下文中，已購商品對應的領域類別 Product 作為 Order 聚合的組成部分，它的生命週期與 Order 的生命週期綁定在一起，統一由 OrderRepository 管理。這表示在保存訂單時，已經保存與訂單相關的商品資訊，在獲取訂單及其商品資訊時，無須求助於商品上下文。此時，查詢訂單的業務場景不會帶來二者之間的協作關係，形成了分離方式的上下文映射模式，如圖 12-17 所示。

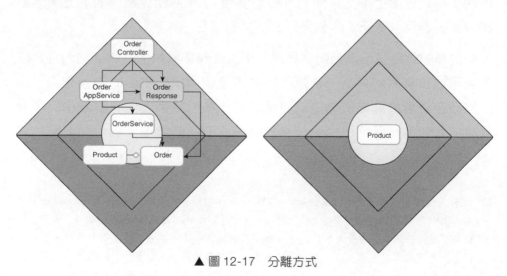

▲ 圖 12-17　分離方式

或許有人會提出疑問：訂單上下文的商品資訊僅包含了訂單需要的商品基本資訊，若需獲取更多商品資訊，是否表示訂單上下文需要向商品上下文發起請求呢？其實不然，因為這一請求並非由訂單上下文發起，而是透過客戶在前端點擊商品的「查看詳情」按鈕發起呼叫。由於頁面已經包含了 productId 的值，前端可直接向商品上下文的遠端服務 ProductController 發起呼叫請求，與訂單上下文無關。

上述 3 種場景以及對上下文映射模式的運用，模擬了模型依賴的 3 種形式。

- 訊息契約模型依賴：上下文映射採用防腐層與開放主機服務模式結合的模式，下游上下文可以直接重複使用上游上下文的訊息契約模型，也可以各自訂，但在邏輯概念上仍然存在依賴關係。
- 領域模型依賴：上下文映射採用共用核心或遵奉者模式，下游上下文的領域模型直接重複使用上游上下文的領域模型。
- 無模型依賴：上下文映射採用分離方式模式，界限上下文根據自己的知識語境定義自己的領域模型，從而解除了對上游的模型依賴關係。

第一種形式最為常見，菱形對稱架構的南向閘道與北向閘道充分凸顯其價值，盡可能地消除了兩個界限上下文之間的耦合。

第二種形式青睞「重複使用」的價值，嘗試滿足 DRY 原則（即 Don't Repeat Yourself，不要重複你自己）[4]，力圖保證整個系統只有一處表達領域概念的知識。當領域概念發生變化時，就可以做到只修改一處，避免了霰彈式修改 [6]。但是，在領域驅動設計中，DRY 原則的適用範圍應為界限上下文，即只在一個界限上下文中考慮消除重複，因為過度強調重複使用會帶來依賴的代價。

重複使用領域模型的決定無法預知未來的變化。一旦兩個界限上下文對相同的領域模型產生了不同的需求，變化的方向就會變得不一致。於是乎，修改開始發散。誰都希望重複使用它，重複使用的理由卻各不相同，使得它承擔的職責越來越多，導致引起它變化的原因也越來越多，慢慢

就會淪為低內聚的領域模型物件。設計從最初對霰彈式修改的避開，走向了另一個極端，產生了發散式變化 [6]。

相較於重複，界限上下文之間的高度耦合更是不可原諒的缺點。在兩個或多個界限上下文之間重複使用領域模型是一種危險的選擇。下游界限上下文缺少南向閘道的隔離，使得它無法抵禦外界的影響，違背了「穩定空間」的自治特性；上游界限上下文缺少北向閘道的統一介面定義，使得它輕易地將領域模型的變化傳遞給外界，違背了「獨立進化」的自治特性。這也正是菱形對稱架構引入閘道層的原因。

第三種形式真正展現了界限上下文是領域模型知識語境的本質，也表現了最小完備的自治性。然而，採取分離方式建立領域模型會否引入資料容錯與同步的問題？這需要針對具體的業務場景進行分析。

第一種場景：資料存於一處，領域模型存在業務邊界，但資料模型建立了連結關係。舉例來説，訂單上下文與商品上下文的領域模型都定義了 Product 類別，但資料庫只有一張商品資料表。OrderRepository 在管理 Order 聚合的生命週期時，同時管理該聚合內部 Product 實體的生命週期。雖然領域概念分屬不同的界限上下文，但 OrderRepositoryAdapter 操作的商品表就是商品上下文 ProductRepositoryAdapter 操作的商品表，只是操作的資料列存在差異。這一實現方式表現了領域模型和資料模型具有一定程度的獨立性。領域模型在不同界限上下文中是分離的，資料模型在資料庫中卻可以定義在一張表中，只需在物件與關係的映射中定義不同的映射關係。當然，從領域建模的角度講，應遵循領域模型來設計資料模型，保持二者的一致性。因此，這一設計方式本身不值得推薦。

第二種場景：資料按照不同的業務邊界透過分庫或分表來分散儲存，用相同的 ID 保持連結。如此既維護了領域的邊界，也維護了資料的邊界。這一設計突出了界限上下文的邊界保護作用，更易於從單體架構遷移到微服務架構。該設計對業務邊界的要求更高，對屬性定義也更為苛刻。它不允許在不同的業務邊界出現相同業務含義的屬性，否則就會導致資料容錯，進而帶來資料同步的問題。

舉例來說，訂單上下文內部的 Product 類別對應了訂單資料庫中的商品表，商品上下文內部的 Product 類別對應了商品資料庫中的商品表，它們之間透過 ProductId 保證商品的唯一性。如果兩個上下文的 Product 類別都定義了 name 屬性，就表示兩個商品表存在相同的 name 資料列。當一張表的 name 值進行了修改，就必須同步該修改另一張表。要避開這種情況，就必須守住界限上下文的領域模型邊界。例如訂單上下文的 Product 類別就不應該定義 name 屬性，如果需要獲取商品名，應透過商品上下文獲得。這一設計遵循了自治單元的「最小完備」性。

第三種場景：資料雖然看似存在容錯，實則在進入各自的界限上下文邊界後，已經割裂了彼此之間的關係，不再依據相同的變化原因。

舉例來說，訂單上下文定義的 Product 類別包含了 price 屬性，商品上下文的 Product 類別也定義了該屬性。這是否導致資料容錯，當商品上下文的商品價格被修改後，需要同步保存在訂單中的商品價格嗎？答案是否定的。在客戶提交訂單後，訂單包含的商品價格就與商品上下文脫離了關係，被訂單上下文單獨管理。在客戶提交訂單的那一 那，已購商品的價格就被凍結了，之後產生的任何調價行為或促銷行為，都不會作用於一個已經提交的訂單。

如此看來，在維護好領域模型的知識語境的前提下，我們應優先選擇分離方式。分離方式對領域模型的定義要求甚高，如果領域模型的歸屬依舊蒙昧未明，就「取法乎上，僅得乎中」，考慮採用訊息契約模型依賴。只要守住界限上下文的業務邊界，這不失為一個更具平衡特徵的中策。它既能有效地維護界限上下文的領域模型邊界，又能降低上下文映射帶來的依賴強度。雖然付出了重複定義與模型轉換的成本，換來的卻是界限上下文獨立演化的相對自由，這事實上正是菱形對稱架構表現出來的回應變化的能力。

2. 更進一步地回應變化

界限上下文之間產生協作時，可以透過菱形對稱架構更進一步地回應協作關係的變化。它設定了一個基本原則，即下游界限上下文需要透過南向閘道與上游界限上下文的北向閘道進行協作。簡而言之，就是防腐層與開放主機服務的協作。這是兩種通訊整合模式的融合，當把這一方式運用到兩種團隊協作模式上時，既能促進上下游團隊之間的合作，又能保證各個團隊相對的獨立性。這兩種團隊協作模式就是：

- 客戶方 / 供應方模式；
- 發行者 / 訂閱者模式。

客戶方 / 供應方模式採用同步通訊實現上下游團隊的協作，參與協作的角色包括下游客戶方和上游供應方。

- 下游客戶方：防腐層的用戶端通訊埠代表上游服務的介面，用戶端介面卡封裝了對上游服務的呼叫邏輯。
- 上游供應方：開放主機服務的遠端服務與本地的應用服務為下游提供具有業務價值的服務。

客戶方的介面卡究竟該呼叫供應方的遠端服務還是本地的應用服務，取決於這兩個界限上下文的通訊邊界。

如果客戶方與供應方位於同一個處理程序邊界，客戶方的介面卡就可以直接呼叫應用服務。處理程序內的呼叫更加穩固，更加可控，避免了分散式通訊的網路傳輸成本，也省掉了訊息協定的序列化成本。供應方的應用服務作為北向閘道，同樣提供了對領域模型的保護，確保了領域模型的獨立性和完整性。同一處理程序的協作圖如圖 12-18 所示。

如果客戶方與供應方位於不同處理程序邊界，就由遠端服務來回應客戶方介面卡發起的呼叫。根據通訊協定與序列化機制的不同，可以選擇資源服務或供應者服務作為遠端服務來回應這樣的分散式呼叫。遠端服務在收到用戶端請求後，會透過應用服務將請求傳遞給領域層的領域模型。不同處理程序的協作圖如圖 12-19 所示。

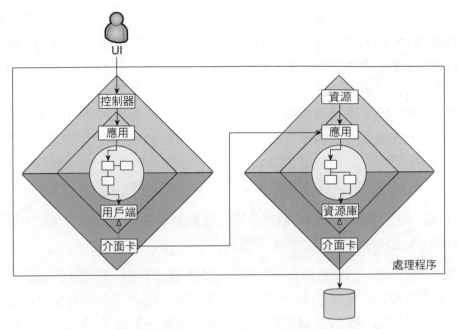

▲ 圖 12-18　同一處理程序的協作

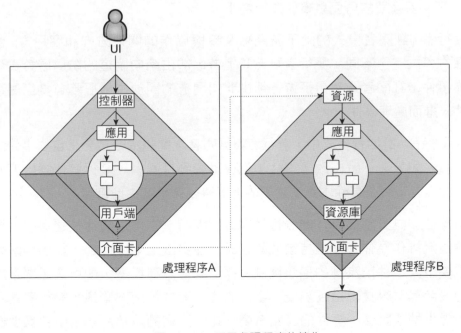

▲ 圖 12-19　不同處理程序的協作

雖然 Eric Evans 並未要求為每個參與協作的界限上下文都定義防腐層與開放主機服務,但菱形對稱架構擴大了防腐層與開放主機服務的外延,使得防腐層與開放主機服務之間的協作成了客戶方／供應方映射模式的標準通訊模式。南向閘道的防腐層保證了通訊埠與介面卡的分離,解除了對供應方開放主機服務的強耦合。開放主機服務提供的應用服務與遠端服務,允許客戶方與供應方的協作能夠相對自如地在處理程序內通訊與處理程序間通訊之間完成切換,自然就可以相對輕鬆地將一個系統從單體架構風格遷移到微服務架構風格。

發行者／訂閱者模式是採用非同步通訊實現上下游團隊協作的模式,參與協作的角色包括上游發行者和下游訂閱者。

- 上游發行者:防腐層的發行者通訊埠負責發佈事件。它並不需要關心下游訂閱者如何消費事件,但需要就事件契約與下游團隊溝通達成一致。
- 下游訂閱者:開放主機服務的訂閱者遠端服務需要監聽事件匯流排,獲取發行者發佈的事件,然後將事件傳遞給應用服務,應用服務擔任事件處理器的角色對事件進行處理。

發行者／訂閱者模式的上下游關係及參與協作的閘道方向和客戶方／供應方模式完全不同。發行者雖然是上游,卻由南向閘道的防腐層負責發佈事件;訂閱者雖然是下游,卻由北向閘道的開放主機服務負責訂閱事件,進而處理事件。

在發行者／訂閱者模式中,發行者與訂閱者之間的耦合主要來自對事件的定義。如果發行者修改了事件,就會影響到訂閱者,發行者傳遞給下游的知識其實就是事件本身。它們的上下游關係也就由此確定。

當兩個團隊分別為事件的發行者與訂閱者時,它們之間往往透過引入事件匯流排作為仲介來維持彼此的通訊。在界限上下文內部,需要隔離領域模型與事件匯流排的通訊機制。採用菱形對稱模型,即可透過閘道層的設計專案來實現這種隔離。事件的發行者位於南向閘道,發行者通訊埠提供抽象定義,事件的訂閱者屬於北向閘道的遠端服務,事件處理器即應用服務。

我們還需要判斷是誰引起了事件的發佈。

如果事件由應用服務發佈，該事件就是應用事件，它的觸發者可能是當前界限上下文外部的用戶端。舉例來説，前端 UI 發起對遠端服務的呼叫，然後委派給了應用服務。應用服務呼叫領域層執行完整個業務服務的領域邏輯後，組裝好待發佈的應用事件，透過呼叫南向閘道的發行者通訊埠，由注入的發行者介面卡最終完成事件的發佈。完整的呼叫關係如圖 12-20 所示。

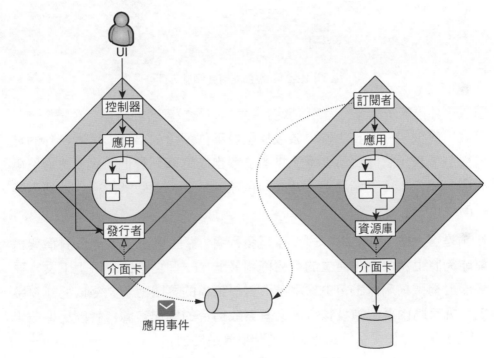

▲ 圖 12-20　發佈和訂閱應用事件

如果是領域層的領域模型物件在執行某一個領域行為時發佈了事件，該事件就為領域事件。由於發佈事件需要與外部的事件匯流排協作，它會呼叫南向閘道的發行者通訊埠。為了保證領域模型中聚合的純粹性，應由領域服務呼叫發行者通訊埠，完成對領域事件的發佈。呼叫關係如圖 12-21 所示。

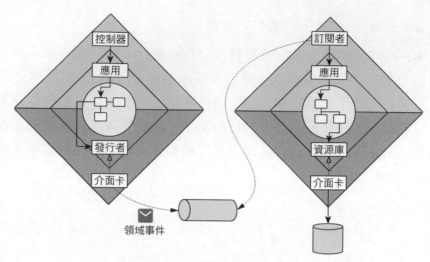

▲ 圖 12-21　發佈和訂閱領域事件

引入事件匯流排的發行者 / 訂閱者模式具有鬆散耦合的特點。在結合了防腐層與開放主機服務之後，領域模型並不依賴發佈事件與訂閱事件的實現機制，表示它們對事件匯流排的依賴也能夠降到最低。只要透過積極的團隊協作，定義滿足上下游共同目標的事件，它們就能極佳地響應業務的變化。

無論是客戶方 / 發佈方模式，還是發行者 / 訂閱者模式，菱形對稱架構都能夠將上游的變化產生的影響降到最低。一個自治的界限上下文需要菱形對稱架構來保證。由採用菱形對稱架構的界限上下文組成的業務系統，既有高內聚的領域核心，又有鬆散耦合的協作空間，就能更進一步地回應變化，使得系統具有更強的架構演進能力。

12.1.9　菱形對稱架構的運用

讓我們透過一個簡化的提交訂單業務服務來說明在菱形對稱架構下，界限上下文之間以及內部各個設計專案是如何協作的[12]。參與協作的界限上

---

12 本例的程式請在 GitHub 中搜尋 "agiledon/diamond" 獲取。

下文包括訂單上下文、倉儲上下文、通知上下文和客戶上下文。假設每個界限上下文以微服務形式部署，位於不同的處理程序。

提交訂單業務服務的執行過程如下：

- 客戶向訂單上下文發送提交訂單的用戶端請求；
- 訂單上下文向庫存上下文發送檢查庫存量的用戶端請求；
- 庫存上下文查詢庫存資料庫，返回庫存資訊；
- 若庫存量符合訂單需求，則訂單上下文存取訂單資料庫，插入訂單資料；
- 插入訂單成功後，移除購物車對應的購物車項；
- 訂單上下文呼叫庫存上下文的鎖定庫存量服務，對庫存量進行鎖定；
- 提交訂單成功後，發佈 OrderPlaced 事件到事件匯流排；
- 通知上下文訂閱 OrderPlaced 事件，呼叫客戶上下文獲得該訂單的客戶資訊，組裝通知內容；
- 通知上下文呼叫簡訊服務，發送簡訊通知客戶。

1. 訂單上下文的內部協作

客戶要提交訂單，透過前端 UI 向訂單上下文遠端服務 OrderController 提交請求，然後將請求委派給應用服務 OrderAppService：

```
package com.dddexplained.diamonddemo.ordercontext.northbound.remote.
controller;

@RestController
@RequestMapping(value="/orders")
public class OrderController {
    @Autowired
    private OrderAppService orderAppService;

    @PostMapping
    public void placeOrder(PlacingOrderRequest request) {
        orderAppService.placeOrder(request);
    }
}
```

```
package com.dddexplained.diamonddemo.ordercontext.northbound.local.
appservice;

@Service
public class OrderAppService {
    @Autowired
    private OrderService orderService;

    @Transactional(rollbackFor = ApplicationException.class)
    public void placeOrder(PlacingOrderRequest request) {}
}
```

遠端服務與應用服務操作的訊息契約模型定義在 message 套件中：

```
package com.dddexplained.diamonddemo.ordercontext.message;

import java.io.Serializable;
import com.dddexplained.diamonddemo.ordercontext.domain.Order;

public class PlacingOrderRequest implements Serializable {
    public Order to() {
        return new Order();
    }
}
```

這些訊息契約模型都定義了如 to() 和 from() 之類的轉換方法，用於訊息
契約模型與領域模型之間的互相轉換。

2. 訂單上下文與庫存上下文的協作

訂單上下文的應用服務 OrderAppService 收到 PlacingOrderRequest 請
求，在將該請求物件轉為 Order 領域物件後，透過領域服務 OrderService
提交訂單。提交訂單時，需要驗證訂單的有效性，再檢查庫存量。驗證
訂單的有效性由 Order 聚合根承擔，庫存量的檢查透過南向閘道的用戶端
通訊埠 InventoryClient：

```
package com.dddexplained.diamonddemo.ordercontext.domain;

@Service
public class OrderService {
    @Autowired
```

```
    private InventoryClient inventoryClient;

    public void placeOrder(Order order) {
        if (order.isInvalid()) {
            throw new InvalidOrderException();
        }

        InventoryReview inventoryReview = inventoryClient.check(order);
        if (!inventoryReview.isAvailable()) {
            throw new NotEnoughInventoryException();
        }

        ......
    }
}
```

由於南向閘道的用戶端通訊埠 **InventoryClient** 是針對領域模型的，通訊埠的介面定義不能摻雜任何與領域模型無關的內容，故而介面方法操作的物件應為領域模型物件：

```
package com.dddexplained.diamonddemo.ordercontext.southbound.port.client;

public interface InventoryClient {
    InventoryReview check(Order order);
}
```

用戶端介面卡 **InventoryClientAdapter** 實現了通訊埠介面，需要在其內部將領域模型物件轉為上游遠端服務能夠辨識的訊息契約物件：

```
package com.dddexplained.diamonddemo.ordercontext.southbound.adapter.
client;

@Component
public class InventoryClientAdapter implements InventoryClient {
    private static final String INVENTORIES_RESOURCE_URL = "http://
inventory-service/
inventories";

    @Autowired
    private RestTemplate restTemplate;

    @Override
    public InventoryReview check(Order order) {
```

```
        CheckingInventoryRequest request = CheckingInventoryRequest.
from(order);
        InventoryReviewResponse reviewResponse = restTemplate.
postForObject(INVENTORIES_RESOURCE_URL, order, InventoryReviewResponse.
class);
        return reviewResponse.to();
    }

    @Override
    public void lock(Order order) {
        LockingInventoryRequest inventoryRequest = LockingInventoryRequest.
from(order);
        restTemplate.put(INVENTORIES_RESOURCE_URL, inventoryRequest);
    }
}
```

訂單上下文與庫存上下文位於不同處理程序，需要各自訂訊息契約，故而在訂單上下文的南向閘道中定義對應的訊息契約模型 CheckingInventory Request 和 InventoryReviewResponse：

```
package com.dddexplained.diamonddemo.ordercontext.message;

import java.io.Serializable;
import com.dddexplained.diamonddemo.ordercontext.domain.Order;

public class CheckingInventoryRequest implements Serializable {
    public static CheckingInventoryRequest from(Order order) {}
}

package com.dddexplained.diamonddemo.ordercontext.message;

import java.io.Serializable;
import com.dddexplained.diamonddemo.ordercontext.domain.InventoryReview;

public class InventoryReviewResponse implements Serializable {
    public InventoryReview to() {}
}
```

3. 庫存上下文的內部協作

當下游的訂單上下文發起對庫存上下文遠端服務 InventoryResource 的呼叫時，又會透過應用服務 InventoryAppService 來呼叫領域服務

InventoryService，然 後，經 由 通 訊 埠 InventoryRepository 與 介 面 卡 InventoryRepositoryAdapter 存取庫存資料庫，獲得庫存量的檢查結果：

```
package com.dddexplained.diamonddemo.inventorycontext.northbound.remote.
resource;

@RestController
@RequestMapping(value="/inventories")
public class InventoryResource {
    @Autowired
    private InventoryAppService inventoryAppService;

    @PostMapping
    public ResponseEntity<InventoryReviewResponse>
check(CheckingInventoryRequest request) {
        InventoryReviewResponse reviewResponse = inventoryAppService.
checkInventory(request);
        return new ResponseEntity<>(reviewResponse, HttpStatus.OK);
    }
}

package com.dddexplained.diamonddemo.inventorycontext.northbound.local.
appservice;

@Service
public class InventoryAppService {
    @Autowired
    private InventoryService inventoryService;

    public InventoryReviewResponse checkInventory(CheckingInventoryRequest
request) {
        InventoryReview inventoryReview = inventoryService.
reviewInventory(request.to());
        return InventoryReviewResponse.from(inventoryReview);
    }
}

package com.dddexplained.diamonddemo.inventorycontext.domain;

@Service
public class InventoryService {
    @Autowired
    private InventoryRepository inventoryRepository;
```

```
    public InventoryReview reviewInventory(List<PurchasedProduct>
purchasedProducts) {
        List<String> productIds = purchasedProducts.stream().map(p ->
p.productId()).collect(Collectors.toList());
        List<Product> products = inventoryRepository.
productsOf(productIds);

        List<Availability> availabilities = products.stream().map(p -> p.ch
eckAvailability(purchasedProducts)).collect(Collectors.toList());
        return new InventoryReview(availabilities);
    }
}
```

```
package com.dddexplained.diamonddemo.inventorycontext.southbound.port.
repository;

@Repository
public interface InventoryRepository {
    List<Product> productsOf(List<String> productIds);
}
```

4. 訂單上下文成功提交訂單

領域服務 OrderService 在確認了庫存量滿足訂單需求後，透過通訊
埠 OrderRepository 以及介面卡 OrderRepositoryAdapter 存取訂單資料
庫，插入訂單資料。一旦訂單插入成功，還需要移除購物車中對應的
購物車項。由於購物車與訂單都在訂單上下文中，訂單上下文的領域
服務 OrderService 可以直接呼叫領域服務 ShoppingCartService。移除
購物車項後，領域服務 OrderService 還要呼叫庫存上下文的遠端服務
InventoryResource 鎖定庫存量，從而成功完成訂單的提單。領域服務
OrderService 的實現如下：

```
package com.dddexplained.diamonddemo.ordercontext.domain;

@Service
public class OrderService {
    @Autowired
    private OrderRepository orderRepository;
    @Autowired
    private InventoryClient inventoryClient;
```

```
public void placeOrder(Order order) {
    if (!order.isValid()) {
        throw new InvalidOrderException();
    }

    InventoryReview inventoryReview = inventoryClient.check(order);
    if (!inventoryReview.isAvailable()) {
        throw new NotEnoughInventoryException();
    }

    orderRepository.add(order);
        ShoppingCartService.removeItems(order.customerId(),
            Order.purchasedProducts());
    inventoryClient.lock(order);
    }
}
```

5. 訂單上下文發佈應用事件

訂單上下文的應用服務 OrderAppService 會在 OrderService 成功提交訂單之後組裝 OrderPlaced 應用事件，呼叫通訊埠 EventPublisher，經由介面卡 EventPublisherAdapter 將事件發佈到事件匯流排：

```
package com.dddexplained.diamonddemo.ordercontext.northbound.local.
appservice;

@Service
public class OrderAppService {
    @Autowired
    private OrderService orderService;
    @Autowired
    private EventPublisher eventPublisher;

    private static final Logger logger = LoggerFactory.
getLogger(OrderAppService.class);

    @Transactional(rollbackFor = ApplicationException.class)
    public void placeOrder(PlacingOrderRequest request) {
        try {
            Order order = request.to();
            orderService.placeOrder(order);

            OrderPlaced orderPlaced = OrderPlaced.from(order);
```

```
        eventPublisher.publish(orderPlaced);
    } catch (DomainException ex) {
        logger.warn(ex.getMessage());
        throw new ApplicationException(ex.getMessage(), ex);
    }
}
}
```

發佈的 OrderPlaced 應用事件屬於訂單上下文南向閘道的訊息契約。位於
不同處理程序的訂閱者要訂閱該應用事件，為了滿足反序列化的要求，
需要在所屬界限上下文的北向閘道定義與之對應的應用事件。在提交訂
單的業務場景中，該事件的訂閱者只有通知上下文，因此在通知上下文
北向閘道的訊息契約中也定義了一個相同的 OrderPlaced 應用事件。

6. 通知上下文訂閱應用事件

通知上下文的遠端服務 EventSubscriber 訂閱了 OrderPlaced 事件，一旦接
收到該事件，就交由事件處理器處理該事件。事件處理器是一個介面，
定義為：

```
public interface OrderPlacedEventHandler {
    void handle(OrderPlaced event);
}
```

應用服務 NotificationAppService 實現了事件處理器介面，可以透過呼叫
領域層的 NotificationService 領域服務來處理該事件：

```
package com.dddexplained.diamonddemo.notificationcontext.northbound.
remote.subscriber;

public class EventSubscriber {
    @Autowired
    private OrderPlacedEventHandler eventHandler;

    @KafkaListener(id = "order-placed", clientIdPrefix = "order", topics =
{"topic.e-commerce.order"}, containerFactory = "containerFactory")
    public void subscribeEvent(String eventData) {
        OrderPlaced orderPlaced = JSON.parseObject(eventData, OrderPlaced.
class);
        eventHandler.handle(orderPlaced);
    }
```

```
}

package com.dddexplained.diamonddemo.notificationcontext.northbound.
local.appservice;

@Service
public class NotificationAppService implements OrderPlacedEventHandler {
   @Autowired
   private NotificationService notificationService;

   public void handle(OrderPlaced orderPlaced) {
       notificationService.notify(orderPlaced.to());
   }
}
```

7. 通知上下文與客戶上下文的協作

NotificationService 領域服務會呼叫通訊埠 CustomerClient，然後可以
經由介面卡 CustomerClientAdapter 向客戶上下文的遠端服務 Customer
Resource 發送呼叫請求。在客戶上下文內部，由北向南，依次透過遠
端服務 CustomerResource、應用服務 CustomerAppService、領域服
務 CustomerService 和南向閘道的通訊埠 CustomerRepository 與介面卡
CustomerRepositoryClient 完成對客戶資訊的查詢，返回呼叫者需要的資
訊。通知上下文的領域服務 NotificationService 在收到該回應訊息後，
組裝領域物件 Notification，再透過本地的通訊埠 SmsClient 與介面卡
SmsClientAdapter，呼叫簡訊服務發送通知簡訊：

```
package com.dddexplained.diamonddemo.notificationcontext.domain;

@Service
public class NotificationService {
   @Autowired
   private CustomerClient customerClient;
   @Autowired
   private SmsClient smsClient;

   public void notify(Notification notification) {
       CustomerResponse customerResponse = customerClient.
customerOf(notification.to().id());
       notification.filledWith(customerResponse.to());
```

```
    smsClient.send(notification.to().phoneNumber(), notification.
content());
    }
}
```

整個流程到此結束。顯然，若每個界限上下文都採用菱形對稱架構 [13]，程式結構就會變得非常清晰。各個層各個模組各個類別都具有各自的職責 [14]，涇渭分明，共同協作。同時，閘道層對領域層的保護是不遺餘力的，沒有讓任何領域模型物件洩露到界限上下文邊界之外。唯一帶來的成本就是需要重複定義訊息契約物件，並實現領域模型與訊息契約模型之間的轉換邏輯。

12.2 系統分層架構

系統上下文界定了目標系統解空間的範圍，透過運用分而治之的思想，將整個解空間分解為多個界限上下文，降低了目標系統的規模。菱形對稱架構模式為界限上下文內部建立了清晰的結構，並對它們之間的協作進行約束和指導。相較而言，系統上下文位於更高的層次，也需要引入與之符合的架構模式，把界限上下文當作基本的架構單元，從目標系統的角度確定整個系統的結構。這個架構模式就是系統分層架構。

12.2.1 重點分離

對於一個大型的複雜系統，遵循重點分離原則分解總是最為有效的降低複雜度的手段。

重點分離需要按照變化的方向進行，如此才能滿足架構的正交性。將目標系統視為一個長方體，沿垂直與水平兩個方向的重點對長方體進行縱

---

13 共用核心或遵奉者模式不會嚴格遵循菱形對稱架構。第 18 章要講解的 CQRS 模式也是一個例外，針對查詢場景不需要採用菱形對稱架構。
14 領域層各個類別的職責分配遵循服務驅動設計。

橫切分。傳統的縱橫切分只有一個抽象層次，即系統的抽象層次，如圖 12-22 所示。

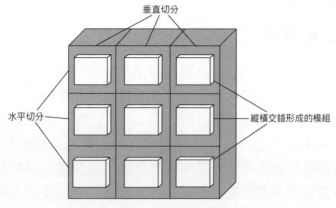

▲ 圖 12-22　系統的縱橫切分

領域驅動設計則不然。界限上下文根據業務能力對整個系統進行了垂直切分，並在它的自治邊界內建立了獨立的架構。界限上下文的垂直切分並非徹底的、自頂向下的完整切分，例如它並沒有將前端的展現層包含在內，其自治性又突破了縱橫交錯的界限，形成了圖 12-23 所示的架構。

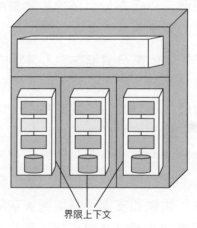

▲ 圖 12-23　界限上下文的垂直切分

這樣的架構雖然仍然存在水平方向與垂直方向的切分，但如果將界限上下文看作一個黑箱，它更像一種扁平結構。扁平結構保證了架構的簡單性，但隨著系統變得越來越複雜，其抽象層次的不同會使得它的簡單性無法滿足系統的複雜度，就好似一家大型國際企業，往往無法採用扁平的組織結構進行有效管理。

之所以出現扁平結構，是因為我們將所有的界限上下文放在了同一個抽象層次。在系統層面，界限上下文統一了業務、持久化和資料庫，作為

一個整體與 UI 展現邏輯形成了水平切分，遂演變為由 UI 展現層與界限上下文組成的兩層結構。

12.2.2 映射子領域

界限上下文雖然是根據領域維度對目標系統進行垂直切分，但並不表示所有的界限上下文都位於同一個水平抽象層次。這種不分主次的結構違背了領域驅動設計的精煉目標。Eric Evans 指出：「一個嚴峻的現實是我們不可能對所有設計部分進行同等的精化，而是必須分出優先順序。」[8]279 領域驅動設計對這種優先順序的回應就是為整個問題空間劃分子領域，並依據重要程度劃分為核心子領域、支撐子領域和通用子領域。既然架構映射階段是對問題空間的求解過程，那麼，子領域針對問題空間的優先順序劃分自然會影響到解空間的架構決策，並將其映射到整個系統的架構上。

子領域的劃分關鍵在於「選擇核心」，也就是精煉出那些「能夠表示業務領域並解決業務問題的模型部分」[8]280。這部分模型能夠為系統增加業務價值，形成問題空間的核心子領域到解空間界限上下文的映射。還有一部分模型，它們抽象出來的概念不是是很多業務都需要的，就是就是支撐業務的某個方面，這表示它們借助核心子領域映射的界限上下文間接為系統提供業務價值，這部分模型在解空間的位置，正是問題空間中通用子領域和支撐子領域到解空間界限上下文的映射。要形成問題空間與解空間的同構映射，就需要為界限上下文確定優先順序。我們需要改變分層架構的技術角度，從價值的角度將所有的界限上下文分為兩個層次。

- 業務價值層（value-added layer）：映射核心子領域。
- 基礎層（foundation layer）：映射通用子領域和支撐子領域。

劃分子領域的目的在於確定建模的成本，並由此進行合理的工作分配。屬於核心子領域的領域邏輯值得用最好的團隊實施領域驅動設計，透過領域建模來確保領域模型的品質；屬於通用子領域或支撐子領域的領域邏輯可以交給非核心開發人員用簡便快速的方法完成，甚至可以考慮購

買或外包。這表示位於基礎層的界限上下文可以採用弱化的菱形對稱架構。如圖 12-24 所示，基礎層的界限上下文可以是一個純粹的函數庫，不需要存取如資料庫這樣的外部資源，或可以只提供屬於它邊界內的領域模型。

界限上下文雖然處於兩個不同的層次，但並未改變業務能力垂直切分的本質，只不過它們的層次是由業務價值的差異決定的。每個界限上下文的內部都包含了屬於自身業務語境的模型，只是針對的領域不同罷了。

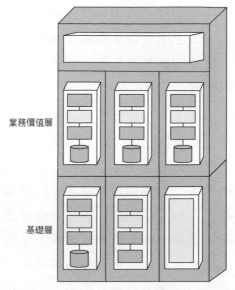

▲ 圖 12-24　映射子領域的層次

以電子商務系統為例。業務價值層的配送上下文映射核心子領域，為電子商務系統提供了業務價值，它針對的領域與物流有關；基礎層的導航上下文映射支撐子領域，並未提供直接的業務價值，卻為配送功能提供了導航服務，它針對的領域與 GIS 有關；同樣位於基礎層的身份上下文映射通用子領域，為業務價值層的幾乎所有界限上下文都提供了身份認證功能，但並不屬於電子商務系統的業務價值，它針對的領域與安全有關。

不要將基礎層與領域驅動設計的基礎設施層混為一談，因為在菱形對稱架構中，基礎設施層實際上是閘道層。在系統分層架構中，架構師要學會運用界限上下文來切分業務能力的重點。即使是技術實現細節，作為負責該界限上下文的團隊，同樣需要針對領域來設計，只是對領域層的設計未必需要領域建模，並可能以函數庫的元件形式進行物理部署。技術實現的要求也使得該團隊更像一個元件團隊，而非領域特性團隊。例如業務價值層的多個界限上下文都需要檔案上傳與下載功能，且這些功能都在系統上下文的邊界內，就可將它們視為問題空間的支撐子領域或

通用子領域，映射為基礎層的界限上下文。相反，如果只有業務價值層的界限上下文需要檔案上傳和下載功能，且這些功能由團隊自行實現，則這些功能就屬於菱形對稱架構的南向閘道，對應於領域驅動設計分層架構的基礎設施層。

設計時，一定要注意系統上下文的邊界。系統邊界之外的功能不屬於任何一個界限上下文。假設某個開放原始碼函數庫實現了檔案上傳和下載功能，情形就發生了變化。由於該開放原始碼函數庫不在系統上下文的邊界內，對需要呼叫該功能的界限上下文而言，只需在南向閘道定義檔案上傳和下載的通訊埠，並由介面卡呼叫該開放原始碼函數庫實現該功能。但是，如果檔案上傳和下載的介面卡需要轉換大量功能，甚至需要定義與檔案相關的領域模型物件，或提供系統專用的設定資訊，說明該轉換功能具有了獨立能力，就可以在基礎層定義檔案傳輸上下文。業務價值層的各個界限上下文仍然保留南向閘道的檔案上傳和下載通訊埠，只是在介面卡中將原來對外部開放原始碼框架的呼叫轉為對檔案傳輸上下文服務的呼叫。

12.2.3　邊緣層

雖然前端 UI 被推到界限上下文的邊界之外，但系統上下文層次的架構必須考慮它，畢竟前端 UI 的實現也屬於目標系統解空間的範圍。

在界限上下文北向閘道的遠端服務中，控制器服務專門用於與前端 UI 的互動，提供代表格視圖展現的訊息契約模型。目前流行的前端框架都遵循 MVC 模式或其變種模型 - 視圖展現器（Model-View Presenter，MVP）、模型 - 視圖 - 視圖模型（Model-View-ViewModel，MVVM）等模式，並採用單頁應用（single page application）的前端開發範式。前端呈現的內容由後端服務提供，即視圖模型物件。對於一個典型的前後端分離架構，倘若採用單頁應用，則前後端各物件之間的對話模式大抵如圖 12-25 所示。

由於設計角度的不同，前端 UI 往往無法與界限上下文一一對應，一個頁面可能需要向多個界限上下文的遠端服務發送請求，不同請求的返回值

用於繪製同一個頁面的不同控制項。若前端 UI 還需要支援多種前端應用，就會導致前端 UI 與界限上下文的協作關係形成疊加，進一步加劇了二者之間的不符合關係。這種不符合關係還會表現到團隊組織上。根據康威定律，前端開發人員不屬於界限上下文領域特性團隊的一部分，由此需要組建專門的前端團隊。前後端的不符合會為前端團隊與後端領域特性團隊製造交流障礙。

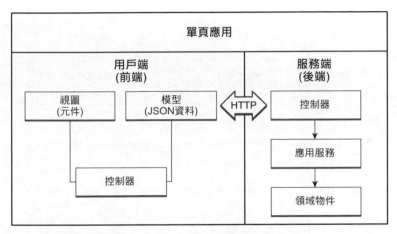

▲ 圖 12-25　單頁應用的前後端互動

此處再次引用 David Wheeler 的名言：「電腦科學中的大多數問題都可以透過增加一層間接性來解決。」前後端之間的不符合問題亦可以引入間接層來解決。該間接層位於服務端，提供了與前端 UI 對應的服務端元件，並成為組成前端 UI 的一部分。針對不同的前端應用，間接層可以提供不同的服務端元件。由於引入的這一間接層具有後端服務的特徵，卻又為前端提供服務，因而被稱為為前端提供的後端（Backends For Frontends，BFF）層。

前端團隊顯然更加了解 UI 的設計。為了更進一步地協調前端團隊與後端領域特性團隊的溝通與協作，往往由前端團隊定義 BFF 層的介面。甚至在技術選型上，為了消除前端開發人員的技術門檻，選擇以 JavaScript 為基礎的 Node.js，然後由前端團隊實現 BFF 層。

BFF 層作為中間層為不同的前端應用提供服務,如分別為 Web 前端與移動前端提供不同的服務介面。不僅如此,它還提供了聚合服務的職責,將本該由多個界限上下文提供的遠端服務聚合為一個服務,如圖 12-26 所示。

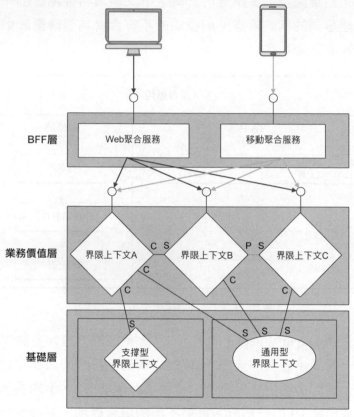

▲ 圖 12-26　聚合服務

BFF 層同時履行了 UI 轉換與服務聚合的職責,好像專門為後端建立了一個供前端存取的邊緣。事實上,它確實可以建立一個網路邊緣來保護後端的業務價值層與基礎層。例如在物理部署上,可以將 BFF 層部署在一個 DMZ(demilitarized zone)區,而將後端的業務價值層與基礎層部署在安全等級更高的防火牆內網。這時的 BFF 層就不只限於其名稱所指代的含義了。為了更進一步地表現這一中間層的邊緣價值,可將其改名為邊緣層(edge layer)。

邊緣層的定義更加抽象。只要滿足邊緣含義的職責，事實上都可以封裝在這一層。例如微服務架構風格所需的 API 閘道，也屬於介於後端與前端的邊緣。整個系統分層架構的演進如圖 12-27 所示。

▲ 圖 12-27　系統分層架構

圖 12-27 中的虛線框代表架構中的可選元素。例如對於非微服務架構，可以不使用 API 閘道；對於前端呼叫相對簡單的系統，甚至可以沒有邊緣層。

系統分層架構的分層系統與命名參考了 SoundCloud 的微服務分層架構。不同之處在於，它引入了領域驅動設計的元模型，以問題空間的子領域映射業務價值層和基礎層，並將界限上下文作為層次內的基本架構單元，形成了依據價值重要性進行劃分的分層架構。

12.3　領域驅動架構風格

一個好的架構能夠回應需求變化進行不斷的演進。Neal Ford 等人指出：「建構演進式架構的關鍵之一在於決定自然元件的粒度以及它們之間的耦合，以此來適應那些透過軟體架構支援的能力。」[31]41 界限上下文的自治能力可以滿足演進式架構對自然元件 15 粒度與耦合的要求。界限上下文的菱形對稱架構保證了領域模型的穩定性。閘道層清晰地隔離了領域模型與外部環境，又透過運用上下文映射模式指導界限上下文之間的協作，為協作雙方預留了足夠的彈性空間，滿足了演進式架構的要求。

架構的演進能力只是品質元素的一方面，確保架構的一致性才是設計的關鍵。Frederick Brooks 就認為「一致性應該是所有品質原則的根基」[47]97，還引入 Blaauw 的論斷——「好的架構應該是直接的，人們掌握了部分系統後就可以推測出其他部分」——來說明滿足了一致性的架構才是好的電腦架構。

一個一致的架構必須遵循統一的架構風格。那麼，什麼是風格呢？ Roy Fielding 認為：「風格是一種用來對架構進行分類和定義它們的公共特徵的機制。每一種風格都為元件的互動提供了一種抽象，並且透過忽略架構中其餘部分的偶然性細節，來捕捉一種互動模的本質特徵。」

顯然，風格是對架構的一種分類。這一分類是由軟體元素（即定義中的元件）及軟體元素之間互動的公共特徵決定的。忽略架構中的偶然性細節，就是要找出那些穩定不變的本質特徵，抽象。

領域驅動設計在架構層面獲得的抽象元素就是系統上下文與界限上下文，它們圍繞領域為核心驅動力，以業務能力為核心重點，分別形成了

---

15 Neal Ford、Rebecca Parsons 和 Patrick Kua 在《演進式架構》一書中提出了「架構量子」的概念：架構量子是具有高功能內聚並可以獨立部署的元件，包括支援系統正常執行的所有結構性元素。對系統業務進行縱向切分的自治界限上下文基本符合架構量子的概念。

兩個層次的架構模式：系統分層架構模式與菱形對稱架構模式。系統分層架構保證了整個系統上下文結構的一致性；菱形對稱架構規定了界限上下文清晰的邊界，並對它們的互動形成了約束與指導。毫無疑問，它們共同組成了一種獨特的架構風格。根據其特徵，我將其命名為領域驅動架構風格。

架構風格必須是清晰的。Brooks 認為清晰的風格來自「設計者在大範圍的巨觀與微觀決策中獲得了一定程度的一致性」[47]99。對於一個高度複雜的軟體系統架構，領域驅動架構風格以系統上下文為巨觀層次，對該層次的架構決策由系統分層架構進行規範。到了微觀層次，領域驅動架構風格以界限上下文為基本的架構單元，它的架構決策由菱形對稱架構進行規範。系統分層架構與菱形對稱架構雖然層次不同，設計的驅動力與重點卻是一致的，都是以領域為核心驅動力，以業務能力為核心重點做出的決策。這就保證了架構在巨觀與微觀決策中的一致性，也決定了它的清晰風格。

領域驅動架構風格如圖 12-28 所示。

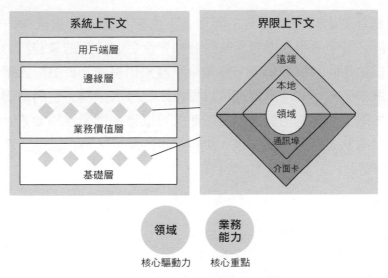

▲ 圖 12-28 領域驅動架構風格

領域驅動架構風格充分利用了界限上下文的自治性與開放性。

當界限上下文化身為運行在處理程序內部的函數庫時，即演進為單體架構模式；當界限上下文根據不同的業務場景定義為不同的通訊邊界時，即演進為針對服務架構模式（或認為是單體架構與微服務架構組成的混合架構）；當界限上下文的通訊邊界被界定為處理程序間通訊時，即演進為微服務架構模式；當界限上下文之間的協作採用發行者／訂閱者映射模式時，即演進為事件驅動架構模式。顯然，支撐領域驅動架構風格演進能力的關鍵要素，正是領域驅動戰略設計的核心模式──界限上下文。

領域驅動架構風格充分利用了系統上下文對解空間的邊界定義，並在約束一致性的同時，保證了設計的實用性。

系統分層架構對界限上下文進行了界定與規範，使得它們能夠採取一致的方式提供業務能力。同時，根據界限上下文所屬子領域的不同，結合具體的業務場景降低對界限上下文的設計要求，不再一視同仁地嚴格要求運用菱形對稱架構；對於基礎層的界限上下文，甚至可以不採用領域建模。

根據業務能力進行垂直切分的界限上下文未必滿足針對前端的服務請求。系統分層架構引入邊緣層來封裝和聚合各個自治的業務能力，和時為前端提供不同的展現模型。無論是單體架構模式、針對服務架構模式還是微服務架構模式，實則都可以遵循系統分層架構。它們之間的差別僅在於界限上下文的通訊邊界。如此就可以讓遵循領域驅動設計的系統架構做到業務架構與應用架構、資料架構的統一，並保證這三者與技術架構的隔離。

第四篇 領域建模

領域建模的過程是模型驅動設計的過程，也是迭代建模的過程。

不可妄求一蹴而就地獲得完整的領域模型，也不可殫精竭慮地追求領域模型的盡善盡美。領域建模的分析、設計和實現是循序漸進的增量建模，不同建模過程的目標與側重點也不盡相同。

領域分析模型負責捕捉表示領域知識的領域概念，明確它們之間的關係，形成反映真實世界的物件概念圖。其獲得的分析模型全面而粗略。得其大概，既不至於遺漏重要的領域概念，又不至於因為過分定義領域屬性而陷入分析癱瘓。

領域設計模型在領域分析模型的基礎上加入對設計和實現的思考，為物件概念圖套上聚合的鐐銬，在保證概念完整性、獨立性、不變數和一致性的基礎上，更進一步地管理物件的生命週期。服務驅動設計則指定了領域模型以動能，在對業務服務進行任務分解的基礎上，由外自內由各種角色構造型參與協作，形成了連續執行的訊息鏈條，驅動出遠端服務、應用服務、領域服務、聚合和各種通訊埠的方法，既驗證了領域模型物件的正確性與完整性，又豐富了領域模型的內容。

領域實現模型以服務驅動設計輸出為基礎的任務列表和序列圖指令稿開展測試驅動開發。領域層的產品程式與測試程式共同組成領域實現模型。由於擁有單元測試的保護，又有及時重構改進程式的品質，領域實現模型變得整潔而穩定，形成具有運行能力的核心領域資產。實現領域模型也是對領域設計模型和領域分析模型的一次驗證。

聚合是領域建模階段的基本設計單元。領域分析模型向領域設計模型的演進是透過辨識聚合完成的。聚合邊界的約束能力使得領域設計模型在保證細粒度物件定義的同時，又能透過封裝實體與值物件的細節簡化物件模型，降低領域模型的複雜度。一旦確定了聚合，就可以由此定義資源庫通訊埠和領域服務，並按照資訊專家模式將表現領域邏輯的原子任務分配給聚合，建立富領域模型。聚合是純粹的，它不依賴於任何存取外部資源的通訊埠，因此它也是穩定的；因為聚合是穩定的，所以以它為核心建立的領域模型也變得更加穩定。

模型驅動設計

他就像一個魔法師，從大禮帽裡變出一隻老鷹，隨後掏出一隻鴿子。隨後，
他解釋，拆析，並重構他那令人費解的哲思。

——桑多‧馬芮，《偽裝成獨白的愛情》

從架構映射階段進入領域建模階段，簡單説來，就是跨過戰略角度的界
限上下文邊界進入它的內部，從菱形對稱架構的內外分層進入每一層尤
其是領域層的內部進行戰術設計。在思考如何進行領域建模時，首先需
要思考的問題就是：什麼是模型？

13.1 軟體系統中的模型

先來看看 Eric Evans 對模型的説明：「為了創建真正能為使用者活動所用
的軟體，開發團隊必須運用一整套與這些活動有關的知識系統。所需知
識的廣度可能令人望而生畏，龐大而複雜的資訊也可能超乎想像。模型
正是解決此類資訊超載問題的工具。模型這種知識形式對知識進行了選
擇性的簡化和有意的結構化。適當的模型可以使人了解資訊的意義，並
專注於問題。」[8]2

如何才能讓龐大而複雜的資訊變得更加簡單，讓分析人員的心智模型可
以容納這些複雜的資訊呢？那就是利用抽象化繁為簡，透過標準的結構

來組織和傳遞資訊，形成可以推演的解決方案。這就是模型。模型反映了現實問題，表達了真實世界存在的概念，但它並不是真實問題與真實世界本身，而是分析人員對它們的一種加工和提煉。這就好比真實世界中的各種物質可以用化學元素來表達，例如流動的水是真實世界存在的物體，而「水」（water）這個詞則是該物體與之對應的概念，H_2O 則是水的化學式，也是一種模型。同時，H_2O 也是化學世界的統一語言。

模型往往是交流的有效工具，因而需要用經濟而直觀的形式來表達，其中最常用的表現形式之一就是圖形。例如捷運交通線網圖，如圖 13-1 所示。

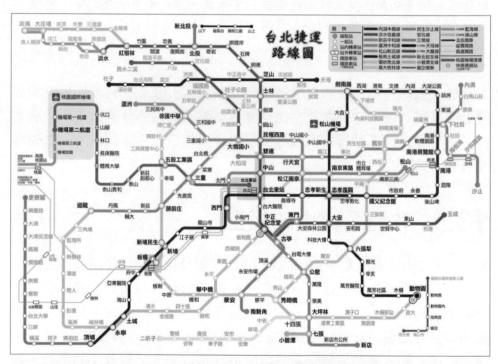

▲ 圖 13-1　城市捷運交通線網圖

（來源：https://sites.google.com/site/gougouyaolaiyaoqu/）

該交通線網圖表現了模型的許多特點。首先，它是抽象的，並非真實世界中捷運交通線網的真實縮影，圖中的每個線路其實都是理想化的幾何圖形，以線段為主，僅展現了方位、走向和距離。其次，它利用了視覺

化的元素。這些元素實際上都是傳遞資訊的號誌，例如使用不同的顏色來區分線路，使用不同大小的形狀與符號來區分普通網站與中轉站。最後，模型傳遞了重要的模型要素，例如線路、網站、網站數量、網站距離、中轉站以及方向，因為對乘客而言，僅需要這些要素即可獲得有用的路徑規劃與指導資訊。

模型的重要性並不表現在它的表現形式，而在於它傳遞的知識。它是從需求到程式開發實現的知識翻譯器，透過對雜亂無章的問題進行整理，消除無關邏輯乃至次要邏輯的雜訊，然後按照知識語義進行分類與歸納，遵循設計標準與規範建立一個清晰表達業務需求的結構。這個整理、分類和歸納的過程就是建模的過程，建立的結構即模型。

13.2 模型驅動設計

建模過程與軟體開發生命週期的各種不同的活動息息相關，它們之間的關係大致如圖 13-2 所示。

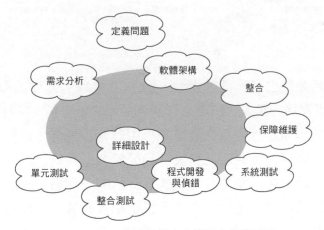

▲ 圖 13-2　軟體開發生命週期的各種活動

建模活動用灰色的橢圓表示，它涵蓋了需求分析、軟體架構、詳細設計、程式開發與偵錯等活動，有時候，測試、整合和確保維護活動也會在一定程度上影響系統的建模。為了便於更進一步地了解建模過程，我

將整個建模過程中主要開展的活動稱為「建模活動」，並統一歸納為分析活動、設計活動和實現活動。每一次建模活動都是一次對知識的提煉和轉換，產出的成果就是各個建模活動的模型。

- 分析活動：觀察真實世界的業務需求，依據設計者的建模觀點對業務知識進行提煉與轉換，形成表達了業務規則、業務流程或業務關係的邏輯概念，建立分析模型。
- 設計活動：運用軟體設計方法進一步提煉與轉換分析模型中的邏輯概念，建立設計模型，使得模型在滿足需求功能的同時滿足更高的設計品質。
- 實現活動：透過程式開發對設計模型中的概念進行提煉與轉換，建立實現模型，建構可以運行的高品質軟體，同時滿足未來的需求變更與產品維護。

整個建模過程如圖 13-3 所示。

業務需求　提煉和轉換業務知識　分析模型　提煉和轉換邏輯概念　設計模型　提煉和轉換設計概念　實現模型

▲ 圖 13-3　建模過程

不同的建模活動建立了不同的模型，圖 13-3 表達的建模過程表現了這 3 種模型的遞進關係。但是，這種遞進關係並不表示分析、設計和實現是一種前後相連的串列過程，而應該是分析中蘊含了設計，設計中夾帶了實現，甚至到了實現後還要回溯到設計和分析的一種迭代的、螺旋上升的演進過程。不過，在建模的某一瞬間，針對同一問題，分析、設計和實現這 3 個活動不能同時進行。它們其實是相互影響、不斷切換和遞進的關係。一個完整的建模過程，就是模型驅動設計（model-driven design）。

在進行模型驅動設計時，同樣需要區分問題空間和解空間，不然就可能會將問題與解決方案混為一談，在不清楚問題的情況下開展建模工作，從而輸出一個錯誤模型，無法真實地反映真實世界。即使面對同一個問

題空間,當我們採取不同的角度對問題進行分解時,也會引申出不同角度的解決方案,並驅使我們建立不同類型的模型。

將問題空間取出出來的概念視為資料資訊,在求解過程中關注資料實體的樣式和它們之間的關係,由此建立的模型就是資料模型;將每個問題視為目標系統為用戶端提供的服務,在求解過程就會關注用戶端發起的請求以及服務返回的回應,由此建立的模型就是服務模型;圍繞著問題空間的業務需求,在求解過程中力求提煉出表達領域知識的邏輯概念,由此建立的模型就是領域模型。毫無疑問,領域驅動設計選擇的建模過程,實則是領域模型驅動設計。

針對真實世界的問題空間建立抽象的模型,會組成一個由抽象領域概念組成的理念世界。理念世界是真實世界問題空間向解空間的投影,投影的方法就是對問題空間求解的方法。在領域驅動設計中,這個求解方法就是領域建模,如圖 13-4 所示。

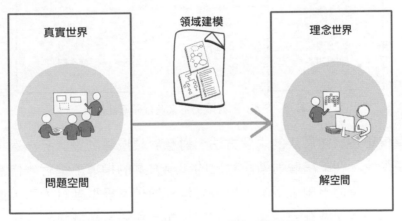

▲ 圖 13-4 問題空間到解空間的領域建模

當系統規模達到一定程度後,軟體複雜度陡然增加,要想直接將問題空間映射為解空間的領域模型,需要極高的駕馭能力。建立的領域模型也僅表現了對真實世界的水平切面,在面對業務變化時,其穩定性與回應能力都面臨著極大的考驗。

架構映射階段在這個過程中造成了關鍵的架構支撐作用。以界限上下文為核心要素建構的架構是在更高的抽象層次上對業務的劃分,故而它的穩定性要強於領域模型。菱形對稱架構與系統分層架構沿著變化方向與維度對重點進行了有效的切分,提高了整個系統回應變化的能力。映射獲得的架構形成了支撐這個系統的骨架,確保它應對風險和回應變化的能力。整個系統的解空間透過界限上下文進行了分解,使得整個系統的規模獲得了有效的控制。真實世界投射而成的理念世界被界限上下文分割為多個小的解空間。對界限上下文進行領域建模,就相當於對一個小規模的軟體系統進行領域建模,如圖 13-5 所示。

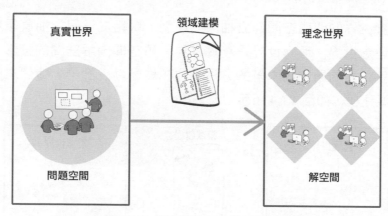

▲ 圖 13-5　對界限上下文進行領域建模

領域建模屬於戰術層次的求解方法,對應於領域驅動設計統一過程的領域建模階段,在架構映射階段輸出的架構方案的指導下進行。作為領域模型知識語境的界限上下文,也會對建立的領域模型進行約束,並透過邊界確保領域模型在該範圍內的完整性和一致性。領域建模階段形成的求解過程就是領域模型驅動設計。它在以下方面有別於其他模型驅動設計:

■ 以領域為建模起點,提煉真實世界的領域知識,建立領域模型;
■ 建立的領域模型以界限上下文作為控制邊界。

13.3 領域模型驅動設計

領域模型驅動設計以提煉和轉換業務需求中的領域知識為設計的起點。提煉領域知識時,要排除技術因素對建模產生的影響,一切圍繞著業務需求而來。尤其在領域建模的分析活動中,領域模型表達的是業務領域的概念,完全獨立於軟體開發技術。Martin Fowler 就認為:「這種獨立性可以使技術不會妨礙對問題的了解,並使得最終的模型能夠適用於所有類型的軟體技術。」[35]3

13.3.1 領域模型

Eric Evans 強調了模型的重要性,複習了模型在領域驅動設計中的作用[8]:

- 模型和設計的核心互相影響;
- 模型是團隊所有成員使用的統一語言的中樞;
- 模型是濃縮的知識。

如何才能得到能夠準確表達業務需求的模型呢?首先,我們需要意識到模型和領域模型是兩個不同層次的概念。根據我們觀察真實世界業務需求的角度,建模過程建立的模型還可以是資料模型或服務模型。領域模型驅動設計建立的模型自然是「領域模型」,可以將其定義為以「領域」為關注核心的模型,是對領域知識嚴格的組織且有選擇的抽象。

即使有了這個定義,也無法清晰地說明領域模型到底長什麼樣子,包含了什麼內容。

領域模型究竟是什麼?是使用建模工具繪製出來的 UML 圖?是透過程式語言實現的程式?或乾脆就是一個完整的書面設計文件?我認為,UML 圖、程式和設計文件僅是表達領域模型的一種載體。繪製出來的 UML 圖或撰寫的程式與文件如果沒有傳遞領域知識,那就不是領域模型。因此,領域模型應該具備以下特徵:

- 運用統一語言來表達領域中的概念；
- 蘊含業務活動和規則等領域知識；
- 對領域知識進行適度的提煉和抽象；
- 由一個迭代的演進的過程建立；
- 有助業務人員與技術人員的交流。

既然如此，不管採用的表現形式如何，只要一個模型正確地傳遞了領域知識，並有助業務人員與技術人員的交流，就可以說是領域模型。這是一個更不容常犯錯誤的定義。它其實表現了一種建模原則。很可惜，這樣的原則並不能指導開發團隊運用領域驅動設計。諸如這樣打太極的原則與模糊定義，並不能讓開發團隊滿意。他們還是會執著地追問：「領域模型到底是什麼？」

Eric Evans 並沒有就此做出正面解答，但他在模型驅動設計中提到了模型與程式設計之間的關係：「模型驅動設計不再將分析模型和程式設計分離開，而是尋求一種能夠滿足這兩方面需求的單一模型。」[8]31 這說明分析模型和程式設計應該一起被放入同一個模型中。這個單一模型就是「領域模型」。他反覆強調程式設計與程式實現應該忠實地反映領域模型，並指出：「軟體系統各個部分的設計應該忠實地反映領域模型，以便表現出這二者之間的明確對應關係。」[8]32 同時，還要求：「從模型中獲取用於程式設計和基本職責分配的術語。讓程式碼成為模型的表達。」[8]32 在我看來，分析真實世界後提煉出的概念模型，就是領域分析模型；設計對領域模型的反映，就是領域設計模型；程式對領域模型的表達，就是領域實現模型。領域分析模型、領域設計模型和領域實現模型在領域角度下，成了領域模型中相互引用和參考的不可或缺的組成部分，它們分別是分析建模活動、設計建模活動和實現建模活動的產物。

模型驅動設計非常強調模型的一致性。Eric Evans 甚至認為：「將分析、建模、設計和程式設計工作過度分離會對模型驅動設計產生不良影響。」[8]39 這正是我將分析、設計和實現都統一到模型驅動設計中的原因。因此，倘若我們圍繞著「領域」為核心進行設計，採用的就是領域模型驅

動設計，整個領域模型應該包含圖 13-6 所示的領域分析模型、領域設計模型和領域實現模型。

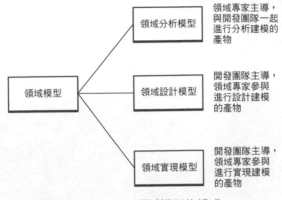

領域分析模型 —— 領域專家主導，與開發團隊一起進行分析建模的產物

領域模型 —— 領域設計模型 —— 開發團隊主導，領域專家參與進行設計建模的產物

領域實現模型 —— 開發團隊主導，領域專家參與進行實現建模的產物

▲ 圖 13-6　領域模型的組成

領域建模階段的不同活動獲得的領域模型其側重點不同，參與建模的人員也有所差異，分別獲得的模型共同組成了一個完整的領域模型。

13.3.2　共同建模

為了保證領域模型的一致性、真實性、完整性，並將模型蘊含的知識傳遞到團隊的每一個成員，無論是領域建模的哪一個階段，都應盡可能啟動領域專家和整個開發團隊參與到建模活動中來，進行共同建模，而非由專職的分析師或設計師使用冷冰冰的建模工具繪製 UML 圖。

領域模型的目的在於交流，引入直觀而又具備協作能力的視覺化手段能夠促進共同建模。透過使用各種顏色的即時貼、馬克筆和白板紙等視覺化工具，讓彩色的領域模型成為一種溝通交流的視覺工具，如圖 13-7 所示。領域模型中的領域概念、協作關係皆生動形象地活躍在彩色圖形上，使得團隊協作成為可能，讓領域模型更加直觀，從而避免溝通上的誤差與分歧，使得團隊能夠迅速就領域模型達成一致。

結對程式設計也可認為是共同建模的一種實踐。在建立領域實現模型時，可透過結對程式設計進行測試驅動開發。測試使用案例表現了具體

的業務場景，測試方法的命名更加接近自然語言，Given- When-Then 模式與業務場景的描述非常契合。領域專家也可以參與到結對程式設計中來。由於領域層的程式模型僅為業務邏輯的表達，領域專家能夠敏銳地發現程式模型是否與領域概念保持一致，從而幫助開發人員打磨程式。程式即模型，這是領域模型最理想的表現形式，也是領域建模最終的模型產物。

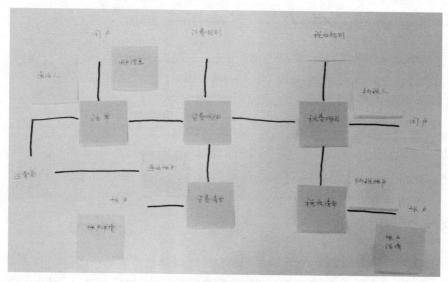

▲ 圖 13-7　共同建模獲得的領域分析模型

13.3.3　領域模型與統一語言

領域模型之所以劃分為 3 個模型，是因為不同活動的交流物件與交流重心各不相同。在領域分析建模活動中，開發團隊與領域專家一起工作，透過建立更加準確而簡潔的領域分析模型，直觀地傳遞著不同角色對領域知識的了解。在領域設計建模活動中，必須以領域分析模型為基礎對模型中的物件做出設計改進，考慮職責的合理分配與良好的協作，建立具有指導意義的領域設計模型。在領域實現建模活動中，程式必須是領域設計模型的忠實表現，表示它其實也忠實表現了領域分析模型蘊含的領域知識。

一言以蔽之，讓領域分析模型服務於開發團隊與領域專家，領域設計模型服務於軟體設計人員，領域實現模型服務於開發人員。3 個模型各司其職，各取所需，共同組成了領域模型。

在領域建模過程中，我們需要不斷地從統一語言中汲取建模的營養，並透過統一語言維護領域模型的一致性。當開發團隊根據領域分析模型建立領域設計模型時，如果發現領域分析模型的概念未能準確表達領域知識，又或缺少了隱式概念，就需要調整領域分析模型，使得領域設計模型與領域分析模型保持一致。領域實現模型亦當如此。顯然，統一語言為領域模型驅動設計提供了一致的領域概念，使得領域模型在整個領域建模階段保持了同步。至於統一語言的獲得，自然來自全域分析階段獲得的業務需求，如此就將全域分析與領域建模銜接在一起，如圖 13-8 所示。

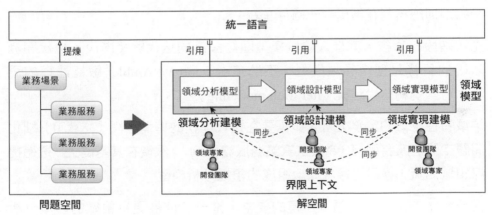

▲ 圖 13-8　統一語言指導下的領域建模

13.3.4　迭代建模

分析、設計和實現並非 3 個割裂的階段，而是領域模型驅動設計的 3 個建模活動。在領域驅動設計統一過程中，我將領域模型驅動設計的程序定義為領域建模階段，主要執行 3 個過程工作流：

■ 領域分析建模；
■ 領域設計建模；
■ 領域實現建模。

這 3 個過程工作流就是領域模型驅動設計的 3 個建模活動。在專案開發過程中，這 3 個過程工作流並非前後銜接的瀑布流程：領域特性團隊的一部分團隊成員在執行領域分析建模的同時，會有另一些團隊成員在進行領域設計建模和領域實現建模。

領域建模是針對問題空間的戰術求解過程，同時，它也需要接受領域驅動架構風格的指導，故而在迭代建模之前，需要率先完成全域分析與架構映射。採用最小計畫式開發流程，在先啟階段完成全域分析，獲得價值需求和業務需求，然後執行架構映射，獲得由系統上下文與界限上下文組成的領域驅動架構。為了避免分析癱瘓（analysis paralysis），先啟階段的週期應控制在兩周到一個月左右。

先啟階段結束後，就進入領域模型驅動設計的迭代開發階段。迭代開發階段的目標是獲得領域模型，不妨參考 Scott W. Ambler 敏捷建模的思想，將其稱為迭代建模（iteration modeling）。

領域特性團隊的業務分析人員需要在迭代建模的準備階段（迭代 0）細化問題空間的業務服務，為其撰寫業務服務歸約[1]，然後在其基礎上，透過提煉領域知識，獲得由領域概念組成的領域分析模型。

從迭代 1 開始，按照領域建模的要求，進一步開展更為細緻的領域分析建模，並結合設計元模型的設計要素，獲得靜態類別圖；再引入服務驅動設計獲得動態序列圖，從而和靜態類別圖一起組成領域設計模型；最後，結合業務服務與領域設計模型，推進測試驅動開發實踐進行程式開

1　條件允許的情況下，可以在先啟階段執行架構映射時，針對核心子領域的業務服務撰寫規約，獲得細化的業務需求，因為識別上下文映射、定義服務契約也需要業務服務規約。

發開發，以小步快速的紅 - 綠 - 重構回饋環不斷地改進程式品質和增量開發，獲得領域實現模型，發表可運行的功能特性。整個過程如圖 13-9 所示。

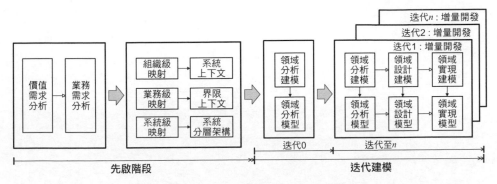

▲ 圖 13-9　從先啟階段到迭代建模

迭代建模與迭代的增量開發一脈相承。它避免了在建模過程尤其是分析建模活動出現分析癱瘓，也避免了在設計建模活動中的過度設計，同時還能快速地開發出新功能及時獲得使用者的回饋。領域模型也隨著增量開發而不斷演化，始終指導著設計與開發。

迭代建模使得建模活動成為迭代開發中不可缺少的重要環節，但整個活動卻是輕量的，有效地促進了團隊成員的交流，符合 Kent Beck 提出的核心價值觀：溝通、簡單和靈活。

Chapter

14
領域分析建模

是的，客戶，在銀行業務上，我們把和我們有來往的人通稱為客戶。

——狄更斯，《雙城記》

不管採用什麼樣的軟體開發過程，對於一個複雜的軟體系統，都必然需要對問題空間展開分析，有的放矢地針對該軟體系統的需求尋找設計上的解決方案。在戰術層面，領域驅動設計要求的分析方法就是以「領域」為中心對業務需求展開分析建模，獲得領域分析模型。這個過程要求開發團隊與領域專家一起來完成。在對業務需求進行領域分析建模時，一個重要參考就是統一語言。

14.1 統一語言與領域分析模型

在領域建模階段，領域模型與統一語言之間是一種相輔相成的關係。統一語言可以作為領域建模尤其是領域分析建模的依據，建立的領域模型又反過來組成了統一語言。開發人員要學會使用統一語言描述組成領域模型的類別、方法甚至領域層的每一行程式，並時刻保證領域模型與統一語言的一致性。

統一語言不僅組成了領域模型，還是領域建模過程中無形的最高設計準繩。為了保證分析與設計的品質，我們需要不停地追問以下問題。

■ 我們設計的模型符合統一語言嗎？

■ 界限上下文的領域概念遵循統一語言嗎？

■ 類別名與方法名稱滿足統一語言的規範嗎？

這就好比你開車到一個陌生的城市。統一語言就是地圖導航，不停地發出聲音提醒你行進的方向。當你駛入錯誤的地方時，它也會及時地修正路線，然後給予你正確的提示。

領域專家在與開發團隊進行協作時，不管是「大聲地」透過對話進行交流，還是形成全域分析規格說明書，只是交流的載體不同，使用的仍然是單字和子句。消除了分歧並就領域知識達成共識的統一語言，正是由這些單字和子句組成。相較於普通交流的自然語言，統一語言更加精練，更加簡潔，也更加準確。字斟句酌而形成的統一語言將成為領域分析建模的一把利器。

14.2　快速建模法

為了快速透過業務需求獲得領域模型，Russell Abbott 提出了一種「名詞動詞法」。他建議寫下問題描述，然後劃出名詞和動詞。名詞代表了候選物件，動詞代表了這些物件上的候選操作[1]。如果在領域分析建模之前，業務分析人員能夠提供高品質的業務服務歸約，就可以快速辨識歸約中的名詞，提煉出領域概念，組成領域分析模型。

由於領域分析建模應由領域專家主導開發團隊共同建模，為防引起交流上的障礙，應儘量避免引入軟體設計要素。我一直認為，在分析之初，不考慮任何技術實現手段，一切圍繞著領域知識進行建模，是領域模型驅動設計的關鍵。透過動詞辨識領域物件的操作，實則進入了設計範圍。畢竟，對方法的辨識牽涉到職責分配的合理問題，若職責分配不當，會導致物件

1　參見 Russell Abbott 的論文 "Program Design by Informal English Description"。

之間的協作不合理。我傾向於在領域設計建模時透過服務驅動設計確定職責的分配，而在領域分析建模階段，目的還是尋找出領域概念。

辨識業務服務的名詞固然可以快速獲得領域分析模型，但一些隱藏的領域概念可能會被我們遺漏，一些關鍵領域概念的缺失影響了領域分析模型的品質。針對業務服務的動詞進行建模可以身為有效的補充手段。

對動詞建模並非為領域模型物件分配職責、定義方法，而是將辨識出來的動詞當作一個領域行為，然後看它是否產生了影響管理、法律或財務的過程資料。該過程資料表現的概念同樣屬於領域分析模型，實際是 Peter Coad 定義的時標架構型（moment-interval archetype）。了解什麼是時標架構型，有助針對動詞建模。

時標架構型的核心要素是時刻或時段。它代表了出於商業和法律上的原因，我們需要處理並追蹤的某些事情，這些事情是在某個時刻或某一段時間內發生的……（它）尋找的是問題空間中具有重要意義的時刻或時段。[36] 顯然，時刻或時段是時標架構型的特徵屬性。在這個時刻或時段，有某件事情發生了，而這件事情對我們要處理的領域而言，具有重要意義。如果缺少對它的記錄，就會影響到商業的營運管理、造成經濟損失或引起法律糾紛。一言以蔽之，時標架構型的核心要素包括時刻 / 時段和重大事件，二者缺一不可。舉例來説，一次銷售發生在某一個時刻，如果缺少對銷售的記錄，會影響企業的收支估算，影響銷售人員的提成。一次租賃從登記入住到租約期滿，發生在一個時段，如果缺少對租賃的記錄，會導致租賃雙方的法律糾紛。

具有時標架構型特徵的物件可稱之為「時標物件」，時標物件的時刻或時段是代表業務含義的關鍵屬性，不能將記錄資料的創建或修改時間戳記與時標屬性混為一談，也不可認為屬於日期 / 時間類型的業務屬性是時標屬性。舉例來説，一個員工具有出生日期屬性，但員工的出生日期對一個企業而言，沒有重要意義，因而非時標屬性。即使一個物件具有時標屬性，也未必就是時標物件。舉例來説，員工入職日期是值得記錄的關

鍵時標屬性，但員工卻並非時標物件，因為員工這個物件並非入職日期這個時刻發生的事件，入職 OnBoarding 物件才是。

尋找時標物件要先從業務流程中找到任何一個重大的時刻或時段，再來分析在這個時刻或時段到底發生了什麼事情，是否需要記錄過程資料，如果缺少了過程資料，會否對營運管理產生影響，會否帶來經濟損失，或引起法律糾紛。舉例來說，在 2020 年 6 月 7 日 9 時：

■ 學生甲在圖書館借閱了一本《領域驅動設計》；
■ 客戶乙取走了一筆 3000 元的款項；
■ 交警丙處理了一起交通違法事項；
■ 買家丁在淘寶購買了一支護手霜。

以上事件都發生在 2020 年 6 月 7 日 9 時，產生的記錄在各自系統都具有不可缺失的重要意義。缺少一次借閱記錄，可能導致圖書館遺失一本書；交易記錄儲存失敗，會影響銀行的對賬；少記錄一次處罰，會影響執法公正；訂單找不到了，可能產生買家和賣家間的糾紛。

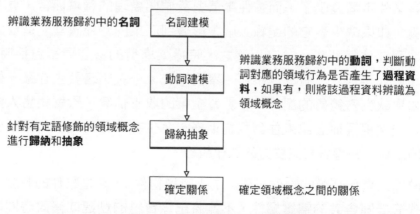

▲ 圖 14-1　快速建模法的建模過程

結合時標物件的特徵，可以將其了解為一個領域行為在某個時刻或時段生成的過程資料。如前列出的例子，借閱圖書行為產生了借閱記錄（Borrowing），提款行為產生了交易記錄（Transaction），罰款行為開出了罰單（Ticket），購買護手霜行為產生了訂單（Order），這些物件無一不

是行為的中間結果，也就是操作行為的過程資料。之所以稱為「過程資料」，是因為它並非執行該領域行為的目標。舉例來說，提款行為的目標是鈔票，不是交易記錄，購買護手霜行為的目標是護手霜，不是訂單。

為了區別 Russell Abbott 提出的「名詞動詞法」，同時也希望快速推進領域分析建模的過程，回應迭代建模的精神，我將這一分析建模方法稱之為快速建模法，它的建模過程分為 4 個步驟，如圖 14-1 所示。

14.2.1 名詞建模

名詞建模的基礎是業務服務歸約，建模人員迅速找出歸約描述中的名詞，在統一語言的指導下將其一一映射為領域模型物件。這些領域模型物件往往最容易辨識，以此為基礎就可以輕易地獲得一個像模像樣的領域分析模型。這一成果勢必會增加建模人員的建模信心。統一語言的整理與參考也促進了建模人員對業務的了解。

透過名詞建模時，不要猶豫。只要名詞屬於領域概念，符合統一語言的要求，就快速將它拈出來，放到領域分析模型中。

以電子商務系統的提交訂單業務服務為例，它的歸約描述如下。

```
服務編號：EC-0010
服務名稱：提交訂單
服務描述：
    作為買家，
    我想要提交訂單，
    以便買到我心儀的商品。
觸發事件：
    買家點擊「提交訂單」按鈕
基本流程：
    1.驗證訂單有效性；
    2.驗證庫存；
    3.插入訂單；
    4.從購物車中移除所購商品；
    5.通知買家訂單已提交。
```

替代流程：
    1a. 如果訂單無效，列出提示訊息；
    2a. 如果所購商品缺貨，列出提示訊息；
    3a. 若訂單提交失敗，列出失敗原因。
驗收標準：
    1.訂單需要包含客戶 ID、配送地址、聯繫資訊及已購商品的訂單項；
    2.訂單項中商品的購買數量要小於或等於庫存量；
    3.訂單提交成功後，訂單狀態更改為「已提交」；
    4.購物車對應商品被移除；
    5.買家收到訂單已提交的通知。

業務服務歸約中以底線標記的內容都是名詞，對應於領域分析模型中的類型或類型的屬性。即使為類型的屬性，若該屬性表現了領域概念的特徵，也當辨識為領欄位類型。舉例來説，名詞「配送地址」（ShippingAddress）是「訂單」（Order）的屬性，但同樣表現了「地址」這一重要的領域概念。業務服務的角色在領域分析模型中同樣應該被定義為類型，它與組成業務服務賓語的領域概念之間存在連結關係，如「買家」（Buyer）與「訂單」（Order）。

業務服務歸約的用詞表達要遵循統一語言的標準要求。當然，自然語言的表達形式往往不夠精確，因而在將名詞轉為領域概念時，需要進一步分析和判別，尤其要注意描述不當帶來的分析陷阱，或要善於發覺描述中可能隱藏的概念。例如「購物車對應商品被移除」描述了購物車中的商品，但實際指的是「購物車項被移除」。只不過在買家心中，並不存在「購物車項」這一概念。

在勾勒出需求描述中的名詞時，需要注意部分中文詞語需要結合上下文判斷詞性（英文卻不必如此）。例如「通知（notify）買家訂單已提交」和「買家收到訂單已提交的通知（notification）」都包含了「通知」一詞，但後者才是名詞，表達了「通知」的領域概念。圖 14-2 就是對提交訂單業務服務歸約運用名詞建模獲得的領域分析模型。

在該模型中，我定義了 OrderPlacedNotification 而非 Notification 來表示通知的領域概念，這是希望清晰地表達提交訂單的通知行為。倘若認為通知的類型取決於傳遞給它的值，則可以定義通用的 Notification 類別。

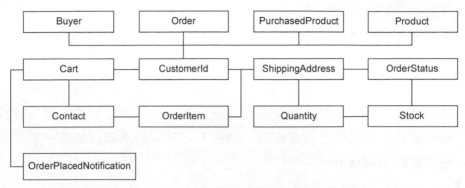

▲ 圖 14-2　運用名詞建模獲得的領域分析模型

14.2.2 動詞建模

名詞之後是動詞。再次強調，辨識動詞並非為領域模型物件分配職責、定義方法，而是將辨識出來的動詞當作一個領域行為，然後看它是否產生了影響管理、法律或財務的過程資料，從而獲得時標物件並將其放到領域分析模型中。並非每一個動詞都會產生過程資料，如果沒有，就跳過，繼續辨識下一個動詞；一旦找到，就將其放到領域分析模型。

舉例來說，作為諮詢師的我在 2020 年 6 月 6 日接受了一個諮詢任務，要在次日從成都到北京出差。為此，我需要預訂去程機票。以下是我的一系列操作行為。

■ 6 月 6 日 16 時 30 分，我使用自己的帳號名稱登入到一家旅行網站：登入行為產生了登入請求，它與企業營運和管理無關，無須產生過程資料。

■ 6 月 6 日 16 時 32 分，我查詢了 6 月 7 日從成都到北京的班機：查詢班機行為獲得了班機查詢結果，它與企業營運和管理無關，不需要被辨識為領域模型物件。

■ 6 月 6 日 16 時 40 分，我選定了查詢結果中的去程班機，在輸入乘客資訊後提交訂單，發起支付：提交訂單行為生成了機票預訂訂單，支付行為產生支付憑證，旅行網站會向航空公司預訂班機；訂單、支付憑證影響到企業的財務和帳目，班機預訂影響到乘客的權益，直接或間接影響到企業的營運和管理，辨識出過程資料 Order、Payment 和 FlightSubscription。

■ 6 月 6 日 17 時，旅行網站通知我訂票成功：通知行為會產生訂票成功的通知資訊，但它與企業營運和管理無關；旅行網站完成訂票支付交易，它會影響企業的財務帳目，例如對往來賬的清算與結算，辨識出過程資料 Transaction。

■ 6 月 6 日 18 時 20 分，客戶突然調整了諮詢任務安排，延期到一個月後執行。我需要取消班機：重新登入網站取消訂單，並發起退款請求。訂單狀態變更影響到乘客和航空公司的權益；退款請求影響到企業的交易帳目，直接或間接影響到企業的營運和管理，辨識出過程資料 Order 和 RefundRequest。

■ 6 月 6 日 18 時 22 分，旅行網站管理員審核退票請求，審核透過並發起退款：取消訂單的審核記錄和退款記錄影響到企業的稽核與財務帳目，直接或間接影響到企業的營運和管理，辨識出過程資料 Approvement 和 Refund。

■ 6 月 6 日 18 時 23 分，訂單取消成功：訂單的狀態變更影響到乘客和航空公司的權益，間接影響到企業的營運和管理，辨識出過程資料 Order。

■ 6 月 7 日 18 時 30 分，退款成功：退款操作為旅行網站與支付仲介之間的一次交易，影響到乘客和企業的權益與財務帳目，直接影響到企業的營運和管理，辨識出過程資料 Transaction。

需要記錄的過程資料如圖 14-3 所示，它們就是動詞建模辨識出來的領域模型物件。

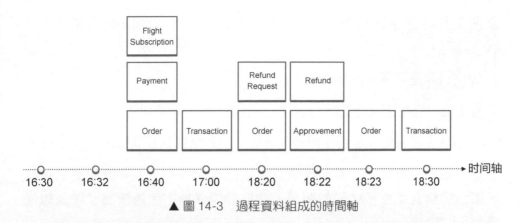

▲ 圖 14-3　過程資料組成的時間軸

透過動詞尋找時標物件時，可以針對動詞對應的領域行為發起與領域專家之間的問答，當然也可以是設計者自己的自問自答。提問的模式如下所示。

- 針對動詞代表的領域行為，是否需要記錄過程資料？
- 如果缺少了過程資料，會否影響營運管理、引起法律糾紛或造成經濟損失？

第一個問題是正向的，驅動出隱藏的關鍵概念；第二個問題是反向的，用以驗證採擷出來的業務概念是否真的屬於領域分析模型中的核心概念。正反兩個方向的分析驅動力如圖 14-4 所示。

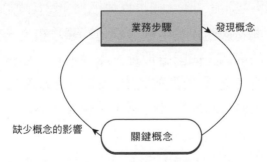

▲ 圖 14-4　正反兩個方向的分析驅動力

在提交訂單業務服務歸約中，以波浪線標記的內容都是動詞，分別為：提交、買、驗證、移除、通知。針對這些動詞代表的領域行為，就可以

做正反方向的分析。舉例來說，針對動詞「提交」對應的提交訂單行為，詢問：

■ 提交訂單是否需要記錄過程資料？

於是發現，訂單正是提交行為產生的過程資料。繼續詢問：

■ 如果缺少了訂單，會否影響營運管理、引起法律糾紛或造成經濟損失？

顯然，如果沒有訂單，庫存無法針對該訂單配送商品，買家和賣家可能就商品的購買產生不必要的糾紛。透過動詞建模，就辨識出了訂單領域概念[2]。

針對「驗證」對應的驗證訂單有效性與驗證訂單庫存行為進行詢問，發現驗證行為只會產生驗證結果，無須記錄任何過程資料，可以忽略該動詞。

動詞建模可以找到名詞建模可能遺漏的具有時標物件特徵的領域概念，彌補了名詞建模的不足。

14.2.3　歸納抽象

透過名詞建模和動詞建模快速確定領域分析模型後，為提高模型的品質，可對已有領域概念進行歸納抽象。歸納抽象時，主要針對那些由定語修飾的領域概念。

名詞建模直接將業務服務描述中的名詞轉為領域模型，其中，可能包含那些有定語修飾的名詞，如配送地址、家庭地址、已付款金額、凍結資金等。要注意分辨它們是類型的差異，還是值的差異。如果是值的差異，類型就應該相同，應歸併為一個領域概念。舉例來說，收貨地址與

2　在快速建模法中，動詞建模是名詞建模的補充，但並不意味著所有的時標物件都要通過動詞建模才能獲得。有時候，一些時標物件在業務服務中通過名詞描述出來了。例如，本例中的訂單雖然是時標物件，但該領域概念已經通過名詞建找到了；在第 17 章的薪資管理系統案例中，動詞建模找到的支付記錄就有效地補充了名詞建模得到的領域分析模型。

家庭地址表達了不同的值，但它們其實都是地址 Address 類型；訂單狀態和商品狀態似乎修飾的都是狀態，但實際上代表完全不同的值，兩個概念不能合併。

倘若修飾名詞的定語也是一個名詞，且為領域分析模型中的領域概念，它對應的領域概念就可能是另一個領域概念的屬性，如帳戶狀態、開戶行地址，可認為是帳戶（Account）和開戶行（AccountBank）領域概念的屬性。可以確認一下這樣的屬性是否有單獨定義領域概念的必要。領域驅動設計鼓勵在領域分析建模階段形成細粒度的領域概念。

有些定語的修飾比較隱晦，要注意對主要名詞的判別。例如收款行與付款行，看起來好像兩個完整的詞，實則可以定義為「收款的銀行」與「付款的銀行」。如此一來，就清晰地表現了它們都是銀行 Bank 類型，區別在於職責（角色）的不同。

透過對領域概念的歸納抽象，可把過於零亂分散的領域概念做進一步過濾，讓領域分析模型變得更加緊湊和精簡。當然，不要為了抽象而抽象，否則可能刪掉一些有價值的領域概念。整體看來，領域分析建模提煉出來的領域概念是多比少好，在分不清楚一個領域概念該保留還是刪除時，應優先考慮保留，待到領域設計建模時再做進一步判別。

在歸納抽象過程中，還要注意剔除掉那些與業務服務的服務價值明顯不符，對整個領域模型也沒有貢獻的領域概念。舉例來說，「提款」業務服務歸約的描述中出現了「銀行」這一名詞，它被放到了領域模型中。銀行作為一個場所，確實是提款行為的發生地，但對提款服務而言，銀行這一概念並不真正參與到提款行為中，也就對領域模型沒有貢獻，可以考慮剔除。

14.2.4　確定關係

一旦獲得了領域分析模型的領域概念，就可以進一步確定它們之間的關係。

這一步驟對領域分析建模有著推波助瀾的作用。Martin Fowler 認為：「如果某個類型擁有多種相似的連結，可以為這些連結物件定義一個新的類型，並建立一個知識級類型來區分它們。」[35] 也就是說，如果發現用一個領域概念來描述關係更為合理，就可以將該關係建模為一個領域概念，尤其對於多對多關係，往往提醒著建模者需要去尋找可能隱藏在關係背後的領域概念。

舉例來說，讀者（Reader）與作品（Work）之間存在連結關係，表達了一種收藏的概念，故而可以提煉出收藏（Favorite）領域概念。

針對提交訂單業務服務，在透過名詞建模和動詞建模獲得的領域概念中，訂單（Order）與所購商品（PurchasedProduct）之間存在多對多關係。在二者的關係上，實則需要建立訂單項（OrderItem）概念。一個訂單包含多個訂單項，一個訂單項包含一個所購商品，由此就簡化了訂單與所購商品之間的關係。同理，購物車（Cart）與商品（Product）之間的關係也可以引入購物車項（CartItem）領域概念。

最終，透過快速建模法為提交訂單業務服務獲得了圖 14-5 所示的領域分析模型。

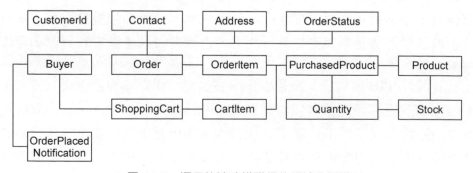

▲ 圖 14-5　運用快速建模獲得的領域分析模型

14.3 領域分析模型的精煉

統一語言與快速建模法可以驅動團隊研究問題空間的詞彙表,快速地幫助團隊獲得初步的領域分析模型,獲得的模型品質受限於語言描述的寫作技巧。統一語言的描述更多表現了對真實世界的模型描述,缺乏深入精準的分析與統一的抽象,使得我們很難發現隱含在統一語言背後的重要概念。由此獲得的領域分析模型還需要進一步精煉。

對相同或相近的領域進行建模分析時,一定有章法和規律可循。舉例來說,不同電子商務系統的領域模型定有相似之處,不同的財務系統自然也得遵循普遍適用的會計準則。這並非運用產業術語這麼簡單,而是結合領域專家的知識,將這些相同或相似的模型抽象出來,形成可以參考和重複使用的概念模型,就是 Martin Fowler 提出的分析模式。他認為:「分析模式是一組概念,這些概念反映了業務建模中的通用結構。它可以只與某個特定的領域相關,也可以跨越多個領域。」[35] 分析模式獨立於軟體技術。領域專家可以了解這些模式,這是領域分析建模尤為關鍵的一點。

建立領域分析模型時,可參考別人已經複習好的分析模式,如 Martin Fowler 在《分析模式:可重複使用的物件模型》中介紹的模式覆蓋了組織結構、單位數量、財務模型、庫存與賬務、計畫以及合約(期權、期貨、產品以及交易)等領域,Peter Coad 等人在《彩色 UML 建模》一書中也針對製造和採購、銷售、人力資源管理、專案管理、會計管理等領域列出了領域模型。這些領域模型皆可視為分析模式的一種表現,可作為我們建立領域分析模型的參考。

當一個團隊在一個產業中工作良久,團隊中的每個成員都可能成長為領域專家,透過對核心子領域的深入分析,完全有能力建立自己的分析模式。具有豐富領域知識的設計人員身兼領域專家與軟體設計師之職,無形中消除了溝通與知識的門檻。遺憾的是,許多軟體設計師不是不具備業務分析和建模能力,就是因為不夠重視錯過了成為建模專家的機會。實際上,在領域分析建模活動中,扮演重要作用的不是開發團隊,而是

領域專家。Martin Fowler 就認為：「我相信有效的模型只有那些真正在問題空間中工作的人才能建造出來，而非軟體開發人員，不管他們曾經在這個問題空間工作了多久。」[35]

意識到分析模式是企業的一份重要資產，或許就能說服領域專家將更多的時間用到尋找和複習分析模式的工作上來。複習出一種模式並不容易，需要高度的抽象能力和複習能力。無論如何，為系統的核心子領域引入一些相對固化的模式，總是值得的。Eric Evans 就認為：「利用這些分析模式可以避免一些代價高昂的嘗試和失敗過程，而直接從一個已經具有良好表達力和易實現的模型開始工作，並解決一些可能難於學習的微妙的問題。我們可以從這樣一個起點來重構和實驗[8]。」

運用分析模式可以改進領域分析模型。Martin Fowler 說：「對於你自己的工作，看看是否有和模式相近的，如果有，用模式試試看。即使你相信自己的解決方案更好，也要使用模式並找出你的方案更適合的原因。我發現這樣可以更進一步地了解問題。其他人的工作也同樣如此。如果你找到一個相近的模式，把它當作一個起點來向你正在回顧的工作發問：『它和模式相比強在哪裡？模式是否包含該工作中沒有的東西？如果有，重要嗎？』」[35]

當然，分析模式並非萬能的靈藥。即使已經為該領域建立了成熟的分析模式，也需要隨著需求的變化不斷地維護這個核心模式。注意，模式並非模型，它的抽象層次要高於模型，故而具有一定通用性。正因為此，它無法真實傳遞完整的領域知識。分析模式是領域分析建模的參考，利用一些模式與建模原則，可以幫助我們進一步精煉領域分析模型，使其變得更加穩定，又具有足夠的彈性。

14.4 領域分析模型與界限上下文

在領域分析建模階段，不要忘記將界限上下文引入領域分析模型。界限上下文是領域模型的業務邊界，即領域模型的知識語境。由於在架構映射階段已經為業務服務確定了界限上下文的邊界，透過業務服務建立領域分析模型時，自然而然就能確定模型的邊界。舉例來說，提交訂單業務服務屬於訂單上下文，那麼根據該業務服務辨識出來的領域模型物件，自然也會優先放到訂單上下文。

一個業務服務可能需要多個界限上下文共同協作，這一過程透過服務序列圖已有清晰地呈現。圖 14-6 展示了提交訂單業務服務的服務序列圖。

訂單上下文與庫存上下文、通知上下文之間存在協作關係。在建立領域分析模型時，對應的領域概念也應根據它與界限上下文的親密度做出合理分配。

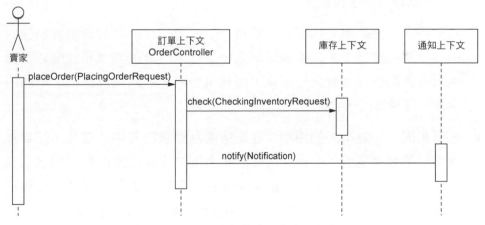

▲ 圖 14-6　提交訂單業務服務的服務序列圖

由於領域分析模型已經確定了物件之間的關係，因此，需要特別關注存在關係的兩個領域模型物件分屬不同界限上下文的情形。如果二者存在非常強的耦合關係，可以反思界限上下文的邊界是否合理，或領域模型的劃分是否正確。這也説明領域驅動設計統一過程的 3 個階段並非從上

往下的瀑布過程。全域分析階段定義了表現統一語言的價值需求與業務需求，架構映射階段控制了領域模型的邊界與粒度，領域建模階段又透過實證角度驗證了架構映射方案的合理性，並將領域建模確定的概念回饋給全域分析時定義的統一語言，形成了一種螺旋上升的迭代分析與設計過程。

在確定領域分析模型與界限上下文的關係時，需要充分考慮到界限上下文作為領域模型知識語境的特徵。倘若一個相同名稱的領域概念需要引入定語修飾才能區分領域概念的差異性，說明需要界限上下文作為它的業務邊界。舉例來說，領域概念「所購商品」對商品增加了定語修飾，說明與訂單項有關的商品概念不同於商品上下文的商品概念，需要為其引入界限上下文。

統一語言在這個過程也發揮著重要的作用，尤其當不同的領域特性團隊針對不同的業務流程與業務服務進行分析建模時，各自提煉出來的領域概念可能出現以下 3 種情況。

- 名稱不同、含義相同的類別：訂單上下文的領域特性團隊根據自己的業務服務提煉出支付憑據領域概念，支付上下文的領域特性團隊則提煉出交易記錄領域概念。在電子商務平台中，這兩個概念代表相同的含義，需要達成一致。

- 名稱相同、含義不同的類別：在配送商品業務服務中，提及了配貨員透過訂單對商品進行配送。它和訂單上下文提煉出來的訂單概念名稱相同，但在庫存上下文中，配貨員是按照配貨單進行揀貨的，需要按照統一語言的要求，在庫存上下文中將訂單概念改名為配貨單。

- 名稱相同、含義相同的類別：在提交訂單業務服務中，提煉出了參與該業務服務的買家服務為領域概念，並根據統一語言的要求統一命名為客戶，同時，在管理客戶的許多業務服務中，對應的領域特性團隊也定義了該概念。它們的名稱相同，含義也相同，需要根據知識語境判斷這樣的概念是否需要在多個界限上下文中重複定義。

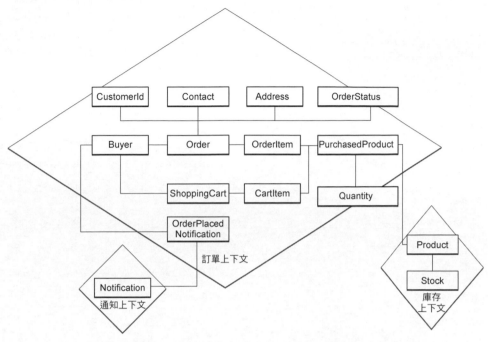

▲ 圖 14-7　確定了界限上下文的領域分析模型

透過快速建模法分析業務服務獲得的領域分析模型需要和架構映射輸出的界限上下文結合起來，為領域分析模型增加界限上下文的業務邊界，如圖 14-7 所示。

確定領域模型與界限上下文的關係時，可以從業務能力所需的領域知識角度判斷領域模型的歸屬，並在統一語言的指導下明確領域模型的知識語境，劃分它的業務邊界。

- 第四篇　領域建模

領域模型設計要素

> 我的職責就是管理世界與世界的相互關係，就是理順交易的順序，就是讓結果出現在原因之後，就是不使含義與含義相混淆，就是讓過去出現在現在之前，就是讓未來出現在現在之後。
>
> ——村上春樹，《海邊的卡夫卡》

領域分析建模是對真實世界的抽象與提煉，獲得的領域分析模型表現了領域相關的業務知識。若採用物件建模範式（參見附錄 A），獲得的就是映射真實世界的物件模型。它距離程式開發實現還差了「最後一公里」，也就是缺乏設計上的指導。只確定領域模型物件是不行的，還需要關心它們的職責分配、生命週期管理、與外部環境之間的協作機制，這些內容由領域設計模型來傳遞與表達。

15.1 領域設計模型

領域驅動設計強調以「領域」為核心驅動力。領域模型不應包含任何技術實現因素，模型中的物件真實地表達了領域概念，卻不受技術實現的約束。我將這樣由物件組成的領域模型，稱為理想的物件模型。

15.1.1　理想的物件模型

理想的物件模型都是完美的，現實的物件模型卻各有各的不完美之處。當我們在談論物件時，往往不帶一絲煙火氣，不會考慮資料的儲存、性能的瓶頸以及依賴的千絲萬縷，而以為物件詩意地棲居在電腦的記憶體世界中自給自足。物件模型一經創建，就組成了一張可以通達任何角落的物件網路，允許呼叫者自由使用，仿佛它們唾手可得。然而，物件如人，有自己的「生老病死」，也有各自不同的能力和性格。創造這些物件的我們，可以操縱它們的生死，但若要這個由物件組成的世界向著「善」的方向發展，就不能給予物件絕對的自由。

物件存在「生老病死」，記憶體是這些物件的運行空間。我們需要有類似科幻劇《西部世界》中的能力，可以讓系統暫停、重新啟動，這就需要為系統中每個物件的資料提供一份不會遺失的備份。這並非業務因素帶來的限制，而是基礎設施產生的侷限，這就引入了領域物件模型的第一個問題：領域模型物件如何實現資料的持久化？

物件掌握的資訊並不均等，使得物件之間需要互通有無。理想的物件模型可以組成一張四通八達的網，使得訊號可以暢通地從 A 物件傳遞到 B 物件，也使得我們獲取物件的區別僅在於需要途經的網路節點數量。可惜現實並非如此，記憶體資源是昂貴的，載入不必要物件帶來的性能損耗也不可輕視，這就引入了領域物件模型的第二個問題：領域模型物件的載入以及物件間的關係該如何處理？

每個物件各有性格：有的物件具有強烈的身份意識，處處希望彰顯自己的與眾不同之處；有的物件則默默地提供重要的能力支撐卻不自顯。不同性格的物件被載入到記憶體，就對管理和存取提出了不同的要求，這並非堆積與堆疊的隔離可以解決的，若不加以辨別與控制，就無法讓這些物件和平共處，這就引入了領域物件模型的第三個問題：領域模型物件在身份上是否存在明確的差別？

總有一些物件不表現領域概念，只展現操作的結果。不幸的是，這些操

作往往並不安全，會帶來狀態的變更，而狀態變更又該如何傳遞給其他關心這些狀態的物件呢？理想的物件圖並不害怕狀態的變遷，因為一切變化都可以準確傳遞，且無須考慮彼此之間的依賴。現實卻非如此。如何安全地控制狀態變化？如何在監聽這種變化的同時，不至於引入多餘的依賴？這就引入了領域物件模型的第四個問題：領域模型物件彼此之間如何做到弱依賴地完成狀態的變更通知？

15.1.2 戰術設計元模型

領域分析模型創造的物件模型有意識地忽略了這些問題。這是明智的選擇：人力有限，不可能每件事情都面面俱到。物件建模範式對物件模型的創建提供了設計指導，例如職責的合理分配、共通性特徵的抽象，都在竭力創建和維護一個良好的物件世界。然而，這些普遍適用的物件設計原則與模式並未針對針對領域的分析物件模型列出明確的設計意見，未能根本解決如上所述的 4 個問題。領域驅動設計則不然。它為領域而生，卻又從不忽略技術因素會對模型帶來的影響，甚至可以說，它正是因為太重視，才會特地引入各種戰術層面的設計元模型，以一種敬而遠之的態度小心地將技術與領域結合起來，避免形成空談主義的物件理想國。這些戰術設計元模型如圖 15-1 所示。

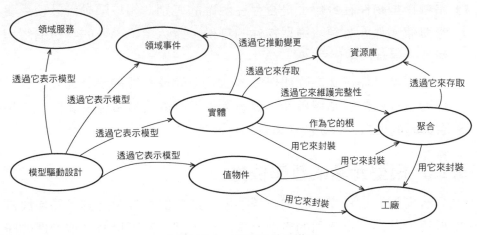

▲ 圖 15-1　戰術設計元模型

戰術設計元模型規定了組成領域設計模型中各個模型元素的含義，又與一系列設計實踐結合起來，對設計進行規範和約束，幫助開發團隊創建符合領域驅動設計原則的領域設計模型。

設計元模型規定：只能由實體、值物件、領域服務和領域事件表示模型，如此即可避免將領域邏輯洩露到領域層外的其他地方，例如菱形對稱架構的外部閘道層。聚合用於封裝實體和值物件，並維持自己邊界內所有物件的完整性。要存取聚合，只能透過聚合根的資源庫，這就隱式地劃定了邊界和入口，有效控制了聚合內所有類型的領域物件。若聚合的創建邏輯較為複雜或存在可變性，可引入工廠來創建聚合內的領域物件。若牽涉到實體的狀態變更，領域元模型建議透過領域事件來推動。

戰術設計元模型的各種模式與模型元素優雅地解決了理想物件模型存在的問題。

（1）領域模型物件如何實現資料的持久化？資源庫模式隔離了領域邏輯與資料庫實現，並將領域模型物件當作生命週期管理的資源，將持久化領域物件的媒體抽象為資源庫。

（2）領域模型物件的載入以及物件間的關係該如何處理？領域驅動設計引入聚合劃分領域模型物件的邊界，並在邊界內管理所有領域模型物件之間的關係，使其在物件的協作與完整性之間取得平衡。

（3）領域模型物件在身份上是否存在明確的差別？領域驅動設計使用實體與值物件區分領域模型物件的身份，避免了不必要的身份追蹤與額外的併發控制要求。

（4）領域模型物件彼此之間如何能弱依賴地完成狀態的變更通知？領域驅動設計引入了領域事件，透過發佈與訂閱領域事件解除聚合與聚合之間的依賴，表現狀態變遷的特性。

15.1.3　模型元素的哲學依據

領域分析模型是對真實世界的一種抽象，形成的物件模型到了領域設計建模階段就被劃分為不同的模型元素，作為解決真實世界業務問題的設計元語。

領域驅動設計是以何為根據做出如此分類的呢？我從亞里斯多德的範圍學說中尋找到了理論依據。在亞里斯多德的邏輯學中，「範圍」為 kategorein（動詞）或 kategoria（名詞），他常說 "kategorein ti katatinos"，翻譯過來就是「述説某物於某物」（assert something of something）。一個範圍其實就是一個主語 - 謂語（subject is predication）的結構，其中，主語就是被謂語描述的主體。

亞里斯多德將範圍分為 10 類：實體（substance）、分量、性質、關係、場所、時間、位置 / 姿態、狀態、動作和被動 [30]247。這 10 類範圍説明了我們人類描繪事物的 10 種方式，每種方式都可採用主語 - 謂語結構分別描述為：是什麼、什麼大小、什麼性質、什麼關係、在哪裡、在何時、處於什麼狀態、有什麼、在做什麼，以及如何受影響 [30]247。例如以下格式進行描述。

- 描述實體：這是人。
- 描述分量：它有 1 公尺長。
- 描述性質：這是白色。

在亞里斯多德的哲學觀中，實體是描述事物的主體，其他範圍必須「內居」於一主體。所謂「內居」，按亞里斯多德的解釋是指不能離開或獨立於所屬的主體。既然有這種「內居」的主從關係，整個範圍就有了兩重劃分。實體是真實世界的形而上學基礎，而其他範圍則成為實體的屬性，需要有某種實體作為屬性的基礎。

亞里斯多德企圖透過自己的邏輯學來解釋和演繹我們生存的這個世界。在軟體領域，要解釋和演繹的不正是我們要解決的位於問題空間的真實世界嗎？二者毫無疑問存在相通之處。利用軟體術語可闡釋亞里斯多德劃分的 10 類範圍。實體可以視為我們要描繪的事物的主體。分量、性質、關係、場所、時間、位置 / 姿態與狀態都是該主體的屬性。狀態會因為主動發起的動作或被動的遭遇引起物理屬性的變化，此即狀態的變遷。導致狀態變化的動作對應為領域行為，被動的遭遇就是該主動行為產生的結果。作為描述事物的主體，要求其他範圍必須內居於一主體，

直接表現了物件的封裝思想。若實體主體又身為屬性內居於另一主體，實際就是聚合的表現。

描述真實世界的哲學語言與描述物件世界的設計語言就在「形而上學」的抽象層次找到了符合邏輯的結合點，從而為領域驅動設計的模型物件確定了哲學依據。

■ 實體：實體範圍，是謂語描述的主體。它包含了其他範圍，包括引起屬性變化和狀態遷移的動作。

■ 值物件：為主體物件的屬性，通常代表分量、性質、關係、場所、時間或位置／姿態。

■ 領域事件：封裝了主體的狀態，代表了因為動作導致的狀態變遷產生的被動遭遇，即過去發生的事實。

■ 領域服務：其他範圍必須「內居」於一主體，若動作代表的業務行為無法找到一個主體物件來「內居」，就以領域服務作為特殊主體封裝。

在哲學依據的支撐下，我們開始有了「世界創造者」的氣度，創造著一個受設計約束的物件世界。這個世界的創造不是隨意的，每一次行動都有跡可循：尋找主體，就是在辨別實體；確定主體的屬性，就是在辨別值物件，且清晰地表現了二者的職責分離與不同粒度的封裝；確定主體的狀態，就是在辨別領域事件；最後，只有在找不到主體去封裝領域邏輯時，才會定義領域服務。

15.2 實體

實體（entity）這個詞被我們廣泛使用，甚至過分使用。設計資料庫時，我們用到實體，Len Silverston 就說：「實體是一個重要的概念，企業希望建立和儲存的資訊都是關於實體的資訊。」[54]6 在分解系統的組成部分時，我們用到實體，Edward Crawley 等人就說：「實體也稱為部件、模組、常式、配件等，就是用來組成全體的各個小區塊。」[19]9

還是從哲學中搬來實體的概念。如前所述，亞里斯多德認為實體[1]是我們要描述的主體，巴門尼德則認為實體是不同變化狀態的本體。這兩個頗為抽象的論斷差不多可以表達領域驅動設計中「實體」這個概念，那就是能夠以主體類型的形式表達領域邏輯中具有個性特徵的概念，而這個主體的狀態在相當長一段時間內會持續地變化，因此需要一個身份標識來標記。

如果我們認同範圍理論中「其他範圍必須內居於一主體」的論斷，則說明實體必須包括屬性與行為，屬性往往又由別的次要主體（同樣為實體）或表示數量、性質的值物件組成。這一設計遵循了封裝的思想，將一個實體擁有的資訊封裝為不同抽象層次的概念，降低了了解的成本。舉例來說，在一些複雜的企業系統中，真實世界對應的主體概念往往具有幾十乃至上百個屬性，若缺乏封裝，就會因為曝露太多的資訊讓實體類別變得過分臃腫。當實體的屬性被封裝為不同層次的實體和值物件時，與之相關的行為也需要隨之轉移。如此才滿足資訊專家模式，既能避免貧血模型與交易指令稿的實現，又能形成物件之間良好的行為協作。

一個典型的實體應該具備 3 個要素：

- 身份標識；
- 屬性；
- 領域行為。

15.2.1 身份標識

身份標識（identity，簡稱為 ID）是實體物件的必要標示，在領域驅動設計中，沒有身份標識的領域物件就不是實體。實體的身份標識就好像每個公民的身份號碼，用以判斷相同類型的不同物件是否代表同一個實體。除了幫助我們辨識實體的同一性，身份標識的主要目的還是管理實體的

---

1   亞里斯多德所說的實體在英文中表示為 substance，用中文的「主體」來表達，可能比「實體」更準確。這牽涉到翻譯中語言學的問題，這裡不做探究。

生命週期。實體的狀態可以變更，這表示我們不能根據實體的屬性值判斷其身份，如果沒有唯一的身份標識，就無法追蹤實體的狀態變更，也就無法正確地保證實體從創建、更改到消毀的生命過程。

一些實體只要求身份標識具有唯一性即可，如評論（Comment）實體、網誌（Blog）實體或文章（Article）實體的身份標識，都可以使用自動增長的 Long 類型、隨機數、UUID 或 GUID。這樣的身份標識並無任何業務含義。

有些實體的身份標識規定了一定的組合規則，例如公民（Citizen）實體、員工（Employee）實體與訂單（Order）實體的身份標識，遵循了一定的業務規則。這樣的身份標識蘊含了領域知識，表現了領域概念，如訂單（Order）實體可能會將下單通路號、支付通路號、業務類型、下單日期組裝在訂單 ID 中，公民（Citizen）實體的身份標識就是「公民身份號碼」這一領域概念。定義規則的好處在於我們可以透過解析身份標識獲取有用的領域資訊，例如解析訂單號即可獲知該訂單的下單通路、支付通路、業務類型與下單日期等，解析一個公民的身份號碼可以直接獲得該公民的部分基礎資訊，如出生日期、性別等。

正因如此，在設計實體的身份標識時，通常可以將身份標識的類型分為兩種類型：通用類型與領欄位類型。

通用類型的 ID 值沒有業務含義，採用了一些常用的技術手段來滿足其唯一性，例如以隨機數為基礎的標識、資料庫自動增加長的標識、根據機器 MAC 位址和時間戳記生成的標識等。既然與具體業務無關，就意味它可以不限於領域，形成一種通用的功能。為避免重複，可以事先實現各種通用類型的 ID，然後將其作為基礎層共用核心的一部分，讓各個界限上下文的領域模型都能重複使用。

根據 ID 的共同特徵，可以定義一個通用的 Identity 介面：

```
package com.dddexplained.sparrow.core.domain;

public interface Identity<T> extends Serializable {
```

```
    T value();
}
```

隨機數的身份標識以下介面所示：

```
public interface RandomIdentity<T> extends Identity<T> {
    T next();
}
```

如果需要按照一定規則生成身份標識，而唯一性的保證由隨機數來承擔，則可以定義 RuleRandomIdentity 類別。它實現了 RandomIdentity 介面：

```
@Immutable
public class RuleRandomIdentity implements RandomIdentity<String> {
    private String value;

    private String prefix;
    private int seed;
    private String joiner;

    private static final int DEFAULT_SEED = 100_000;
    private static final String DEFAULT_JOINER = "_";
    private static final long serialVersionUID = 1L;

    public RuleRandomIdentity() {
        this("", DEFAULT_SEED, DEFAULT_JOINER);
    }

    public RuleRandomIdentity(int seed) {
        this("", seed, DEFAULT_JOINER);
    }

    public RuleRandomIdentity(String prefix, int seed) {
        this(prefix, seed, DEFAULT_JOINER);
    }

    public RuleRandomIdentity(String prefix, int seed, String joiner) {
        this.prefix = prefix;
        this.seed = seed;
        this.joiner = joiner;

        this.value = compose(prefix, seed, joiner);
```

```
    }

    @Override
    public final String value() {
        return this.value;
    }

    @Override
    public final String next() {
        return compose(prefix, seed, joiner);
    }

    private String compose(String prefix, int seed, String joiner) {
        long suffix = new Random(seed).nextLong();
        return String.format("%s%s%s", prefix, joiner, suffix);
    }
}
```

UUID 可以視為一種特殊的隨機數，實現了 RandomIdentity 介面：

```
@Immutable
public class UUIDIdentity implements RandomIdentity<String> {
    private String value;

    public UUIDIdentity() {
        this.value = next();
    }

    private static final long serialVersionUID = 1L;

    @Override
    public String next() {
        return UUID.randomUUID().toString();
    }

    @Override
    public String value() {
        return value;
    }
}
```

這些基礎的身份標識類別應具備序列化的能力，以便支援分散式通訊。
注意，包括 UUID 在內的隨機數並不能支援分散式環境的唯一性，需要

特殊的演算法（例如 SnowFlake 演算法）來避免在分散式系統內產生身份標識的碰撞。

領欄位類型的身份標識通常與各個界限上下文的實體物件有關，例如為 Employee 定義 EmployeeId 類型，為 Order 定義 OrderId 類型。在定義領欄位類型的身份標識時，可以選擇恰當的通用類型身份標識作為父類別，然後在自身類別的定義中封裝生成身份標識的領域邏輯。舉例來說，EmployeeId 會根據企業的要求生成具有統一字首的標識，就可以讓 EmployeeId 繼承自 RuleRandomIdentity，並讓企業名稱作為身份標識的字首：

```
public final class EmployeeId extends RuleRandomIdentity<String> {
    private static final String COMPANY_NAME = "dddcompany";

    public EmployeeId(int seed) {
        super(COMPANY_NAME, seed);
    }
}
```

由於 ID 自身包含了組裝 ID 值的業務邏輯，因而建議將其定義為值物件，保持值的不變性，同時提供身份標識的常用方法，隱藏生成身份標識值的細節，以便應對未來可能的變化。

通用類型和領欄位類型 ID 的區別僅在於值是否代表了業務含義。作為實體的身份標識，它們都具有業務價值。舉例來說，網誌文章實體 Post 的 ID 由沒有業務含義的隨機值組成，但它的業務價值在於標示網誌文章的身份，確認其唯一性。當使用者透過複製已有文章的形式新建了一篇網誌文章時，這兩個 Post 物件的所有屬性完全一致，但 ID 不同，從業務角度講仍然視為兩篇完全不同的網誌文章。我們也可將網誌文章的身份標識定義為領欄位類型的 ID，例如透過連接子 "-" 將文章標題的每個單字拼接為 ID 的值，這一形式實際與 UUID 組成的 ID 並無本質差異，只是領欄位類型的 ID 具有自說明能力，可幫助人了解。舉例來說，一篇網誌文章為《推行 DDD 的思考》，英文標題為 "Thinking of practicing DDD"。透過以上兩種形式，其 ID 表達為：

通用類型：b61ab323300a
領欄位類型：thinking-of-practicing-ddd

根據 b61ab323300a 的值無法推測這篇文章到底講了什麼，但它就是這篇文章的身份標識。有的網誌系統甚至同時支援這兩種形式，考慮周到的網誌系統甚至為其建立了內部的映射關係，就好像 IP 位址與域名的映射一樣。由於文章的 ID 可能作為 REST 風格服務介面 URI 的一部分，在建立了它們的映射關係後，以下的兩個 URI 指向的是同一篇網誌文章：

https://www.dddexplained.com/p/b61ab323300a
https://www.dddexplained.com/p/thinking-of-practicing-ddd

實體 ID 不管被定義為通用類型還是領欄位類型，都是領域驅動的設計結果。選擇何種類型，取決於業務功能的要求。

如果每個實體的身份標識都定義為自訂的 ID 類別，一旦產生跨界限上下文之間對實體（實則是對聚合的根實體）ID 的引用，就可能因為自訂的 ID 類型產生兩個界限上下文之間不必要的耦合。我的建議是將實體類別自身的 ID 定義為 ID 類別，而將它引用的別的實體 ID 定義為語言的基本類型，同時，為領欄位類型的 ID 類別定義一個靜態的工廠方法，方便二者之間的轉換。例如顧客 Customer 實體的身份標識定義為值物件 CustomerId，它繼承自 UUIDIdentity 通用類型，本質上是一個字串，那麼在訂單 Order 實體內部，需要引用的就不是 CustomerId 類別，而是 String 類型的 customerId：

```
package com.dddexplained.ecommerce.ordercontext.order;

public class Order extends Entity<OrderId> {
    private String customerId;
}

package com.dddexplained.ecommerce.customercontext.customer;

public class CustomerId extends UUIDIdentity {
    public static CustomerId of(String customerIdValue) {
        return new CustomerId(customerIdValue);
    }
}
```

訂單上下文的 Order 實體並不需要重複使用 CustomerId，只要確定顧客
ID 的值就可以確定二者之間的關係，無須引入對 CustomerId 類型的依
賴，也不用考慮分散式通訊時的序列化支援，因為語言的基本類型都支
援序列化。

15.2.2 屬性

實體的屬性用來說明主體的靜態特徵，並持有資料與狀態。一般來說我
們會依據粒度的粗細將屬性分為原子屬性與組合屬性。定義為開發語言
內建類型的屬性就是原子屬性，如整數、布林型、字串類型等，表述了
不可再分的屬性概念。與之相反，組合屬性則透過自訂類型來表現，可
以封裝高內聚的一系列屬性，實則也表現了主體內嵌的領域概念。如
Product 實體的屬性定義：

```
public class Product extends Entity<ProductId> {
    private String name;
    private int quantity;
    private Category category;
    private Weight weight;
    private Volume volume;
    private Price price;
}
```

Product 實體的 name、quantity 屬性屬於原子屬性，分別被定義為 String
與 int 類型；category、weight、volume、price 等屬性為組合屬性，類型
為自訂的 Category、Weight、Volume 和 Price 類型。

兩種屬性間是否存在分界線？舉例來說，能否將 category 定義為 String
類型，將 weight 定義為 double 類型？又或，能不能將 name 定義為 Name
類型，將 quantity 定義為 Quantity 類型？劃定這條邊界線的標準就是：該
屬性是否存在約束規則、組合因數或屬於自己的領域行為。

先看約束規則。相較於產品的名稱（name）屬性而言，產品的類別
（category）屬性具有更強的約束性。產品的類別多而細，且存在一個複
雜的層次結構，單單靠一個字串無法表達如此豐富的限制條件與層次結

構。當然，如果需求對產品名稱也有明確的約束，例如長度約束、字元內容約束，自然也應該將其定義為 Name 類型。

再看組合因數。判斷屬性是否不可再分，如重量（weight）與體積（volume）屬性具有明顯的特徵：需要值與計數單位共同組合。如果只有值而無單位，就會因為單位不同導致計算錯誤、概念混亂，舉例來說，2kg 與 2g 顯然是不同的值，不能混為一談。至於數量（quantity）屬性之所以被設計為原子屬性，是因為在當前業務背景下假設它沒有計數單位的要求，無須組合。如果需求要求商品數量的單位存在諸如萬、億的變化，又或以箱、盒、件等不同的量化單位區分不同的商品，作為原子屬性的 quantity 就缺乏業務的表現能力，必須定義為組合屬性。

最後來看領域行為。多數靜態語言不支援為內建類型擴充自訂行為[2]，要為屬性增加屬於自己的領域行為，只能選擇組合屬性。如 Product 的價格（price）屬性需要提供針對該領域概念的運算行為，若不定義為 Price 組合屬性，就無法封裝這些領域行為。

組合屬性可以是實體，也可以是值物件，取決於該屬性是否需要身份標識。

當我們學會將實體的屬性盡可能定義為組合屬性時，就會在實體內部形成各自的抽象層次。每個抽象層次對應的類型都專注於做自己的事情，各司其職，依據各自持有的資料與狀態以及和領域概念之間的黏度分配職責，實體類別就能變得更加內聚，承擔的職責也就更單一。舉例來說，一個機場的業務系統需要統計每個班機的運載資訊，包括入境、出境的旅客資訊、行李資訊、郵件資訊、貨物資訊等。運載資訊的實體類別為 CarryLoad，如果不考慮封裝屬性，該類別的定義會變得較為龐大而鬆散：

```
public class CarryLoad extends Entity<CarryLoadId> {
    private String region;
```

---

2 C# 的擴充方法、Scala 的自動轉型支援這種擴充，但這種擴充本質上是對內建類型的擴充，並沒有擴充領域概念。

```
    private String originStation;
    private String destinationStation;
    private Integer legNo;

    private Integer inAdultSum;
    private Integer inChildSum;
    private Integer inBabiesSum;
    private Integer inDivertAdultSum;
    private Integer inDivertChildSum;
    private Integer inDivertBabiesSum;

    private Integer outAdultSum;
    private Integer outChildSum;
    private Integer outBabiesSum;
    private Integer outDivertAdultSum;
    private Integer outDivertChildSum;
    private Integer outDivertBabiesSum;

    private BigDecimal inBaggageWeightSum;
    private Integer inBaggageCount;
    private BigDecimal inMailWeightSum;
    private Integer inMailCount;
    private BigDecimal inCargoWeightSum;
    private Integer inCargoCount;

    private BigDecimal outBaggageWeightSum;
    private Integer outBaggageCount;
    private BigDecimal outMailWeightSum;
    private Integer outMailCount;
    private BigDecimal outCargoWeightSum;
    private Integer outCargoCount;

    private BigDecimal divertBaggageWeightSum;
    private Integer divertBaggageCount;
    private BigDecimal divertMailWeightSum;
    private Integer divertMailCount;
    private BigDecimal divertCargoWeightSum;
    private Integer divertCargoCount;
}
```

CarryLoad 實體類別的定義好似一個沒有資料夾的檔案系統，所有屬性都位於一個抽象層次，缺乏對資訊的隱藏，形成了一個扁平的物件結構。

倘若按照內聚的領域概念進行封裝，就能建立不同的抽象層次，有利於
資訊的隱藏和領域邏輯的重複使用：

```java
public class CarryLoad extends Entity<CarryLoadId> {
    private String region;
    private CityPair cityPair;
    private Integer legNo;

    private PassengerLoad inPassengerLoad;
    private BaggageLoad inBaggageLoad;
    private MailLoad inMailLoad;
    private CargoLoad inCargoLoad;

    private PassengerLoad outPassengerLoad;
    private BaggageLoad outBaggageLoad;
    private MailLoad outMailLoad;
    private CargoLoad outCargoLoad;

    private BaggageLoad divertBaggageLoad;
    private MailLoad divertMailLoad;
    private CargoLoad divertCargoLoad;
}
```

調整後的運載 CarryLoad 實體透過 CityPair 封裝了起降機場。起降機場
也是航空領域的領域概念。PassengerLoad 隱藏了旅客運載量的細節，
BaggageLoad 隱藏了行李運載量的細節，MailLoad 隱藏了郵件運載量的
細節，CargoLoad 隱藏了貨物運載量的細節，從而清晰地呈現了運載內
容：

- 進站的旅客、行李、郵件、貨物的運載量；
- 出站的旅客、行李、郵件、貨物的運載量；
- 中轉的行李、郵件、貨物的運載量。

在排除了其他細節的干擾後，運載概念的身份基本能做到不言自明。

為物理定義更小概念的組合屬性，就好像雕刻師不斷鑿去多餘的內容來
清晰地呈現雕刻物的模樣。把這些細小的概念以及與之對應的職責推給
各自的屬性類別，當前實體才能專注於自身概念的身份。

15.2.3　領域行為

實體擁有領域行為，可以更進一步地説明其作為主體的動態特徵。一個不具備動態特徵的物件，是一個啞物件，一個「蠢」物件。這樣的物件明明坐擁寶山（自己的屬性）而不自知，還去求助他人操作自己的狀態，著實有些「愚蠢」。為物理定義表達領域行為的方法，與前面講到組合屬性需要封裝自己的領域行為是一脈相承的，都是「職責分治」設計思想的表現。

根據不同的行為特徵，我將實體擁有的領域行為分為：

- 變更狀態的領域行為；
- 自給自足的領域行為；
- 互為協作的領域行為。

1.　變更狀態的領域行為

實體物件的狀態由屬性持有。與值物件不同，實體物件允許呼叫者更改其狀態。許多語言都支援透過 get 與 set 存取器（或類似的語法糖）存取狀態，這實際上是技術因素干擾著領域模型的設計。領域驅動設計認為，由業務程式組成的實現模型是領域模型的一部分，業務程式中的類別名、方法名稱應從業務角度表達領域邏輯。領域專家最好也能夠參與到程式設計元素的命名討論上，使得業務程式遵循統一語言。如果不考慮一些框架對實體類別 get/set 存取器的限制，應讓變更狀態的方法名稱滿足業務含義。舉例來説，修改產品價格的領域行為應該定義為 changePriceTo(newPrice) 方法，而非 setPrice(newPrice)：

```
public class Product extends Entity<ProductId> {
   public void changePriceTo(Price newPrice) {
      if (!this.price.sameCurrency(newPrice)) {
         throw new CurrencyException("Cannot change the price of this
product to a
different currency");
      }
      this.sellingPrice = newPrice;
   }
}
```

這時的領域行為不再是一個簡單的設定操作，它蘊含了領域邏輯。方法名稱也傳遞了業務知識，突破了 set 存取器的範圍，成了實體類別擁有的領域行為，也滿足了資訊專家模式的要求，形成了物件之間行為的協作。

2.　自給自足的領域行為

自給自足表示實體物件只操作了自己的屬性，不外求於別的物件。這種領域行為最容易管理，因為它不會和別的實體物件產生依賴。即使實現邏輯發生了變化，只要定義好的介面無須調整，就不會將變化傳遞出去。

變更狀態的領域行為由於要改變實體的狀態，往往會產生副作用。自給自足的領域行為則不同，主要對實體已有的屬性值包括呼叫該實體組合屬性定義的方法返回的值進行計算，返回呼叫者希望獲得的結果。

舉例來說，一個訂單結算 OrderSettlement 物理定義了 payNumber、paidAmount 和 payments 屬性。payments 屬性為 List<Payment> 類型。訂單結算物理定義了計算總額的領域行為。正常情況下，訂單結算的總額就是 paidAmount 的值，但是，當 payNumber 的值等於 payments 的記錄個數時，需要檢查 payments 的總額是否等於 paidAmount。如果不相等，就要拋出異常來說明訂單結算存在問題。該領域行為對應的方法 totalAmount() 定義為：

```
public class OrderSettlement extends Entity<OrderSettlementId> {
    private Integer payNumber;
    private Money payAmount;
    private List<Payment> payments;

    public Money totalAmount() {
        if (payNumber == payments.size()) {
            if (!payAmount.equals(totalPayAmount())) {
                throw new OrderSettlementException("Error with calculating
total price
for Order Settlement.");
            }
        }
        return payAmount;
    }
```

```
   private Money totalPayAmount() {
      Money totalAmount = new Money(0);
      for (Payment payment : payments) {
         totalAmount = totalAmount.add(payment.getPayAmount());
      }
      return totalAmount;
   }
}
```

該領域行為並不複雜，但充分表現了行為的自給自足。整個方法僅操作了訂單結算實體自己擁有的屬性，包括 payNumber、payAmount 和 payments。

3. 互為協作的領域行為

實體不可能都做到自給自足，有時也需要呼叫者提供必要的資訊。這些資訊往往透過方法參數傳入，這就形成了領域物件之間互為協作的領域行為。舉例來說，要計算貿易訂單實際應繳的稅額，首先應該獲得該貿易訂單的納稅額度。這個納稅額度等於訂單所屬的納稅調節額度整理值減去手動調節納稅額度值。獲得的納稅額度再乘以貿易訂單的總金額，就是貿易訂單實際應繳的稅額。貿易訂單的納稅調節為另一個實體物件 TaxAdjustment。一個貿易訂單存在多個納稅調節，因此可引入一個容器物件 TaxAdjustments。該物件本質上是一個領域服務，提供了計算納稅調節額度整理值和手動調節納稅額度值的方法：

```
public class TaxAdjustments {
   private List<TaxAdjustment> taxAdjustments;
   private BigDecimal zero = BigDecimal.ZERO.setScale(taxDecimals,
taxRounding);

   public BigDecimal totalTaxAdjustments() {
      return taxAdjustments
                  .stream
                  .reduce(zero, (ta, agg) -> agg.add(ta.getAmount()));
   }

   public BigDecimal manuallyAddedTaxAdjustments() {
      return taxAdjustments
```

```
                    .stream
                    .filter(ta -> ta.isManual())
                    .reduce(zero, (ta, agg) -> agg.add(ta.getAmount()));
    }
}
```

貿易訂單 TradeOrder 實體物件計算稅額的領域行為實現為：

```
public class TradeOrder {
    public BigDecimal calculateTotalTax(TaxAdjustments taxAdjustments) {
        BigDecimal existedOrderTax = taxAdjustments.totalTaxAdjustments();
        BigDecimal manuallyAddedOrderTax = taxAdjustments.
manuallyAddedTaxAdjustments();
        BigDecimal taxDifference = existedOrderTax.substract(manuallyAddedO
rderTax).setScale
(taxDecimals, taxRounding);

        return totalAmount().multiply(taxDifference).setScale(taxDecimals,
taxRounding);
    }
}
```

TradeOrder 與 TaxAdjustments 根據自己擁有的資料各自計算自己的稅額
部分，從而完成合理的職責協作。這種協作方式表現了職責的分治。

還有一種特殊的領域行為，就是針對實體包括值物件[3]進行「增刪改查」，
即對應為增加、刪除、修改和查詢這 4 個操作，它們負責管理物件的生
命週期。領域驅動設計將這些行為分配給了專門的資源庫物件，實體無
須承擔「增刪改查」的職責。實體擁有的變更狀態的領域行為，修改的
只是物件的記憶體狀態，與持久化無關。除了「增刪改查」，創建行為
也是物件生命週期管理的一部分，代表了物件在記憶體中從無到有的實
例化。創建行為本由實體的建構函數履行，但當創建的行為邏輯較為複
雜，又或存在變化，就可以引入工廠類別或工廠方法來封裝實體的創建
邏輯。無論是創建，還是增刪改查，都需要結合聚合邊界來管理實體的
生命週期。

3　在領域驅動設計中，實際上是針對聚合的操作。當然，本質上是針對聚合根實體進行。

15.3 值物件

值物件（value object）通常作為實體的屬性，也就是亞里斯多德提到的分量、性質、關係、場所、時間、位置 / 姿態等範圍。正如 Eric Evans 所說，「當我們只關心一個模型元素的屬性時，應把它歸類為值物件。我們應該使這個模型元素能夠表示出其屬性的意義，並為它提供相關功能。值物件應該是不可變的。不要為它分配任何標識，而且不要把它設計成像實體那麼複雜。」[8]64

在進行領域設計建模時，可優先考慮使用值物件而非實體物件建模。值物件沒有唯一標識，就可以卸下管理身份標識的負擔。值物件設計為不變的，就不用考慮併發存取帶來的問題，因此比實體物件更容易維護，更容易測試，更容易最佳化，也更容易使用，它是設計建模模型元素的第一選擇。

15.3.1 值物件與實體的本質區別

一個領域概念到底該用值物件還是實體類型，第一個判斷依據是看業務的參與者對它的相等判斷是依據值還是依據身份標識。——前者是值物件，後者是實體。

在辦理還書手續的業務場景中，圖書管理員並不關心圖書的資訊，而是判斷歸還的圖書 ID 是否包含在借閱記錄中。如果所借圖書遺失了，讀者即使自行購買了一本相同的圖書來嘗試歸還，也不能正常辦理還書手續，因為所借圖書的 ID 已經遺失了。此時只能執行辦理圖書遺失的異常流程。因此，圖書 Book 在借閱管理場景中應定義為實體類型。

在乘客登機的業務場景中，登機口工作人員需要掃描每位乘客的登機牌，以驗證乘客的登機資訊是否符合當前登機口的班機資訊。掃描時，系統只需要確定登機牌的 ID 即可確認該班機的旅客身份，故而登機牌 BoardingCard 應定義為實體類型；乘客要想知道在哪個登機口登機，只需記住登機口的值。因此，登機口 BoardingGate 就可以定義為值物件。

第二個判斷依據是確定物件的屬性值是否會發生變化，如果變化了，究竟是產生一個完全不同的物件，還是維持相同的身份標識。——前者是值物件，後者是實體。

在員工的出勤記錄業務場景中，依據相等性進行判斷時，可以認為出勤記錄的值相等就是同一筆出勤記錄，這表示我們可以將其定義為值物件；然而，出勤記錄的狀態值是可以更改的，假設根據打卡的結果判斷該員工為曠職，在員工提出申請並證明其忘記打卡時，就需要修改出勤記錄的狀態。修改後的出勤記錄還是同一筆出勤記錄，其同一性只能透過唯一的身份標識進行判斷，這表示應將出勤記錄定義為實體。

最後一個判斷依據是生命週期的管理。值物件沒有身份標識，表示無須管理其生命週期。從物件的角度看，它可以隨時被創建或被銷毀，甚至也可以被隨意複製用到不同的業務場景。實體則不同，在創建之後，系統就需要負責追蹤它狀態的變化情況，直到它被刪除。有的物件雖然透過值進行相等性判斷，但在具體業務場景中，又可能面對生命週期管理的需求。這時，就需要將該物件定義為實體。

在考勤系統的設定假期業務場景中，假期 Holiday 類別的值包含年份、假期週期、假期類型。顯然，只要這些值完全相同，就可以認為是同一個假期，因此 Holiday 具有值物件的特徵。然而，在設定假期時，又需要對假期單獨進行創建、查詢、修改和刪除等生命週期操作，且 Holiday 也不附屬於另外的任何一個實體。這時，就需要將 Holiday 定義為實體 [4]。

顯然，這 3 個判斷依據是層層遞進的，要確定一個領域概念究竟是值物件還是實體，需要審慎判斷，綜合考量。

在針對不同界限上下文進行領域建模時，注意不要被看似相同的領域概念誤導，以為概念相同，設計專案的定義也應該相同。任何設計都不能脫離具體業務的上下文。以鈔票為例，在商品的購買領域，交易雙方只

4　本質上，應定義為假期聚合的根實體，如此即可透過資源庫進行生命週期管理。

需要關心貨幣的面額、真偽與貨幣單位。假如交易用到的兩張人民幣的面額都為 100 元，只要它們都不是偽鈔，則此 100 元與彼 100 元並無實質差別，可認為是值相等的同一物件。因此，鈔票 Money 在購買上下文應定義為值物件。然而，在印鈔廠房的生產領域，管理者關心的不僅是每張鈔票的面額和貨幣單位，還要透過印在鈔票上的唯一標識來區分每一張鈔票的身份，那麼在印鈔上下文，鈔票 Money 就應定義為實體。

實體與值物件的本質區別在於是否擁有唯一的身份標識。因為實體擁有身份標識，資源庫才能管理和控制它的生命週期；因為值物件沒有身份標識，就可以不用考慮值物件的生命週期，可以隨時創建、隨時銷毀一個值物件，無須追蹤它的狀態變更。值物件缺乏身份標識，在領域設計模型中，往往作為實體的附庸，表達實體的屬性。

15.3.2 不變性

考慮到值物件只需關注值的特點，領域驅動設計建議儘量將值物件設計為不變類別。若能保證值物件的不變性，就可以減少併發控制的成本，因為一個不變的類別是執行緒安全的。

要保證值物件的不變性，不同的開發語言具有不同的實踐。Scala 語言用 val 來宣告變數不可變更，使用不變集合保證容器的不變性，還引入了範例類別（case class）這樣的語法糖（每個範例類別都是不變的值物件）。Java 語言的數值類型都具有不變性[5]。對於一些細粒度的具有可列舉特性的領域概念，如長度單位、分類類別等，往往將其定義為值物件，如果還要同時保證它的不變性，可考慮將其定義為屬於數值類型的列舉。如果使用 C#，可考慮將值物件定義為結構（struct）類型，因為 C# 的結構類型是一種可封裝資料和行為的數值類型，本身具備了不變性。

---

5 語言中數值型別與參考類型的劃分維度與實體和值物件的劃分維度並不一致，切不可混為一談。Java 語言的數值型別都是不變的，因此領域驅動設計的值物件可以定義為數值型別，但二者卻不能劃等號。

Java 列舉類型的表現能力不足以表示大多數領域概念，而 Java 又未像 C# 那樣提供結構類型，故而在多數時候，還是需要將值物件定義為屬於參考類型的自訂類型。為了保證它的不變性，需要施加一些約束。Brian Goetz 等人確定了不變類別定義需滿足的幾個條件 [55]38：

■ 物件創建以後其狀態就不能修改；

■ 物件的所有欄位都是 final 類型；

■ 物件是正確創建的（創建期間沒有 this 引用溢位）。

以下 Money 值物件的定義就保證了不變性 6：

```
@Immutable
public final class Money {
    private final double faceValue;
    private final Currency currency;
    public Money() {
        this(0d, Currency.RMB)
    }
    public Money(double value, Currency currency) {
        this.faceValue = value;
        this.currency = currency;
    }
    public Money add(Money toAdd) {
        if (!currency.equals(toAdd.getCurrency())) {
            throw new NonMatchingCurrencyException("You cannot add money
with different
currencies.");
        }
        return new Money(faceValue + toAdd.getFaceValue(), currency);
    }
    public Money minus(Money toMinus) {
        if (!currency.equals(toMinus.getCurrency())) {
            throw new NonMatchingCurrencyException("You cannot remove money
with different
currencies.");
        }
        return new Money(faceValue - toMinus.getFaceValue(), currency);
    }
}
```

6　雖然 Java 提供了 @Immutable 注解來說明不變性，但該注解自身並不具備不變性約束。

Money 類別的 faceValue 與 currency 欄位均被宣告為 final 欄位，由建構
函數初始化。faceValue 欄位的類型為不變的 double 類型，currency 欄
位為不變的列舉類型。add() 與 minus() 方法並沒有直接修改當前物件的
值，而是返回了一個新的 Money 物件。顯然，既要保證物件的不變性，
又要滿足更新狀態的需求，就需要用一個保存了新狀態的實例來「替
換」原有的不可變物件。這種方式看起來會導致大量物件被創建，從而
佔用不必要的記憶體空間，影響程式的性能，但事實上，由於值物件往
往比較小，記憶體分配的負擔並沒有想像中的大。由於不可變物件本身
是執行緒安全的，無須加鎖或提供保護性備份，因此它在併發程式設計
中反而具有性能優勢。

15.3.3 領域行為

值物件的名稱容易讓人誤會它只該擁有值，不應擁有領域行為。實際
上，只要採用了物件建模範式，無論實體物件還是值物件，都需要遵循
物件導向設計的基本原則，如資訊專家模式，將操作自身資料的行為分
配給它。Eric Evans 之所以將其命名為值物件，是為了強調對它的領域概
念身份的確認，即關注重點在於值。

值物件擁有的往往是「自給自足的領域行為」。這些領域行為能夠讓值物件
的表現能力變得更加豐富，更加智慧。它們通常為值物件提供以下能力：

- 自我驗證；
- 自我組合；
- 自我運算。

1. 自我驗證

當一個值物件擁有自我驗證的能力時，擁有和操作值物件的實體類別就
會變得輕鬆許多。不然實體類別就可能充斥大量的驗證程式，干擾了讀
者對主要領域邏輯的了解。按照職責分配的要求，一旦實體的屬性定義
為值物件，就連帶著需要將屬性值的驗證職責也轉移到值物件，做到自
我驗證。

所謂「驗證」，就是驗證設定給值物件的外部資料是否合法。若屬性值與其生命週期有關，就需要在創建該值物件時進行驗證。驗證邏輯是建構函數的一部分，可以是正常驗證，如不可為空判斷，也可能包含業務規則，如滿足業務條件的設定值範圍、類型等。倘若驗證未透過，一般需要拋出表達業務含義的自訂異常。這些自訂異常皆衍生自領域層的異常超類別 DomainException。

領域驅動設計對異常的處理

不管是遵循分層架構，還是菱形對稱架構，都可以針對異常劃分層次，並透過為異常建立統一的層超類別，來統一對異常的處理。領域層的異常層超類別為 DomainException，北向閘道應用層的異常層超類別為 ApplicationException，南向閘道層不需要考慮自訂異常，因為它的實現程式拋出的異常屬於存取外部資源的基礎設施框架。

異常的劃分方式表現了分層架構對異常的考慮。領域層透過自訂異常表現領域驗證邏輯與錯誤訊息，到了應用層，又保證了異常的統一性。異常分層機制確保了程式的穩固性與簡單性。領域層作為整潔架構的內部核心，無須關注基礎設施層拋出的系統異常，而是將自訂異常當作領域邏輯的一部分。在撰寫領域層的程式時，對異常的態度為「只拋出，不捕捉」，將所有領域層的異常帶來的錯誤和隱憂，都交給外層的應用服務。應用服務對待異常的態度迥然不同，採用了「捕捉底層異常，拋出應用異常」的設計原則。

為了讓應用服務告知遠端服務呼叫者究竟是什麼樣的錯誤導致異常拋出，可以分別為應用層定義以下 3 種異常子類別，均衍生自 ApplicationException 類型：

▶ ApplicationDomainException，由領域邏輯錯誤導致的異常；
▶ ApplicationValidationException，由輸入參數驗證錯誤導致的異常；
▶ ApplicationInfrastructureException，由基礎設施存取錯誤導致的異常。

遵循了分層的異常設計原則後，可以考慮將異常的層超類別定義為非受控異常 RuntimeException 的子類別，如此就可以避免異常對介面方法的污染。

如果驗證邏輯相對複雜，就建議將驗證邏輯的細節提取到一個私有方法

validate()，確保建構函數的實現更加簡潔。舉例來說，針對 Order 實體，我們定義了 Address 值物件，Address 值物件又巢狀結構定義了 ZipCode 值物件：

```java
public class ZipCode {
    private final String zipCode;
    public ZipCode(String zipCode) {
        validate(zipCode);
        this.zipCode = zipCode;
    }

    public String value() {
        return this.zipCode;
    }

    private void validate(String zipCode) {
        if (Strings.isNullOrEmpty(zipCode)) {
            throw new InvalidZipCodeException("Zip code could not be null or
empty");
        }
        if (!isValid(zipCode)) {
            throw new InvalidZipCodeException("Valid zip code is required");
        }
    }

    private boolean isValid(String zipCode) {
        String reg = "[1-9]\\d{5}";
        return Pattern.matches(reg, zipCode);
    }
}

public class Address {
    private final String province;
    private final String city;
    private final String street;
    private final ZipCode zip;

    public Address(String province, String city, String street, ZipCode
zip) {
        validate(province, city, street, zip); // 方法中還需要驗證 zip 為 null
的情況

        this.province = province;
```

```
      this.city = city;
      this.street = street;
      this.zip = zip;
    }
}
```

自我驗證方法保證了值物件的正確性。如果我們將每個組成物理屬性的值物件都定義為具有自我驗證能力的類別，就可以使得組成程式的基本單元變得更加穩固，間接提高了整個軟體系統的穩固性。值物件的驗證邏輯是領域邏輯的一部分，我們應為其撰寫單元測試。

自我驗證的領域行為僅驗證外部傳入的設定值。倘若驗證功能還需求助外部資源，例如查詢資料庫以檢查 name 是否已經存在，這樣的驗證邏輯就不再是「自給自足」的，不能交由值物件承擔。

2. 自我組合

值物件往往牽涉對資料值的運算。為了更進一步地表達其運算能力，可定義相同類型值物件的組合運算方法，使得值物件具備自我組合能力。

引入組合方法既可以保證值物件的不變性，避免組合操作直接對狀態進行修改，又是對組合邏輯的封裝與驗證，避免引入與錯誤物件的組合。舉例來說，Money 值物件的 add() 與 minus() 方法驗證了不同貨幣的錯誤場景，避免了直接計算兩種不同貨幣的 Money。注意，Money 類別的組合方法並沒有妄求對貨幣進行匯率換算，因為匯率計算牽涉到對外部匯率服務的呼叫，不符合值物件領域行為「自給自足」的特性。

值物件在表達數量時，可能牽涉到單位換算。與貨幣動態變化的匯率不同，計量單位的換算依據固定的轉換比例。舉例來說，長度單位中的毫米、分米、米和公里之間的比例都是固定的。長度與長度單位皆為值物件，分別定義為 Length 與 LengthUnit。Length 具有自我組合的能力，支援長度值的四則運算。如果參與運算的長度單位不同，就需要換算。長度計算與單位換算是兩個不同的職責，依據資訊專家模式，LengthUnit 類別具有換算比例的值，就該承擔單位換算的職責。由於長度單位是可

列舉的值，故而定義為列舉類型：

```
public enum LengthUnit {
    MM(1), CM(10), DM(100), M(1000);

    private int ratio;
    Unit(int ratio) {
        this.ratio = ratio;
    }

    int convert(Unit target, int value) {
        return value * ratio / target.ratio;
    }
}
```

LengthUnit 列舉的欄位值 ratio 並未定義 getRatio() 方法，因為該資料並不需要提供給外部呼叫者。當 Length 物件計算長度時，若需單位換算，可以呼叫 LengthUnit 的 convert() 方法，而非獲得 ratio 的換算比例。這才是正確的行為協作模式：

```
public class Length {
    private int value;
    private LengthUnit unit;

    public Length() {
        this(0, LengthUnit.MM)
    }
    public Length(int value, LengthUnit unit) {
        this.value = value;
        this.unit = unit;
    }

    public Length add(Length toAdd) {
        int convertedValue = toAdd.unit.convert(this.unit, toAdd.value);
        return new Length(convertedValue + this.value, this.unit);
    }
}
```

3. 自我運算

自我運算是根據業務規則對屬性值進行運算的行為。根據需要，參與運算的值也可以透過參數傳入。舉例來説，Location 值物件擁有 longitude

與 latitude 屬性值，只需再提供另一個地理位置，就可計算兩個地理位置之間的直線距離：

```
@Immutable
public final class Location {
    private final double longitude;
    private final double latitude;

    public Location(double longitude, double latitude) {
        this.longitude = longitude;
        this.latitude = latitude;
    }

    public double getLongitude() {
        return this.longitude;
    }
    public double getLatitude() {
        return this.latitude;
    }

    public double distanceOf(Location location) {
        double radiansOfStartLongitude = Math.toRadians(longitude);
        double radiansOfStartDimension = Math.toRadians(latitude);
        double radiansOfEndLongitude = Math.toRadians(location.
getLongitude());
        double raidansOfEndDimension = Math.toRadians(location.
getLatitude());

        return Math.acos(
            Math.sin(radiansOfStartLongitude) * Math.
sin(radiansOfEndLongitude) +
            Math.cos(radiansOfStartLongitude) * Math.
cos(radiansOfEndLongitude) * Math.cos
(raidansOfEndLatitude - radiansOfStartLatitude)
        );
    }
}
```

在定義了計算距離的領域行為後，Location 值物件就擁有了運算的能力，可以與其他領域模型物件產生行為的協作。舉例來說，要查詢距當前位置最近的餐廳，領域服務 RestaurantService 呼叫了 Location 的 distanceOf() 方法：

```
public class RestaurantService {
    private static long RADIUS = 3000;
    private RestaurantRepository restaurantRepo;

    @Override
    public Restaurant neareastRestaurant(Location location) {
        List<Restaurant> restaurants = restaurantRepo.
allRestaurantsOf(location, RADIUS);
        if (restaurants.isEmpty()) {
            throw new RestaurantException("Required restaurants not
found.");
        }
        Collections.sort(restaurants, new RestaurantComparator(location));
        return restaurants.get(0);
    }

    private final class RestaurantComparator implements
Comparator<Restaurant> {
        private Location currentLocation;
        public RestaurantComparator(Location currentLocation) {
            this.currentLocation = currentLocation;
        }

        @Override
        public int compare(Restaurant r1, Restaurant r2) {
            return r1.getLocation().distanceOf(currentLocation).
compareTo(r2.getLocation(). distanceOf(currentLocation));
        }
    }
}
```

一個擁有合理領域行為的值物件可以分攤擔在實體身上的重任,讓實體
的職責變得更單一。由於無須管理值物件的生命週期,因此值物件可能
被多個實體類別呼叫,如 Money、Address 這樣的值物件,可能會被多個
界限上下文的領域模型呼叫,可考慮將它們定義在共用核心中,以便跨
界限上下文的重複使用。此時,為值物件分配自給自足的領域行為就變
得更有必要,因為它能避免零散的領域邏輯在多個界限上下文的實體類
別中氾濫,表現了良好的職責邊界。

15.3.4 值物件的優勢

在進行領域設計建模時，要善於運用值物件而非內建類型去表達那些細粒度的領域概念（僅就靜態語言而言）。相較於內建類型，值物件的優勢更加明顯。

- 內建類型無法展現領域概念，值物件則不然。例如 String 與 Name、int 與 Age 相比，顯然後者更加直觀地表現了業務含義。
- 內建類型無法封裝顯而易見的領域邏輯，值物件則不然。除了少數語言提供了為已有類型擴充方法的機制，內建類型都是封閉的。如果屬性定義為內建類型，就無法封裝領域行為，只能將其交給擁有屬性的主物件，導致作為主物件的實體變得很臃腫。
- 內建類型缺乏驗證能力，值物件則不然。對強類型語言而言，類型的驗證包括兩方面：對類型的自身驗證和對值的驗證。如前所述，值物件具有自我驗證的能力，其定義的類型自身也是一種隱含的驗證。舉例來說，分別定義書名與書號為 Title 與 ISBN 值物件後，如果呼叫者將書的編號誤傳給書名，編譯器會檢查到類型不符合的錯誤；如果這兩個屬性都定義為 String 類型，編譯器就檢查不到這種錯誤。

學會定義數值類型表達細粒度的領域概念，是領域驅動設計更加推崇的實踐。

15.4 聚合

在了解聚合（aggregate）的概念之前，需要先理清物件導向設計中類別之間的關係。

15.4.1 類別的關係

正如生活中的我們難以做到「老死不相往來」，類別之間必然存在關係。如此才可以通力合作，形成合力。既然物件建模範式將真實世界的領域

概念建模為類別，管理類別與類別之間的關係就成了領域建模過程中不可回避的問題。

物件建模需要表達的類別關係包括 [16]63：

- 泛化（generalization）；
- 連結（association）；
- 依賴（dependency）。

1. 泛化關係

泛化關係表現了通用的父類別與特定的子類別之間的關係。在程式語言中往往表示為子類別繼承父類別或子類別衍生自父類別。父類別定義通用的特徵，特化的子類別在繼承了父類別的特徵之外，定義了符合自身特性的特殊實現。泛化關係在 UML 類別圖中以空心三角形加實線的形式表現。舉例來說，圖 15-2 中的 Shape 類別是所有形狀的泛化，它包括 Rectangle 子類別和 Circle 子類別。

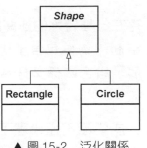

▲ 圖 15-2　泛化關係

泛化關係會導致子類別與父類別之間的強耦合，父類別發生的任何變更都會傳遞給子類別，形成所謂的「脆弱的基（父）類別」。修改父類別的實現需要慎之又慎，因為一處變更就可能影響到它的所有子類別，悄悄地改變子類別的行為。在物件導向設計要素中，我們往往使用繼承這一術語來表示泛化關係。

2. 連結關係

連結關係代表了類別之間的一種結構關係，用以指定一個類別的物件與另一個類別的物件之間存在連接關係 [16]141。連結關係包括一對一、一對多和多對多關係，在 UML 類別圖中分別用連線和數字標記連結關係和關係的數量。如果兩個類別之間的連結關係存在方向，則需要使用箭頭表示連結的導覽方向。如果沒有箭頭，就表示存在雙向連結。舉例來說，在

圖 15-3 的類別圖中，使用者群組 UserGroup 與使用者 User 存在雙向的連結關係，一個使用者群組可以包含多個使用者，一個使用者可以同時屬於多個使用者群組，它們的關係為多對多；使用者 User 與密碼 Password 存在具有導覽方向的連結關係，一個使用者可以擁有多個密碼，密碼不能擁有使用者，它們的關係為一對多。

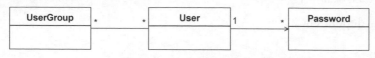

▲ 圖 15-3　連結關係的類別圖

存在一種特殊的連結關係：連結雙方分別表現整體與部分的特徵，代表整體的物件包含了代表部分的物件。這就是組合關係。依據關係的強弱，組合關係又分為合成（composition）關係與聚合（aggregation）關係。

合成關係不僅代表了整體與部分的包含關係，還表現了強烈的「所有權」（ownership）特徵。這種所有權使得二者的生命週期存在一種嚙合關係，即組成合成關係的兩個物件屬於同一個生命週期。當代表整體概念的主物件被銷毀時，代表部分概念的從物件也將隨之而被銷毀。在 UML 類別圖中，使用實心的菱形標記合成關係，菱形標記位於代表整體概念的主類別一側。舉例來説，圖 15-4 中 School 和 Classroom 的關係就是合成關係：學校擁有對教室的所有權，學校被銷毀了，教室也就不存在了。

聚合關係同樣代表了整體和部分的包含關係，卻沒有所有權特徵，不會約束它們的生命週期，故而連結強度要弱於合成關係。在 UML 類別圖中，使用空心的菱形標記聚合關係。舉例來説，圖 15-5 中 Classroom 和 Student 存在聚合關係：教室並未擁有學生的所有權，教室被銷毀了，學生依舊存在。

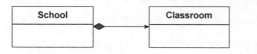

▲ 圖 15-4　School與Classroom的合成關係

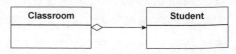

▲ 圖 15-5　Classroom與Student的聚合關係

在組合關係的連線上，同樣可以透過數字標記一對一或一對多關聯性。舉例來說，在圖 15-6 的類別圖中，一個 School 包含多個 Classroom。

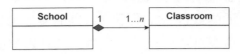

▲ 圖 15-6　標記組合關係的數量

顯然，滿足組合關係的兩個類別不應存在多對多關係，因為兩個類別不可能互為整體和部分。

3. 依賴關係

依賴關係代表一個類別使用了另一個類別的資訊或服務。依賴關係存在方向，因此在 UML 類別圖中，往往用一個帶箭頭的虛線線筆表示。虛線線條也説明了依賴的雙方耦合較弱。依賴關係產生於 [7]：

- 類別的方法接收了另一個類別的參數；
- 類別的方法返回了另一個類別的物件；
- 類別的方法內部創建了另一個類別的實例；
- 類別的方法內部使用了另一個類別的成員。

以 Driver 類別與 Car 類別為例，由於 Car 類別的實例作為參數傳遞給了 Driver 類別的 drive() 方法，二者建立了圖 15-7 所示的依賴關係。

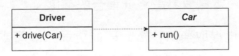

▲ 圖 15-7　Driver 與 Car 的依賴關係

在類別圖中，如果類別的名稱為斜體字，説明它是一個抽象類別型，圖 15-7 中的 Car 類別就是一個抽象類別型。

7　UML 規定了多種類型的依賴關係，諸如綁定（bind）、精煉（refine）、實例化（instantiate）等。具體內容可以參考 Grady Booch、James Rumbaugh 和 Ivar Jacobson 撰寫的 *The Unified Modeling Language User Guide*，這裡做了適當的簡化。

15.4.2 模型的設計約束

領域物件模型表達了領域概念映射的類別以及類別之間的關係，類別的關係導致了物件之間的耦合。如果不對類別的關係加以控制，耦合就會蔓延。一旦需要考慮資料持久化、一致性、物件之間的通訊機制以及載入資料的性能等設計約束，網狀的耦合關係就會成為致命毒藥，直接影響領域設計模型的品質。

1. 控制類別的關係

控制類別的關係無非從以下 3 點入手：

■ 去除不必要的關係；
■ 降低耦合的強度；
■ 避免雙向耦合。

物件模型是真實世界的表現。真實世界的兩個領域概念存在關係，物件模型就會表現這種關係，但對關係類型的確認以及對關係的實現卻需要審慎地處理。如果確定類別之間的關係沒有必要存在，就要果斷地「斬斷」它。舉例來説，配送單需要訂單的資訊，看起來需要為它們建立關係，但由於配送單已經和包裹存單建立了關係，從而間接獲得了訂單的資訊，就需要斬斷配送單與訂單之間的關係。

倘若關係不可避免，就需要考慮降低耦合的強度。

一種策略是引入泛化提取通用特徵，形成更弱的依賴或連結關係，如 Car 對汽車的泛化使得 Driver 可以駕駛各種汽車。

正確辨識合成還是聚合的連結關係，也能降低耦合強度。Grady Booch 將合成表達的整體 / 部分關係定義為「物理包容」，即整體在物理上包容了部分。這也表示部分不能脫離於整體單獨存在。Booch 説：「區分物理包容是很重要的，因為在建構和銷毀組合體的部分時，它的語義會起作用。」[56]142 舉例來説，訂單 Order 與訂單項 OrderItem 就表現了物理包容的特徵，一方面 Order 物件的創建與銷毀表示 OrderItem 物件的創建與銷

毀，另一方面 OrderItem 也不能脫離 Order 單獨存在，因為沒有 Order 物件，OrderItem 物件是沒有意義的。

與「物理包容」關係相對的是聚合代表的「邏輯包容」關係，即它們在邏輯上（概念上）存在組合關係，但在物理上整體並未包容部分，例如 Customer 與 Order。雖然客戶擁有訂單，但客戶並沒有在物理上包容擁有的訂單。客戶與訂單的生命週期完全獨立。

避免雙向耦合是物件設計的共識，除非一些特殊模式需要引入「雙重委派」，例如設計模式中的存取者（visitor）模式，但這種雙重委派主要針對的是類別之間的依賴（使用）關係。

存在雙向連結的兩個類別必然會帶來雙向耦合，因此需要在建立物件模型時注意保持類別的單一導覽方向。舉例來說，Student 與 Course 存在多對多關係，一個學生可以參加多門課程，一門課程可以有多名學生參加。它們的關係如圖 15-8 所示。

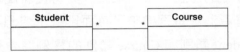

▲ 圖 15-8　Student 與 Course 的關係

在程式中，學生與課程的雙向連結可以透過為各自類別引入集合屬性來表達：

```java
public class Student {
    private Set<Course> courses = new HashSet<>();

    public Set<Course> getCourses() {
        return this.courses;
    }
}

public class Course {
    private Set<Student> students = new HashSet<>();

    public Set<Student> getStudents() {
        return this.students;
    }
}
```

Student 與 Course 之間彼此引用形成了雙向導覽。從呼叫者角度看，雙向導覽是一種「福音」，因為無論從哪個方向獲取資訊都很便利。舉例來說，我想要獲得學生郭靖選修的課程，透過 Student 到 Course 的導覽方向有：

```
Student guojing = studentRepository.studentByName(" 郭靖 ");
Set<Course> courses = guojing.getCourses();
```

反過來，我想知道「領域驅動設計」這門課程究竟有哪些學生選修，透過 Course 到 Student 的導覽方向有：

```
Course dddCourse = courseRepository.courseByName(" 領域驅動設計 ");
Set<Student> students = dddCourse.getStudents();
```

雖然呼叫方便了，物件的載入卻變得有些笨重，關係更加複雜，甚至出現循環載入的問題。

領域設計模型除了要正確地表達真實世界的領域邏輯，還需要考慮品質因素對設計模型產生的影響。舉例來說，具有複雜關係的物件圖對於運行性能和記憶體資源消耗是否帶來了負面影響？想想看，當我們透過資源庫分別獲得 Student 類別和 Course 類別的實例時，是否需要各自載入所有選修課程與所有選課學生？不幸的是，當你為學生載入了所有選修課程之後，業務場景卻不需要這些資訊——這不是白費力氣嘛！延遲載入（lazy loading）雖然可以解決問題，但它不僅會使模型變得更加複雜，還會受到 ORM 框架提供的延遲載入實現機制的約束，使得領域設計模型受到外部框架的影響。

2. 引入邊界

在一個複雜的軟體系統中，即使透過正確地判別和控制關係來改進模型，但由於規模的原因，由物件建立的模型最終還是會形成圖 15-9 所示的一張彼此互聯互通的物件網。這張物件網好像錯綜的蜘蛛網，透過一個類別的物件可以導覽到與之直接或間接連接的類別。

隨著領域模型規模的增長，這種網狀結構會變得越來越複雜，物件的層

次變得越來越深，類別之間的關係難以整理和控制，牽一髮而動全身。如此下去，模型的實現者和維護者真的可能成為被困在蛛網中的蚊蟲了。

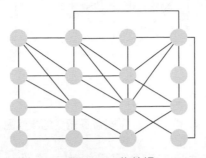

▲ 圖 15-9　物件網

對關係的控制可以讓物件模型中類別之間的關係變得更簡單。同時，還需要引入邊界來降低和限制領域類別之間的關係，不能讓關係之間的傳遞無限蔓延。Eric Evans 就說：「減少設計中的連結有助簡化物件之間的遍歷，並在某種程度上限制關係的急劇增多。但大多數業務領域中的物件都具有十分複雜的關聯，以至於最終會形成很長、很深的物件引用路徑，我們不得不在這個路徑上追蹤物件。在某種程度上，這種混亂狀態反映了真實世界，因為真實世界中就很少有清晰的邊界。」[8]81

領域設計模型並非真實世界的直接映射。如果真實世界缺乏清晰的邊界，在設計時，我們就應該給它清晰地劃定邊界。劃定邊界時，同樣需要依據「高內聚鬆散耦合」原則，讓一些高內聚的類別居住在一個「社區」內，彼此友善地相處；不相干或鬆散耦合的類別分開居住，各自守住自己的邊界，在開放「社交通道」的同時，隨時注意抵禦不正當的存取要求。如此一來，就能形成睦鄰友善的協作條約。

這種邊界不是界限上下文形成的控制邊界，因為它限制的粒度更細，可以認為是類別層次的邊界。每個邊界都有一個主物件作為「社區的外交發言人」，整體負責與外部社區的協作。一旦引入這種類層次的邊界，就可以去掉一些類別的關係，僅保留主物件之間的關係，原本錯綜複雜的物件網就變成了如圖 15-10 所示的由各個物件社區組成的物件圖，圖中的關係變得更加簡單而清晰。

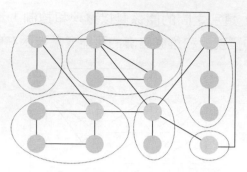

▲ 圖 15-10　物件社區組成的物件圖

如果規定邊界外的物件只能存取邊界內的主物件，即將邊界視為對內部細節的隱藏，就可以去掉外界不關心的物件，使得圖 15-10 可以進一步簡化為如圖 15-11 所示的物件模型。

忽略圖 15-11 的邊界，只需表現主物件的關係，可以使物件圖變得更精簡，如圖 15-12 所示。

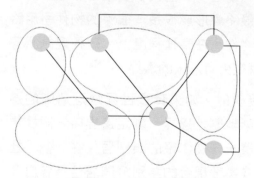

▲ 圖 15-11　簡化的物件模型

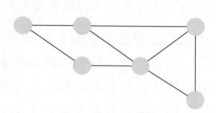

▲ 圖 15-12　由主物件組成的物件模型

Eric Evans 將這種類層次的邊界稱為聚合，邊界內的主物件稱為聚合根。

15.4.3 聚合的定義與特徵

Eric Evans 闡釋了何謂聚合（aggregate）模式：「將實體和值物件劃分為聚合並圍繞著聚合定義邊界。選擇一個實體作為每個聚合的根，並允許外部物件僅能持有聚合根的引用。作為一個整體來定義聚合的屬性和不

變數，並將執行職責指定聚合根或指定的框架機制。」[8] 這一定義說明了聚合的基本特徵。

- 聚合是包含了實體和值物件的邊界。
- 聚合內包含的實體和值物件形成一棵樹，只有實體才能作為這棵樹的根。這個根稱為聚合根（aggregate root），這個實體稱為根實體（root entity）。
- 外部物件只允許持有聚合根的引用，以造成邊界的控制作用。
- 聚合作為一個完整的領域概念整體，其內部會維護這個領域概念的完整性，表現業務上的不變數約束。
- 由聚合根統一對外提供履行該領域概念職責的行為方法，實現內部各個物件之間的行為協作。

如圖 15-13 所示，左側的聚合結構圖表現了以 AggregateRoot 為根的物件樹，右側的行為序列圖則透過聚合根向外曝露整體的領域行為，內部由聚合邊界內的實體和值物件共同協作。聚合的邊界表現了聚合的控制能力。

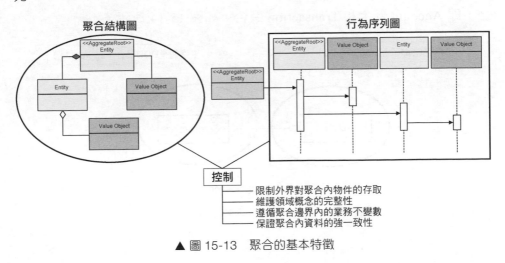

▲ 圖 15-13　聚合的基本特徵

8　參見 Eric Evans 的 *Domain-Driven Design Reference*

聚合內部可以包含實體和值物件。由於聚合必須選擇實體作為根[9]，因此一個最小的聚合就只有一個實體。聚合根是整個聚合的出入口，透過它控制外界對邊界內其他物件的存取。在進行領域設計建模時，我們往往以根實體的名稱指代整個聚合，如一個聚合的根實體為訂單，則稱其為訂單聚合。但這並不表示存在一個訂單聚合物件。聚合是邊界，不是物件。訂單根實體本質上仍然屬於實體類型。

聚合內部只能包含實體和值物件，每個物件都遵循資訊專家模式，定義了屬於自己的屬性與行為，故而能夠在聚合邊界內做到職責的分治，但對外的權利卻由聚合根來支配。聚合邊界就是封裝整體職責的邊界，隔離出不同的存取層次。對外，整個聚合是一個完整的設計單元；對內，則需要由聚合來維持業務不變數和資料一致性。

我們必須厘清物件導向的聚合（object oriented 聚合，OO 聚合）與領域驅動設計的聚合（DDD 聚合）之間的區別。舉例來說，Account（帳戶）與 Transaction（交易）之間存在 OO 聚合關係，一個 Account 物件可以聚合 $0 \sim n$ 個 Transaction 物件，但它們卻分別屬於兩個不同的 DDD 聚合，即 Account 聚合和 Transaction 聚合，如圖 15-14 所示。

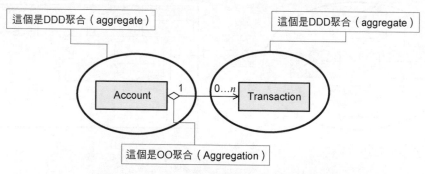

▲ 圖 15-14　Account 聚合和 Transaction 聚合

9　每個聚合都透過資源庫管理其生命週期。要管理生命週期，就必須透過身份標識對其進行追蹤。這意味著唯一暴露在聚合邊界外的根物件必須具有身份標識，因此只能將實體作為根。

當然，也不能將 OO 合成與 DDD 聚合混為一談。舉例來說，Question（問題）與 Answer（答案）共同組成了一個 DDD 聚合，該 DDD 聚合的根實體為 Question，它與 Answer 實體的類別關係為 OO 合成關係，如圖 15-15 所示。

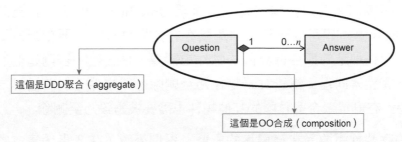

▲ 圖 15-15　Question 聚合

OO 聚合與 OO 合成代表了類別與類別之間的組合關係，表現了整體包含了部分的意義。DDD 聚合是邊界，它的邊界內可以只有一個實體物件，也可以包含一些具有連結關係、泛化關係和依賴關係的實體與值物件。

15.4.4　聚合的設計原則

引入聚合的目的是透過合理的物件邊界控制物件之間的關係，在邊界內保證物件的一致性與完整性，在邊界外作為一個整體參與業務行為的協作。顯然，聚合在界限上下文與類別的粒度之間形成了中間粒度的封裝層次，成為表達領域知識、封裝領域邏輯的自治設計單元。它的自治性與界限上下文不同，表現為圖 15-16 所示的完整性、獨立性、不變數和一致性。

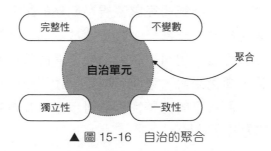

▲ 圖 15-16　自治的聚合

1. 完整性

聚合作為一個受到邊界控制的領域共同體，對外由聚合根表現為一個統一的概念，對內則管理和維護著高內聚的物件關係。對內與對外具有一致的生命週期。舉例來說，訂單聚合由 Order 聚合根實體表現訂單的領域概念，呼叫者可以不需要知道訂單項 OrderItem，也不會認為配送地址 Address 是一個可以脫離訂單單獨存在的領域概念。要創建訂單，訂單項、配送地址等聚合邊界內的物件也需要一併創建，否則這個訂單物件就不完整。同理，銷毀訂單物件乃至刪除訂單物件（倘若設計為可刪除）時，在訂單聚合邊界內的其他物件也需要被銷毀乃至刪除。

概念的完整性還要受業務場景的影響。舉例來說，在汽車銷售的零售商管理系統中，針對整車銷售場景，汽車代表了一個整體的領域概念：只有組裝了引擎、輪胎、方向盤等必備零配件，汽車才是完整的。但是，對於零配件維修場景，需要對引擎、輪胎、方向盤等零配件進行單獨管理和單獨追蹤，不能再將它們合併為汽車聚合的內建物件了。因此，除了要考慮領域概念的完整性，還要考慮領域概念是否存在獨立性的訴求。

2. 獨立性

追求概念的完整性固然重要，但保證概念的獨立性同樣重要。

■ 既然一個概念是獨立的，為何還要依附於別的概念呢？舉例來說，引擎需要被獨立追蹤，還需要被納入汽車這個整體概念中嗎？

■ 一旦這個獨立的領域概念被分離出去，原有的聚合是否還具備領域概念的完整性呢？舉例來說，「離開了引擎的汽車」概念是否完整？

在了解概念的完整性時，不能將完整性視為關係的集合，認為概念只要彼此連結，就是完整概念的一部分，就需要放到同一個聚合中。完整性除了可以透過聚合來保證，也可以透過聚合之間的關係來保證，二者無非是約束機制不同。舉例來說，考慮到獨立追蹤引擎的要求，將其設計為一個單獨的聚合，而汽車的完整性仍然可以透過在汽車聚合與引擎聚合之間建立連結的方式來滿足。

Vaughn Vernon 建議「設計小聚合」[37]。這主要從系統的性能和可伸縮性角度考慮的，因為維護一個龐大的聚合需要考慮交易的同步成本、資料載入的記憶體成本等。且不說這個所謂的「小」到底該多小，至少，「過分的小」帶來的危害要遠遠小於「不當的大」。兩害相權取其輕，根據領域概念的完整性與獨立性劃分聚合邊界時，應先保證獨立性，再考慮完整性。

考慮獨立性時，可以針對聚合內的非聚合根實體詢問：

- 目標聚合是否已經足夠完整；
- 待合併實體是否會被呼叫者單獨使用。

考慮線上試題領域中問題與答案的關係。Question 若缺少 Answer 就無法保證領域概念的完整性，呼叫者也不會繞開 Question 去單獨查看 Answer，因為 Answer 離開 Question 沒有任何意義。如果需要刪除 Question，屬於該問題的 Answer 也沒有存在的價值。因此，Question 與 Answer 屬於同一個聚合，且以 Question 實體為聚合根。

同樣是問題與答案之間的關係，如果是為線上問答平台設計領域模型，情況就不同了。雖然從完整性看，Question 與 Answer 依然表達了一個共同的領域概念，Answer 依附於 Question，但由於業務場景允許讀者單獨針對問題的答案進行讚賞、贊同、評論、分享、收藏等操作，還允許讀者單獨推薦答案（個別答案甚至成為單獨的知識材料供讀者學習），這些操作與特徵相當於給答案指定了「完全行為能力」。答案具備了獨立性，可以脫離 Question 聚合，成為單獨的 Answer 聚合。

不同於實體，值物件不存在這種獨立性。值物件不能單獨成為一個聚合，它必須尋找一個實體作為依存的主體，如 Money 等與單位、度量有關的值物件甚至會在多個聚合中重複出現。有的值物件甚至因此而需要調整設計，升級為實體，如前所述的 Holiday 類別。

確保聚合的獨立性可以指導我們設計出小聚合。聚合的邊界本身是為了約束物件圖，當我們一個不慎混淆了聚合的邊界，就會將物件圖的混亂

關係蔓延到更高的架構層次，這時，設計小聚合的原則就彰顯其價值了。設計線上問答平台時，考慮到 Answer 的獨立性，分別為問題和答案建立了兩個單獨的聚合。當專屬於問題與答案的業務邏輯變得越來越繁雜時，團隊規模也將日益增大；隨著使用者數的增加，併發存取的壓力也會增大。為解決此問題，問答平台可能需要單獨為答案建立微服務。這時再來檢查問與答的領域模型，就表現出 Answer 聚合的價值了。

比較完整性與獨立性，我認為：當聚合邊界存在模糊之處時，小聚合顯然要優於大聚合。換言之，獨立性對聚合邊界的影響要高於完整性。

3. 不變數

Eric Evans 將不變數定義為「在資料變化時必須保持的一致性規則，涉及聚合成員之間的內部關係」[8]83。這句話傳遞了 3 個重要概念：

- 資料變化；
- 內部關係；
- 一致。

聚合邊界內的實體與值物件都是產生資料變化的因數，不變數要在資料發生變化時保證它們之間的關係仍然保持一致。以配方奶粉為例，以它為根實體的聚合維持了營養成分的不變數，例如 100g 奶粉，只能含 10.4 g 蛋白質、26.5 g 脂肪、4.45 mg 鋅、7.0 µg 維生素 D、81 mg 維生素 C…… 如圖 15-17 所示。

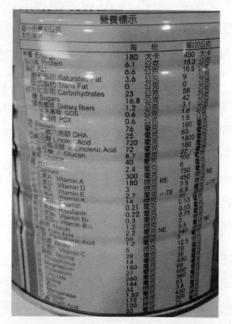

▲ 圖 15-17　配方奶粉營養成分遵循不變數

PowderedFormula 聚合以 PowderedFormula 類別為根實體，內部定義了多個繼承自 Ingredient 類別的營養成分值物件。整個聚合要對配方奶粉包含

的各種營養成分加以控制和約束，即保證每 100g 的比例滿足營養成分表規定的比例值。當配方奶粉的總量發生變化時，各個營養成分對應的比例應保持不變。這個約束職責由聚合的根實體履行，舉例來說，在建構函數中遵循配方公式，只允許創建出滿足配方公式不變數的配方奶粉，如此就能保證公開的 add(PowderedFormula) 方法不會破壞聚合內部的不變數。

不變數就像數學中的「不變式」（英文同樣為 invariant）或「方程式」（formula）。例如等式 $3x + y=100$ 要求 x 和 y 無論怎麼變化，都必須恒定地滿足等號兩邊的值的相等關係。等式中的 x 和 y 可類比為聚合內的物件，等式就是施加在聚合上的業務約束。如此就可將聚合的不變數定義為施加在聚合邊界內部各個物件之上，使其遵守一種恒定關係的業務約束，以公式來表達就是：

```
Aggregate = IV(Root Entity, {Entities}, {Value Objects})
```

其中的 IV 就是聚合的不變數。

不變數代表了領域邏輯中的業務規則或驗證條件，有時也可將不變數了解為「不變條件」或「固定規則」。這是一個充分條件，反過來就未必成立了。舉例來說，「應徵計畫必須由人力資源總監審核」是一筆業務規則，但該規則是對角色與許可權的規定，並非約束應徵計畫聚合內部的恒定關係，不是不變數。又舉例來說，「報表類別的名稱不可短於 8 個字元，且不允許重複」是驗證條件，對報表聚合內部報表類別值物件的 Name 屬性值進行單獨驗證，沒有對聚合內物件之間的關係進行約束，自然也非不變數。

業務規則可能符合不變數的定義。舉例來說，「一篇貼文必須至少有一個貼文類別」是一筆業務規則，約束了 Post 實體和值物件 PostCategory 之間的關係，可以認為是一個不變數。要滿足該不變數，需要將 Post 與 PostCategory 放到同一個聚合中，並在創建 Post 時運用該約束檢驗聚合的符合規範性，滿足該業務規則，如圖 15-18 所示。

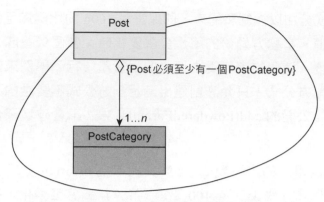

▲ 圖 15-18　Post 聚合維護的不變數

設計聚合時，可以在業務服務歸約的驗收標準中尋找具有不變數特徵的業務約束。舉例來說，在班機計畫界限上下文中，撰寫「修改班機計畫起飛時間與計畫到達時間」這一業務服務歸約時，列出了以下驗收標準：

■ 若該班機有共用班機，在修改班機計畫起飛時間與計畫到達時間時，連結的所有共用班機的計畫起飛時間與計畫到達時間也要隨之修改，以保持與主班機的一致，反之亦然。

這一驗收標準實則可以視為班機與共用班機之間的不變數。針對這一業務場景，需要將 Flight 與 SharedFlight 兩個實體放入同一個聚合，且以 Flight 實體為聚合根。

4.　一致性

聚合需要保證聚合邊界內的所有物件滿足不變數約束，其中一個最重要的不變數就是一致性約束，因此也可認為一致性是一種特殊的不變數。

一致性約束可以視為交易的一致性，即在交易開始前和交易結束後，資料庫的完整性約束沒有被破壞。考慮電子商務領域訂單與訂單項的關係。在創建、修改或刪除訂單時，要求訂單與訂單項的資料保證強一致，因而需要將訂單與訂單項放到同一個聚合。反觀網誌平台網誌與貼文之間的關係，網誌的創建與貼文的創建並非原子操作，歸屬於兩個不同的工作單元。雖然業務的前置條件要求在創建貼文之前，對應的網誌必須已

經存在，但並沒有要求貼文與網誌必須同時創建，修改和刪除操作同樣如此。也就是說，網誌與貼文不存在一致性約束，不應該放在同一個聚合。

以一致性原則為基礎，可以將交易的範圍與聚合的邊界對等來看。事實上，交易的 ACID 特性 [10] 與聚合的特性確乎存在對應關係，如表 15-1 所示。

表 15-1　交易特性與聚合特性的對應關係表

特性	交易	聚合
原子性	交易是一個不可再分割的工作單元	聚合需要保證領域概念的完整性，若有獨立的領域類別，應分解為專門的聚合。這表示聚合是不可再分的領域概念
一致性	在交易開始之前和交易結束以後，資料庫的完整性約束沒有被破壞	聚合需要保證聚合邊界內的所有物件滿足不變數約束，其中最重要的不變數就是一致性約束
隔離性	多個交易併發存取時，交易之間是隔離的，一個交易不應該影響其他交易運行效果	聚合與聚合之間應該是隔離的，聚合的設計原則要求透過唯一的身份標識進行聚合連結
持久性	交易對資料庫所做的更改持久地保存在資料庫之中，不會被回覆	一個聚合只有一個資源庫，由資源庫保證聚合整體的持久化

Vaughn Vernon 認為：「在單一交易中，只允許對一個聚合實例進行修改，由此產生的其他改變必須在單獨的交易中完成。」[37] 這不失為設計良好聚合的規範，且隱含地表述了交易邊界與聚合邊界的重疊關係。倘若發現一個交易對聚合實例的修改違背了該原則，需酌情考慮修改。

- 合併兩個聚合：例如在執行分配問題的操作時，需要在修改問題（Issue）狀態的同時，生成一筆分配記錄（Assignment）；若 Issue 和 Assignment 被設計為兩個聚合，根據本原則，可考慮將二者合併。

- 實現最終一致性：例如在執行提款操作時，需要扣除帳戶（Account）的餘額（Balance），並創建一筆新的交易記錄（Transaction）；若

---

10 ACID 即原子性（atomicity）、一致性（consistency）、隔離性（isolation）和持久性（durability）的英文首字母縮寫。

Account 和 Transaction 被設計為兩個聚合，而業務操作又要求二者保證交易的一致性，可考慮在二者之間引入事件，實現交易的最終一致。

遵循領域驅動設計的精神，作為技術手段的交易不應干擾領域模型的設計，故而 Vernon 的原則只可作為設計聚合的參考，卻不能作為絕對的約束，更何況，該原則容易傳遞讓人誤解的訊號，錯以為是由聚合來維護交易的範圍。聚合代表領域邏輯，交易代表技術實現，在確定聚合一致性原則時，可以結合交易的特徵輔助我們做出判斷，但交易對於一致性的實現卻不能作為確定聚合邊界的絕對標準。

交易範圍對聚合邊界的影響可從以下幾個方面綜合考慮。

- 簡單性：若參與交易範圍的多個聚合位於同一處理程序，引入事件實現交易的最終一致性，會增加方案的複雜度。
- 回應能力：雖然參與交易範圍的多個聚合位於同一處理程序，但由此形成的交易範圍變大，可能導致長時間交易，影響系統的回應能力。
- 演進能力：聚合的邊界比界限上下文的邊界更穩定，若界限上下文的邊界發生了變化，只要保證聚合邊界不受影響，引入事件的方式就不會受到界限上下文邊界變化的影響，保證了領域模型的穩定性。

一個聚合必須滿足交易的一致性，反之則不儘然[11]。交易範圍往往針對一個完整的業務服務，怎能奢求參與該業務服務的聚合只能有一個呢？如果按照交易範圍來界定聚合邊界，反倒會定義出一個大聚合，與聚合的獨立性相悖，除非實現最終一致性。

綜上，遵循聚合的完整性、獨立性、不變數和一致性原則，有利於高品質地設計聚合。完整性將聚合視為一個高內聚的整體；獨立性影響了聚合的粒度；不變數是對動態關係的業務約束；一致性表現了聚合資料操作的不可分割，反過來滿足了聚合的完整性、獨立性和不變數。

11　關於聚合與事務的關係，會在第 18 章深入講解。

5. 最高原則

領域驅動設計還規定：只有聚合根才是存取聚合邊界的唯一入口。這是聚合設計的最高原則。Eric Evans 明確提出：「聚合外部的物件不能引用除根實體之外的任何內建物件。根實體可以把對內部實體的引用傳遞給它們，但這些物件只能臨時使用這些引用，而不能保持引用。根可以把一個值物件的備份傳遞給另一個物件，而不必關心它發生什麼變化，因為它只是一個值，不再與聚合有任何連結。作為這一規則的推論，只有聚合的根才能直接透過資料庫查詢獲取。所有其他內建物件必須透過遍歷連結來發現。」[8]83

舉例來說，訂單聚合外的物件要修改訂單項的商品數量，就需要透過獲得 Order 聚合根實體，然後透過 Order 操作 OrderItem 物件進行修改。考慮以下程式：

```
Order order = orderRepo.orderOf(orderId).get();  // 透過資源庫獲得訂單聚合
order.changeItemQuantity(orderItemId, quantity); // 呼叫 Order 聚合根實體的
方法修改記憶體中的訂單項
orderRepo.save(order);  // 將記憶體中的修改持久化到資料庫
```

changeItemQuantity() 方法的封裝符合資訊專家模式的要求，會促使聚合與外部物件的協作儘量以行為協作方式進行，同時也避免了作為聚合隱私的內建物件曝露到聚合之外，促進了聚合邊界的保護作用。

這一最高原則及以該原則為基礎的推論也側面說明了聚合獨立性的重要性：聚合內部的非聚合根實體只能透過聚合根被外界存取，無法獨立存取。若需要獨立存取該實體，只能將此實體獨立出來，為其定義一個單獨的聚合。倘若既要滿足概念的完整性，又必須支援獨立存取實體的需求，同時還需要約束不變數，保證一致性，就必然需要綜合判斷。由於聚合的最高原則規定了存取聚合的方式，使得獨立性在這些權衡因素中稍佔上風，成為聚合設計原則的首選。至於分離出去的聚合如何與原聚合建立關係，就需要考慮聚合之間該如何協作了。

15.4.5　聚合的協作

聚合確定的領域概念完整性必然是相對的。在領域分析模型中，每個表現了領域概念的類別是模型的最小單元，但在領域設計模型，聚合才是最小的設計單元。遵守「分而治之」的思想，合理劃分聚合是「分」的表現，聚合之間的協作則是「合」的訴求。

論及聚合的協作，無非就是判斷彼此之間的引用採用什麼形式。形式分為兩種：

- 聚合根的物件引用；
- 聚合根身份標識的引用。

根據聚合的最高原則，聚合外部的物件不能引用除根實體之外的任何內建物件，但同時允許聚合內部的物件保持對其他聚合根的引用。不過，領域驅動設計社區對此卻有不同的看法，主流聲音更建議聚合之間透過身份標識進行引用。但是，這一建議似乎又與物件協作相悖。

物件模型與領域設計模型的本質區別就是後者提供了聚合的邊界。聚合是一種設計約束，沒有邊界約束的物件模型可能隨著系統規模的擴大變成一匹脫韁的馬，讓人難以理清楚錯綜複雜的物件關係。一旦引入了聚合，就不能將邊界視為無物，必須尊重邊界的保護與約束作用。不當的聚合協作可能會破壞聚合的邊界。

在考慮聚合的協作關係時，還必須考慮界限上下文的邊界。菱形對稱架構不建議重複使用跨界限上下文的領域模型，若參與協作的聚合分屬兩個不同的界限上下文，自然當謹慎對待。

不能透過一個獨斷專行的原則統治聚合之間的所有協作場景，無論採用物件引用，還是身份標識引用，都需要深刻體會聚合為什麼要協作，以及採用什麼樣的協作方式。聚合的協作由於都透過聚合根實體這唯一的入口，就等於根實體的協作，也就表現為根實體之間的連結關係和依賴關係。

1. 連結關係

聚合是一個封裝了領域邏輯的基本自治單元,但它的粒度無法保證它的獨立性,聚合之間產生連結關係也就不可避免。引入聚合的其中一個目的就是控制物件模型因為連結關係導致的依賴蔓延。對於聚合的連結,也當慎重對待。

物件引用往往極具誘惑力,因為它可以使得一個聚合遍歷到另一個聚合非常方便,仿佛這才是物件導向設計的正確方式。舉例來說,當 Customer 引用了由 Order 聚合根組成的集合物件時,就可透過 Customer 直接獲得該客戶所有的訂單:

```
public class Customer extends AggregateRoot<Customer> {
    private List<Order> orders;

    public List<Order> getOrders() {
        return this.orders;
    }
}
```

只要堅持不要在 Order 中定義對 Customer 的引用,就能避免雙向導覽。這樣的引用關係是否合理呢?

關鍵在於該由誰來獲得客戶的訂單。在前面講解上下文映射時,我已說明了職責分配與履行的原則,由 Customer 履行訂單的查詢是不合理的,更何況,Customer 聚合與 Order 聚合並不在同一個界限上下文,如此設計還會導致兩個界限上下文的領域模型重複使用。

在領域驅動設計中,資源庫才是 Order 聚合生命週期的真正主宰!要獲得客戶的訂單,需從訂單資源庫而非客戶導向訂單:

```
//client
List<Order> orders = orderRepo.allOrdersBy(customerId);
```

Order 和 Customer 並非對對方一無所知。既然不允許透過物件引用,唯一的方法就是透過身份標識建立連結。只有如此,OrderRepository 才能透過 customerId 獲得該客戶擁有的所有訂單。這種連結是非常隱晦的,也可保證界限上下文之間的解耦,如圖 15-19 所示。

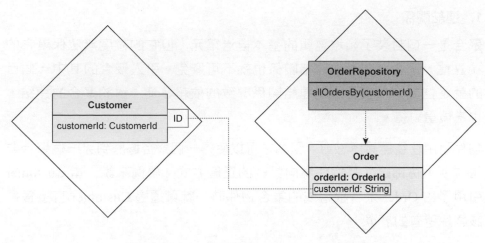

▲ 圖 15-19　Order 透過 CustomerId 建立連結

Customer 與 Order 在物件模型中屬於普通的連結關係（即非組合的連結關係），又位於不同的界限上下文，彼此透過身份標識建立連結情有可原。然而，兩個連結的聚合若屬於同一個界限上下文，且屬於整體 / 部分的組合關係，是否也需要透過身份標識建立連結呢？

是的！原因就在於生命週期的管理。

在程式模型中，當你將一個聚合或聚合的集合定義為另一個聚合的欄位時，就表示主聚合需要承擔其欄位的生命週期管理工作。這一做法已經違背了聚合的設計原則。舉例來說，網誌 Blog 和貼文 Post 分屬兩個聚合，定義在同一個界限上下文中。它們之間存在組合關係，以下實現仍然不合理：

```
public class Blog extends AggregateRoot<Blog> {
    private List<Post> posts;

    public List<Post> getPosts() {
        return this.posts;
    }
}
```

Blog 聚合和 Post 聚合的生命週期應由各自的資源庫分別管理。當 BlogRepository 在載入 Blog 聚合時，並不需要載入其下的所有 Post，即

使採用延遲載入的方式，也不妥當。如果我們將發出導覽的聚合稱為主聚合，將導覽指向的聚合為從聚合，則正確的設計應使得：

- 主聚合不考慮從聚合的生命週期，完全不知從聚合；
- 從聚合透過主聚合根實體的 ID 建立與主聚合的隱含連結。

Blog 聚合指向 Post 聚合，Blog 為主聚合，Post 為從聚合，則設計應調整為：

```
// 主聚合 Blog 感知不到從聚合 Post 的資訊
public class Blog extends AggregateRoot<Blog> {
    private BlogId blogId;
    ...
}

public class Post extends AggregateRoot<Post> {
    private PostId postId;
    // 透過主聚合的 blogId 建立連結
    private String blogId;
}
```

既然不允許聚合根之間以物件引用方式建立連結，那麼聚合內部的物件就更不能連結外部的聚合根了，這在一定程度上會影響程式開發的實現。考慮 Order 聚合內 OrderItem 實體與 Product 聚合根之間的關係。毫無疑問，採用物件引用更加簡單直接：

```
public class OrderItem extends Entity<OrderItemId> {
    // Product 為商品聚合的根實體
    private Product product;
    private Quantity quantity;

    public Product getProduct() {
        return this.product;
    }
}
```

直接透過 OrderItem 引用的 Product 聚合根實例即可遍歷商品資訊：

```
List<OrderItem> orderItems = order.getOrderItems();
orderItems.forEach(oi -> System.out.println(oi.getProduct().getName() + "
: " +
oi.getProduct().getPrice());
```

問題在於，Order 聚合的資源庫無法管理 Product 聚合的生命週期，也就是說，OrderRepository 在獲得訂單時，無法獲得對應的 Product 物件。既然如此，就應該在 OrderItem 內部引用 Product 聚合的身份標識：

```
public class OrderItem extends Entity<OrderItemId> {
    // Product 聚合的身份標識
    private String productId;

    public String getProductId() {
        return this.productId;
    }
}
```

透過身份標識引用外部的聚合根，就能解除彼此之間強生命週期的依賴，也避免了載入引用的聚合物件。不管訂單和商品是否在同一個界限上下文，若遵循菱形對稱架構，訂單要獲得商品的值都需要透過南向閘道的通訊埠獲取，區別僅在於呼叫的是資源庫通訊埠，還是用戶端通訊埠。只要 OrderItem 擁有了 Product 的身份標識，就可以在領域服務或應用服務透過通訊埠獲得商品的詳細資訊。假設訂單和商品分處不同界限上下文，應用服務想要獲得客戶的所有訂單，並要求返回的訂單中包含商品的資訊，就可以透過 OrderResponse 回應訊息的裝配器 OrderResponseAssembler 呼叫 ProductClient 獲得商品資訊，並將其組裝為 OrderResponse 訊息：

```
public class OrderAppService {
    @Service
    private OrderService orderService;
    @Service
    private OrderResponseAssembler assembler;

    public OrdersResponse customerOrders(String customerId) {
        List<Order> orders = orderService.allOrdersBy(customerId);
        List<OrderResponse> orderResponses = orders.stream
                                        .map(order -> assembler.
assemble(order))
                                        .collect(Collectors.toList());
        return new OrdersReponse(orderResponses);
    }
```

```
    }

public class OrderResponseAssembler {
    @Service
    private ProductClient productClient;

    public OrderResponse assemble(Order order) {
        OrderResponse orderResponse = transformFrom(order);
        List<OrderItemResponse> orderItemResponses = order.getOrderItems.
stream()
                                         .map(oi -> transformFrom(oi))
                                         .collect(Collectors.toList());
        orderResponse.addAll(orderItemResponses);
        return orderResponse;
    }
    private OrderResponse transformFrom(Order order) { ... }
    private OrderItemResponse transformFrom(OrderItem orderItem) {
        OrderItemResponse orderItemResponse = new OrderItemResponse();
        ...
        ProductResponse product = productClient.productBy(orderItem.
getProductId());
        orderItemResponse.setProductId(product.getId());
        orderItemResponse.setProductName(product.getName());
        orderItemResponse.setProductPrice(product.getPrice());
        ...
    }
}
```

若擔心每次根據商品 ID 獲取商品資訊帶來性能損耗，可以考慮為 ProductClient 的實現引入快取功能。倘若訂單上下文與商品上下文被定義為單獨運行的微服務，這一呼叫還需要跨處理程序通訊，需考慮網路通訊的成本。此時，引入快取就更有必要了。

考慮到界限上下文是領域模型的知識語境，在訂單上下文中的訂單項連結的商品是否應該定義在商品上下文中呢？顯然，在訂單上下文定義屬於當前知識語境的 Product 類別（若要準確表達領域概念，也可以命名為 PurchasedProduct）。該類別擁有身份標識，其值來自商品上下文 Product 聚合根的身份標識，保證了身份標識的唯一性。它雖然具有身份標識，卻可以和商品名、價格一起視為它的值，它的生命週期附屬在 Order 聚合

的 OrderItem 實體中，它也無須變更其值，故而可定義為 Order 聚合的值物件，它的資料與訂單一起持久化到訂單資料庫中。Order 的資源庫在管理 Order 聚合的生命週期時，會建立 OrderItem 指向 PurchasedProduct 物件的導覽。這一設計避開了資料容錯，因此更加合理。原本跨聚合之間的連結關係變成了聚合內部的連結，問題自然迎刃而解了。

在建立領域設計模型時，我們不能照搬物件導向設計得來的經驗，直接透過物件引用建立連結，必須讓聚合邊界的約束力產生價值。

2. 依賴關係

依賴關係產生的耦合要弱於連結關係，也不要求管理被依賴物件的生命週期。只要存在依賴關係的聚合位於同一個界限上下文，就應該允許一個聚合的根實體直接引用另一個聚合的根實體，以形成良好的行為協作。

聚合之間的依賴關係通常分為兩種形式：

- 職責的委派；
- 聚合的創建。

一個聚合作為另一個聚合方法的參數，就會形成職責的委派。舉例來說，結算帳單範本為結算帳單提供了範本變數的值、座標和順序，可以將二者在生成結算帳單時的協作了解為「透過結算帳單範本填充內部的值」。將 SettlementBillTemplate 聚合根實體作為參數傳入 SettlementBill 的方法 fillWith()，就是理所當然的實現：

```
public class SettlementBill {
    private List<BillItem> items;
    ...

    public void fillWith(SettlementBillTemplate template) {
        items.foreach(i -> i.fillWith(template.composeVariables()));
    }
}
```

SettlementBill.fillWith(SettlementBillTemplate) 方法的定義也形成了這兩個聚合根實體之間良好的行為協作。

一個聚合創建另外一個聚合，就會形成實例化（instantiate）的依賴關係。這實際是工廠模式的運用，牽涉到對聚合生命週期的管理。

15.5 聚合生命週期的管理

領域模型物件的主力軍是實體與值物件。這些實體與值物件又被聚合統一管理起來，形成一個個具有一致生命週期的「命運共同體」自治單元。管理領域模型物件的生命週期，實則就是管理聚合的生命週期。

所謂「生命週期」，就是聚合物件從創建開始，在成長過程中經歷各種狀態的變化，直到最終消毀的過程。在軟體系統中，生命週期經歷的各種狀態取決於儲存媒體，分為兩個層次：記憶體與硬碟，分別對應物件的實例化與資料的持久化。

當今的主流開發語言大都具備垃圾回收的功能。因此，除了少量聚合物件可能因為持有外部資源（通常要避免這種情形）而需要手動釋放記憶體資源，在記憶體層次的生命週期管理，主要牽涉到的工作就是創建[12]。一旦創建了聚合的實例，聚合內部各個實體與值物件的狀態變更就都發生在記憶體中，直到聚合物件因為沒有引用而被垃圾回收。

由於電腦沒法做到永不當機，且記憶體資源相對昂貴，一旦創建好的聚合物件在一段時間用不上，就需要被持久化到外部存放裝置中，以避免其遺失，節省記憶體資源。無論採用什麼樣的儲存格式與媒體，在持久化層次，針對聚合物件的生命週期管理不外乎增、刪、改、查這4個操作。

從物件的角度看，生命週期代表了一個實例從創建到回收的過程，就像從出生到死亡的生命過程。而資料記錄呢？生命週期的起點是指插入一筆新紀錄，該記錄被刪除就是生命週期的終點。領域模型物件的生命週

---

[12] 創建實際分為兩種：一種是新建，即從無中生有；另一種是重建，即將持久化的資料作為物件載入到記憶體。我們通常所說的創建其實指的是新建，而透過資源庫查詢獲得聚合，是對聚合的重建。

期將物件與資料記錄二者結合起來，換言之就是將記憶體（堆積與堆疊）管理的物件與資料庫（持久化）管理的資料記錄結合起來，用二者共同表達聚合的整體生命週期，如圖 15-20 所示。

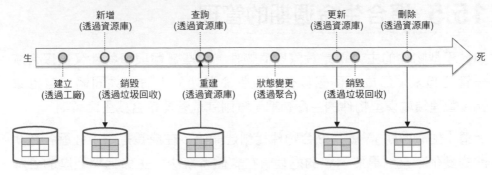

▲ 圖 15-20　聚合的生命週期

在領域模型的設計要素中，由聚合根實體的建構函數或工廠負責聚合的創建，而後對應資料記錄的「增刪改查」則由資源庫進行管理。如圖 15-20 所示，聚合在工廠創建時誕生；為避免記憶體中的物件遺失，由資源庫透過新增操作完成聚合的持久化；若要修改聚合的狀態，需透過資源庫執行查詢，對查詢結果進行重建獲得聚合；在記憶體中進行狀態變更，然後透過持久化確保聚合物件與資料記錄的一致；直到刪除了持久化的資料，聚合才真正宣告死亡。以文章聚合的生命週期為例：

```
// 創建文章
// 透過 Post 的工廠方法在記憶體中創建
Post post = Post.of(title, author, abstract, content);
// 持久化到資料庫
postRepository.add(post);

// 發佈文章
// 根據 postId 尋找資料庫的 Post，在記憶體重建 Post 物件
Post post = postRepository.postOf(postId);
// 記憶體的操作，內部會改變文章的狀態
post.publish();
// 將改變的狀態持久化到資料庫
postRepository.update(post);

// 刪除文章
```

```
// 從資料庫中刪除指定文章
postRepository.remove(postId);
```

需要分清楚以上程式中哪些是記憶體中的操作，哪些是持久化的操作。

15.5.1 工廠

創建是一種「無中生有」的工作，對應於物件導向程式語言，就是類別的實例化。聚合是邊界，聚合根則是對外互動的唯一通道，理應承擔整個聚合的實例化工作。若要嚴格控制聚合的生命週期，可以禁止任何外部物件繞開聚合根直接創建其內部的物件。在 Java 語言中，可以為每個聚合建立一 個套件（package），除聚合根之外，聚合內的其他實體和值物件的建構函數皆定義為預設存取修飾符號。一個聚合一 個套件，位 於套件外的其他類別就無法存取這些物件的建構函數。例如 Question 聚合：

```
// questioncontext 為問題上下文
// question 為 Question 聚合 的套件名
package com.dddexplained.dddclub.questioncontext.domain.question;

public class Question extends Entity<QuestionId> implements
AggregateRoot<Question> {
    public Question(String title, String description) {...}
}

// Question 聚合內的 Answer 與聚合根位於同一 個套件
package com.dddexplained.dddclub.questioncontext.domain.question;

public class Answer {
    // 定義為預設存取修飾符號，只允許同一 個套件的類別存取
    Answer(String... results) {...}
}
```

許多物件導向語言都支援類別透過建構函數創建它自己。説來奇怪，物件自己創建自己，就好像自己扯著自己的頭髮離開地球表面，完全不合情理，只是開發人員已經習以為常了。然而，建構函數差勁的表達能力與脆弱的封裝能力，在面對複雜的構造邏輯時，顯得有些力不從心。遵循「最小知識法則」，我們不能讓呼叫者了解太多創建的邏輯，以免加重

其負擔，並帶來創建程式的四處氾濫，何況創建邏輯在未來很有可能發生變化。以以上因素考慮為基礎，有必要對創建邏輯進行封裝。領域驅動設計引入工廠（factory）承擔這一職責。

工廠是創建產品物件的一種隱喻。《設計模式：可重複使用物件導向軟體的基礎》的創建型模式引入了工廠方法（factory method）模式、抽象工廠（abstract factory）模式和建構者（builder）模式，可在封裝創建邏輯、保證創建邏輯可擴充的基礎上實現產品物件的創建。除此之外，透過定義靜態工廠方法創建產品物件的簡單工廠模式也因其簡單性獲得了廣泛使用。領域驅動設計的工廠並不限於使用哪一種設計模式。一個類別或方法只要封裝了聚合物件的創建邏輯，都可以被認為是工廠。除了極少數情況需要引入工廠方法模式或抽象工廠模式，主要表現為以下形式：

- 由被依賴聚合擔任工廠；
- 引入專門的聚合工廠；
- 聚合自身擔任工廠；
- 訊息契約模型或裝配器擔任工廠；
- 使用建構者組裝聚合。

1. 由被依賴聚合擔任工廠

領域驅動設計雖然建議引入工廠創建聚合，但並不要求必須引入專門的工廠類別，而是可由一個聚合擔任另一個「聚合的工廠」。擔任工廠角色的聚合稱為「聚合工廠」，被創建的聚合稱為「聚合產品」。聚合工廠往往由被引用的聚合來承擔，如此就可以將自己擁有的資訊傳給被創建的聚合產品。舉例來説，Blog 聚合可以作為 Post 聚合的工廠：

```
public class Blog extends Entity<BlogId> implements AggregateRoot<Blog> {
    // 工廠方法是一個實例方法，無須再傳入 BlogId
    public  Post createPost(String title, String content) {
        // 這裡的 id 是 Blog 的 Id
        // 透過呼叫 value() 方法將 id 的值傳遞給 Post，建立它與 Blog 的隱含連結
        return new Post(this.id.value(), title, content, this.authorId);
    }
}
```

PostService 領域服務作為呼叫者，可透過 Blog 聚合創建文章：

```
public class PostService {
    private BlogRepository blogRepository;
    private PostRepository postRepository;

    public void writePost(String blogId, String title, String content) {
        Blog blog = blogRepository.blogOf(BlogId.of(blogId));
        Post post = blog.createPost(title, content);
        postRepository.add(post);
    }
}
```

當聚合產品的創建需用到聚合工廠的「知識」時，就可考慮這一設計方式。舉例來說，教育訓練上下文定義了 Training 和 Course 聚合，而創建 Training 聚合時需要判斷 Course 的日程資訊：

```
public class Course extends Entity<CourseId> implements
AggregateRoot<Course> {
    private List<Calendar> calendars = new ArrayList<>();

    public Training createFrom(CalendarId calendarId) {
        if (notContains(calendarId)) {
            throw new TrainingException("Selected calendar is not scheduled
for current
course.");
        }
        return new Training(this.id, calendarId);
    }

    // calendars 是 Course 擁有的知識，要透過它確定教育訓練的 Calendar 屬於課程
日常計畫
    private boolean notContains(CalendarId calendarId) {
        return calendars.stream().allMatch(c -> c.id().equals(calendarId));
}
}
```

由於創建方法會產生聚合工廠與聚合產品之間的依賴，若二者位於不同界限上下文，遵循菱形對稱架構的要求，應當避免這一設計。

2. 引入專門的聚合工廠

當創建的聚合屬於一個多形的繼承系統時，建構函數就無能為力了。舉例來說，班機 Flight 聚合本身形成了一個繼承系統，並組成圖 15-21 所示的聚合：

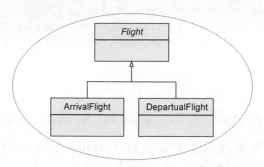

▲ 圖 15-21 具有繼承系統的 Flight 聚合

根據進出境標示，可確定該班機針對當前機場究竟為入境班機還是離境班機，從而創建不同的子類別。由於子類別的建構函數無法封裝這一創建邏輯，我們又不能將創建邏輯的判斷職責「轉嫁」給呼叫者，就有必要引入專門的 FlightFactory 工廠類別：

```
public class FlightFactory {
    pubic static Flight createFlight(String flightId, String ioFlag,
String airportCode, String
airlineIATACode...) {
        if (ioFlag.equalsIgnoreCase("A")) {
            return new ArrivalFlight(flightId, airportCode,
airlineIATACode...);
        }
        return new DepartualFlight(flightId, airportCode,
airlineIATACode...);
    }
}
```

當然，為了滿足聚合創建的未來變化，亦可考慮引入工廠方法模式或抽象工廠模式，甚至透過獲得類型中繼資料後利用反射來創建。創建方式可以是讀取類型的設定檔，也可以遵循慣例優於設定（convention over configuration）原則，按照類別命名慣例組裝反射需要呼叫的類別名。

由於不建議聚合依賴於存取外部資源的通訊埠，引入專門工廠類別的另一個好處是可以透過它依賴通訊埠獲得創建聚合時必需的值。舉例來說，在創建跨境電子商務平台的商品聚合時，海外商品的價格採用了不同的匯率，在創建商品時，需要將不同的匯率按照當前的匯率牌價統一換算為人民幣。匯率換算器 ExchangeRateConverter 需要呼叫第三方的匯率換算服務，實際上屬於商品上下文南向閘道的用戶端通訊埠。工廠類別 ProductFactory 會呼叫它：

```
public class ProductFactory {
    @Autowired
    private ExchangeRateConverter converter;

    public Product createProduct(String name, String description, Price
price...) {
        Money valueOfPrice = converter.convert(price.getValue());
        return new Product(name, description, new Price(valueOfPrice));
    }
}
```

由於需要透過依賴注入將介面卡實現注入工廠類別，故而該工廠類別定義的工廠方法為實例方法。為了防止呼叫者繞開工廠直接實例化聚合，可考慮將聚合根實體的建構函數宣告 為套件範圍內限制，並將聚合工廠與聚合產品放在同一 個套件。

3. 聚合自身擔任工廠

聚合產品自身也可以承擔工廠角色。這是一種典型的簡單工廠模式，例如由 Order 類別定義靜態方法，封裝創建自身實例的邏輯：

```
package com.dddexpained.ecommerce.ordercontext.domain.order;

public class Order...
    // 定義私有建構函數
    private Order(CustomerId customerId, ShippingAddress address, Contact
contact,
Basket basket) { //... }

    public static Order createOrder(CustomerId customerId, ShippingAddress
address,
```

```
Contact contact, Basket basket) {
    if (customerId == null || customerId.isEmpty()) {
        throw new OrderException("Null or empty customerId.");
    }
    if (address == null || address.isInvalid()) {
        throw new OrderException("Null or invalid address.");
    }
    if (contact == null || contact.isInvalid()) {
        throw new OrderException("Null or invalid contact.");
    }
    if (basket == null || basket.isInvalid()) {
        throw new OrderException("Null or invalid basket.");
    }

    return new Order(customerId, address, contact, basket);
}
}
```

這一設計方式無須多餘的工廠類別，創建聚合物件的邏輯也更加嚴格。由於靜態工廠方法屬於產品自身，因此可將聚合產品的建構函數定義為私有。呼叫者除了透過公開的工廠方法獲得聚合物件，別無他法可尋。當聚合作為自身實例的工廠時，該工廠方法不必死板地定義為 create×××()。可以使用諸如 of()、instanceOf() 等方法名稱，使得呼叫程式看起來更加自然：

```
Order order = Order.of(customerId, address, contact, basket);
```

不只聚合的工廠，對於領域模型中的實體與值物件（包括 ID 類別），都可以考慮定義這樣具有業務含義或提供自然介面的靜態工廠方法，使得創建邏輯變得更加合理而貼切。

4. 訊息契約模型或裝配器擔任工廠

設計服務契約時，如果遠端服務或應用服務接收到的訊息是用於創建的命令請求，則訊息契約與領域模型之間的轉換操作，實則是聚合的工廠方法。

舉例來說，買家向目標系統發起提交訂單的請求就是創建 Order 聚合的命令請求。該命令請求包含了創建訂單需要的客戶 ID、配送地址、聯繫資

訊、購物清單等資訊，這些資訊被封裝到 PlacingOrderRequest 訊息契約
模型物件中。回應買家請求的是 OrderController 遠端服務，它會將該訊
息傳遞給應用服務，再進入領域層發起對聚合的創建。應用服務在呼叫
領域服務時，需要將訊息契約模型轉為領域模型，也就是呼叫訊息契約
模型的轉換方法 toOrder()。它實際上就是創建 Order 聚合的工廠方法：

```
package com.dddexpained.ecommerce.ordercontext.message;

public class PlacingOrderRequest implements Serializable {
    // 創建 Order 聚合的工廠方法
    public Order toOrder() { ... }
}

public class OrderAppService {
    private OrderService orderService;

    @Transactional
    public void placeOrder(PlacingOrderRequest orderRequest) {
        try {
            // 透過請求物件創建 Order 聚合
            orderService.placeOrder(orderRequest.toOrder());
        } catch (DomainException ex) { ... }
    }
}
```

如果訊息契約模型持有的資訊不足以創建對應的聚合物件，可以在北向
閘道層定義專門的裝配器，將其作為聚合的工廠。它可以呼叫南向閘道
的通訊埠獲取創建聚合需要的資訊。

5. 使用建構者組裝聚合

聚合作為相對複雜的自治單元，在不同的業務場景可能需要有不同的創
建組合。一旦需要多個參數進行組合創建，建構函數或工廠方法的處理
方式就會變得很笨拙，需要定義各種接收不同參數的方法回應各種組合
方式。建構函數尤為笨拙，畢竟它的方法名稱是固定的。如果構造參數
的類型與個數一樣，含義卻不相同，建構函數更是無能為力。

Joshua Bloch 就建議：「遇到多個建構函數參數時要考慮用建構者
（builder）。」[57] 用建構者 Builder 的建構方法返回建構者自身，可以撰寫

出遵循流暢介面（fluent interface）程式設計風格的 API，完成對聚合物件的組裝。流暢介面往往將一段長長的程式理成一筆類似自然語言的句子，使程式更容易閱讀。在提供流暢介面風格的建構 API 時，必須保證聚合的必備屬性需要事先被組裝，不允許呼叫者有任何機會創建出不健康的殘缺聚合物件。

建構者模式有兩種實現風格。一種風格是單獨定義 Builder 類別，由它對外提供組合建構聚合物件的 API。單獨定義的 Builder 類別可以與產品類別完全分開，也可以定義為產品類別的內部類別。例如對班機聚合物件的創建：

```
public class Flight extends Entity<FlightId> implements
AggregateRoot<Flight> {
    private String flightNo;
    private Carrier carrier;
    private Airport departureAirport;
    private Airport arrivalAirport;
    private Gate boardingGate;
    private LocalDate flightDate;

    private Flight(String flightNo) {
        this.flightNo = flightNo;
    }

    public static class Builder {
        // required fields
        private final String flightNo;

        // optional fields
        private Carrier carrier;
        private Airport departureAirport;
        private Airport arrivalAirport;
        private Gate boardingGate;
        private LocalDate flightDate;

        public Builder(String flightNo) {
            this.flightNo = flightNo;
        }
        public Builder beCarriedBy(String airlineCode) {
            carrier = new Carrier(airlineCode);
            return this;
```

```
        }
    public Builder departFrom(String airportCode) {
        departureAirport = new Airport(airportCode);
        return this;
    }
    public Builder arriveAt(String airportCode) {
        arrivalAirport = new Airport(airportCode);
        return this;
    }
    public Builder boardingOn(String gateNo) {
        boardingGate = new Gate(gateNo);
        return this;
    }
    public Builder flyingIn(LocalDate flyingInDate) {
        flightDate = flyingInDate;
        return this;
    }
    public Flight build() {
        return new Flight(this);
    }
    }
    private Flight(Builder builder) {
        flightNo = builder.flightNo;
        carrier = builder.carrier;
        departureAirport = builder.departureAirport;
        arrivalAirport = builder.arrivalAirport;
        boardingGate = builder.boardingGate;
        flightDate = builder.flightDate;
    }
}
```

用戶端可以使用以下的流暢介面創建 Flight 聚合：

```
Flight flight = Flight.prepareBuider("CA4116")
                .beCarriedBy("CA")
                .departFrom("PEK")
                .arriveAt("CTU")
                .boardingOn("C29")
                .flyingIn(LocalDate.of(2019, 8, 8))
                .build();
```

建構者的建構方法可以對參數施加限制條件，避免非法值傳入。在上述
程式中，由於物理屬性大多數被定義為值物件，故而建構方法對參數的

約束被轉移到了值物件的建構函數中。定義建構方法時，要結合自然語言風格與領域邏輯為方法命名，使得呼叫程式看起來更像進行一次英文交流。

另一種實現風格是由被建構的聚合物件擔任近乎 Builder 的角色，然後將可選的構造參數定義到每個單獨的建構方法中，並返回聚合物件自身以形成流暢介面。仍然以 Flight 聚合根實體為例：

```java
public class Flight extends Entity<FlightId> implements
AggregateRoot<Flight> {
    private String flightNo;
    private Carrier carrier;
    private AirportCode departureAirport;
    private AirportCode arrivalAirport;
    private Gate boardingGate;
    private LocalDate flightDate;

    // 聚合必備的欄位要在建構函數的參數中列出
    private Flight(String flightNo) {
        this.flightNo = flightNo;
    }

    public static Flight withFlightNo(String flightNo) {
        return new Flight(flightNo);
    }

    public Flight beCarriedBy(String airlineCode) {
        this.carrier = new Carrier(airlineCode);
        return this;
    }

    public Flight departFrom(String airportCode) {
        this.departureAirport = new Airport(airportCode);
        return this;
    }

    public Flight arriveAt(String airportCode) {
        this.arrivalAirport = new Airport(airportCode);
        return this;
    }

    public Flight boardingOn(String gate) {
```

```
        this.boardingGate = new Gate(gate);
        return this;
    }

    public Flight flyingIn(LocalDate flightDate) {
        this.flightDate = flightDate;
        return this;
    }
}
```

相較於第一種風格，它的建構方式更為流暢。從呼叫者角度看，它沒有
顯性的建構者類別，也沒有強制要求在建構最後呼叫 build() 方法：

```
Flight flight = Flight.withFlightNo("CA4116")
                .beCarriedBy("CA")
                .departFrom("PEK")
                .arriveAt("CTU")
                .boardingOn("C29")
                .flyingIn(LocalDate.of(2019, 8, 8));
```

無論採用哪一種風格，都需要遵循統一語言對方法進行命名，使其清晰
地表達業務含義和領域知識。

15.5.2 資源庫

資源庫（repository）是對資料存取的
一種業務抽象。在菱形對稱架構中，
它是南向閘道的通訊埠，可以解耦領
域層與外部環境，使領域層變得更為
純粹。資源庫可以代表任何可以獲取
資源的倉庫，例如網路或其他硬體環
境，而不侷限於資料庫。圖 15-22 表
現了資源庫的抽象意義。

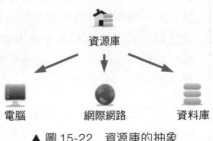

▲ 圖 15-22　資源庫的抽象

領域驅動設計引入資源庫，主要目的是管理聚合的生命週期。工廠負責
聚合實例的誕生，垃圾回收負責聚合實例的消毀，資源庫就負責聚合記
錄的查詢與狀態變更，即「增刪改查」操作。資源庫分離了聚合的領域

行為和持久化行為，保證了領域模型物件的業務純粹性。它和其他通訊
埠一起，成為隔離業務複雜度與技術複雜度的關鍵。

1. 一個聚合一個資源庫

聚合是領域建模階段的基本設計單元，因此，管理領域模型物件生命週期
的基本單元就是聚合，領域驅動設計規定：一個聚合對應一個資源庫。
如果要存取聚合內的非根實體，也只能透過資源庫獲得整個聚合後，將
根實體作為入口，在記憶體中存取封裝在聚合邊界內的非根實體物件。

Eric Evans 指出：「我們可以透過物件之間的連結來找到物件。但當它處
於生命週期的中間時，必須要有一個起點，以便從這個起點遍歷到一個
實體或物件。」[8]97 這個所謂的「起點」，就是透過資源庫查詢重建後得到
聚合物件的那個點，因為只有在這個時候，我們才能獲得聚合物件，並
以此為起點遍歷聚合的根實體及內部的實體和值物件。

資源庫與資料存取物件的區別

同樣都是存取資料，資源庫與資料存取物件（data access object，DAO）有
何區別呢？

資料存取物件封裝了管理資料庫連接以及存取資料的邏輯，對外為呼叫者提
供了統一的存取介面。在為資料存取物件建立抽象介面後，利用依賴注入改
變依賴方向，即可解除領域層對資料存取技術細節的依賴，滿足「整潔架
構」思想，隔離業務邏輯與資料存取邏輯。從對技術的隔離和存取邏輯的職
責分配來看，二者沒有區別。

根本區別在於，資料存取物件在存取資料時，並無聚合的概念，也就是沒有
定義聚合的邊界約束領域模型物件，使得資料存取物件的操作粒度可以針對
領域層的任何模型物件。這就為呼叫者打開了「方便之門」，使其能夠自由
自在地操作實體和值物件。沒有聚合邊界控制的資料存取，會在不經意間破
壞領域概念的完整性，突破聚合不變數的約束，也無法保證聚合物件的獨立
存取與內部資料的一致性。

資源庫是完美符合聚合的設計模式，要管理一個聚合的生命週期，不能繞開資源庫。同時，資源庫也不能繞開聚合根實體直接操作聚合邊界內的其他非根實體。舉例來說，要為訂單增加訂單項，不能為 OrderItem 定義專門的資源庫。以下做法是錯誤的：

```
OrderItemRepository oderItemRepo;

orderItemRepo.add(orderId, orderItem);
```

OrderItem 作為 Order 聚合的內部實體，增加訂單項要以 Order 根實體作為唯一的操作入口：

```
OrderRepository orderRepo;

Order order = orderRepo.orderOf(orderId).get();   //orderOf() 返回的是
Optional<Order>
order.addItem(orderItem);

orderRepo.update(order);
```

在引入聚合與資源庫後，對聚合內部實體的操作，應從物件模型的角度考慮。透過 Order 聚合根的 addItem() 方法實現對訂單項的增加，亦可保證訂單領域概念的完整性，滿足不變數。舉例來説，該方法可以判斷要增加的 OrderItem 物件是否有效，並根據 OrderItem 中的 productId 判斷究竟是增加訂單項，還是合併訂單項，然後修改訂單項中所購商品的數量。

2. 資源庫通訊埠的定義

資源庫作為通訊埠，可以視為存取聚合資源的容器。Eric Evans 認為：「它（指資源庫）的行為類似於集合（collection），只是具有更複雜的查詢功能。在增加和刪除對應類型的物件時，資源庫的後台機制負責將物件增加到資料庫中，或從資料庫中刪除物件。這個定義將一組緊密相關的職責集中在一起，這些職責提供了對聚合根的整個生命週期的全程存取。」[8]100 既然認為資源庫是「聚合集合」的隱喻，在設計資源庫通訊埠時，亦可參考此特徵定義介面方法的名稱。舉例來説，定義通用的 Repository：

```java
public interface Repository<T extends AggregateRoot> {
    // 查詢
    Optional<T> findById(Identity id);
    List<T> findAll();
    List<T> findAllMatching(Criteria criteria);
    boolean contains(T t);

    // 新增
    void add(T t);
    void addAll(Collection<? extends T> entities);

    // 更新
    void replace(T t);
    void replaceAll(Collection<? extends T> entities);

    // 刪除
    void remove(T t);
    void removeAll();
    void removeAll(Collection<? extends T> entities);
    void removeAllMatching(Criteria criteria);
}
```

資源庫通訊埠定義的介面使用了泛型，泛型約束為 AggregateRoot 類型，它的介面方法涵蓋了與聚合生命週期有關的所有「增刪改查」操作。理論上，所有聚合的資源庫都可以實現該介面，如 Order 聚合的資源庫為 Repository<Order>。根據 ORM 框架持久化機制的不同，可以為 Repository<T> 介面提供不同的實現，如圖 15-23 所示。

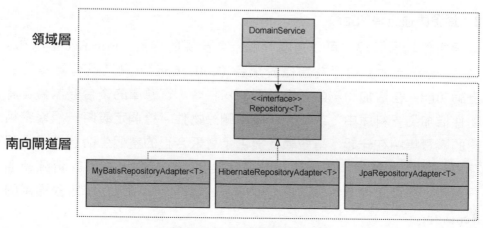

▲ 圖 15-23　通用的資源庫介面

這麼一個通用的資源庫介面看似美好，實則具有天生的缺陷。

其一，並非所有聚合的資源庫都願意擁有大而全的資源庫介面方法。舉例來說，Order 聚合不需要刪除方法，又或雖然對外公開為 delete()，內部卻按照需求執行了訂單狀態的變更操作。該如何讓 Repository<Order>滿足這一特定需求？

其二，過於通用的介面無法表現特定的業務需求。介面定義的查詢或刪除方法可以接收條件參數 Criteria，目的是滿足各種不同的查詢與刪除需求，但 Criteria 的組裝無疑加重了呼叫者的負擔。舉例來說，查詢指定顧客正在處理中的訂單：

```
Criteria customerIdCriteria = new EquationCriteria("customerId",
customerId);
Criteria inProgressCriteria = new EquationCriteria("orderStatus",
OrderStatus.InProgress);
orderRepository.findAllMatching(customerIdCriteria.
and(inProgressCriteria));
```

雖然通用的資源庫介面有種種不足，但它的通用意義與重複使用價值仍有可取之處。要在重複使用、封裝和程式可讀性之間取得平衡，需將南向閘道的通訊埠與介面卡視為兩個不同的重點。扮演通訊埠角色的資源庫介面針對以聚合為基本自治單元的領域邏輯，扮演介面卡角色的資源庫實現則針對持久化框架，負責完成整個聚合的生命週期管理。由於通用的資源庫介面未表現業務含義，不應視為資源庫通訊埠的一部分，需轉移到介面卡層，被不同的資源庫介面卡重複使用。

以訂單聚合為例。它的資源庫通訊埠針對聚合：

```
package com.dddexplained.ecommerce.ordercontext.southbound.port.
repository;

public interface OrderRepository {
    // 查詢方法的命名更加傾向於自然語言，不必表現 find 的技術含義
    Optional<Order> orderOf(OrderId orderId);

    // 以下兩個方法在內部實現時，需要組裝為通用介面的 criteria
    Collection<Order> allOrdersOfCustomer(CustomerId customerId);
```

```
    Collection<Order> allInProgressOrdersOfCustomer(CustomerId
customerId);

    void add(Order order);
    void addAll(Iterable<Order> orders);

    // 業務上是更新 (update)，而非替換 (replace)
    void update(Order order);
    void updateAll(Iterable<Order> orders);

    // 根據訂單的需求，不提供刪除方法
}
```

對應的資源庫介面卡提供了具體的實現：

```
package com.dddexplained.ecommerce.ordercontext.southbound.adapter.
repository;

public class OrderRepositoryAdapter implements OrderRepository {
    // 以委派形式重複使用通用的資源庫介面
    private Repository<Order, OrderId> repository;

    // 注入真正的資源庫實現
    public OrderRepositoryAdapter(Repository<Order, OrderId> repository) {
        this.repository = repository;
    }

    public Optional<Order> orderOf(OrderId orderId) {
        return repository.findById(orderId);
    }
    public Collection<Order> allOrdersOfCustomer(CustomerId customerId) {
        // 封裝了組裝查詢準則的邏輯
        Criteria customerIdCriteria = new EquationCriteria("customerId",
customerId);
        return repository.findAllMatching(customerIdCriteria);
    }
    public Collection<Order> allInProgressOrdersOfCustomer(CustomerId
customerId) {
        Criteria customerIdCriteria = new EquationCriteria("customerId",
customerId);
        Criteria inProgressCriteria = new EquationCriteria("orderStatus",Or
derStatus.
InProgress);
        return repository.findAllMatching(customerIdCriteria.
```

```
and(inProgressCriteria));
   }

   public void add(Order order) {
      repository.save(order);
   }
   public void addAll(Collection<Order> orders) {
      repository.saveAll(orders);
   }

   public void update(Order order) {
      repository.save(order);
   }
   public void updateAll(Collection<Order> orders) {
      repository.saveAll(orders);
   }
}
```

OrderRepositoryAdapter 介面卡注入通用的資源庫介面，實際上是將持久
化的實現委派給了通用資源庫介面的實現類別。既然通用的資源庫介面
不再針對領域層的聚合，設計時就無須考慮所謂「集合」的隱喻，可以
根據持久化實現機制的要求，將 add() 操作與 replace() 操作合二為一，用
save() 方法代表。介面方法的命名也可以遵循資料庫操作的通用叫法，如
刪除操作仍然命名為 delete()，以下是修改後的資源庫通用介面：

```
public interface Repository<E extends AggregateRoot, ID extends Identity>
{
   Optional<E> findById(ID id);
   List<E> findAll();
   List<E> findAllMatching(Criteria criteria);

   boolean exists(ID id);

   void save(E entity);
   void saveAll(Collection<? extends E> entities);

   void delete(E entity);
   void deleteAll();
   void deleteAll(Collection<? extends E> entities);
   void deleteAllMatching(Criteria criteria);
}
```

資源庫通訊埠、資源庫介面卡和通用資源庫（包括介面與實現）組成了
南向閘道的資源庫閘道層。它們各自承擔自己的職責，在界限上下文的
南向閘道中扮演各自的角色，既做到了對聚合生命週期管理的讀取介面
定義，又做到了業務邏輯與技術實現的隔離，還在一定程度上滿足了持
久化實現的重複使用要求，如圖 15-24 所示。

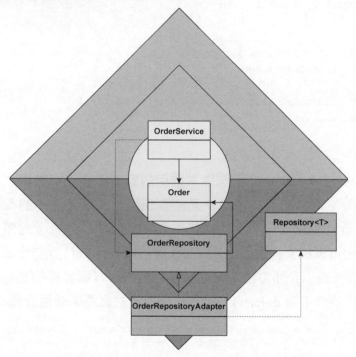

▲ 圖 15-24　資源庫通訊埠、介面卡與通用資源庫

領域服務 OrderService 呼叫 OrderRepository 通訊埠管理 Order 聚合，通
訊埠的實現則為資源庫介面卡 OrderRepositoryAdapter，透過依賴注入。
為避免重複實現，在 OrderRepositoryAdapter 類別的內部，持久化的真正
工作又委派給了通用介面 Repository<T>，實現了 Repository<T> 介面的
具體類別再完成聚合的生命週期管理 [13]。

---

13 這裡是針對資源庫的一種通用設計選擇的持久化框架不同，具體的實現方式會有所不
　　同；使用的語言不同，具體的實現方式也有所不同。

針對資源庫查詢方法的設計，社區存在爭議。大致可分為兩派。

一派支援設計簡單通用的資源庫查詢介面，讓資源庫回歸本質，老老實實做好查詢的工作。條件查詢介面保持通用性，將查詢準則的組裝工作交由呼叫者，不然，資源庫介面就需要窮舉所有可能的查詢準則。一旦業務增加了新的查詢準則，就要修改資源庫介面。如訂單聚合的介面定義，在定義了 allInProgressOrdersOfCustomer(customerId) 方法之後，是否表示還需要定義 allCancelledOrdersOfCustomer(customerId) 之類的方法呢？

另一派堅持將查詢介面明確化，根據資源庫的個性需求定義查詢方法，方法命名也表現了領域邏輯。封裝了查詢準則的查詢介面不會將 Criteria 洩露出去，歸根結底，Criteria 的定義本身並不屬於領域層。這樣的查詢方法既有其業務含義，又能透過封裝減輕呼叫者的負擔。

兩派觀點各有其道理。一派以通用性換取介面的可擴充，卻犧牲了介面方法的可讀性；另一派以封裝獲得介面的可讀性，卻因為方法過於具體導致介面膨脹與不穩定。

從資源庫的領域特徵看，我傾向於後者，但為了兼顧可擴充性與可讀性，倒不如一邊為資源庫定義常見的個性化查詢方法，一邊保留對查詢準則的支援。此外，查詢介面的具體化與抽象化也可折中。如查詢「處理中」與「已取消」的訂單，差異在於被查詢訂單的狀態，故可將訂單狀態提取為查詢方法的參數：

```
Collection<Order> allOrdersOf(CustomerId customerId, OrderStatus
orderStatus);
```

從資源庫的呼叫角度分析，資源庫的呼叫者包括領域服務和應用服務。如果沒有嚴格地設計約束限制應用服務與資源庫之間的協作，一旦資源庫提供了通用的查詢介面，就會將組裝查詢準則的程式混入應用層，違背了保持應用層「輕薄」的原則。不是限制資源庫的通用查詢介面，就是限制應用層直接依賴資源庫，如何取捨，還得結合具體業務場景做出

最適合當前情況的判斷 [14]。

資源庫的條件查詢介面設計還有第三條路可走，即引入規格（specification）模式來封裝查詢準則。查詢準則與規格模式是兩種不同的設計模式。

查詢準則是一種運算式，採用了解譯器（interpreter）模式 [31] 的設計思想，為邏輯運算式建立統一的抽象（如前所示的 Criteria 介面），然後將各種原子條件運算式定義為運算式子類別（如前所示的 AndCriteria 類別）。這些子類別會實現解釋方法，將值解釋為條件運算式。

規格模式是策略（strategy）模式 [31] 的表現，為所有規格定義一個共同的介面，如 Specification 介面的 isSatisfied() 方法。各個規格子類別實現該方法，結合規則返回 Boolean 值。

相較於查詢準則運算式，規格模式的封裝性更好。可以按照業務規則定義不同的規格子類別，並且透過規格介面做到對領域規則的擴充，但業務規則的組合可能帶來規格子類別的數量產生爆炸性增長。與之相反，查詢準則的設計方式著重尋找原子運算式，然後將組裝的職責交由呼叫者，因此能夠更加靈活地應對各種業務規則的變化，但欠缺足夠的封裝，將條件的組裝邏輯曝露在外，加重了呼叫者的負擔，也容易帶來組裝邏輯的重複。

如果系統採用 CQRS 模式（參見第 18 章）將查詢與命令分離，則在命令模型的資源庫中，除了保留根據聚合根實體 ID 獲得聚合的查詢方法 [15]，其餘查詢方法皆轉移到了查詢模型。CQRS 模式的查詢模型不再使用領域模型，也就沒有了聚合的概念，可以自由自在地運用資料存取物件模式，甚至支援直接撰寫 SQL 敘述。故而，CQRS 模式的查詢介面不在資源庫的討論之列。

---

14 為了保證應用服務的乾淨與簡單，服務驅動設計限制了角色構造型之間的協作，要求由領域服務呼叫資源庫。各個團隊可以確定自己的角色構造型協作約束機制。
15 本質上，該方法並非查詢方法，而是生命週期管理中載入聚合的方法。

15.6 領域服務

既然已經有了聚合這一自治的設計單元，且它遵循資訊專家模式，其內部的實體與值物件皆承擔了與其資料相關的領域行為邏輯，組成了一種富領域模型（rich domain model）[16]，為何還需要引入領域服務（domain service）呢？

15.6.1 聚合的問題

聚合封裝了多個實體和值物件，聚合根是存取聚合的唯一入口。當業務需求需要呼叫聚合內實體或值物件的方法時，聚合當隱去其細節，用根實體包裝這些方法，然後在方法的內部實現中將外部的請求委派給內部對應的類別。封裝的領域行為被固化在聚合之中，成為豐富聚合行為的關鍵。問題在於，雖然一些領域行為需要存取聚合封裝的資訊，它的實現卻不穩定，常隨著需求的變化而變化。為了滿足領域行為的可擴充性，應該將它分配給哪個物件呢？

聚合作為多個實體與值物件的整體，是參與業務服務的自治設計單元。倘若將聚合擁有的資料稱為已知資料，操作它們的領域行為就應該分配給聚合根實體。聚合的已知資料並不一定滿足完整的領域需求，為了保證聚合的自治性，需要將不足的部分作為方法的參數傳入。可認為參數傳入的外部資料是聚合的未知資料，如果未知資料屬於別的聚合，聚合之間就會產生協作。問題在於，這兩個聚合之間的協作該由誰負責發起？

聚合是領域層的自治設計單元，封裝了系統最為核心的業務功能。為了保證領域模型的純粹性，菱形對稱架構透過閘道層分離領域邏輯與技術實現，但是為了履行一個完整的業務服務，二者又需要有機地結合起

---

16 富領域模型是 Martin Fowler 在《企業應用架構模式》一書中定義的領域模型模式，可以認為是遵循了資訊專家模式建立的領域模型。

來。問題在於,如果聚合不知道通訊埠的存在,那麼業務行為與南向閘道通訊埠的協作,該由誰來負責呢?

解決這些問題的答案就是領域服務!

15.6.2 領域服務的特徵

根據 Eric Evans 定義的設計要素,領域服務與實體、值物件一樣,表示了領域模型,不過,它並沒有代表一個具體的領域概念,而是封裝了領域行為,前提是,這一領域行為在實體或值物件中找不到棲身之地。換言之,當我們針對領域行為建模時,需要優先考慮使用值物件和實體來封裝領域行為,只有確定無法尋覓到合適的物件來承擔時,才將該行為建模為領域服務的方法。領域服務是領域設計建模的最後選擇。

雖說領域服務是領域設計建模的最後選擇,但「服務」這個詞語實在太過寬泛,很容易在分配職責時形成領域服務的擴大化。舉例來說,領域服務名為 ShippingService,是否可以把與運輸相關的職責都分配給它?要估算運費,和運輸有關,放到 ShippingService 中;要處理分段運輸,和運輸有關,放到 ShippingService 中;要規劃運輸路徑,還是和運輸有關,放到 ShippingService 中……長此以往,領域服務就會成為存放領域邏輯的「超級大筐」,失去了設計約束的領域服務,會在看似合理的職責分配下變得越來越龐大。漸漸地,整個領域服務就會變得無所不能。當領域服務「搶」走越來越多的領域邏輯後,聚合內的實體與值物件就會被削弱,最後,領域模型的設計又走回了貧血模型加交易指令稿的老路。

為了避免將領域服務中的方法設計為一個程序式的交易指令稿,可以考慮控制領域服務的粒度,例如保證它履行的職責為一個單一職責的領域行為。領域服務並不映射真實世界的領域概念(名詞),而單純地表現一種領域行為(動詞)。這恰與實體和值物件的建模特點完全相反。這一特徵啟發我們可以從命名上對領域服務施加約束。Mat Wall 與 Nik Silver 結合他們在 Guardian 網站推進領域驅動設計時的實踐,提出了以下建

議:「為了對付這一行為,我們對應用中的所有服務進行了程式評審,並進行重構,將邏輯移到適當的領域物件中。我們還制訂了一個新的規則:任何服務物件在其名稱中必須包含一個動詞。這一簡單的規則阻止了開發人員去創建類似於 ArticleService 的類別。取而代之,我們創建 ArticlePublishingService 和 ArticleDeletionService 這樣的類別。推動這一簡單的命名規範的確幫助我們將領域邏輯移到了正確的地方,但我們仍要求對服務進行定期的程式評審,以確保我們在正軌上,以及對領域的建模接近於實際的業務觀點。」[17]

要求領域服務的名稱必須包含動詞,表現了領域服務的行為本質。它表達的領域行為應該是無狀態的,相當於一個純函數。只是在 Java 語言中,函數並非「一等公民」,不得已才定義類或介面作為函數「附身」的類型。

命名約束的實踐可能導致太多細粒度的領域服務產生,但在領域層,這樣的細粒度設計值得提倡,因為它能促進類別的單一職責,保證類別的重複使用和應對變化的能力[18]。由於每個服務的粒度非常細,因此服務就不可能包羅萬象。由於服務的定義存在設計成本,因此每當開發人員嘗試創建一個新的領域服務時,命名的約束會讓他(她)暫時停下來想一想,分配給這個新服務的領域邏輯是否有更好的去處?

15.6.3 領域服務的運用場景

領域服務不只限於對無狀態領域行為的建模。在領域設計模型中,它與聚合、資源庫等設計要素擁有對等的地位。領域服務的運用場景是有設計訴求的,恰好可以呼應 15.6.1 節提出的 3 個問題。

---

17 參見 Mat Wall、Nik Silver 發表在 InfoQ 的文章《演進架構中的領域驅動設計》。

18 第 16 章引入的服務驅動設計既能規避在領域服務中實現為過程式的事務腳本,又能防止設計出太多細細微性的領域服務,且無須對領域服務的命名做任何約束。

第一個問題：雖然一些領域行為需要存取聚合封裝的資訊，它的實現卻不穩定，常隨著需求的變化發生變化，為了滿足領域行為的可擴充性，應該將它分配給哪個物件呢？

資訊專家模式仍然是領域設計建模時遵循的首要原則，但該模式並非放之四海而皆準，不能適用所有業務場景。如果領域行為的變化方向沒有擁有資料的類別保持一致，就應分離變與不變，將這一變化的領域行為從所屬的聚合中剝離出來，形成領域服務。

舉例來説，保險系統常常需要客戶填寫一系列問卷調查，通過了解客戶的具體情況確定符合客戶需求的保單策略。調查問卷 Questionaire 是一個聚合根實體，內部由多個處於不同層級的值物件組成了樹狀結構：

```
Section ->
        SubSection ->
                QuestionGroup->
                        Question->
                                PrimitiveQuestionField
```

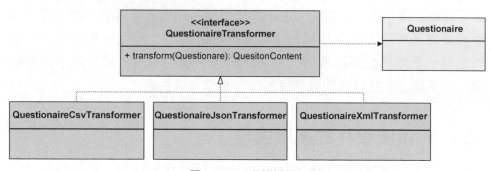

▲ 圖 15-25　分離轉換行為

業務需求要求將一個完整的調查問卷匯出為多種形式的檔案，這就需要提供轉換行為，將一個聚合的值轉為多種不同格式的內容，例如 CSV 格式、JSON 格式和 XML 格式。轉換行為操作的資料為 Questionaire 聚合所擁有，遵循資訊專家模式，該行為代表的職責應由聚合來履行。然而，這一轉換行為卻存在多種變化，不同的內容格式代表了不同的實

現。顯然，該行為的變化原因與調查問卷的結構無關，需要將轉換行為從 Questionaire 聚合分開，建立一個抽象的介面 QuestionaireTransformer，為其提供不同的實現，如圖 15-25 所示。

整個 QuestionaireTransformer 繼承系統都可以認為是領域服務。從 Questionaire 中分離出 QuestionaireTransformer 也符合單一職責原則，根據變化的原因進行分離。

第二個問題：兩個聚合之間的協作該由誰負責發起？

多數時候，一個自治的聚合無法完成一個完整的業務服務，聚合之間需要協作。協作通常採用職責委派，即一個聚合的根實體作為參數傳遞給另一個聚合根實體的方法，完成行為的協作。這是物件導向設計最為自然的協作方式。舉例來説，付款記錄聚合 OrdserSettlement 與支付約定聚合 PayAggreement 都在支付上下文中，在計算 OrderSettlement 實體的支付金額時，需要 PayAggreement 物理計算獲得的支付利率。因此，可在 OrdserSettlement 根實體的 payAmountFor() 方法中，傳入 PayAggreement 物件：

```java
public class OrderSettlement {
    public BigDecimal payAmountFor(PayAggreement aggreement) {
        return orderAmount.multiply(aggreement.actualPayRate());
    }
}

public class PayAggreement {
    public BigDecimal actualPayRate() {
        return new BigDecimal(payRate * 0.01);
    }
}
```

聚合的生命週期由資源庫管理，故而在兩個聚合的協作行為之上，需要引入一個設計物件負責聚合的協作。這正是領域服務需要承擔的職責，如圖 15-26 所示。

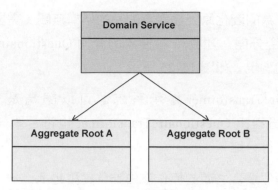

▲ 圖 15-26　領域服務管理兩個聚合之間的協作

引入的領域服務呼叫資源庫獲得聚合，發起它們之間的行為協作。舉例來說，引入 PayAmountCalculator 領域服務，對外提供計算支付金額的領域行為，在方法內部透過資源庫通訊埠獲得彼此協作的聚合，呼叫它們的協作方法：

```
public class PayAmountCalculator {
    private OrderSettlementRepository orderSettlementRepo;
    private PayAggreementRepository payAggreementRepo;

    public BigDecimal calculatePayAmount(OrderSettlementId
orderSettlementId) {
        BigDecimal defaultPayAmount = new BigDecimal(0);
        Optional<OrderSettlement> optOrderSettlement = orderSettlementRepo.
order
SettlementOf(orderSettlementId));
        if (!optOrderSettlement.isPresent()) {
            return defaultPayAmount;
        }
        OrderSettlement orderSettlement = optOrderSettlement.get();

        PayAggreementId payAggreementId = PayAggreementId.
of(orderSettlement.pay
AggreementId());
        Optional<PayAggreement> optPayAggreement = payAggreementRepo.
payAggreementOf(pay
AggreementId);
        if (!optPayAggreement.isPresent()) {
            return defaultPayAmount;
        }
```

```
    PayAggreement payAggreement = optPayAggreement.get();

    // 注意，聚合之間產生了協作，但協作關係是純粹的業務職責
    return orderSettlement.payAmountFor(payAggreement);
  }
}
```

為何不讓聚合直接呼叫資源庫通訊埠獲得另一個聚合呢？資源庫的職責
是管理聚合的生命週期，如果在聚合內部又使用了資源庫通訊埠，表示
資源庫在「重建」聚合根物件時，還需要將該聚合根物件依賴的資源庫
介面卡物件提供給它。這就好像蛋生雞、雞生蛋，可能陷入物件迴圈創
建的怪圈。舉例來說，OrderSettlement 根物理定義了 payAggreementId 欄
位，如果聚合可以呼叫資源庫通訊埠：

```
public class OrderSettlement {
    private PayAggreementRepository payAggreementRepo;

    public BigDecimal payAmount() {
        Optional<PayAggreement> optPayAggreement = payAggreementRepo.
payAggreementOf(this.
payAgreementId);
        if (!optPayAggreement.isPresent()) {
            return new BigDecimal(0);
        }
        return orderAmount.multiply(optPayAggrement.get().actualPayRate());
    }
}
```

實現看來沒有問題，但在考慮 OrderSettlement 聚合的生命週期管理時，就
出現了不能自圓其說的矛盾。OrderSettlementRepositoryAdapter 作為資源
庫的介面卡，透過持久化框架從資料庫中查詢符合條件的付款記錄資訊，
重建為 OrderSettlement 物件。重建時，OrderSettlementRepositoryAdapter
該如何完成對 payAggreementRepo 欄位的依賴注入呢？要知道，資源庫
介面卡僅提供物件與關係之間的映射，既不會設定 payAggreementRepo
欄位的值，也不知道該設定 PayAggreementRepository 資源庫的哪一個實
現。

顯然，在資源庫負責管理聚合生命週期的大前提下，聚合依賴資源庫通訊埠的做法並不可行，除非在聚合內部直接實例化資源庫介面卡物件。但這又違背了隔離業務邏輯與技術實現的架構原則。

要讓聚合直接呼叫資源庫通訊埠，可考慮將它作為領域行為方法的參數傳入：

```
public class OrderSettlement {
    public BigDecimal payAmount(PayAggreementRepository payAggreementRepo)
{ }
}
```

我不喜歡這樣的設計。一方面，這一設計使得傳入的資源庫參數無法表現聚合之間本該更加自然的協作關係；另一方面，這一設計又將創建資源庫的職責轉嫁給了該方法的呼叫者，增加了呼叫者的負擔。

不止資源庫通訊埠，如果參與協作的聚合分屬不同的界限上下文，還需要透過用戶端通訊埠獲得一個聚合需要的領域模型。如果仍然讓聚合物件持有該用戶端通訊埠，資源庫同樣不知道該如何將用戶端介面卡物件注入它所管理的聚合物件中。

領域服務就不存在這一問題，原因在於它是無狀態的領域模型物件，不需要資源庫管理其生命週期，自然就不會陷入物件迴圈創建的怪圈。

第三個問題：如果聚合不知道通訊埠的存在，那麼業務行為與南向閘道通訊埠的協作，該由誰來負責呢？

在真實的企業業務系統中，幾乎不可能讓領域邏輯完全不依賴任何外部資源以保證其純粹性，但我們可以保證較細粒度的領域模型物件滿足領域邏輯的純粹性，這個粒度就是聚合。聚合應設計為一個穩定的不依賴於任何外部環境的設計單元。如果領域行為突破了聚合的粒度，就需要與外部資源間的協作。在菱形對稱架構中，這就表示需要呼叫南向閘道的通訊埠。這一職責交由領域服務來承擔。

一個典型的例子是對訂單的驗證。如果僅需要驗證訂單的資訊是否完整，訂單聚合自己就能做到，驗證行為就可以分配給 Order 聚合。倘若除

了驗證訂單資訊，還要驗證所購商品的庫存量是否滿足購買需求，就需要存取庫存上下文的遠端服務。對 Order 聚合所在的訂單上下文而言，庫存上下文屬於外部環境，需要透過南向閘道的用戶端通訊埠存取。這時，驗證訂單整體有效性的領域行為就該交給 OrderValidator 領域服務：

```
public class OrderValidator {
    private InventoryClient inventoryClient;

    public void validate(Order order) {
        order.validate();

        InventoryReview inventoryReview = inventoryClient.check(order);
        if (!inventoryReview.isAvailable()) {
            throw new NotEnoughInventoryException();
        }
    }
}
```

菱形對稱架構也將資源庫視為南向閘道的一種通訊埠，因此，領域服務對第三個問題的應對，同時也解決了第二個問題。由此可以確定聚合設計的一個原則：不要在聚合內部引入對南向閘道通訊埠的依賴。

既然領域服務可以直接依賴南向閘道通訊埠，在協調和控制多個聚合物件時，就可以讓服務方法變得更簡單，甚至讓呼叫者體會不到聚合的存在。舉例來說，銀行的轉帳服務發生在兩個相同類型的聚合物件之間，即轉出帳戶和轉入帳戶，它們都是 Account 類型的聚合根實體物件。由於 TransferingService 可以透過 AccountRepository 獲得 Account 聚合物件，轉帳服務方法只需傳遞轉出帳戶與轉入帳戶的 ID 以及轉帳金額即可：

```
public class TransferingService {
    private AccountRepository accountRepo;
    private TransactionRepository transactionRepo;

    public void transfer(AccountId sourceAccountId, AccountId
targetAccountId, Money
amount) {
        SourceAccount sourceAccount = accountRepo.
accountOf(sourceAccountId);
        TargetAccount targetAccount = accountRepo.
```

```
accountOf(targetAccountId);
    // 帳戶餘額是否大於 amount 值，由 Account 聚合負責
    Transaction transaction = sourceAccount.transferTo(targetAccount);

    accountRepo.save(sourceAccount);
    accountRepo.save(targetAccount);
    transactionRepo.save(transaction);
    }
  }

public class Account extends Entity<AccountId> implements
AggregateRoot<Account>,
SourceAccount, TargetAccount {
    private final const TRANSFERING_THRESHOLD = new BigDecimal(10000);
    private Money balance;

    public Account(AccountId accountId, Money balance) {
        this.id = accountId;
        this.balance = balance;
    }

    @Override
    public Transaction transferTo(TargetAccount target, Money
transferAmount) {
        if (transferAmount.greaterThan(balance)) {
            throw new InsufficientFundsException("Insufficient funds.");
        }
        if (amount.greaterThan(TRANSFERING_THRESHOLD)) {
            throw new AccountException("Amount can not ..."));
        }

        decrease(transferAmount);
        target.transferMoneyFrom(transferAmount);
        return Transaction.createTransferingTransaction(accountId, target.
getAccountId(),
amount);
    }

    @Override
    public void transferFrom(Money transferAmount) {
        increase(transferAmount);
    }

    private void increase(Money amount) {
```

```
      balance.add(amount);
   }
   private void decrease(Money amount) {
      balance.subtract(amount);
   }
}
```

領域服務、通訊埠和聚合非常默契地履行各自的職責：聚合操作屬於它以及它邊界內的資料，履行自治的領域行為；通訊埠透過介面卡封裝與外部環境互動的行為，又透過抽象隔離對具體技術實現的依賴；領域服務對外提供完整的業務功能，對內負責聚合和通訊埠之間的協調。它們的協作機制如圖 15-27 所示。

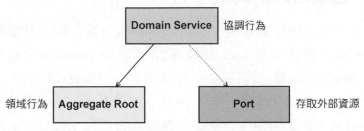

▲ 圖 15-27　領域服務、聚合和通訊埠的協作

在所有領域模型設計要素中，領域服務的定義最為自由。正因如此，才需要限制它的自由度，明確聚合與領域服務各自的職責差異，確定領域設計建模的優先順序。應優先分配領域邏輯給聚合，只有聚合無法做到的，才會考慮分配給領域服務。哪些領域邏輯是聚合無法做到的呢？根據前面的分析，可以歸納為：

■ 與狀態無關的領域行為；
■ 變化方向與聚合不一致的領域行為；
■ 聚合之間協作的領域行為；
■ 聚合和通訊埠之間協作的領域行為。

領域服務並非靈丹妙藥。只有符合以上特徵的領域行為才應該分配給領域服務，以避免領域服務的濫用。和諧的協作機制是好的物件導向設計，當領域服務對外承擔了業務服務的領域行為時，要注意將內部的細

粒度職責按照「資訊專家模式」的要求分配給合適的聚合根實體，而在聚合的內部，實體與值物件之間的協作也當遵循相同的設計原則，確保職責分配的合理均衡。

15.7 領域事件

在了解領域事件之前，我們先看看一些正在實踐的設計原則、設計思想，以此來撬動我們心中對軟體世界模型根深蒂固的印象。

15.7.1 建模思想的轉變

Datomic 是一種以簡單服務組合為設計目標的新資料庫。其創造者，也是 Clojure 語言創造者的 Rich Hickey 如此表達 Datomic 的設計哲學：「Datomic 將資料庫視為資訊系統，而資訊是一組事實（fact），事實是指一些已經發生的事情。鑑於任何人都無法改變過去，這也表示資料庫將累積這些事實，而非原地進行更新。過去可以遺忘，但是不能改變。因此，如果某些人『修改了』它們的地址，Datomic 會儲存它們擁有新地址這個事實，而非替換掉老的事實（它只是在這個時間點被簡單的回收了）。這個不變性（immutability）帶來了很多重要的架構優勢和機會。」[19]

Datomic 對「資訊即事實」的了解，推導出不變性這個重要的架構特徵。這一特徵恰與 CQRS 模式中設計命令模型的核心思想保持一致。Greg Young 用一個簡單的例子[20]解釋了該模式。假設定義了一個領域服務 CustomerService，它的方法包括：

```
void MakeCustomerPreferred(CustomerId)
Customer GetCustomer(CustomerId)
CustomerSet GetCustomersWithName(Name)
CustomerSet GetPreferredCustomers()
```

---

19 參見 Rich Hickey 發表在 InfoQ 的文章 "Datomic 的架構 "。
20 參見 Greg Young 在 Code Better 發表的文章 "CQRS, Task Based UIs, Event Sourcing agh!"。

```
void ChangeCustomerLocale(CustomerId, NewLocale)
void CreateCustomer(Customer)
void EditCustomerDetails(CustomerDetails)
```

運用 CQRS 模式,就應該將該服務分解為分別負責讀和寫的兩個服務:

```
# CustomerWriteService
void MakeCustomerPreferred(CustomerId)
void ChangeCustomerLocale(CustomerId, NewLocale)
void CreateCustomer(Customer)
void EditCustomerDetails(CustomerDetails)

# CustomerReadService
Customer GetCustomer(CustomerId)
CustomerSet GetCustomersWithName(Name)
CustomerSet GetPreferredCustomers()
```

CustomerReadService 服務提供的所有方法都不會對資料產生任何副作用,而從事實的角度思考 CustomerWriteService 服務,它的每個方法都會因為某個命令列為導致某些事情的發生,且發生的這件事情是不可變更的。我們將這些發生的事情稱為事件(event)。舉例來說,CreateCustomer 命令會觸發 CustomerCreated 事件,ChangeCustomerLocale 命令會觸發 CustomerLocaleChanged 事件。這些命令與事件與 CustomerReadService 服務返回的 Customer 屬於不同的模型,即命令模型(command model)與查詢模型(query model)。

配合 React 進行狀態管理的前端框架 Redux 定義了以下 3 個基本設計原則。

- 單一資料來源:整個應用的狀態(state)被儲存在一棵物件樹(object tree)中,並且這棵物件樹只存在於唯一一個狀態儲存(store)中;
- 狀態是唯讀的:唯一能改變狀態的方法就是觸發動作(action),動作是一個用於描述已發生事件的普通物件;
- 使用純函數來執行修改:為了描述動作如何改變狀態樹(state tree),需要撰寫 reducer 函數。

之所以 Redux 如此重視狀態的管理、控制與追蹤,是因為隨著使用者的操作,前端 UI 的視圖變化會引起模型的狀態頻繁變更,且變更產生的連

鎖反應也非常複雜，往往會引起一連串的模型狀態變更，最後使情形變得不受控制，讓人弄不明白狀態究竟是在什麼時候，由什麼原因導致的變化。隨著系統變得越來越複雜，如果無法追蹤和管理狀態，就很難重現問題，因為這種變化帶來的耦合，會讓增加新功能變得舉步維艱。

分析前端狀態管理的複雜度，其罪魁禍首為變化和非同步。尤其當二者混淆在一起時，這種複雜度就變得很難預測了。隨著業務邏輯的漸趨複雜，以及對低延遲高回應等品質屬性的提出，變化和非同步這兩個不穩定因素同樣會在後端世界肆虐。在進行後端系統的領域驅動設計時，我們可否參考 Redux 的設計原則呢？

仔細分析 Redux 的 3 個設計原則，我們看到它在業務世界的建築牆上，燒滿了「狀態」兩個字。回想 UML 中的狀態圖以及工作流的狀態機（state machine），再來思考業務世界的本質，我們能否提出以下問題：任何業務邏輯是否都可以轉換成狀態的遷移？

在進行領域建模時，狀態往往作為物件的屬性被定義，例如訂單物件定義訂單狀態屬性 Created、Registered、Granted、Canceled、Shipped、Invoiced。這種狀態的遷移可以用 UML 狀態圖表示。它關注的正是狀態以及狀態之間的轉換，導致狀態發生轉換的動作就是前面提及的命令。

雖然在 UML 狀態圖中，並未將狀態視為事件，但這二者的本質是相同的：

■ 它們都是某個行為產生的結果，並與該行為相連結；
■ 狀態與狀態之間存在轉換關係，稱為狀態轉換；事件與事件之間同樣存在這種轉換關係，稱為事件傳播。

領域驅動設計將物件的狀態提升為「一等公民」，指定它領域事件（domain event）的身份。結合之前的討論，可推演出領域事件的特徵：

■ 領域事件代表了領域概念；
■ 領域事件是已經發生的事實；
■ 領域事件是不可變的領域物件；
■ 領域事件會以某個條件而觸發為基礎。

15.7.2 領域事件的定義

領域事件的定義需要滿足領域事件的特徵要求。

領域事件的命名必須清晰地傳遞領域概念。這表示需要在統一語言指導下，從業務的角度命名。作為已經發生的事實，事件的命名應採用動詞的過去時態，如訂單完成的事件命名為 OrderCompleted。這一命名方式也是領域事件推薦的命名風格，我們無須再為其增加 Event 尾碼。

作為不變事實的領域事件可以參考值物件的定義要求，定義為不變類別。與值物件不同的是，事件的發行者與消費者在使用事件時，都透過事件的 ID 進行管理，因此它又具有實體的特徵，需要定義代表身份唯一標識的 ID 屬性。領域事件的 ID 沒有任何業務含義，可定義為通用類型的身份標識。領域事件總是隨著某個條件的滿足而被觸發，為了更進一步地記錄和追蹤該事件，還需要保留該事件發生時的時間戳記。

顯然，領域事件不同於領域模型設計要素的其他模型物件。為了表現這一差異，也為了抽象領域內的所有領域事件，可以統一定義一個抽象類別 DomainEvent：

```
public abstract class DomainEvent {
    protected final String eventId;
    protected final String occurredOn;

    public DomainEvent() {
        eventId = UUID.randomUUID().toString();
        occurredOn = new Timestamp(new Date().getTime()).toString();
    }
}
```

領域事件只需要封裝發行者希望傳遞的資訊。當然，在定義事件屬性時也需要考慮訂閱者的需求，如轉帳成功事件 TransferSucceeded 本身足以說明轉帳的成功完成狀態，但為了使訂閱者在收到該事件後能夠生成轉帳交易記錄，需要在創建該事件時將轉出方與轉入方的帳戶 ID、轉帳金額封裝進去：

```
public class TransferSucceeded extends DomainEvent {
```

```
    private  final AccountId srcAccountId;
    private  final AccountId targetAccountId;
    private final Money amount;

    public TransferSucceeded(AccountId srcAccountId, AccountId
targetAccountId, Money
amount) {
        super();
        this.srcAccountId = srcAccountId;
        this.targetAccountId = targetAccountId;
        this.amount = amount;
    }
}
```

領域事件表達了實體的狀態變更和遷移，屬於領域設計模型中的領域概念。結合對 Datomic、Redux 和 CQRS 模式的分析，在對業務世界進行分析時，可以以「領域事件」為核心進行領域建模。這種方式是對經典建模世界觀的顛覆，推倒了堆砌著靜態領域概念的名詞城堡，重新建立了關注狀態遷移的動態過程。由此建立的模型世界永遠是變化的，因為每個狀態都時刻準備著在滿足某個條件時遷移到下一個狀態；這個模型又是不變的，無論因為什麼導致了狀態遷移，產生的每個事實都不可變更。事件既然改變了我們觀察真實世界的方式，就不僅是領域模型設計要素這麼簡單，而是一種建模的驅動力，獲得的模型也異於一般而言的領域模型。根據其特性，我將其命名為「事件驅動模型」（參見附錄 B）。

15.7.3 物件建模範式的領域事件

倘若依然採用物件建模範式定義領域事件，那麼身為領域模型設計要素，它實際上只是實體、值物件和領域服務的重要補充。引入它的首要目的是更進一步地追蹤物理狀態的變更，並在狀態發生變更時，透過事件訊息的通知完成領域模型物件之間的協作。[21] 在收到狀態變更的事件時，參

---

21 有時候，領域事件也可能穿透界限上下文的邊界，被另一個界限上下文的應用服務或領域服務訂閱。它扮演的角色已經超出了領域模型的範疇，遵循事件驅動架構風格，具體內容參見附錄 B。

與協作的物件需要依據當前實體的狀態變更決定該做出怎樣的回應。這實則是物件協作的需求，只不過協作的方式發生了改變。

事件對狀態變更的通知符合觀察者模式的設計想法。該模式定義了主體（subject）物件與觀察者（observer）物件。一個主體物件可以註冊多個觀察者物件，觀察者物件則定義了一個回呼函數。一旦主體物件的狀態發生變化，呼叫回呼函數就將變化的狀態通知給所有的觀察者。主體和觀察者都進行了抽象，以降低二者之間的耦合。觀察者模式的設計類別圖如圖 15-28 所示。

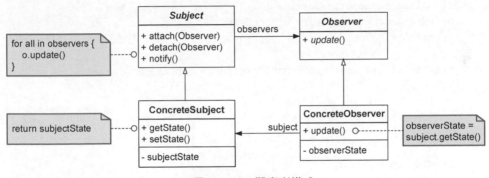

▲ 圖 15-28　觀察者模式

觀察者模式的意圖為「定義物件間的一種一對多的依賴關係，使得當一個物件的狀態發生改變時，所有依賴於它的物件都得到通知並被自動更新。[61]」改變的狀態可以透過領域事件來傳遞：觀察者模式中的主體擁有該狀態，可以認為是它發佈了領域事件；觀察者在收到該事件後，按照自己規定的業務對事件進行處理。從這一角度講，將觀察者模式命名為領域事件的發佈 - 訂閱模式更加貼切。

仍然以客戶轉帳的業務服務為例。在沒有使用領域事件之前，TransferingService 轉帳服務的內部在轉帳成功後呼叫 TransactionRepository 生成一筆轉帳交易記錄。改由領域事件後，TransferingService 轉帳服務在轉帳成功後，就可發佈 TransferSucceeded 領域事件。事件發佈完畢，轉帳流程也就宣告結束。處理該領域事件的物件為訂閱者，不同

業務場景對於 TransferSucceeded 事件的處理邏輯並不相同。交易服務
TransactionService 會生成轉帳記錄，通知服務 NotificationService 會發送
通知簡訊。在發佈事件後，為了通知訂閱者，需要發行者註冊這些訂閱
者。由於可能存在多個訂閱者，因此需要為訂閱者定義抽象的介面：

```
public interface TransferingEventSubscriber {
    void handle(TransferSucceeded transferedSucceededEvent);
    void handle(TransferFailedd transferedFailedEvent);
}
```

轉帳服務修改為：

```
public class TransferingService {
    private AccountRepository accountRepo;
    private TransactionRepository transactionRepo; // 不需要操作交易聚合，刪
去
    private List<TransferingEventSubscriber> subscribers;

    public TransferingService() {
        subscribers = new ArrayList<>();
    }

    // 相當於註冊觀察者
    public void register(TransferingEventSubscriber subscriber) {
        if (subscriber != null) {
            this.subscribers.add(subscriber);
        }
    }

    public void transfer(AccountId sourceAccountId, AccountId
targetAccountId, Money
amount) {
        try {
            SourceAccount sourceAccount = accountRepo.
accountOf(sourceAccountId);
            TargetAccount targetAccount = accountRepo.
accountOf(targetAccountId);
            // 帳戶餘額是否大於 amount 值，由 Account 聚合負責
            sourceAccount.transferTo(targetAccount);

            accountRepo.save(sourceAccount);
            accountRepo.save(targetAccount);
```

```
            TransferSucceeded succeededEvent = new TransferSucceed(sourceAcc
ountId,
targetAccountId, amount);
         publish(succeededEvent);
      } catch (DomainException ex) {
         TransferFailed failedEvent = new TransferFailed(sourceAccountId,
targetAccountId,
amount, ex.getMessage());
         publish(failedEvent);
      }
   }

   private void publish(TransferSucceeded succeededEvent) {
      for (TransferEventSubscriber subscriber : subscribers) {
         subscriber.handle(succeededEvent);
      }
   }

   private void publish(TransferFailed failedEvent) {
      for (TransferEventSubscriber subscriber : subscribers) {
         subscriber.handle(failedEvent);
      }
   }
}
```

TransactionService 領域服務負責生成轉帳交易記錄，是事件的訂閱者：

```
public class TransactionService implements TransferEventSubsriber {
   private TransactionRepository transactionRepo;

   @Override
   public void handle(TransferSucceeded succeededEvent) {
      Transaction transaction = Transaction.createTransferingTransaction(
succeeded
Event.getSourceAccountId(), succeededEvent.getTargetAccountId(),
succeededEvent.getAmount());
      transactionRepo.save(transaction);
   }
}
```

通知服務也採用類似方式實現 TransferEventSubscriber 介面。

比較之前的轉帳領域服務，TransferingService 的職責更加單一，只負責轉帳。至於交易記錄的生成、訊息的通知都交給了關心 TransferSucceeded

事件的訂閱者。訂閱者是抽象的，也在一定程度解除了彼此之間的耦合。至於對轉帳場景的交易處理，則統一交給北向閘道層的應用服務。它了解參與整個業務服務的聚合資源，可以放在一個交易範圍內。

這一實現的前提是 TransferingService 領域服務、TransactionService 領域服務、NotificationService 領域服務以及 Account 和 Transaction 聚合都在一個界限上下文中，或都在一個處理程序的範圍內。如果牽涉到跨處理程序通訊，就需要採用分散式通訊的方式實現事件的發佈與訂閱，並採用柔性交易來滿足交易一致性的要求。

考慮到事件的發佈與訂閱存在通用性，無論是在同一處理程序或界限上下文內，還是分散式的跨處理程序通訊，都建議採用專門的事件匯流排實現事件的發佈和訂閱。舉例來説，引入 Guava 的 Event Bus 函數庫，上述實現可以簡化為：

```
public class TransferingService {
    private EventBus eventBus;
    private AccountRepository accountRepo;

    public TransferingService() {
        eventBus = new EventBus("Transfering");
    }

    public void register(List<TransferingEventSubscriber> subscribers) {
        for (TransferingEventSubscriber subscriber : subscribers) {
            eventBus.register(subscriber); // 透過事件匯流排註冊訂閱者
        }
    }

    public void transfer(AccountId sourceAccountId, AccountId
targetAccountId, Money
amount) {
        try {
            SourceAccount sourceAccount = accountRepo.
accountOf(sourceAccountId);
            TargetAccount targetAccount = accountRepo.
accountOf(targetAccountId);
            // 帳戶餘額是否大於 amount 值，由 Account 聚合負責
            sourceAccount.transferTo(targetAccount);
```

```
        accountRepo.save(sourceAccount);
        accountRepo.save(targetAccount);

        TransferSucceeded succeededEvent = new TransferSucceeded(sourceA
ccountId,
targetAccountId, amount);
        eventBus.post(succeededEvent);
    } catch (DomainException ex) {
        TransferFailed failedEvent = new TransferFailed(sourceAccountId,
targetAccountId,
amount, ex.getMessage());
        eventBus.post(failedEvent);
    }
  }
}

public class TransactionService implements TransferEventSubsriber {
    private TransactionRepository transactionRepo;

    @Subscribe // Guava 提供的註釋，使得該方法稱為事件的訂閱者
    @Override
    public void handle(TransferSucceeded succeededEvent) {
        Transaction transaction = Transaction.createTransferingTransaction(
succeeded
Event.getSourceAccountId(), succeededEvent.getTargetAccountId(),
succeededEvent.getAmount());
        transactionRepo.save(transaction);
    }
}
```

領域事件屬於領域層的領域模型物件。如果事件參與了界限上下文之間
的協作，應考慮定義應用事件，作為包裹在領域層之外的訊息契約。

無論是同一個界限上下文內聚合之間傳遞領域事件，還是跨界限上下
文傳遞應用事件，甚至跨處理程序邊界（當界限上下文作為微服務邊界
時）傳遞應用事件，都符合發佈 - 訂閱模式的語義，事件的傳遞都由事件
匯流排負責。事件匯流排是一種抽象，既可以實現為本地的事件訊息通
訊（如 Guava 提供的 Event Bus 函數庫），也可以由訊息佇列或訊息中介
軟體擔任（如 Kafka、RabbitMQ、RocketMQ 等）。AKKA 框架能夠同時

支援本地與分散式的事件訊息通訊，Spring Cloud Bus 甚至為分散式訊息通訊建立了滿足事件匯流排要求的通用程式設計模型（目前僅支援 Kafka 與 AMQP 的訊息中介軟體）。不同框架的選擇可能在一定程度影響領域模型對領域事件的操作。若嚴格遵循菱形對稱架構，就可定義一個抽象的 EventBus 介面作為南向閘道的通訊埠，由它來隔離這些具體的技術實現因素對領域模型的影響。

領域設計建模

彼節者有間，而刀刃者無厚；以無厚入有間，恢恢乎其於遊刃必有空間矣。

——莊子，《養生主》

實體、值物件、領域事件、聚合、工廠、領域服務與資源庫都屬於領域
驅動戰術設計元模型的一部分，是解決真實世界業務問題的設計元語。
實體、值物件與領域事件共同組成了描述真實世界業務問題的基本要素；
聚合從設計角度為實體與值物件圈定了概念邊界，並引入了工廠和資源庫
設計模式，用於管理聚合的生命週期；領域服務作為聚合的補充，專注
於領域行為的表達，負責協調聚合之間以及聚合與通訊埠之間的協作。
顯然，這些設計要素並未遵循同一種規則，從同一個維度進行劃分，這
導致它們之間的含義與關係顯得有些模糊，層次不夠清晰，影響了它們
對領域設計建模的指導價值。

如果從物件建模範式的角度考慮領域設計建模，可以將每個設計要素視
為完成一個業務服務進行協作時履行不同職責而扮演的角色，從而為參
與業務服務的所有物件定義角色構造型（role stereotype）。

16.1 角色構造型

角色構造型這一概念來自 Rebecca Wirfs-Brock 提出的職責驅動設計方法。她認為：「在一個應用系統中，各種角色都具有自身的特徵，這些特徵就是構造型……從高層概念進行思考，忽略具體行為來辨識物件的構造型，是非常有必要的。透過簡化和特徵化描述，我們能夠輕易地辨明物件的角色。」[39]4 圖 16-1 列出了 Wirfs-Brock 複習的角色構造型。

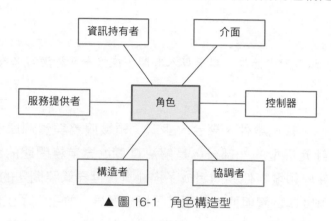

▲ 圖 16-1　角色構造型

這些角色構造型的定義及其履行的職責分別以下 [39]4 。

- 資訊持有者：掌握並提供資訊。
- 服務提供者：執行工作，通常為其他物件提供服務。
- 構造者：維護物件之間的關係以及與這些關係相關的資訊。
- 協調者：透過向其他物件委託任務來回應事件。
- 控制器：進行決策並指導其他物件的行為。
- 介面：連接系統的各個部分，並在它們之間進行資訊和請求的轉換。

在職責驅動設計方法中，一個完整的業務服務將由屬於不同角色構造型的物件共同協作，而抽象的角色構造型又由物件履行的職責決定。角色、職責和協作是職責驅動設計方法的 3 個關鍵設計要素。若能事先根據角色構造型的特徵判斷一個物件屬於一種或多種角色構造型，就能指導設計者做出合理的職責分配，形成良好的協作。

16.1.1　角色構造型與領域驅動設計

定義角色構造型的職責驅動設計方法對領域驅動設計具有極高參考價值。

讓我們回到領域驅動設計的角度對這些角色構造型進行解讀。這要考慮界限上下文的整個結構，而不能僅停留在領域層的領域模型，如此才能完成一個完整的業務服務。圖 16-2 展示了菱形對稱架構與分層架構的組成。

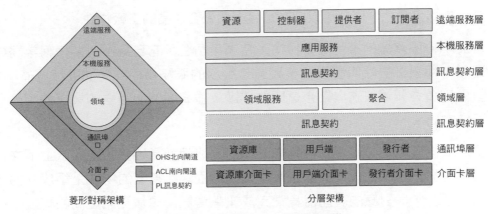

▲ 圖 16-2　界限上下文的整體結構

界限上下文內部的各種設計要素盡在此圖中，透過配合共同完成一個完整的業務服務。那麼，它們是否符合如前所述的角色構造型呢？

資訊持有者「掌握並提供資訊」，在領域層，指的就是封裝了領域邏輯資訊的領域模型物件，即聚合邊界內的實體和值物件。遵循「資訊專家模式」，應優先考慮將與資訊相關的行為分配給這些資訊的持有者，以避免出現貧血領域模型。我們不能將資訊持有者視為一種資料契約，而應將其看作具有豐富領域行為的領域模型物件。在參與業務服務的協作時，領域驅動設計強調聚合的邊界作用，並將聚合作為領域層的自治單元，因而在辨別角色構造型時，可以抹掉實體和值物件，直接將聚合視為一個整體的資訊持有者即可。

領域服務扮演了服務提供者的角色，即封裝沒有狀態的領域行為，為領域物件提供業務支援，實現不屬於任何資訊持有者即聚合所能執行的功能。如果業務服務的業務功能需要存取外部資源，又或需要多個聚合共同協作，領域服務還會扮演控制器角色，透過它決策並指導聚合與通訊埠物件之間的協作行為。

毫無疑問，工廠就是構造者角色，負責維護聚合內部實體與值物件之間的關係，創建一個將根實體曝露在外的聚合自治單元。一個聚合如果扮演了構造者角色，同樣可以認為是另一個聚合產品的工廠物件。

位於本機服務層的應用服務扮演了協調者角色。它自身不封裝任何業務邏輯，卻對外被呼叫者視為參與業務服務的服務物件，提供服務價值；對內則負責領域服務與聚合之間的協調，並將呼叫者發送的業務請求委派給它們。

位於北向閘道的遠端服務與南向閘道的通訊埠都是連接當前界限上下文與其他界限上下文以及外部環境之間的介面。訊息契約物件是組成介面的一部分，與對應的裝配器負責完成訊息資訊與領域資訊之間的轉換，可能成為聚合產品的構造者。南向閘道的介面卡物件作為通訊埠的實現封裝了具體的技術實現細節，在領域設計建模時，通常不用考慮。

16.1.2 領域驅動設計的角色構造型

結合職責驅動設計方法，我為領域驅動設計的設計元模型要素尋找到了對應的角色構造型。為了更進一步地表現領域驅動設計，我又另闢蹊徑，不再將這些元模型要素歸納為職責驅動設計提及的 6 種角色構造型，而是直接將它們視為領域驅動設計的角色構造型，如圖 16-3 所示。

圖 16-3 所示的角色構造型各自履行不同的職責，彼此協作，共同完成一個具有服務價值的業務服務。它們典型的協作序列如圖 16-4 所示。

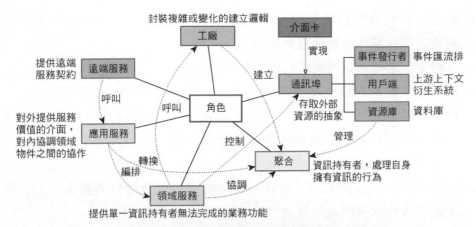

▲ 圖 16-3　領域驅動設計的角色構造型

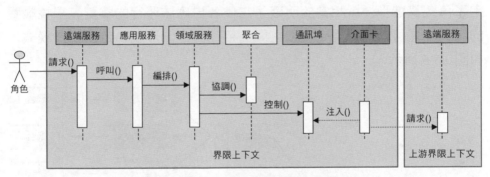

▲ 圖 16-4　角色構造型的協作序列

這些角色構造型是界限上下文引入菱形對稱架構之後辨識出來的所有設計要素，各自履行了不同的職責。

- 遠端服務：若為當前界限上下文的遠端服務，則負責回應角色的服務請求；若為上游界限上下文的遠端服務，則回應用戶端介面卡的呼叫請求。

- 應用服務：與遠端服務對應，提供具有服務價值的服務介面，完成訊息契約物件與領域模型物件的轉換，呼叫或編排領域服務。

- 領域服務：提供聚合無法完成的業務功能，協調多個聚合以及聚合與通訊埠之間的協作。

- 聚合：作為資訊的持有者，履行自給自足的領域行為，內部實體與值物件之間的協作被聚合邊界隱藏起來。
- 工廠：封裝複雜或可能變化的創建聚合的邏輯。
- 通訊埠：作為存取外部資源的抽象。常見通訊埠包括對存取資料庫的抽象，定義為資源庫通訊埠；對呼叫第三方服務包括上游界限上下文的抽象，定義為用戶端通訊埠；對發佈事件到事件匯流排的抽象，定義為發行者通訊埠。
- 介面卡：通訊埠的實現，提供存取外部資源的具體技術實現，並透過依賴注入設定到領域服務或應用服務中。

每個角色構造型履行的職責都是確定的。只要為參與業務服務的物件規定了角色構造型，就相當於明確了它們各自應該履行的職責。根據職責的不同，還可以明確規定它們之間的協作方式，形成約定的協作模式，如圖 16-5 所示。

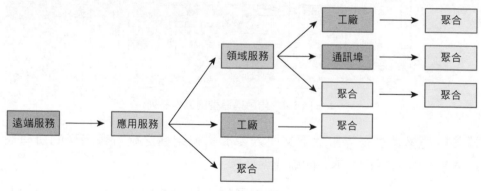

▲ 圖 16-5 角色構造型的協作模式

領域驅動設計角色構造型確定的協作模式遵守了物件導向的設計原則以及領域驅動設計的規範，闡釋如下。

- 遠端服務與應用服務：表現了最小知識法則，保證遠端服務的單一職責。
- 應用服務與領域服務：由領域服務封裝領域邏輯，以避免其洩露到應用層。

■ 應用服務與工廠：只限於訊息契約物件或裝配器擔任聚合工廠的場景。

■ 應用服務與聚合：應用服務在呼叫領域服務時，需要獲得聚合，為了避免領域知識的洩露，不建議應用服務直接呼叫聚合實體和值物件的領域行為，對外，也必須將聚合轉為訊息契約物件。

■ 領域服務與工廠、通訊埠和聚合：確保了領域邏輯的職責分配，避免領域服務成為交易指令稿。

■ 聚合：聚合只能與聚合協作，不知道其他角色構造型，保證了聚合的穩定性和純粹性。

在這些協作模式之上還有一個基本原則，即參與協作的所有角色構造型都在同一個界限上下文的範圍，遵循菱形對稱架構。介面卡封裝了具體的技術實現，被通訊埠隔離，除介面卡之外的所有角色構造型都不知道介面卡的存在。倘若業務服務需要多個界限上下文協作，則發生在角色構造型之間的協作模式只能是用戶端介面卡與遠端服務或應用服務，如圖 16-6 所示。

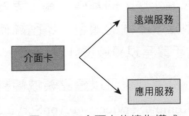

▲ 圖 16-6　介面卡的協作模式

以報稅系統為例，系統需要定期根據使用者提交的收入資訊生成稅務報告檔案，這是一個完整的業務服務，由報稅專員向作為遠端服務的控制器發起請求。業務服務的執行過程如下：

■ 獲得符合條件的稅務報告；

■ 將稅務報告的內容轉為 HTML 格式的資料流程；

■ 以 HTML 格式呈現方式生成 PDF 檔案。

對外而言，生成稅務報告檔案是一個完整的服務，用戶端的呼叫者無須了解該服務的實現細節。TaxReportController 遠端服務回應呼叫者的服

務請求,然後將請求訊息委派給 TaxReportAppService 應用服務。應用服務與遠端服務的方法相符合,定義了提供服務價值的方法。其方法內部並不包含具體的業務邏輯,而是呼叫 TaxReportGenerator 領域服務。該領域服務會控制資源庫通訊埠、聚合和其他服務之間的協作:首先透過 TaxReportRepository 通訊埠獲得 TaxReport 實體物件,該實體物件作為 TaxReport 聚合的聚合根,封裝了稅務報告的資料驗證行為和組裝行為。接著,HtmlReportProvider 領域服務負責將報告物件轉為 HTML 格式的資料流程,這一轉換行為本應由 TaxReport 聚合承擔,但由於引起它變化的原因與聚合的內部結構並不相同,故而將它分離,由專門的領域服務承擔。最後,PdfReportWriter 領域服務負責將該資料流程寫入 PDF 檔案,生成稅務報告檔案。它之所以定義為領域服務,是因為它存取了檔案這一外部資源,對檔案的存取透過 FileWriter 通訊埠對技術實現進行隔離。整個協作序列如圖 16-7 所示。

為領域驅動設計引入角色構造型後,職責的分配變得有章可循。它還是服務驅動設計確定動態協作序列的基礎。為了更好進行呈現設計模型,可以為各種角色構造型定義不同的顏色,讓團隊使用不同顏色的即時貼共同協作,以視覺化的手段呈現領域設計模型。

在角色構造型的基礎上,我們還可以建立領域驅動設計風格的自動化評估,例如定義諸如 @RemoteService、@AppService、@DomainService、@Aggregate、@Factory、@Port 和 @Adapter 等註釋用於標記角色構造型,且將協作模式演化為檢驗設計風格的協作驗證規則,透過掃描界限上下文實現程式的方法,檢查是否存在違背角色構造型協作模式的錯誤設計與實現[1]。

---

1 可在 GitHub 中搜尋 "agiledon/sparrow" 瞭解這些角色構造型注解的定義和使用形式。

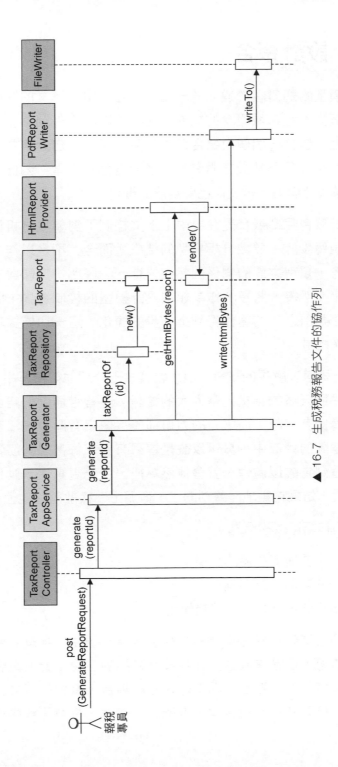

▲ 16-7 生成稅務報告文件的協作序列

16.2　設計聚合

領域分析模型的關鍵在於遵循統一語言，在界限上下文的限制下，努力尋找能夠真實表達領域概念的物件，建立清晰的物件圖；在領域分析模型的基礎上，建立一個個由聚合邊界封裝和保護的自治邊界，再以聚合為核心確定週邊各個參與整體業務場景的角色構造型。因此，要建立高品質的領域設計模型，需要高品質地設計聚合。

該怎麼設計聚合呢？聚合是在界限上下文控制下對領域分析模型形成的物件圖的規範設計。領域分析模型的結構大而全，不足以作為程式開發實現的參考，類別之間的關係固然需要進一步闡明，實體與值物件也需要分辨出來。然後，將聚合作為領域設計模型的控制邊界，隱藏物件圖的細節，讓類別之間的關係得到進一步的簡化，這一切皆歸功於對領域模型的結構控制。

莊子講過一則庖丁解牛的故事。庖丁給魏惠王介紹他如何解牛：解牛時，需得順著牛體天然的結構，擊入大的縫隙，順著骨節間的空處進刀。由於牛體的骨節有空隙，而屠刀的刀口卻薄得像沒有厚度，沒有厚度似的刀口在有空隙的骨節中，真可以說是遊刃有餘。每當遇到筋骨交錯聚結的地方，看到它難以處理，就會怵然為戒，目光更專注，動作更緩慢，用刀更輕柔，結果它霍地一聲剖開了，像泥土一樣散落在地上。

庖丁解牛的技巧可以複習為：

- 殺牛前，需要理清牛體的結構；
- 找到骨節的空隙至為關鍵；
- 若遇筋骨交錯聚結之處，需謹慎用刀。

如果我們將領域分析模型獲得的物件圖視為一頭牛，那麼聚合就是那把沒有厚度的刀，正是它確立了領域設計模型的自治單元。聚合內是高內聚的實體與值物件，聚合之間當保持鬆散耦合，聚合的邊界正如牛有空隙的骨節。只要邊界尋找合理，就能遊刃有餘。將庖丁解牛的技巧引入

領域設計建模，表現為：

■ 弄清楚物件圖的結構；

■ 尋找關係最薄弱處下刀，以無厚入有間；

■ 若依賴糾纏不清，當謹慎使用聚合。

物件圖就是界限上下文控制下的領域分析模型。一個好的領域分析模型整理好了各個領域物件之間的關係，領域物件也清晰地表現了所屬界限上下文的統一語言，但這些物件的定義都是從領域分析的角度考量的，重點在於業務知識的表達。要弄清楚物件圖的結構，需要結合領域模型的設計要素，辨別各個物件的類型到底是實體還是值物件。

位於同一個聚合邊界的實體與值物件必然是高內聚鬆散耦合的，因而可以根據類別關係耦合度的強弱對實體和值物件進行分配。類別之間的關係包括泛化、連結和依賴。它們的耦合度由強至松依次為：泛化、合成、聚合、連結、依賴，耦合度越強，放到同一個聚合的可能就越高。要正確地辨識聚合，就需要理清領域模型物件尤其是實體之間的關係，並保證類別關係的單一導覽方向。

關係強弱並非聚合設計的唯一標準，透過關係強弱確定了聚合邊界後，還需得運用聚合的設計原則對聚合的邊界做進一步推敲。

鑑於此，設計聚合的過程可描述為以下的過程。

■ 理順物件圖：弄清楚物件圖的結構，辨別類為實體還是值物件。

■ 分解關係薄弱處：理清實體之間的關係，保證類別關係的單一導覽方向，以關係強弱為界，以聚合邊界為刀，逐一分解。

■ 調整聚合邊界：怵然為戒，謹慎設計聚合，針對聚合邊界模糊的地方，運用聚合設計原則做進一步推導。

這一過程借鏡了庖丁解牛的技巧，也可稱為「聚合設計的庖丁解牛過程」。

16.2.1 理順物件圖

要理順物件圖,就需要分辨領域分析模型的領域類別究竟是實體還是值物件。

設計聚合時,值物件更容易被管理,當然也更容易被辨識歸屬。因為聚合只能以實體為根,說明值物件不具備獨立性,只能依附於實體類別。舉例來說,領域分析模型中員工與客戶的地址 address 屬性都被定義為一個相同的 Address 類型,物件模型[2] 如圖 16-8 所示。

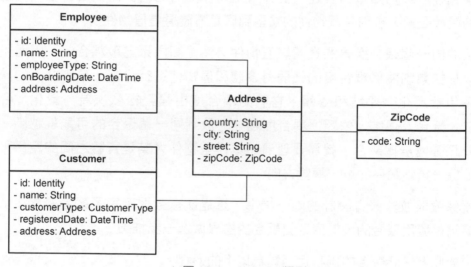

▲ 圖 16-8　Address 類別

到了領域設計模型,員工 Employee 與客戶 Customer 屬於兩個聚合,它們對 Address 類別的重複使用表示需要讓 Address 在兩個聚合中形成備份,故而需將 Address 以及 ZipCode 定義為值物件,如圖 16-9 所示。

2　諸如 Address 與 ZipCode 這樣的通用值物件,可能被多個聚合引用。為了避免重複定義,往往考慮將它們定義在一個共用核心界限上下文中,然後直接引用各自類的定義。從物件生命週期來看,這些值物件的生命週期與所屬聚合的生命週期保持一致。

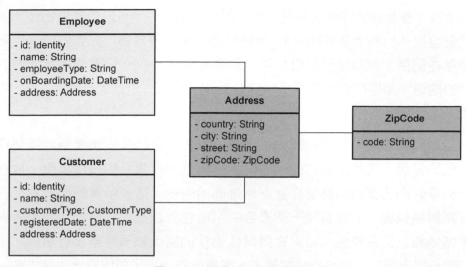

▲ 圖 16-9　辨識 Address 為值物件

以身份標示為唯一性判斷的實體不能透過複製形成備份。沒有備份，同一實體就不能同時存在於多個聚合，除非將該物理定義為兩個不同的實體[3]；沒有備份，就只能引用，但聚合設計的基本原則又不允許繞開聚合根直接引用內部實體。實體的這一特徵對聚合的辨識產生了約束，在理順物件圖的過程中，分辨領域分析模型的類別到底是實體還是值物件，就顯得極為重要了。

16.2.2　分解關係薄弱處

理順物件圖後，需要進一步明確類別之間的關係（即確定為泛化、連結或依賴關係，當然也可以是無關係）。其中，連結關係需要進一步確認為合成關係、聚合關係還是普通的連結關係。設計時，現實模型到物件圖的映射代表了不同的觀察角度：前者考慮概念之間的關係，後者考慮程式語言中類別的關係，實則就是指向物件的指標。

3　在不同的界限上下文中，將同一個領域概念分別定義為兩個不同的實體較為常見，表現了界限上下文的知識語境。

在明確了實體和值物件的基礎上確定類別的關係時，可以忽略值物件（前提是值物件的辨識是正確的）。值物件必須依附於實體，只要值物件與實體存在關係，就和該實體位於同一個聚合邊界。故而只需要確定實體之間的關係，即明確它們的關係究竟是泛化、連結（包括合成與聚合）、依賴，還是沒有關係。

一旦理順物件圖，即可將泛化、合成、聚合、連結與依賴視為判斷關係強弱的標示。既然聚合的邊界表現了高內聚鬆散耦合的設計思想，放在一個聚合內的實體與值物件就必然是高內聚的，這表示實體與值物件的依賴關係越強，被放到同一個聚合的可能性就越高，它們作為整體表現了領域概念的完整性；如果實體與值物件的關係較弱甚至沒有關係，則它們分屬不同聚合的可能性就越高，這種分離表現了領域概念的獨立性。

1. 泛化關係的處理

泛化關係無疑是強耦合關係，然而站在呼叫者角度觀察一個領域概念的繼承系統時，卻會因為不同的角度產生不同的設計。

- 整體角度：呼叫者並不關心特化的子類別之間的差異，而是將整個繼承系統視為一個整體。此時應以泛化的父類別作為聚合根。
- 獨立角度：呼叫者只關注具體的特化子類別，表現了概念的獨立性，而將泛化的父類別視為概念的抽象與程式的重複使用機制。此時應以特化的子類別作為獨立的聚合根。

由父類別擔任聚合根說明父類別表現了一個完整的領域概念，位於繼承系統中的子類別主要表現為行為的差異。整個繼承系統是一個不可拆分的整體，每個子類別都是實體，但它們的身份標識卻是共用的，即身份標識的唯一性由作為聚合根的父類別掌控（在實現 ORM 時，這一設計方式應採

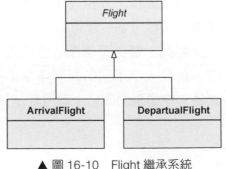

▲ 圖 16-10　Flight 繼承系統

用單表繼承）。舉例來說，班機計畫業務場景定義了圖 16-10 所示的班機繼承系統。

Flight 父類別代表了一個完整的班機，它的子類別共用了父類別定義的身份標識，子類別之間的差異除進出境標示有所不同之外，主要表現為入境、離境班機各自不同的領域行為。如果其他實體或值物件與整個繼承系統之間存在連結關係，就應該與繼承系統的 Flight 父類別建立連結，舉例來說，制訂班機計畫時，需要為班機指定航站樓與登機口，則 Stand 與 Gate 值物件應與 Flight 建立連結，如圖 16-11 所示。

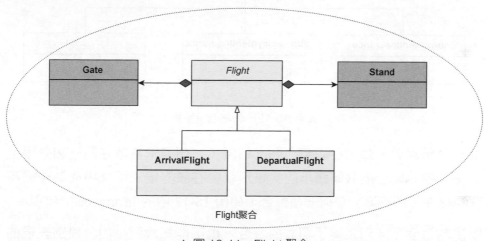

▲ 圖 16-11　Flight 聚合

如果一個繼承系統的子類別存在不同於父類別和其他子類別的特定屬性，說明該子類別具有了領域概念的獨立性，或，也可以認為一個子類別代表一個完整的領域概念。這時，就應該將繼承系統中的每個子類別都定義為一個單獨的聚合，使得它們可以獨立演化，彼此之間互不干擾，身份標識也不相同。之所以還需要建立繼承系統，只是為了重複使用父類別擁有的資料與方法，並表現了對領域概念的抽象，保留了應對領域概念變化的擴充性。

舉例來說，養老保險、失業保險、醫療保險、婦幼保險和傷殘保險組成了一個繼承系統，它們共同的父類別為 Insurance。作為該父類別的子類

別，它們的屬性與業務存在一定的差異，例如養老保險的編號為社保號
（social security number），其餘保險的標誌則為身份號碼（ID number），
每種保險的投保方式也有所不同，可以認為它們表現了不同的保險概
念，具有自身的完整性和獨立性，彼此之間也不存在不變數約束和一致
性要求。因此，應為子類別定義各自獨立的聚合，如圖 16-12 所示。

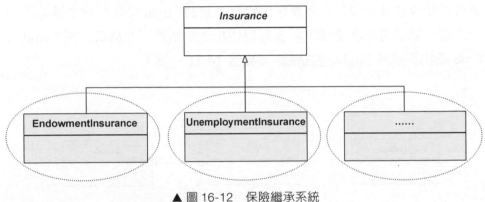

▲ 圖 16-12　保險繼承系統

由於父類別與子類別在語義上高度相關，它們通常會放在同一個界限上
下文。各個聚合根共同繼承的父類別就會在該界限上下文中成為一個特
殊的存在，即不屬於任何一個聚合，如圖 16-12 中的 Insurance 父類別。

即使為每個子類別定義了獨立的聚合，也不能抹殺泛化的父類別表現的
通用領域概念。考慮重複使用和多形的設計因素，繼承系統中的通用屬
性與共同行為應該分配給父類別。舉例來說，養老保險、失業保險等保
險具有完全相同的屬性，如週期、區域、支付類型等，它們都可以作為
組合屬性而被定義為值物件。這些值物件應該分配給 Insurance 父類別，
如圖 16-13 所示。

雖然 Insurance 父類別並非聚合，但可以認為是各個聚合根實體的抽象。
借用類別繼承的概念，若將聚合視為一個不可分的整體，就可以為聚合
也引入泛化關係，形成子聚合泛化的父聚合，如圖 16-14 所示。

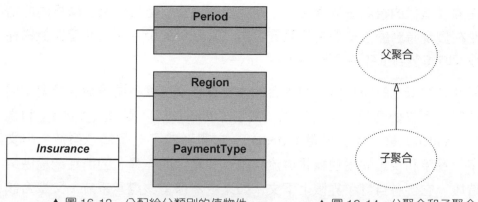

▲ 圖 16-13 分配給父類別的值物件　　　　▲ 圖 16-14 父聚合和子聚合

若父聚合的根實體為抽象類別，還可將其稱為抽象聚合。在引入子聚合與父聚合概念之後，保險繼承系統的領域設計模型可表示為如圖 16-15 所示的樣子。

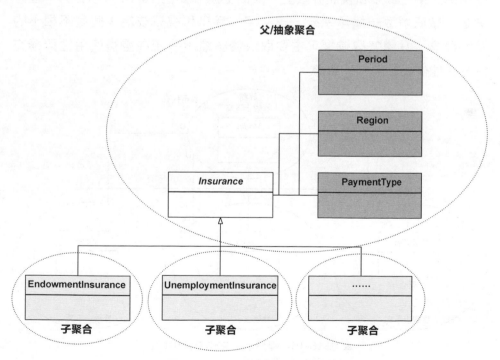

▲ 圖 16-15 父／抽象聚合與子聚合

在閱讀這樣的領域設計模型時，需要明確感知：處於父聚合邊界內的物件在實現時應納入子聚合的範圍之內，就好似父聚合中的實體與值物件被同時複製到了各個子聚合中。

根據領域概念的演化特性和耦合的強弱，也不排除不同子類別分屬不同界限上下文的情況。舉例來説，文字（PlainText）、聲頻（Audio）和視訊（Video）都「是」媒體（Media）。它們形成了一個繼承系統，但文字、聲頻和視訊的處理邏輯與流程都存在極大的差異。因而在架構映射階段，它們各自訂了界限上下文。如果依然保留該繼承系統，父聚合該身歸何處？

一種方法是，運用上下文映射中的共用核心模式，把這些媒體共用的領域概念、領域邏輯放到一個共用核心中，形成一個單獨的媒體上下文，並作為文字、聲頻和視訊界限上下文的上游，如圖 16-16 所示。另一種方法是，徹底解散該繼承系統，讓文字、音訊和視訊成為 3 個毫不相干的領域概念。具體怎麼選擇，主要取決於該繼承系統在重複使用性與擴充性方面能做出什麼樣的貢獻。

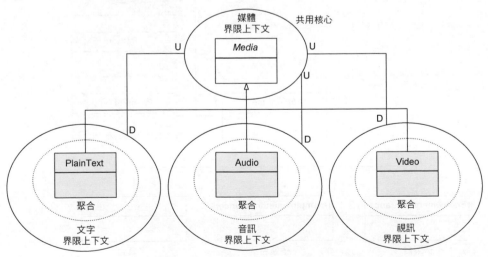

▲ 圖 16-16　媒體上下文作為共用核心

領域驅動設計必須考慮界限上下文與聚合的邊界，這些邊界的分離實際上牽涉到通訊機制、持久化等技術因數，與理想的物件設計具有基本的

差異。不要埋怨這些設計上的約束，這恰恰是領域驅動設計的高明之處。在領域建模階段，雖然是領域邏輯推動著建模的過程，但背後隱含地考量了技術的實現因素。它被藏了起來，卻時刻刻產生著影響力。

在定義繼承系統時，需要注意對「是」（is）關係的判斷。真實世界的概念是另一個概念的子概念，並不表示這兩個概念必然存在繼承關係。例如開發人員是員工，測試人員也是員工，業務分析師、架構師都是員工，是否表示可以定義圖 16-17 所示的繼承系統呢？

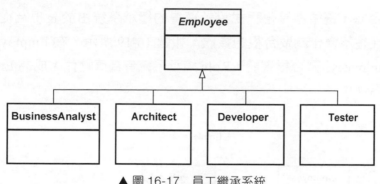

▲ 圖 16-17　員工繼承系統

設計繼承時，需要遵循差異化程式設計（programming by difference）的原則，即根據差異而非類型的值去建立繼承系統。代表該類型特徵的主屬性往往是共通性的，差異在於從屬性的變化。在設計員工的繼承系統時，雖然業務分析師、架構師、開發人員和測試人員與員工概念間都為「是」的關係，但就員工這一類型而言，開發人員與測試人員並無差異，差異表現在員工角色的不同。針對差異建立繼承，就能獲得圖 16-18 所示的類別關係。

比較圖 16-17 和圖 16-18 兩個繼承系統。前者根據「是」關係確定繼承系統，後者遵循「差異化程式設計」，將存在差異的 Role 分離出去。圖 16-18 對泛化關係的處理也遵循了合成 / 聚合重複使用原則 [31]，即在重複使用邏輯時優先考慮物件導向的合成 / 聚合關係：是 Employee 合成了 Role，而非將 Employee 作為整體建立繼承系統。

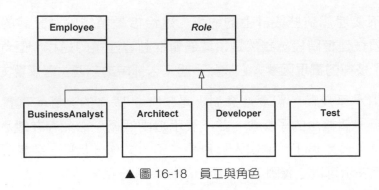

▲ 圖 16-18　員工與角色

引入聚合時，遵循差異化程式設計獲得的繼承系統由於表現為從屬性的差異，往往不會作為聚合根的實體。如圖 16-19 所示，在 Employee 聚合中，Employee 是聚合根實體，Role 繼承系統皆為值物件，成為 Employee 實體的屬性。

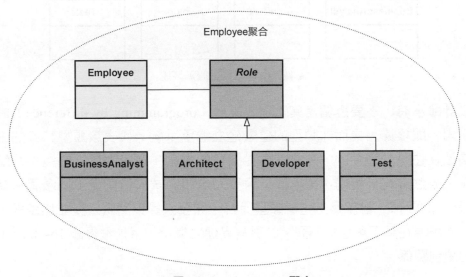

▲ 圖 16-19　Employee 聚合

如此設計避免了繼承系統定義的類別因為多形而對聚合提出複雜的要求。

2. 連結關係的處理

如果兩個實體類別之間存在連結關係，那麼這個關係只要不是合成或聚合關係，都是鬆散耦合關係，應劃分到不同的聚合邊界。

將實體類別的合成關係了解為類別實例之間的「物理包容」，表示存在合成關係的類別，其實例的生命週期保持一致，它們之間的關係也是強耦合的。應優先考慮將它們放在一個聚合邊界。

實體類別的聚合關係經常被與聚合角色構造型混為一談。在第 15 章，我已分辨了二者之間的差異，並為避免混淆，分別將其稱為 OO 聚合與 DDD 聚合。OO 聚合 [4] 的關係要弱於合成關係，表現了兩個類別實例之間的「邏輯包容」。這種邏輯包容表現了概念上的包含關係，卻沒有約束兩個實體類別的生命週期。考慮到 DDD 聚合對概念完整性的要求以及資源庫對 DDD 聚合生命週期的管理，可優先考慮將兩個存在 OO 聚合關係的實體放入不同的聚合邊界。

考慮一個報表中繼資料管理的業務功能。報表的中繼資料包括報表類別、報表和查詢準則。報表類別 ReportCategory 是報表 Report 的分類，每個報表至少有一個報表類別，但二者的生命週期並不一致，例如刪除一個報表類別，並不會刪除對應的報表，故而報表類別與報表之間僅為邏輯包容，形成了 OO 聚合關係。查詢準則 QueryCondition 是使用者為報表設定的查詢準則，用於篩選顯示在報表中的值（使用者在查看報表內容時，可以選擇符號合分析場景的查詢準則），無法脫離報表而單獨存在，與報表之間屬於 OO 合成關係。三者的關係如圖 16-20 所示。

▲ 圖 16-20　報表的類別圖

4　將 DDD 中的 aggregate 翻譯為聚集是否更好一些？一來它表現了將多個領域概念聚集在一個邊界的含義，二來如此也可以區別 OO 的聚合概念。鑒於社區已經廣泛使用了「聚合」這個詞語，我不打算另起爐灶，但確實可以做此嘗試。

整理了物件關係後，根據合成與 OO 聚合的強弱關係，可獲得圖 16-21 所示的聚合設計。

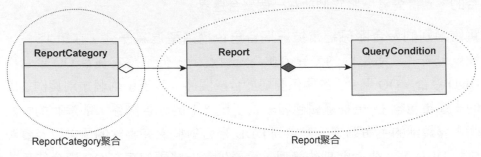

▲ 圖 16-21　報表的領域設計模型

ReportCategory 聚合與 Report 聚合具有不同的生命週期，而在 Report 聚合中，Report 實體與 QueryCondition 實體在概念上足夠完整。只要獲得了封裝在 Report 實體類別的中繼資料以及相關的查詢準則 QueryCondition，就能生成一個完整的報表。

3. 依賴關係的處理

兩個實體類別之間的依賴表現為職責的協作，包括職責的委派與聚合的創建。這說明兩個實體並不存在主／從關係，也不存在整體／部分關係，耦合的強度較之普通的連結關係更弱，可劃分到不同的聚合邊界。

4. 結論

透過對泛化、連結和依賴關係的分析，得出以下結論。

■ 若繼承系統為一個整體的概念，且子類別沒有各自特殊的屬性，考慮將整個繼承系統放入同一個聚合。不然為各個子類別定義單獨的聚合。

■ 優先考慮將具有合成關係的實體放在同一個聚合，除此之外，存在其他關係的實體都應考慮放在不同的聚合。

根據關係的強弱，我列出了耦合度的量化指標，按照關係強弱列出分值由高到低排列，如表 16-1 所示。

表 16-1　關係耦合度分值與聚合邊界

關係	耦合度分值	是否屬於一個聚合
泛化	5	是
合成	4	是
聚合	3	否，除非有充分的合併理由 [5]
連結	2	否
依賴	1	否
無	0	否

在本階段對關係薄弱處的分解，要做到快刀斬亂麻，如表 16-1 所示，以耦合度分值 3 為分界線，快速確定聚合的邊界。上述結論雖非嚴謹的設計原則，卻提供了簡單的劃分依據，可以讓設計者無須遵循太多的設計原則，也無須設計經驗，只要確定了實體之間的關係，就可依樣畫葫蘆。至於聚合邊界是否劃分合理的判定，可以留給設計過程的最後一個階段：調整聚合邊界。

16.2.3　調整聚合邊界

調整聚合邊界是一個細緻功夫。凡是對聚合邊界的劃分存有疑惑之處，都應該遵循聚合設計原則作進一步推導。聚合設計原則依次為：完整性、獨立性、不變數和一致性。

在選擇聚合設計原則推導聚合邊界時，首先考慮領域概念的完整性。完整性與合成關係相得益彰。畢竟，物理包容的關係就表示不可分割。在已經初步確定了聚合邊界的基礎上，可以進一步針對辨識出來的聚合進行完整性判斷，避免缺少必備的領域概念。

完整性表現了「合」的概念，傾向於將多個實體和值物件放在一個聚合邊界內。雖然許多領域驅動設計的實踐者都建議「設計小聚合」，然而

---

[5]　優先考慮將具有 OO 聚合關係的類放到不同聚合。這遵循了「設計小聚合」原則。

權衡聚合邊界的約束性與物件引用協作的簡便性，只要你對聚合邊界的設計充滿信心，保證聚合的粒度是合理的，就不用擔心聚合被設計得太大。合理的聚合邊界設計要優於盲目地追求聚合的細粒度。

完整性遇見獨立性時，通常需要為獨立性讓路。一個概念獨立的領域模型物件，必然具備單獨的生命週期，這使得它成為單獨聚合的可能性較高。當聚合邊界存在模糊之處時，小聚合顯然要優於大聚合，概念獨立性就成為非常有價值的參考。一個聚合既維護了概念的完整性，又保證了概念的獨立性，它的粒度就是合理的。

透過完整性與獨立性判別了聚合邊界之後，應從不變數著手，進一步夯實聚合的設計。不變數可以提煉自業務規則，如使用者故事的驗收標準，檢查業務規則是否符合資料變化、一致、內部關係這 3 個特徵，並由此來確定不變數。

一致性是一種特殊的不變數。可以從資料一致性的角度檢查聚合邊界的合理性。資料一致性特別是強一致性的要求，往往表示強耦合度。如果跨聚合之間出現了資料一致性，可以再次確認是否有必要合併它們。反過來，若聚合內的實體與聚合根實體不具備強一致性，也可以考慮將它移出聚合。

在遵循聚合設計原則對聚合邊界進行調整時，完整性、獨立性、不變數和一致性這 4 個原則發揮的其實是一種合力。只有透過對多個原則的綜合判斷，才能讓聚合邊界變得越來越合理。當這 4 個原則出現矛盾衝突時，自然也有輕重緩急之分。整體來看，獨立性表現了「分」的態勢，完整性與不變數則表達了「合」的訴求。唯有一致性並無分與合的傾向性，但它在技術實現上卻與交易的一致性有關，需要在小聚合與大聚合之間權衡交易控制的成本與一致性帶來的收益。

以分配 Sprint Backlog 為例。考慮到一個 Sprint Backlog 只能分配給一個團隊成員，這一規則牽涉到 SprintBacklog 類別與 TeamMember 類別之間的關係，屬於不變數，似乎應該放在同一個聚合中，但團隊成員又具有

概念的獨立性。顯然，不變數與獨立性之間存在衝突，該遵循哪一個原則呢？我的建議是優先考慮獨立性，一方面，獨立性對生命週期管理提出了不同的要求，另一方面，這樣也考慮了小聚合的優勢。此外，如果我們將二者的不變數視為 SprintBacklog 與 TeamMemberId 之間的約束，將 TeamMember 分離出去就沒有任何障礙了。由此獲得的聚合如圖 16-22 所示。

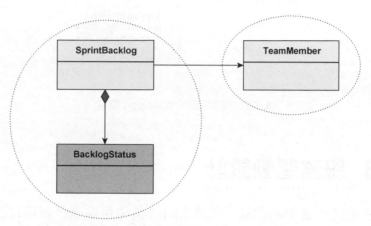

▲ 圖 16-22　SpringBacklog 和 TeamMember

在分配 Sprint Backlog 時，要求每次都需要保存對 Sprint Backlog 的分配，以便於查詢，於是獲得了 SprintBacklogAssignment 類別，用於記錄分配記錄。SprintBacklogAssignment 與 SprintBacklog 具有交易一致性，必須同時成功同時失敗。本來，圖 16-22 所示的 SprintBacklog 聚合已經具備了概念完整性[6]，但根據交易一致性的要求，需要在該聚合邊界中再增加一個 SprintBacklogAssignment 實體，如圖 16-23 所示。

聚合無論大小，終究還是要正確才合理。聚合設計過程的最後一個階段正是要借助聚合設計原則，逐步地校正聚合的邊界，使我們能夠獲得正確的聚合，提高領域設計模型的品質。

6　簡便起見，這裡定義的 SprintBacklog 聚合並沒有舉出所有領域概念，這裡假設該聚合表現的概念是完整的。

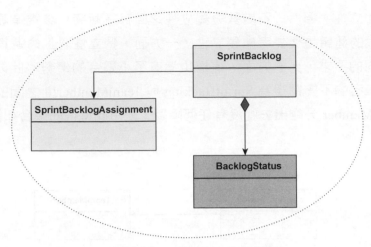

▲ 圖 16-23　SprintBacklog 聚合

16.3　服務驅動設計

聚合是領域設計建模的關鍵，領域層的諸多角色構造型都可以圍繞聚合來獲得。舉例來說，在確定聚合之後，即可確定資源庫以及工廠，領域服務與應用服務甚至針對資源的遠端服務也可根據聚合的定義而推演獲得。

領域設計建模要求優先將領域邏輯分配給聚合，只有聚合無法承擔的領域邏輯才會分配給領域服務。在確定業務服務各個角色構造型之間的協作時，可不考慮聚合內部各個物件之間的協作，而留待領域實現建模時透過測試使用案例驅動出來。

辨識聚合之後，領域分析模型就成為以聚合為基本設計單元的領域設計模型。此時的領域設計模型僅表現了各個領域物件之間的靜態關係，要滿足客戶呼叫的要求，還需要了解多個角色構造型之間動態的行為協作，讓它們各自履行職責共同完成一個具有服務價值的業務功能，以滿足客戶的服務請求。設計的方法就是以業務服務和角色構造型確定為基礎的服務驅動設計（service-driven design）。

16.3.1 業務服務

業務服務是全域分析階段對業務場景進行分解獲得的獨立的業務行為。在問題空間,它是需求分析角度的產出;在解空間,它是軟體設計角度的輸入。它提供的服務價值就是服務契約對外公開的 API,如此就拉近了需求分析與軟體設計的距離,甚至可以說打通了需求分析與軟體設計的鴻溝。當業務分析人員對業務服務展開深入而詳盡的需求分析時,細化了的業務服務既可作為領域分析建模的輸入,又是服務驅動設計的起點。

由於業務服務是一次完整的功能互動,參與到業務服務的協作物件涵蓋了前面所述的所有角色構造型,而不僅限於領域模型物件。一旦完成了服務驅動設計,就等於完成了對整個業務服務的設計整理。

16.3.2 業務服務的層次

不同角色構造型參與到業務服務時,會履行各自的職責進行協作。角色構造型履行的職責具有層次,由外至內分為服務價值、業務功能和功能實現。

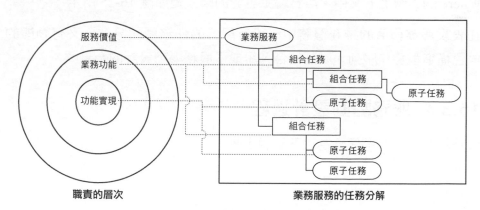

▲ 圖 16-24 職責的層次與任務分解

服務價值表現了業務服務要滿足的服務請求。為實現該服務價值,業務服務被分解為多個任務,這些任務就是支撐服務價值的業務功能。當任務不需再分時,則對應具體的功能實現。不需再分的任務稱為原子任

務，位於原子任務之上的任務稱為組合任務。圖 16-24 展示了職責層次與業務服務任務分解之間的映射關係。

無論是職責的層次，還是業務服務的任務層次，皆非固定的三層結構。對業務功能而言，只要還沒到具體功能實現的層次，就可繼續分解，組合任務同樣如此。設計者需要把握任務的粒度，對業務服務進行合理的任務分解。

16.3.3　服務驅動設計方法

服務驅動設計將業務服務作為設計的起點，同時也將其作為設計決策需要考慮的業務背景。業務服務來自問題空間的全域分析，與具體的領域邏輯有關，使得它的設計驅動力與領域驅動設計的精神一脈相承。同時，它又借鏡了職責驅動設計，結合角色、職責和協作三要素共同表達了業務服務的 6W 模型：職責層次中的服務價值、業務功能與功能實現分別表現了 Why、What 與 hoW，物件的角色構造型表現了 Who，它們之間的協作表現出的操作序列表現了 When，物件之間的協作發生在表現 Where 的界限上下文中。服務驅動設計的全景圖如圖 16-25 所示。

在表現服務價值的業務服務中，既有靜態的任務層次分解，又有動態的角色構造型協作序列。動靜結合，組成了服務驅動設計的全景圖。

16.3.4　服務驅動設計過程

服務驅動設計的過程分為以下兩個步驟[7]。

7　嚴格說來，服務驅動設計從辨識界限上下文開始：以業務服務為起點，根據業務相關性確定界限上下文，透過服務序列圖設計服務契約，利用快速建模法對業務服務進行分析，建立領域分析模型，在辨識出聚合後，對業務服務進行任務分解，獲得序列圖指令稿，以此作為領域實現建模的輸入。這裡提到的服務驅動設計實際上是它在領域設計建模階段的內容。

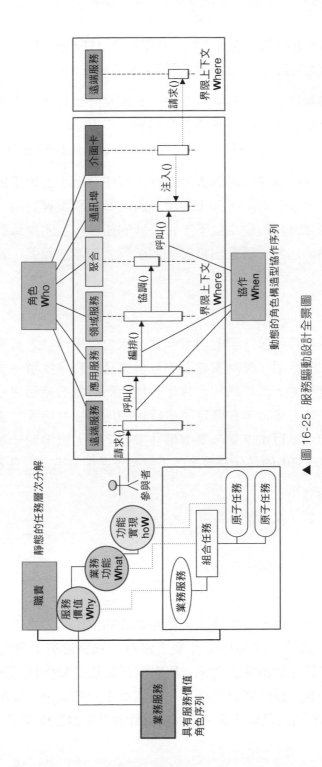

▲ 圖 16-25　服務驅動設計全景圖

（1）分解任務：根據職責的層次對業務服務進行任務分解。

（2）分配職責：為角色構造型分配不同層次的職責。

在進行服務驅動設計時，領域特性團隊的業務分析人員已經開始細化問題空間的業務服務，獲得了業務服務歸約。表現了統一語言的業務服務歸約既是領域分析建模的基礎，又是領域設計建模服務驅動設計的起點。

服務驅動設計在整個領域驅動設計統一過程中有著承上啟下的作用：承上，它繼承了全域分析階段輸出的業務服務和業務服務歸約、領域分析建模輸出的領域分析模型；啟下，它分解的任務作為測試驅動開發辨識測試使用案例的起點，驅動出具體的測試程式與產品程式，建立領域實現模型。

1. 分解任務

分解任務的過程符合設計者的思維模式。這也正是開發人員更容易撰寫出程序式程式的原因。設計者在面對一個業務服務尋找解決方案時，思考的往往不是物件，而是過程。這是一種自然而然的邏輯思維過程：假設我們計畫去遠方旅行，在確定了旅行目的地和旅行時間之後，我們充滿期待地為這次旅行做準備。要準備什麼呢？閉上眼睛想一想，再想一想，浮現在你腦海中的是什麼呢？是否就是一系列待完成的任務：

- 確定旅行路線；
- 確定交通工具，例如乘坐飛機，於是——
  - 購買機票；
  - 查詢酒店資訊並預訂酒店；
  - ……

這個思維過程有物件的出現嗎？有物件之間的協作嗎？是否會想到一些物件做什麼，另外一些物件做什麼？沒有，統統沒有！思考這些問題時，是我們自己在列出解決方案。所有的任務都是我們自己去執行。針對要解決的問題，設計者自己成了一個無所不知的類別。潛意識中，分解出來的任務都由自己來完成。這就是設計者慣常的思維模式。

如果將業務服務視為待解決的問題，任務分解就是將問題分解為許多子問題，並將這些子問題當作一個個獨立的過程（procedure）。在過程層次，說明的是它做什麼（What），而非怎麼做（hoW）。Harold Abelson 等人將這種方式稱為「過程抽象」[58]17，即將過程作為黑箱抽象，當一個過程（或任務）被當作一個黑箱時，我們就無須關注這個過程是如何解決的。例如將驗證訂單的過程當作黑箱，就不用考慮訂單是怎麼驗證的。這種思維方式實際上也是一種知識的層層推進，隨著層次的逐步推進，曝露在外的知識就越來越多。如此分解，就能有層次感地表現各級任務。

任務可以分解為多個層次，不管位於哪一層，分解出來的任務在它所屬的層次，都是在說明做什麼（What）。因此，在描述任務時，要用簡短的動詞子句，避免描述太多的實現細節。分解的每一個任務都沒有主語，這正是程序式設計與物件導向設計的「分水嶺」。如果選擇同一個類別作為執行所有任務的「主語」，業務服務的每個任務就會組成交易指令稿。如果將每個任務都視為一種職責，需要合適的物件來履行職責，就會形成多個角色構造型之間的協作，滿足領域設計建模的設計要求。

同一層次的任務必須位於同一個抽象層次；下降到子任務的層次，每個子任務又作為一個獨立的問題。繼續分解，直到該問題已能獨立解決，成為不需再分的原子任務為止。

什麼才是不需再分的原子任務呢？需要結合領域驅動設計與角色構造型的特徵解釋。在領域設計建模活動中，聚合是基本的設計單元，聚合內部的實體與值物件履行的職責屬於實現的內部細節，可不用考慮。同時，作為角色構造型的聚合屬於資訊持有者，能夠完成與它擁有的資訊直接相關的領域行為。這表示一個任務若能被一個聚合物件單獨完成，即可認為是一個原子任務。作為角色構造型的通訊埠定義了存取外部資源的介面，對呼叫它的領域服務來說，並不關心該介面內部的具體實現，因此通訊埠履行的職責也可認為是一個原子任務。

在確定聚合能夠完成的原子任務時，要考慮聚合的生命週期。舉例來說，要更新聚合的狀態，需要先透過資源庫獲得（重建）該聚合，然後

執行聚合的方法，最後將該變更持久化到資料庫。這就需要拆分為 3 個原子任務，因為重建操作和持久化操作都是資源庫通訊埠履行的職責。

不需再分的任務為原子任務，包含了原子任務的任務就是組合任務。整個業務服務可分解為以業務服務為根、組合任務為枝、原子任務為葉的任務樹，如圖 16-26 所示。

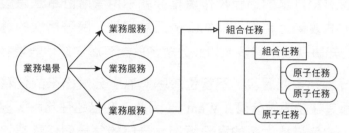

▲ 圖 16-26　由組合任務和原子任務組成的任務樹

分解任務的基礎是業務服務歸約。一種有效的任務分解方法是針對業務服務歸約的基本流程，以動詞子句形式列出，作為基礎任務。針對所有基礎任務，以歸納法將具有相同目標的基礎任務由下而上歸納為組合任務，再以分解法判斷基礎任務是否原子任務，如果不是，就從上往下進行拆分，直到原子任務為止。以第 14 章列出的提交訂單業務服務為例，它的基本流程為：

（1）驗證訂單有效性
（2）驗證訂單所購商品是否缺貨
（3）插入訂單
（4）從購物車中移除所購商品
（5）通知買家訂單已提交

分解任務時，將它們照搬過來，以動詞子句的形式表達：

■ 提交訂單（業務服務）
　• 驗證訂單有效性
　• 驗證庫存
　• 插入訂單

- 更新購物車
- 通知買家

這些任務處於同一個層次，需要向上歸納和向下分解。顯然，驗證訂單有效性和驗證庫存具有相同的目標，就是驗證訂單，可以歸納為一個組合任務：

- 提交訂單（業務服務）
  - 驗證訂單
    - 驗證訂單有效性
    - 驗證庫存
  - 插入訂單
  - 移除購物車已購項
  - 通知買家

判斷基礎任務是否原子任務。對於驗證訂單有效性任務，訂單聚合擁有驗證自身有效性的資訊，包括對訂單項、配貨地址等值的驗證，可確定為原子任務；對於驗證庫存，需要透過用戶端通訊埠發起對庫存上下文北向閘道的呼叫，應認為是原子任務。插入訂單和通知買家任務都需要存取外部資源，故而可辨識為原子任務。更新購物車任務表面看來可以由購物車聚合自行完成，但執行的是生命週期管理的更新操作，需要分解為 3 個原子任務：

- 提交訂單（業務服務）
  - 驗證訂單
    - 驗證訂單有效性
    - 驗證庫存
  - 插入訂單
  - 更新購物車
    - 獲取購物車
    - 移除已購項
    - 保存購物車
  - 通知買家

從上往下的分解和由下而上的歸納可以交換運用，直到分解的任務層次變得合理。在進行以上任務分解後，可發現驗證訂單、插入訂單、更新購物車這 3 個平行的任務雖然是正交的，但它們共同組合起來，目標就是提交訂單。因此，可以將它們歸納為一個組合任務：

- 提交訂單（業務服務）
  - 提交訂單（組合任務）
    - 驗證訂單（組合任務）
      - 驗證訂單有效性（原子任務）
      - 驗證庫存（原子任務）
    - 插入訂單（原子任務）
    - 更新購物車（組合任務）
      - 獲取購物車（原子任務）
      - 移除已購項（原子任務）
      - 保存購物車（原子任務）
    - 通知買家（原子任務）

任務分解是服務驅動設計的核心，直接決定了領域設計模型的設計品質。只要把握任務應描述問題而非解決方案的設計原則，就能避免設計人員在設計建模階段沉醉於太多的實現細節。在分辨原子任務時，將存取外部資源的行為作為原子任務的其中一個判斷標準，也能保證設計的領域模型不受技術實現的影響，避免了業務複雜度與技術複雜度的交換混合。

執行任務分解時，還需考慮對職責層次的判斷。層次的劃分不同，可能影響物件協作的順序、粒度和頻率。在第 10 章，我談到任務分解對確定上下文映射的影響，提出遵循「最小知識法則」來評判分解過程的合理性。在進行服務驅動設計時，該原則同樣有效。

任務分解的過程並不能一蹴而就。在進行職責分配時，若存在職責分配不當，也可反思任務分解是否合理。由於任務分解還停留在字面上，修改的成本非常低。

2. 分配職責

職責的分配有賴於角色構造型。角色構造型與任務分解的層次可以有以下映射。

- 遠端服務：符合業務服務，回應角色的服務請求。
- 應用服務：符合業務服務，提供滿足服務價值的服務介面。
- 領域服務：符合組合任務，執產業務功能，若原子任務為無狀態行為或獨立變化的行為，也可以符合領域服務。
- 聚合：符合原子任務，提供業務功能的業務實現。
- 通訊埠：符合原子任務，抽象對外部資源的存取，主要的通訊埠包括資源庫通訊埠、用戶端通訊埠和發行者通訊埠。

一個業務服務往往由外部的角色觸發。不管是使用者、策略還是衍生系統，都必然位於界限上下文的邊界之外，甚至位於處理程序邊界之外，根據菱形對稱架構的要求，需由北向閘道的遠端服務回應跨處理程序的分散式呼叫。一個業務服務以遠端服務為起點，說明了它的完整性，也滿足了連續的、不可中斷的執行序列特徵。

應用服務自身並不包含任何領域邏輯，僅負責協調領域模型物件，透過它們的領域能力組合完成一個完整的應用目標。這一應用目標恰好符合業務服務表現出來的服務價值，在參與整個業務服務的角色構造型中，它有著連接內外的作用，對外曝露了滿足服務價值的服務契約，對內完成對領域服務和聚合的協調。

領域服務與聚合、通訊埠分別映射組合任務與原子任務。原子任務的評判標準本就以聚合為基礎的能力和通訊埠的抽象特徵，自然應該由它們來履行原子任務對應的領域行為。除了表現無狀態或獨立變化的領域行為，領域服務的主要目的就是控制多個聚合與通訊埠之間的協作，由它來承擔組合任務的執行，自然也是合情合理。因此，服務驅動設計到了分配職責的階段，就演變成了一個固化的流程，如圖 16-27 所示。

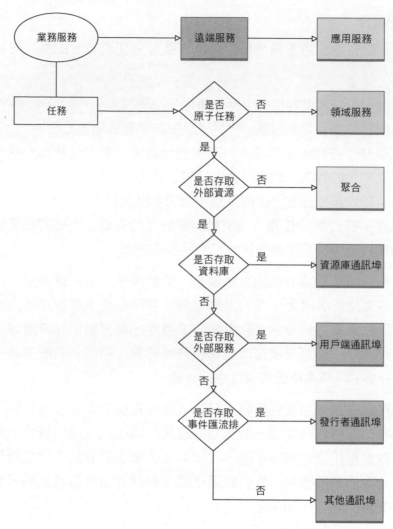

▲ 圖 16-27　職責分配的流程

採用服務驅動設計進行職責分配，可在一定程度保證職責分配的合理
性，避免設計出履行太多職責的類別，也能避免出現不恰當的貧血領域
模型。組合任務作為當前抽象層次的子問題被不斷分解，避免了出現巨
無霸似的問題，映射組合任務的領域服務自然就不會出現無所不包的領
域行為了；組成組合任務的原子任務又會被優先分配給聚合，使得聚合
根實體成為擁有豐富領域行為的領域模型物件。

分配職責時，各種角色構造型的名稱可參考以下命名規則。

- 遠端服務以服務類型作為類別名的尾碼：控制器服務的尾碼為 Controller，資源服務的尾碼為 Resource，提供者服務的尾碼為 Provider，訂閱者的尾碼為 Subscriber；舉例來說，提交訂單業務服務的遠端服務名為 OrderController。
- 應用服務以 AppService 作為類別名的尾碼，通常將它主要操作的聚合名組成服務名稱；舉例來說，提交訂單業務服務的應用服務主要操作 Order 聚合，命名為 OrderAppService。
- 業務服務以動詞子句格式描述的服務價值作為遠端服務和應用服務方法名稱的參考；舉例來說，提交訂單的描述轉為方法名稱 placeOrder()。
- 將組合任務的動作名詞化，可為領域服務名稱的候選，或以聚合名詞加 Service 尾碼命名，如果領域服務操作了多個聚合，則選擇主要的聚合名詞；舉例來說，提交訂單領域服務可命名為 PlacingOrderService 或 OrderService[8]。
- 資源庫通訊埠的名稱與聚合對應，並以 Repository 為尾碼；舉例來說，操作 Order 聚合的資源庫通訊埠命名為 OrderRepository。
- 用戶端通訊埠的名稱以 Client 為尾碼；舉例來說，檢查庫存原子任務的用戶端通訊埠命名為 InventoryCheckingClient。

分配職責的過程是多個角色構造型在一定序列下進行協作的過程，因此可考慮引入序列圖將彼此間的協作關係進行視覺化。序列圖直觀地表現了設計品質，確保物件之間的職責是合理分治的。一些設計「壞味道」可以清晰地在序列圖中呈現出來，如圖 16-28 所示。

---

8   OrderService 的命名違背了第 15 章 Mat Wall 與 Nik Silver 提出的領域服務命名格式要求。領域服務命名的目的是避免貧血領域模型。但是，若能按照服務驅動設計的過程進行設計，則不會出現貧血領域模型，也不會把所有領域邏輯都往領域服務塞，因而可以使用聚合名詞加 Service 的格式為領域服務命名。

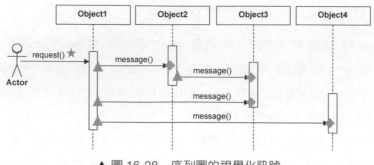

▲ 圖 16-28　序列圖的視覺化訊號

圖 16-28 列出了序列圖的視覺化訊號，表達了可能存在的壞味道。

- 五角星表示對一個業務服務而言，對外提供給角色的方法，應該只有一個。若存在多個五角星，說明對外的封裝不夠徹底，可能違背「最小知識法則」。業務服務的封裝由遠端服務和應用服務來表現。

- 三角形：表示一個物件發起對另一個物件的呼叫。如果一個物件的生命線上出現過多的三角形，不是說明該物件承擔了控制或協調角色，就是說明物件的職責層次不夠合理。若遠端服務或應用服務存在此壞味道，說明它呼叫了多個領域服務，可能造成領域邏輯的洩露。

- 菱形：表示一個物件履行的職責。如果一個物件的生命線上出現過多的菱形，說明該物件履行了太多職責，可能違背「單一職責原則」。

物件協作的要點在於平衡，相比程式而言，序列圖可以更直觀地呈現協作關係的平衡度。它表現了從左到右訊息傳遞的動態過程，也要比靜態的領域設計模型更能讓設計者發現可能缺失的領域物件。序列圖中每個物件的呼叫序列非常嚴謹，只要訊息的傳遞出現了斷層，呼叫序列就無法繼續往下執行，就能啟發我們去尋找這個缺失的領域模型物件。

除了視覺化的方式，亦可採用開發人員喜歡的程式形式展現序列圖，我將這種形式稱為虛擬程式碼形式的序列圖指令稿。以提交訂單業務服務為例，它屬於訂單上下文，進行服務驅動設計時，應以訂單上下文為主。遵循職責分配的要求，撰寫的序列圖指令稿如下：

```
OrderController.placeOrder(placingOrderRequest) {  // 業務服務對應遠端服務
    OrderAppService.placeOrder(placingOrderRequest) {
```

```
// 應用服務的方法區塊現服務價值
   OrderService.placeOrder(order) {
   // 領域服務對應組合任務，避免領域邏輯洩露到應用服務
      OrderService.validate(order) {          // 領域服務對應組合任務
         Order.validate();                    // 聚合承擔原子任務
         InventoryCheckingClient.check(order);
          // 用戶端通訊埠指向庫存上下文的邊界服務
      }
      OrderRepository.save(order); // 資源庫通訊埠操作訂單資料表
      ShoppingCartService.removeItems(customerId,cartItems) {
       // 領域服務對應組合任務
         ShoppingCartRepository.cartOf(customerId);
          // 資源庫通訊埠操作購物車資料表
         ShoppingCart.removeItems(cartItems);   // 聚合承擔原子任務
         ShoppingCartRepository.save(shoppingCart);
          // 資源庫通訊埠操作購物車資料表
      }
   }
   NotificationClient.notify(order); // 用戶端通訊埠指向通知上下文的邊界服務
   }
}
```

透過指令稿形式表現序列圖的好處在於修改便利，隨時可以調整類別名與方法簽名。指令稿語法接近 Java 等開發語言，透過大括號可以直觀表現類別的層次關係，這種層次關係恰好與任務分解的層次相對應。一旦為業務服務分解了任務，就可以按照服務驅動設計中分配職責的過程，依次將業務服務、組合任務和原子任務映射到對應的角色構造型，撰寫序列圖指令稿。

ZenUML 工具 [9] 能夠自動將指令稿轉為序列圖，還允許設定各種角色構造型的顏色，如此即可方便地以視覺化圖形展現角色構造型的協作序列，圖 16-29 就是轉換上述指令稿獲得的序列圖。

9　ZenUML 專案（參見 ZenUML 官網）的開發者是肖鵬。他曾經擔任 ThoughtWorks 中國區持續交付 Practice Lead，也是我在 ThoughtWorks 任職時的 Buddy 與 Sponsor，目前在墨爾本一家諮詢公司任架構師，業餘時間負責 ZenUML 的開發。ZenUML 除了提供 Web 版本，還提供了 Chrome、Confluence 和 IntelliJ IDEA 的外掛程式。

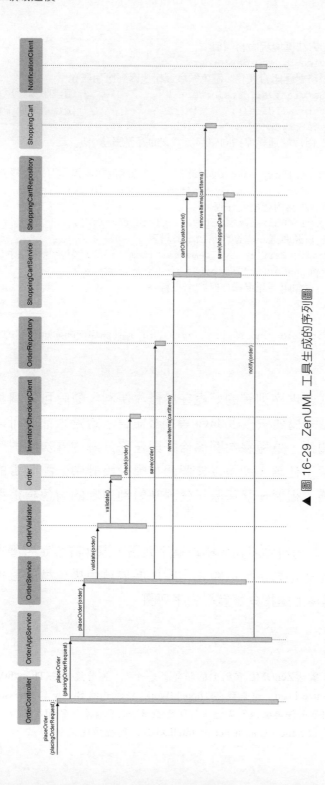

▲ 圖 16-29 ZenUML 工具生成的序列圖

倘若透過序列圖發現了設計的壞味道，又可以重新調整任務分解的層次或序列圖指令稿。ZenUML 繪製的序列圖與對應的指令稿可以作為領域設計模型的一部分，成為領域設計模型類別圖的有效補充。由於此時仍然停留在設計階段，調整成本較低。序列圖或序列圖指令稿以動態方式理清整個業務服務的執行過程，有助發現靜態領域設計模型可能存在的缺陷。

撰寫序列圖指令稿時，除了要考慮職責的分配，還要思考每個物件的 API 設計，即序列圖中彼此協作時發送的訊息，包括訊息名、輸入參數和返回值，訊息的執行形成了一行完整的訊息流。撰寫序列圖指令稿，就是以模擬程式執行的方式驗證設計模型的正確性。

16.3.5 業務服務的關鍵價值

服務驅動設計透過業務服務將角色、職責和協作有機地結合在一起。它的整個設計符合從真實世界映射到領域驅動設計的物件世界的過程。業務服務是對業務需求所在的真實世界的映射，需要尋找到生活在這個世界的物件。物件強調行為的協作，而其自身卻是對概念的描述。一旦我們將真實世界中的概念映射為物件，由於行為需要正確地分配給各個物件，行為就被打散了，缺少了執行步驟的時序性。

在將業務需求轉為軟體設計的過程中，要找到一種既具有業務角度又具有設計角度的思維模式並非易事。服務驅動設計引入分解任務的方法，符合了軟體開發人員的思維模式。任務分解採用針對過程的思維模式，以業務角度對業務服務進行觀察和剖析，利用分而治之的思想降低了領域邏輯的複雜度，同時又保證了服務的完整性。然後，再採用物件導向的思維模式，以設計角度結合職責與角色構造型，完成對職責的角色分配，透過序列圖或序列圖指令稿表現執行服務請求的動態協作過程，反向驅動出角色構造型需要承擔的職責，使得物件的設計變得更加合理，職責分配更加均衡。

這兩種角度的切換是自然發生的，降低了需求了解和設計建模的難度。服務驅動設計獲得的設計模型，成了領域實現建模極為友善的重要輸入，尤其讓建立在測試驅動開發基礎上的實現過程變得更加簡單。

當然，服務驅動設計並不能一勞永逸地解決設計問題。設計過程中，對於一些複雜環節，需要考慮重複使用和擴充，引入一些設計理念，如引入設計模式對設計做出最佳化和調整。這些相對靈活的設計對團隊成員的能力提出了更高要求。不過，對多數業務服務而言，需要設計的變通畢竟是少數，即使不引入設計理念與設計模式，僅遵循服務驅動設計過程進行任務分解和職責分配，仍然可以保證最終實現的程式做到職責的合理分配，避免出現貧血模型與交易指令稿，只是在設計上還有提升空間罷了。

這也是我提出服務驅動設計的原因：透過固化的設計流程降低團隊成員的門檻，保證獲得相對不錯的領域實現程式。

領域實現建模

> 認識和求知的基礎在於不可解之物。每一個解釋,中間階段或多或少,最終都引向這裡,正如觸探海底的鉛錘,或深或淺,但遲早會在某個地方觸到海底。
>
> ——阿圖爾·叔本華,《論世間苦難》

軟體設計與開發的過程是不可分割的,那種企圖打造軟體工程管線的程式工廠運作模式,已被證明難以奏效。探索設計與實現的細節,在領域建模過程中,設計在前、實現在後又是合理的選擇,畢竟二者關注的角度與目標迥然不同。但這並非瀑布式的一往無前,而是要形成分析、設計和實現的小步快走與回饋閉環,在多數時候甚至要將細節設計與程式實現融合在一起。

不管設計如何指導開發,開發如何融合設計,都需要把握領域驅動設計的根本原則:以領域為設計的原點和驅動力。在領域設計建模時,務必不要考慮過多的技術實現細節,以免影響和干擾領域邏輯的設計。在設計時,讓我們忘記資料庫,忘記網路通訊,忘記第三方服務呼叫,透過通訊埠抽象出領域層需要呼叫的外部資源介面,即可在一定程度隔離業務與技術的實現,避免兩個不同方向的複雜度產生疊加效應。

遵循整潔架構思想,我們希望最終獲得的領域模型並不依賴於任何外部裝置、資源和框架。簡而言之,領域層的設計目標就是要達到邏輯層的自給自足,唯有不依賴於外物的領域模型才是最純粹、最獨立、最穩定的模型。

17.1 穩定的領域模型

一個穩定的領域模型也是最容易執行單元測試的模型。Michael C. Feathers 將單元測試定義為運行得快的測試，並進一步闡釋 [59]——有些測試容易跟單元測試混淆起來，譬如下面這些測試就不是單元測試 [59]：

■ 跟資料庫有互動；

■ 進行網路間通訊；

■ 呼叫檔案系統；

■ 需要你對環境進行特定的準備（如編輯設定檔）才能運行的測試。

上述列舉的測試都依賴了外部資源，實則屬於測試金字塔（test pyramid）中的整合測試。測試若不依賴外部資源，就可以運行得快。運行得快才能快速回饋，並從透過的測試中獲取信心。不依賴於外部資源的測試也更容易運行，遵守約束，就能驅使我們開發出僅包含領域邏輯的領域實現模型，滿足菱形對稱架構，實現業務重點和技術重點的分離。

17.1.1 菱形對稱架構與測試金字塔

菱形對稱架構的每個邏輯層都定義了自己的控制邊界，領域驅動設計的角色構造型位於不同的邏輯層次。菱形對稱架構的分層決定了它們不同的職責與設計的粒度。層次、職責和粒度的差異，恰好與測試金字塔形成一一對應的關係，如圖 17-1 所示。

圖 17-1 透過菱形對稱架構表達不同的邏輯層次。北向閘道層的遠端服務擔負的主要作用是與跨處理程序用戶端之間的互動，強調服務提供者與服務消費者之間的履約行為。在這個層面上，我們更關心服務的契約是否正確，保護契約以避免它的變更引入缺陷，故而需要為遠端服務撰寫契約測試。

業務核心位於領域層，但對外表現業務服務的服務價值的，是本機服務層（應用層）的應用服務。它與遠端服務共同組成北向閘道的邊界服

務。應用服務負責協調領域服務，並將訊息契約轉為領域模型物件，完成一個整體的業務服務。遵循領域驅動設計對應用層的期望，需要設計為粗粒度的應用服務，相當於承擔了外觀服務的職責，並未真正包含具體的領域邏輯，為其撰寫整合測試是非常合理的選擇。

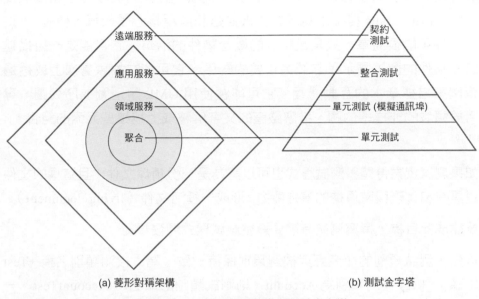

(a) 菱形對稱架構　　　　　　　　　　(b) 測試金字塔

▲ 圖 17-1　菱形對稱架構與測試金字塔

服務驅動設計在分配職責時，要求將不依賴於外部資源的原子任務分配給聚合內的領域模型物件。聚合作為領域層的核心角色構造型，封裝了自給自足的領域行為，與單元測試天生符合。凡是需要存取外部資源的行為都透過通訊埠進行了隔離，並推向處理組合任務的領域服務，由其控制聚合與通訊埠，組成更加完整的領域行為。既然領域服務屬於領域層的一部分，當然需要撰寫單元測試來保護它，遵循 Michael C. Feathers 對單元測試的定義，需要為領域服務的測試引入模擬（mock）框架，通訊埠的抽象為模擬奠定了設計基礎。

單元測試保護下的領域核心邏輯，是企業系統的核心資產，確保了領域邏輯的正確性，允許開發人員安全地重構，使得領域模型能夠在穩定核心的基礎上具有了持續演化的能力。

17.1.2　測試形成的精煉文件

由於領域模型真實完整地表現了領域概念，為避免團隊成員對這些領域概念產生不同了解，除了需要在統一語言的指導下定義領域模型物件，最好還有一種簡潔的方式來表達和解釋領域，尤其對於核心子領域更要如此。Eric Evans 提出用精煉文件來描述和解釋核心子領域，他說：「這個文件可能很簡單，只是最核心的概念物件的清單。它可能是一組描述這些物件的圖，顯示了它們最重要的關係。它可能在抽象層次上或透過範例來描述基本的互動過程。它可能會使用 UML 類別圖或序列圖、專用於領域的非標準的圖、措辭嚴謹的文字解釋或上述這些元素的組合。」[8]290

如果測試撰寫得體，測試程式也可以認為是一份精煉文件，且這樣的文件還具有和實現與時俱進的演進能力，形成一種活文件（living document）。

要達成此目標，撰寫測試時需要遵循測試程式開發規範。

首先，測試類別的命名應與被測類別保持一致，為「被測類別名稱 +Test尾碼」。假設被測類別為 Account，則測試類別應命名為 AccountTest。一些開發工具提供透過類別名快速尋找類別的途徑，採用這一格式命名測試類別，可以在尋找時保證被測類別與測試類別總是放在一起，幫助開發人員確定產品程式是否已經被測試所覆蓋。這一命名也可以清晰地告知被測類別與測試類別之間的關係。

其次，測試方法的命名也有講究。要讓測試類形成文件，測試方法的名稱就不應拘泥於產品程式的程式開發規範，而以清晰表達業務或業務規則為目的。因此，我建議使用長名稱作為測試方法名稱。舉例來說，針對轉帳業務行為撰寫的測試方法可以命名為：

```
should_transfer_from_src_account_to_dest_account_given_correct_transfer_
amount()
```

測試方法名稱採用蛇形（snake case）風格（即底線分隔方法的每個單字）——而非 Java 傳統的駝峰風格——的命名方法。如果將測試類別視為

主語，測試方法就是一個動詞子句，它告知讀者被測類別在什麼樣的場景下應該做什麼事情——這正是測試方法名稱以 should 開頭的原因。如果忽略底線，這一風格的方法名稱其實就是對業務規則的自然語言描述。

最後，測試方法區塊應遵循 Given-When-Then 模式。該模式清晰地描述了測試的準備、期待的行為和相關的驗收條件。

- Given：為要測試的方法提供準備，包括創建被測試物件，為呼叫方法準備輸入參數實際參數等。
- When：呼叫被測試的方法，遵循單一職責原則，在一個測試方法的 When 部分，應該只有一行敘述對被測方法進行呼叫。
- Then：對被測方法呼叫後的結果進行預期驗證。

當我們閱讀以下的測試類別和測試方法時，是否等於在閱讀文件？

```java
public class AccountTest {
    @Test
    public void should_transfer_from_src_account_to_dest_account_given_
correct_transfer_amount() {
        // given
        Money balanceOfSrc = new Money(100_000L, Currency.RMB);
        SourceAccount src = new Account(srcAccountId, balanceOfSrc);

        Money balanceOfDes = new Money(0L, Currency.RMB);
        TargetAccount target = new Account(targetAccountId, balanceOfDes);

        Money trasferAmount = new Money(10_000L, Currency.RMB);

        // when
        src.transferTo(target, transferAmount);

        // then
        assertThat(src.getBalance()).isEqualTo(Money.of(90_000L, Currency.
RMB));
        assertThat(target.getBalance()).isEqualTo(Money.of(10_000L,
Currency.RMB));
    }
}
```

撰寫良好的單元測試本身就是「新兵訓練營」的最佳教材，將其作為精煉文件用以傳遞領域知識好處更為明顯：你無須額外為核心子領域撰寫單獨的精煉文件，引入單元測試或採用測試驅動開發就能自然而然收穫完整的測試使用案例；這些測試更加真實地表現了領域模型物件之間的關係，包括它們之間的組合與互動過程；將測試作為精煉文件還能保證領域模型的正確性，甚至可以更早幫助設計者發現設計錯誤。

軟體設計本身就是一個不斷試錯的過程，借助服務驅動設計可以讓設計過程變得清晰簡單。序列圖更是具備視覺化的能力，但它終歸不是程式實現，序列圖指令稿表現的也僅是留存在腦海中的一種互動模式罷了。透過測試可以驗證設計的正確性，而單元測試由於能夠回饋快速，更是重要的驗證手段。

17.1.3　單元測試

如前所述，不依賴於任何外部資源的測試就是單元測試，但我們還需要就單元的含義達成共識。

1. 單元的定義

什麼是單元（unit）？因為設計角度不同，不同人對單元下的粒度定義是不同的。有人認為單元測試是針對類別這個單元進行測試，有人則認為被測類別的公開方法才是測試的單元……種種觀點，不一而足。

原則上，一個測試類別應該對應一個被測類別，但由於被測類別承擔的職責數量不同，使得測試類別與被測類別未必恰好是一對一的映射關係。有的開發人員在撰寫單元測試時，往往根據開發工具的推薦，為一個公開的被測方法撰寫一個測試方法，例如被測方法為 transferFrom()，測試方法就定義為 testTransferFrom()。之所以如此，正是對「單元」一詞的了解含混不清造成的。

我認為應該將「單元」了解為一個測試方法的目標粒度。如果目標是保證被測方法的正確性，測試的單元就是一個方法；如果目標是保證一個

類別的正確性，測試的單元就是一個類別。終歸來說，測試的目標應該是滿足使用者對業務功能的需求，因此，一個高品質的單元測試應針對業務功能進行撰寫，那麼，測試類別的每個測試方法就應保證一筆業務規則或一種分支場景的正確性。換言之，一個測試方法對應一個測試使用案例，測試的單元就是一個測試使用案例。

舉例來說，為轉帳功能撰寫的測試使用案例為：

- 一個帳戶正常地向另一個帳戶發起轉帳；
- 若轉帳使用者餘額不足，轉帳失敗；
- 若轉帳金額超過規定的閾值，轉帳失敗；
- 若轉帳次數超過規定的當天轉帳次數，轉帳失敗。

這 4 個測試使用案例應該對應一個測試類別的 4 個測試方法，4 個測試方法共同驗證了轉帳領域行為的正確性。

2. FIRST 原則

一個撰寫良好的單元測試需要遵循以下 FIRST 原則。

- Fast（快速）：測試要非常快，每秒能執行幾百或幾千個。
- Isolated（獨立）：測試應能夠清楚地隔離一個失敗。
- Repeatable（可重複）：測試應可重複運行，且每次都以同樣的方式成功或失敗。
- Self-verifying（自我驗證）：測試要無問題地表達成功或失敗。
- Timely（及時）：測試必須及時撰寫、更新和維護。

要保證測試快，就應盡可能避免單元測試存取外部資源，因為通常對外部資源的存取都會消耗較多的執行時間。

單元測試的獨立性變相地說明了測試單元的粒度就是一個測試使用案例。從功能實現的角度看，要做到測試的獨立性，就要做到一個程式分支對應一個測試方法。例如判斷轉帳金額就存在超過金額閾值與滿足金額要求的兩個分支，判斷餘額也存在餘額不足和滿足餘額要求的兩個分

支。不同的分支有不同的程式實現，它們彼此之間應該是正交的，一個測試的失敗並不會影響另一個測試。測試的獨立性有利於問題的定位，一旦發現某一個測試失敗，就可以直接定位到該測試對應的程式分支，快速發現問題。

保證測試可重複運行，就可以避免測試出現偶然的正確性，例如針對隨機或動態產生的結果，可能在上一次執行時間通過了測試，但隨著時間或其他條件發生變化，測試就會失敗。要保證測試可重複運行，還要避免多個測試之間共用資源的情況，這實際與測試的獨立性有關。不能讓上一個測試改變了一個全域變數的值從而影響下一個運行的測試。還有一種情況會影響測試的重複運行，就是資源的準備（setup）和清理（teardown）。如果單元測試的被測方法對被測試資源產生了副作用，例如修改了某個標示的值，恰巧這個值又是該方法執行時需要讀取以決定執行分支的參考，就可能導致相同測試的下一次執行會失敗。一言以蔽之，就是要保證同一個測試方法在每次執行前的條件完全相同。

沒有自我驗證的測試就是無效的測試。一個測試沒有驗證，就無法透過測試結果告知被測方法到底正確還是錯誤，因為沒有驗證的測試執行結果一定會成功。一些開發人員習慣在測試方法中透過列印輸出結果，然後肉眼判斷結果的正確性來完成測試。這一方式只能作為臨時偵錯，如此撰寫的單元測試並沒有提供準確的回饋資訊，也無法做到對產品程式的保護。更有甚者，有人撰寫無自我驗證的測試，目的僅是提高單元測試覆蓋率。這種蒙混過關的做法當然不足取。

及時撰寫、更新和維護單元測試，目的是保證測試方法可以隨著業務程式的變化動態地確保品質。測試程式也是領域資產的一部分，決定了程式的內建品質。無論是變更產品程式的已有實現，還是因為新需求增加產品程式實現，都需要及時調整測試程式，保證產品程式與測試程式的同步。

17.2 測試優先的領域實現建模

從設計到實現是一個不斷溝通的過程。這個溝通不僅指團隊中不同角色成員之間的溝通,還包括程式的實現者與閱讀者之間的溝通。這種溝通並非面對面(除非採用結對程式設計)地進行,而是借程式這種「媒介」以一種穿越時空的形式進行。

之所以強調程式的溝通作用,原因在於對維護成本的考量。Kent Beck 説:「在程式設計時注重溝通還有一個很明顯的經濟學基礎。軟體的絕大部分成本都是在第一次部署以後才產生的。從我自己修改程式的經驗出發,我花在閱讀既有程式的時間要比撰寫全新的程式長得多。如果我想減少程式所帶來的負擔,我就應該讓它容易讀懂。」[60]

要做到讓程式易懂,需要保證程式的簡單。少即是多,有時候刪掉一段程式比增加一段程式更難,對應地,帶來的價值可能比後者更高。許多程式設計師常常感歎開發任務繁重,每天要做的工作加班也做不完,與此同時,他們又在不斷地臆想功能的可能變化,堆砌更為複雜的程式。明明可以直道行駛,偏偏要以迂為直,增加不必要的間接層,然後美其名曰保證系統的可擴充性。只可惜這樣的可擴充性設計往往在最後淪為過度設計。Neal Ford 將這種情形稱為「預想開發」(speculative development)[29]。預想開發會事先設想許多可能需要實現的功能,就好比「給軟體貼金」。程式設計師一不小心就會跳進這個陷阱。

Kent Beck 認為程式設計師應追求簡單的價值觀。他強調:「在各個層次上都應當要求簡單。對程式進行調整,刪除所有不提供資訊的程式。設計中不出現無關元素。對需求提出質疑,找出最本質的概念。去掉多餘的複雜度後,就好像有一束光源亮了剩餘的程式,你就有機會用全新的角度來處理它們。」[60] 撰寫程式易巧難工,賣弄太多的技巧往往會將業務真相掩埋在複雜的程式背後。

服務驅動設計從業務服務出發驅動設計,就是希望推導出恰如其分的領域設計模型。在領域實現建模階段,既要及時驗證設計的正確性,又要

確保程式的溝通作用，並保證從設計到實現一脈相承的簡單性，最好的方式就是測試驅動開發。

17.2.1 測試驅動開發

測試驅動開發是一種測試優先的程式設計實現方法。作為極限程式設計的一種開發實踐，從被 Kent Beck 提出至今，該方法仍然飽受爭議，許多開發人員仍然無法了解：在沒有任何實現的情況下，如何開始撰寫測試？

這實際上帶來一個問題：為什麼需要測試優先？

在進行軟體設計與開發的過程中，每個開發人員其實都會扮演兩個角色：

- 介面的呼叫者；
- 介面的實現者。

所謂「設計良好的介面」，就是讓呼叫者用起來很舒服的介面。這種介面使用簡單，不需要了解太多的知識即可被呼叫，清晰表達意圖。要設計出如此良好的介面，就需要站在呼叫者角度而非實現者角度去思考介面。撰寫測試，其實就是在程式設計實現之前，假設物件已經有了一個理想的方法介面，該介面符合呼叫者的期望，能夠完成呼叫者希望它完成的工作而又無須呼叫者了解太多的資訊。實際上，這也是意圖導向程式設計（programming by intention）思想 [45] 的表現。

測試驅動開發的常見錯誤是沒有設計，一開始就挽起袖子寫測試程式。事實上，測試驅動開發強調的「測試優先」，是要求需求分析優先；對需求對應的業務服務進行拆分，就是任務分解優先。開發人員不應該一開始就撰寫測試，而應分析需求，辨識出可控粒度的業務服務，任務分解。對任務的分解就是對職責的辨識。職責對應的任務必須是可驗證的。如此過程，不正是服務驅動設計要求的嗎？

服務驅動設計能完美地結合測試驅動開發。分解任務是服務驅動設計的核心步驟，它進一步理清了業務服務，以便將職責分配給合適的角色構

造型，是一個由外至內的設計過程。分解任務又可以進一步劃分為多個可以驗證的測試使用案例，然後按照「測試 - 開發 - 重構」的節奏開始程式開發實現，從最容易撰寫單元測試的聚合開始，再到領域服務，是一個由內至外的開發過程。服務驅動設計和測試驅動開發的關係如圖 17-2 所示。

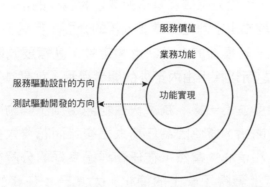

▲ 圖 17-2　服務驅動設計和測試驅動開發的關係

由於服務驅動設計已經完成了任務分解，透過序列圖或序列圖指令稿明確了參與協作的角色構造型，乃至辨識了必要的訊息（即角色構造型的方法），因此在此基礎上再來開展測試驅動開發會變得更加容易。以「任務分解」作為連接點，從任務到測試使用案例，再到測試撰寫，非常順暢地實現了從領域設計建模到領域實現建模的無縫銜接，如圖 17-3 所示。

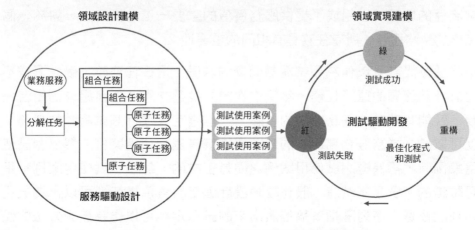

▲ 圖 17-3　領域設計建模與領域實現建模的銜接

測試驅動開發在挑選任務進行測試驅動時，需要考慮選擇合適的任務。考慮因素包括：

- 任務的依賴性；
- 任務的複雜度。

若要考慮依賴性，應優先選擇沒有依賴或依賴較少的前序任務。雖說可以使用模擬的方式驅動出當前任務需要依賴的介面，但過多的模擬會讓單元測試變得太脆弱。若模擬的介面缺乏穩定性，就需要同時修改實現與測試。如前所述，之所以採用由內至外的開發過程，就是為了減少依賴。

不同任務的複雜度並不一樣。為了快速地開始測試驅動開發，可以考慮先從簡單的任務開始，避免因為任務太過複雜而花費太多的開發成本，影響開發的進度和信心。當然，在任務經過良好的分解後，諸多複雜問題都在某種程度上獲得了一定的簡化，尤其原子任務的職責都是單一的，進行測試驅動開發也會變得簡單。

有人認為，測試驅動開發應優先選擇重要的任務（如優先考慮撰寫核心的業務流程），而將非核心的任務（如對異常情況的處理）放在後面進行處理。看起來這樣的理由足夠充分，然而，對一個業務服務而言，只有完成了所有任務的實現，才具有完整的發表價值。無論該業務服務的任務是否重要，只要未完成，實現就是不完整的。即使一些任務只是對異常流程的處理，也組成了提供服務價值的重要一環。換言之，對於一個完整的業務服務，所有任務具有相同的重要性。

服務驅動設計可以作為測試驅動開發的基礎。選擇任務時，優先選擇不存取外部資源的原子任務，然後依次向外挑選該原子任務組成的組合任務，就能有效避免任務之間的依賴。一旦選定要進行測試驅動的任務，就可以結合業務服務歸約中的驗收標準撰寫測試使用案例。撰寫測試使用案例時，需保證測試使用案例之間是正交的，每個測試使用案例都是可驗證的。撰寫測試時，服務驅動設計確定的角色構造型可以作為被測類別的候選，序列圖指令稿推演出來的訊息定義可以作為被測方法的候選。

17.2.2 測試驅動開發的節奏

測試驅動開發非常強調節奏感。測試驅動開發的「測試 - 開發 - 重構」三重奏如圖 17-4 所示。

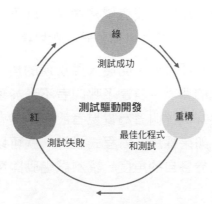

▲ 圖 17-4　測試驅動開發三重奏

首先，根據辨識的測試使用案例撰寫測試。這時還沒有產品程式的實現，只需要保證撰寫的測試方法編譯成功即可，運行測試，顯示紅色則測試失敗。然後，開發產品程式。它的唯一目的就是讓紅色（失敗）的測試方法透過，變成綠色。一旦測試成功，就應該提交程式。最後，辨識產品程式和測試程式的壞味道，若有，即刻透過重構（黃色）消除，最佳化程式。重構之後必須運行測試，確保重構後的程式並未破壞已經透過的測試。這也符合重構的定義：在不修改功能實現的基礎上改善既有程式的設計。

「測試 - 開發 - 重構」的節奏，就是紅 - 綠 - 黃的開發節奏。這好似在都市里開車，必須聽從紅、綠、黃 3 種交通訊號燈的指揮，以保證交通的順暢與安全。

為了更進一步地指導開發人員進行測試驅動開發，並嚴格遵守「測試 - 開發 - 重構」的開發節奏，Robert Martin 分析了這三者之間的關係，並將其複習為以下的測試驅動開發三定律。

- 定律一：一次寫入一個剛好失敗的測試，作為新加功能的描述。

■ 定律二：不寫任何產品程式，除非它剛好能讓失敗的測試成功。
■ 定律三：只在測試全部透過的前提下做程式重構，或開始新加功能。

1. 定律一

新功能是新測試驅動出來的，沒有撰寫測試，就不應該增加新功能，而現有程式已經由測試保證，這就增強了邁向新目標的信心。

透過測試驅動新功能的開發時，開發人員扮演的角色是介面的呼叫者，因此，一個剛好失敗的測試，表達了呼叫者不滿於現狀的訴求，而且這個訴求非常簡單，就好似呼叫者為實現者設定的具有明確針對性的小目標，輕易可以達成。如果採用結對程式設計，就可以分別扮演呼叫者和實現者的角色，專注於各自的角度，讓測試驅動開發的過程進展得更加順利。

定律一要求一次寫入一個測試，這是為了保證整個開發過程小步前行，做到步步為營。在沒有實現產品程式讓當前測試成功之前，不要新增任何測試方法。

2. 定律二

一個測試失敗了，表示需要實現功能讓測試成功。讓測試剛好透過，是實現者唯一需要達成的目標。這就類似玩遊戲。測試的撰寫者確定了完成遊戲的目標，然後由此去設定每一關的關卡。遊戲的玩家不能像打斯諾克那樣，每擊打一個球，還要去考慮擊打的球應該落到哪個位置才有利於擊打下一個球。只需以透過當前遊戲關卡為己任，一次只通一關，讓測試剛好透過。這樣就能讓實現者的目標明確，達到簡單、快速、頻繁驗證的目的。

需要正確了解所謂「剛好」的度。既不要過度地實現測試沒有覆蓋的內容，也無須死板地拘泥於撰寫所謂「簡單」的實現程式。簡單並非簡陋，既然你的程式開發技能與設計水準已經足以一次撰寫出優良的程式，就不必拖到最後，多此一舉地等待重構來改進。只要沒有導致過度設計，

若能直接撰寫出整潔程式，何樂而不為？測試驅動開發強調實現程式僅讓當前測試剛好透過，底線是「不要過度設計」，並不是說非要去做不恰當的簡單實現。

遵循定律二的開發實踐，就能要求測試驅動開發的開發人員克制追求大而全的野心，不寫任何額外的或無關的產品程式，謹守「只要求測試恰好透過足矣」的底線，保證實現方案的簡單。

3. 定律三

測試全部透過表示目前的功能都已實現，但未必完美。這個時候要考慮重構，在保證既有功能外部行為不變的前提下，安全地對程式設計做出最佳化，去除壞味道。每執行一步重構，都要運行一遍測試，保證重構沒有破壞已有功能。及時而安全的重構，也會讓重構的代價變得更小。

增加新功能與重構不能在同一時刻共存。一個時刻不是增加新功能，就是重構。在全部測試已經透過的情況下，若發現程式存在壞味道，應該先重構，再增加新功能。

重構的基礎是辨識程式的壞味道。Martin Fowler 複習了包括重複程式、過長函數、過大的類別、依戀情結等 21 種常見的程式壞味道 [6]，並列出了對應的重構手法。重構需要隨時隨地進行，不要盲目地追求開發進度而忽略程式重構，就好似我們不能只為了工作而不修邊幅。重構能力固然重要，但態度更加重要。當具有各種壞味道的程式累積到一定規模之後，就會積重難返，引發「破窗效應」[4]。注意，測試程式同樣需要重構，這也滿足了 FIRST 原則的 Timely（及時）原則。

完成重構後，運行測試，確保重構未曾影響任何測試，接著程式，再考慮新加功能。此時又要遵循定律一，先撰寫一個剛好失敗的測試，以此作為新加功能的描述。如此周而復始，以一種美妙的節奏感開始迭代地、增量地進行領域實現建模。

17.2.3 簡單設計

測試驅動開發遵守測試 - 開發 - 重構的循環。測試設定了新功能的需求期望，並為功能實現提供了保護；開發讓實現真正實踐，滿足產品功能的期望；重構可以改進程式品質，降低軟體的維護成本。期望 - 實現 - 改進的螺旋上升態勢，為測試驅動開發閉環提供了源源不斷的動力。缺少任何一個環節，循環都會停滯不動。沒有期望，實現就失去了前進的目標；沒有實現，期望就成了空談；沒有改進，前進的道路就會越走越窄，突破就會變得愈發艱難。

若已有清晰的使用者需求，為其設定期望然後尋求實現並非難事，但是改進的標準卻是模糊的。要達到什麼樣的目標才符合重構的要求？ Martin Fowler 提出的程式壞味道雖然可以作為參考，但要保證程式的嗅覺靈敏度，就需要對這些壞味道了然於胸。

研究證明，人類的短時記憶容量大約為 7±2 個組塊，許多人可能一時無法記住所有壞味道的特徵。因此，從開發到重構的過程中，可以遵循 Kent Beck 提出的簡單設計原則。該原則的內容為：

- 透過所有測試；
- 盡可能消除重複；
- 盡可能清晰表達；
- 更少程式元素；

以上 4 個原則的重要程度依次降低。

透過所有測試原則表示我們開發的功能滿足客戶的需求，這是簡單設計的底線原則。該原則同時隱含地告知開發團隊與客戶或領域專家（需求分析師）充分溝通的重要性。

盡可能消除重複原則是對程式品質提出的要求，並透過測試驅動開發的重構環節完成。注意，此原則提到的是盡可能消除重複（minimizes duplication），而非無重複（no duplication），因為追求極致的重複使用存在設計與程式開發的代價。

盡可能清晰表達原則要求程式要簡潔而清晰地傳遞領域知識，在領域驅動設計的語境下，就是要遵循統一語言，提高程式的可讀性，滿足業務人員與開發人員的交流目的。針對核心子領域，甚至可以考慮引入領域特定語言來表現領域邏輯。

在滿足這 3 個原則的基礎上，更少程式元素原則告誡我們遏制過度設計，做到恰如其分的設計，即在滿足客戶需求的基礎上，只要程式已經做到了最少重複與清晰表達，就不要再進一步拆分或提取類別、方法和變數。

最後一個原則說明前面 4 個原則是依次遞進的。功能正確、減少重複、程式讀取是簡單設計的根本要求。一旦滿足這些要求，就不能創建更多的程式元素去迎合未來可能並不存在的變化，避免過度設計。這也表現了奧卡姆剃刀原則，即「主張個別的事物是真實的存在，除此之外沒有必要再設立普遍的共相，美的東西就是美的，不需要再廢話多說什麼美的東西之所以為美是由於美，最後這個美，完全可以用奧卡姆的剃刀一割了之。」[30]

所謂「普遍的共相」就是一種抽象。在軟體開發中，不必要的抽象會產生多餘的概念，干擾程式閱讀者的判斷，增加程式的複雜度。簡單設計強調恰如其分，若實現的功能通過了所有測試，就表示滿足了客戶的需求。這時，只需要盡可能消除重複，清晰表達設計者意圖，不可再增加額外的軟體元素。若存在多餘實體，當用奧卡姆的剃刀一割了之。簡單設計的第四個原則也可以表示為「若無必要，勿增實體」，表示不要盲目地考慮為其增加新的軟體元素。

相較於重構壞味道，簡單設計為程式的重構列出了 3 個量化標準：重複性、可讀性和簡單性。重複性是一個客觀的標準，可讀性則出於主觀的判斷，故而應優先考慮盡可能消除程式的重複，然後在此基礎上保證程式清晰地表達設計者的意圖，提高可讀性。只要達到了重複使用和讀取，就應該到此為止，以保證實現方案的簡單，不要畫蛇添足地增加額外的程式元素，如變數、函數、類別甚至模組。

17.3 領域建模過程

業務服務是領域級業務需求的問題呈現。作為領域建模過程的起點，業務服務是領域建模的基本業務單元：聚合則是領域建模的基本設計單元，在作為基本架構單元的界限上下文約束之下開展。這充分表現了領域驅動設計統一過程各個階段之間的銜接與融合。

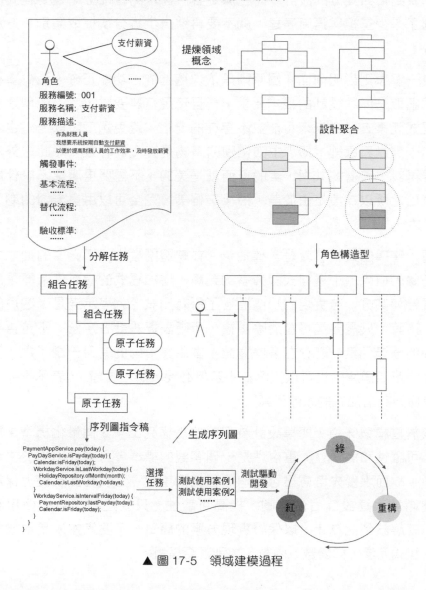

▲ 圖 17-5　領域建模過程

領域驅動設計重視以領域為驅動力的設計原則。在建模過程中，以領域為驅動力被具體化為業務服務，遵循統一語言提供了領域知識，以便在分析建模時捕捉領域概念，組成在界限上下文約束下的領域分析模型。分析模型是一個純粹表達業務含義的物件圖，在其基礎上引入領域驅動設計要素，透過整理物件圖，定義以聚合為邊界的領域設計類別圖，然後利用服務驅動設計針對業務服務分解任務，開啟根據職責逐層分級、相互協作的動態之旅，輸出領域設計序列圖或序列圖指令稿，它與領域設計類別圖共同組成領域設計模型。業務服務的驗收標準可轉為測試使用案例，而序列圖指令稿又能幫助開發人員更進一步地進行測試驅動開發，在「測試 - 開發 - 重構」的閉環中不斷地演化領域實現模型，提高實現的品質，最終獲得滿足統一語言要求且能運行的領域模型。整個領域建模過程如圖 17-5 所示。

為了更進一步地了解整個領域建模過程如何基於業務服務逐層推進與演化，獲得最終的領域模型，接下來我透過薪資管理系統這個完整案例加以演示和說明 [1]。

17.3.1 薪資管理系統的需求說明

薪資管理系統的需求說明如下：

公司員工有 3 種類型：臨時工、月薪員工和銷售人員。

對於臨時工，系統會按照員工記錄中每小時報酬欄位的值為他們支付報酬。他們每天會提交記錄了日期以及工作小時數的工作時間卡。如果他們每天工作超過 8 小時，超過部分會按照正常報酬的 1.5 倍進行支付。月薪員工以月薪進行支付，在員工記錄中有月薪欄位。公司會對員工做考勤處理，如果員工遲到、早退或曠職，會扣除其月薪的一定金額。對於銷售人員，則根據他們的銷售情況支付一定的報酬。他們會提交銷售憑據，其中記錄了銷售的日期和銷售產品的數量，酬金保存在員工記錄的酬金報酬欄位。

1　可在 GitHub 中搜尋 "payroll-ddd" 以獲取本例的參考程式。

在為各種類型的員工結算薪資後，系統會根據每位員工預留的銀行帳戶在規定時間向其自動支付薪資。臨時工的薪資支付日期為每星期五，月薪員工的薪資支付日期為每個月的最後一個工作日，銷售人員的薪資支付日期為每隔一星期的星期五。[2]

薪資管理系統的業務服務圖如圖 17-6 所示。

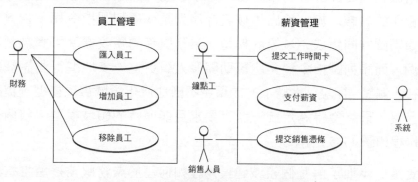

▲ 圖 17-6　薪資管理系統的業務服務圖

17.3.2　薪資管理系統的領域分析建模

在獲得了目標系統的業務服務後，需求分析人員需要進一步細化業務服務，撰寫業務服務歸約。以下為支付薪資的業務服務歸約。

服務編號：S0006
服務名稱：支付薪資
服務描述：
　　作為財務人員（Accountant）
　　我想要系統按期自動支付薪資（Salary）
　　以便提高財務人員的工作效率，及時發放薪資
觸發事件：
　　每天淩晨 0:00 自動觸發

2　薪資管理系統的需求來自 Robert Martin 的《敏捷軟體開發：原則、模式與實踐》。本書對該案例的需求做了少量調整，設計方案則完全按照本書講解的領域建模過程進行。

基本流程：

  1. 確定是否支付日（PayDay）

  2. 獲取支付日對應類型的員工（Employee）名單

  3. 計算薪資，生成員工的薪水單（Payroll）

    3.1 若為臨時工員工（HourlyEmployee），根據工作時間卡（TimeCard）與時薪計算薪資

    3.2 若為月薪員工（SalariedEmployee），根據出勤記錄（Attendance）計算薪資

    3.3 若為銷售人員（CommissionedEmployee），根據銷售憑據（Sale Receipt）計算薪資

  4. 向員工的銀行帳戶（SavingAccount）發起轉帳，支付薪資

  5. 透過郵件（Email）通知薪資已發放，同時發送薪水單給員工

替換流程：

  1a. 如果不是支付日，直接退出

  4a. 如果薪資支付失敗，列出失敗原因，並發送郵件給財務人員

驗收標準：

  1. 臨時工員工的支付日為每星期五

  2. 如果臨時工員工未提交工作時間卡，視為未工作

  3. 工作時間卡的工作時間最低不少於 1 小時，最高不高於 12 小時

  4. 每天工作超過 8 小時，超過部分按照正常報酬的 1.5 倍進行結算

  5. 月薪員工的支付日為每個月最後一個工作日

  6. 若月薪員工的出勤記錄包含曠職，將按照月薪計算出來的日薪進行扣除

  7. 若月薪員工的出勤記錄包含遲到、早退，將扣除日薪的 20%

  8. 銷售人員的支付日為每隔一星期的星期五

  9. 若銷售人員未提交銷售憑據，酬金報酬為 0

  10. 會為符合支付條件的員工生成薪水單

  11. 支付成功後，員工薪水單的狀態會更改為已支付

  12. 員工收到薪資發放的通知（Notification）

我們選擇快速建模法針對支付薪資業務服務建立領域分析模型。如上業務服務歸約增加底線的內容即我們辨識出來的名詞，檢查這些名詞是否符合統一語言的要求，即可快速映射為圖 17-7 中的領域類別。

業務服務歸約增加波浪線的內容即我們辨識出來的動詞。一個一個判斷它們對應的領域行為是否需要產生過程資料。辨識時，一定要從管理、法律或財務角度判斷過程資料的必要性。舉例來說，「生成員工薪水單」動作的目標資料是薪水單，無須記錄在某時某刻生成了薪水單，因為管

理人員並不關心薪水單是什麼時候生成的,只要薪水單存在,就不會產生稽核問題。「向員工的銀行帳戶發起轉帳,支付薪資」動作的目標資料是薪資,但在發起轉帳時,必須記錄何時完成對薪資的支付,支付金額是多少,不然若員工沒有收到薪資,就可能出現財務糾紛,於是辨識出支付記錄(Payment),它是支付行為的過程資料。

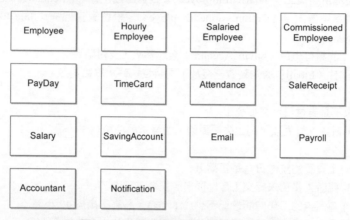

▲ 圖 17-7　名詞建模獲得的領域分析模型

不是每一個動詞都會產生過程資料,如果確定沒有,也不必疑惑,照實建立領域分析模型即可。

透過名詞和動詞辨識了領域模型之後,需要對這些概念進行歸納和抽象。注意,臨時工(HourlyEmployee)、月薪員工(SalariedEmployee)和銷售人員(CommissionedEmployee)雖然在類型上都是員工(Employee),但由於它們各有自身的業務含義,不可在領域分析模型中透過員工對它們進行抽象,否則可能會漏掉重要的領域概念。

一旦明確了領域概念,就可進一步確定它們的關係,並檢查這些關係是否隱含了領域概念。確定關係時,若能顯而易見地確定關係數量,就標記出來,如臨時工(HourlyEmployee)與工作時間卡(TimeCard),就是明顯的一對多關聯性。最終,快速建模法獲得的領域分析模型如圖 17-8 所示。

如果有更多的業務服務歸約,快速建模法獲得的領域分析模型就更豐富,也更加接近最終輸出的領域模型。

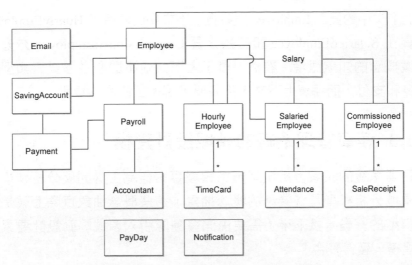

▲ 圖 17-8　薪資管理系統的領域分析模型

領域分析模型要受到界限上下文的約束。薪資管理系統分為員工上下文和薪資上下文，透過辨識領域概念與界限上下文知識語境的關係，可以獲得圖 17-9 所示的領域分析模型。

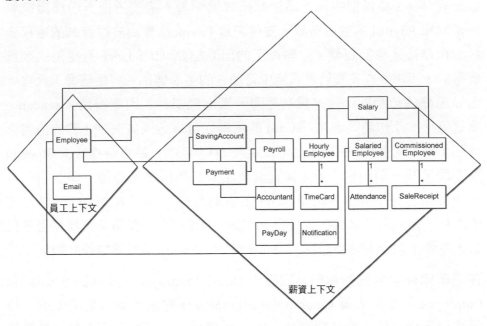

▲ 圖 17-9　引入界限上下文的領域分析模型

員工上下文中的員工 Employee 與薪資上下文中的臨時工 HourlyEmployee、月薪員工 SalariedEmployee 和銷售人員 CommissionedEmployee 充分表現了領域概念的知識語境，顯然，員工上下文並不關心各種員工類型的薪資計算和支付，而薪資上下文也不需要了解員工的基本資訊。

17.3.3 薪資管理系統的領域設計建模

薪資管理系統的領域分析模型應由領域專家作為主導開展分析建模，獲得的領域分析模型是純業務的概念抽象，這些概念抽象實際上就是設計類別模型的基礎。接下來，需要由開發團隊引入領域驅動設計要素進行設計建模，獲得聚合。

1. 聚合設計

按照聚合設計的庖丁解牛過程，首先是理順物件圖。

理順物件圖的關鍵是明確實體和值物件，然後明確實體之間的設計關係。毫無疑問，3 種類型的員工類別都是實體類型。需要透過身份標識來管理薪水單 Payroll 的生命週期，支付記錄 Payment 作為支付行為的過程資料，也應被定義為實體。月薪員工的出勤記錄 Attendance 是從別的系統獲得的，不需要在薪資管理系統中管理它的生命週期。對每個員工而言，出勤記錄的值相同，就可認為是同一筆出勤記錄，因此辨識 Attendance 為值物件。工作時間卡 TimeCard 的相等性可以透過值決定（它的值包含員工 ID），因此 TimeCard 也可以定義為值物件。銷售憑據 SalesReceipt 則不同，同一個銷售人員可能提交值相同的不同銷售憑據，需要引入身份標識來區分，因此 SalesReceipt 定義為實體。財務 Accountant 是員工的角色，定義為值物件。支付日 PayDay 的職責是判斷當前日期是否支付日，本質上是一個領域服務。由此獲得圖 17-10 所示的領域設計模型。

在明確物件之間的關係時，臨時工 HourlyEmployee、月薪員工 Salaried Employee 和銷售人員 CommissionedEmployee 的領域概念是相似的，似乎可以泛化為同一個父類別 Employee。然而，員工這些概念根據知識語

境的不同，被分到了兩個不同的界限上下文，若為它們引入泛化關係，就會帶來兩個界限上下文之間的耦合。更何況，3 個員工類別的結構存在很大差異，遵循「差異式程式設計」原則，將它們定義為一個繼承系統也是不合理的。

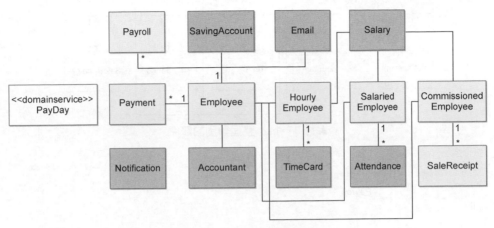

▲ 圖 17-10　辨識實體和值物件

每種類型的員工都與薪水單 Payroll、支付記錄 Payment 存在連結關係，這個連結關係是透過 EmployeeId 建立的，屬於普通連結關係。這也說明了雖然 3 個員工類別完全獨立，卻共用了員工聚合根實體 Employee 擁有的身份標識 EmployeeId。在領域設計模型中，這種連結關係僅存在於領域概念之中，設計上，已經透過引入內建類型去掉了耦合。CommissionedEmployee 實體與 SalesReceipt 實體具有相同的生命週期，應定義為合成關係。建立了關係的領域設計模型如圖 17-11 所示。

一旦確定了領域類別之間的關係，就可以分解關係薄弱處。目前獲得的領域設計模型中，實體之間並無強耦合的泛化關係，僅有 Commissioned Employee 實體與 SalesReceipt 實體之間的關係為合成關係，其餘皆為弱依賴的普通連結關係。因此，很容易根據關係的強弱劃分出圖 17-12 所示的聚合。

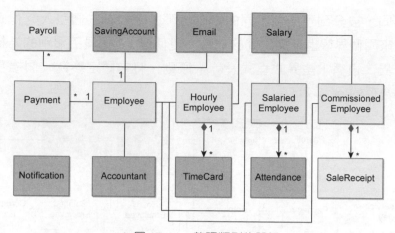

▲ 圖 17-11　整理類別的關係

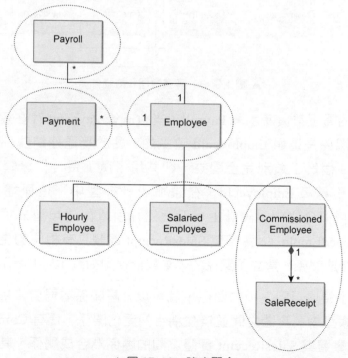

▲ 圖 17-12　確定聚合

最後，根據聚合的設計原則依次檢查已經辨識出的聚合，判斷是否需要調整聚合的邊界。目前辨識的每個聚合都滿足完整性、獨立性、不變數和一致性，無須做任何調整。

2. 服務驅動設計

在獲得靜態的領域設計模型後，開展服務驅動設計以獲得動態的領域設計模型。這裡選擇對支付薪資業務服務進行任務分解。先將業務服務歸約中的基本流程按照動詞子句的形式描述出來：

- 確定是否支付日期；
- 獲取員工資訊；
- 計算員工薪資；
- 支付；
- 通知員工。

透過向上歸納與向下分解，將整個業務服務的任務最終分解為由組合任務和原子任務組成的任務樹：

- 確定是否支付日期
  - 確定是否為星期五
  - 確定是否為月末工作日
    - 獲取當月的假期資訊
    - 確定當月的最後一個工作日
  - 確定是否為間隔一星期的星期五
    - 獲取上一次銷售人員的支付日期
    - 確定是否間隔了一個星期
- 獲取員工資訊
- 計算員工薪資
  - 遍歷滿足條件的員工資訊
  - 根據不同員工類型計算員工薪資
    - 計算臨時工薪資
      - 獲取員工工作時間卡
      - 根據員工日薪計算薪資
    - 計算月薪員工薪資
      - 獲取月薪員工的考勤記錄

- 對月薪員工計算月薪
- 計算銷售人員薪資
  - 獲取員工銷售憑據
  - 根據酬金規則計算薪資
- 支付
  - 向滿足條件的員工帳戶發起轉帳
  - 生成支付憑據
- 通知員工

一旦獲得了業務服務的任務樹，就可以直接按照分解的任務撰寫序列圖指令稿，並透過執行序列判斷任務分解的合理性，確定是否遺漏了領域模型。以下序列圖指令稿表現了第一個組合任務的執行序列：

```
PaymentAppService.pay(today) {
    PayDayService.isPayday(today) {
        Calendar.isFriday(today);
        WorkdayService.isLastWorkday(today) {
            HolidayRepository.ofMonth(month);
            Calendar.isLastWorkday(holidays);
        }
        WorkdayService.isIntervalFriday(today) {
            PaymentRepository.lastPayday(today);
            Calendar.isFriday(today);
        }
    }
}
```

注意區分 PayDayService 和 WorkdayService 的命名，它們代表了不同層級的業務目標。在「確定是否支付日期」任務這一級，業務目標為「確定是否為支付日」，故而命名為 PayDayService；在「確定是否為月末工作日」與「確定是否為間隔一星期的星期五」任務這一級，業務目標為「確定是否為正確的工作日」，故而命名為 WordDayService。

執行上述原子任務的角色構造型既不是聚合，也不是通訊埠，而是 Calendar 領域服務。這算是根據角色構造型分配職責的例外，但也符合領域服務的定義，因為這些原子任務要執行的領域行為都是無狀態的。根

據以上序列圖指令稿生成的序列圖能夠直觀地表現這樣的協作方式，如
圖 17-13 所示。

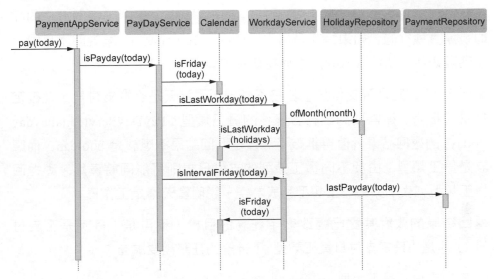

▲ 圖 17-13　確定支付日期的序列圖

圖 17-13 中 的 Calendar 與 WorkdayService 在 不 同 的 抽 象 層 次 進 行 協
作，又都被封裝在 PayDayService 領域服務中。兩個資源庫也被封裝到
WorkdayService 領域服務中。應用服務、領域服務和聚合形成了不同的
隔離層次。合理的封裝讓最外層的應用服務了解更少的知識就能實現支
付功能，避免了應用服務乃至應用層的臃腫與職責錯位。

繼續選擇下一個任務。「獲取對應員工資訊」是一個原子任務，透過存取
資料庫獲得員工資訊。該職責操作的聚合為 Employee，自然應該分配給
EmployeeRepository。序列圖指令稿為：

```
employees = EmployeeRepository.allOf(employeeType);
```

撰寫序列圖指令稿時，需要明確每個方法的輸入參數，如果返回值很重
要，也需要明確列出。由於序列圖表現了各個物件的協作順序，在確定
下一個方法的輸入參數時，需要考慮它從何而來。當前原子任務在獲取
員工資訊時，需要指定員工類型 employeeType，但是從服務請求傳遞來

的資訊僅包含了 today，它的上一個任務「確定是否支付日」返回的資訊
又只有 boolean 結果，於是問題出現：employeeType 從何而來？

這就是序列圖指令稿的設計驅動力。在序列圖指令稿中，每個方法的呼
叫是連貫執行的，如果協作時出現呼叫關係的「斷鏈」，就說明不是缺少
了參與物件，就是方法的定義存在缺失。

看起來，「確定是否支付日」任務不僅判斷了當天是否為支付日，在確定
為支付日時，還需要列出符合條件的員工類型。PayDayService.isPayday
(today) 的返回結果就值得推敲了：這個返回結果不應該是 boolean，而應
該是員工類型；由於不同員工類型的支付日規則可能同時滿足，應返回
員工類型列表；如果員工類型列表為空，說明當天不是工作日。

返回結果的改變其實已經改變了任務的目標，不再是「確定是否支付
日」，而是「確定支付日員工類型」，分解的任務需要調整：

- 確定支付日員工類型
  - 確定支付日為臨時工員工類型
    - 確定是否為星期五
  - 確定支付日為月薪員工類型
    - 獲取當月的假期資訊
    - 確定當月的最後一個工作日
  - 確定支付日為銷售人員類型
    - 獲取上一次支付銷售人員的日期
    - 確定是否間隔了一個星期

對應的序列圖指令稿也要調整：

```
PaymentAppService.pay(today) {
  employeeTypes = PayDayService.acquireEmployeeTypes(today) {
    EmployeeTypeService.payForHourlyEmployee(today) {
      Calendar.isFriday(today);
    }
    EmployeeTypeService.payForSalariedEmployee(today) {
      HolidayRepository.ofMonth(month);
      Calendar.isLastWorkday(holidays);
```

```
        }
    EmployeeTypeService.payForCommissionedEmployee(today) {
        PaymentRepository.lastPayday(today);
        Calendar.isFriday(today);
        }
    }
}
```

這一修改過程也充分地説明了分解任務的工作無法一蹴而就，服務驅動設計不是一個瀑布過程，而是迭代的過程。

「計算員工薪資」是一個巢狀結構多層的組合任務，但並沒有直接表現服務價值，屬於「支付薪資」業務服務的執行步驟。當我們面對相對複雜的組合任務時，為避免業務服務的序列圖過於複雜，在撰寫序列圖指令稿時，可以僅考慮履行最高一層組合任務職責的領域服務，即 PayrollCalculator。至於「計算員工薪資」的設計細節，可以單獨列出序列圖指令稿。

「支付」仍然屬於組合任務。由於轉帳服務的實現不在薪資管理系統的範圍之內，因此「向滿足條件的員工帳戶發起轉帳」就是一個存取第三方服務的原子任務。「生成支付憑據」原子任務直接表現了「支付憑據」這一領域概念。在「獲取上一次銷售人員的支付日期」原子任務中，其實已經驅動出支付憑據這一領域概念了，因為只有它才知道上一次的支付日期。故而當前的「生成支付憑據」原子任務的職責仍然由 PaymentRepository 來承擔。

在隱去了「計算員工薪資」組合任務的細節之後，整個業務服務的序列圖指令稿如下：

```
PaymentAppService.pay(today) {
    employeeTypes = PayDayService.acquireEmployeeTypes(today) {
        EmployeeTypeService.payForHourlyEmployee(today) {
            Calendar.isFriday(today);
        }
        EmployeeTypeService.payForSalariedEmployee(today) {
            HolidayRepository.ofMonth(month);
            Calendar.isLastWorkday(holidays);
```

```
        }
    EmployeeTypeService.payForCommissionedEmployee(today) {

        PaymentRepository.lastPayday(today);
        Calendar.isFriday(today);
    }
}
employees = EmployeeRepository.allOf(employeeType);
payrolls = PayrollCalculator.calculate(employees);
PaymentService.pay(payrolls) {
    payment = TransferClient.transfer(account);
    PaymentRepository.add(payment);
}
NotificationClient.notify(payrolls);
}
```

生成的序列圖如圖 17-14 所示。

如果為序列圖打上視覺化訊號標記，會發現由 PaymentAppService 應用服務發出的請求實在太多了，對應的請求方相繼包括：

- PayDayService；
- EmployeeRepository；
- PayrollCalculator；
- PaymentService。

這說明當前設計為應用服務引入了不必要的領域邏輯，此時有必要引入一個粗粒度的領域服務，用來封裝這些物件之間的協作，避免將領域邏輯洩露到應用服務。既然業務服務為支付，就可以讓領域服務 PaymentService 來履行封裝支付行為的職責，它的作用就是在應用層和領域層之間保持一條明確的界限：

```
PaymentAppService.pay(today) {
    PaymentService.pay(today) {
        PayDayService.acquireEmployeeTypes(today);
        EmployeeRepository.allOf(employeeType);
        PayrollCalculator.calculate(employees);
        PaymentService.pay(payrolls);
    }
}
```

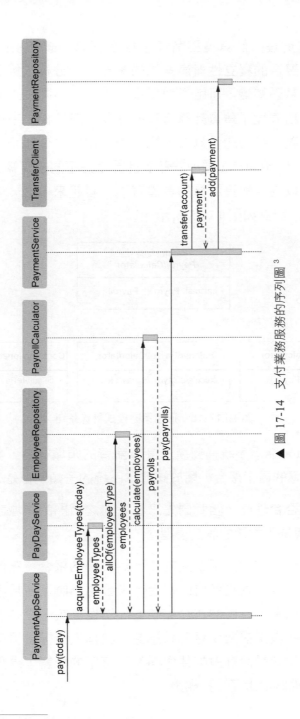

▲ 圖 17-14　支付業務服務的序列圖 [3]

3　為清晰表現序列圖，圖中省去了 PayDayService 的執行細節。

現在再來單獨處理「計算員工薪資」組合任務。該任務的處理相對特殊，需要取捨聚合的獨立性與演算法的多形性。分析該組合任務，若具備物件導向的基礎知識，可敏銳地覺察到「根據不同員工類型計算員工薪資」組合任務表達了薪資計算邏輯的抽象。設計模式中策略模式的設計意圖為「定義一系列的演算法，把它們一個個封裝起來，並且使它們可相互替換。」[31] 不同員工類型的薪資計算就是不同的演算法。為它們建立抽象，就可以隔離薪資計算的具體實現。看起來，這一場景非常適合運用策略模式，設計如圖 17-15 所示。

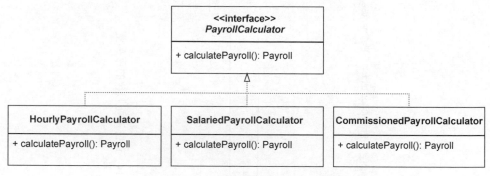

▲ 圖 17-15　運用策略模式計算薪資

PayrollCalculator 繼承系統僅封裝了計算薪資的領域行為，薪資計算需要的資料來自對應的員工聚合，屬於該繼承系統的子類別都是領域服務。

這樣的設計是否合理呢？讓我們先來看看與之相關的領域設計模型。圖 17-16 展示了與員工相關的設計模型。

設計模型為每種類型的員工都建立了一個單獨的聚合，它們對應了各自的資源庫。之所以要建立各自的聚合，是因為臨時工、月薪員工和銷售人員都具有自己需要維護的概念完整性。舉例來說，臨時工需要提交工作時間卡，月薪員工需要記錄考勤記錄，銷售人員需要提交銷售憑據。這實際上是領域驅動設計對物件導向設計帶來的影響，界限上下文與聚合為自由的物件圖銬上了一把枷鎖。

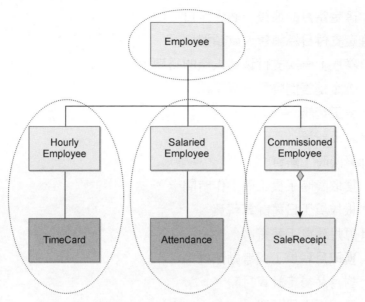

▲ 圖 17-16　與員工相關的聚合

HourlyEmployee、SalariedEmployee 和 CommissionedEmployee 這 3 個聚合與 Employee 聚合之間並無繼承關係。它們甚至屬於不同的界限上下文，僅依靠員工的 ID 保持彼此之間的隱性連結。

薪資上下文既然為員工定義了 3 個不同的聚合，就表示對應了 3 個不同的資源庫通訊埠。不同類型的員工聚合定義了不同的實體和值物件，因而不能透過 EmployeeRepository 獲取對應的員工資訊。換言之，「獲取對應員工資訊任務」不應與「計算員工薪資任務」放在一起，而應將獲取員工資訊視為計算員工薪資內部的執行步驟。我們需要對之前分解的任務做一些調整：

■ 支付員工薪資
  • 確定支付日員工類型
    • 確定支付日為臨時工員工類型
      • 確定是否為星期五
    • 確定支付日為月薪員工類型
      • 確定當月的假期資訊

- 確定當月的最後一個工作日
  - 確定支付日為銷售人員類型
    - 獲取上一次支付銷售人員的日期
    - 確定是否間隔了一個星期
- 獲取員工資訊
- 計算員工薪資
  - 計算臨時工薪資
    - 獲取臨時工員工與工作時間卡
    - 根據員工日薪計算薪資
  - 計算月薪員工薪資
    - 獲取月薪員工與考勤記錄
    - 對月薪員工計算月薪
  - 計算銷售人員薪資
    - 獲取銷售人員與銷售憑據
    - 根據酬金規則計算薪資
- 支付
  - 向滿足條件的員工帳戶發起轉帳
  - 生成支付憑據

調整後的任務更加清晰地表現了薪資計算的執行邏輯，將「獲取員工資訊」任務移到了「計算員工薪資」組合任務下，使得整個任務分解的層次變得更加合理。

由此獲得「計算員工薪資」組合任務的序列圖指令稿：

```
PayrollCalculator.calculate(employeeTypes) {
   HourlyEmployeePayrollCalculator.calculate() {
      hourlyEmployees = HourlyEmployeeRepository.all();
      while (employee -> hourlyEmployees) {
         employee.payroll();
      }
   }
   SalariedEmployeePayrollCalculator.calculate() {
      salariedEmployees = SalariedEmployeeRepository.all();
```

```
    while (employee -> salariedEmployees) {
        employee.payroll();
    }
}
CommissionedEmployeePayrollCalculator.calculate() {
    commissionedEmployees = CommissionedEmployeeRepository.all();
    while (employee -> commissionedEmployees) {
        employee.payroll();
    }
  }
}
```

PayrollCalculator 與具體員工類型的薪資計算類別之間的關係並非繼承關係，而是將 PayrollCalculator 當作一個服務外觀，在其內部透過員工類型決定呼叫哪一個薪資計算類別。這表示序列圖指令稿放棄了前面所示的策略模式的運用。[4]

之所以如此設計，是對依賴注入領域服務、資源庫的考慮。如果採用了策略模式，就需要根據員工類型決定創建什麼樣的 PayrollCalculator。不考慮資源庫的情況，可以讓 EmployeeType 作為 PayrollCalculator 的工廠。然而，如前面的序列圖指令稿所示，不同的 PayrollCalculator 領域服務操作了不同的員工聚合，表示需要注入不同的資源庫介面卡，這是 PayrollCalculator 的工廠類別無法做到的。如果將計算不同員工薪資的領域服務看作完全不同的領域服務，就可以它們將同時注入 PayrollCalculator 中。在 calculate(employeeTypes) 方法中，根據員工類型確定呼叫對應的領域服務即可：

```
public class PayrollCalculator {
    @Autowired
    private HourlyEmployeePayrollCalculator hourlyCalculator;
    @Autowired
    private SalariedEmployeePayrollCalculator salariedCalculator;
    @Autowired
```

---

4 若要從設計模式的角度來理解，修改後的設計更像命令模式，具體雇員類型的薪資計算類是一個命令（command），而 PayrollCalculator 是一個組合命令（composite command）。

```
private CommissionedEmployeePayrollCalculator commissionedCalculator;
public List<Payroll> calculate(List<EmployeeType> employeeTypes) {
    List<Payroll> payrolls = new ArrayList<>();
    for (EmployeeType empType in employeeTypes) {
        if (empType.isHourlyEmployee()) {
            payrolls.addAll(hourlyCalculator.calculate());
        }
        if (empType.isSalariedEmployee()) {
            payrolls.addAll(salariedCalculator.calculate());
        }
        if (empType.isCommissionedEmployee()) {
            payrolls.addAll(commissionedCalculator.calculate());
        }
    }
    return payrolls;
}
```

上述實現並未採用多形類保證程式的可擴充性,然而,參與協作的每個角色構造型履行的職責卻是單一而清晰的。

注意以下 3 個任務:

■ 獲取臨時工員工與工作時間卡;

■ 獲取月薪員工與考勤記錄;

■ 獲取銷售員工與銷售憑據。

在序列圖指令稿中,每個員工聚合對應的資源庫負責獲取員工及員工的相關資訊。我們沒有看到諸如 TimeCardRepository、AttendenceRepository 和 SalesReceiptRepository 等資源庫,更無須關心如何獲得工作時間卡、考勤記錄和銷售憑據。這就是聚合的價值。為了保證員工的概念完整性,聚合根的資源庫在操作聚合時,會獲取整數個聚合邊界內的所有物件。由於聚合根擁有了各自邊界的實體和值物件,就可以自給自足地履行薪資計算的職責了。上述指令稿中的 employee.payroll(),即聚合根的領域行為。這就有效地避免了貧血模型!

17.3.4 薪資管理系統的領域實現建模

獲得了與支付薪資有關的領域設計模型類別圖和序列圖指令稿後，領域實現建模就可以從業務服務的驗收標準開始，撰寫測試使用案例，並按照測試驅動開發的節奏建立由測試程式和產品程式組成的領域實現模型。

測試驅動開發的方向是由內至外的，可以先選擇業務服務任務樹內部由聚合承擔的原子任務，例如選擇原子任務「根據員工日薪計算薪資」。參考業務服務歸約的驗收標準，為其辨識以下測試使用案例：

- 計算正常執行時長的臨時工薪資；
- 計算加班工作時長的臨時工薪資；
- 計算沒有工作時間卡的臨時工薪資。

1. 撰寫測試

目前還未實現這些測試使用案例。選擇「計算正常執行時長的臨時工薪資」測試使用案例作為新加功能，為它撰寫一個剛好失敗的測試。由於當前任務是一個原子任務，且 HourlyEmployee 聚合擁有計算薪資的資訊，履行當前任務對應職責的角色構造型就是 HourlyEmployee 聚合。根據單元測試的命名規範，創建 HourlyEmployeeTest 測試類別，撰寫測試：

```
public class HourlyEmployeeTest {
    @Test
    public void should_calculate_payroll_by_work_hours_in_a_week() {
    }
}
```

測試方法遵循 Given-When-Then 模式。考慮 HourlyEmployee 聚合的創建。由於臨時工每天都要提交工作時間卡，且其薪資按周結算，在創建 HourlyEmployee 聚合根實例時，需要傳入工作時間卡的列表。當前測試使用案例只考慮正常執行時長，準備的工作時間卡皆為每天 8 小時。計算薪資的方法為 payroll()，返回結果為薪資模型物件 Payroll。驗證時，需確保薪資的結算週期與薪資總額是正確的，故而撰寫的測試方法為：

```java
public class HourlyEmployeeTest {
    @Test
    public void should_calculate_payroll_by_work_hours_in_a_week() {
        //given
        TimeCard timeCard1 = new TimeCard(LocalDate.of(2019, 9, 2), 8);
        TimeCard timeCard2 = new TimeCard(LocalDate.of(2019, 9, 3), 8);
        TimeCard timeCard3 = new TimeCard(LocalDate.of(2019, 9, 4), 8);
        TimeCard timeCard4 = new TimeCard(LocalDate.of(2019, 9, 5), 8);
        TimeCard timeCard5 = new TimeCard(LocalDate.of(2019, 9, 6), 8);

        List<TimeCard> timeCards = new ArrayList<>();
        timeCards.add(timeCard1);
        timeCards.add(timeCard2);
        timeCards.add(timeCard3);
        timeCards.add(timeCard4);
        timeCards.add(timeCard5);

        HourlyEmployee hourlyEmployee = new HourlyEmployee(timeCards,
Money.of(10000,
Currency.RMB));

        //when
        Payroll payroll = hourlyEmployee.payroll();

        //then
        assertThat(payroll).isNotNull();
        assertThat(payroll.beginDate()).isEqualTo(LocalDate.of(2019, 9, 2));
        assertThat(payroll.endDate()).isEqualTo(LocalDate.of(2019, 9, 6));
        assertThat(payroll.amount()).isEqualTo(Money.of(400000, Currency.
RMB));
    }
}
```

測試方法名稱清晰地描述了「計算正常執行時長的臨時工薪資」測試使用案例這個新加功能，驗證時，也只考慮正常執行時長的計算規則。讓測試成功編譯之後，運行測試，失敗，如圖 17-17 所示。

▲ 圖 17-17　運行當前測試失敗的結果

2. 快速實現

實現 payroll() 方法時，應僅提供滿足當前測試使用案例預期的快速實現。以當前測試方法為例，要計算臨時工的薪資，除了需要它提供的工作時間卡，還需要臨時工的時薪，至於 HourlyEmployee 的其他屬性，暫時可不用考慮。當前測試方法沒有要求驗證工作時間卡的有效性，在實現時，亦不必驗證傳入的工作時間卡是否符合要求，只需確保為測試方法準備的資料是正確的即可。既然當前測試方法只針對正常執行時長計算薪資，就無須考慮加班的情況。實現程式為：

```java
public class HourlyEmployee {
    private List<TimeCard> timeCards;
    private Money salaryOfHour;

    public HourlyEmployee(List<TimeCard> timeCards, Money salaryOfHour) {
        this.timeCards = timeCards;
        this.salaryOfHour = salaryOfHour;
    }

    public Payroll payroll() {
        int totalHours = timeCards.stream()
            .map(tc -> tc.workHours())
            .reduce(0, (hours, total) -> hours + total);

        Collections.sort(timeCards);

        return new Payroll(timeCards.get(0).workDay(), timeCards.
 get(timeCards.size() -
 1).workDay(), salaryOfHour.multiply(totalHours));
    }
}
```

快速實現的目的是避免過度設計。如果能一開始做出恰如其分的設計，也是可行的。舉例來說，在上述實現程式中，需要將工作總小時數乘以 Money 類型的時薪，你當然可以實現為以下程式：

```java
new Money(salaryOfHour.value() * totalHours, salaryOfHour.currency())
```

如果你已經熟悉迪米特法則（參見附錄 A），意識到以資料提供者形式進行物件協作的弊病，就會自然地想到應該在 Money 中定義 multiply() 方

法，而非透過公開 value 和 currency 的 get 存取器讓呼叫者完成乘法計算。我們直截了當實現以下程式，不必等著後面進行重構：

```java
public class Money {
    private final long value;
    private final Currency currency;

    public static Money of(long value, Currency currency) {
        return new Money(value, currency);
    }

    private Money(long value, Currency currency) {
        this.value = value;
        this.currency = currency;
    }

    public Money multiply(int factor) {
        return new Money(value * factor, currency);
    }

    @Override
    public boolean equals(Object o) {
        if (this == o) return true;
        if (o == null || getClass() != o.getClass()) return false;
        Money money = (Money) o;
        return value == money.value &&
                currency == money.currency;
    }

    @Override
    public int hashCode() {
        return Objects.hash(value, currency);
    }
}
```

實現 Money 時，還多載了 equals() 和 hashcode() 方法，這是遵循領域驅動設計值物件的要求提供的，不能算作過度設計。

為了透過測試方法，我們定義並實現了 HourlyEmployee、TimeCard 和 Payroll 等領域模型物件。它們的定義都非常簡單，即使你知道 HourlyEmployee 一定還有 Id 和 name 等基本的核心欄位，也不必在現在

就列出這些欄位的定義。利用測試驅動開發來實現領域模型，重要的一點就是用測試驅動出這些模型物件的定義。只要不遺漏業務服務和測試使用案例，就一定會有測試去覆蓋這些領域邏輯。一次只做好一件事情即可。

現在測試成功了，其結果如圖 17-18 所示。

▲ 圖 17-18　測試成功的結果

此時，先不要考慮重構或撰寫新的測試，而應提交程式。持續整合提倡團隊成員進行頻繁的原子提交，保證儘快將你的最新變更回饋到團隊共用的程式庫上，降低程式衝突的風險，同時也能為重構設定一個安全的回覆版本。

3. 程式重構

在新加功能之前，我們嘗試發現產品程式與測試程式的壞味道。閱讀程式，探索方法中的程式 Collections.sort(timeCards) 讓人產生困惑：為什麼需要對工作時間卡排序？顯然，這行程式缺乏對業務邏輯的封裝，直接將實現曝露出來了。排序是一種手段，目標是獲得結算薪資的開始日期和結束日期。由於需要獲得兩個值，且這兩個值代表了一個內聚的概念，故而可以定義一個內部概念 Period。重構過程提取 beginDate 和 endDate 變數，定義 Period 內部類別：

```java
public Payroll payroll() {
    int totalHours = timeCards.stream()
            .map(tc -> tc.workHours())
            .reduce(0, (hours, total) -> hours + total);

    Collections.sort(timeCards);

    LocalDate beginDate = timeCards.get(0).workDay();
    LocalDate endDate = timeCards.get(timeCards.size() - 1).workDay();
```

```
    Period settlementPeriod = new Period(beginDate, endDate);

    return new Payroll(settlementPeriod.beginDate, settlementPeriod.
endDate,
                       salaryOfHour.multiply(totalHours));
}

private class Period {
    private LocalDate beginDate;
    private LocalDate endDate;

    Period(LocalDate beginDate, LocalDate endDate) {
        this.beginDate = beginDate;
        this.endDate = endDate;
    }
}
```

接下來，提取方法 settlementPeriod()。該方法名稱直接表現獲得結算週期
的業務目標，並將包括排序在內的實現細節封裝起來：

```
public Payroll payroll() {
    int totalHours = timeCards.stream()
            .map(tc -> tc.workHours())
            .reduce(0, (hours, total) -> hours + total);

    return new Payroll(
            settlementPeriod().beginDate,
            settlementPeriod().endDate,
            salaryOfHour.multiply(totalHours));
}

private Period settlementPeriod() {
    Collections.sort(timeCards);

    LocalDate beginDate = timeCards.get(0).workDay();
    LocalDate endDate = timeCards.get(timeCards.size() - 1).workDay();
    return new Period(beginDate, endDate);
}
```

測試程式同樣需要重構。測試程式中對 List<TimeCard> 的創建無疑干擾
了測試方法的主幹邏輯，可以考慮將其封裝為一個方法，測試的 Given
部分就會變得更乾淨：

```java
public class HourlyEmployeeTest {
    @Test
    public void should_calculate_payroll_by_work_hours_in_a_week() {
        //given
        List<TimeCard> timeCards = createTimeCards();
        Money salaryOfHour = Money.of(10000, Currency.RMB);
        HourlyEmployee hourlyEmployee = new HourlyEmployee(timeCards,
salaryOfHour);

        //when
        Payroll payroll = hourlyEmployee.payroll();

        //then
        assertThat(payroll).isNotNull();
        assertThat(payroll.beginDate()).isEqualTo(LocalDate.of(2019, 9, 2));
        assertThat(payroll.endDate()).isEqualTo(LocalDate.of(2019, 9, 6));
        assertThat(payroll.amount()).isEqualTo(Money.of(400000, Currency.RMB));
    }

    private List<TimeCard> createTimeCards() {
        TimeCard timeCard1 = new TimeCard(LocalDate.of(2019, 9, 2), 8);
        TimeCard timeCard2 = new TimeCard(LocalDate.of(2019, 9, 3), 8);
        TimeCard timeCard3 = new TimeCard(LocalDate.of(2019, 9, 4), 8);
        TimeCard timeCard4 = new TimeCard(LocalDate.of(2019, 9, 5), 8);
        TimeCard timeCard5 = new TimeCard(LocalDate.of(2019, 9, 6), 8);

        List<TimeCard> timeCards = new ArrayList<>();
        timeCards.add(timeCard1);
        timeCards.add(timeCard2);
        timeCards.add(timeCard3);
        timeCards.add(timeCard4);
        timeCards.add(timeCard5);
        return timeCards;
    }
}
```

重構需要小步前行，每次完成一步重構，都要運行測試，避免因為重構破壞現有的功能。

4. 簡單設計

遵循簡單設計原則，可以防止我們做出過度設計。舉例來説，實現「計算正常執行時長的臨時工薪資」測試使用案例時，透過重構提高了程式

可讀性之後，就可以暫時停止重構，開啟撰寫新測試的旅程。遵循測試驅動開發三定律，我們為「計算加班工作時長的臨時工薪資」測試使用案例撰寫測試，實現產品程式。由於需提供超過 8 小時的工作時間卡，而原有方法採用了固定的 8 小時正常執行時間，為了測試程式的重複使用，可提取 createTimeCards() 方法的參數，允許向其傳入不同的工作時長。新撰寫的測試如下所示：

```
@Test
public void should_calculate_payroll_by_work_hours_with_overtime_in_a_
week() {
    //given
    List<TimeCard> timeCards = createTimeCards(9, 7, 10, 10, 8);
    Money salaryOfHour = Money.of(10000, Currency.RMB);
    HourlyEmployee hourlyEmployee = new HourlyEmployee(timeCards,
salaryOfHour);

    //when
    Payroll payroll = hourlyEmployee.payroll();

    //then
    assertThat(payroll).isNotNull();
    assertThat(payroll.beginDate()).isEqualTo(LocalDate.of(2019, 9, 2));
    assertThat(payroll.endDate()).isEqualTo(LocalDate.of(2019, 9, 6));
    assertThat(payroll.amount()).isEqualTo(Money.of(465000, Currency.
RMB));
}
```

提供的工作時間卡包含了加班、正常執行時間和低於正常執行時間 3 種情況，綜合計算臨時工的薪資。

按照業務規則，加班時間的報酬會按照正常報酬的 1.5 倍進行支付，這就需要支援 Money 與 1.5 之間的乘法。在最初定義的 Money 類別中，使用 long 類型來代表面額，並以分作為貨幣單位，原本的 multiply() 方法支援的因數為 int 類型，不滿足現有需求。為保證薪資的精確計算，應修改 Money 類別的定義，改為使用 BigDecimal 類型。新的測試對原有產品程式提出了新的要求，需要暫時擱置對新測試的實現，對已有產品程式按照新的需求進行調整，修改 Money 類別的定義，並在修改後運行已有的

所有測試，確保這一修改並未破壞原有測試。接下來，實現剛才撰寫的新測試：

```java
public Payroll payroll() {
    int regularHours = timeCards.stream()
            .map(tc -> tc.workHours() > 8 ? 8 : tc.workHours())
            .reduce(0, (hours, total) -> hours + total);

    int overtimeHours = timeCards.stream()
            .filter(tc -> tc.workHours() > 8)
            .map(tc -> tc.workHours() - 8)
            .reduce(0, (hours, total) -> hours + total);

    Money regularSalary = salaryOfHour.multiply(regularHours);
    // 修改了 multiply() 方法的定義，支援 double 類型
    Money overtimeSalary = salaryOfHour.multiply(1.5).
multiply(overtimeHours);
    Money totalSalary = regularSalary.add(overtimeSalary);

    return new Payroll(
            settlementPeriod().beginDate,
            settlementPeriod().endDate,
            totalSalary);
}
```

按照簡單設計原則嘗試消除重複，提高程式可讀性。首先，可以提取 8 和 1.5 這樣的常數，對程式作微量調整。閱讀實現程式對 filter 與 map 函數的呼叫，發現函數接收的 Lambda 運算式操作的資料皆為 TimeCard 類別所擁有。遵循「資訊專家模式」，做到讓物件之間透過行為進行協作，避免協作物件成為資料提供者，需將運算式提取為方法，然後將它們轉移到 TimeCard 類別：

```java
public class TimeCard implements Comparable<TimeCard> {
    private static final int MAXIMUM_REGULAR_HOURS = 8;
    private LocalDate workDay;
    private int workHours;

    public TimeCard(LocalDate workDay, int workHours) {
        this.workDay = workDay;
        this.workHours = workHours;
    }
```

```
    public int workHours() {
        return this.workHours;
    }

    public LocalDate workDay() {
        return this.workDay;
    }

    public boolean isOvertime() {
        return workHours() > MAXIMUM_REGULAR_HOURS;
    }

    public int getOvertimeWorkHours() {
        return workHours() - MAXIMUM_REGULAR_HOURS;
    }

    public int getRegularWorkHours() {
        return isOvertime() ? MAXIMUM_REGULAR_HOURS : workHours();
    }
}
```

這一重構說明，只要時刻注意物件之間正確的協作模式，就能在一定程度避免貧血模型。不用刻意追求為領域物件分配領域行為，透過辨識程式壞味道，遵循物件導向設計原則就能逐步改進程式。重構後的 payroll() 方法實現為：

```
public Payroll payroll() {
    int regularHours = timeCards.stream()
            .map(TimeCard::getRegularWorkHours)
            .reduce(0, (hours, total) -> hours + total);

    int overtimeHours = timeCards.stream()
            .filter(TimeCard::isOvertime)
            .map(TimeCard::getOvertimeWorkHours)
            .reduce(0, (hours, total) -> hours + total);

    Money regularSalary = salaryOfHour.multiply(regularHours);
    Money overtimeSalary = salaryOfHour.multiply(OVERTIME_FACTOR).
multiply(overtimeHours);
    Money totalSalary = regularSalary.add(overtimeSalary);

    return new Payroll(
```

```
        settlementPeriod().beginDate,
        settlementPeriod().endDate,
        totalSalary);
}
```

目前的方法曝露了太多細節，缺乏足夠的層次，無法清晰表達方法的執行步驟：先計算正常執行小時數的薪資，再計算加班小時數的薪資，即可得到該臨時工最終要發放的薪資。仍然祭出重構手法，一個簡單的提取方法就能達到目的。提取出來的方法既隱藏了細節，又使得主方法清晰地表現了業務步驟：

```
public Payroll payroll() {
    Money regularSalary = calculateRegularSalary();
    Money overtimeSalary = calculateOvertimeSalary();
    Money totalSalary = regularSalary.add(overtimeSalary);

    return new Payroll(
            settlementPeriod().beginDate,
            settlementPeriod().endDate,
            totalSalary);
}
```

提取方法非常有效。透過確定一個方法的高層目標，就可以辨識和提取出無關的子問題域，讓方法的職責變得更加單一、程式的層次更加清晰。方法在程式層次是一種非常有效的封裝機制，可以讓細節不再直接曝露。只要提取出來的方法擁有一個「不言自明」的好名稱，程式就能變得更加讀取。

接著撰寫第三個測試使用案例：計算沒有工作時間卡的臨時工薪資。

在考慮該測試使用案例的測試方法撰寫時，發現一個問題：如何獲得薪資的結算週期？之前的實現透過提交的工作時間卡來獲得結算週期，如果臨時工根本沒有提交工作時間卡，表示該臨時工的薪資為 0，但並不等於沒有薪資結算週期。事實上，如果提交的工作時間卡存在缺失，也會導致獲取薪資結算週期出錯。以此而論，即可發現確定薪資結算週期的職責不應該由 HourlyEmployee 聚合承擔，它也不具備該知識。然而，payroll() 方法返回的 Payroll 物件又需要結算週期，該物件屬於第 15 章提

到的聚合的未知資料，應由外部傳入，以此來保證聚合的自給自足，無須存取任何外部資源。因此，在撰寫新測試之前，還需要先修改已有程式：

```
public Payroll payroll(Period settlementPeriod) {
    Money regularSalary = calculateRegularSalary();
    Money overtimeSalary = calculateOvertimeSalary();
    Money totalSalary = regularSalary.add(overtimeSalary);

    return new Payroll(
            settlementPeriod.beginDate(),
            settlementPeriod.endDate(),
            totalSalary);
}
```

這時，之前重構的 settlementPeriod() 方法就沒有存在的必要，就該果斷刪除，保證程式的簡單。

我們看到，這裡對 settlementPeriod() 方法的重構幫助我們找到了 Period 類別。它代表了「結算週期」這一領域概念。為了保證領域模型的一致性，透過領域實現建模發現的領域概念需要即刻同步到之前獲得的領域模型中。

第五篇　融合

融合，就是將戰略和戰術合而為一。為了讓軟體運行起來，還需要考慮領域邏輯與技術實現的融合，即領域層與閘道層的融合。

在戰略層次，需在領域驅動架構風格的約束和指導下考慮界限上下文之間的協作，思考並決策界限上下文的通訊邊界，指導從單體架構向微服務架構的演進。同時，因為處理程序間通訊引起的諸多影響，需要評估分散式通訊、交易和受技術因素驅動的命令查詢職責分離模式是否對領域模型造成了影響。

事實證明，遵循領域驅動架構風格的系統完全滿足架構演進的要求。只需要付出少量修改成本，即可使其支援單體架構、SOA、微服務架構和事件驅動架構，同時還滿足領域模型的穩定性。

在戰術層次，建立設計概念的統一語言，避免團隊在領域建模時因概念了解的偏差出現設計的不一致，甚至做出有違領域驅動設計理念的錯誤決策。還需要考慮透過領域模型驅動設計獲得的領域模型如何與持久化機制結合，解決物件關係映射的阻抗不符合問題，以更加優雅的方式實現資源庫，保證作為通訊埠的資源庫實現不會侵入領域模型，破壞領域的純粹性。

無論戰略、戰術，還是二者的融合，都需要在領域驅動設計系統下進行。為了更進一步地了解領域驅動設計，我根據個人的設計經驗提煉出領域驅動設計的精髓。針對期望引入和實踐領域驅動設計的開發團隊，我複習了領域驅動設計的能力評估模型。我還根據領域驅動設計統一過程列出了具有可操作性的領域驅動設計參考過程模型。該參考過程模型將方法、過程、模式有機地融合起來，並為實踐領域驅動設計的團隊列出了行之有效的指導意見。

領域驅動設計的戰略考量

> 在戰略上，最漫長的迂迴道路，常常是達到目的的最短途徑。
>
> ——利德爾·哈特，《間接路線戰略》

領域驅動統一過程的架構映射階段對應解空間的戰略設計，領域建模階段對應解空間的戰術設計。二者位於不同的設計層次，彼此之間又相互影響。在考慮戰略設計與戰術設計的融合時，有必要整理對戰術設計產生深遠影響的戰略設計問題。我將其稱為領域驅動設計的戰略考量。

18.1 界限上下文與微服務

界限上下文對整個目標系統進行了垂直的業務能力切分，在界限上下文內部組成了自己的架構系統，是為菱形對稱架構。雖然我強調了界限上下文的自治性，但並未就界限上下文的邊界本質加以詳細說明，認為只要遵循界限上下文的設計要求，單體架構與微服務架構的邏輯架構是保持一致的。[1] 到了具體的技術實現，需要確定界限上下文的物理邊界，因

1　注意，界限上下文縱向切分的邏輯邊界包含了資料庫，也就是說，資料庫的資料模型要與領域模型保持一致的邏輯邊界，雖然在物理上選擇不同的架構風格，不同的資料表可能是同一個資料庫，也可能是分庫儲存。這意味著，界限上下文邏輯邊界在資料庫層面的粒度控制以表為單位。

為它會直接影響架構的設計與實現。界限上下文的物理邊界，實際指的
是通訊邊界，以處理程序為單位分為處理程序內與處理程序間兩種。

18.1.1　處理程序內的通訊邊界

若界限上下文之間為處理程序內的通訊方式，表示它們的程式模型運行
在同一個處理程序中，透過物件實例化的方式即可呼叫另一個界限上下
文內部的物件。界限上下文的程式模型存在兩種等級的設計方式。以
Java 為例，歸納如下。

- 命名空間等級：透過命名空間進行界定，所有的界限上下文位於同一
  個專案模組（module），編譯後生成一個 JAR 套件。
- 專案模組層級別：在命名空間上是邏輯分離的，不同界限上下文屬於
  同一個專案的不同模組，編譯後生成各自的 JAR 套件。

兩種等級的程式模型僅存在編譯期的差異，後者的解耦更加徹底，可以
更進一步地應對變化對界限上下文的影響。舉例來説，當界限上下文 A
的業務場景發生變更時，我們可以只修改和重編譯界限上下文 A 對應的
JAR 套件，其餘 JAR 套件並不受到影響。到了運行期，這兩種方式就
沒有任何區別了，因為它們都運行在同一個 Java 虛擬機器（Java Virtual
Machine，JVM）中，當變化發生時，整個系統都需要重新開機和運行 [2]。

如果所有界限上下文都運行在一個處理程序，當前架構就屬於單體架構
（monolithic architecture）。單體架構不一定是大泥球，也未必是糟糕設
計的代名詞，只要遵循界限上下文的邊界（如嚴格遵循菱形對稱架構）
來定義程式模型，就能確保清晰的程式結構。由於界限上下文之間採用
處理程序內通訊，跨界限上下文之間的協作可透過下游的用戶端通訊埠
直接呼叫上游的應用服務，無須跨處理程序通訊，使得協作變得更加容
易，也更加高效。

2　除非語言平台支援動態模組的載入與卸載。

我們必須警惕重複使用帶來的耦合。撰寫程式時，需要謹守界限上下文的邊界，時刻注意不要越界，並確定界限上下文各自對外公開的介面，避免它們之間產生過多的依賴。界限上下文之間的重複使用是業務能力的重複使用，表現為設計，就是對北向閘道遠端服務或應用服務的重複使用。一旦需要將界限上下文調整為處理程序間的通訊邊界，這種重視邊界控制的設計與實現能夠更進一步地適應這種演進。

譬如在專案管理系統中，專案上下文與通知上下文之間的通訊為處理程序內通訊，當專案負責人將 Sprint Backlog 成功分配給團隊成員之後，系統發送郵件通知該團隊成員。分配職責由專案上下文的 SprintBacklogService 領域服務承擔，發送通知的職責由通知上下文的 NotificationAppService 應用服務承擔。考慮到未來界限上下文通訊邊界的變化，我們就不能在 SprintBacklogService 服務中直接實例化 NotificationAppService 物件，而是在專案上下文中定義南向閘道的用戶端通訊埠 NotificationClient，並由 NotificationClientAdapter 實現。SprintBacklogService 服務依賴用戶端通訊埠，然後依賴注入介面卡實現。協作過程如圖 18-1 所示。

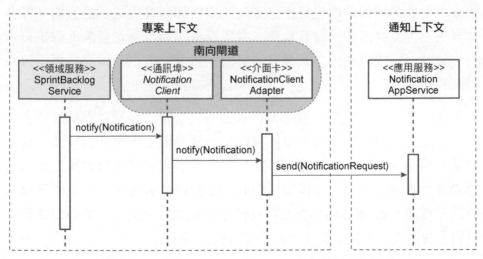

▲ 圖 18-1　專案上下文與通知上下文的處理程序內通訊

一旦在未來需要將通知上下文演進為處理程序間的通訊邊界，該變動只
會影響專案上下文的南向閘道介面卡，不影響其餘內容。[3]

在界限上下文邊界控制下的單體架構具有清晰的結構，各個界限上下文
也遵循了自治原則。它面臨的主要問題是無法對指定的界限上下文進行
水平伸縮，也無法對指定界限上下文進行獨立替換與升級。

18.1.2　處理程序間的通訊邊界

如果界限上下文的邊界就是處理程序的邊界，界限上下文之間的協作就
必須採用分散式的通訊方式。在物理上，界限上下文的程式模型與資料
庫是完全分開的，考慮協作時，因為資料庫共用方式的不同，產生兩種
不同的風格：

- 資料庫共用架構；
- 零共用架構。

1.　資料庫共用架構

資料庫共用架構是一種折中的手段。劃分界限上下文時，可能出現一種
狀況：程式的運行是處理程序分離的，資料庫卻共用彼此的資料，即多
個界限上下文共用同一個資料庫。共用資料庫可以更加便利地保證資料
的一致性，這或許是該方案最有說服力的證據，但也可以視為對一致性
約束的妥協。

不管在物理上是否共用資料庫，界限上下文之間的邏輯邊界仍然需要守
護，不能讓一個界限上下文越界存取另一個界限上下文的資料庫。在針
對某手機品牌開發的輿情分析系統中，危機查詢服務提供對辨識出來的
危機進行查詢。查詢時，需要透過 userId 獲得危機處理人、危機匯報人
的詳細資訊。圖 18-2 所示的設計就破壞了危機分析上下文的邏輯邊界，
繞開了使用者上下文，直接存取了使用者資料表。

3　即使將訊息通知修改為事件通知的機制，需要調整的內容也僅僅是對通訊埠的呼叫程式。

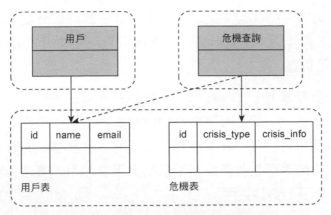

▲ 圖 18-2　危機上下文直接存取使用者資料表

要注意，即讓使用者資料表和危機資料表位於同一個資料庫，按照界限上下文的要求，它們之間其實也存在一條無形的邊界，需要遵循跨界限上下文呼叫的「紀律」，即形成對業務能力的重複使用，如圖 18-3 所示。

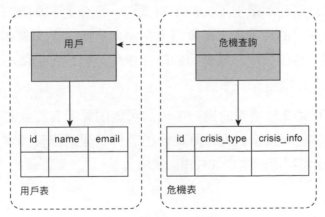

▲ 圖 18-3　輿情分析系統的兩種設計

考慮到未來可能的演進，無論是單體架構，還是微服務的資料庫共用風格，都需要一開始就注意避免在分屬兩個界限上下文的表之間建立外鍵約束關係。某些關聯式資料庫可能透過這種約束關係提供串聯更新與刪除的功能，這種功能反過來會影響程式的實現。一旦因為分庫而去掉表之間的外鍵約束關係，需要修改的程式太多，就會導致演進的成本太高，甚至可能因為某種疏漏帶來隱藏的 bug。

資料庫共用架構可能傳遞「反模式」的訊號。當兩個分處不同界限上下文的服務需要操作同一張資料表（這張表被稱為「共用表」）時，表示設計可能出現了錯誤。

■ 遺漏了一個界限上下文，共用表對應的是一個被重複使用的服務：買家在查詢商品時，商品服務會查詢價格表中的當前價格，而在提交訂單時，訂單服務也會查詢價格表中的價格，計算當前的訂單總額。共用價格資料的原因是我們遺漏了價格上下文，引入價格服務就可以解除這種不必要的資料共用。

■ 職責分配出現了問題，操作共用表的職責應該分配給已有的服務：輿情服務與危機服務都需要從郵件範本表中獲取範本資料，然後呼叫郵件服務組合範本的內容發送郵件。實際上，從郵件範本表獲取範本資料的職責應該分配給已有的郵件服務。

■ 共用表對應兩個界限上下文的不同概念：倉儲上下文與訂單上下文都需要存取共用的產品表，但實際上這兩個界限上下文需要的產品資訊並不相同，應該按照領域模型的知識語境分開為各自關心的產品建立資料表。

為什麼會出現這 3 種錯誤的設計？一個可能的原因在於我們沒有遵循領域建模的要求，而直接對資料庫進行了設計，程式沒有表現正確的領域模型，導致了資料庫的耦合或共用。

2. 零共用架構

如果界限上下文之間沒有共用任何外部資源，整個架構就成為零共用架構。如前面介紹的輿情分析系統，在去掉危機查詢對使用者表的依賴後，同時將使用者資料與危機資料分庫儲存，就演進為零共用架構。如圖 18-4 所示，危機分析上下文的危機資料儲存在 Elasticsearch 中，使用者上下文的使用者資料儲存在 MySQL 中，實現了資源的完全分離。

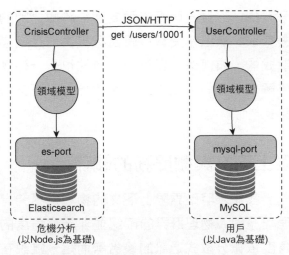

▲ 圖 18-4　輿情分析系統的零共用架構

這是一種界限上下文徹底獨立的架構風格，保證了邊界內的服務、基礎設施乃至於儲存資源、中介軟體等其他外部資源的獨立性，形成自治的微服務，表現了微服務架構的特徵：每個界限上下文都有自己的程式庫、資料儲存和開發團隊，每個界限上下文選擇的技術堆疊和語言平台也可以不同，界限上下文之間僅透過限定的通訊協定進行通訊。

獨立運行的界限上下文實現了真正的自治，不僅每個界限上下文的內部程式能夠做到獨立演化，在技術選型上也可以結合自身的業務場景做出「恰如其分」的選擇。譬如，危機分析上下文需要儲存大規模的非結構化資料，業務上需要支援對危機資料的高性能全文字搜尋，故而選擇了Elasticsearch 作為持久化的資料庫。考慮到開發的高效以及對 JSON 資料的支援，團隊選擇了 Node.js 作為後端開發框架。對於使用者上下文，資料量小，結構規範，採用 MySQL 關聯式資料庫的架構會更簡單，並使用Java 作為後台開發語言。二者之間唯一的耦合就是危機分析透過 HTTP存取上游的使用者服務，根據傳入的 userId 獲得使用者的詳細資訊。

徹底分離的界限上下文變得小而專，使得我們可以極佳地安排遵循 2PTs規則的領域特性團隊去治理它。然而，這種架構的複雜度也不可低估。界限上下文之間採用處理程序間通訊，必然影響通訊的效率與可靠性。

資料庫是完全分離的，一旦一個服務需要連結跨庫之間的資料，就需要跨界限上下文去存取，無法享受資料庫自身提供的連結福利。每個界限上下文都是分散式的，如何保證資料的一致性也是一件棘手的問題。當整個系統都被分解成一個個可以獨立部署的界限上下文時，運行維護與監控的複雜度也隨之而劇增。

18.1.3　界限上下文與微服務的關係

在架構映射階段，我並未明確界限上下文的物理邊界究竟是在處理程序內，還是在處理程序間。物理邊界的確認並非業務角度的考慮，更多是從品質屬性的角度依據分散式通訊的優劣勢而定。雖說在設計微服務架構時，領域驅動設計的界限上下文可以幫助團隊更進一步地明確微服務的邊界，但這卻不能說明它們之間一定存在一對一的映射關係。

在確定界限上下文與微服務之間的關係時，需要考慮團隊與程式的邊界對它們的影響，包括團隊邊界和程式模型邊界。

- 團隊邊界：遵循康威定律，需要控制交流成本，不能出現一個界限上下文由兩個或多個團隊共同承擔的情況。微服務也當如此。如果不同微服務選擇了不同的技術堆疊，團隊的邊界更需要與微服務對應。如此看來，微服務的粒度要細於或等於界限上下文的粒度，然而技術堆疊對微服務邊界的影響，也可認為是技術維度對界限上下文邊界的影響。由於技術堆疊選擇，根據業務能力切分的界限上下文，可進一步切分其邊界，此時，微服務的邊界等於界限上下文的邊界。

- 程式模型邊界：一個微服務的程式模型不能分別部署在兩個不同的處理程序，如果分別部署了，則應被視為不同的微服務，界限上下文卻未必如此。倘若一個界限上下文采用了 CQRS 模式，針對相同的業務，查詢模型與命令模型可以部署到不同的處理程序，可以認為是不同的微服務，但它們在邏輯上仍然屬於同一個界限上下文。如此看來，微服務的粒度要細於或等於界限上下文的粒度。

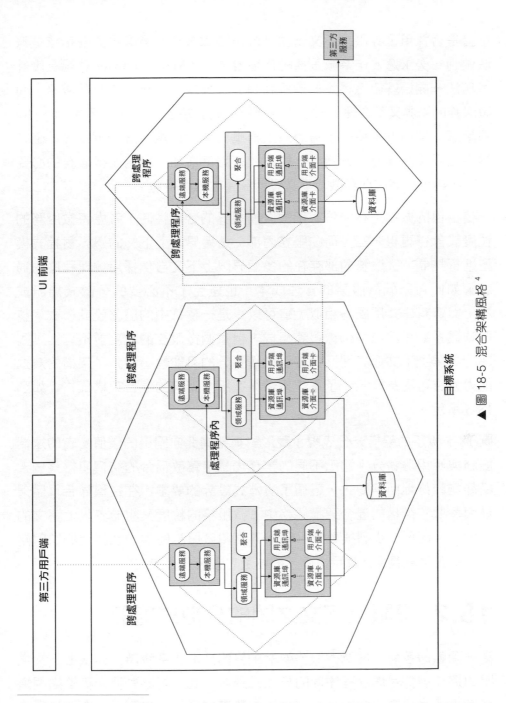

▲圖 18-5 混合架構風格 [4]

---

4 為了在圖示中清晰闡明界限上下文與微服務之間的差異，本書以六邊形代表微服務，菱形代表界限上下文。

不管是否採用了界限上下文幫助團隊辨識微服務，對邊界的確定總是無法做到一勞永逸。作為微服務的佈道者之一，Martin Fowler 就認為設計者無法一開始就確定穩定的微服務邊界。一旦系統被設計為微服務，而微服務的邊界又不合理，對它的重構難度就要遠遠大於單體架構。Fowler 建議應該單體架構優先，透過該架構風格逐步探索系統的複雜度，確定界限上下文組成元件的邊界，待系統複雜度增加，證明了微服務的必要性時，再考慮將這些界限上下文設計為獨立的微服務。

一種審慎的做法是在無法明確微服務邊界的合理性時，考慮將微服務的粒度設計得更粗一些，而在服務內部，透過界限上下文的邊界對程式模型進行控制。微服務內部存在的多個界限上下文自然採用處理程序內通訊，如此可降低微服務的管理成本，也避免了不必要的分散式通訊成本。與資料庫共用風格相似，這可以算是一種折中的服務設計模式。整個軟體系統仍然由多個微服務組成，但每個微服務的粒度並不均衡，內部的界限上下文邊界卻又保留了繼續拆分的可能性，增強了架構的演進能力。這可認為是混合了單體架構與微服務架構的混合架構風格，如圖 18-5 所示。

圖 18-5 所示的架構充分表現了菱形對稱架構北向閘道的價值。它的遠端服務與應用服務分別適應不同的業務場景，鬆散耦合的結構使得整個架構能夠較好地回應變化，遵循了演進式設計的要求。在這種糅合單體架構與微服務架構的混合架構風格中，微服務的粒度又粗於界限上下文的粒度了。因此，我們很難為界限上下文和微服務確定一個穩定的映射關係，這正是軟體設計棘手之處，卻也是它的魅力所在。

18.2 界限上下文之間的分散式通訊

當一個軟體系統發展為微服務架構風格的分散式系統時，界限上下文之間的協作將採用處理程序間的分散式通訊方式。菱形對稱架構透過閘道層減少了通訊方式的變化對協作機制帶來的影響。然而，若全然無視這種變化，就無疑是掩耳盜鈴了。

無論採用何種程式設計模式與框架來封裝分散式通訊，都只能做到讓處理程序間的通訊方式儘量透明，卻不可抹去分散式通訊固有的不可靠性、傳輸延遲性等諸多問題，選擇的輸入 / 輸出（Input/Output，I/O）模型也會影響到電腦資源特別是 CPU、處理程序和執行緒資源的使用，從而影響服務端的回應能力。分散式通訊傳輸的資料也有別於處理程序內通訊。選擇不同的序列化框架、不同的通訊機制，對遠端服務介面的定義也提出了不同的要求。

18.2.1　分散式通訊的設計因素

一旦決定採用分散式通訊，就需要考慮以下 3 個因素。

- 通訊協定：用於資料或物件的傳輸。
- 資料協定：為滿足不同節點之間的統一通訊，需確定統一的資料協定。
- 介面定義：介面要滿足一致性與穩定性，它的定義受到通訊框架的影響。

1.　通訊協定

為確保分散式通訊的可靠性，網路通訊的傳輸層需要採用 TCP，以可靠地把資料在不同的位址空間上搬運。在傳輸層之上的應用層，往往選擇 HTTP，如 REST 架構風格的框架，或採用二進位協定的 HTTP/2，如 Google 的 RPC 框架 gRPC。

可靠傳輸還要建立在網路傳輸的低延遲基礎上。如果服務端無法在更短時間內處理完請求，或處理併發請求的能力較弱，伺服器資源就會被阻塞，影響資料的傳輸。資料傳輸的能力取決於作業系統的 I/O 模型，分散式節點之間的資料傳輸本質就是兩個作業系統之間透過 socket 實現的資料登錄與輸出。傳統的 I/O 模式屬於阻塞 I/O，與執行緒池的執行緒模型相結合。由於一個系統內部可使用的執行緒數量是有限的，一旦執行緒池沒有可用執行緒資源，當工作執行緒都阻塞在 I/O 上時，伺服器回應用戶端通訊請求的能力就會下降，導致通訊的阻塞。因此，分散式通訊一般會採用 I/O 多工或非同步 I/O，如 Netty 就採用了 I/O 多工的模型。

2. 資料協定

用戶端與服務端的通訊受到處理程序的限制，必須對通訊的資料進行序列化和反序列化，實現物件與資料的轉換。這就要求跨越處理程序傳遞的訊息契約物件必須能夠支援序列化。選擇序列化框架需要關注以下內容。

■ 編碼格式：採用二進位還是字串等讀取的編碼。
■ 契約宣告：以介面定義語言為基礎（Interface Definition Language，IDL）如 Protocol Buffers/Thrift，還是自描述如 JSON、XML。
■ 語言平台的中立性：如 Java 的 Native Serialization 只能用於 JVM 平台，Protocol Buffers 可以跨各種語言和平台。
■ 契約的相容性：契約增加一個欄位，舊版本的契約是否還可以反序列化成功。
■ 與壓縮演算法的契合度：為了提高性能或支援大量資料的跨處理程序傳輸，需要結合各種壓縮演算法，例如 gzip、snappy。
■ 性能：序列化和反序列化的時間，序列化後資料的位元組大小，都會影響到序列化的性能。

常見的序列化協定包括 Protocol Buffers、Avro、Thrift、XML、JSON、Kyro、Hessian 等。序列化協定需要與不同的通訊框架結合，例如 REST 框架選擇的序列化協定通常為文字型的 XML 或 JSON，使用 HTTP/2 協定的 gRPC 自然與 Protocol Buffers 結合。Dubbo 可以選擇多種組合形式，例如 HTTP+JSON 序列化、Netty+Dubbo 序列化、Netty+Hession2 序列化等。如果選擇非同步 RPC 的訊息傳遞方式，只需發行者與訂閱者遵循相同的序列化協定即可。若業務存在特殊性，甚至可以定義自己的事件訊息協定規範。

3. 介面定義

採用不同的分散式通訊機制，對介面定義的要求也不相同，例如以 XML 為基礎的 Web Service 與 REST 風格服務就採用了不同的介面定義。RPC

框架對介面的約束要少一些，它是一種遠端程序呼叫（Remote Procedure Call）協定，目的是封裝底層的通訊細節，使得開發人員能夠以近乎本地通訊的程式設計模式來實現分散式通訊。從本質上講，REST 風格服務實則也是一種 RPC，只是 REST 架構風格對 REST 風格服務的介面定義列出了設計約束。至於訊息傳遞機制要求的介面，由於它引入訊息佇列（或訊息代理）解除了發行者與訂閱者之間的耦合，因此二者之間的介面是透過事件訊息來定義的。

雖然不同的分散式通訊機制對介面定義的要求不同，但設計原則卻是相同的，即在保證服務的品質屬性基礎上，儘量解除用戶端與服務端之間的耦合，同時保證介面版本升級的相容性。

18.2.2 分散式通訊機制

雖然有多種不同的分散式通訊機制，但在微服務架構風格下，主要採用的分散式通訊機制包括：

- REST；
- RPC；
- 訊息傳遞。

它們也正好對應服務契約設計中定義的服務資源契約、服務行為契約和服務事件契約。我選擇了 Java 社區最常用的 Spring Boot+Spring Cloud、Dubbo 和 Kafka 作為這 3 種通訊機制的代表，分別討論它們對領域驅動設計帶來的影響。

1. REST

遵循 REST 架構風格的服務即 REST 風格服務，通常採用 HTTP+JSON 序列化實現資料的處理程序間傳輸。服務的介面往往是無狀態的，要求透過統一的介面來對資源執行各種操作。正因如此，遠端服務的介面定義實則可以分為兩個層面。其一是遠端服務類別的方法定義，除了方法的參數與返回值必須支援序列化，REST 框架對方法的定義幾乎沒有任

何限制。其二是 REST 風格服務的介面定義，在 Spring Boot 中就是使用 @RequestMapping 註釋指定 URI 以及 HTTP 動詞。

用戶端在呼叫 REST 風格服務時，需要指定 URI、HTTP 動詞以及請求 / 回應訊息。透過請求直接傳遞的參數映射為 @RequestParam，透過 URI 範本傳遞的參數映射為 @PathVariable。遵循 REST 風格服務定義規範，一般建議參數透過 URI 範本傳遞，例如 orderId 參數：

```
GET /orders/{orderId}
```

對應的 REST 風格服務定義為：

```
package com.dddexplained.ecommerce.ordercontext.northbound.remote.
resource;

@RestController
@RequestMapping(value="/orders")
public class OrderResource {
    @RequestMapping(value="/{orderId}", method=RequestMethod.GET)
    public OrderResponse orderOf(@PathVariable String orderId) {    }
}
```

採用以上方式定義服務介面時，參數往往定義為語言基本類型的集合。若要傳遞自訂的請求物件，就要使用 @RequestBody 註釋，HTTP 動詞需要使用 POST、PUT 或 DELETE。

透過 REST 風格服務傳遞的訊息契約物件需要支援序列化。實現時，取決於服務設定的 Content-Type 類型確定為哪一種序列化協定。多數 REST 風格服務會選擇簡單的 JSON 協定。

下游界限上下文若要呼叫上游的 REST 風格服務，需透過 REST 風格用戶端發起跨處理程序呼叫。在 Spring Boot 中，可透過 RestTemplate 發起對遠端服務的呼叫：

```
package com.dddexplained.ecommerce.ordercontext.southbound.adapter.
client;

public class InventoryClientAdapter implements InventoryClient {
    // 使用 REST 用戶端
```

```
    private RestTemplate restTemplate;

    public boolean isAvailable(Order order) {
        // 自訂請求訊息物件
        CheckingInventoryRequest request = new CheckingInventoryRequest();
        for (OrderItem orderItem : order.items()) {
            request.add(orderItem.productId(), orderItem.quantity());
        }
        // 自訂回應訊息物件
        InventoryResponse response = restTemplate.postForObject("http://
inventory-service/
inventories/order", request, InventoryResponse.class);
        return response.hasError() ? false : true;
    }
}
```

訂單上下文作為下游，呼叫了庫存上下文的遠端 REST 風格服務：

```
package com.dddexplained.ecommerce.inventorycontext.northbound.remote.
resource;

@RestController
@RequestMapping(value="/inventories")
public class InventoryResource {
    @RequestMapping(value="/order", method=RequestMethod.POST)
    public InventoryResponse checkInventory(@RequestBody
CheckingInventoryRequest inventoryRequest) {}
}
```

由於採用了分散式通訊，位於訂單上下文南向閘道的介面卡實現並不能重複使用庫存上下文的訊息契約物件 CheckingInventoryRequest 和 InventoryResponse，需要在當前上下文的南向閘道中自行定義。

呼叫遠端 REST 風格服務的用戶端介面卡也可以使用 Spring Cloud Feign 進行簡化。在訂單上下文，只需要給用戶端通訊埠標記 @FeignClient 等註釋即可，如：

```
package com.dddexplained.ecommerce.ordercontext.southbound.port.client;

@FeignClient("inventory-service")
public interface InventoryClient {
    @RequestMapping(value = "/inventories/order", method = RequestMethod.
```

```
POST)
    InventoryResponse available(@RequestBody CheckingInventoryRequest
inventoryRequest);
}
```

這表示用戶端介面卡的實現交給了 Feign 框架，省了不少開發工作。不過，@FeignClient 註釋也為用戶端通訊埠引入了對 Feign 框架的依賴，從整潔架構思想來看，難免顯得美中不足。不僅如此，Feign 介面除了不強制規定方法名稱，介面方法的輸入參數與返回值必須與上游遠端服務的介面方法保持一致。一旦上游遠端服務的介面定義發生了變更，就會影響到下游用戶端，這實際上削弱了南向閘道引入通訊埠的價值。

2. RPC

RPC 是一種技術思想，即為遠端呼叫提供一種類當地語系化的程式設計模式，封裝網路通訊和定址，實現一種位置上的透明性。因此，RPC 並不限於傳輸層的網路通訊協定，但為了資料傳輸的可靠性，通常採用的還是 TCP。

RPC 經歷了漫長的歷史發展與演變，從最初的遠端程序呼叫，到公共物件請求代理系統結構（common object request broker architecture，cORBA）提出的分散式物件（distributed object）技術，微軟以元件物件模型（component object model 為基礎，COM）推出的分散式 COM（distributed COM，DCOM），再到後來的 .NET Remoting 以及分散式通訊的集大成框架 Windows Communication Foundation（WCF），從 Java 的遠端方法呼叫（remote method invocation，RMI）到企業級的分散式架構 Enterprise JavaBeans（EJB）……隨著網路通訊技術的逐漸成熟，RPC 從簡單到複雜，然後又由複雜回歸本質，開始關注分散式通訊與高效簡潔的序列化機制，這一設計思想的代表就是 Google 推出的 gRPC+ Protocol Buffers。

隨著微服務架構變得越來越流行，RPC 的重要價值又再度得到表現。許多開發人員發現 REST 風格服務在分散式通訊方面無法滿足高併發低延遲的需求，HTTP/1.0 的連線協定存在許多限制，以 JSON 為主的序列化既

低效又冗長，這就為 RPC 帶來了新的機會。阿里的 Dubbo 就將 RPC 框架與微服務技術融合起來，既滿足了針對介面的遠端方法呼叫，實現分散式通訊的智慧容錯與負載平衡，又實現了服務的自動註冊和發現。這使得它成了界限上下文分散式通訊的一種主要選擇。

以 Dubbo 定義為基礎的遠端服務屬於服務行為契約，遠端服務作為服務行為的提供者，呼叫遠端服務的用戶端是服務行為的消費者，因此，它的設計思想不同於 REST 針對資源的設計。由於 Dubbo 採用的分散式通訊本質上是一種遠端方法呼叫（即透過遠端物件代理「偽裝」成本地呼叫）的形式，因而需要服務提供者遵循介面與實現分離的設計原則。分離出去的服務介面部署在用戶端，作為呼叫遠端代理的「外殼」，真正的服務實現則部署在服務端，並透過 ZooKeeper 或 Consul 等框架實現服務的註冊。

Dubbo 對服務的註冊與發現依賴於 Spring 設定檔。框架對服務提供者介面的定義是無侵入式的，但介面的實現類別必須增加 Dubbo 定義的 @Service 註釋。舉例來說，檢查庫存服務提供者的介面定義與普通的 Java 介面沒有任何區別：

```
package com.dddexplained.ecommerce.inventorycontext.northbound.local.
provider;

public interface InventoryProvider {
    InventoryResponse checkInventory(CheckingInventoryRequest
inventoryRequest)
}
```

該介面的實現應與介面定義分開，放在不同的模組，定義為：

```
package com.dddexplained.ecommerce.inventorycontext.northbound.remote.
provider;

@Service
public class InventoryProviderImpl implements InventoryProvider {
    public InventoryResponse checkInventory(CheckingInventoryRequest
inventoryRequest) {}
}
```

介面與實現分離的設計遵循了 Dubbo 官方推薦的模組與拆分套件原則：以重複使用度拆分套件為基礎，總是一起使用的放在同 一套件下，將介面和基礎類別分成獨立模組，大的實現也使用獨立模組。這裡所謂的以重複使用度拆分套件為基礎，按照領域驅動設計的原則，其實就是按照界限上下文進行拆分套件。甚至可以說，領域驅動設計的界限上下文為 Dubbo 服務的劃分提供了設計依據。

在 Dubbo 官方的服務化最佳實踐中，列出了以下建議：

■ 建議將服務介面、服務模型、服務異常等均放在 API 包中，因為服務模型和異常也是 API 的一部分；

■ 服務介面盡可能粗粒度，每個服務方法應代表一個功能，而非某功能的步驟，否則將面臨分散式交易問題；

■ 服務介面建議以業務場景為單位劃分，並對相近業務做抽象，防止介面數量爆炸；

■ 不建議使用過於抽象的通用介面，如 Map query(Map)，這樣的介面沒有明確語義，會給後期維護帶來不便；

■ 每個介面都應定義版本編號，為後續不相容升級提供可能，如 <dubbo:service interface= "com.xxx.xxxService" version="1.0" />；

■ 服務介面增加方法或服務模型增加欄位，可向後相容；刪除方法或刪除欄位將不相容，列舉類型新增欄位也不相容，需透過變更版本編號升級；

■ 如果是業務種類，以後明顯會有類型增加，不建議用 Enum，可以用 String 代替；

■ 服務參數及返回值建議使用 POJO 物件，即透過 setter、getter 方法表示屬性的物件；

■ 服務參數及返回值不建議使用介面；

■ 服務參數及返回值都必須是傳值呼叫，而不能是傳引用呼叫，消費方和提供方的參數或返回值引用並不是同一個，只是值相同，Dubbo 不支援引用遠端物件。

分析 Dubbo 服務的最佳實踐，了解 Dubbo 框架自身對服務定義的限制，可以確定在領域驅動設計中使用 Dubbo 作為分散式通訊機制的設計實踐。

遵循服務驅動設計，一個業務服務正好對應遠端服務和應用服務的方法，它的粒度與 Dubbo 服務的設計要求是一致的。遠端服務和應用服務的參數定義為訊息契約物件，通常定義為不依賴於任何框架的 POJO 物件[5]，這也符合 Dubbo 服務的要求。Dubbo 服務的版本編號定義在設定檔中，版本自身並不會影響服務定義。結合介面與實現分離原則與菱形對稱架構，可以認為北向閘道的應用服務就是 Dubbo 服務提供者的介面，對應的訊息契約物件也定義在北向閘道。遠端服務則為 Dubbo 服務提供者的實現，依賴了 Dubbo 框架，如圖 18-6 所示。

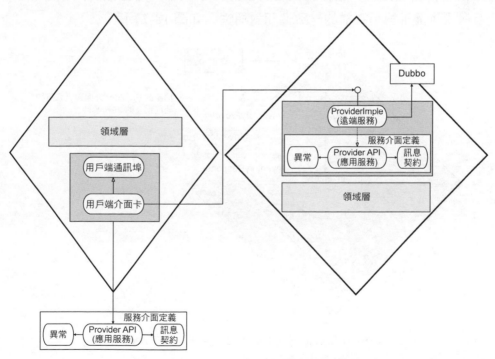

▲ 圖 18-6　Dubbo 的用戶端與服務端協作

5　準確地說，應定義為可序列化的 Java Bean，具體區別參見第 19 章。

用戶端在呼叫 Dubbo 服務時，除了必要的設定與部署需求，與處理程序內通訊的上下文協作沒有任何區別，因為 Dubbo 服務介面與訊息契約物件就部署在用戶端，可以直接呼叫服務介面的方法。若有必要，仍然建議透過南向閘道的通訊埠呼叫 Dubbo 服務。

服務提供者的實現屬於北向閘道的遠端服務，不僅實現了服務提供者的介面，還呼叫了應用服務。根據 Dubbo 框架的要求，服務提供者的介面與訊息契約需要組成一個獨立的模組，以便部署到用戶端。這表示應用服務與服務提供者介面需要放到不同的模組中，形成不同的 JAR 套件，但在菱形對稱架構的程式模型中，都放在 northbound.local 命名空間下。

比較服務資源契約，服務提供者的設計多引入了一層抽象和間接呼叫，但保證了菱形對稱架構的一致性和對稱性，如圖 18-7 所示。

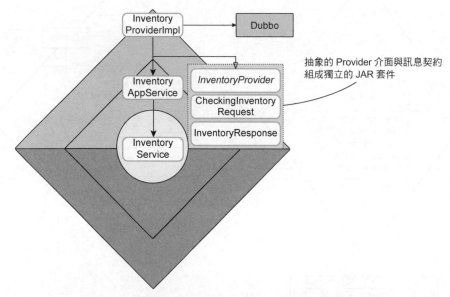

▲ 圖 18-7 Dubbo 服務介面與實現在菱形對稱架構的位置

Dubbo 服務與 REST 風格服務不同，一旦服務介面發生了變化，不僅需要修改用戶端程式，還需要重新編譯服務介面套件，重新部署在用戶端。若希望用戶端不依賴服務介面，可以使用 Dubbo 提供的泛化服務 GenericService。泛化服務介面的參數與返回值只能是 Map，若要表達一

個自訂契約物件，需要以 Map<String, Object> 來表達。獲取泛化服務實例需要呼叫 ReferenceConfig，這無疑增加了用戶端呼叫的複雜度。

Dubbo 服務的實現皆位於上游界限上下文，如果呼叫者希望在用戶端也執行部分邏輯，如 ThreadLocal 快取、驗證參數等，根據 Dubbo 的要求，需要在用戶端本地提供存根（Stub）實現，並在服務設定中指定 stub 的值。這在一定程度上會影響用戶端程式的撰寫。

3. 事件訊息傳遞

REST 風格服務在跨平台通訊與介面一致性方面存在天然的優勢。REST 架構風格已經成熟，可以說是微服務通訊的首選。然而，現階段的 REST 風格服務主要採用了 HTTP/1.0 協定與 JSON 序列化，在資料傳輸性能方面表現欠佳。RPC 服務解決了這一問題，但在跨平台與服務解耦方面又具有一定的技術約束。透過訊息佇列進行訊息傳遞身為非阻塞跨平台非同步通訊機制，可以成為 REST 風格服務與 RPC 服務之外的有益補充。

如果將界限上下文之間傳遞的訊息定義為事件，這種訊息傳遞的分散式通訊方式就形成了事件驅動架構風格。雖說事件驅動模型與事件驅動架構最為符合，但只要定義好了應用事件，服務驅動設計中的遠端服務、應用服務也可以實現分散式的訊息傳遞，只是扮演的角色略有不同。

如果需要更加清晰地表現它們的職責，可以認為參與事件訊息傳遞的關鍵角色包括：

- 事件發行者（event publisher）；
- 事件訂閱者（event subscriber）；
- 事件處理器（event handler）。

這一命名遵循了發行者 / 訂閱者模式。發佈事件的界限上下文稱為發佈上下文，屬於上游；訂閱事件的界限上下文稱為訂閱上下文，屬於下游。事件發行者定義在發佈上下文，事件訂閱者與事件處理器定義在訂閱上下文。事件訊息的傳遞透過事件匯流排完成，為了支援分散式通訊，通常引入訊息中介軟體實現事件匯流排，常用的訊息中介軟體有 RabbitMQ、

Kafka 等。由於事件訊息的傳遞需要支援分散式通訊，不管事件是應用事件還是領域事件，都需要支援序列化。

圖 18-8 展示了兩個界限上下文透過發佈 / 訂閱事件訊息進行協作時，各個物件角色之間的關係。

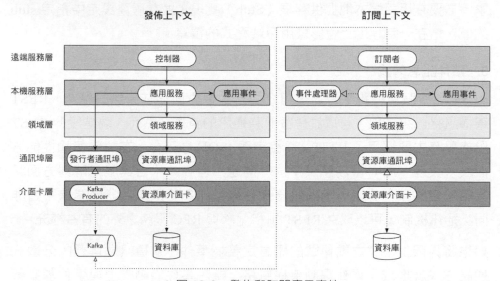

▲ 圖 18-8　發佈和訂閱應用事件

圖 18-8 左側為發佈上下文，它的遠端服務是滿足前端 UI 請求的控制器，例如下訂單使用案例，就是買家透過前端 UI 點擊「下訂單」按鈕發起的服務呼叫請求。應用服務在收到遠端服務委派過來的請求後，會呼叫領域服務執行對應的業務邏輯。執行完畢後，由應用服務呼叫注入的事件發行者介面卡，將事件訊息發佈到由 Kafka 實現的事件匯流排。圖 18-8 右側為訂閱上下文，遠端服務為訂閱者。當它監聽到 Kafka 收到的應用事件後，透過實現了事件處理器介面的應用服務消費事件訊息，然後將請求委派給領域服務，完成對應的業務邏輯。

發行者通訊埠定義為介面，與外部框架沒有任何關係：

```
@Port(type=PortType.Publisher)
public interface EventPublisher<T extends Event> {
    void publish(String topic, T event);
}
```

它的實現作為南向閘道的介面卡，呼叫了 Spring Kafka 的 API：

```
@Adapter(type=PortType.Publisher)
public class EventKafkaPublisher<T> implements EventPublisher<T> {
    @Autowired
     private KafkaTemplate<Object, Object> template;

    @Override
    public void publish(String topic, T event) {
        template.send(topic, event);
    }
}
```

應用服務和領域服務都可以透過依賴注入獲得 EventPublisher 介面卡，故而它的設計與其他位於南向閘道的通訊埠和介面卡並無任何差異。

事件訂閱者需要一直監聽 Kafka 的主題（topic）。不同的訂閱上下文需要監聽不同的主題來獲得對應的事件。由於事件訂閱者需要呼叫具體的訊息佇列實現，一旦接收到它關注的事件後，需要透過事件處理器處理事件，因此可以認為它是遠端服務的一種，負責接收事件匯流排傳遞的遠端訊息。

遠端服務並不實際處理具體的業務邏輯，而是作為外部事件訊息的「一傳手」，在收到訊息後，將其轉交給應用服務。為了清晰地表現處理事件的含義，應定義 EventHandler 介面，應用服務會實現該介面。舉例來說，通知上下文的 OrderEventSubscriber 在收到 OrderPlaced 事件後，透過呼叫 OrderEventHandler 處理該事件：

```
public class OrderEventSubscriber {
    @Autowired
    private OrderEventHandler eventHandler;

    @KafkaListener(id = "order-placed", clientIdPrefix = "order", topics =
{"topic.e-
commerce.order"}, containerFactory = "containerFactory")
    public void subscribeOrderPlacedEvent(String eventData) {
        OrderPlaced orderPlaced = JSON.parseObject(eventData, OrderPlaced.
class);
        eventHandler.handle(orderPlaced);
    }
}
```

事件處理器與應用服務的定義如下所示：

```
public interface OrderEventHandler {
    void handle(OrderPlaced orderPlacedEvent);
    void handle(OrderCompleted orderCompletedEvent);
}

public class NotificationAppService implements OrderEventHandler ...
```

整體來看，無論採用什麼樣的分散式通訊機制，明確界限上下文閘道層與領域層的邊界仍然非常重要。不管是 REST 資源或控制器、服務提供者，還是事件訂閱者，都是分散式通訊的直接執行者。它們不應該知道領域模型的任何一點知識，故而也不應該干擾領域層的設計與實現。應用服務與遠端服務介面保持相對一致的映射關係。對領域邏輯的呼叫都交給了應用服務，它扮演了外觀的角色。分散式通訊傳遞的訊息契約物件，包括訊息契約物件與領域模型物件之間的轉換邏輯，都交給了外部的閘道層，充分表現了菱形對稱架構的價值。

18.3 命令查詢職責的分離

命令與查詢是否需要分離，這一設計決策會對系統架構、界限上下文乃至領域模型產生直接影響。在領域驅動設計中，是否選擇引入該模式是一個重要的戰略考量。

在大多數領域場景中，針對領域模型物件的命令操作和查詢操作具有不同的重點，二者具有以下差異。

- 查詢操作沒有副作用，具有冪等性；命令操作會修改狀態，其中新增操作若不加約束則不具有冪等性。
- 查詢操作發起同步請求，需要即時返回查詢結果，往往為阻塞式的請求 / 回應操作；命令操作可以發起非同步請求，甚至可以不用返回結果，即採用非阻塞式的即發即忘操作。
- 查詢結果往往需要針對 UI 展現層，命令操作只是引起狀態的變更，無須呈現操作結果。

■ 查詢操作的頻率要遠遠高於命令操作，領域複雜度又要低於命令操作。

既然命令操作與查詢操作存在如此多的差異，採用一致的設計方案就無法更進一步地應對不同的用戶端請求。按照領域驅動設計的原則，針對同一領域邏輯，原本應該建立一個統一的領域模型，但它可能無法同時滿足具有複雜 UI 呈現與豐富領域邏輯的需求，無法同時滿足具有同步即時與非同步低延遲的需求。這時，就需要尋求改變，按照操作類型對領域模型進行劃分，分別建立命令模型和查詢模型，形成命令查詢職責分離模式（command query responsibility segregation, CQRS）。

18.3.1 CQS 模式

Bertrand Meyer 認為：「一個方法不是執行某種動作的命令，就是返回資料的查詢，而不能兩者皆是。換句話說，問題不應該對答案進行修改。更正式的解釋是，一個方法只有在具有引用透明（referential transparent）時才能返回資料，此時該方法不會產生副作用。」這就是命令查詢分離（command query separation，CQS）模式。

在程式層面，分離命令與查詢的目的是隔離副作用。函數建模範式非常強調函數無副作用，要求定義為引用透明的純函數。物件建模範式對方法定義雖沒有這樣嚴格的要求，但遵循 CQS 模式仍有一定的必要性。如果將其放在架構層面來考慮，命令操作與查詢操作的分離不僅隔離了副作用，還承擔了分離領域模型、回應不同呼叫者需求的職責。舉例來説，當 UI 展現層需要獲得極為豐富的查詢模型時，透過嚴謹設計獲得的聚合是否能夠直接滿足這一需求？如果希望執行高性能的查詢請求，頻繁映射關係表與物件的查詢介面是否帶來了太多不必要的間接轉換成本？如果查詢採用同步操作、命令採用非同步作業，採用同一套領域模型是否能夠極佳地滿足不同的執行請求？可以説，CQRS 模式脫胎於 CQS 模式，是其在架構層面上的設計思想延續。

18.3.2 CQRS 模式的架構

CQRS 模式做出的革命性改變是將模型分為命令模型和查詢模型。同時，根據命令操作的特性以及品質屬性的要求，酌情考慮引入命令匯流排、事件匯流排和事件儲存。遵循 CQRS 模式的架構如圖 18-9 所示，圖中的虛線框表示元素可選。

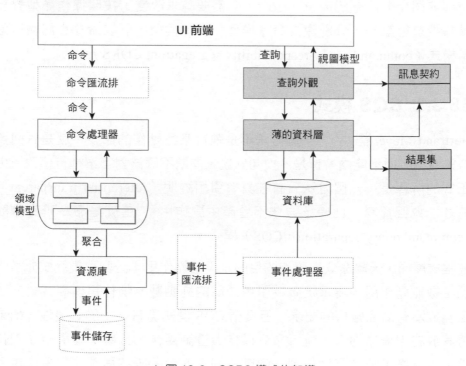

▲ 圖 18-9　CQRS 模式的架構

在圖 18-9 左側，命令處理器操作的領域模型就是命令模型。如果沒有採用事件溯源與事件儲存，該領域模型與普通領域模型並無任何區別，仍然包括實體、值物件、領域服務、資源庫和工廠，實體與值物件放在聚合邊界內。若有必要還可以引入領域事件。

在圖 18-9 右側，查詢操作面對查詢模型，對應訊息契約模型中的回應訊息物件。回應訊息物件並不屬於領域模型，因為查詢端要求查詢操作乾淨俐落、直截了當。為了減少不必要的物件轉換，沒有定義領域層，而

是透過一個薄薄的資料層直接存取資料庫。為了提高查詢性能，還可以在資料庫專門為查詢操作建立對應的視圖。查詢返回的結果無須經過領域模型，直接轉為呼叫者需要的回應請求物件。

領域模型之所以需要為命令操作保留，是由命令操作具有的業務複雜度決定的。注意，雖然 CQRS 模式脫胎於 CQS 模式，但並不表示其命令操作對應的方法都具有副作用，如薪資管理系統中 HourlyEmployee 類別的 payroll() 方法會根據結算週期與工作時間卡執行薪資計算，只要輸入的值是確定的，方法返回的結果也是確定的，滿足了引用透明的規則。換言之，如果沒有採用事件建模範式，聚合中的實體與值物件、領域服務的設計並不受 CQRS 模式的影響。CQRS 模式之所以劃分命令操作與查詢操作，實則是針對資源庫進行的改良。

資源庫作為管理聚合生命週期的角色構造型，承擔了增刪改查的職責。CQRS 模式要求分離命令操作和查詢操作，相當於砍掉了資源庫執行查詢操作的職責。去掉查詢操作後，命令操作執行的聚合又來自何處呢？難道還需要去求助專門的查詢介面嗎？其實不然，雖然命令模型的資源庫不再提供查詢方法，但根據聚合根實體的 ID 執行查詢的方法仍然需要保留，否則就無從管理聚合的生命週期了，它的作用實則是載入一個聚合。命令模型的典型資源庫介面應如下所示：

```
package …….commandmodel;

public interface {CommandModel}Repository {
    Optional<AggregateRoot> fromId(Identity aggregateId);
    void add(AggregateRoot aggregate);
    void update(AggregateRoot aggregate);
    void remove(AggregateRoot aggregate);
}
```

在命令端，除了需要將查詢方法從資源庫介面中分離出去，與領域驅動設計對領域模型的要求完全保持一致，在架構上，同樣遵循菱形對稱架構。查詢端則不同，沒有領域模型，而是直接透過北向閘道的遠端查詢服務呼叫南向的 DAO 物件，獲得的資料存取物件就是訊息契約模型，也

就是呼叫者希望獲得的回應訊息物件，甚至可以是 UI 前端需要的視圖模型物件。本質上，查詢端的架構遵循了弱化的菱形對稱架構，即沒有領域模型作為核心。建立的命令模型與查詢模型如圖 18-10 所示。

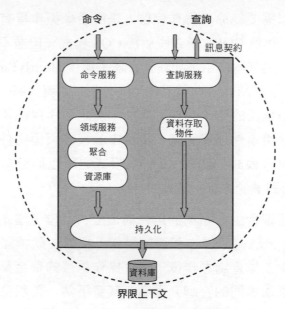

▲ 圖 18-10　命令模型與查詢模型

如圖 18-10 所示，命令端與查詢端位於同一個界限上下文，但採用了不同的分層架構。關鍵之處在於查詢端無須領域模型，從而減少了不必要的抽象與間接，滿足快速查詢的業務需求。

18.3.3　命令匯流排的引入

如果命令請求需要執行較長時間，或服務端需要承受高併發的壓力，又無須即時獲取執行命令的結果，就可以引入命令匯流排，將同步的命令請求改為非同步方式，以有效利用分散式資源，提高系統的回應能力。

大型軟體系統通常會使用訊息佇列作為命令匯流排。訊息佇列引入的非同步通訊機制，使得發送方和接收方都不用等待對方返回成功訊息即可執行後續的程式，提高了資料處理的能力。尤其在存取量和資料流量較

大的情況下，可結合訊息佇列與後台工作，避開高峰期對任務進行批次處理，有效降低資料庫處理資料的負荷，同時也減輕了命令端的壓力。

為保證命令端與查詢端的一致性，可以將命令服務定義為北向閘道的遠端服務或應用服務。它的呼叫方式看起來和查詢服務完全一樣。實現時，命令服務相當於是命令請求的中轉站，在接收到呼叫者的命令請求後，不做任何處理，立刻將命令訊息轉發給訊息佇列。命令處理器作為命令訊息的訂閱者，在收到命令訊息後，呼叫領域模型物件執行對應的領域邏輯。如此一來，界限上下文的架構就會發生變化，接收命令請求的遠端服務和命令處理器在邏輯上屬於同一個界限上下文，但在物理上卻部署在不同的伺服器節點，如圖 18-11 所示。

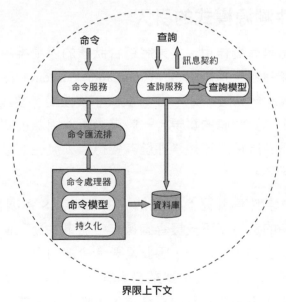

▲ 圖 18-11　引入命令匯流排的 CQRS 架構

不同的命令請求執行不同的業務邏輯，應用服務作為業務服務的統一外觀，承擔命令處理器的職責，提供與服務價值對應的命令處理方法。如訂單應用服務需要回應下訂單和取消訂單命令：

```
// 此時的應用服務作為命令處理器
public class OrderAppService {
```

```
// 為了表現命令請求的含義，訊息物件的尾碼統一為 command
public void placeOrder(PlaceOrderCommand placeOrderCommand) {}
public void cancelOrder(CancelOrderCommand cancelOrderCommand) {}
}
```

應用服務的方法內部會呼叫命令請求物件或裝配器的轉換方法，將命令請求物件轉為領域模型物件，然後委派給領域服務的對應方法。領域服務與聚合、資源庫之間的協作和普通的領域驅動設計實現沒有任何區別。顯然，命令匯流排的引入增加了架構的複雜度，即使在同一個界限上下文內部，也引入了複雜的分散式通訊機制，但提高了整個界限上下文的回應能力。

18.3.4 事件溯源模式的引入

多數命令操作都具有副作用。如果將聚合狀態的變更視為一種事件，就可以將命令操作轉為一種純函數：Command -> Event。這實際上就引入了事件溯源模式（參見附錄 B）。這一模式不僅改變了領域模型的建模方式，同時也改變了資源庫的實現。一般來說事件溯源模式需要與事件儲存結合，因為資源庫需要透過事件儲存獲得過去發生的事件，實現聚合的重建與更新操作。

不過，CQRS 對事件溯源是有約束的。由於 CQRS 強調命令與查詢分離，命令模型中的資源庫不支援查詢操作，而事件溯源模式本身也無法極佳地支援對聚合的查詢功能，因此需要命令端的資源庫不僅要負責追加事件，還需要將聚合持久化到業務資料庫，以滿足查詢端的查詢請求。為了避免引入不必要的分散式交易，事件儲存與業務資料應放在同一個資料庫。

18.3.5 事件匯流排的引入

命令端與查詢端可以進一步引入事件匯流排實現兩端的完全獨立。在做出這一技術決策之前，需要審慎地判斷它的必要性。毫無疑問，事件匯

流排的引入進一步增加了架構的複雜度。

首先，一旦引入事件匯流排，就需要調整命令端的建模方式，即採用事件建模範式。這種建模範式的建模核心為事件，它關注事件引起的狀態遷移，改變了建模者觀察真實世界的方式。這種迥異於物件建模範式的思想，並非每個團隊都能熟練把握的。

其次，事件匯流排的作用是傳遞事件訊息，然後由事件處理器訂閱該事件訊息，根據事件內容完成命令請求，操作業務資料庫的資料。這表示命令端的領域模型需採用事件溯源模式，且在儲存事件的同時還需要發佈事件。事件儲存與業務資料位於訊息佇列的兩端，屬於不同的資料庫，甚至可能選擇不同類型的資料庫。

最後，使用訊息佇列中介軟體擔任事件匯流排，不可避免增加了分散式系統部署與管理的難度，通訊也變得更加複雜。

價值呢？如果系統的併發存取量非常高，引入事件匯流排無疑可以改進每個伺服器節點的回應能力，由於訊息佇列自身也能支援分散式部署，若能規劃好事件發佈與訂閱的分區和主題設計，就能有效地分配和利用資源，滿足不同業務場景的可擴充性需求。一些 CQRS 框架提供了對訊息佇列的支援，如 Axon 框架就允許使用者建立一個以 AMQP 為基礎的事件匯流排，還可以使用訊息代理對訊息進行分配。

引入分散式事件匯流排的 CQRS 模式最為複雜，通常需要結合事件溯源模式。首先，用戶端向命令服務發起請求，命令服務在接收到命令之後，將其作為訊息發佈到命令匯流排，如圖 18-12 所示。

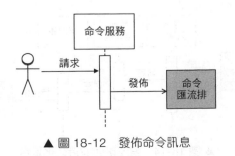

▲ 圖 18-12　發佈命令訊息

命令訂閱者訂閱了命令匯流排，一旦命令匯流排接收到了命令訊息，就會呼叫命令處理器處理命令訊息。命令模型的命令處理器其實就是位於北向閘道的應用服務，或說應用服務實現了命令處理器介面，將接收到的命令請求傳遞給領域服務，由領域服務負責協調聚合與資源庫。由於模型採用了事件溯源模式，聚合承擔了生成事件的職責。資源庫表面看來是聚合的資源庫，實際上完成的是領域事件的持久化。一旦領域事件被儲存到事件儲存中，作為應用服務的命令處理器就會將該領域事件發佈到事件匯流排，如圖 18-13 所示。

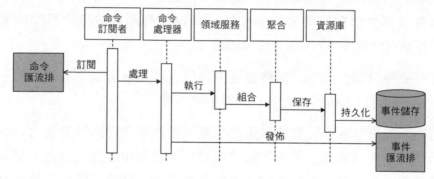

▲ 圖 18-13　處理命令訊息並發佈事件

在事件匯流排的用戶端，事件訂閱者負責監聽事件匯流排，一旦接收到事件訊息，就會將反序列化後的事件訊息物件轉發給事件處理器。由於事件處理器與命令處理器分屬不同的處理程序，為了保證它們之間的獨立性，傳遞的事件訊息應採用事件攜帶狀態遷移風格。事件自身攜帶了事件處理器需要的聚合資料，交由資源庫完成對聚合的持久化，如圖 18-14 所示。

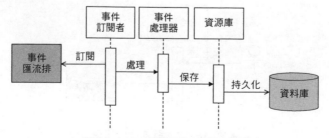

▲ 圖 18-14　處理事件並持久化聚合

事件匯流排發佈側的資源庫負責持久化事件，事件匯流排訂閱側的資源庫負責存取聚合資料庫，完成對聚合內實體和值物件的持久化。

CQRS 模式的複雜度可繁可簡，對於領域驅動設計的影響亦可大可小，但最根本的是它改變了查詢模型的設計。這一設計思想其實與領域驅動設計核心子領域的辨識相吻合，即如果領域模型不屬於核心子領域，可以選擇適合其領域特點的最簡便方法。一個界限上下文可能屬於核心子領域的範圍，然而，由於查詢邏輯並不牽涉到太多的領域規則與業務流程，更強調快速方便地獲取資料，因此可以打破領域模型的設計約束。

引入命令匯流排並不表示必須引入事件，它僅改變了命令請求的處理模式。一旦 CQRS 模式引入了事件匯流排，它的設計與事件溯源模式更為符合，就能夠更進一步地發揮事件的價值。注意，CQRS 並沒有要求匯流排必須是運行在獨立處理程序中的中介軟體。在 CQRS 架構模式下，匯流排的職責就是發佈、傳遞和訂閱訊息，並根據訊息特徵與角色的不同分為命令匯流排和事件匯流排，根據訊息處理方式的不同分為同步匯流排和非同步匯流排。只要能夠履行這樣的職責，並能高效率地處理訊息，不必一定使用訊息佇列。舉例來説，為了降低 CQRS 的複雜度，我們也可以使用 Guava 或 AKKA 提供的 Event Bus 函數庫，以本地方式實現命令訊息和事件訊息的傳遞（AKKA 同時也支援分散式訊息）。

完整引入命令匯流排與事件匯流排的 CQRS 模式存在較高的複雜度，在選擇該解決方案時，需要慎之又慎，認真評估複雜度帶來的成本與收益之比。同時，團隊也需要明白 CQRS 模式對領域驅動設計帶來的影響。

18.4 交易

雖説領域驅動設計專注於領域，然而，一旦領域邏輯融合了戰略和戰術，讓領域邏輯程式真正能夠跑起來，對外提供完整的業務能力，就必然繞不開對交易的處理。根據通訊邊界的不同，交易可以分為本地交易和分散式交易。

由聚合和界限上下文的特徵可確定同一個聚合和同一個界限上下文中的領域物件一定在同一個處理程序邊界內。然而，參與協作的聚合可能位於不同的界限上下文，它的通訊邊界可以是處理程序內或處理程序間。也可認為以處理程序為邊界的界限上下文是微服務，在考慮交易處理時，需要考慮聚合、界限上下文和微服務之間的關係。極端情況下，一個聚合就是一個界限上下文，一個界限上下文就是一個微服務。當然，這種一對一的映射關係實屬偶然，多數情況下，一個界限上下文可能包含多個聚合，一個微服務也可能包含多個界限上下文。反之，絕不允許一個聚合分散在不同的界限上下文，更不用說微服務了。

如圖 18-15 所示，一個微服務對應一個界限上下文，每個界限上下文包含了兩個聚合，每個聚合有其交易邊界。同一處理程序中的聚合 A 與聚合 B、聚合 C 與聚合 D 之間的協作可考慮採用本地交易，確保資料的強一致性；聚合 B 和聚合 C 的協作為跨處理程序通訊，可考慮採用柔性交易保證資料的最終一致性。

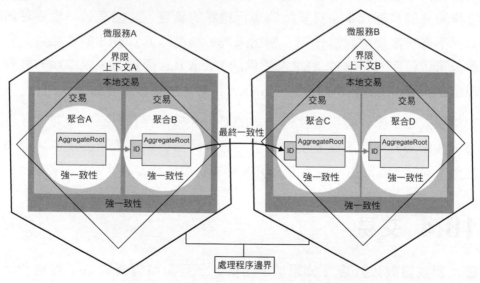

▲ 圖 18-15　微服務、界限上下文、聚合與交易

明確微服務、界限上下文、聚合與交易之間的關係後，我們就可以根據本地交易和分散式交易的技術特徵分別對二者加以說明。

18.4.1　本地交易

儘管交易是一種技術實現機制，卻要從業務角度對交易提出功能需求。一個完整的業務服務必須考慮異常流程，尤其牽涉到對外部資源的操作，往往因為諸多偶發現象或不可預知的錯誤導致操作失敗。交易就是用來確保一致性的技術手段。

由於角色構造型規定應用服務應表現業務服務的服務價值，即它作為業務服務的內外協調介面。同時，應用服務還應承擔呼叫橫切重點的職責，交易身為橫切重點，將其放在應用服務才是合情合理的。Vaughn Vernon 就認為：「通常來說，我們將交易放在應用層中。常見的做法是為每一組相關使用案例創建一個外觀（facade）。外觀中的業務方法往往定義為粗粒度方法，常見的情況是每一個使用案例對應一個業務方法。業務方法對使用案例所需操作進行協調。呼叫外觀中的業務方法時，該方法都將開始一個交易。同時，該業務方法將作為領域模型的用戶端而存在。在所有的操作完成之後，外觀中的業務方法將提交交易。在這個過程中，如果發生錯誤／異常，那麼業務方法將對交易進行回覆。」[37]

Vaughn Vernon 提到的使用案例就是我提到的業務服務。他還提到：「要將對領域模型的修改增加到交易中，我們必須保證資源庫實現與交易使用了相同的階段（session）或工作單元（unit of work）。這樣，在領域層中發生的修改才能正確地提交到資料庫中，或回覆。」[37]

由此可見，我們應該站在業務服務的角度去思考交易以及交易的範圍。ThoughtWorks 的滕雲就認為：「交易應該與業務使用案例一一對應，而資源庫其實只是聚合根的持久化，並不能符合到某個獨立的業務中。」遵循這一觀點，實現資源庫時就無須考慮交易。所謂的持久化其實是在自己的持久化上下文（persistence context）提供的快取中進行，直到滿足交易要求的業務服務執行完畢，再進行真正的資料庫持久化，如此也可避免交易的頻繁提交。事實上，Java 持久層 API（Java Persistence API，JPA）定義的 persist()、merge() 等方法就沒有將資料即時提交到資料庫，而是

由 JPA 快取起來，當真正需要提交資料變更時，再獲得 EntityTransaction 並呼叫它的 commit() 方法進行真正的持久化。

在應用服務中完成一個業務服務的操作交易，就是一個工作單元（unit of work），一個工作單元負責「維護一個被業務交易影響的物件清單，協調變化的寫入和併發問題的解決」[12]。既然應用服務的介面對外代表了一個業務服務的服務價值，就應該在應用服務中透過一個工作單元來維護一個或多個聚合，並協調這些聚合物件的變化與併發。Spring 提供的 @Transactional 註釋就是以 AOP 的方式實現了一個工作單元。如果使用 Spring 管理交易，只需要在應用服務的方法上增加交易註釋即可：

```
@Transactional(rollbackFor = ApplicationException.class)
public class OrderAppService {
    @Service
    private OrderService orderService;

    public void placeOrder(PlacingOrderRequest request) {
        try {
            orderService.placeOrder(request.toOrder());
        } catch (DomainException ex) {
            ex.printStackTrace();
            logger.error(ex.getMessage());
            throw new ApplicationDomainException(ex.getMessage(), ex);
        } catch (Exception ex) {
            throw new ApplicationInfrastructureException("Infrastructure
Error", ex);
        }
    }
}
```

即使 OrderService 呼叫的 OrderRepository 資源庫沒有實現交易，OrderAppService 應用服務在實現下訂單業務使用案例時，也可以透過 @Transactional 控制交易，真正提交訂單到資料庫，並扣減庫存中商品的數量。若操作時拋出了 Exception 異常，就會執行回覆，避免訂單、訂單項和庫存之間產生不一致的資料。

雖然要求在應用服務中實現交易，但它與資源庫是否使用交易並不矛盾。事實上，許多 ORM 框架的原子操作已經支援了交易。舉例來說，使用

Spring Data JPA 框架時，倘若聚合的資源庫介面繼承自 CrudRepository
介面，框架透過代理生成的實現呼叫了框架的 SimpleJpaRepository 類
別。它提供的 save() 與 delete() 等方法都標記了 @Transacational 標註：

```
@Repository
@Transactional(readOnly = true)
public class SimpleJpaRepository<T, ID> implements
JpaRepositoryImplementation<T, ID> {
    @Transactional
    @Override
    public <S extends T> S save(S entity) {

    if (entityInformation.isNew(entity)) {
        em.persist(entity);
        return entity;
    } else {
        return em.merge(entity);
    }
}

    @Transactional
    @SuppressWarnings("unchecked")
    public void delete(T entity) {
        Assert.notNull(entity, "Entity must not be null!");
        if (entityInformation.isNew(entity)) {
            return;
        }

        Class<?> type = ProxyUtils.getUserClass(entity);
        T existing = (T) em.find(type, entityInformation.getId(entity));

        // if the entity to be deleted doesn't exist, delete is a NOOP
        if (existing == null) {
            return;
        }
        em.remove(em.contains(entity) ? entity : em.merge(entity));
    }
}
```

倘若資源庫與應用服務都支援了交易，就必須滿足限制條件：二者實現
的交易使用相同的階段。舉例來說，二者在實現交易時設定了相同的
EntityManager 或 **TransactionManager**，就會產生多個交易方法的巢狀結

構呼叫,其行為取決於設定的交易傳播(propagation)值。舉例來說,設定為 Propagation.Required 傳播行為,就會在沒有交易的情況下新建一個交易,在已有交易的情況下,加入當前交易。

有時候,一個應用服務需要呼叫另一個界限上下文提供的服務。倘若該界限上下文與當前界限上下文運行在同一個處理程序中,資料也持久化在同一個資料庫中,即使在業務邊界上分屬兩個不同的界限上下文,但在提供技術實現時也可實現為同一個本地交易。無論當前界限上下文對上游應用服務的呼叫是否使用了防腐層,只要保證它們的交易使用了相同的階段,就能保證交易的一致性。如果參與該本地交易範圍的應用服務都設定了 @Transactional,則保證各自界限上下文的交易設定保持一致即可,不會影響各自界限上下文的程式設計模型。

18.4.2 分散式交易

倘若界限上下文之間採用處理程序間通訊,且遵循零共用架構,各個界限上下文存取自己專有的資料庫,就會演變為微服務風格。微服務架構不能繞開的問題,就是如何處理分散式交易。如果微服務存取的資源支援 X/A 規範,可以採用諸如二階段提交協定等分散式交易來保證資料的強一致性。當一個系統的併發存取量越來越大,分區的節點越來越多時,使用這種分散式交易去維護資料的強一致性,成本是非常昂貴的。

作為典型的分散式系統,微服務架構受到 CAP 平衡理論的限制。所謂的 CAP 就是一致性(consistency)、可用性(availability)和分區容錯性(partition-tolerance)的英文字首縮寫。

- 一致性:要求所有節點每次讀取操作都能保證獲取到最新資料。
- 可用性:要求無論任何故障產生後都能保證服務仍然可用。
- 分區容錯性:要求被分區的節點可以正常對外提供服務。

CAP 平衡理論是 Eric Brewer 教授在 2000 年提出的猜想,即「一致性、可用性和分區容錯性三者無法在分散式系統中被同時滿足,並且最多只

能滿足其中兩個！」這一猜想在 2002 年得到 Lynch 等人的證明。由於分散式系統必然需要保證分區容忍性，在這一前提下，就只能在可用性與一致性二者之間取捨。要追求資料的強一致性，就得犧牲系統的可用性。

滿足強一致性的分散式交易要解決的問題比本地交易複雜，因為它需要管理和協調所有分散式節點的交易資源，保證這些交易資源能夠做到共同成功或共同失敗。為了實現這一目標，可以遵循 X/Open 組織為分散式交易處理制訂的標準協定——X/A 協定。遵循 X/A 協定的方案包括二階段提交協定和基於它改進而來的三階段提交協定。無論是哪一種協定，出發點都是在提交之前增加更多的準備階段，使得參與交易的各個節點滿足資料一致性的機率更高，但對外的表徵其實與本地交易並無不同之處，都是成功則提交，失敗則回覆。簡而言之，滿足 ACID 要求的本地交易與分散式交易可以抽象為相同的交易模型，區別僅在於具體的交易機制實現。當然，遵循 X/A 協定在實現分散式交易時，存在一個技術實現的約束：要求參與全域交易範圍的資源必須支援 X/A 規範。許多主流的關聯式資料庫、訊息中介軟體都支援 X/A 規範，因此可以透過它實現跨資料庫、訊息中介軟體等資源的分散式交易。

由於交易與領域之間的交匯點集中在應用服務，若以橫切重點的方式呼叫交易，對本地交易和分散式交易的選擇就是透明的，對領域模型的設計與實現並無影響。舉例來說，Java Transaction API（JTA）作為遵循 X/A 協定的 Java 規範，隱藏了底層交易資源以及交易資源的協作，以透明方式參與到交易處理中；Spring 框架引入了 JtaTransactionManager，可以透過程式設計方式或宣告方式支援分散式交易。

以外賣系統的訂單服務為例，下訂單成功後，需要創建一個工作需求通知餐廳。下訂單會操作訂單資料庫，創建工作需求會操作工作需求資料庫，分別由 OrderRepository 與 TicketRepository 分別操作兩個函數庫的資料，二者必須保證資料的強一致性。如果使用 Spring 程式設計方式實現分散式交易，程式大致如下：

```
public class OrderAppService {
    @Resource(name = "springTransactionManager")
    private JtaTransactionManager txManager;
    @Autowired
    private OrderRepository orderRepo;
    @Autowired
    private TicketRepository ticketRepo;

    public void placeOrder(Order order) {
        UserTransaction transaction = txManager.getUserTransaction();
        try {
            transaction.begin();
            orderRepo.save(order);
            ticketRepo.save(createTicket(order));
            transaction.commit();
        } catch (Exception e) {
            try {
                transaction.rollback();
            } catch (IllegalStateException | SecurityException |
SystemException ex) {
                logger.warn(ex.getMessage());
            }
        }
    }
}
```

顯然，透過對 UserTransaction 實現分散式交易的方式與實現本地交易的方式如出一轍，都可以統一為工作單元模式。具體的差異在於設定的資料來源與交易管理器不同。如果採用標注進行宣告式程式設計，同樣可以使用 @Transactional 標注，在程式設計實現上完全看不到本地交易與分散式交易的差異。

許多業務場景對資料一致性的要求並非不能妥協。這時，BASE 理論就表現了另一種平衡思想的價值。BASE 是基本可用（basically available）、軟狀態（soft-state）和最終一致性（eventually consistent）的英文縮寫，是最終一致性的理論支撐。BASE 理論放鬆了對資料一致性的要求，允許在一段時間內犧牲資料的一致性來換取分散式系統的基本可用，只要資料最終能夠達到一致狀態。

如果將滿足資料強一致性（即 ACID）要求的分散式交易稱為剛性交易，
則滿足資料最終一致性的分散式交易稱為柔性交易。

18.4.3 柔性交易

業界常用的柔性交易模式包括：

- 可靠事件模式；
- TCC 模式；
- Saga 模式。

接下來，我將探討這些模式對領域驅動設計帶來的影響。為了便於說
明，我為這些模式選擇了一個共同的業務場景：手機使用者在營業廳使
用信用卡充值話費。該業務場景牽涉到交易服務、支付服務和充值服務
之間的跨處理程序通訊。這 3 個服務是完全獨立的微服務，且無法採用
X/A 分散式交易來滿足資料一致性的需求。

1. 可靠事件模式

可靠事件模式結合了本地交易與可靠訊息傳遞的特性。當前界限上下文
的業務表與事件訊息表位於同一個資料庫，因此，本地交易就能保證業
務資料更改與事件訊息插入的強一致性。事件訊息成功插入事件訊息表
後，再利用事件發行者輪詢該事件訊息表，向訊息佇列發佈事件。利用
訊息佇列傳遞訊息的「至少一次」特性，保證該事件訊息無論如何都會
傳遞到訊息佇列，並被訊息的訂閱者成功訂閱。只要保證事件處理器對
該事件的處理是冪等的，就能保證執行操作的可靠性和正確性，最終達
成資料的一致。

以話費充值業務場景為例，由交易服務發起支付操作，呼叫支付服務。支
付服務在更新 ACCOUNTS 表帳戶餘額的同時，還要將 PaymentCompleted
事件追加到屬於同一資料庫的 EVENTS 表。EventPublisher 會定時輪詢
EVENTS 表，獲得新追加的事件後將其發佈給訊息佇列。充值服務訂閱
PaymentCompleted 事件，一旦收到該事件，就會執行充值服務的領域邏

輯，更新 FEES 表。這個執行過程如圖 18-16 所示。

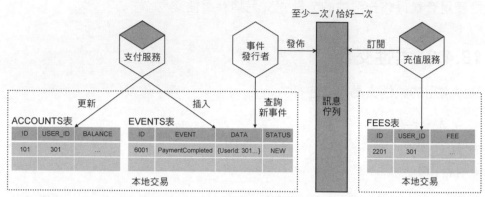

▲ 圖 18-16　可靠訊息模式

充值服務在成功完成充值後更新話費，同時將 PhoneBillCharged 事件追加
到充值資料庫的 EVENTS 表中，然後由 EventPublisher 輪詢 EVENTS 表
並發佈事件。交易服務會訂閱 PhoneBillCharged 事件，然後增加一筆新的
交易記錄到 TRANSACTIONS 資料表。該流程同樣採用可靠事件模式。

在實現可靠事件模式時，領域事件是領域模型不可缺少的一部分。領域
事件的持久化與聚合的持久化發生在一個本地交易範圍內，為了保證它
們的交易一致性，可以將該領域事件放在聚合邊界內部，同時為聚合以
及對應的資源庫增加操作領域事件的功能，例如定義能夠感知領域事件
的聚合抽象類別[6]：

```
public abstract class DomainEventAwareAggregate {
    @JsonIgnore
    private final List<DomainEvent> events = newArrayList();

    protected void raiseEvent(DomainEvent event) {
        this.events.add(event);
    }
```

6　參見滕雲發表在 ThoughtWorks 洞見上的文章《後端開發實踐系列——事件驅動架構
　（EDA）編碼實踐》。

```
   void clearEvents() {
      this.events.clear();
   }

   List<DomainEvent> getEvents() {
      return Collections.unmodifiableList(events);
   }
}
```

定義資源庫抽象類別，使其能夠在持久化聚合的同時持久化領域事件：

```
public abstract class DomainEventAwareRepository<AR extends
DomainEventAwareAggregate> {
   @Autowired
   private DomainEventDao eventDao;

   public void save(AR aggregate) {
      eventDao.insert(aggregate.getEvents());
      aggregate.clearEvents();
      doSave(aggregate);
   }

   protected abstract void doSave(AR aggregate);
}
```

應用服務呼叫南向閘道的發行者通訊埠發佈事件訊息。事件發佈成功後，還要更新或刪除事件表的記錄，避免事件訊息的重複發佈。事件訊息的訂閱者作為訂閱上下文的遠端服務，透過呼叫訊息佇列的 SDK 實現對訊息佇列的監聽。處理事件時，需要保證處理邏輯的冪等性，這樣就可以避開因為事件重複發送對業務邏輯的影響。

整體看來，倘若採用可靠事件模式的柔性交易機制，對領域驅動設計的影響，就是增加對事件訊息的處理，包括事件的創建、儲存、發佈、訂閱和刪除。顯然，可靠事件模式要求界限上下文之間採用發行者 - 訂閱者模式進行協作，同時，在發行者 - 訂閱者模式的基礎上，增加了本地事件表來保證事件訊息的可靠性。

2. TCC 模式

要保證資料的最終一致性，就必須考慮在失敗情況下如何讓不一致的資料狀態恢復到一致狀態。一種有效辦法就是採用補償機制。補償與回覆不同。回覆在強一致的交易下，資源修改的操作並沒有真正提交到交易資源上，變更的資料僅限於記憶體，一旦發生異常，執行回覆操作就是取消記憶體中還未提交的操作。補償則是對已經發生的事實做事後補救，由於資料已經發生了真正的變更，因而無法對資料進行取消，而是執行對應的逆操作。例如插入了訂單，逆操作就是刪除訂單，反過來也當如是。因此，採用補償機制實現資料的最終一致性，就需要為每個修改狀態的操作定義對應的逆操作。

採用補償機制的柔性交易模式被稱為補償模式或業務補償模式。該模式與可靠事件模式最大的不同在於，可靠事件模式的上游服務不依賴於下游服務的運行結果，一旦上游服務執行成功，就透過可靠的訊息傳遞機制要求下游服務無論如何也要執行成功；補償模式的上游服務會強依賴於下游服務，它需要根據下游服務執行的結果判斷是否需要進行補償。

在話費充值的業務場景中，支付服務為上游服務，充值服務為下游服務。在支付服務執行成功後，如果充值服務操作失敗，就會導致資料不一致。這時，補償機制就會要求上游服務執行事先定義好的逆操作，將銀行帳戶中已經扣掉的金額重新退回。

如果進行補償的逆操作遲遲沒有執行，就會導致軟狀態的時間過長，使服務長期處於不一致狀態。為了解決這一問題，需要引入一種特殊的補償模式：TCC 模式。

TCC 模式根據業務角色的不同，將參與整個完整業務使用案例的分散式應用分為主業務服務和從業務服務。主業務服務負責發起流程，從業務服務執行具體的業務。業務行為被拆分為 3 個操作，即 Try、Confirm 和 Cancel，這 3 個操作分屬於準備階段和提交階段，其中提交階段又分為 Confirm 階段和 Cancel 階段。

- Try 階段：準備階段，對各個業務服務的資源做檢測以及對資源進行鎖定或預留。
- Confirm 階段：提交階段，各個業務服務執行的實際操作。
- Cancel 階段：提交階段，如果任何一個業務服務的方法執行出錯，就需要進行補償，即釋放 Try 階段預留的資源。

與普通的補償模式不同，Cancel 階段的操作更像回覆，但實際並非如此。Try 階段對資源的鎖定與預留，並不像本地交易那樣以同步方式對資源加鎖，而是真正執行對資源進行更改的操作，只是在業務介面的設計上表現為對資源的鎖定。阿里的覺生認為[7]:「TCC 模型的隔離性思想就是透過業務的改造，在第一階段結束之後，從底層資料庫資源層面的加鎖過渡為上層業務層面的加鎖，從而釋放底層資料庫鎖資源，放寬分散式交易鎖協定，將鎖的粒度降到最細，以最大限度提高業務併發性能。」

什麼意思呢？ TCC 模式的兩個階段並不在一個要求資料強一致性的交易範圍內。為了保證併發存取，準備階段在資料庫層面會對要修改的目標進行鎖定，然後預留業務資源，待業務服務執行完畢後，就可以釋放資料庫層面的資源鎖。到了提交階段，根據業務服務執行的結果做出動作：如果成功就使用預留資源，如果失敗就釋放預留資源。準備階段與提交階段形成了業務上的隔離。

以支付服務為例，若採用 TCC 模式，Try 階段一般不會直接扣除帳戶餘額[8]，而會凍結金額。為此，需要為 Account 類別增加一個 frozenBalance 欄位。扣款發生時，需要鎖定帳戶，檢查帳戶餘額，如果餘額充足，就減少可用餘額，同時增加凍結金額。注意，資源的鎖定或預留僅限於對需要扣減的資源而言。相反地，例如充值服務是為帳戶增加話費餘額，

7　參見覺生的文章《分散式事務 Seata TCC 模式深度解析》。
8　TCC 模式並未要求一定要凍結金額，也可以直接扣除餘額。這同樣可認為是預留資源，畢竟扣除了餘額後，這個資源就不可再用了。增加凍結金額，無非是更加清晰地表現了可用餘額是多少、凍結金額是多少。

就無須調整話費資源的模型。

如果 Try 階段成功鎖定了資源，就進入 Confirm 階段執產業務的實際操作。由於 Try 階段已經做了業務檢查，Confirm 階段的操作只需直接使用 Try 階段鎖定的業務資源（即扣除凍結金額）即可。如果 Try 階段的操作執行失敗，就進入 Cancel 階段。這個階段的操作需要釋放 Try 階段鎖定的資源，即扣除凍結金額，同時增加可用餘額。

為了應對 TCC 模式的這 3 個階段，必須為支付服務的支付操作定義對應的操作，即對應的 tryPay()、confirmPay() 和 cancelPay() 方法。同理，既然 TCC 模式用於協調多個分散式服務，參與該模式的所有服務就都需要遵循該模式劃分的 3 個階段。故而在話費充值業務場景中，充值服務也需要定義 3 個操作：tryCharge()、confirmCharge() 和 cancelCharge()。不同之處在於話費充值的 tryCharge() 操作無須鎖定或預留資源。

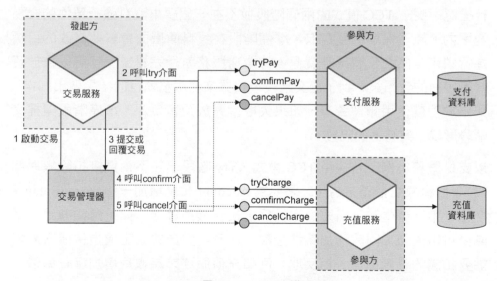

▲ 圖 18-17　TCC 模式

TCC 模式將參與主體分為發起方（即主業務服務）與參與方（即從業務服務）。發起方負責協調交易管理器和多個參與方，在啟動交易之後，呼叫所有參與方的 Try 方法。當所有 Try 方法均執行成功時，由交易管理器呼叫每個參與方的 Confirm 方法。倘若任何一個參與方的 Try 方法執行失

敗，交易管理器就會呼叫每個參與方的 Cancel 方法完成補償。以話費充
值場景為例，交易服務為發起方，支付服務與充值服務為參與方，它們
採用 TCC 模式的執行流程如圖 18-17 所示。

TCC 模式改變了參與方代表交易資源的領域模型，並對服務介面的定義
做出了要求。一個領域模型若要作為 TCC 模式的交易資源，就需要定義
相關屬性，以支援對資來自身的鎖定或預留。同時，作為參與方的每個
業務服務介面都需要定義 Try、Confirm 和 Cancel 方法。實現這些方法
時，還需要保證這些方法具有冪等性。

為了儘量避免 TCC 模式對領域模型產生影響，仍然需要遵循菱形對稱架
構，隔離內部的領域模型和屬於外部閘道層邏輯的 TCC 實現機制或框
架。可以由北向閘道的服務作為 TCC 模式發起方與參與方。舉例來說，
如果使用 tcc-transaction 框架實現 Dubbo 服務的 TCC 模式，在提供者服
務的實現類別中，Try 方法需要透過 @Compensable 標注來指定 Confirm
方法和 Cancel 方法，如支付服務：

```
package com.dddexplained.phonebill.paymentcontext.northbound.remote.
provider;

public class DebitCardPaymentProvider implements PaymentProvider {
    @Compensable(confirmMethod = "confirmPay", cancelMethod = "cancelPay",
transaction
ContextEditor = DubboTransactionContextEditor.class)
    public void tryPay(PaymentRequest request) {}

    public void confirmPay(PaymentRequest request) {}

    public void cancelPay(PaymentRequest request) {}
}
```

根據 Dubbo 服 務 的 要 求，DebitCardPaymentProvider 是 遠 端 服 務，
PaymentProvider 才是應用服務。遠端服務作為實現，會呼叫對應的領域
服務完成對可用餘額、凍結金額的增加與扣減。tcc-transaction 框架要求
Provider 介面的 Try 方法必須標記 @Compensable，表示應用服務也依賴
tcc-transaction 框架：

```
package com.dddexplained.phonebill.paymentcontext.northbound.local.
provider;

public interface PaymentProvider {
   @Compensable
   public void tryPay(PaymentRequest request) {}

   public void confirmPay(PaymentRequest request) {}

   public void cancelPay(PaymentRequest request) {}
}
```

我們一旦將 TCC 模式的實現儘量推到北向閘道的服務，就能將它對領域模型的影響降到最低。TCC 模式需要實現的 3 個方法，到了領域層，就是非常乾淨的領域邏輯，其實現與 TCC 模式無關。相較而言，為了實現資源鎖定，引入的 frozenBalance 屬性對領域邏輯的影響反而更大。但如果將凍結餘額視為領域邏輯的一部分，在支付操作進行扣款時修改凍結餘額的值，似乎也在情理之中。這屬於 Account 聚合根實體需要定義的屬性。

3. Saga 模式

Saga 模式又稱作長時間運行交易（long-running-transaction），由普林斯頓大學的 H. Garcia-Molina 等人提出，可在沒有兩階段提交的情況下解決分散式系統中複雜的業務交易問題。Saga 模式認為：「一個長交易應該被拆分為多個短交易進行交易之間的協調。」

對於微服務架構，一個完整的業務使用案例通常需要多個微服務協作。這時，討論的焦點就不在於這個交易的執行時間長短，而在於該業務場景是否牽涉到多個分散式服務。在 Saga 模式的語境下，可以認為「一個 Saga 表示需要更新多個服務中資料的系統操作」。

Saga 模式亦是一種補償操作，但本質上與 TCC 模式不同。Saga 模式沒有 Try 階段，不需要預留或凍結資源。從參與 Saga 模式的微服務的角度看服務自己，就是一個本機服務，因此在執行它自己的方法時，就可以直接操作該服務內的交易資源。這就可能導致一個本機服務操作成功、另一個本機服務操作失敗的情況，造成資料的不一致。這時，就需要執行

操作的逆操作來完成補償。

根據微服務之間協作方式的不同，Saga 模式也有兩種不同的實現，Chris Richardson 將其分別定義為協作式（choreography）和編排式（orchestrator）[61]。

- 協作式：把 Saga 的決策和執行順序邏輯分佈在 Saga 的每個參與方，它們透過交換事件的方式進行溝通。
- 編排式：把 Saga 的決策和執行順序邏輯集中在一個 Saga 編排器類別。Saga 編排器發出命令式訊息給各個 Saga 參與方，指示這些參與方服務完成具體操作（本地交易）。

協作式 Saga 的關鍵核心是交易訊息與事件的發行者 - 訂閱者模式。

所謂「交易訊息」就是滿足訊息發送與本地交易執行的原子性問題。以本地資料庫更新與訊息發送為例，如果首先執行資料庫更新，待執行成功後再發送訊息，只要訊息發送成功，就能保證交易的一致。但是，一旦訊息發送不成功（包括經過多次重試），又該如何確保更新操作的回覆？如果首先發送訊息，然後執行資料庫更新，又會面臨當資料庫更新失敗時該如何取消已經發送的訊息的難題。交易訊息解決的就是這類問題。

Chris Richardson 提出了交易訊息的多個方案，如使用資料庫表作為訊息佇列、交易日誌拖尾（transaction log tailing）等 [61]。在實際運用中，我們也可選擇支援交易訊息的訊息佇列中介軟體，如 RocketMQ。

一旦滿足交易訊息的基本條件，協作式 Saga 模式中各個參與服務之間的通訊就透過事件來完成，並能確保每個參與服務在本地是滿足交易一致性的。與可靠事件模式不同的是，對於產生副作用的業務操作，需要定義對應的補償操作。在 Saga 模式中，事件的訂閱順序剛好對應正向流程與逆向流程，執行的操作也與之對應。

仍以話費充值為例。在正向流程中，支付服務執行的操作為 pay()，完成支付後發佈 PaymentCompleted 事件；充值服務訂閱該事件，並在接收到

該事件後，執行 charge() 操作，成功充值後發佈 PhoneBillCharged 事件。而在逆向流程中，充值失敗將發佈 PhoneBillChargeFailed 事件，支付服務訂閱該事件，一旦接收到，就需要執行 rejectPay() 補償操作。

為減少 Saga 模式對領域模型的影響，參與 Saga 協作的服務應由應用服務來承擔，因此，正向流程的操作與逆向流程的補償操作都定義在應用服務中。由於領域模型需要支援各種業務場景，即使不考慮分散式交易，也當提供完整的領域行為。以支付服務為例，即使不考慮充值失敗時執行的補償操作，也需要在領域模型中提供支付與退款這兩種領域行為。這兩個行為實則是互逆的，它們的定義並不受分散式交易的影響。

編排式 Saga 需要開發人員定義一個編排器類別，用於編排一個 Saga 中多個參與服務執行的流程。可認為編排器類別是一個 Saga 工作流引擎，透過它來協調這些參與的微服務。如果整個業務流程正常結束，業務就成功完成。一旦這個過程的任何環節出現失敗，Sagas 工作流引擎就會以相反的順序呼叫補償操作，重新進產業務回覆。

如果說協作式 Saga 是一種自治的協作行為，編排式 Saga 就是一種集權的控制行為。但這種控制行為並不像一個過程指令稿那樣由編排器類別按照順序依次呼叫各個參與服務，而是將編排器類別作為服務協作的調停者（mediator），且仍然採用訊息傳遞來實現服務之間的跨處理程序通訊。編排器類別傳遞的訊息是一個請求 / 回應訊息。請求訊息的發起者為 Saga 編排器，將訊息發送給訊息佇列。訊息佇列為回應訊息創建一個專門的通道，作為 Saga 的回覆通道。當對應的參與服務接收到該請求訊息後，會將執行結果作為回應訊息（本質上還是事件）返回給回覆通道。Saga 編排器在接收到回應訊息後，根據結果的成敗決定呼叫正向操作還是逆向的補償操作。

編排式 Saga 減輕了各個參與服務的壓力，因為參與服務不再需要訂閱上游服務返回的事件，減少了服務之間對事件協定的依賴，如編排式的支付服務無須了解充值服務返回的 PhoneBillChargeFailed 事件。支付服務

的補償操作由 Saga 編排器接收到作為回應訊息的 PhoneBillChargeFailed
事件，然後編排器再向支付服務發起退款的命令請求。在引入編排器
後，每個參與服務的職責就變得更為單一且一致：

■ 訂閱並處理命令訊息，該命令訊息屬於當前服務公開介面需要的輸入
   參數；
■ 執行命令後返回回應訊息。

編排式與協作式 Saga 的差異在於服務之間的協作方式，每個參與服務的
介面定義並沒有任何區別。只要隔離了外部閘道層與領域模型，仍然能
夠保證領域模型的穩定性。

若能使用已有的 Saga 框架，就無須開發人員再去處理煩瑣的服務協作與
補償方法呼叫的技術實現細節。Chris Richardson 提供的 Eventuate Tram
Saga 框架 [61] 能夠支援編排式的 Saga 模式，但對 Saga 的封裝並不夠徹
底。要使用該框架，仍然需要了解太多 Saga 的細節。ServiceComb Pack
屬於微服務平台 Apache ServiceComb 的一部分，為分散式柔性交易提供
了整體解決方案，能夠同時支援 Saga 與 TCC 模式。

ServiceComb Pack 透過 gRPC 與 Kyro 序列化來實現微服務之間的分散式
通訊。它包含了兩個元件：Alpha 與 Omega。Alpha 作為 Saga 協調者，
負責管理和協調交易。Omega 是內嵌到每個參與服務的引擎，可以攔截
呼叫請求並向 Alpha 上報交易事件。

採用協調者與攔截引擎的設計機制可以有效地將 Saga 機制封裝起來，使
開發人員在實現微服務之間的呼叫時，幾乎感受不到 Saga 模式的交易處
理。除了必要的設定與依賴，只需要在各個參與方應用服務的正向操作
上指定補償方法即可。舉例來說，支付服務的應用服務定義：

```
import org.apache.servicecomb.pack.omega.transaction.annotations.
Compensable;
import org.springframework.stereotype.Service;

@Service
public class PaymentAppService {
```

```
@Compensable(compensationMethod = "rejectPay")
public void pay(PaymentRequest paymentRequest) {}

void rejectPay(String paymentId) {}
}
```

PaymentAppService 應用服務接收到支付請求後，會由領域服務完成支付功能；補償操作 rejectPay() 方法同樣交由領域服務完成取消支付的功能。由於界限上下文的設計遵循菱形對稱架構，領域模型物件並不知道位於外部閘道層的應用服務，也沒有依賴外部的 ServiceComb Pack 框架，保持了領域模型的純粹性與穩定性。

Chapter

19

領域驅動設計的戰術考量

戰術就是在決定點上使用兵力的藝術，其目的就是要使他們在決定的時機、決定的地點上，發生決定性的作用。

——安東·亨利·約米尼,《戰爭藝術》

雖然領域驅動戰術設計將關注重心放在「領域」上，但要讓界限上下文的業務能力真正發揮出來，就得融合領域邏輯與技術實現，同時，又不能讓技術複雜度影響到業務複雜度。這就需要從戰術角度思考二者的融合點，做好設計與實現的規範與約束，我將這些戰術層面的要求稱為領域驅動設計的戰術考量。

19.1 設計概念的統一語言

領域驅動設計引入了一套自成系統的設計概念：界限上下文、應用服務、領域服務、聚合、實體、值物件、領域事件以及資源庫和工廠。這些設計概念與其他方法的設計概念互為參考和引用，再糅合不同團隊、不同企業、不同領域的設計實踐，就產生了更多的設計概念。諸多概念糾纏不清，人們了解不同，就會形成認知上的混亂，干擾整個團隊對領域驅動設計的了解。既然領域驅動設計強調為領域邏輯建立統一語言，我們不妨也為這些設計概念定義一套「統一語言」，使不同人的了解一致，保證交流的暢通，確保架構和設計方案的統一性。

19.1.1 設計術語的統一

當我們在討論領域驅動設計時，不只會談到領域驅動設計固有的設計概念，結合開發語言和開發平台的設計實踐，還會有其他設計概念穿插其中。它們之間的關係並非正交的，解決的問題和思考的角度都不太一致。許多設計概念更有其歷史淵源，卻又在提出之後或被濫用，或被錯用，到了最後已經失去了它本來的面目。我們需要驅散這些設計術語的歷史迷霧，了解其本質，再確定它的統一語言。

1. POJO 物件

Plain Old Java Object（POJO）的概念來自 Martin Fowler、Rebecca Parsons 和 Josh MacKenzie 在 2000 年一次大會的討論。它的本來含義是指一個正常的、不受任何框架、平台的約束和限制的 Java 物件。除了遵守 Java 語法，它不應該繼承預先設定的類別、實現預先設定的介面或包含預先指定的註釋。可以認為，如果一個模組定義的物件皆為 POJO，那麼除了依賴 JDK，它不會依賴任何框架或平台。借助這個概念，.NET 框架也提出了 Plain Old CLR Object（POCO）的概念。

Martin Fowler 等人之所以提出 POJO，是因為他們看到了「使用 POJO 封裝業務邏輯的益處」[1]，而 2000 年恰恰屬於 EJB 開始流行的時代。受到 EJB 規範的限制，Java 開發人員更願意使用 Entity Bean，而 Entity Bean 卻是與 EJB 強耦合的。

一些人錯誤地將 Entity Bean 了解為僅具有持久化能力的 Java 物件，但事實並非如此。即使 EJB 規範也認為 Entity Bean 可以包含複雜的業務邏輯，例如 Oracle 對 Entity Bean 的定義就包括：

- 管理持久化資料；
- 透過主鍵形成唯一標識；
- 引入依賴物件執行複雜邏輯。

1　參見 Martin Fowler 的文章 "POJO"。

由於定義一個 Entity Bean 類別需要繼承自 javax.ejb.EntityBean（以 EJB 3.0 之前為基礎的規範），如果 Entity Bean 封裝了複雜的業務邏輯，就會使業務邏輯與 EJB 框架緊耦合，不利於對業務邏輯的測試、部署和運行。這也正是 Rod Johnson 提出拋開 EJB 進行 J2EE 開發的原因。當然，Entity Bean 為人詬病的與 EJB 框架緊耦合問題，主要針對 EJB 3.0 之前的版本，隨著 Spring 與 Hibernate 等輕量級框架的出現，EJB 也開始向輕量級方向發展，大量使用註釋來降低 EJB 對 Java 類別的侵入性。

既然 Entity Bean 可以封裝業務邏輯，針對它提出的 POJO 自然也可以封裝業務邏輯。如前所述，Martin Fowler 等人看到的是「使用 POJO 封裝業務邏輯的益處」，這就說明 POJO 物件並非只有 getter/setter 的貧血物件，它的主要特徵不在於它究竟定義了什麼樣的成員，而在於它作為一個正常的 Java 物件，並不依賴於除語言之外的任何框架。它的目的不是資料傳輸，也不是資料持久化，本質上，它是一種設計模式。

2. Java Bean

Java Bean 是一種 Java 開發規範，要求一個 Java Bean 類別必須同時滿足以下 3 個條件：

- 類別必須是具體的、公共的；
- 具有無參建構函數；
- 提供一致性設計模式的公共方法將內部欄位曝露為成員屬性，即為內部欄位提供規範的 get 和 set 方法。

認真解讀這 3 個條件，你會發現它們都是為支援反射存取類別成員而準備的前置條件，包括創建 Java Bean 實例和操作內部欄位。只要遵循 Java Bean 規範，就可以採用完全統一的一套程式實現對 Java Bean 的存取。這一規範並沒有提及業務方法的定義，這是因為規範無法對公開的方法做出任何一致性的限制，表示框架使用 Java Bean，看重的其實是物件攜帶資料的能力，可透過反射存取物件的欄位值來簡化程式的撰寫。舉例來說，JSP 對 Java Bean 的使用如下：

```jsp
<jsp:useBean id="student" class="com.dddsample.javabeans.Student">
    <jsp:setProperty name="student" property="firstName" value="Bill"/>
    <jsp:setProperty name="student" property="lastName" value="Gates"/>
    <jsp:setProperty name="student" property="age" value="20"/>
</jsp:useBean>
```

JSP 標籤中使用的 Student 類別就是一個 Java Bean。如果該類別的定義沒有遵循 Java Bean 規範，JSP 就可能無法實例化 Student 物件，無法設定 firstName 等欄位值。

至於 Session Bean、Entity Bean 和 Message Driven Bean 則是 Enterprise Java Bean 的 3 個分類。它們都是 Java Bean，但 EJB 對它們又有框架的約束，例如 Session Bean 需要繼承自 javax.ejb.SessionBean、Entity Bean 需要繼承自 javax.ejb.EntityBean。

追本溯源，可發現 POJO 與 Java Bean 並沒有任何關係。一個 POJO 如果遵循了 Java Bean 的設計規範，可以成為一個 Java Bean，但並不表示 POJO 一定是 Java Bean。反過來，一個 Java Bean 如果沒有依賴任何框架，也可以認為是一個 POJO，但 Enterprise Java Bean 一定不是一個 POJO。POJO 可以封裝業務邏輯，Java Bean 的規範也沒有限制它不能封裝業務邏輯。一個提供了豐富領域邏輯的 Java 物件，如果同時又遵循了 Java Bean 的設計規範，也可以認為是一個 Java Bean。

3. 貧血模型

準確地說，貧血模型應該被稱為「貧血領域模型」（anemic domain model）[2]，因為該術語主要用於領域模型這個語境，來自 Martin Fowler 的創造。從貧血一詞可知，這種領域模型必然是不健康的。它違背了物件導向設計的關鍵原則，即「資料與行為應該封裝在一起」。在領域驅動設計中，如果一個實體或值物件除內部欄位之外只有一系列的 getter/setter 方法，即可被稱為貧血物件。

2　參見 Martin Fowler 的文章 "AnemicDomainModel"。

可以認為貧血領域模型是結構建模範式的產物（參見附錄 A）。它的封裝性很弱，往往導致領域服務形成一種交易指令稿的實現；它與物件導向的設計思想背道而馳，違背了「迪米特法則」與「資訊專家模式」；它的存在會影響物件之間的協作，導致產生「特性依戀」[6] 壞味道。

與貧血領域模型相對的是富領域模型（rich domain model），也就是封裝了領域邏輯的領域模型。它才符合物件導向設計思想。我們採用物件建模範式進行領域設計建模時，應將實體與值物件都定義為富領域模型。富領域模型就是 Martin Fowler 在《企業應用架構模式》一書中定義的領域模型模式。身為領域邏輯（domain logic）模式，它與交易指令稿（transaction Script）、表模組（table module）屬於不同的表達領域邏輯的模式。倘若遵循這一模式的定義，認為領域模型就應為富領域模型，那麼貧血領域模型因為會導致交易指令稿，本不應該被稱為領域模型。

有了 Martin Fowler 對貧血模型的創造，所謂的「血」就用來指代領域邏輯，故而有人在貧血模型的基礎上衍生出各種與「血」有關的各種模型，如失血模型、充血模型和脹血模型。這些模型非但沒有進一步將領域模型的正確定義說明清楚，反而引入太多的概念造成領域模型的混亂不清。

舉例來說，一些人誤用了貧血模型的定義，將只有欄位和 getter/setter 方法的類別稱為「失血模型」，而將 Martin Fowler 提出的富領域模型稱為「貧血模型」，卻又無法清晰地區分哪些領域邏輯該放在領域模型、哪些領域邏輯該放在領域服務，於是又生搬硬造地創造出「充血模型」和「脹血模型」來區分領域模型物件包含領域邏輯的多寡。我將這些模型稱為「× 血模型」。

× 血模型的定義無疑是不合理的。顧名思義，貧血這個詞代表著不健康，貧血模型當然就意指不健康的模型。富領域模型應該是一種健康的定義，結果反而與貧血模型攪在了一起，何其無辜！「充血」一詞仍隱隱有不健康的意義，更不用說更加驚悚的「脹血模型」了。後者違背了單一職責原則，將與該領域概念相關的所有邏輯，包括對資料存取物件

或資源庫的依賴以及對交易、授權等橫切重點的呼叫，都放到了領域模型物件中，在領域驅動設計的語境中，這相當於讓一個聚合根實體承擔了整個聚合、領域服務和應用服務的職責，明顯有悖於領域驅動設計乃至物件導向的設計原則。

有的觀點認為混入了持久化能力的領域模型屬於充血模型，這更進一步模糊了 × 血模型的邊界。實際上，Martin Fowler 將這種具有持久化能力的領域物件稱為活動記錄（active record）[12]，屬於資料來源架構模式（data source architectural pattern）。採用這種設計模式並非不可，但在領域驅動設計中，卻需要努力避免：如果每個實體都混入了持久化能力，聚合的邊界就失去了保護作用，資源庫也就沒有存在的價值了。

人們經常會混淆領域模型與 POJO 的概念，認為貧血模型物件就是一個 POJO，殊不知這二者根本就處於兩個迥然不同的維度。POJO 關注類別的定義是否純粹，領域模型關注對領域邏輯的表達與封裝。即使是一個只有 getter/setter 方法的貧血模型物件，只要依賴了任何外部框架，例如標記了 javax.persistence.Entity 標注，在嚴格意義上，也不屬於一個 POJO。以 Dubbo 服務化最佳實踐為例，它列出的其中一個建議要求「服務參數及返回值建議使用 POJO 物件，即透過 getter/setter 方法表示屬性的物件」。這一描述其實是不正確的，因為 Dubbo 服務的輸入參數與返回值需要支援序列化，不符合 POJO 的定義，應該描述為「支援序列化的 Java Bean」。

為避免太多定義造成領域模型定義的混亂，我建議回歸 Martin Fowler 對領域模型定義的本質，僅分為兩種模型：貧血領域模型與富領域模型，後者需要遵循合理的職責分配，避免一個領域模型物件承擔的職責過多。若在領域驅動設計的語境下，可以認為由實體、值物件、領域事件和領域服務共同組成了領域模型。一個設計良好的領域模型，需要滿足兩點要求：

- 領域模型僅封裝領域邏輯，盡可能不摻雜存取外部資源的技術實現；
- 根據角色構造型分配職責，各司其職，共同協作。

採用角色構造型和服務驅動設計，可以極佳地滿足以上兩點要求。

19.1.2 諸多「XO」

在分層架構的約束以及職責分離的指引下，一個軟體系統需要定義各種各樣的物件，並在各自的層次承擔不同的職責，又彼此協作，共同回應系統外部的各種請求，執產業務邏輯，讓整個軟體系統真正地跑起來。

若沒有真正了解這些物件在架構中扮演的角色和承擔的職責，就會導致誤用和濫用，適得其反。因此，有必要在領域驅動設計的方法區塊系下，將各式各樣的物件進行一次整理，形成一套統一語言。由於這些物件皆以 O 結尾，因此我將其戲稱為「XO」。

1. 資料傳輸物件

資料傳輸物件（data transfer object，DTO）是一種模式，最早運用於 J2EE。Martin Fowler 將其定義為：「用於在處理程序間傳遞資料的物件，目的是減少方法呼叫的數量。」[12]DTO 模式誕生的背景是分散式通訊。考慮到網路傳輸的損耗與不可靠性，設計分散式服務需遵循一個整體原則：盡可能設計粗粒度的服務，每個服務的方法應代表一個完整的功能，而非功能的步驟。粗粒度服務可以減少服務呼叫的次數，從而減少不必要的網路通訊，同時也能避免對分散式交易的支援。粗粒度的服務自然需要返回粗粒度的資料契約。

領域模型物件遵循物件導向設計原則，在細粒度上分離職責，因而無法滿足粗粒度服務契約的要求。這就需要對領域模型物件進行封裝，組合更多的細粒度物件形成一個粗粒度的 DTO 物件。

在菱形對稱架構中，我根據發佈語言模式和界限上下文的穩定空間特性，提出了訊息契約模型的概念。它實際上就是 DTO 模式的表現，通常定義在北向閘道的本機服務層，遠端服務和應用服務都以訊息契約模型物件作為介面方法的輸入參數和返回值。這實際上擴充了 DTO 的應用場景，使其不止限於處理程序間的資料傳遞，還能對領域模型提供保護。

菱形對稱架構的南向閘道有時也需要定義訊息契約模型，屬於防腐層的一部分，用於隔離上游界限上下文的領域模型。

為了支援處理程序間的資料傳遞，訊息契約模型必須支援序列化。最好將其設計為一個 Java Bean，即定義為公開的類別，具有預設建構函數和 getter/setter 方法，這樣就有利於一些框架透過反射來創建與組裝訊息契約物件。訊息契約物件通常還應該是一個貧血物件，因為它的目的是傳輸資料，沒有必要定義封裝邏輯的方法，但考慮到它與領域模型之間的映射關係，可能需要為其定義轉換方法。

2. 視圖物件

視圖物件（view object，VO）其實是訊息契約模型中的一種，往往遵循 MVC 模式，為前端 UI 提供了視圖呈現所需的資料，我將其稱為「視圖模型物件」。當然，我們也可以沿用 DTO 模式。由於它主要用於後端控制器服務和前端 UI 之間的資料傳遞，這樣的視圖模型物件自然也屬於 DTO 物件的範圍。

視圖物件可能僅傳輸了視圖需要呈現的資料，也可能為了滿足前端 UI 的可設定，由後端傳遞與視圖元素相關的屬性值，如視圖元素的位置、大小乃至顏色等樣式資訊。系統分層架構規定邊緣層承擔了 BFF（Backend For Frontend）層的作用，定義在邊緣層的控制器會操作這樣的視圖物件。

由於值物件（value object）的簡稱也是 VO，因此在交流時，一定要明確 VO 的指代意義，避免概念的混淆。

3. 業務物件

業務物件（business object，BO）是企業領域用來描述業務概念的語義物件。這是一個非常寬泛的定義。一些業務建模方法使用了業務物件的概念，如 SAP 定義的公共事業模型，就將客戶相關資訊抽象為合作夥伴、合約帳戶、合約、連線物件等業務物件。它是站在一個高層次角度的表述，並形成了高度抽象的業務概念。如果系統採用經典三層架構，可認為業務物件就是定義在業務邏輯層中封裝了業務邏輯的物件。

業務物件的業務邏輯恰好也是領域驅動設計關注的核心，可認為領域驅動設計建立的領域模型皆是業務物件。業務物件由於並沒有清晰地列出粒度的界定、職責的劃分，更像組成領域分析模型中的領域概念物件。為避免混淆，我建議不要在領域驅動設計中使用該概念。

4. 領域物件

領域驅動設計將業務邏輯層分解為應用層和領域層，業務物件在領域層中就變成了領域物件（domain object，DO）。領域驅動設計的準確說法是領域模型物件。領域模型物件包括聚合邊界內的實體和值物件、領域事件和領域服務，游離在聚合之外的瞬態物件（往往定義為值物件）只要封裝了領域邏輯，也可認為是領域模型物件。

有的語境，包括前面所述的貧血領域模型和富領域模型，將領域模型物件特指為組成聚合的實體與值物件，因為它們表達了領域的名詞概念，以此和領域服務進行區分。這有一定的合理性。不過，寬泛地講，領域行為也屬於領域概念的一部分，同樣受到統一語言的約束與指導，封裝了領域行為邏輯的領域服務自然也可認為是領域模型物件了。

同樣是簡稱惹的禍，DO 也可以認為是資料物件（data object）的簡稱，這就與領域物件的定義完全南轅北轍了。再次強調，在使用簡稱來指代某一類物件時，交流的雙方一定要事先明確設計的統一語言，否則很容易造成誤解。

5. 持久化物件

物件欄位持有的資料需要被持久化到資料表中，參與到持久化操作的物件就被稱為持久化物件（persistence object，PO）。注意，持久化物件並不一定就是資料物件，相反，在領域驅動設計中，持久化物件往往指的就是領域模型物件[3]。領域模型物件與持久化物件並不矛盾，它們只是不

---

[3]　由於領域服務僅封裝了領域行為，無須持久化，故而不屬於持久化物件。

同場景下扮演的不同角色:在領域層,不需要考慮領域模型物件的持久化,故而將其稱為領域模型物件;在物件持久化時,許多滿足 ORM 規範的持久化框架操作的仍然是領域模型物件,只是它們並不關心領域物件封裝的領域行為邏輯罷了。

只要物件需要持久化,就會成為持久化物件,這與採用什麼樣的建模方法、什麼樣的設計方法沒有關係。即使沒有採用領域驅動設計,也可能需要持久化物件。區別在於由誰負責持久化。

不可否認,當我們將領域模型物件作為持久化物件完成資料的持久化時,可能會為領域模型物件帶來外部框架的污染。理想的領域模型物件應該是一個 POJO 或 POCO,不依賴於除語言在外的任何框架。Martin Fowler 甚至將其稱為持久化透明(persistence ignorance,PI)的物件,用以形容這樣的持久化物件與具體的持久化實現機制之間的隔離。Jimmy Nilsson 認為以下特徵違背了持久化透明的原則 [62]:

- 從特定的基礎類別(Object 除外)進行繼承;
- 只透過提供的工廠進行實例化;
- 使用專門提供的資料類型;
- 實現特定介面;
- 提供專門的構造方法;
- 提供必需的特定欄位;
- 避免某些結構或強制使用某些結構。

這些特徵無一例外都是外部框架對於持久化物件的一種侵入。在 Martin Fowler 複習的資料來源架構模式中,活動記錄(active record)模式 [12] 明顯違背了持久化透明的原則,但其簡單性卻使它被諸如 Ruby On Rails、jOOQ、scalikejdbc 之類的框架運用。活動記錄模式封裝了資料與資料存取行為,這就相當於將後面講的資料存取物件(DAO)與 PO 合併到了一個物件中。

領域驅動設計不贊成這樣的設計，雖然因為持久化框架的限制，可能無法做到領域模型物件的持久化透明，但持久化工作卻要求交給專門的資源庫物件。資源庫通訊埠隔離了具體的持久化實現機制，資源庫介面卡呼叫 ORM 框架完成持久化。領域驅動設計還規定，資源庫操作的持久化物件必須以聚合為單位的領域模型物件，也就是同屬一個聚合邊界的實體與值物件，領域服務不在此列。如果採用事件溯源模式，還需要持久化領域事件，但它的持久化並不經由資源庫，而是專門的事件儲存物件來承擔。

6. 資料存取物件

資料存取物件（data access object，DAO）對持久化物件進行持久化，實現資料的存取。它可以持久化領域模型物件，但對領域模型物件的邊界沒有任何限制。由於領域驅動設計引入了聚合邊界，並力求領域模型與資料模型的分離，且引入了資源庫專門用於聚合的生命週期管理，因此在領域驅動設計中，不再使用 DAO 這個概念。

19.1.3 領域驅動設計的設計統一語言

透過對諸多設計概念的歷史追尋與本質分析，我們理清了這些概念的含義與用途，將它們歸納到領域驅動設計系統中，得出設計統一語言如下。

- 領域模型物件包含實體、值物件、領域服務和領域事件，有時候也可以單指組成聚合的實體與值物件。
- 領域模型必須是富領域模型。
- 遠端服務與應用服務介面的輸入參數和返回值為遵循 DTO 模式的訊息契約模型，若用戶端為前端 UI，則訊息契約模型又稱為視圖模型。
- 領域模型物件中的實體與值物件同時作為持久化物件。
- 只有資源庫物件，沒有資料存取物件。資源庫物件以聚合為單位進行領域模型物件的持久化，事件儲存物件則負責完成領域事件的持久化。

19.2 領域模型的持久化

領域驅動設計主要透過界限上下文應對複雜度，它是綁定業務架構、應用架構和資料架構的關鍵架構單元。設計由領域而非資料驅動，且為了保證定義了領域模型的應用架構和定義了資料模型的資料架構的變化方向相同，就應該在領域建模階段率先定義領域模型，再根據領域模型定義資料模型。這就是領域驅動設計與資料驅動設計的根本區別。

19.2.1 物件關係映射

如果領域建模採用物件建模範式，儲存資料則使用關聯式資料庫，那麼領域模型就是物件導向的，資料模型則是針對關係表的。在領域驅動設計中，領域模型一方面充分地表達了系統的領域邏輯，同時還映射了資料模型，作為持久化物件完成資料的讀寫。

要持久化領域模型物件，需要為物件與關係建立映射，即所謂的「物件關係映射」（object relationship mapping，ORM）。當然，這主要針對關聯式資料庫。物件與關係往往存在「阻抗不符合」的問題，主要表現為以下 3 個方面。

- 類型的阻抗不符合：例如不同關聯式資料庫對浮點數的不同表示方法，字串類型在資料庫的最大長度約束等，又例如 Java 等語言的列舉類型本質上仍然屬於基本類型，關聯式資料庫中卻沒有對應的類型來符合。
- 樣式的阻抗不符合：領域模型與資料模型不具備一一對應的關係。領域模型是一個具有巢狀結構層次的物件圖結構，資料模型在關聯式資料庫中卻是扁平的關聯式結構，要讓資料庫能夠表示領域模型，就只能透過關係來變通地映射實現。
- 物件模式的阻抗不符合：物件導向的封裝、繼承和多形無法在關聯式資料庫得到直觀表現。透過封裝可以定義一個高內聚的類別來表達一個細粒度的基本概念，但資料表往往不這麼設計。資料表只有組合關

係，無法表達物件之間的繼承關係。既然無法實現繼承關係，就無法
滿足 Liskov 替換原則，自然也就無法滿足多形。

19.2.2 JPA 的應對之道

物件持久化為資料的問題如此重要，Java 語言甚至為此定義了持久化的規
範，用以指導物件導向的語言要素與關聯資料表之間的映射，如 JDK 5 中
引入的 JPA，作為 Java 社區處理程序（Java Community Process，JCP）
組織發佈的 Java EE 標準，已成為 Java 社區指導 ORM 技術實現的規範。

ORM 框架的目的是在物件與關係之間建立一種映射。為滿足此目標，可
透過設定檔或在領域模型中宣告中繼資料來表現這種映射關係。JPA 身為
規範，全面地考慮了各種阻抗不符合的情形，規定了標準的映射中繼資
料，如 @Entity、@Table 和 @Column 等 Java 註釋。只要領域模型宣告
了這些註釋，具體的 JPA 框架，如 Hibernate 等，就可以透過反射辨識這
些中繼資料，獲得物件與關係之間的映射資訊，從而實現領域模型的持
久化。

1. 類型的阻抗不符合

針對類型的阻抗不符合，JPA 中繼資料透過 @Column 註釋的屬性來指
定長度、精度和對 null 的支援，透過 @Lob 註釋表示位元組陣列，透過
@ElementCollection 等註釋表達集合。至於列舉、日期和主鍵等特殊類
型，JPA 也針對性地列出了中繼資料定義。

（1）列舉類型
關聯式資料庫的基本類型沒有列舉類型。如果領域模型的欄位定義為
列舉，通常會在資料庫中將對應的列定義為 smallint 類型，然後透過
@Enumerated 表示列舉的含義，例如：

```
public enum EmployeeType {
    Hourly, Salaried, Commission
}

public class Employee {
```

```
    @Enumerated
    @Column(columnDefinition = "smallint")
    private EmployeeType employeeType;
}
```

smallint 雖然能夠表現值的有序性，但在管理和運行維護資料庫時，查
詢得到的列舉值卻是沒有任何業務含義的數字，製造了閱讀障礙。為
此，可將列定義為 VARCHAR，而在領域模型中定義列舉，然後透過在
@Enumerated 指定 EnumType 為 STRING 類型：

```
public enum Gender {
    Male, Female
}

public class Employee {
    @Enumerated(EnumType.STRING)
    private Gender gender;
}
```

註釋 @Enumerated(EnumType.STRING) 可將列舉類型轉為字串。注意，
資料庫的字串應與列舉類型的字串值以及大小寫保持一致。

（2）日期類型

處理針對 Java 的日期和時間類型進行映射要相對複雜一些，因為 Java 定
義了多種日期和時間類型，包括：

■ 用以表達資料庫日期類型的 java.sql.Date 類別和表達資料庫時間類型
  的 java.sql. Timestamp 類別；

■ Java 函數庫用以表達日期、時間和時間戳記類型的 java.util.Date 類別
  或 java.util.Calendar 類別；

■ Java 8 引入的新日期類型 java.time.LocalDate 類別與新時間類型 java.
  time. LocalDateTime 類別。

資料庫本身支援 java.sql.Date 或 java.sql.Timestamp 類型，若領域模型物
件的日期或時間欄位屬於這一類型，則無須任何設定即可使用，和使用
其他基礎類型一般自然。透過 columnDefinition 屬性值，甚至還可以為其
設定預設值，例如設定為當期日期：

```
@Column(name = "START_DATE", columnDefinition = "DATE DEFAULT CURRENT_
DATE")
private java.sql.Date startDate;
```

如果欄位定義為 java.util.Date 或 java.util.Calendar 類型，可透過 @Temporal
註釋將其映射為日期、時間或時間戳記，例如：

```
@Temporal(TemporalType.DATE)
private java.util.Calendar birthday;

@Temporal(TemporalType.TIME)
private java.util.Date birthday;

@Temporal(TemporalType.TIMESTAMP)
private java.util.Date birthday;
```

如果欄位定義為 Java 8 新引入的 LocalDate 或 LocalDateTime 類型，情
況稍顯複雜，取決於 JPA 的版本。JPA 2.2 版本已經支援 Java 8 日期時
間 API 中除 java.time.Duration 外的日期和時間類型，因此無須再為 JDK
8 的日期或時間類型做任何設定。低於 2.2 版本的 JPA 發佈在 Java 8 之
前，無法直接支援這兩種類型，需要為其定義 AttributeConverter。例如
為 LocalDate 定義轉換器：

```
import javax.persistence.AttributeConverter;
import javax.persistence.Converter;
import java.sql.Date;
import java.time.LocalDate;

@Converter(autoApply = true)
public class LocalDateAttributeConverter implements
AttributeConverter<LocalDate, Date> {
    @Override
    public Date convertToDatabaseColumn(LocalDate locDate) {
        return locDate == null ? null : Date.valueOf(locDate);
    }

    @Override
    public LocalDate convertToEntityAttribute(Date sqlDate) {
        return sqlDate == null ? null : sqlDate.toLocalDate();
    }
}
```

（3）主鍵類型

關聯式資料庫表的主鍵列非常關鍵，透過它可以標注每一行記錄的唯一性。主鍵還是建立表連結的關鍵列，透過主鍵與外鍵的關係可以間接支援領域模型物件之間的導覽，同時也保證了關聯式資料庫的完整性。

無論是單一主鍵還是聯合主鍵，主鍵作為身份標識（identity），只要能夠確保它在同一張表中的唯一性，原則上都可以被定義為各種類型，如 BigInt、VARCHAR 等。在資料表定義中，只要某個列被宣告為 PRIMARY KEY，在領域模型物件的定義中，就可以使用 JPA 提供的 @Id 註釋。這個註釋還可以和 @Column 註釋組合使用：

```
@Id
@Column(name = "employeeId")
private int id;
```

主流關聯式資料庫都支援主鍵的自動生成，JPA 提供了 @GeneratedValue 註釋説明了該主鍵透過自動生成。該註釋還定義了 strategy 屬性用以指定自動生成的策略。JPA 還定義了 @SequenceGenerator 與 @TableGenerator 等特殊的 ID 生成器。

在建立領域模型時，我們強調從領域邏輯出發考慮領域類別的定義。尤其對實體類別而言，ID 代表的是實體物件的身份標識。它與資料表的主鍵有相似之處，例如二者都要求唯一性，但二者的本質完全不同：前者代表業務含義，後者代表技術含義；前者用於對實體物件生命週期的管理與追蹤，後者用於標記每一行在資料表中的唯一性。領域驅動設計往往建議定義值物件作為實體的身份標識。一方面，值物件類型可以清晰表達該身份標識的業務含義；另一方面，值物件類型的封裝也有利於應對未來主鍵類型可能的變化。

JPA 定義了一個特殊的註釋 @EmbeddedId 來建立資料表主鍵與身份標識值物件之間的映射。舉例來説，為 Employee 實體物件定義了 EmployeeId 值物件，則 Employee 的定義為：

```
@Entity
@Table(name="employees")
```

```
public class Employee extends AbstractEntity<EmployeeId> implements
AggregateRoot
<Employee> {
   @EmbeddedId
   private EmployeeId employeeId;
}
```

JPA 對主鍵類別有兩個要求：相等性比較與序列化支援，即需要主鍵類別實現 Serializable 介面，並重新定義 Object 的 equals() 與 hashcode() 方法。值物件的類別定義還需要宣告 Embeddable 註釋。由於框架需要透過反射創建值物件，因此，如果值物件定義了帶有參數的建構函數，還需要為其定義預設的建構函數：

```
@Embeddable
public class EmployeeId implements Identity<String>, Serializable {
   @Column(name = "id")
   private String value;

   private static Random random;

   static {
      random = new Random();
   }

   // 必須提供預設的建構函數
   public EmployeeId() {
   }

   private EmployeeId(String value) {
      this.value = value;
   }

   @Override
   public String value() {
      return this.value;
   }

   public static EmployeeId of(String value) {
      return new EmployeeId(value);
   }

   public static Identity<String> next() {
```

```
        return new EmployeeId(String.format("%s%s%s",
                    composePrefix(),
                    composeTimestamp(),
                    composeRandomNumber()));
    }

    @Override
    public boolean equals(Object o) {
        if (this == o) return true;
        if (o == null || getClass() != o.getClass()) return false;
        EmployeeId that = (EmployeeId) o;
        return value.equals(that.value);
    }

    @Override
    public int hashCode() {
        return Objects.hash(value);
    }
}
```

使用時，可以直接傳入 EmployeeId 物件作為主鍵查詢準則：

```
Optional<Employee> optEmployee = employeeRepo.findById(EmployeeId.
of("emp200109101000001"));
```

2. 樣式的阻抗不符合

樣式（schema）的阻抗不符合，就是物件圖與關係表之間的不符合。要做到二者的符合，需要做到圖結構與表結構之間的互相轉換。在領域模型的物件圖中，一個實體組合了另一個實體，由於兩個實體都有各自的身份標識，映射到資料庫，就可透過主外鍵關係建立連結。連結關係包括一對一、一對多、多對一和多對多。

舉例來說，在領域模型中，HourlyEmployee 聚合根實體與 TimeCard 實體之間的關係可以定義為：

```
@Entity
@Table(name="hourly_employees")
public class HourlyEmployee extends AbstractEntity<EmployeeId> implements
AggregateRoot
<HourlyEmployee> {
```

```java
    @EmbeddedId
    private EmployeeId employeeId;

    @OneToMany // 該註釋定義了一對多關聯性
    @JoinColumn(name = "employeeId", nullable = false)
    private List<TimeCard> timeCards = new ArrayList<>();
}

@Entity
@Table(name = "timecards")
public class TimeCard {
    private static final int MAXIMUM_REGULAR_HOURS = 8;

    @Id
    @GeneratedValue
    private String id;
    private LocalDate workDay;
    private int workHours;

    public TimeCard() {
    }
}
```

在資料模型中，timecards 表透過外鍵 employeeId 建立與 employees 表之間的連結：

```sql
CREATE TABLE hourly_employees(
    employeeId VARCHAR(50) NOT NULL,
    ......
    PRIMARY KEY(employeeId)
);

CREATE TABLE timecards(
    id INT NOT NULL AUTO_INCREMENT,
    employeeId VARCHAR(50) NOT NULL,
    workDay DATE NOT NULL,
    workHours INT NOT NULL,
    PRIMARY KEY(id)
);
```

如果物件圖的實體和值物件之間形成了一對多的連結，由於值物件沒有唯一的身份標識，因此它對應的資料模型也沒有主鍵，而將實體表的主

鍵作為外鍵，由此來表達彼此之間的歸屬關係。這時，領域模型仍然透過集合來表達一對多的連結，但使用的註釋並非 @OneToMany，而是 @ElementCollection。舉例來說，領域模型中的 SalariedEmployee 聚合根實體與 Absence 值物件之間的關係可以定義為：

```
@Embeddable
public class Absence {
    private LocalDate leaveDate;

    @Enumerated(EnumType.STRING)
    private LeaveReason leaveReason;

    public Absence() {
    }

    public Absence(LocalDate leaveDate, LeaveReason leaveReason) {
        this.leaveDate = leaveDate;
        this.leaveReason = leaveReason;
    }
}

@Entity
@Table(name="salaried_employees")
public class SalariedEmployee extends AbstractEntity<EmployeeId>
implements AggregateRoot
<SalariedEmployee> {
    private static final int WORK_DAYS_OF_MONTH = 22;

    @EmbeddedId
    private EmployeeId employeeId;

    @Embedded
    private Salary salaryOfMonth;

    @ElementCollection
    @CollectionTable(name = "absences", joinColumns = @JoinColumn(name =
"employeeId"))
    private List<Absence> absences = new ArrayList<>();

    public SalariedEmployee() {
    }
}
```

@ElementCollection 說明了欄位 absences 是 SalariedEmployee 實體的欄
位素，類型為集合；@CollectionTable 標記了連結的資料表以及連結的外
鍵。其資料模型的 SQL 敘述如下：

```
CREATE TABLE salaried_employees(
    employeeId VARCHAR(50) NOT NULL,
    ......
    PRIMARY KEY(employeeId)
);

CREATE TABLE absences(
    employeeId VARCHAR(50) NOT NULL,
    leaveDate DATE NOT NULL,
    leaveReason VARCHAR(20) NOT NULL
);
```

資料表 absences 沒有自己的主鍵，employeeId 列是 employees 表的主
鍵。注意，在 Absence 值物件的定義中，無須再定義 employeeId 欄位，
因為 Absence 值物件並不能脫離 SalariedEmployee 聚合根單獨存在。這
是聚合對領域模型產生的影響，也可視為聚合的設計約束。

3. 物件模式的阻抗不符合

領域模型要符合物件導向的設計原則，一個重要特徵是建立了高內聚鬆
散耦合的物件圖。要做到這一點，就需要將具有高內聚關係的概念封裝
為一個類別，透過顯性的類型表現領域中的概念。這樣既提高了程式的
可讀性，又保證了職責的合理分配，避免出現一個龐大的實體類別。領
域驅動設計更強調這一點，並因此引入了值物件的概念，用以表現那些
無須身份標識卻又具有內聚知識的領域概念。因此，一個設計良好的領
域模型，往往會呈現出一個具有巢狀結構層次的物件圖模型結構。

雖然巢狀結構層次的領域模型與扁平結構的關聯資料模型並不符合，但
透過 JPA 提供的 @Embedded 與 @Embeddable 註釋可以非常容易實現這
一巢狀結構組合的物件關係，例如 Employee 類別的 address 屬性和 email
屬性：

```
@Entity
@Table(name="employees")
public class Employee extends AbstractEntity<EmployeeId> implements
AggregateRoot
<Employee> {
   @EmbeddedId
   private EmployeeId employeeId;

   private String name;

   @Embedded
   private Email email;

   @Embedded
   private Address address;
}

@Embeddable
public class Address {
   private String country;
   private String province;
   private String city;
   private String street;
   private String zip;

   public Address() {
   }
}

@Embeddable
public class Email {
   @Column(name = "email")
   private String value;

   public String value() {
      return this.value;
   }
}
```

Address 類別和 Email 類別都是 Employee 實體的值物件。注意，為了支援 JPA 框架透過反射創建物件，若為值物件定義了帶參的建構函數，需要顯性定義預設建構函數。

EmployeeId 類別的定義與 Address 類別的定義相同，也屬於值物件，只是前者由於作為了實體的身份標識，並映射了資料模型的主鍵，因此應宣告為 @EmbeddedId 註釋。

無論是 Address、Email 還是 EmployeeId 類別，在領域物件模型中雖然被定義為獨立的類別，但在資料模型中，卻都是 employees 表中的列。其中，Email 類別僅對應表中的列，之所以要定義為類別，目的是在領域模型中表現電子郵件的領域概念，並有利於封裝對郵寄地址的驗證邏輯；Address 類別封裝了多個內聚的值，表現為 country、province 等列，以利於維護地址概念的完整性，同時也可以實現對領域概念的重複使用。創建 employees 表的 SQL 指令稿如下所示：

```
CREATE TABLE employees(
    id VARCHAR(50) NOT NULL,
    name VARCHAR(20) NOT NULL,
    email VARCHAR(50) NOT NULL,
    employeeType SMALLINT NOT NULL,
    gender VARCHAR(10),
    currency VARCHAR(10),
    country VARCHAR(20),
    province VARCHAR(20),
    city VARCHAR(20),
    street VARCHAR(100),
    zip VARCHAR(10),
    mobilePhone VARCHAR(20),
    homePhone VARCHAR(20),
    officePhone VARCHAR(20),
    onBoardingDate DATE NOT NULL
    PRIMARY KEY(id)
);
```

一個值物件如果在資料模型中被設計為一個獨立的表，由於無須定義主鍵，依附於實體對應的資料表，因此在領域模型中依舊標記為 @Embeddable。這既表現了物件導向的封裝思想，又表達了一對一或一對多的關係。SalariedEmployee 聚合中的 Absence 值物件就遵循了這樣的設計原則。

物件導向的封裝思想表現了對細節的隱藏，正確的封裝還表現為對職責的合理分配。遵循「資訊專家模式」，無論是針對領域模型中的實體，還是針對值物件，都應該從它們擁有的資料出發，判斷領域行為是否應該分配給這些領域模型類別。如 HourlyEmployee 實體類別的 payroll(Period)方法、Absence 值物件的 isIn(Period) 與 isPaidLeave() 方法乃至於 Salary 值物件的 add(Salary) 等方法，都充分表現了對領域行為的合理封裝，避免了貧血模型的出現：

```
public class HourlyEmployee extends AbstractEntity<EmployeeId> implements
AggregateRoot
<HourlyEmployee> {
    public Payroll payroll(Period period) {
        if (Objects.isNull(timeCards) || timeCards.isEmpty()) {
            return new Payroll(this.employeeId, period.beginDate(), period.
endDate(), Salary.zero());
        }

        Salary regularSalary = calculateRegularSalary(period);
        Salary overtimeSalary = calculateOvertimeSalary(period);
        Salary totalSalary = regularSalary.add(overtimeSalary);

        return new Payroll(this.employeeId, period.beginDate(), period.
endDate(), totalSalary);
    }
}

public class Absence {
    public boolean isIn(Period period) {
        return period.contains(leaveDate);
    }

    public boolean isPaidLeave() {
        return leaveReason.isPaidLeave();
    }
}

public class Salary {
    public Salary add(Salary salary) {
        throwExceptionIfNotSameCurrency(salary);
        return new Salary(value.add(salary.value).setScale(SCALE),
```

```
currency);
    }

    public Salary subtract(Salary salary) {
        throwExceptionIfNotSameCurrency(salary);
        return new Salary(value.subtract(salary.value).setScale(SCALE),
currency);
    }

    public Salary multiply(double factor) {
        return new Salary(value.multiply(toBigDecimal(factor)).
setScale(SCALE), currency);
    }

    public Salary divide(double multiplicand) {
        return new Salary(value.divide(toBigDecimal(multiplicand), SCALE,
BigDecimal.ROUND_DOWN), currency);
    }
}
```

這充分證明領域模型物件既可以作為持久化物件，架設起物件與關係表之間的橋樑，又可以表現包含豐富領域行為在內的領域概念與領域知識。合二者為一體的領域模型物件定義在領域層，可被南向閘道的資源庫通訊埠與介面卡直接存取，無須再定義單獨的資料模型物件。前面提到的資料模型，實際上指的是資料庫中創建的資料表。

物件模式中的泛化關係（透過繼承表現）更為特殊，因為關係表自身不具備繼承能力，這與物件之間的連結關係不同。繼承表現了「差異式程式設計」，父類別與子類別以及子類別之間存在屬性的差異，但在資料模型中，卻可以將父類別與子類別所有的屬性無論差異都放在一張表中，就好似對集合求聯集一般。這種策略在 ORM 中被稱為 Single-Table 策略。為了區分子類別的類型差異，需要在這張單表中額外定義一個列，作為區分子類別的識別欄位，對應的 JPA 註釋為 @DiscriminatorColumn。舉例來說，如果 Employee 存在繼承系統，若選擇 Single-Table 策略，整個繼承系統映射到 employees 表中，則它的識別欄位就是 employeeType 列。

若子類別之間的差異太大，採用 Single-Table 策略實現繼承會讓資料表的行資料出現太多不必要的列，又不得不為這些列提供儲存空間。要避免這種儲存空間的容錯，可採用 Joined-Subclass 策略實現繼承。繼承系統中的父實體與子實體在資料庫中都有一個單獨的表與之對應，子實體對應的表無須為繼承自父實體的屬性定義列，而是透過共用主鍵的方式與之連結。

由於 Single-Table 策略是 ORM 預設的繼承策略，若要採用 Joined-Subclass 策略，需要在父實體類別的定義中顯性宣告繼承策略，如下所示：

```
@Entity
@Inheritance(strategy=InheritanceType.JOINED)
@Table(name="employees")
public class Employee {}
```

採用 Joined-Subclass 策略實現繼承時，子實體與父實體在資料模型中的表現實則為一對一的連接關係，這可以認為是為了解決物件關係阻抗不符合的無奈之舉，畢竟用表的連接關係表達類別的泛化關係，怎麼看怎麼覺得不自然。若領域模型中繼承系統的子類別較多，這一設計還會影響查詢效率，因為它可能牽涉到多張表的連接。

如果既不希望產生不必要的資料容錯，又不願意表連接拖慢查詢的速度，則可以採用 Table- Per-Class 策略。採用這種策略時，繼承系統中的每個實體類別都對應一個獨立的表，與 Joined-Subclass 策略不同之處在於，父實體對應的表僅包含父實體的欄位，子實體對應的表不僅包含了自身的欄位，同時還包含了父實體的欄位。這相當於用資料表樣式的容錯避免資料的容錯、用單表來避免不必要的連接。如果子類別之間的差異較大，那麼 Table-Per-Class 策略明顯優於 Joined-Subclass 策略。

繼承的目的絕不僅是重複使用，甚至可以說重複使用並非它的主要價值，畢竟「聚合 / 合成優先重複使用原則」[31] 已經成為物件導向設計的金科玉律。繼承的主要價值在於支援多形，以利用 Liskov 替換原則，使得子類別能夠替換父類別而不改變其行為，並允許定義新的子類別來滿足功能擴充的需求，保證對擴充是開放的。在 Java 或 C# 中，由於受到

單繼承的約束，定義抽象介面以實現多形更為普遍。無論是繼承多形還是介面多形，都應站在領域邏輯的角度，思考是否需要引入合理的抽象來應對未來需求的變化。在採用繼承多形時，需要考慮對應的資料模型是否能夠在物件關係映射中實現繼承，並選擇合理的繼承策略以確定關係表的設計。如果繼承多形與介面多形針對領域行為，則與領域模型的持久化無關，也就無須考慮領域模型與資料模型之間的映射。

19.2.3 瞬態領域模型

領域服務作為對領域行為的封裝，自然無須考慮持久化；如果不是採用事件溯源模式，領域事件也無須考慮持久化。位於聚合內部的實體和值物件需要持久化，否則就無須引入資源庫來管理它們的生命週期了。除此之外，在設計領域模型時，往往會發現存在一些游離在聚合邊界外的領域物件，它們擁有自己的屬性值，表現了高內聚的領域概念，並遵循「資訊專家模式」封裝了操作自身資訊的領域行為，但卻沒有身份標識，無須進行持久化，例如與 HourlyEmployee 聚合根互動的 Period 類別，其作用是表現一個結算週期，作為薪資計算的條件：

```java
public class Period {
    private LocalDate beginDate;
    private LocalDate endDate;

    public Period(LocalDate beginDate, LocalDate endDate) {
        this.beginDate = beginDate;
        this.endDate = endDate;
    }

    public Period(YearMonth yearMonth) {
        int year = yearMonth.getYear();
        int month = yearMonth.getMonthValue();
        int firstDay = 1;
        int lastDay = yearMonth.lengthOfMonth();

        this.beginDate = LocalDate.of(year, month, firstDay);
        this.endDate = LocalDate.of(year, month, lastDay);
    }
```

```
public Period(int year, int month) {
    if (month < 1 || month > 12) {
        throw new InvalidDateException("Invalid month value.");
    }

    int firstDay = 1;
    int lastDay = YearMonth.of(year, month).lengthOfMonth();

    this.beginDate = LocalDate.of(year, month, firstDay);
    this.endDate = LocalDate.of(year, month, lastDay);
}

public LocalDate beginDate() {
    return beginDate;
}

public LocalDate endDate() {
    return endDate;
}

public boolean contains(LocalDate date) {
    if (date.isEqual(beginDate) || date.isEqual(endDate)) {
        return true;
    }
    return date.isAfter(beginDate) && date.isBefore(endDate);
}
}
```

結算週期提供了成對的起止日期，缺少任何一個日期，就無法正確地進行薪資計算。將 beginDate 與 endDate 封裝到 Period 類別中，再利用建構函數限制實例的創建，就能避免起止日期任意一個值的缺失。引入 Period 類別還能封裝領域行為，讓物件之間的協作變得更加合理。它的類型沒有宣告 @Entity，並不需要持久化，也沒有被定義在聚合邊界內。為示區別，可將這樣的類別稱為瞬態類別（transient class），由此創建的物件則稱為瞬態物件。對應地，倘若在一個支援持久化的領域類別中，需要定義一個無須持久化的欄位，可將其稱為瞬態欄位（transient field）。JPA 定義了 @Transient 註釋用以顯性宣告這樣的欄位，例如：

```
@Entity
@Table(name="employees")
```

```
public class Employee extends AbstractEntity<EmployeeId> implements
AggregateRoot
<Employee> {
    @EmbeddedId
    private EmployeeId employeeId;

    private String firstName;
    private String middleName;
    private String lastName;

    @Transient
    private String fullName;
}
```

Employee 類別對應的資料模型定義了 firstName、middleName 和 lastName 列。為了呼叫方便，該類別又定義了 fullName 欄位。該值並不需要持久化到資料庫中，因此宣告為瞬態欄位。

瞬態類別屬於領域模型的一部分。相較於聚合內的實體和值物件，它更加純粹，無須依賴任何外部框架，屬於真正的 POJO 類別；它的設計符合整潔架構思想，即處於內部核心的領域類別不依賴任何外部框架。

19.2.4　領域模型與資料模型

Eric Evans 之所以要引入界限上下文，其中一個重要原因就是我們「無法維護一個涵蓋整個企業的統一模型」，於是需要它「標記出不同模型之間的邊界和關係」[8]。界限上下文作為業務能力的垂直切分，既是領域模型的邏輯邊界，又是資料模型的邏輯邊界。如此才能保證業務架構、應用架構和資料架構的一致性。

在領域模型內部，聚合是最小的設計單元，資源庫是持久化實現的抽象。一個資源庫對應一個聚合，故而聚合也是領域模型最小的持久化單元。

當領域模型引入界限上下文與聚合之後，領域模型類別與資料表之間就有可能突破類別與表之間一一對應的關係。因此，在遵循領域驅動設計原則實現持久化時，需要考慮領域模型與資料模型之間的關係，而在進

行領域建模時，一定是先有領域模型，後有資料模型！在定義了領域模型之後，將其映射為資料模型時，不能破壞界限上下文和聚合確定的邊界。至於聚合內部的實體和值物件，則不必保證類別與表的一對一關聯性，也不應該將其設計為一對一關聯性。

不能忽視物理邊界對架構的影響。界限上下文以處理程序為物理邊界，確定了與業務架構對應的應用架構。處理程序內與處理程序間對領域模型的呼叫方式迥然不同。菱形對稱架構限制了處理程序內直接呼叫領域模型的方式，這就為應用架構提供了演進的可能。在界限上下文與菱形對稱架構的基礎上，系統的應用架構可以很容易地從單體架構演進到微服務架構。

那麼，資料架構能無縫演進嗎？資料模型以資料庫為物理邊界，資料表為邏輯邊界，由此確定了資料架構。但是，界限上下文的物理邊界無法做到與資料模型物理邊界的一對一關聯性，例如資料庫共用架構就破壞了這種關係。此時就需要邏輯邊界的約束力。

領域模型必須與資料模型建立映射關係，才能使資源庫介面卡透過 ORM 框架進行持久化。領域模型屬於哪一個資料庫，領域模型類別屬於哪一個資料表，類別屬性屬於哪一個資料列，都是透過映射關係來設定和表達的。這種映射關係並不受資料庫邊界的影響。只要保證資料模型的邏輯邊界與界限上下文的邏輯邊界保持一致，就能保證資料架構的演進能力，前提是：資料模型需按照領域模型進行設計。

以薪資管理系統為例，員工管理和薪資結算分屬兩個不同的界限上下文：員工上下文和薪資上下文。員工上下文關注員工基本資訊的管理，薪資上下文需要對各種類型的員工進行薪資結算。既然界限上下文是領域模型的知識語境，就可以在這兩個界限上下文中同時定義員工 Employee 領域類別，在領域設計模型中，表現為不同的聚合。

根據領域模型設計資料模型，就應該為不同界限上下文的員工領域概念建立不同的員工資料表。考慮到界限上下文物理邊界的不同，資料模型

存在兩種不同的設計方案[4]。

■ 處理程序內邊界，設計為單庫多表：所有界限上下文共用同一個資料庫，員工上下文的員工領域模型映射為員工表，薪資上下文的員工領域模型各自映射對應員工類型的員工表，表之間由共同的員工 ID 進行連結。這一方案滿足單體架構風格。

■ 處理程序間邊界，設計為多庫多表：為不同界限上下文建立不同的資料庫，資料表的定義與單庫多表一致。這一方案符合微服務架構風格。

無論資料模型採用哪一種設計方案，領域模型都幾乎不會受到影響，唯一的影響是 ORM 中繼資料定義需要修改對庫的映射。圖 19-1 所示的領域模型程式結構不受資料模型設計方案的影響。

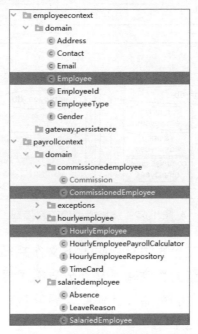

▲ 圖 19-1　薪資管理系統的程式模型

4　因為 ORM 的關係，也可以將多個領域模型物件映射到資料庫的一張表，如果需要支援單體架構向微服務架構的無縫遷移，這一設計帶來的修改成本會相對高一些，因為資料模型的邏輯邊界沒有與領域模型保持一致。

在領域模型中，員工上下文的 Employee 聚合根實體與薪資上下文的 HourlyEmployee、SalariedEmployee 和 CommissionedEmployee 這 3 個聚合根實體之間存在隱含的員工 ID 連結。設計資料模型時，這 4 個聚合實體對應 4 張資料主資料表，它們的 id 主鍵都是員工 ID，彼此之間的關係如圖 19-2 所示。

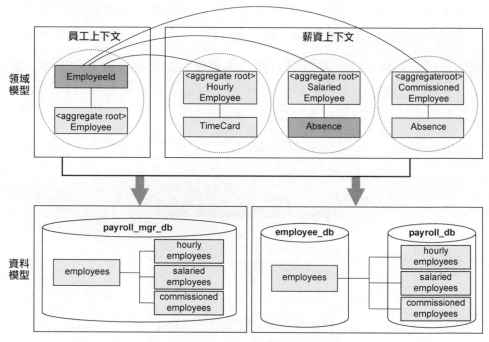

▲ 圖 19-2　領域模型與資料模型

員工領域類別的設計充分表現了界限上下文作為領域模型的知識語境，而資料模型與領域模型的對應關係又充分支援了界限上下文對業務能力的垂直切分。領域模型的戰略設計與戰術設計就是透過界限上下文和聚合的邊界有機融合起來的。

19.3 資源庫的實現

資源庫的實現取決於開發人員對 ORM 框架的選擇。Hibernate、MyBatis、jOOQ、Spring Data JPA（當然也包括以 .NET 為基礎的 Entity Framework、NHibernate 或 Castle 等）……每種框架自有其設計思想和原則，提供了不同的最佳實踐來指導開發人員以更適宜的方式撰寫持久化實現。在領域驅動設計統一過程中，無論選擇什麼樣的 ORM 框架，為聚合定義管理其生命週期的資源庫，且遵循菱形對稱架構將資源庫分為通訊埠與介面卡，都是資源庫設計的基本要求。

19.3.1 通用資源庫的實現

遵循「聚合 / 合成優先重複使用原則」，為了完成對資源庫實現的重用，可在南向閘道的介面卡層中實現一個與具體聚合無關的通用資源庫類別：

```
public class Repository<E extends AggregateRoot, ID extends Identity> {
    private Class<E> entityClass;
    private EntityManager entityManager;
    private TransactionScope transactionScope;

    public Repository(Class<E> entityClass, EntityManager entityManager) {
        this.entityClass = entityClass;
        this.entityManager = entityManager;
        this.transactionScope = new TransactionScope(entityManager);
    }

    public Optional<E> findById(ID id) {
        requireEntityManagerNotNull();

        E root = entityManager.find(entityClass, id);
        if (root == null) {
            return Optional.empty();
        }
        return Optional.of(root);
    }

    public List<E> findAll() {
        requireEntityManagerNotNull();
```

```
        CriteriaQuery<E> query = entityManager.getCriteriaBuilder().
createQuery(entityClass);
        query.select(query.from(entityClass));
        return entityManager.createQuery(query).getResultList();
    }

    public List<E> findBy(Specification<E> specification) {
        requireEntityManagerNotNull();

        if (specification == null) {
            return findAll();
        }

        CriteriaBuilder criteriaBuilder = entityManager.
getCriteriaBuilder();
        CriteriaQuery<E> query = criteriaBuilder.createQuery(entityClass);
        Root<E> root = query.from(entityClass);

        Predicate predicate = specification.toPredicate(criteriaBuilder,
query, root);
        query.where(new Predicate[]{predicate});

        TypedQuery<E> typedQuery = entityManager.createQuery(query);
        return typedQuery.getResultList();
    }

    public void saveOrUpdate(E entity) {
        requireEntityManagerNotNull();

        if (entity == null) {
            return;
        }

        if (entityManager.contains(entity)) {
            entityManager.merge(entity);
        } else {
            entityManager.persist(entity);
        }
    }

    public void delete(E entity) {
        requireEntityManagerNotNull();

        if (entity == null) {
```

```
        return;
    }
    if (!entityManager.contains(entity)) {
        return;
    }

    entityManager.remove(entity);
}

private void requireEntityManagerNotNull() {
    if (entityManager == null) {
        throw new InitializeEntityManagerException();
    }
}

public void finalize() {
    entityManager.close();
}
}
```

Repository 類別的內部使用了 JPA 的 EntityManager 管理實體的生命週期，提供了「增刪改查」等持久化的基本方法。其中，增加和修改方法由 saveOrUpdate() 方法實現，查詢方法定義了 findBy(Specification<E> specification) 方法，以滿足各種條件的查詢。

19.3.2 資源庫通訊埠與介面卡

通用的資源庫能夠支援聚合的基本持久化操作。在為每個聚合根定義資源庫介面卡時，可以在其內部呼叫它，完成持久化功能的重複使用。舉例來説，HourlyEmployeeRepository 資源庫通訊埠及其介面卡實現：

```
package com.dddexplained.payroll.payrollcontext.southbound.port.
repository;

public interface HourlyEmployeeRepository {
    Optional<HourlyEmployee> employeeOf(EmployeeId employeeId);
    List<HourlyEmployee> allEmployeesOf();
    void save(HourlyEmployee employee);
}
```

```
package com.dddexplained.payroll.payrollcontext.southbound.adapter.
repository;

public class HourlyEmployeeRepositoryJpaAdapter implements
HourlyEmployeeRepository {
    private Repository<HourlyEmployee, EmployeeId> repository;

    public HourlyEmployeeRepositoryJpaAdapter(Repository<HourlyEmployee,
EmployeeId>
repository) {
        this.repository = repository;
    }

    @Override
    public Optional<HourlyEmployee> employeeOf(EmployeeId employeeId) {
        return repository.findById(employeeId);
    }

    @Override
    public List<HourlyEmployee> allEmployeesOf() {
        return repository.findAll();
    }

    @Override
    public void save(HourlyEmployee employee) {
        if (employee == null) {
            return;
        }
        repository.saveOrUpdate(employee);
    }
}
```

為 HourlyEmployee 聚合定義的資源庫通訊埠與介面卡，完全遵循了薪資
上下文菱形對稱架構的要求，分別定義在南向閘道的通訊埠層與介面卡
層。

19.3.3 聚合的領域純粹性

領域設計模型以聚合為單位，對領域模型的持久化需要遵循「一個聚合
對應一個資源庫」的設計原則。倘若呼叫者需要存取聚合邊界內除根實

體在外的其他實體或值物件，必須透過聚合根進行存取；如果要持久化
這些物件，也必須交由聚合對應的資源庫來實現。舉例來説，要存取
HourlyEmployee 聚合內部的 TimeCard 實體，就只能透過 HourlyEmployee
聚合根實體；要持久化 TimeCard，也只能透過 HourlyEmployeeRepository
資源庫，不需要也不應該為 TimeCard 定義專有的資源庫。

HourlyEmployeeRepository 資源庫雖然會負責對 TimeCard 的持久化，
但不會直接持久化 TimeCard 物件，而是透過管理 HourlyEmployee 聚
合的生命週期來完成。臨時工提交工作時間卡的領域行為需要分配給
HourlyEmployee 聚合根，而非 HourlyEmployeeRepository 資源庫。實現
該領域行為時，不需要考慮持久化，而應考慮一種自然的物件操作，保
證領域純粹性：

```
public class HourlyEmployee extends AbstractEntity<EmployeeId> implements
Aggregate
Root<HourlyEmployee> {
    @OneToMany(cascade = CascadeType.ALL, orphanRemoval = true)
    @JoinColumn(name = "employeeId", nullable = false)
    private List<TimeCard> timeCards = new ArrayList<>();

    // 提交工作時間卡，看不到任何持久化的影子
    public void submit(List<TimeCard> submittedTimeCards) {
        for (TimeCard card : submittedTimeCards) {
            this.submit(card);
        }
    }

    public void submit(TimeCard submittedTimeCard) {
        if (!this.timeCards.contains(submittedTimeCard)) {
            this.timeCards.add(submittedTimeCard);
        }
    }
}
```

submit() 方法呼叫 List<TimeCard> 的 add() 方法，將工作時間卡增加到列
表中，但不會在資料庫中插入一筆新的工作時間卡記錄。聚合不操作資
料庫，與資料庫打交道的只能是資源庫介面卡，這是明確規定的資源庫
角色構造型的職責。

19.3.4 領域服務的協調價值

領域模型不建議聚合依賴資源庫，更不允許將持久化的職責分配給聚合。如果業務需求要求對聚合的狀態變更進行持久化，就需要呼叫資源庫。呼叫工作由領域服務完成。

如前所述，臨時工提交工作時間卡由 HourlyEmployee 聚合完成，但要真正完成工作時間卡的提交，還需要將它持久化到資料庫，這牽涉到 HourlyEmployee 與 HourlyEmployeeRepository 之間的協作。這時，需要引入領域服務 TimeCardService：

```
public class TimeCardService {
    private HourlyEmployeeRepository employeeRepository;

    public void setEmployeeRepository(HourlyEmployeeRepository
employeeRepository) {
        this.employeeRepository = employeeRepository;
    }

    public void submitTimeCard(EmployeeId employeeId, TimeCard submitted)
{
        Optional<HourlyEmployee> optEmployee = employeeRepository.
employeeOf(employeeId);
        optEmployee.ifPresent(e -> {
            e.submit(submitted);
            employeeRepository.save(e);
        });
    }
}
```

領域服務的 submitTimeCard() 方法先透過 EmployeeId 查詢獲得 HourlyEmployee 物件，這是生命週期管理中對聚合根實體物件的重建。資源庫透過 ORM 重建聚合根實體時，會將它附加（attach）到持久化上下文中。該物件的任何變更都可以被 ORM 框架監聽到，透過實體的唯一標識能夠明確其身份。當 HourlyEmployee 執行 submit(timecard) 方法時，工作時間卡的新增操作就被記錄在持久化上下文中，一旦執行了資源庫的 save() 方法，持久化上下文就會完成對這一變更的提交。

在利用測試驅動開發驅動領域服務的實現時，若牽涉到領域服務與資源庫之間的協作，應透過 Mock 框架模擬資源庫的行為，以隔離對外部資源的依賴，讓測試的回饋更加快速。為了保證領域實現模型的正確性，應考慮為資源庫的實現類別撰寫整合測試，以驗證領域模型是否滿足程式開發實現的要求：

```java
public class HourlyEmployeeJpaRepositoryIT {
    private EntityManager entityManager;
    private Repository<HourlyEmployee, EmployeeId> repository;
    private HourlyEmployeeJpaRepository employeeRepo;

    @Before
    public void setUp() {
        entityManager = EntityManagerFixture.createEntityManager();
        repository = new Repository<>(HourlyEmployee.class, entityManager);
        employeeRepo = new HourlyEmployeeJpaRepository(repository);
    }

    @Test
    public void should_submit_time_card_then_remove_it() {
        EmployeeId employeeId = EmployeeId.of("emp200109101000001");

        HourlyEmployee hourlyEmployee = employeeRepo.
employeeOf(employeeId).get();

        assertThat(hourlyEmployee).isNotNull();
        assertThat(hourlyEmployee.timeCards()).hasSize(5);

        TimeCard repeatedCard = new TimeCard(LocalDate.of(2019, 9, 2), 8);
        hourlyEmployee.submit(repeatedCard);
        employeeRepo.save(hourlyEmployee);

        hourlyEmployee = employeeRepo.employeeOf(employeeId).get();
        assertThat(hourlyEmployee).isNotNull();
        assertThat(hourlyEmployee.timeCards()).hasSize(5);

        TimeCard submittedCard = new TimeCard(LocalDate.of(2019, 10, 8), 8);
        hourlyEmployee.submit(submittedCard);
        employeeRepo.save(hourlyEmployee);

        hourlyEmployee = employeeRepo.employeeOf(employeeId).get();
```

```
    assertThat(hourlyEmployee).isNotNull();
    assertThat(hourlyEmployee.timeCards()).hasSize(6);

    hourlyEmployee.remove(submittedCard);
    employeeRepo.save(hourlyEmployee);
    assertThat(hourlyEmployee.timeCards()).hasSize(5);
  }
}
```

由於單元測試和整合測試的回饋速度不同,且後者還要依賴於真實的資料庫環境,因此建議在開發專案中分離單元測試和整合測試,例如在 Java 專案中使用 Maven 的 failsafe 外掛程式。該外掛程式規定了整合測試的命名規範,如規定整合測試類別以 *IT 結尾,只有執行 mvn integration-test 命令才會執行這些整合測試。

無論如何,做好業務與技術的隔離是非常重要的領域驅動設計原則。在考慮技術實現時,有時候又不可避免因為現實因素產生技術對領域模型的影響,定義好分界線、在二者之間取得平衡就顯得尤為關鍵。更關鍵的是,明確設計的驅動力一定要來自領域,在領域建模階段,經歷領域分析建模、領域設計建模和領域實現建模,在完成業務服務的業務功能之後,再考慮南向閘道的具體實現,以及在應用服務整合必要的橫切重點。千萬不能本末倒置,讓我們獲得的領域模型受到技術的「污染」,從而在業務複雜度中混入技術複雜度。

領域驅動設計系統

系統只有在其輪廓形成時從理念世界的構造本身獲得了靈感，它才是有效的。

——瓦爾特·班雅明，《德意志悲苦劇的起源》

領域驅動設計是自成系統的一套軟體研發方法論，涵蓋了軟體開發的全生命週期。它的系統龐大，包容性強，其中諸多模式與原則顛覆了以技術為核心的專案思想，使得領域驅動設計的學習者與實踐者常常發出「不得其門而入」之歎。這並非領域驅動設計這套系統的過錯，也並非 Eric Evans 等領域驅動設計大師們故弄玄虛，而是因為針對領域的分析和建模，本身有賴於設計者的產業知識與設計經驗。

經驗之說，只可意會，不可言傳，而領域驅動設計若只有憑藉經驗才能做好，就不能稱為一套方法區塊系了。為此，我針對領域驅動設計存在的不足，透過固化領域驅動設計的過程，提供更為直接有效的實踐方法，建立具有目的性和可操作性的研發過程，即領域驅動設計統一過程（domain- driven design unified process，DDDUP）。這得益於領域驅動設計的開放性。這種開放性使得它具有海納百川的包容能力，促進了它的演化與成長，是我提出領域驅動設計統一過程以及諸多實踐方法與模式的根基所在。

但是，領域驅動設計畢竟不是一個無限放大的筐，我們不能將什麼技術方法都往裡裝，然後美其名曰領域驅動設計。領域驅動設計是以領域為

核心驅動力的設計方法，此乃其根本要旨，也可認為是運用領域驅動設計的最高準則。

不僅要遵循這一最高準則，還要抓住領域驅動設計的精髓。如此才能靈活地運用領域驅動設計，避免死板地遵照領域驅動設計統一過程的要求。

20.1 領域驅動設計的精髓

什麼是領域驅動設計的精髓？它表現為兩個要素：邊界與紀律。

20.1.1 邊界是核心

無論從問題空間到解空間，還是從戰略設計推進到戰術設計，領域驅動設計一直強調的核心思想，就是對邊界的界定與控制。

從全域分析開始，我們就需要確定目標系統的利益相關者與願景以確定目標系統的範圍。它的邊界是領域驅動設計問題空間的第一重邊界，可以用於界定問題空間；幫助團隊明確了哪些功能屬於目標系統的範圍，也可以在未來需求發生變更或增加時作為團隊的判斷依據。系統範圍邊界的大小等於問題空間的大小，也就決定了目標系統的規模。確定系統範圍是探索問題空間的主要目的，同時，也是求解問題空間的重要參考。

問題空間透過核心子領域、通用子領域和支撐子領域進行分解，以更加清晰地呈現問題空間，同時降低問題空間的複雜度。子領域確定的邊界是領域驅動設計問題空間的第二重邊界，幫助團隊看清主次，理清了問題空間中領域邏輯的優先順序，同時促使團隊在全域分析階段將設計的注意力放在領域和對領域模型的了解上，滿足領域驅動設計的要求。

領域驅動設計問題空間的兩重邊界屬於分析邊界。

到了架構映射階段，利用組織級映射獲得的系統上下文成了領域驅動設計解空間的第一重邊界。透過系統上下文明確哪些屬於目標系統，哪些

屬於衍生系統，即可清晰地表達當前系統與外部環境之間的關係、確定解空間的規模大小。

透過業務級映射獲得的界限上下文是領域驅動設計解空間的第二重邊界，可以有效地降低系統規模。無論是在業務領域，還是架構設計，或團隊協作方面，界限上下文邊界都成了重要的約束力。邊界內外可以形成兩個不同的世界：曝露在界限上下文邊界外部的是遠端服務或應用服務，每個服務都提供了完整的業務價值，並透過相對穩定的契約來展現服務、確定界限上下文之間的協作方式；在界限上下文邊界之內，可以根據不同的需求場景，形成自己的一套設計與實現系統。外部世界的規則是契約、通訊以及系統等級的架構風格與模式，內部世界的規則是分層、協作以及類別等級的設計風格與模式。

在界限上下文內部，閘道層與領域層的隔離成了領域驅動設計解空間的第三重邊界。菱形對稱架構形成了清晰的內外邊界，有效地隔離了業務複雜度與技術複雜度。將領域層作為整個系統穩定而內聚的核心，是領域驅動設計的關鍵特徵。唯有如此，才能逐漸將這個「領域核心」演化為企業的重要資產。這也是軟體設計的核心思想，即分離變與不變。領域核心中的領域模型具有一種本質的不變性，只要我們將領域邏輯剖析清楚，該模型就能保證相對的穩定性；若能再正確地辨識可能的擴充與變化，加以抽象與封裝，就能維持領域模型絕對的穩定性。閘道層封裝或抽象的外部資源具有一種偶然的不變性。利用層次的隔離，就能有效應對外部形勢的變化。

若要維持領域核心的穩定性，高內聚與鬆散耦合是根本要則。雖然職責分配的不合理在閘道層的隔離下可以將影響降到最低，但是，總在調整與修改的領域模型是無法維護領域概念完整性和一致性的。為此，領域模型引入了聚合這一最小的設計單元。它從完整性與一致性對領域模型進行了有效的隔離，成了領域驅動設計解空間的第四重邊界。領域驅動設計為聚合規定了嚴謹的設計約束，使得整個領域模型的物件圖不再變得散漫，彼此之間的協作也有了嚴格的邊界控制。這一約束與控制或許

加大了我們設計的難度，但卻可以挽救因為界限上下文邊界劃分錯誤帶來的不利決策。

領域驅動設計解空間的四重邊界屬於設計邊界。

問題空間的分析邊界與解空間的設計邊界如圖 20-1 所示。

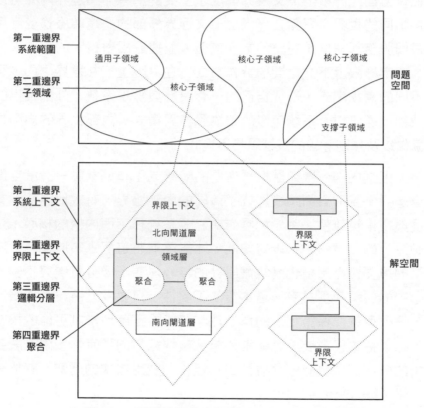

第一重邊界
系統範圍

第二重邊界
子領域

通用子領域　　　核心子領域　　核心子領域

核心子領域

問題空間

支撐子領域

第一重邊界
系統上下文

界限上下文

北向閘道層

第二重邊界
界限上下文

領域層

界限
上下文

解空間

第三重邊界
邏輯分層

聚合　　　聚合

第四重邊界
聚合

南向閘道層

界限
上下文

▲ 圖 20-1　問題空間的分析邊界與解空間的設計邊界

領域驅動設計在各個層次提出的核心模式具有不同的粒度和設計重點，但本質都在於確定邊界。畢竟，隨著規模的擴大，一個沒有邊界的系統終究會變得越來越混亂；架構沒有清晰的層次，職責缺乏合理的分配，程式就會變得不可閱讀和維護，最終系統會形成一種無序設計。

我們看一個無序設計的軟體系統，就好像隔著毛玻璃觀察事物，系統中的軟體元素都變得模糊不清，充斥著各種技術債。細節層面，程式污濁

不堪，違背了高內聚鬆散耦合的設計原則，導致不是放錯了程式位置，就是出現重複的程式區塊；架構層面，缺乏清晰的邊界，各種通訊與呼叫依賴糾纏在一起，同一問題空間的解決方案各式各樣，讓人眼花繚亂，彷彿進入了沒有規則的無序社會。

領域驅動設計問題空間的兩重邊界與解空間的四重邊界可以保證系統的有序性。

20.1.2　紀律是關鍵

不管一套方法區塊系多麼完美，如果團隊不能嚴格地執行方法區塊系規定的紀律，一切就都是空談。ThoughtWorks 的楊雲就指出：「領域驅動設計是一種紀律」，他進一步解釋道，「領域驅動設計本身沒有多難，知道了方法的話，認真建模一次還是好搞的，但是持續地保持這個領域模型的更新和有效，並且堅持在工作中用統一語言來討論問題是很難的。紀律才是關鍵。」

領域驅動設計強調對邊界的劃分與控制。如果團隊在實施領域驅動設計時沒有了解邊界控制的意義，也不遵守邊界的約束紀律，邊界的控制力就會被削弱甚至遺失。舉例來說，我們強調透過菱形對稱架構隔離業務複雜度與技術複雜度，而團隊成員在撰寫程式時卻圖一時的便捷，直接將閘道層的程式放到領域模型物件中，或為了追趕進度，沒有認真進行領域建模就草率撰寫程式，卻無視聚合對概念完整性、資料一致性的保護，領域驅動設計解空間強調的四重邊界就形同虛設了。

紀律是關鍵，畢竟影響軟體開發品質的關鍵因素是人，不是設計方法。對團隊成員而言，學習領域驅動設計是提高技能，能否遵守領域驅動設計的紀律則是一種工作態度。需要向團隊成員明確一個問題的答案：領域驅動設計到底有哪些必須遵守的紀律？

結合領域驅動設計的知識系統和統一過程，我複習了領域驅動設計的「三大紀律八項注意」，可作為團隊的紀律規範。

- 三大紀律:
  - 領域專家與開發團隊在一起工作;
  - 領域模型必須遵循統一語言;
  - 時刻堅守兩重分析邊界與四重設計邊界。

- 八項注意:
  - 問題空間與解空間不要混為一談;
  - 一個界限上下文不能由多個特性團隊開發;
  - 跨處理程序協作透過遠端服務,處理程序內協作透過應用服務;
  - 保證領域分析模型、領域設計模型與領域實現模型的一致;
  - 不要將領域模型曝露在閘道層之外,共用核心除外;
  - 先有領域模型,後有資料模型,保證二者的一致;
  - 聚合的連結關係只能透過聚合根 ID 引用;
  - 聚合不能依賴存取外部資源的南向閘道。

「三大紀律」是實施領域驅動設計的最高準則,是否遵守這「三大紀律」,決定了實施領域驅動設計的成敗。「八項注意」則重申了設計要素與規則,並對設計規範進行了固化,避免因為團隊成員能力水準的參差不齊導致實施過程的偏差。

當然,針對不同的專案、不同的團隊,實施領域驅動設計的方式自然有所不同,在不違背「三大紀律」的最高準則下,團隊也可以複習屬於自己的「八項注意」,甚至更多的紀律條款。

20.2 領域驅動設計能力評估模型

要實施領域驅動設計,必須提高團隊成員的整體能力。團隊成員的能力與團隊遵循的紀律是相輔相成的:能力足但紀律渙散,不足以打勝仗;紀律嚴而能力缺乏,又心有餘而力不足。培養團隊成員的能力並非一朝一夕之功,如果能夠有一套能力評估模型對團隊成員的能力進行評估,

就能做到有針對性的培養。借助領域驅動設計統一過程引入的各種方法
與模式，我建立了領域驅動設計的能力評估模型。

領域驅動設計能力評估模型（domain-driven design capability assessment
model，DCAM）是我個人對領域驅動設計經驗的提煉，可以指導團隊進
行能力的培養和提升。DCAM 並非一個標準或一套認證系統，更非事先
制訂或強制執行的評估框架。建立這套模型的目的僅是更進一步地實施
領域驅動設計。我不希望它成為一種僵化的評分標準，它應該是一個能
夠不斷演化的評估框架。DCAM 如圖 20-2 所示，目前，它僅限於物件建
模範式的領域驅動設計。

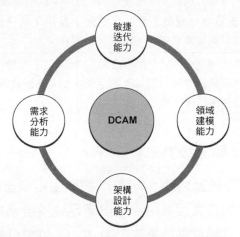

▲ 圖 20-2　領域驅動設計能力評估模型

圖 20-2 所示的能力維度包括：

- 敏捷迭代能力；
- 需求分析能力；
- 領域建模能力；
- 架構設計能力。

根據能力水準，每個維度分為初始級、成長級和成熟級 3 個層次，各個
層次的能力水準圍繞領域驅動設計能力開展評估。層次越高，團隊的領
域驅動設計能力就越高，推行領域驅動設計成功的可能性也就越高。

20.2.1 敏捷迭代能力

我認為，領域驅動設計之所以在近十餘年未能取得舉足輕重的成功，其中一個原因就是它沒有與敏捷軟體開發過程結合起來。敏捷開發的諸多實踐，包括特性團隊、持續整合、迭代管理等都可以為領域驅動設計的實施保駕護航。敏捷迭代能力等級評估標準如表 20-1 所示。

表 20-1　敏捷迭代能力等級評估標準

等級	團隊管理	過程管理
初始級	元件團隊，缺乏定期的交流制度；沒有領域專家或專職的需求分析人員	每個版本的開發週期長，無法快速回應需求的變化
成長級	全功能的領域特性團隊，每日站立會議，領域專家參與需求分析活動	採用了迭代開發模式，定期發表小版本
成熟級	自我組織的領域特性團隊，團隊成員定期輪換，形成知識共用，領域專家全程參與，密切與團隊進行溝通和協作	建立了視覺化的看板，由下游推動需求的發表，消除浪費

20.2.2 需求分析能力

領域驅動設計的核心驅動力是「領域」，領域主要來自問題空間的業務需求。要從複雜多變的真實世界中提煉出滿足建模需求的領域知識和領域概念，就要求團隊具備成熟的需求分析能力。需求分析能力等級評估標準如表 20-2 所示。

表 20-2　需求分析能力等級評估標準

等級	需求管理	分析方法
初始級	沒有清晰的需求管理系統	沒有一套成系統的需求分析方法，只是從功能角度建立需求規格說明書，沒有考慮各種使用者的業務場景
成長級	定義了產品待辦項和迭代待辦項	使用了如使用案例等需求分析方法，形成了嚴謹而完整的需求規格說明書
成熟級	建立了故事地圖，建立了史詩故事、特性與使用者故事的需求系統	重視價值需求，在需求分析過程中大量使用視覺化工具對業務需求進行探索，快速輸出需求規格說明書

20.2.3 領域建模能力

團隊成員的領域建模能力是推行領域驅動設計的基礎，也是領域驅動設計有別於其他軟體開發方法的根本。領域建模能力等級評估標準如表 20-3 所示。

表 20-3　領域建模能力等級評估標準

等級	分析建模	設計建模	實現建模
初始級	採用資料建模，建立以資料表關係為基礎的資料模型	領域模型為貧血領域模型，透過交易指令稿實現領域邏輯	程式開發以實現功能為唯一目的，沒有單元測試保護
成長級	領域分析建模工作只限於少數資深技術人員，並主要憑藉經驗完成建模	建立了富領域模型，遵循物件導向設計思想，但未明確定義聚合和資源庫	方法和類別的命名都遵循了統一語言，可讀性高，為核心的領域產品程式提供了單元測試
成熟級	採用事件風暴、四色建模法等視覺化建模方法，由領域專家與開發團隊一起圍繞核心子領域開展領域分析建模	建立以聚合為設計單元的領域設計模型，職責合理地分配給聚合、資源庫與領域服務	採用測試驅動開發撰寫領功能變數代碼，遵循簡單設計原則，具有明確的手工／自動化測試分層策略

20.2.4 架構設計能力

如果說領域建模完成了對問題空間真實世界的抽象與提煉，架構設計就是在解空間中進一步對領域模型進行規範，建立邊界清晰、風格一致的演進式架構。架構設計能力等級評估標準如表 20-4 所示。

表 20-4　架構設計能力等級評估標準

等級	架構
初始級	採用傳統三層架構，未遵循整潔架構，整個系統缺乏清晰的邊界
成長級	建立了以界限上下文為架構單元的應用架構，領域層作為分層架構的獨立一層，隔離了業務複雜度與技術複雜度，並為領域層劃分了模組
成熟級	遵循了整潔架構，清晰地定義了系統上下文和界限上下文的邊界，具有回應需求變化的演進能力

DCAM 評估的這 4 種能力必須在領域驅動設計研發方法區塊系下進行，也對應了領域驅動設計統一過程中各個階段的過程工作流與支撐工作流，是實施領域驅動設計統一過程的能力保證。當然，為了能夠將該能力評估模型推廣到領域驅動設計社區，我儘量避免將它與我提倡的領域驅動設計統一過程產生綁定關係。為此，我在確定評估標準時，選擇了得到領域驅動設計社區普遍認可和推廣的實踐、方法和模式，由我提出的菱形對稱架構、快速建模法、角色構造型、服務驅動設計以及對業務服務的抽象，都未表現在對應能力的評估標準中。

20.3　領域驅動設計參考過程模型

沒有一套放之四海而皆準的過程方法能夠一勞永逸地解決所有問題，但為了降低實施領域驅動設計的難度，確乎可以提供一套切實可行的最佳實踐對整個過程進行固化與簡化。這正是我提出領域驅動設計統一過程的主要原因。

領域驅動設計統一過程對領域驅動設計知識進行抽象與提煉，然後以一種標準而統一的過程為開發團隊實施領域驅動設計形成指導，它的指導價值不言而喻。但就統一過程本身，它僅是一個抽象的過程系統。它雖然規定了在什麼階段應該採用什麼樣的工作流，但系統自身並沒有確定究竟該用什麼樣的方法與模式幫助團隊順利地實施工作流。

為了幫助團隊更進一步地實施領域驅動設計，有必要針對領域驅動設計統一過程做進一步的固化與簡化，結合我個人實施領域驅動設計的經驗，選擇部分行之有效的方法與模式，填充到領域驅動設計統一過程的空白處，形成一套領域驅動設計參考過程模型。這套過程模型不能解決實施過程中的所有問題，也無法避開需要憑藉經驗的現實問題，但透過一些真實專案開發實踐得到證明，它能夠在一定程度降低實施門檻，從戰略和戰術層面獲得高品質的領域模型。這一參考過程模型如圖 20-3 所示。

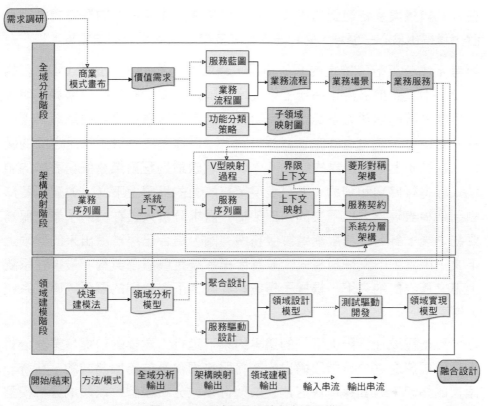

▲ 圖 20-3　領域驅動設計參考過程模型

整個參考過程模型透過業務流程水道圖表現，每個水道代表領域驅動設計統一過程的階段，矩形的流程圖例代表領域驅動設計統一過程運用的方法或模式，文件圖例代表融合了領域驅動設計模式的輸出工件，虛線空心箭頭為輸入串流，實線實心箭頭為輸出串流。

從需求調研開始，參考過程模型建議使用商業模式畫布對問題空間進行探索，獲得利益相關者、系統願景和系統範圍，它們共同組成了目標系統的價值需求。根據價值需求的利益相關者，運用服務藍圖與業務流程圖對業務需求進行整理，獲得業務流程。對業務流程按照業務目標進行時間上的階段劃分，就可以獲得業務場景。對業務場景進一步分析，可以獲得代表服務價值的業務服務。業務流程、業務場景和業務服務共同組成了目標系統的業務需求。

在系統願景與系統範圍的指導下，利用功能分類策略對問題空間進行分解，獲得由核心子領域、通用子領域和支撐子領域組成的子領域。

參考全域分析階段確定的價值需求，繪製業務序列圖，透過 C4 模型的系統上下文圖最終確定系統上下文。它確定了整個解空間的邊界，明確了目標系統的解決方案範圍，有助我們確定哪些系統是目標系統、哪些系統是衍生系統，也確定了利益相關者、目標系統、衍生系統之間的關係。在系統上下文邊界的約束下，以 V 型映射過程對業務服務表達的領域知識進行歸類和歸納，獲得表現業務能力的界限上下文，並運用菱形對稱架構表現界限上下文的內部架構。需求分析人員在撰寫了業務服務歸約之後，針對業務服務繪製服務序列圖，結合已經辨識出來的界限上下文，確定上下文映射模式，並為目標系統定義服務契約。最後在系統上下文邊界的約束下，根據子領域和界限上下文之間的關係，確定系統分層架構。

領域建模需要在界限上下文的邊界約束下進行。建模的前提是業務分析人員已經將全域分析階段輸出的業務服務細化為業務服務歸約，在統一語言的指導下對其採用快速建模法獲得領域分析模型。以領域分析模型為基礎，運用聚合設計的庖丁解牛過程獲得以聚合為核心要素的角色構造型，獲得靜態的領域設計模型。對業務服務開展服務驅動設計，根據業務服務歸約定義的基本流程，將業務服務分解為任務樹，分配職責獲得序列圖指令稿，從而獲得動態的領域設計模型。按照業務服務歸約定義的驗收標準，為任務樹的每個任務撰寫測試使用案例，開展測試驅動開發，從而獲得領域實現模型。領域分析模型、領域設計模型和領域實現模型共同組成了在界限上下文邊界約束之下的領域模型，實現了戰略設計與戰術設計的融合。

領域驅動設計參考過程模型為領域驅動設計統一過程的每個階段每個環節提供了具有實操性的方法和模式，也規定了每個階段需要輸出的工件。不過，我們還需要一個完整案例真實地展示它如何指導團隊從問題空間走向解空間，最終獲得高品質領域模型的過程。為此，我選擇了一

個中等規模的真實案例，全方位地展現在專案中如何實踐領域驅動設計參考過程模型。這個真實案例就是企業應用套件（enterprise application suite，EAS）。

20.3.1 EAS 案例背景

企業應用套件[1]是一款根據軟體集團應用資訊化的要求開發的企業級應用軟體。該軟體集團為各行各業提供軟體發表服務，以在岸、近岸、離岸等多種模式發表軟體。EAS 系統提供了大量簡單、快捷的操作介面，使得集團相關部門能夠更快捷、更方便、更高效率地處理日常交易工作，並為管理者提供決策參考、流程簡化，建立集團與各部門、員工之間交流的通道，有效地提高工作效率，實現整個集團的資訊化管理。

EAS 系統為企業架設了一個資料共用與業務協作平台，實現了人力資源、客戶資源和專案資源的整合。系統包括人力資源管理、客戶關係管理和專案過程管理等主要模群組。系統使用者為集團的所有員工，但角色的不和，決定了他們重點之間的差別。

20.3.2 EAS 的全域分析

在全域分析階段，需要針對目標系統進行價值需求分析。

1. 價值需求分析

根據參考過程模型的描述，一種有效方法是透過商業模式畫布來幫我們確定目標系統的客戶、願景和範圍。EAS 是一款針對 B 端的產品，它的客戶實際上都是軟體集團的員工。員工的角色不同，所屬部門不同，職責也不相同，因而對其做客戶細分非常有必要。實際上，我們在為 EAS 進行價值需求分析之前，重點調研了人力資源部、市場部與專案管理部

1　本例的詳細需求、設計和程式請在 GitHub 中搜尋 "agiledon/eas-ddd" 獲取。

的相關人員。作為支援者（提供部門的業務知識）與受益者（使用 EAS 的最終使用者），他們各自提出了切合自身需要的業務功能，包括：

- 市場部對客戶和需求的管理，對合約的追蹤；
- 專案管理部對專案和專案人員的管理，對專案進度的追蹤；
- 人力資源部負責應徵人才，管理員工的日常工作包括工作日誌、考勤等。

在對 EAS 的客戶進行細分並確定各自的價值主張時，團隊發現遺漏了最重要的利益相關者：集團管理層。作為集團業務的決策者，他們對業務目標的認識有利於更加準確地確定系統願景。

作為一家提供軟體發表服務的集團公司，核心生產力是從事軟體開發的人力資源。各個業務部門的主要工作都是圍繞著人力資源的供需進行的。決策者的痛點就是無法快速直觀地了解公司人力資源的供需情況。舉例來說，客戶需要集團提供 20 名各個層次的 Java 開發人員，市場部門在確定是否簽訂該合約之前，需要透過 EAS 查詢集團的人力資源庫，了解現有的人力資源是否符合客戶需求。如果符合，還需要各個參與部門審核人力成本，決定合約標的。如果集團當前的人力資源無法滿足客戶需求，就需要人力資源部提早啟動應徵流程，或從人才儲備庫中尋找滿足需求的候選人。透過 EAS，管理人員還能夠及時了解開發人員的閒置率，追蹤專案的進展情況，明確開發人員在專案中承擔的職責和任務完成品質。

獲得商業模式畫布的通道通路比較簡單。這是因為 EAS 與其他創新產品不同，並不需要尋找各種通道通路對產品進行宣傳，只需利用行政力量要求相關部門使用即可。由此推導出來的客戶關係，實際上就是對參與 EAS 系統的各種角色做進一步整理，了解這些角色在什麼時候會使用 EAS，又該怎樣使用 EAS。

EAS 是集團的內部系統，不牽涉具體的營收業務，因此它的收益來源更多地表現在對成本的控制和削減上，同時也包含該如何為集團的軟體發表業務提供更好的服務與支援。雖然 EAS 的收益來源並不明顯，但對它的思考有利於驅動我們對核心資源和關鍵業務的發掘。

為了保證 EAS 的順利發表，需要哪些核心資源？發表的 EAS 能夠提供哪些關鍵業務？在確定了 EAS 的客戶、價值主張、收益來源等內容後，參與到商業模式畫布腦力激盪的人員能夠輕易回答這些問題。由於 EAS 主要解決人力資源問題，它需要的重要合作也應該與人力資源的應徵、教育訓練有關。最後，EAS 是企業內部系統，在考慮實現該系統之前，了解開發該系統需要的成本結構也就顯得理所應當。由此，就可以獲得圖 20-4 所示的商業模式畫布。

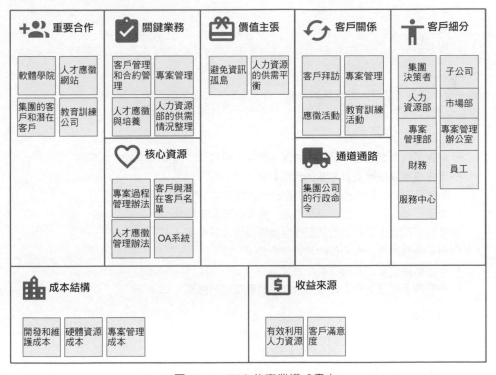

▲ 圖 20-4　EAS 的商業模式畫布

雖然 EAS 並非一個創新產品，但在全域分析階段透過它探索價值需求，會更容易引導客戶描繪出心中的設想，並透過這種視覺化的形式將其真實地傳遞出來，形成對問題空間一致了解，針對價值需求達成共識。

一旦確定了商業模式畫布的內容，就可以根據商業模式畫布各個板塊與價值需求之間的關係，獲得 EAS 的價值需求，作為全域分析規格說明書

的一部分。組成 EAS 全域分析規格說明書的價值需求如下所示。

1 利益相關者
- 集團決策者
- 子公司
- 人力資源部
- 市場部
- 專案管理部
- 專案管理辦公室
- 財務
- 員工
- 服務中心

2 系統願景
避免資訊孤島，實現人力資源的可控，從而達到人力資源的供需平衡。

3 系統範圍

3.1 當前狀態
- 創建了由專案經理、業務分析師、開發人員和測試人員組成的特性團隊
- 集團專案管理部負責專案的流程管理
- 集團已有 OA 系統作為部門之間的流程協作與訊息通知
- 集團已制訂了人才應徵管理辦法、專案過程管理辦法
- 軟體學院和應徵網站的簡歷作為集團的人才儲備庫
- 員工教育訓練已有合作的教育訓練公司
- 市場部提供客戶和潛在客戶名單
- 由集團下達行政命令在集團內部相關職能部門推廣 EAS 系統

3.2 未來狀態
- EAS 系統在 × 年 × 月 × 日透過使用者驗收
- EAS 系統在 × 年 × 月 × 日上線運行
- 由 EAS 系統負責客戶關係管理、專案管理、人力資源管理
- 透過客戶滿意度評估 EAS 系統的價值

3.3 目標清單
- 透過視覺化方式表現人力資源的供需狀況
- 管理集團與客戶和潛在客戶之間的關係，管理市場需求，對合約進行追蹤
- 管理專案和專案人員，追蹤專案進度
- 即時調整用人需求，制訂應徵和教育訓練計畫
- 管理員工考勤、工作日誌等日常工作

2. 業務需求分析

在完成價值需求分析後，就可以在價值需求的引導與約束下開始業務需求分析。

業務需求分析起始於業務流程，能讓目標系統的業務功能「動」起來，執行一系列的活動來滿足參與角色的業務價值。為了快速把握 EAS 的需求全景，可以抓住表現業務願景核心價值的主流程。既然 EAS 以「人力資源的供需平衡」為關注核心，那麼所有參與角色需要執行的主要業務功能都與該核心價值有關。在價值需求的指引下，可以結合供需平衡將所有參與角色抽象為需求方與供應方，然後站在供需雙方的角度思考各個參與角色之間的協作方式與協作過程，如圖 20-5 所示。

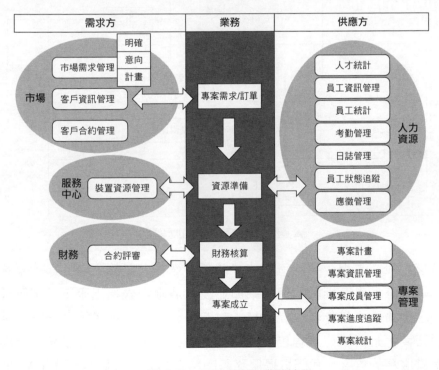

▲ 圖 20-5　EAS 的核心業務流程

圖 20-5 清晰地表現了需求與供應之間的關係，展現了核心業務流程的關鍵環節。注意，該協作示意圖並非專案開始之前的當前狀態，而是期望

解決供需平衡問題的未來狀態。這種協作關係也表現了打破部門之間資訊門檻的系統願景。根據這一協作示意圖，我們可以以水道圖形式的業務流程圖表達整個系統的核心流程，如圖 20-6 所示。

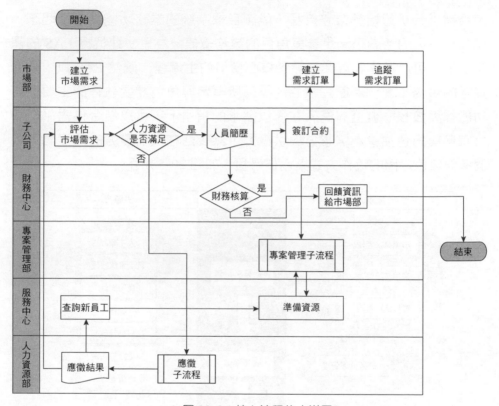

▲ 圖 20-6　核心流程的水道圖

這個核心流程表現了業務流程的整體運行過程，屬於更為巨觀的業務流程表達。許多更為細緻的協作細節並沒有清晰地表現出來，專案管理流程和應徵流程更是作為子流程被「封裝」起來了。為了更為詳盡地探索問題空間，這些業務流程也需要進一步得到呈現。從目標系統為參與角色提供服務的角度，我們透過服務藍圖結合業務流程圖呈現了 EAS 的以下業務流程。[2]

2　限於篇幅，本章只提供幾個典型的業務流程。

- 針對市場人員：客戶合作的業務流程。
- 針對專案管理人員：專案管理流程。
- 針對教育訓練專員：教育訓練流程（教育訓練需求是後續提出的需求變更）。

由於 EAS 的所有使用者都是組織內員工，如果使用服務藍圖繪製業務流程，客戶角色就是向目標系統發起服務請求的使用者，如簽訂合約業務流程中的市場人員、專案管理流程的專案管理人員和應徵流程的應徵專員。

（1）客戶合作
當市場人員向目標系統發起創建市場需求的服務請求時，就形成了從市場需求到合約簽訂並形成需求訂單的客戶合作業務流程，它的服務藍圖如圖 20-7 所示。

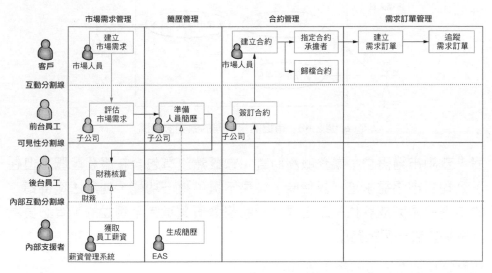

▲ 圖 20-7　客戶合作服務藍圖

由於業務規則要求具有獨立法人資格的子公司作為市場需求的承擔者，因此子公司會成為合約中的乙方。市場人員作為服務藍圖中的客戶，並不會參與合約的簽訂，只是關心子公司的現有資源能否滿足市場需求。在簽訂了合約之後，市場人員可以透過合約資訊創建需求訂單，並追蹤

需求訂單，以保持與客戶合作的良好關係。子公司作為前台員工需要與
市場人員互動，但是市場人員卻看不見財務的參與，因為財務核心算行
為發生在作為前台員工的子公司與財務之間，因此財務屬於服務藍圖的
後台員工。至於內部支援者，不是是 EAS 自身，就是就是 EAS 範圍之外
的外部系統。

根據客戶合作流程的服務藍圖，整個流程由 4 個業務場景組成：市場需求
管理、簡歷管理、合約管理和需求訂單管理。根據業務服務的判斷標準，
對業務場景的活動進行判斷，可以繪製出每個業務場景的業務服務圖。

市場需求管理的業務服務圖如圖 20-8 所示。

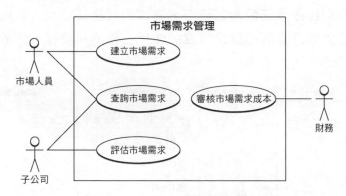

▲ 圖 20-8 市場需求管理的業務服務圖

對「查詢市場需求」業務服務而言，它雖然沒有包含在服務藍圖，但在
子公司對市場需求進行評估時，如果不提供這一功能，就無法獲得指定
的市場需求完成評估。二者提供的服務價值又是完全獨立的，有必要為
其單獨定義一個業務服務。

簡歷管理的業務服務圖如圖 20-9 所示。

客戶合作的業務流程說明是由系統生成員工簡歷，但實際上，這需要子
公司的操作人員與系統進行一次互動，目的是匯出員工簡歷，故而辨識
出該業務服務以滿足功能需求。

合約管理的業務服務圖如圖 20-10 所示。

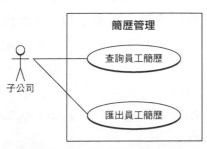

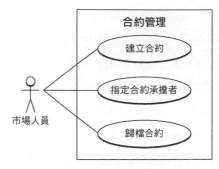

▲ 圖 20-9　簡歷管理的業務服務圖　　　▲ 圖 20-10　合約管理的業務服務圖

合約的簽訂線上下進行，EAS 系統只負責維護合約資訊，並將合約掃描版上傳到系統中歸檔，以便市場人員查詢合約資訊，因此，業務流程中的簽訂合約活動並未出現在合約管理的業務服務圖中。市場人員創建合約的目的其實是歸檔，以便相關人員（主要是市場人員）查詢，故而「歸檔合約」表現了該業務服務的服務價值。

需求訂單管理的業務服務圖如圖 20-11 所示。

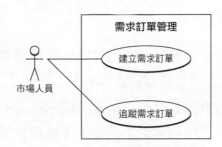

▲ 圖 20-11　需求訂單管理的業務服務圖

在整理客戶合作流程的業務服務時，我發現幾個領域概念的定義並不清晰：合約、市場需求客戶需求和需求訂單之間的關係是什麼？存在什麼樣的區別？

當我們發現有多個混亂的領域概念需要澄清時，就要建立統一語言，就這些領域概念達成一致共識。

透過與市場人員的交流，我發現市場部對這些概念的認識也是模糊不清的，甚至在很多場景中交替使用這些概念。在交談過程中，他們有時還

提到「市場需求訂單」這個概念。例如在描寫市場需求時，他們會提到「輸入市場需求」，但同時又會提到「追蹤市場需求訂單」和「查詢市場需求訂單」。在討論「客戶需求」時，他們提到了需要為客戶需求指定「承擔者」，在討論「市場需求」時卻並未提及這一功能。這似乎是「客戶需求」與「市場需求」之間的差別。對於「合約」的了解，他們一致認為這是一個法律概念，等於作為乙方集團或子公司和作為甲方的客戶簽訂的合作協定，並以合約要件的形式存在。

鑑於這些概念存在諸多問題，我們和市場人員一起整理統一語言，一致認為需要引入「訂單」（order）的概念。訂單不是需求（無論是客戶需求還是市場需求）。它借鏡了電子商務系統中的訂單概念，用於描述市場部與客戶達成的合作意向。每個合作意向可以包含多個客戶需求，相當於訂單中的訂單項。舉例來說，同一個客戶可能提出 3 筆客戶需求：

（1）需要 5 名高級 Java 程式設計師、10 名中級程式設計師；
（2）需要 8 名初級 .NET 程式設計師；
（3）需要開發一個 OA 系統。

這 3 筆客戶需求組成了一個訂單。一個訂單到底包含哪幾個客戶需求，取決於市場部與客戶洽談合作的業務背景。

引入訂單概念後，市場需求與客戶需求的區別也就一目瞭然了。市場需求是市場部售前人員了解到的需求，並未經過評估；公司也不知道能否滿足需求，以及該需求是否值得去做。這也是市場需求無須指定「需求承擔者」的原因。市場需求在經過各子公司的評估以及財務人員的審核後，就可以得到細化，並在與客戶充分溝通後，形成訂單。每一筆市場需求透過評估，轉為訂單中的客戶需求。

我們仍然保留了「合約」的概念。「合約」領域概念與真實世界的「合約」法律概念相對應。它與訂單存在相關性，但本質上並不相同。舉例來說，一個訂單中的每個客戶需求可以由不同的子公司來承擔，但合約卻規定只能有一個甲方和一個乙方。訂單沒有合約需要的那些法律條

款。未簽訂的合約內容確實有很大部分來自訂單的內容，但也只是商務合作內容的一部分而已。在確定了訂單後，市場部人員可以追蹤訂單的狀態，並且在訂單狀態發生變更時，修改對應的合約狀態，但合約的狀態與訂單的狀態並不一致。

在全域分析階段執產業務需求工作流時，一定要使用統一語言。我們透過業務服務圖將業務服務視覺化後，對於每一個可能產生問題的領域概念，一定要大聲說出來，及時消除分歧與誤解，形成團隊內部的統一語言。

（2）專案管理

當專案管理人員（通常為指定該專案的專案經理）開始發起專案成立的服務請求時，就形成了從成立專案到結項一個完整的專案管理流程，其服務藍圖展現如圖 20-12 所示。

專案管理流程由專案管理人員提交成立專案申請開始，從管理角度經歷了一個專案的完整生命週期。專案管理人員扮演了服務藍圖的客戶角色，整個流程的各個階段都是為專案管理人員服務的。諸如子公司、專案管理部、專案成員和服務中心等只參與專案管理流程，提供互動或支撐行為。

專案管理流程為專案管理人員提供了業務價值。如果要表現目標系統為專案成員提供的業務價值，就需要將專案成員當作服務藍圖的客戶，思考它的客戶旅程，例如處理迭代問題的流程。可以單獨為這個流程繪製服務藍圖。由於角度不同，參與角色的身份也會發生變化。

專案管理流程根據業務目標的不同，分成了 4 個業務場景：專案管理、專案成員管理、專案計畫管理和問題管理。此外，服務中心對硬體資源的分配屬於專案管理場景的支援場景，也需要考慮。

在專案管理流程中，同為專案管理目標的業務場景被拆分到首尾兩個階段。在確定專案管理場景的業務服務圖時，需要將這兩個階段的業務服務統一，形成圖 20-13 所示的專案管理業務服務圖。

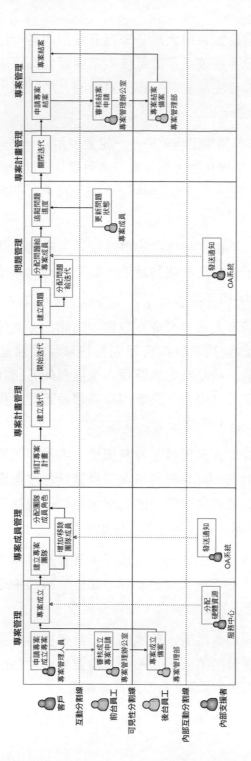

▲ 圖 20-12 專案管理的服務藍圖

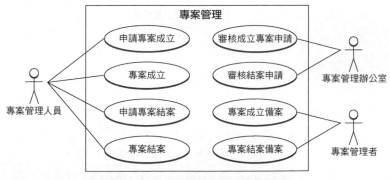

▲ 圖 20-13　專案管理的業務服務圖

服務中心對硬體資源的分配支援了專案成立專案活動，為整個專案的專案小組分配了資源，身為支撐活動放在一個單獨的業務場景中。其業務服務圖如圖 20-14 所示。

分析專案成員管理場景的活動。在增加或移除團隊成員時，需要透過 OA 系統發送通知。通知的發送不在目標系統範圍內，也不是由某個參與者發起，而是在增加或移除了團隊成員之後進行，屬於業務服務的執行步驟，不需要列入圖 20-15 所示的業務服務圖。

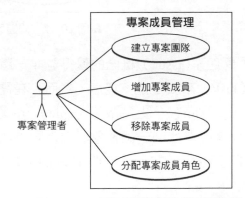

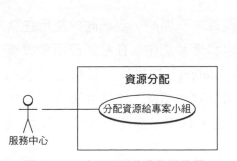

▲ 圖 20-14　資源設定的業務服務圖　　▲ 圖 20-15　專案成員管理的業務服務圖

專案計畫管理也分成了兩個階段，合併為一個業務服務圖，如圖 20-16 所示。

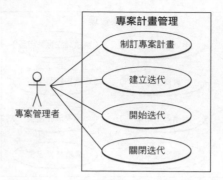

▲ 圖 20-16　專案計畫管理的業務服務圖

問題管理業務場景的業務服務圖如圖 20-17 所示。

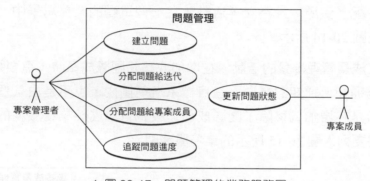

▲ 圖 20-17　問題管理的業務服務圖

「問題」（issue）概念的獲得並非一蹴而就。一開始，我傾向於使用任務
（task）來表達這一概念，然而，在需求管理系統中，任務與使用者故事
（user story）、史詩故事（epic）、缺陷（defect）屬於同一等級的概念，
我需要尋找到一個抽象概念來同時涵蓋這幾個概念，由此就獲得了「問
題」概念。在 Jira 和 GitHub 的需求管理工具中，都使用了這一領域概
念。

專案管理者在創建問題時，會指定問題的基本屬性，如問題的標題、描
述、問題類型等。那麼，問題所屬的迭代、承擔人（owner）、報告人
（reporter）是否也屬於問題的屬性呢？在確定問題管理業務場景的業務服
務圖時，我確實困惑不已。例如「分配問題給迭代」與「分配問題給專

案成員」都可以認為是在編輯問題的屬性。既然業務服務為角色提供了服務價值，很明顯，無論是將一個創建好的問題分配給迭代，還是將其分配給專案成員使其成為問題的承擔人，都具有專案管理價值，是由專案管理者向目標系統發起的一次獨立而完整的功能互動，應該分別辨識為兩個業務服務。

在確定專案管理的業務服務時，統一語言再一次發揮了價值。最初在確定專案管理的業務流程時，專案管理者要查看問題的完成情況以了解迭代進度，故而將該流程中的活動命名為「查看問題完成情況」。在辨識業務服務時，我認為該名稱沒有清晰地表現該業務服務的服務價值，經過與業務分析人員溝通，認為該業務服務需要清晰地表達問題在迭代週期內的過程，準確的術語是「進度」（progress），將其命名為「追蹤問題進度」（tracking issue progress）更加符合該領域的統一語言。

（3）教育訓練

教育訓練的目的是提高員工的技能水準，需要根據員工的職業規劃與企業發展制訂教育訓練計畫，開展教育訓練。教育訓練的整個管理由人力資源部的教育訓練專員負責。教育訓練流程除了牽涉到教育訓練專員，還牽涉到部門協調者、員工主管和員工本人。系統將分配給員工的教育訓練機會稱為票（ticket），這實際上是領域概念的一種隱喻。教育訓練專員發起教育訓練的過程，實際上就是分配票的過程，整個流程如圖 20-18 所示。

教育訓練專員在分配票之前，會設定篩檢程式。篩檢程式主要用於過濾員工名單，獲得一個與該教育訓練相符合的提名候選名單（candidate）。教育訓練專員將票分配給部門協調者，部門協調者再將票分配給屬於提名候選名單中的部門員工。員工在收到教育訓練郵件後，可以選擇「確認」或「拒絕」，若員工拒絕，票會退回給部門協調者，由部門協調者進行再分配，最終會形成一個提名單（nomination）。

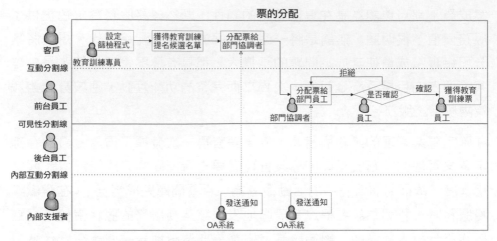

▲ 圖 20-18　分配票的服務藍圖

教育訓練期間，每個參與教育訓練的員工都需要透過教育訓練專員出示的二維碼簽到，包括教育訓練開始簽到和教育訓練結束簽到。教育訓練結束後，教育訓練專員可以獲得出勤名單。比較出勤與提名單，可以獲得缺席名單。教育訓練專員確認了缺席名單後，系統會根據黑名單規則將缺席人員加入黑名單。員工若被列入黑名單中，將來就不會再出現在提名候選名單中，除非又被移出了黑名單。教育訓練流程如圖 20-19 所示。

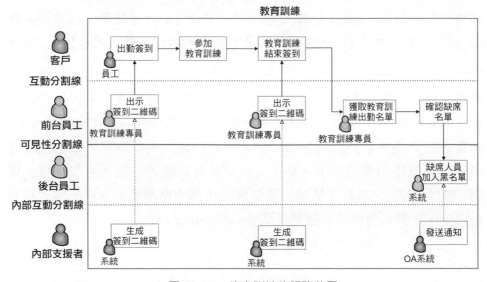

▲ 圖 20-19　教育訓練的服務藍圖

教育訓練專員在確定教育訓練計畫並分配票時，還可以事先設定有效日期，用於判斷票的有效期限。從發起教育訓練開始，到教育訓練結束，一共有 4 個重要的截止時間（deadline）：

- 提名截止時間；
- 缺席截止時間；
- 教育訓練開始前；
- 教育訓練結束前。

在不同的截止時間，員工取消票的流程都不一樣，票的處理規則也不相同，如圖 20-20 所示。

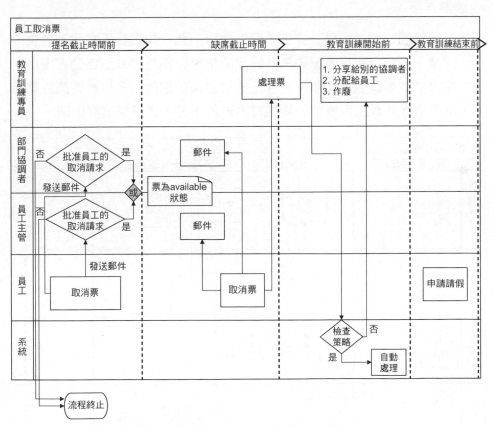

▲ 圖 20-20　員工取消票的流程圖

在提名截止時間之前，獲提名的員工可以取消票。取消後，系統會分別發送郵件給部門協調者與員工主管，只要任意一人批准了該取消請求，就認為取消成功，該票又會恢復到可用狀態。在缺席截止時間之前，員工可以取消票。取消後，系統會發送郵件通知部門協調者和員工主管，但無須他們審核，而是直接由教育訓練專員負責處理該票。處理票時，會先檢查分配該票時設定的活動（action）策略，不是由系統自動處理，就是由教育訓練專員處理該票。處理票有 3 種活動策略：

■ 將票分享給別的協調者；
■ 將票分配給員工；
■ 讓票作廢。

在教育訓練開始前，不允許員工再顯性地取消票。如果員工在收到票後一直未確認，系統會檢查分配該票時設定的策略，不是由系統自動處理，就是由教育訓練專員處理該票，處理票的策略與前相同。一旦教育訓練開始後，就不再允許員工取消票，如果有事未能出席，應提交請假申請。

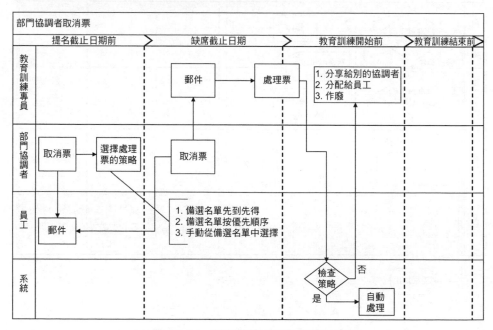

▲ 圖 20-21　部門協調者取消票的流程圖

部門協調者在將票分配給員工後，也可以取消已經分配出去的票。不同截止日期的取消流程不同，如圖 20-21 所示。

部門協調者取消票的流程與員工取消票的流程比較相似，不同之處在於取消票時無須審核，直接就可處理。在提名截止時間之間，處理票的活動策略有 3 種：

- 備選名單先到先得；
- 備選名單按優先順序；
- 手動從備選名單中選擇。

這裡的提名備選名單（backup）就是從之前設定的篩檢程式生成的提名候選名單中剔除掉已經被提名的員工列表後的名單。

教育訓練專員也可以取消票，其流程如圖 20-22 所示。

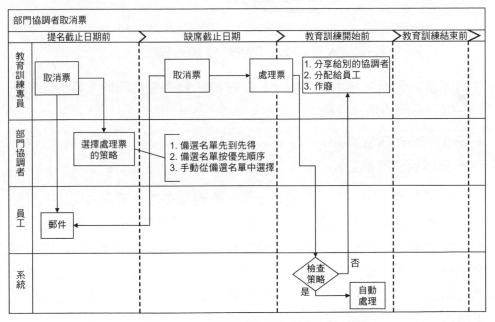

▲ 圖 20-22　教育訓練專員取消票的流程圖

該執行流程與部門協調者取消票的流程幾乎完全相同，這裡不再贅述。

在分析教育訓練流程時，我分別運用了服務藍圖和業務流程圖展現了分配票、教育訓練和取消票的業務流程，並根據不同階段的業務目標確定了業務場景。

票的分配業務服務圖如圖 20-23 所示。

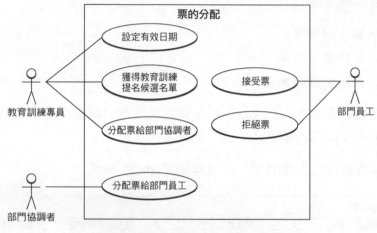

▲ 圖 20-23　分配票的業務服務圖

在明確票的分配業務場景下的業務服務時，我們發現關於「票的分配」存在兩個不同的業務服務：

■ 分配票給部門協調者；
■ 分配票給部門員工。

票的分配目標不同，而行為都是分配，是否存在語義不清的問題？實際上，雖然都是對票的分配操作，但它們的業務含義與服務價值完全不同。獲得票的部門協調者並非票的擁有者，不會參加教育訓練，而是擁有了分配票的資格，可以將票進一步分配給員工。為避免混淆這兩個概念，可以將分配票給部門員工的操作視為對員工的提名。這就明確了以下概念。

■ 分配票給部門協調者：獲得票的員工為部門協調者，並非參加教育訓練的員工。

■ 提名部門員工：將票分給部門員工，使得他（她）具備了參加教育訓練的資格。

雖然都是部門員工，但是在分配票和教育訓練的不同業務場景中具有不同的身份。明確這些身份（角色），可以更加準確地表現部門員工與教育訓練的不同關係。

■ 候選人：利用篩檢程式篩選或直接增加的員工，都是教育訓練的候選人。這些候選人具備被教育訓練專員或協調者提名參加教育訓練的資格，但並不表示候選人已經被提名了。
■ 被提名人：指獲得教育訓練票要求參加教育訓練的員工，即被提名的物件。
■ 備選人：指備選名單中的員工，備選名單是提名候選名單中剔除掉被提名人的員工列表。
■ 學員：被提名人在收到教育訓練票後確認參加，就會成為該教育訓練的學員。

無論是明確「分配」的含義，還是進一步細化部門員工的不同身份，都是在定義和提煉統一語言。這些統一語言的確定需要即刻反映在業務服務圖中。

票的取消業務服務圖如圖 20-24 所示。

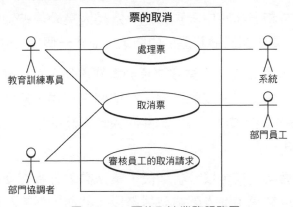

▲ 圖 20-24　票的取消業務服務圖

不同參與者的取消流程雖然不同，但在業務服務圖中，實際要執行的業務服務都是「取消票」。教育訓練專員和系統都可以處理票，區別在於一個是人工，一個是自動，後者的觸發條件與觸發時機相比較較複雜。對這些領域邏輯的描述可以在領域建模階段透過業務服務歸約進一步細化。

獲得提名並參加教育訓練的部門員工稱為「學員」，如此可以更進一步地表現其身份。教育訓練的業務服務圖如圖 20-25 所示。

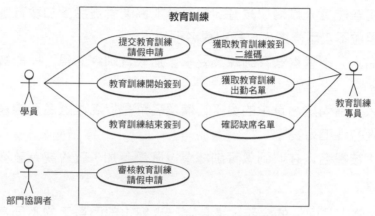

▲ 圖 20-25　教育訓練的業務服務圖

教育訓練業務規則規定，如果學員沒有提交教育訓練請假申請或請假申請未透過，卻未曾參加教育訓練且未簽到，會被視為缺勤。在教育訓練流程的服務藍圖中，根據業務規則，缺勤學員會被放入黑名單，然而這一活動並未在業務服務圖中表現出來。這是因為學員被加入黑名單實際是「確認缺勤名單」業務服務產生的結果，並非一個獨立的業務服務。

分析 EAS 的業務需求時，從業務流程到業務場景，再從業務場景到業務服務，應該是一個水到渠成的過程。在這個過程中，最好能引入「現場客戶」（極限程式設計中的實踐），共同探索業務需求，整理出問題空間的業務需求全貌。

為了避免分析癱瘓，在全域分析階段，業務需求分析在獲得業務服務這個粒度時就可以結束，進入架構映射階段。然而，對業務服務做進一步細化仍然屬於需求分析的過程，與開發團隊開展架構映射屬於兩個平行

不悖的工作，細化獲得的業務服務歸約也將作為領域建模階段的重要輸入。因此，需求分析人員也可在全域分析階段針對核心子領域的業務服務撰寫業務服務歸約。

組成 EAS 全域分析規格說明書的業務需求如下所示。

---

1 業務流程
包括 EAS 的核心流程與各個具體的業務流程，可透過業務流程圖或服務藍圖呈現。前文已述，現略去。

2 業務場景和業務服務
針對每個具體的業務流程，按照業務目標進行劃分，獲得每個具體的業務場景，並按照業務服務的判斷標準辨識業務服務，透過業務服務圖呈現出來。前文已述，現略去。

3 業務服務歸約
對每個業務服務進行細化，獲得業務服務歸約。

3.1 客戶合作
3.1.1 市場需求管理
（1）創建市場需求
服務編號：EAS-0001
服務描述：
　　　作為市場人員
　　　我想要創建一筆市場需求
　　　以便隨時了解市場需求的狀態
觸發事件：
　　　市場人員輸入市場需求，點擊「創建」按鈕
基本流程：
　　　1.驗證輸入的市場需求，包括需求名稱、描述、客戶、備註
　　　2.按照規則生成市場需求編號
　　　3.驗證市場需求名稱是否已經存在
　　　4.創建市場需求
替代流程：
　　　1a. 當市場需求名稱在系統中已存在，列出提示訊息
　　　4a. 若市場需求創建失敗，列出失敗原因
驗收標準：
　　　1.市場需求的名稱只能為中文、英文或數字，長度不超過 50 個字元，不能重複
　　　2.輸入的市場需求中，必須包含市場需求名稱、描述和客戶，客戶為系統已有客戶，備註為可選

3.市場需求編號規則為：EAS- 客戶 ID- 自動增加長數，市場需求編號不允許重複

4.市場需求被成功創建

3.1.2 合約管理

（1）歸檔合約

服務編號：EAS-0011

服務描述：

作為市場人員

我想要對合約進行歸檔

以便保存合約備份，避免合作糾紛

觸發事件：

市場人員選擇合約文件，點擊「上傳」按鈕

基本流程：

1.驗證文件類型的有效性

2.上傳合約文件

3.保存合約文件

4.更新合約資訊

替代流程：

1a. 若上傳的文件類型並非 PDF 文件，列出提示訊息

2a. 若上傳的文件超出系統規定的檔案大小，列出提示訊息

3b. 若上傳合約文件時，檔案傳輸失敗，列出失敗原因

4a. 更新合約資訊失敗，列出失敗原因

驗收標準：

1.歸檔的合約文件只能為 PDF 檔案，可僅驗證文件檔案的副檔名

2.伺服器歸檔主資料夾為 contract/archive，歸檔保存時，需驗證該資料夾是否存在，如果不存在，需要創建該資料夾

3.為合約歸檔檔案創建子資料夾，子資料夾名為合約 ID

4.若歸檔時，在指定資料夾中已有名稱相同檔案存在，則為「另存為」操作，當前檔案名稱增加「(1)」作為尾碼

5.合約的歸檔檔案屬性增加歸檔資料夾路徑

......

3.3 專案管理

......

3.3.3 專案成員管理

（1）增加專案成員

服務編號：EAS-0105

服務描述：

作為專案管理者
我想要增加專案成員
以便管理專案成員
觸發事件：
專案管理者選定員工和專案角色，點擊「增加」按鈕
基本流程：
1.驗證員工是否工作在其他專案
2.將員工加入專案團隊，成為專案成員
3.修改員工的工作狀態
4.發送郵件通知員工
5.為員工簡歷追加專案經驗
替代流程：
1a. 選定員工如果已經加入其他專案，列出提示
2a. 增加員工失敗，列出錯誤訊息
5a. 若員工已具備該專案經驗，則忽略
驗收標準：
1.選定的員工應為「on bench」狀態
2.員工被加入專案團隊後，狀態應變更為「專案中」
3.員工簡歷中的專案經驗資訊不能重複
4.員工簡歷中的專案經驗包括：專案名稱、專案描述、擔任的專案角色

3. 劃分子領域

全域分析階段對問題空間的辨識也是對客戶痛點與系統價值的辨識。之所以要開發目標系統，就是要解決客戶的痛點，並為客戶提供具有業務價值的功能。在辨識痛點與價值的過程中，需要始終從業務期望與願景出發，與不同的利益相關者進行交流，如此才能達成對問題空間的共同了解。

對 EAS 而言，集團決策層要解決「供需平衡」這一根本的痛點，就需要及時了解當前有哪些客戶需求、目前又有哪些人力資源可用，這就需要打破市場部、人力資源部和專案管理部之間的資訊門檻，對市場需求、人力資源、專案的資訊進行統計，提供直觀的分析結果，進而根據這些分析結果為管理決策提供支援。我們需要就這幾個主要部門了解部門員工的痛點和對價值的訴求。

市場部員工（市場人員）面臨的痛點是無法透過人工管理的方式高效維護與客戶的良好合作關係，故而其價值訴求就是提高客戶關係管理的效率，使得能夠快速地回應客戶需求，敏銳地發現潛在客戶，掌握客戶動態，進而針對潛在客戶開展針對性的市場活動。市場部員工希望能夠建立快速通道，及時明確專案承擔者（即子公司）是否能夠滿足客戶需求，降低市場成本。市場部門還需要準確把握需求的進展情況，跟進合約簽署流程，提高客戶滿意度。

人力資源部員工（應徵專員）的痛點是需要制訂合理的應徵計畫，使得聘用的人才滿足日益增長的客戶需求，又不至於產生大量的人力資源閒置，導致集團的人力成本浪費。站在精細管理的角度考慮，從潛在的市場需求開始，應徵專員就需要與市場部、子公司共同確定應徵計畫。制訂計畫的依據在於潛在的人力資源需求，包括對技能水準的要求、語言能力的要求，同時也需要考慮目前子公司的員工使用率，並參考歷史的供需關係來做出盡可能準確的預測。員工的技能是一種重要的輸出資源，人力資源部需要針對客戶對人員能力的要求制訂教育訓練計畫，在企業內部組織員工教育訓練，提升員工技能，如此就能以最小成本輸出最大的人力資源價值。因此，人力資源部的價值訴求就是讓應徵與教育訓練具有計劃前瞻性與精確性，更進一步地在客戶需求與人力資源之間維護供需的平衡。

專案管理部負責企業的「生產管理」，對專案以及專案成員的管理直接關係到客戶滿意度。在沒有 EAS 之前，市場部的苦惱是不了解已簽合約的專案執行情況，即使市場部主動與專案管理部進行溝通，專案管理部也無法提供精確的專案資訊，更談不上及時了解專案的進度情況。因此，市場部的價值訴求是了解專案進度以促進與客戶的良好合作關係，而專案管理部的價值訴求是及時了解專案過程執行情況，發現不健康的專案，透過專案管理手段避開延遲發表甚至發表失敗的風險，提高專案的成功率。

辨識了痛點與價值，即可借此劃分子領域細分問題空間。並透過辨識核心子領域、通用子領域和支撐子領域來區分核心問題和次要問題。

由於 EAS 是為軟體集團應用資訊化服務的，我們可以在辨識出痛點與價值的基礎之上，從業務職能與業務概念相結合的功能分類策略確定整個問題空間的子領域，由此獲得的核心子領域如下：

- 決策分析；
- 市場需求管理；
- 客戶關係管理；
- 員工管理；
- 人才應徵；
- 技能教育訓練；
- 專案進度管理。

除了這些核心子領域，諸如組織結構、認證和授權都屬於通用的子領域，每個核心子領域都需要呼叫這些子領域提供的功能。注意，雖然通用子領域提供的功能不是系統業務的核心，但缺少這些功能，業務卻無法流轉。之所以沒有將這些功能辨識為核心子領域，是因為有對問題空間的了解分析。舉例來說，組織結構管理是保證業務流程運轉以及員工管理的關鍵，使用者的認證與授權則是為了保證系統的存取安全，都沒有直接對「供需平衡」這一業務願景提供業務價值，因而非利益相關人亟待解決的痛點。

在分辨系統的利益相關者時，服務中心作為參與 EAS 的業務部門，主要為專案及專案人員提供工位和硬體資源，要解決的是資源設定的問題。這一功能的引入固然可以幫助企業降低營運成本，卻與價值需求中的系統願景沒有直接關係，因此可以將該子領域身為支撐子領域。除此之外，訊息通知和檔案上傳下載也支援了大部分核心領域的執行活動，都屬於獨立的支撐子領域。

EAS 的子領域映射圖如圖 20-26 所示。

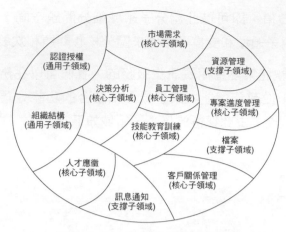

▲ 圖 20-26　EAS 的子領域映射圖

劃分子領域分解了問題空間，使得團隊能對 EAS 達成共同了解，辨識出來的各個子領域也將作為解空間形成的架構方案的參考，尤其是系統分層架構的參考。子領域也屬於全域分析規格說明書的一部分。

20.3.3 EAS 的架構映射

透過對 EAS 展開全域分析，我們已經獲得了 EAS 系統的價值需求和業務需求。接下來，我將延續全域分析階段輸出的這些成果，開展架構映射，獲得遵循領域驅動架構風格的架構映射戰略設計方案。

1. 映射系統上下文

全域分析階段確定了 EAS 的利益相關者。透過對目標系統的分析，可以得出參與系統上下文的使用者包括：集團決策者、市場部、人力資源部、專案管理部、子公司、服務中心、財務、員工。

整個目標系統就是 EAS 系統。在確定系統範圍時，系統的當前狀態告訴我們：集團已有 OA 系統提供部門之間的流程協作與訊息通知，它是 EAS 系統的衍生系統。系統的當前狀態雖然還告知軟體學院和應徵網站的簡歷會作為集團的人才儲備庫，卻並未確認 EAS 系統是否需要和軟體學院與應徵網站整合。透過應徵流程服務藍圖可以確知，這些簡歷資訊

需要應徵專員手工輸入 EAS 系統，因此，EAS 系統的衍生系統並不包含軟體學院和應徵網站。客戶合作流程服務藍圖中的內部支援者包含了薪資管理系統，呼叫它提供的服務介面可以獲得員工薪資，以便財務進行財務核心算，這說明薪資管理系統也是 EAS 系統的衍生系統。EAS 系統的系統上下文如圖 20-27 所示。

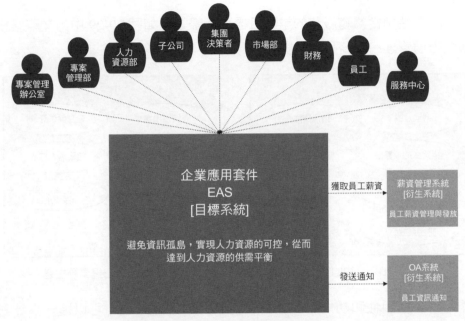

▲ 圖 20-27　EAS 系統的系統上下文

確定了系統上下文，就確定了 EAS 系統的解空間，同時也確定了位於解空間之外的衍生系統。

2. 映射界限上下文

在全域分析階段，EAS 系統的問題空間被分解為業務場景下的各個業務服務。遵循業務維度的 V 型映射過程，需要針對這些業務服務進行歸類和歸納，獲得各個業務主體，再根據親密度和界限上下文的特徵對業務主體的邊界進行調整，並運用驗證原則驗證業務邊界的合理性。之後，根據管理維度的工作邊界、技術維度的應用邊界逐步對界限上下文做進一步的調整。

（1）歸類與歸納

V 型映射過程從辨識業務服務的語義相關性與功能相關性開始。

語義相關性主要針對業務服務名稱的名詞。舉例來說，在客戶活動業務流程中，諸如「創建合約」「增加附加合約」「指定合約承擔者」等業務服務都包含「合約」一詞，可歸類到同一個業務主體，如圖 20-28 所示。

功能相關性則從業務服務的業務目標進行歸類，如圖 20-29 中的業務服務都與市場管理的業務目標有關，可歸類到同一個業務主體。

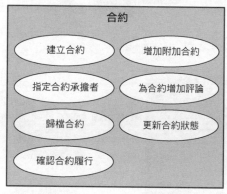

▲ 圖 20-28　合約的業務主體

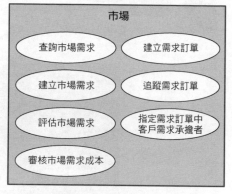

▲ 圖 20-29　市場業務主體

透過語義相關性和功能相關性對業務服務進行歸類後，可以進一步針對它們表達的概念建立抽象，尋找共同特徵完成對類別的歸納。舉例來說，圖 20-29 中的業務服務涵蓋了市場需求、需求訂單、客戶需求等領域概念，它們都可以提煉為一個更高的抽象層次——市場。這也是圖中業務主體名稱的由來。從中也可發現，雖然歸類與歸納屬於 V 型映射過程的兩個環節，但這兩個環節並沒有清晰的界限，在進行歸類時，可以同時進行歸納。

無論是尋找領域概念的共同特徵，還是辨識領域行為的業務目標，都需要一種抽象能力。在進行抽象時，可能出現「向左走還是向右走」的困惑，因為抽象層次的不同，抽象的方向或依據亦有所不同。這時就需要做出設計上的決策。

例如對辨識出來的「員工」與「儲備人才」領域概念，可以抽象出「人才」的共同特徵，得到圖 20-30 所示的人才業務主體。從共同的業務目標考慮，儲備人才又是服務於應徵和面試的，似乎歸入應徵業務主體才是合理的選擇，如圖 20-31 所示。

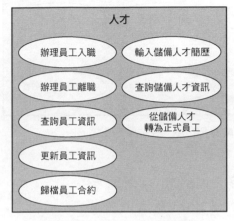

▲ 圖 20-30　人才業務主體

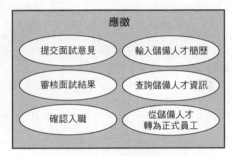

▲ 圖 20-31　應徵業務主體

還有第三種選擇，就是將儲備人才單獨抽離出來，形成自己的儲備人才業務主體，如圖 20-32 所示。

該如何抉擇呢？我認為須得思考辨識業務主體的目的。業務主體是架構映射過程的中間產物，並非最終的設計目標。業務主體是對業務服務的分類，為界限上下文的辨識提供了參考。因此，選擇人才主體，還是應徵主體，或單獨的儲備人才主體，都需要從界限上下文與領域建模的角度去思考。如果暫分時辨不清楚，可以先做出一個初步選擇，待所有的業務主體都歸納出來之後，在整理業務主體的邊界時再決定。

辨識業務主體不是求平衡，更不是為了讓設計的模型更加好看。業務主體是根據業務相關性進行歸類和歸納的，必然會出現各個業務主體包含的業務服務數量不均等的情形。舉例來說，與專案管理有關的業務主體，包含的業務服務數量非常不均勻。專案業務主體的業務服務數量最多，如圖 20-33 所示。

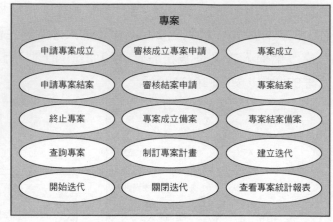

▲ 圖 20-32　儲備人才業務　　　　　　▲ 圖 20-33　專案業務主體
　　　主體

問題業務主體的業務服務數量也比較多，如圖 20-34 所示。

專案成員業務主體的業務服務最少，如圖 20-35 所示。

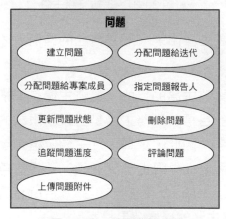

▲ 圖 20-34　問題業務主體

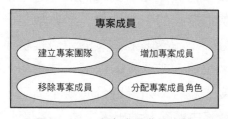

▲ 圖 20-35　專案成員業務主體

不用擔心業務主體的這種不均等。遵循 V 型映射過程，針對業務服務進產業務相關性分析獲得的業務主體只是候選的界限上下文，還需要我們根據業務服務的親密度進一步整理業務主體的邊界。

透過對業務相關性的歸類和歸納，初步獲得圖 20-36 所示的業務主體視圖。

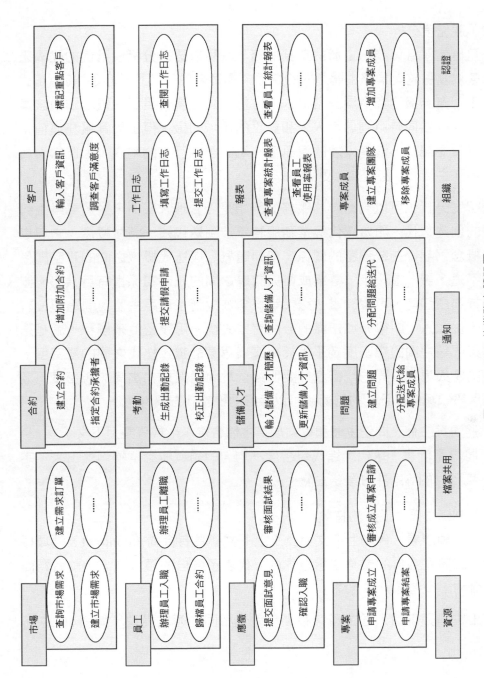

▲ 圖 20-36 EAS 的業務主體視圖

（2）親密度分析

一旦確定了各個業務主體的業務服務，就可以透過分析親密度的強弱來調整業務服務與業務主體之間的關係。舉例來說，「從儲備人才轉為正式員工」業務服務究竟屬於儲備人才主體，還是屬於員工主體？雖說該業務服務需要同時用到儲備人才和員工的領域知識，但由於其服務價值是生成員工記錄，儲備人才的資訊僅作為該領域行為的輸入，因此它與員工業務主體的親密度顯然更高。

親密度分析也可以判斷業務服務的歸類是否合理。舉例來說，專案主體中的創建迭代、開始迭代等業務服務牽涉到迭代這一領域概念，它與專案概念固然存在較親密的關係，但問題概念與迭代概念之間的親密關係也不遑多讓，進一步，專案成員與問題之間的親密關係也有目共睹。劃分業務主體時，專案計畫、迭代等概念被放到了專案主體，問題卻沒有被一併放入，顯得領域知識的分配有些失衡。用親密度來解釋，就是迭代與問題之間的親密度幾乎等於專案與專案計畫、迭代之間的親密度，而問題與專案之間的親密度卻要明顯低於問題與迭代之間的親密度。為了保證領域知識分配的均衡，可以考慮兩種設計方案：

- 將專案主體、問題主體和專案成員主體合併，形成專案上下文；
- 將專案計畫、迭代等造成親密度不均勻的領域概念單獨剝離出來，定義獨立的專案計畫業務主體。

（3）判斷界限上下文的特徵

從知識語境看，合約上下文與員工上下文都具有合約（contract）領域概念，二者在各自的業務主體邊界內，代表了各自的領域概念。前者為商務合約，後者為勞務合約。

員工主體與儲備人才主體存在幾乎完全相同的領域模型，如圖 20-37 所示。

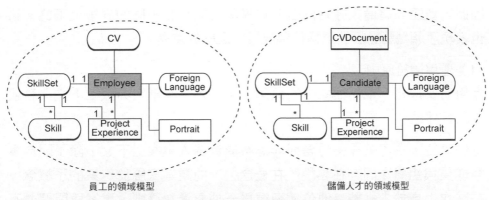

▲ 圖 20-37　員工與儲備人才的領域模型

兩個模型除了員工 Employee 與儲備人才 Candidate 的名稱不同，幾乎是一致的。我們是否可以把這兩個概念抽象為 Talent，由此來統一領域模型？如圖 20-38 所示。

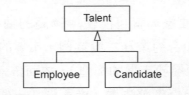

▲ 圖 20-38　對員工和儲備人才的抽象

物件導向設計思想鼓勵這樣的抽象，以避免程式的重複。然而，若從領域模型的知識語境看，這是兩個完全不同的領域模型：員工屬於員工管理的領域範圍，儲備人才並非正式員工，是應徵的目標。以模型中的專案經驗 Project Experience 為例，雖然員工和儲備人才的專案經驗具有完全相同的屬性，但它們針對的重點是迥然不同的，如市場人員就完全不關心儲備人才的專案經驗。

從業務能力看，員工與儲備人才之間存在清晰的界限，提供了各自獨立的業務能力，一個服務於員工的日常管理，一個服務於人才的應徵。雖說「從儲備人才轉為正式員工」需要二者的結合，但在儲備人才轉為正式員工之後，二者就不存在任何關係了。

因此，員工和儲備人才這兩個領域模型應該放在不同的界限上下文。這也表現了領域驅動設計與物件導向設計之間的差異。

（4）運用驗證原則

運用正交原則、單一抽象層次原則，可以進一步確定界限上下文業務邊界的合理性。

舉例來說，為何選擇將問題而非專案成員歸入專案上下文？除了因為專案成員與組織之間存在黏性，在概念上，問題其實屬於專案的子概念，在層次上處於「劣勢」地位。遵循單一抽象層次原則，專案與問題並不在同一個抽象層次。相反，以應徵業務主體和儲備人才業務主體為例，二者就沒有非常明顯的「上下級」層次關係。它們之間的關係或許比較親密，卻處於平等的層次。

在運用單一抽象層次原則時，業務主體的命名會影響我們對主體關係的判斷。如果命名過於抽象，就可能使得過高的抽象隱隱然包含別的主體。以市場業務主體和合約業務主體為例，市場的抽象層次明顯高於合約（即合約的概念也應屬於市場的範圍），故而帶來兩個設計選擇：不是將合約業務主體納入市場業務主體，進而形成一個市場上下文，就是將市場業務主體命名為訂單，而訂單與合約顯然處於同一層次。

正交原則警醒了設計者：界限上下文之間不能存在重疊內容。為何需要單獨分離出檔案共用上下文與通知上下文？因為諸如員工、儲備人才、合約等業務主體都需要呼叫檔案上傳下載功能，專案、合約、應徵等業務主體都需要呼叫訊息通知功能。如果不分離出來，一旦檔案上傳下載或訊息通知的實現有變，就會影響到相關的業務主體，造成「霰彈式修改」[6] 的程式壞味道，違背了正交原則。

運用單一抽象層次原則與正交原則，對前面獲得的業務主體進一步整理和驗證，可初步獲得如圖 20-39 所示界限上下文的草案。

在圖 20-39 中，訂單上下文與專案上下文就是在對業務主體的邊界進行整理，並透過驗證原則驗證後調整的結果。

▲ 圖 20-39　EAS 系統的界限上下文草案

（5）工作邊界的辨識

從工作邊界辨識界限上下文是一個長期過程，其中，也牽涉到需求變更和新需求加入時的柔性設計 [8]168 。

如前所述，界限上下文之間是否允許進行平行開發可以作為判斷工作邊界分配是否合理的依據。在 EAS 界限上下文草案中，我發現報表上下文與客戶、合約、訂單、專案、員工等上下文都存在非常強的依賴關係。如果這些上下文沒有完成相關的特性功能，就很難實現報表上下文。由於報表上下文的諸多統計報表與各自的業務強相關，如查看專案統計報表使用案例只需統計專案的資訊，因此可以考慮將這些使用案例放到與業務強相關的界限上下文中。

結合工作邊界和業務邊界，我認為工作日誌業務主體的邊界過小，且從業務含義看，可將其視為員工管理的一項子功能，因而決定將工作日誌合併到員工上下文，同樣地，也將考勤業務主體合併到員工上下文。這實際也遵循了驗證原則中的奧卡姆剃刀原則。

儲備人才和應徵之間的關係類似於工作日誌和員工之間的關係，我最初也想將儲備人才合併到應徵上下文中。然而，客戶對需求的回饋打消了這一決策考量。因為該軟體集團旗下還有一家軟體學院，集團負責人希望將軟體學院培養的軟體開發專業學生也納入企業的儲備人才庫中。這一需求影響了儲備人才的管理模式，也擴充了儲備人才的領域內涵，使它與應徵領域形成了正交關係，為它的「獨立」增加了有力的砝碼。

一些界限上下文之間的依賴無法透過需求分析直觀呈現出來，這就有賴於上下文映射對這種協作（依賴）關係的辨識。一旦明確了這種協作關係，定義了服務契約，就可以利用 Mock 或 Stub 解除開發的依賴，實現平行開發。

透過工作邊界辨識界限上下文的重要出發點是觸發團隊成員對工作職責的主觀判斷。這種邊界也就是第 9 章提及的針對團隊的「滲透性邊界」。團隊成員需要對自己負責開發的需求抱有成見，尤其是在面對需求變更或新增需求的時候。

在 EAS 系統的設計開發過程中，客戶提出了增加員工教育訓練的需求。該需求要求人力資源部能夠針對員工的職業規劃制訂教育訓練計畫，確定教育訓練課程，實現對員工教育訓練過程的全過程管理。考慮到這些功能與員工上下文有關，我最初考慮將這些需求直接分配給員工上下文的領域特性團隊。然而，團隊的開發人員提出：這些功能雖然看似與員工有關，但實際上是一個完全獨立的教育訓練領域，包括了教育訓練計畫制訂、教育訓練提名、教育訓練過程管理等業務知識，與員工管理的業務是正交的。最終，我們選擇為教育訓練建立一個專門的領域特性團隊，同時引入教育訓練上下文。

類似檔案共用和通知這樣一些屬於支撐子領域或通用子領域的界限上下文，可能具有並不均勻的粒度，且互相之間又不存在連結。此時，可維持界限上下文的業務邊界不變，然後視粒度酌情將它們分配給一個或多個領域特性團隊。如果該支撐功能需要團隊成員具備一定的專業知識，也可將它單獨抽離出來，建立專門的元件團隊。如果它提供的功能具有

普遍適用性，不僅可以支撐目標系統，還可以支援組織內其他軟體系統，就可以考慮將其演進為企業範圍內的框架或平台。這些框架和平台就不再屬於目標系統的範圍了（在系統上下文邊界之外）。

根據需求變化以及對團隊開發工作的分配，我們調整了界限上下文，如圖 20-40 所示。

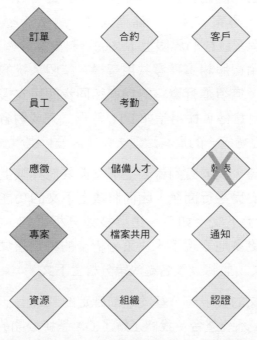

▲ 圖 20-40　工作邊界對界限上下文的影響

在圖 20-40 中，將工作日誌與考勤合併到了員工上下文，同時為了應對新需求的變更，增加了教育訓練上下文，並暫時去掉了報表上下文。之所以說「暫時」，是因為還需要對其做一些技術層面的判斷。

（6）應用邊界的辨識

對應用邊界的辨識，就是從技術維度考量界限上下文，包括考慮系統的品質屬性、模組的重複使用性、對需求變化的應對和處理遺留系統的整合等。

我們與客戶決策層一起確認了報表功能的需求，客戶希望統計報表能夠準確及時地展現歷史和當前的人才供需情況。統計報表功能直接影響了目標系統的願景，是系統的核心功能之一，需要花費更多精力來明確設計方案。通觀與統計報表有關的業務服務，除了與職能部門管理工作有關的統計日報、週報和月報，報表的統計結果實際上為集團領導進行決策提供了資料層面的輔助支援。要提供準確的資料統計，就需要對市場需求、客戶需求、專案、員工、儲備人才、應徵活動等資料做整體分析，也就需要整個系統核心界限上下文的資料支援。倘若 EAS 的每個界限上下文並未採用微服務這種零共用架構，整個系統的資料就可以儲存在一個資料庫中，無須進行資料的擷取和同步即可支援統計分析。另一種選擇是引入資料倉儲，採用諸如 ETL 等形式完成對各個生產資料庫和記錄檔的擷取，經過統一的資料治理後為統計分析提供資料支援。

在分析工作邊界時，我考慮到報表上下文與其他界限上下文之間存在強依賴關係，無法支援平行開發，因而將該上下文的功能按照業務相關性分配給其他界限上下文。如今，透過技術分析得知，雖然依賴仍然存在，但該上下文更多地表現了「決策分析」的特定領域。最終，我決定保留該界限上下文，並將其改名為決策分析上下文。

在考慮通知上下文的實現時，基於之前確定的系統上下文，EAS 系統要與集團現有的 OA 系統整合。我們了解了 OA 系統公開的服務介面，發現這些介面已經提供了多種訊息通知功能，包括站內訊息、郵件通知和簡訊通知，沒有必要在 EAS 系統中重複開發通知功能。那麼，通知上下文是否就沒有存在的必要呢？一旦去掉通知上下文，與 OA 系統整合的功能又該放在哪裡？領域驅動設計建議將這種與第三方服務整合的功能放在防腐層，可 EAS 系統中的多個界限上下文都需要呼叫該功能，會形成防腐層的重複建設。為了滿足功能的重複使用性，可以為它單獨創建一個界限上下文。為了說明其意圖，將它改名為 OA 整合上下文。

最終，得到圖 20-41 所示的界限上下文。

▲ 圖 20-41　EAS 系統的界限上下文

3. 上下文映射

確定了目標系統的界限上下文之後，即可透過業務服務獲得的服務序列圖確定界限上下文之間的協作關係，從而確定上下文映射模式，設計出服務契約。

（1）創建市場需求

創建市場需求業務服務屬於訂單上下文，它擁有的領域知識已經足以滿足該業務服務的需求，無須求助於其他的界限上下文，因此在本業務服務中，沒有上下文映射。服務序列圖如圖 20-42 所示。

▲ 圖 20-42　創建市場需求的服務序列圖

雖然創建市場需求沒有多個界限上下文參與協作，但為其繪製服務序列圖仍有必要，因為可以透過它驅動出創建市場需求的服務契約。

（2）歸檔合約

歸檔合約業務服務屬於合約上下文，具備合約相關的領域知識，但不具備上傳檔案的業務能力，需要求助於檔案共用上下文，服務序列圖如圖20-43 所示。

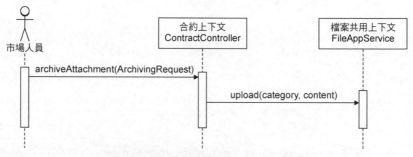

▲ 圖 20-43 歸檔合約的服務序列圖

檔案共用上下文作為支撐子領域的界限上下文，主要提供了檔案上傳與下載的功能。它具有的領域知識還包括針對不同類型的文件維護了伺服器檔案儲存的路徑映射，故而參與協作的是北向閘道的應用服務。形成的上下文映射圖如圖 20-44 所示。

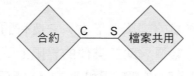

▲ 圖 20-44 歸檔合約產生的上下文映射圖

（3）增加專案成員

增加專案成員業務服務屬於專案上下文，擁有與專案相關的所有領域知識和業務能力，但並不具備發送通知的業務能力，也不知道該如何將當前專案的資訊增加到員工的專案經驗中，因此需要分別求助於 OA 整合上下文和員工上下文。服務序列圖如圖 20-45 所示。

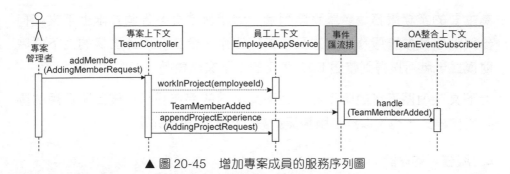

▲ 圖 20-45　增加專案成員的服務序列圖

OA 整合上下文要實現的功能都與通知有關。無論是簡訊通知、郵件通知還是站內通知，都沒有副作用，且允許以非同步形式呼叫，適合使用事件的呼叫機制，因而為其選擇發行者 / 訂閱者模式。選擇該模式既可以解除 OA 整合上下文與大多數界限上下文之間的耦合，又能較好地保證 EAS 系統的回應速度，減輕主應用伺服器的壓力。不足是需要增加一台部署訊息佇列的伺服器，並在一定程度增加了架構的複雜度。如圖 20-45 所示，專案管理者在增加了專案成員之後，會向事件匯流排發佈 TeamMemberAdded 應用事件，並由 OA 整合上下文的事件訂閱者訂閱該事件。形成的上下文映射圖如圖 20-46 所示。

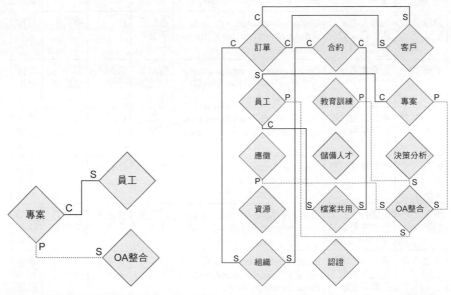

▲ 圖 20-46　增加專案成員產生的上下文映射圖　　▲ 圖 20-47　EAS 的上下文映射圖

為主要的業務服務繪製服務序列圖，深層次地思考各個界限上下文如何參與到每個業務服務、它們又該如何協作、應該採用什麼樣的上下文映射模式，就可以得到整個 EAS 系統的上下文映射圖，如圖 20-47 所示。

上下文映射圖不僅說明了界限上下文之間的協作關係、彼此間採用的團隊協作模式，也可以作為服務契約設計的參考和補充。

4. 服務契約設計

服務序列圖驅動我們獲得了訊息定義，由此可以驅動出服務契約。如果目標系統規模大，界限上下文數量多，可以為每個界限上下文定義一個服務契約表。服務契約表除了表現了整個專案的服務契約定義，同時也為領域特性團隊提供了設計約束。

表 20-5 列出了 EAS 系統的部分服務契約。

表 20-5　EAS 系統的服務契約

服務功能	服務功能描述	服務方法	生產者	消費者	模式	業務服務	服務操作類型
創建市場需求	市場人員創建一個新的市場需求	MarketRequirementController::create(request:CreateingMarketRequirementRequest):void	訂單上下文	UI	無	創建市場需求	命令
歸檔合約	上傳合約文件，完成對合約的歸檔	ContractController::archiveAttachment(request:ArchivingRequest): void	合約上下文	UI	無	歸檔合約	命令
上傳檔案	上傳檔案	FileAppService::upload(category: String, fileContent: byte[]): void	檔案共用上下文	合約上下文	客戶方 / 供應方	歸檔合約	命令
增加專案成員	將員工加入專案團隊中成為專案成員	TeamController::addMember(request: AddingMemberRequest): void	專案上下文	UI	無	增加專案成員	命令
通知	通知專案成員	TeamAppService::TeamMemberAdded	專案上下文	OA 整合上下文	發行者 / 訂閱者	增加專案成員	事件
更新工作狀態	將該員工的工作狀態更新為「專案中」	EmployeeAppService::workInProject(employeeId: String): void	員工上下文	專案上下文	客戶方 / 供應方	增加專案成員	命令
追加專案經驗	將當前的專案資訊作為員工的專案經驗	EmployeeAppService::appendProjectExperience(request:AddingProjectRequest): void	員工上下文	專案上下文	客戶方 / 供應方	增加專案成員	命令

除了 UI 作為下游發起服務請求，表 20-5 列出的服務契約都標記了上下文映射模式。表 20-5 的「服務方法」列列出了類別和方法的明確定義，也指出了方法參數的形式參數名稱和類型。若有返回值，也需要列出返回數值類型。

在確定 EAS 的界限上下文時，我並沒有明確指出界限上下文的通訊邊界。邊界取決於品質屬性的要求，自然也需要權衡函數庫和服務的優缺點。在無法列出必須跨處理程序通訊的證據之前，應優先考慮處理程序內通訊。EAS 系統作為一個企業內部系統，對併發存取與低延遲的要求並不高。可用性固然是一個系統該有的特質，但 EAS 系統畢竟不是「生死攸關」的第一線生產系統，即使短時間出現故障，也不會給企業帶來致命的打擊或難以估量的損失。既然如此，我們應優先考慮將界限上下文定義為處理程序內的通訊邊界。唯一的例外是 OA 整合上下文被定義為處理程序間通訊，因為它需要跨處理程序呼叫 OA 系統。這種方式一方面解除了 OA 系統上下文與大多數界限上下文之間的耦合，另一方面也能夠較好地保證 EAS 系統的回應速度，減輕主應用伺服器的壓力。

因此，對於採用客戶方 / 供應方模式的界限上下文，作為供應方的上游只需透過應用服務對外公開服務契約，如員工上下文的 EmployeeAppService 應用服務公開了追加專案經驗的服務契約，這一設計滿足菱形對稱架構北向閘道的要求。對採用發行者 / 訂閱者模式的界限上下文而言，作為發行者的界限上下文也透過應用服務發佈事件，如專案上下文透過 TeamAppService 應用服務發佈了 TeamMemberAdded 事件，該事件屬於應用事件，需要支援分散式通訊。

所有服務契約的方法參數和返回值都是訊息契約的一部分，也需要按照訊息契約模型的要求進行定義，尤其需要滿足菱形對稱架構的要求，不能直接將領域模型曝露在外。

5. 映射系統分層架構

在系統上下文的約束下，確定界限上下文屬於哪種類型的子領域，即可將它們分別映射到系統分層架構的業務價值層與基礎層。顯然，資源上

下文、檔案共用上下文和 OA 整合上下文都屬於支撐子領域，組織上下文和認證上下文屬於通用子領域，其餘界限上下文屬於核心子領域。

EAS 系統需要為集團決策者提供行動端應用程式，滿足他（她）們提出的決策分析要求，也有利於他（她）們即時了解市場動態、人員動態和專案進度。針對市場部、人力資源部、專案管理部以及子公司等職能部門，主要提供 Web 前端，方便使用者在辦公環境的使用。因此，有必要為 EAS 系統引入一個邊緣層來應對不同 UI 前端的需求。

根據系統級映射的方法，可以為 EAS 設計出圖 20-48 所示的系統分層架構。

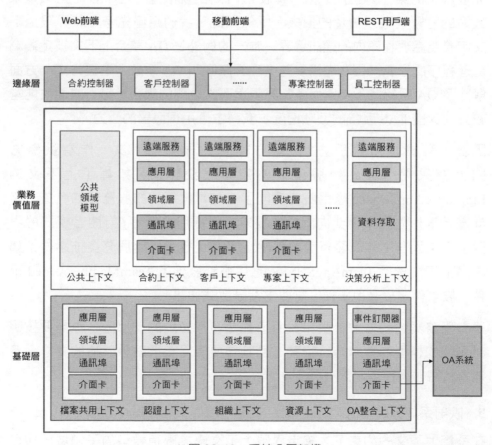

▲ 圖 20-48　系統分層架構

我們為界限上下文建立了菱形對稱架構。可將它們看作一個個封閉的架構單元，它們之間的關係由上下文映射確定，在系統分層架構中，只需要考慮它們所處的層次即可。分層架構作用於整個系統上下文，業務價值層和基礎層的內部架構由各個界限上下文控制，邊緣層則匯聚了每個界限上下文提供的業務能力，統一對外向前端或其他用戶端公開服務。

雖然 EAS 的每個界限上下文都引入了菱形對稱架構，不過在其內部，閘道層與領域層的設計仍有細微的差異。如決策分析上下文的領域邏輯主要為統計分析，受技術決策的影響，通常可以直接針對資料操作，無須建立領域模型，形成弱化的菱形對稱架構，內部只包含北向閘道與南向閘道。其中，南向閘道是一個薄薄的資料存取層，從資料庫獲得的統計分析資料會直接轉為訊息契約模型。

OA 整合上下文是一個由防腐層發展起來的界限上下文。它與其他界限上下文的協作採用了發行者 / 訂閱者模式，內部又需要呼叫 OA 系統的服務介面，因而它的領域層只包含了組裝訊息內容的領域模型。在閘道層，定義了應用事件作為訊息契約模型，事件訂閱者為北向閘道的遠端服務，事件處理器為北向閘道的應用服務，事件發行者則屬於南向閘道，分為通訊埠與介面卡。

檔案共用上下文的定義打破了慣有的設計方式。它負責的工作是檔案上傳和下載，通常會

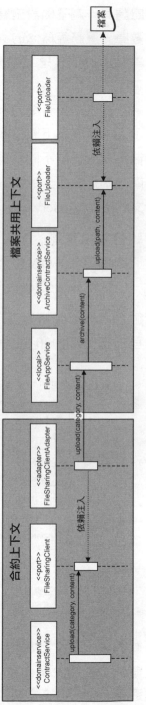

▲ 圖 20-49 文件共享上下文的內部協作序列

考慮將其作為基礎設施層的公共元件。正如我們在第 9 章對模組、元件、
函數庫、服務等概念的澄清，一個界限上下文可以實現為函數庫或服務，
但本質上仍然表達了對業務能力的垂直切分。由於不需要跨處理程序通
訊，可以將檔案共用上下文實現為基礎層（注意不是基礎設施層）的函數
庫。它提供的業務能力為具備支撐功能的檔案共用能力，封裝的領域邏輯
除了上傳檔案與下載檔案的領域行為，還規定了屬於不同類別的檔案存放
在檔案伺服器的不同位置。檔案傳輸的實現由於操作了外部資源，因而屬
於南向閘道介面卡的內容。以歸檔合約為例，合約上下文呼叫檔案共用上
下文的 FileAppService，其內部的協作序列如圖 20-49 所示。

系統分層架構屬於架構的邏輯視圖，並沒有確定界限上下文的通訊邊
界。舉例來說，OA 整合上下文與其他界限上下文並不在一個處理程序
中，但系統分層架構並不需要表現這一點。

遵循系統分層架構與菱形對稱架構對程式模型的約束和規定，EAS 系統
的程式模型如圖 20-50 所示。

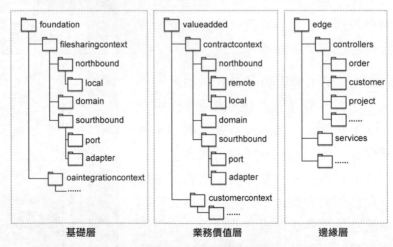

▲ 圖 20-50　EAS 的程式模型

所有界限上下文都採用了菱形對稱架構規定的標準程式模型，只是根據
具體情況作了少量調整。各個界限上下文在系統分層架構所處的層次，
也透過套件的命名空間清晰地呈現出來了。

20.3.4 EAS 的領域建模

在確定了 EAS 系統的界限上下文與系統上下文，並透過菱形對稱架構和系統分層架構設計出 EAS 的整體架構後，接下來就進入了戰術層面的領域建模階段。考慮到篇幅原因，我僅選擇了業務邏輯相對複雜的教育訓練上下文，運用快速建模法領域分析建模，獲得領域分析模型後，採用庖丁解牛的過程設計聚合，然後相繼開展服務驅動設計與測試驅動開發獲得最終的領域模型。

1. 領域分析建模

領域分析建模階段的關鍵是辨識領域概念，為界限上下文建立領域分析模型。參考過程模型推薦使用快速建模法進行領域分析建模，它的基礎是業務服務歸約。以「提名候選人」業務服務為例，它的業務服務歸約如下。

```
服務編號：EAS-0202
服務名稱：提名候選人
服務描述：
    作為一名協調者
    我想要提名候選人參加教育訓練
    以便部門的員工得到技能教育訓練的機會
觸發事件：
    協調者選定候選人後，點擊「報名」按鈕
基本流程：
    1.確定候選人是否已經參加過該課程
    2.對教育訓練票提名候選人
    3.郵件通知獲得提名的候選人
替換流程：
    1a. 候選人參加過該教育訓練要學習的課程，提示員工已經學習過該課程
    2a. 提名操作失敗，提示失敗原因
驗收標準：
    1.被提名人屬於候選名單中的員工
    2.提名的票狀態必須為 Available
    3.提名後的票狀態為 WaitForConfirm
    4.候選人獲得教育訓練票
```

辨識業務服務歸約的名詞，可以獲得領域概念：候選人（Candidate）、協調者（Coordinator）、教育訓練（Training）、課程（Course）、票（Ticket）、候選名單（CandidateList）、票狀態（TicketStatus）、郵件（Mail）。

辨識業務服務歸約的動詞，然後逐一檢查該動詞代表的領域行為是否需要產生過程資料。發現「提名候選人」，除了候選人獲得教育訓練票，還要記錄票的變更歷史，因而獲得票歷史（TicketHistory）領域概念；發現「員工學習過課程」，需要記錄該員工的學習記錄，因而獲得學習記錄（Learning）領域概念。

對辨識出來的領域概念進行歸納和抽象，發現 CandidateList 實際上是 Candidate 的集合，用 List<Candidate> 即可表達，沒有必要單獨引入；郵件通知由專門的 OA 整合上下文發送郵件，在教育訓練上下文中沒有必要列出，故而可以刪去 Mail 概念。

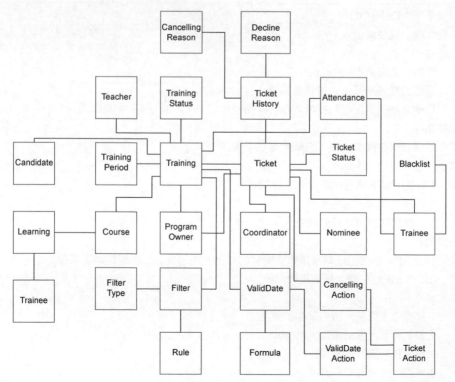

▲ 圖 20-51　教育訓練上下文的領域分析模型

對於其他業務服務的領域分析建模，也如法炮製。由於教育訓練上下文的業務服務皆位於同一個界限上下文，因而只需要考慮該上下文內部領域模型之間的關係。由此可獲得圖 20-51 所示的領域分析模型。

2. 領域設計建模

領域設計建模牽涉兩個重要的設計階段：辨識聚合和服務驅動設計。

（1）辨識聚合

首先整理物件圖。確定領域模型物件到底是實體還是值物件，並分別用不同的顏色表示。一些較容易辨識的值物件可以最先標記出來，例如表現了單位、列舉、類型的內聚概念等，如圖 20-52 所示。

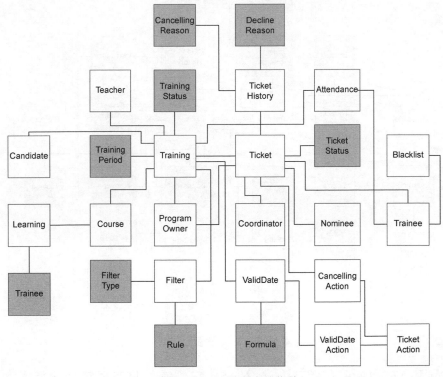

▲ 圖 20-52　辨識出值物件

一些容易辨識的實體類別也可以提前標記出來。這些實體類別往往是業務服務中扮演主要作用的領域概念，表現了非常清晰的生命週期特徵。

ProgramOwner、Coordinator、Nominee 和 Trainee 都是參與教育訓練上下文的角色，都擁有員工上下文的員工 ID，如此即可建立這些角色與 Training 和 Ticket 等實體類別之間的連結。它們對應的角色（role）來自認證上下文，用於安全認證和許可權控制。角色具有的基本資訊，如姓名、電子郵件等，又來自員工上下文。因此，這些領域模型類別雖然定義了 ID，但在教育訓練上下文中不過是其主實體的屬性值而已，並不需要管理它們的生命週期，應該定義為值物件。由於教育訓練上下文並未要求為教育訓練維護一個單獨的教師資訊，故而與 Training 相關的 Teacher 應定義為值物件。

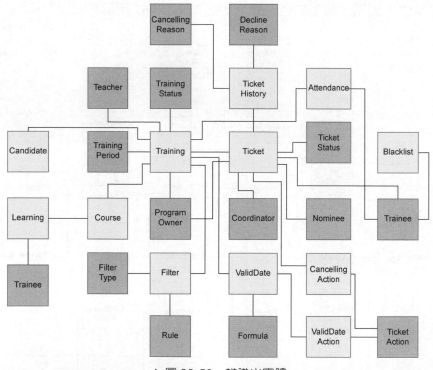

▲ 圖 20-53　辨識出實體

Filter 和 ValidDate 都與 Training 連結。它們看似具有值物件的特徵。對篩檢程式而言，只要 TrainingId 的值以及類型與規則相同，就應視為同一個 Filter 物件；有效日期也是如此，只要公式、日期和時間相同，就是同一個 ValidDate 物件。但是，由於它們的生命週期需要單獨管理，將它們

定義為實體更加適合。同理，ValidDateAction 與 CancellingAction 也需要單獨管理生命週期，應定義為實體。TicketAction 卻不同，它的差異僅在於具體的活動內容，而它又不需要管理生命週期，應定義為值物件。於是，獲得圖 20-53 所示的領域設計類別圖。

在確定了值物件與實體後，可以簡化對領域模型物件關係的確認，即只需整理實體之間的關係。一個 Course 聚合了多個 Training，一個 Training 聚合了多個 Ticket，這三者之間的組合關係非常清晰。一個 Training 可以設定多個 Filter 與 ValidDate，但它們之間並非必須有的關係，故而定義為 OO 聚合關係。同理，一個 ValidDate 聚合多個 ValidDateAction、一個 Ticket 聚合多個 CancellingAction 和多個 TicketHistory、一個 Training 聚合多個 Candidate 和多個 Attendance，而 BlackList 則是完全獨立的。確定了實體關係的領域設計類別圖如圖 20-54 所示。

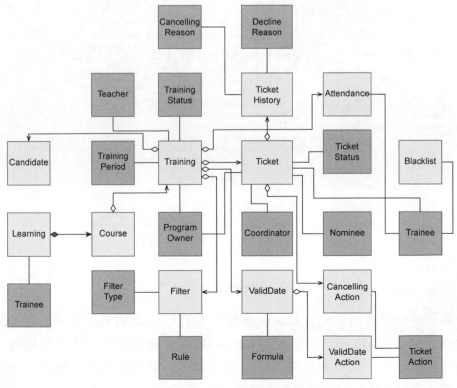

▲ 圖 20-54　確定實體之間的關係

整理之後的領域設計類別圖非常標準。除了合成關係，存在 OO 聚合關係
的實體都分到不同的聚合中，更不用說完全獨立的 Backlist 實體。如果多
個聚合邊界的實體依賴了相同的值物件，可以定義多個相同的值物件，
然後將它們放到各自的聚合邊界內。分解關係薄弱處確定的聚合邊界如
圖 20-55 所示。

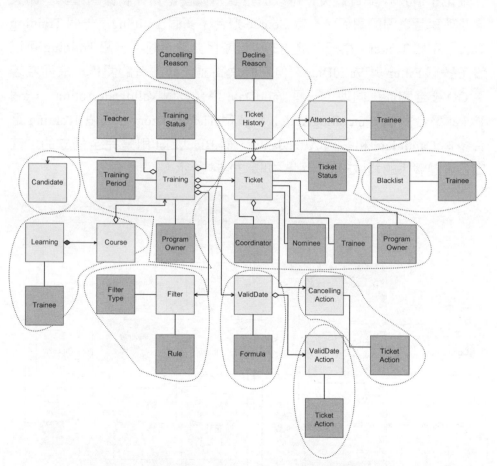

▲ 圖 20-55　根據關係強弱確定聚合邊界

考慮聚合設計原則，由於 Learning 聚合中的 Course 實體具有獨立性，因
此需要對圖 20-55 稍做調整，將 Course 實體分離出來，定義為單獨的聚
合。除此之外，其餘聚合邊界都是合理的，不需再做調整。最終，確定
了聚合邊界的領域設計類別圖如圖 20-56 所示。

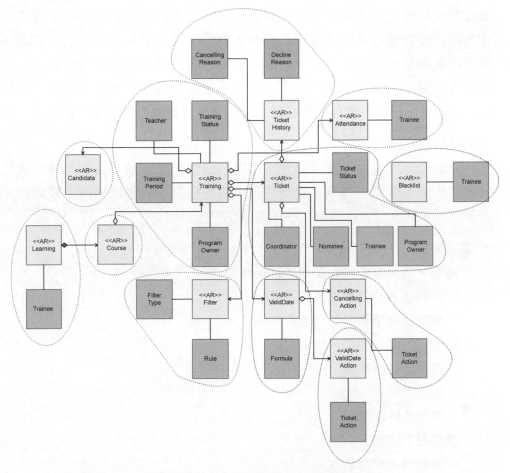

▲ 圖 20-56　確定了聚合邊界的領域設計模型

由此得到的聚合包括：

- Training 聚合；
- Course 聚合；
- Learning 聚合；
- Ticket 聚合；
- TicketHistory 聚合；
- Filter 聚合；

- ValidDate 聚合；
- ValidDateAction 聚合；
- CancellingAction 聚合；
- Candidate 聚合；
- Attendance 聚合；
- Blacklist 聚合。

即使在領域設計模型中，我們也無須為領域模型物件定義欄位。每個聚合內的實體或值物件到底需要定義哪些欄位，可以結合業務服務，透過測試驅動開發逐步驅動出來。領域設計類別圖最重要的要素是聚合。一旦確定了聚合，實際上也就確定了管理聚合生命週期的資源庫。至於需要哪些領域服務和其他角色構造型，可以交由服務驅動設計來辨識。

（2）服務驅動設計

服務驅動設計的起點是業務服務。以提名候選人業務服務為例，將業務服務歸約的基本流程轉為由動詞子句組成的任務，然後透過向上歸納和向下分解獲得由組合任務與原子任務組成的任務樹：

■ 提名候選人（業務服務）
  • 確定候選人是否已經參加過該課程
    • 獲取該教育訓練對應的課程
    • 確定課程學習記錄是否有該候選人
  • 如果未參加，則提名候選人
    • 獲得教育訓練票
    • 提名
    • 保存票的狀態
  • 發送提名通知
    • 獲取通知郵件範本
    • 組裝提名通知內容
    • 發送通知

結合任務分解與角色構造型，它的序列圖指令稿如下：

```
NominationAppService.nominate(nominationRequest) {
    LearningService.beLearned(candidateId, trainingId) {
        TrainingRepository.trainingOf(trainingId);
        LearningRepository.isExist(candidateId, courseId);
    }
    TicketService.nominate(ticketId, candidate) {
        TicketRepository.ticketOf(ticketId);
        Ticket.nominate(candidate);
```

```
        TicketRepository.update(ticket);
    }
    NotificationService.notifyNominee(ticket, nominee) {
        MailTemplateRepository.templateOf(templateType);
        MailTemplate.compose(ticket, nominee);
        NotificationClient.notify(notificationRequest);
    }
}
```

該序列圖指令稿對應的序列圖如圖 20-57 所示。

圖 20-57 中的 NominationAppService 應用服務承擔了多個領域服務之間的協作職責，且需要根據 beAttend() 方法的返回結果決定提名的執行流程。這實際上屬於領域邏輯的一部分，故而應該在 NominationAppService 應用服務內部引入一個領域服務來封裝這些業務邏輯。新增的領域服務為 NominationService，修改後的序列圖如圖 20-58 所示。

圖 20-58 中的 MailTemplate 是一個聚合，儲存了不同類型操作需要通知的郵件範本。在前面的領域分析建模與領域設計建模時，未能發現該聚合。這也印證了領域建模很難一蹴而就，需要不斷地迭代更新和演進。

3. 領域實現建模

在服務驅動設計的基礎上，需要針對教育訓練上下文的每個業務服務的任務撰寫測試使用案例，並嚴格遵循測試驅動開發的過程進行領域實現建模。

（1）聚合的測試驅動開發

根據測試驅動開發的方向，應首選由聚合履行職責的原子任務開始測試驅動開發。以「提名候選人」業務服務為例，首先選擇「提名」原子任務，它的測試使用案例包括：

- 驗證提名之前的票狀態必須為 Available；
- 提名給候選人後，票的狀態更改為 WaitForConfirm；

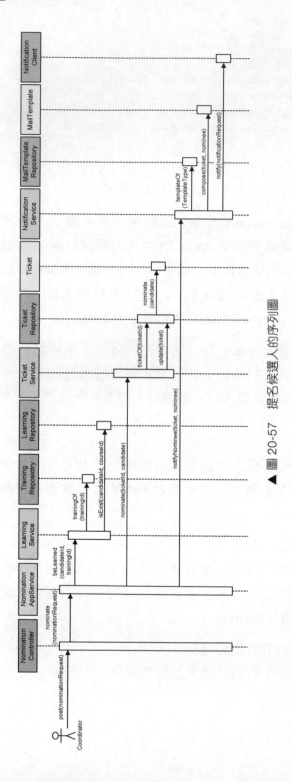

▲ 圖 20-57 提名候選人的序列圖

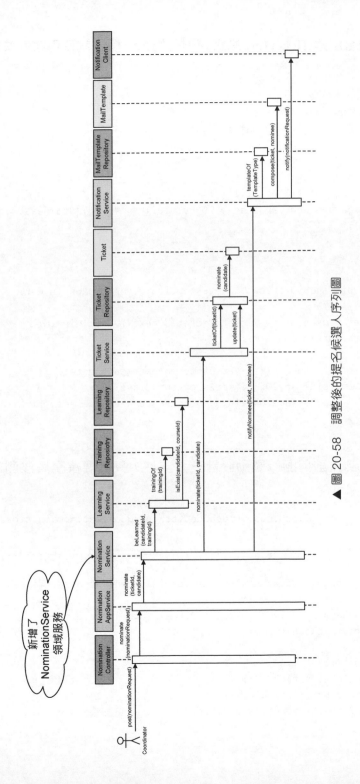

▲ 圖 20-58 調整後的提名候選人序列圖

為 Ticket 聚合創建 TicketTest 測試類別。為第一個測試使用案例撰寫測試如下：

```
public class TicketTest {
    private String trainingId;
    private Candidate candidate;

    @Before
    public void setUp() {
        trainingId = "111011111111";
        candidate = new Candidate("200901010110", "Tom", "tom@eas.com",
trainingId);
    }

    @Test
    public void should_throw_TicketException_given_ticket_is_not_
AVAILABLE() {
        Ticket ticket = new Ticket(TicketId.next(), trainingId,
TicketStatus.WaitForConfirm);

        assertThatThrownBy(() -> ticket.nominate(candidate))
                .isInstanceOf(TicketException.class)
                .hasMessageContaining("ticket is not available");
    }
}
```

遵循簡單設計原則與測試驅動設計三大支柱，只需要撰寫讓該測試成功的實現程式即可：

```
package xyz.zhangyi.ddd.eas.valueadded.trainingcontext.domain.ticket;

import xyz.zhangyi.ddd.eas.valueadded.trainingcontext.domain.candidate.
Candidate;
import xyz.zhangyi.ddd.eas.valueadded.trainingcontext.domain.exceptions.
TicketException;
import xyz.zhangyi.ddd.eas.valueadded.trainingcontext.domain.
tickethistory.TicketHistory;

public class Ticket {
    private TicketId ticketId;
    private String trainingId;
    private TicketStatus ticketStatus;
```

```
  public Ticket(TicketId ticketId, String trainingId, TicketStatus
ticketStatus) {
      this.ticketId = ticketId;
      this.trainingId = trainingId;
      this.ticketStatus = ticketStatus;
  }

  public void nominate(Candidate candidate) {
      if (!ticketStatus.isAvailable()) {
          throw new TicketException("ticket is not available, cannot be
nominated.");
      }
  }
}
```

由於當前測試僅驗證了票分配前的狀態，故而只需要考慮對票狀態的驗證，讓測試快速透過。

接下來為第二個測試使用案例撰寫測試方法：

```
public class TicketTest {
    @Test
    public void ticket_status_should_be_WAIT_FOR_CONFIRM_after_ticket_was_
nominated() {
        Ticket ticket = new Ticket(TicketId.next(), trainingId);

        ticket.nominate(candidate);

        assertThat(ticket.status()).isEqualTo(TicketStatus.WaitForConfirm);
        assertThat(ticket.nomineeId()).isEqualTo(candidate.employeeId());
    }
}
```

該測試類別驗證了 Ticket 的狀態和提名人 ID。為保證測試成功，只需做以下實現：

```
public class Ticket {
    public void nominate(Candidate candidate) {
        if (!ticketStatus.isAvailable()) {
            throw new TicketException("ticket is not available, cannot be
nominated.");
        }
```

```
    this.ticketStatus = TicketStatus.WaitForConfirm;
    this.nomineeId = candidate.employeeId();
  }
}
```

在領域分析建模時透過動詞建模尋找到了隱藏的領域概念 TicketHistory。實際上，這表示當教育訓練票成功提名給候選人之後，需要生成票的歷史記錄。它作為過程資料也應是驗收標準的一部分。在撰寫測試使用案例時，自然也需要考慮該測試場景，故而為「提名」原子任務增加第三個測試使用案例：

■ 為票生成提名歷史記錄。

  既然是成功提名後生成了歷史記錄，就需要修改 nominate(candidate) 方法，使其返回 TicketHistory 物件。為了確保返回結果的正確性，需要驗證它的屬性值。究竟要驗證哪些屬性呢？我們可以從測試出發，確定教育訓練票需要保存的歷史記錄包括：

■ 票的 ID；
■ 票的操作類型；
■ 狀態遷移的狀況；
■ 執行該操作類型後的票的擁有者；
■ 誰執行了本次操作；
■ 何時執行了本次操作。

表現為測試方法，即對 ticketHistory 的驗證：

```
@Test
public void should_generate_ticket_history_after_ticket_was_nominated() {
    Ticket ticket = new Ticket(TicketId.next(), trainingId);

    TicketHistory ticketHistory = ticket.nominate(candidate, nominator);

    assertThat(ticketHistory.ticketId()).isEqualTo(ticket.id());
    assertThat(ticketHistory.operationType()).isEqualTo(OperationType.
Nomination);
    assertThat(ticketHistory.owner()).isEqualTo(new TicketOwner(candidate.
employeeId(), TicketOwnerType.Nominee));
    assertThat(ticketHistory.stateTransit()).isEqualTo(StateTransit.
```

```
from(TicketStatus.Available).to(TicketStatus.WaitForConfirm));
    assertThat(ticketHistory.operatedBy()).isEqualTo(new
Operator(nominator.employeeId(),
nominator.name()));
    assertThat(ticketHistory.operatedAt()).isEqualToIgnoringSeconds(LocalD
ateTime.now());
}
```

票的操作者 operator 就是作為協調者或教育訓練主管的提名人。由於之
前定義的 nominate (candidate) 方法並無提名人的資訊，故而需要引入
Nominator 類別，修改方法介面為 nominate (candidate, nominator)。

驗證 TicketHistory 的屬性值，也驅動出 TicketOwner、StateTransit、
OperationType 和 Operator 類別。這些類別皆作為 TicketHistory 聚合內
的值物件，在領域設計建模時，並沒有被辨識出來。領域設計模型為
TicketHistory 聚合定義了 CancellingReason 與 DeclineReason 類別，在當
前的 TicketHistory 定義中並沒有列出，因為當前的業務服務還未牽涉到
這些領域概念。TicketHistory 類別的定義為：

```
public class TicketHistory {
    private TicketId ticketId;
    private TicketOwner owner;
    private StateTransit stateTransit;
    private OperationType operationType;
    private Operator operatedBy;
    private LocalDateTime operatedAt;

    public TicketHistory(TicketId ticketId,
                    TicketOwner owner,
                    StateTransit stateTransit,
                    OperationType operationType,
                    Operator operatedBy,
                    LocalDateTime operatedAt) {
        this.ticketId = ticketId;
        this.owner = owner;
        this.stateTransit = stateTransit;
        this.operationType = operationType;
        this.operatedBy = operatedBy;
        this.operatedAt = operatedAt;
    }
```

```java
    public TicketId ticketId() {
        return this.ticketId;
    }

    public TicketOwner owner() {
        return this.owner;
    }

    public StateTransit stateTransit() {
        return this.stateTransit;
    }

    public OperationType operationType() {
        return this.operationType;
    }

    public Operator operatedBy() {
        return this.operatedBy;
    }

    public LocalDateTime operatedAt() {
        return this.operatedAt;
    }
}
```

為了讓當前測試快速透過，Ticket 的 nominate(candidate, nominator) 方法
實現為：

```java
public TicketHistory nominate(Candidate candidate, Nominator nominator) {
    if (!ticketStatus.isAvailable()) {
        throw new TicketException("ticket is not available, cannot be
nominated.");
    }

    this.ticketStatus = TicketStatus.WaitForConfirm;
    this.nomineeId = candidate.employeeId();

    return new TicketHistory(ticketId,
            new TicketOwner(candidate.employeeId(), TicketOwnerType.Nominee),
            StateTransit.from(TicketStatus.Available).to(this.ticketStatus),
            OperationType.Nomination,
            new Operator(nominator.employeeId(), nominator.name()),
            LocalDateTime.now());
}
```

考慮到 TicketOwner 的屬性值來自 Candidate、Operator 的屬性值來自 Nominator，可以將 Candidate 與 Nominator 分別視為它們的工廠，因而可以重構程式：

```
public TicketHistory nominate(Candidate candidate, Nominator nominator) {
    if (!ticketStatus.isAvailable()) {
        throw new TicketException("ticket is not available, cannot be
nominated.");
    }

    this.ticketStatus = TicketStatus.WaitForConfirm;
    this.nomineeId = candidate.employeeId();

    return new TicketHistory(ticketId,
            candidate.toOwner(),
            transitState(),
            OperationType.Nomination,
            nominator.toOperator(),
            LocalDateTime.now());
}
```

透過提取方法，該方法還可以進一步精簡為：

```
public TicketHistory nominate(Candidate candidate, Nominator nominator) {
    validateTicketStatus();
    doNomination(candidate);
    return generateHistory(candidate, nominator);
}
```

比較測試使用案例，你會發現重構後的方法包含的 3 行程式恰好對應這 3 個測試使用案例，清晰地展現了「提名候選人」的執行步驟。

當然，測試程式也可以進一步重構：

```
@Test
public void should_generate_ticket_history_after_ticket_was_nominated() {
    Ticket ticket = new Ticket(TicketId.next(), trainingId);
    TicketHistory ticketHistory = ticket.nominate(candidate, nominator);
    assertTicketHistory(ticket, ticketHistory);
}
```

（2）領域服務的測試驅動開發

為原子任務撰寫了產品程式和測試程式後，即可在此基礎上選擇對組合任務的測試驅動開發。一個組合任務對應一個領域服務，除了存取外部資源的原子任務，其餘原子任務都已完成程式開發實現。與「提名候選人」組合任務對應的領域服務為 TicketService，需要考慮的測試使用案例為：

■ 沒有符合條件的 Ticket，拋出 TicketException；
■ 教育訓練票被成功提名給候選人。

在考慮候選人被提名後的驗收標準時，透過與開發人員、需求分析人員和測試人員對需求的溝通，發現之前撰寫的業務服務歸約忽略了兩個功能：

■ 增加票的歷史記錄；
■ 候選人被提名之後的處理，即將被提名者從該教育訓練的候選人名單中移除。

故而需要調整該領域服務對應的序列圖指令稿：

```
TicketService.nominate(ticketId, candidate, nominator) {
    TicketRepository.ticketOf(ticketId);
    Ticket.nominate(candidate, nominator);
    TicketRepository.update(ticket);
    TicketHistoryRepository.add(ticketHistory);
    CandidateRepository.remove(candidate);
}
```

現在，針對測試使用案例撰寫測試方法：

```
public class TicketServiceTest {
    @Test
    public void should_throw_TicketException_if_available_ticket_not_
found() {
        TicketId ticketId = TicketId.next();
        TicketRepository mockTickRepo = mock(TicketRepository.class);
        when(mockTickRepo.ticketOf(ticketId, Available)).
thenReturn(Optional.empty());
```

```
    TicketService ticketService = new TicketService();
    ticketService.setTicketRepository(mockTickRepo);

    String trainingId = "111011111111";
    Candidate candidate = new Candidate("200901010110", "Tom",
"tom@eas.com", trainingId);
    Nominator nominator = new Nominator("200901010007", "admin",
"admin@eas.com", TrainingRole.Coordinator);

    assertThatThrownBy(() -> ticketService.nominate(ticketId,
candidate, nominator))
            .isInstanceOf(TicketException.class)
            .hasMessageContaining(String.format("available ticket by id
{%s} is not found", ticketId.id()));
    verify(mockTickRepo).ticketOf(ticketId, Available);
    }
}
```

透過 Mockito 的 **mock()** 方法模擬 TicketRepository 獲取 Ticket 的行為，並假設它返回 Optional.empty() 模擬未能找到教育訓練票的場景。注意，在驗證該方法時，除了要驗證指定異常的拋出，還需要透過 Mockito 的 **verify()** 方法驗證領域服務與資源庫的協作。實現程式如下：

```
public class TicketService {
  private TicketRepository tickRepo;

  public void setTicketRepository(TicketRepository tickRepo) {
    this.tickRepo = tickRepo;
  }

  public void nominate(TicketId ticketId, Candidate candidate, Nominator
nominator) {
    Optional<Ticket> optionalTicket = tickRepo.ticketOf(ticketId,
TicketStatus.Available);
    if (!optionalTicket.isPresent()) {
        throw new TicketException(String.format("available ticket by id
{%s} is not
found.", ticketId));
    }
  }
}
```

驅動出來的 TicketRepository 定義為：

```java
public interface TicketRepository {
    Optional<Ticket> ticketOf(TicketId ticketId, TicketStatus
ticketStatus);
}
```

為 TicketService 撰寫的第二個測試需要驗證提名候選人的結果。由於原子「提名」任務已經被 Ticket 的測試完全覆蓋，故而在領域服務的測試中，只需要驗證聚合與資源庫之間的協作邏輯即可。如此既能保證程式品質和測試覆蓋率，又可減少撰寫和維護測試的成本：

```java
@Test
public void should_nominate_candidate_for_specific_ticket() {
    // given
    String trainingId = "111011111111";
    TicketId ticketId = TicketId.next();
    Ticket ticket = new Ticket(TicketId.next(), trainingId, Available);

    TicketRepository mockTickRepo = mock(TicketRepository.class);
    when(mockTickRepo.ticketOf(ticketId, Available)).
thenReturn(Optional.of(ticket));

    TicketHistoryRepository mockTicketHistoryRepo =
mock(TicketHistoryRepository.class);
    CandidateRepository mockCandidateRepo = mock(CandidateRepository.
class);

    TicketService ticketService = new TicketService();
    ticketService.setTicketRepository(mockTickRepo);
    ticketService.setTicketHistoryRepository(mockTicketHistoryRepo);
    ticketService.setCandidateRepository(mockCandidateRepo);

    Candidate candidate = new Candidate("200901010110", "Tom",
"tom@eas.com", trainingId);
    Nominator nominator = new Nominator("200901010007", "admin",
"admin@eas.com",
TrainingRole.Coordinator);

    // when
    ticketService.nominate(ticketId, candidate, nominator);

    // then
```

```
        verify(mockTickRepo).ticketOf(ticketId, Available);
        verify(mockTickRepo).update(ticket);
        verify(mockTicketHistoryRepo).add(isA(TicketHistory.class));
        verify(mockCandidateRepo).remove(candidate);
    }
```

撰寫以上測試方法，不僅能驗證 TicketService 的功能，還能驅動出各個
資源庫的介面。該測試對應的實現為：

```
public class TicketService {
    private TicketRepository tickRepo;
    private TicketHistoryRepository ticketHistoryRepo;
    private CandidateRepository candidateRepo;

    public void nominate(TicketId ticketId, Candidate candidate, Nominator
nominator) {
        Optional<Ticket> optionalTicket = tickRepo.ticketOf(ticketId,
TicketStatus.Available);
        Ticket ticket = optionalTicket.orElseThrow(() -> availableTicketNot
Found(ticketId));

        TicketHistory ticketHistory = ticket.nominate(candidate,
nominator);

        tickRepo.update(ticket);
        ticketHistoryRepo.add(ticketHistory);
        candidateRepo.remove(candidate);
    }

    private TicketException availableTicketNotFound(TicketId ticketId) {
        return new TicketException(String.format("available ticket by id
{%s} is not
found.", ticketId));
    }
}
```

（3）領域層的程式模型

在撰寫程式的過程中，要保證定義的類別與介面遵循程式模型對模組、
套件、命名空間的劃分。原則上，當前界限上下文的領域模型物件都定
義在 domain 套件裡。在進一步對 domain 套件進行劃分時，千萬不要按
照領域驅動設計的設計要素類別進行劃分——將領域服務、實體、值物件

分門別類放在一起的做法是絕對錯誤的！套件或模組的劃分應依據變化的方向。這一劃分原則滿足「高內聚鬆散耦合」原則。根據設計要素歸類的類別不是高內聚的，聚合的歸類才是高內聚的。

因此，在撰寫領域層程式時，應根據領域設計建模獲得的設計模型，按照聚合對 domain 套件進行劃分，確定領域模型物件的命名空間，如圖 20-59 所示。

圖 20-59 的 candidate、course、learning、ticket 等命名空間，正是之前設計建模時辨識出來的聚合。領域層的測試程式模型與之對應，如圖 20-60 所示。

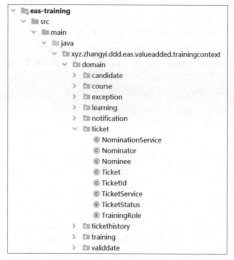

▲ 圖 20-59 教育訓練上下文的產品程式模型

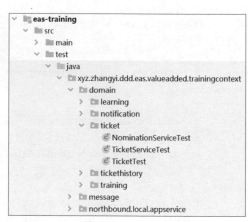

▲ 圖 20-60 教育訓練上下文的測試程式模型

20.3.5 EAS 的融合設計

針對一個業務服務而言，只有實現了北向閘道的遠端服務和應用服務、南向閘道的通訊埠和介面卡，才算真正完成了整個業務服務。它們的設計與開發並不屬於領域實現建模的範圍。需要站在系統架構的角度，在系統分層架構、菱形對稱架構和前後端分離的背景下，進行整個系統解空間的融合設計。

1. 資源庫的實現

實現了業務服務的領域層程式後，重點將在北向閘道的應用服務交匯。由於應用服務透過整合測試進行驗證，因此需要先實現存取外部資源的南向閘道介面卡。

EAS 的資料庫為 MySQL 關聯式資料庫，應選擇 ORM 框架實現資源庫。我選擇了 MyBatis，並採用設定方式定義了 Mapper，如此可減少該框架對 Repository 介面的侵入。雖然 MyBatis 建議將資料存取物件定義為×××Mapper，但這裡我沿用了領域驅動設計的資源庫模式，將其定義為資源庫介面。它屬於菱形對稱架構的通訊埠角色。在進行領域實現建模時，通訊埠已經透過測試驅動開發推導出介面的定義，如 TicketHistory 聚合對應的資源庫通訊埠 TicketHistoryRepository：

```
package xyz.zhangyi.ddd.eas.valueadded.trainingcontext.southbound.port.
repository;

import org.apache.ibatis.annotations.Mapper;
import org.springframework.stereotype.Repository;
import java.util.Optional;

import xyz.zhangyi.ddd.eas.valueadded.trainingcontext.domain.ticket.
TicketId;
import xyz.zhangyi.ddd.eas.valueadded.trainingcontext.domain.
tickethistory.TicketHistory;

@Mapper
@Repository
public interface TicketHistoryRepository {
    Optional<TicketHistory> latest(TicketId ticketId);
    void add(TicketHistory ticketHistory);
    void deleteBy(TicketId ticketId);
}
```

它對應的 mapper 設定檔如下：

```
<?xml version="1.0" encoding="UTF-8" ?>
<!DOCTYPE mapper PUBLIC "-//mybatis.org//DTD Mapper 3.0//EN" "http://
mybatis.org/dtd/
mybatis-3-mapper.dtd" >
```

```xml
<mapper namespace="xyz.zhangyi.ddd.eas.valueadded.trainingcontext.
southbound.port.
repository.TicketHistoryRepository" >
   <resultMap id="ticketHistoryResult" type="TicketHistory" >
      <id column="id" property="id" jdbcType="VARCHAR"/>
      <result column="ticketId" property="ticketId.value"
jdbcType="VARCHAR" />
      <result column="operationType" property="operationType"
jdbcType="VARCHAR" />
      <result column="operatedAt" property="operatedAt"
jdbcType="TIMESTAMP" />
      <association property="owner" javaType="TicketOwner">
         <constructor>
            <arg column="ownerId" jdbcType="VARCHAR" javaType="String"/>
            <arg column="ownerType" jdbcType="VARCHAR"
javaType="TicketOwnerType" />
         </constructor>
      </association>
      <association property="stateTransit" javaType="StateTransit">
         <constructor>
            <arg column="fromStatus" jdbcType="VARCHAR"
javaType="TicketStatus" />
            <arg column="toStatus" jdbcType="VARCHAR"
javaType="TicketStatus" />
         </constructor>
      </association>
      <association property="operatedBy" javaType="Operator">
         <constructor>
            <arg column="operatorId" jdbcType="VARCHAR" javaType="String" />
            <arg column="operatorName" jdbcType="VARCHAR"
javaType="String" />
         </constructor>
      </association>
   </resultMap>

   <select id="latest" parameterType="TicketId" resultMap="ticketHistoryR
esult">
      select
      id, ticketId, ownerId, ownerType, fromStatus, toStatus,
operationType, operatorId,
operatorName, operatedAt
      from ticket_history
      where ticketId = #{ticketId} and operatedAt = (select
max(operatedAt) from
```

```
ticket_history where ticketId = #{ticketId})
   </select>

   <insert id="add" parameterType="TicketHistory">
      insert into ticket_history
      (id, ticketId, ownerId, ownerType, fromStatus, toStatus,
operationType, operatorId,
operatorName, operatedAt)
      values
      (
      #{id},
      #{ticketId}, #{ticketOwner.employeeId}, #{ticketOwner.ownerType},
      #{stateTransit.from}, #{stateTransit.to}, #{operationType},
      #{operatedBy.operatorId}, #{operatedBy.name}, #{operatedAt}
      )
   </insert>

   <delete id="deleteBy" parameterType="TicketId">
      delete from ticket_history where ticketId = #{ticketId}
   </delete>
</mapper>
```

雖然領域服務與聚合已經實現，通訊埠的介面定義也已確定，但它們的
實現卻不曾得到驗證。為此，可以考慮在實現應用服務之前，先為南
向閘道介面卡的實現撰寫整合測試，以驗證其正確性。舉例來說，為
TicketHistoryRepository 撰寫的整合測試如下：

```
@RunWith(SpringJUnit4ClassRunner.class)
@ContextConfiguration("/spring-mybatis.xml")
public class TicketHistoryRepositoryIT {
   @Autowired
   private TicketHistoryRepository ticketHistoryRepository;
   private final TicketId ticketId = TicketId.from("18e38931-822e-4012-
a16e-ac65dfc56f8a");

   @Before
   public void setup() {
      ticketHistoryRepository.deleteBy(ticketId);

      StateTransit availableToWaitForConfirm = from(Available).
to(WaitForConfirm);
      LocalDateTime oldTime = LocalDateTime.of(2020, 1, 1, 12, 0, 0);
```

```
    TicketHistory oldHistory = createTicketHistory(availableToWaitForCo
nfirm, oldTime);
    ticketHistoryRepository.add(oldHistory);

    StateTransit toConfirm = from(WaitForConfirm).to(Confirm);
    LocalDateTime newTime = LocalDateTime.of(2020, 1, 1, 13, 0, 0);
    TicketHistory newHistory = createTicketHistory(toConfirm, newTime);
    ticketHistoryRepository.add(newHistory);
    }

    @Test
    public void should_return_latest_one() {
    Optional<TicketHistory> latest = ticketHistoryRepository.
latest(ticketId);

    assertThat(latest.isPresent()).isTrue();
    assertThat(latest.get().getStateTransit()).
isEqualTo(from(WaitForConfirm).to(Confirm));
    }
}
```

考慮到整合測試需要準備測試環境，且它的執行效率也要低於單元測試，故而需要將單元測試和整合測試分為兩個不同的建構階段。

2. 應用服務的實現

根據服務契約的定義，可以確定應用服務的介面與訊息契約物件。在實現應用服務時，需要考慮以下幾點。

- 應用服務的測試為整合測試：需要透過 setup 與 teardown 準備和清除測試資料，並準備運行整合測試的環境。
- 依賴管理：考慮應用服務、領域服務、資源庫之間的依賴管理，確定依賴注入框架。
- 訊息契約物件的定義：需要結合對外曝露的遠端服務介面定義訊息契約物件。
- 橫切重點的結合：包括交易、異常處理等橫切重點的實現與整合。
- 南向閘道的實現：考慮資源庫和其他存取外部資源的閘道介面的實現，包括框架和技術選型。

「提名候選人」的應用服務 NominationAppService 實現如下：

```java
@Service
@EnableTransactionManagement
public class NominationAppService {
    @Autowired
    private NominationService nominationService;

    @Transactional(rollbackFor = ApplicationException.class)
    public void nominate(NominationRequest nominationRequest) {
        if (Objects.isNull(nominationRequest)) {
            throw new ApplicationValidationException("nomination request can
not be null");
        }
        try {
            nominationService.nominate(
                    nominationRequest.getTicketId(),
                    nominationRequest.getTrainingId(),
                    nominationRequest.toCandidate(),
                    nominationRequest.toNominator());
        } catch (DomainException ex) {
            throw new ApplicationDomainException(ex.getMessage(), ex);
        } catch (Exception ex) {
            throw new ApplicationInfrastructureException("Infrastructure
Error", ex);
        }
    }
}
```

我選擇了 Spring 作為依賴注入的框架，交易處理則採用宣告式交易。異常的設計遵循領域驅動設計對異常進行分層的原則，應用服務拋出的異常為衍生自 ApplicationException 類別的異常子類別。

應用服務介面的訊息契約物件負責訊息契約與領域模型的轉換。若轉換行為包含了業務邏輯，則需要撰寫單元測試去覆蓋它，甚至可採用測試驅動開發的過程；如果引入了裝配器，更要透過測試來保證程式品質。訊息契約物件如果要支援遠端服務，就需要訊息契約物件支援序列化與反序列化。一些序列化框架會透過反射呼叫物件的建構函數與 getter/setter 存取器，故而訊息契約物件的定義應遵循 Java Bean 規範。

為應用服務撰寫整合測試時，至少需要考慮兩個測試使用案例：正常執
行完成的使用案例與拋出異常需要回覆交易的使用案例。如下所示：

```
@RunWith(SpringJUnit4ClassRunner.class)
@ContextConfiguration("/spring-mybatis.xml")
public class NominationAppServiceIT {
    @Autowired
    private TrainingRepository trainingRepository;
    @Autowired
    private TicketRepository ticketRepository;
    @Autowired
    private ValidDateRepository validDateRepository;
    @Autowired
    private TicketHistoryRepository ticketHistoryRepository;

    @Autowired
    private NominationAppService nominationAppService;

    @Before
    public void setup() {
        training = createTraining();
        ticket = createTicket();
        validDate = createValidDate();

        // 清除無效資料
        trainingRepository.remove(training);
        ticketRepository.remove(ticket);
        validDateRepository.remove(validDate);
        ticketHistoryRepository.deleteBy(ticketId);

        // 準備測試資料
        trainingRepository.add(this.training);
        ticketRepository.add(ticket);
        validDateRepository.add(validDate);
    }

    @Test
    public void should_nominate_candidate_to_nominee() {
        // given
        NominationRequest nominationRequest = createNominationRequest();

        // when
        nominationAppService.nominate(nominationRequest);
```

```
      // then
      Optional<Ticket> optionalAvailableTicket = ticketRepository.
ticketOf(ticketId, Available);
      assertThat(optionalAvailableTicket.isPresent()).isFalse();

      Optional<Ticket> optionalConfirmedTicket = ticketRepository.
ticketOf(ticketId, TicketStatus.WaitForConfirm);
      assertThat(optionalConfirmedTicket.isPresent()).isTrue();
      Ticket ticket = optionalConfirmedTicket.get();
      assertThat(ticket.id()).isEqualTo(ticketId);
      assertThat(ticket.trainingId()).isEqualTo(trainingId);
      assertThat(ticket.status()).isEqualTo(TicketStatus.WaitForConfirm);
      assertThat(ticket.nomineeId()).isEqualTo(candidateId);

      Optional<TicketHistory> optionalTicketHistory =
ticketHistoryRepository.latest(ticketId);
      assertThat(optionalTicketHistory.isPresent()).isTrue();
      TicketHistory ticketHistory = optionalTicketHistory.get();
      assertThat(ticketHistory.ticketId()).isEqualTo(ticketId);

      assertThat(ticketHistory.getStateTransit()).isEqualTo(StateTransit.
from(Available).to(WaitForConfirm));
   }

   @Test
   public void should_rollback_if_DomainException_had_been_thrown() {
      // given
      NominationRequest nominationRequest = createNominationRequest();

      // 移除 Valid Date 以便拋出 DomainException 異常
      validDateRepository.remove(validDate);

      // when
      try {
         nominationAppService.nominate(nominationRequest);
      } catch (ApplicationException e) {
         // then
         Optional<Ticket> optionalAvailableTicket = ticketRepository.
ticketOf(ticketId, Available);
         assertThat(optionalAvailableTicket.isPresent()).isTrue();
         Ticket ticket = optionalAvailableTicket.get();
         assertThat(ticket.id()).isEqualTo(ticketId);
         assertThat(ticket.trainingId()).isEqualTo(trainingId);
```

```
        assertThat(ticket.status()).isEqualTo(Available);
        assertThat(ticket.nomineeId()).isEqualTo(null);
    }
  }
}
```

NominationAppService 的測試類別本應該僅依賴於被測應用服務，此處之所以引入 TrainingRepository 等資源庫的依賴，是為了給整合測試準備和清除資料所用。系統透過 flywaydb 管理資料庫版本與資料移轉，但整合測試需要的資料不在此列，需要由測試提供。由於整合測試會被反覆運行，每個測試使用案例需要的資料都是彼此獨立的。

資料的清除本該由 JUnit 的 teardown 鉤子方法負責，不過，在運行整合測試之後，通常需要手工查詢資料庫以了解被測方法執行之後的資料結果。如果在測試方法執行後透過 teardown 清除了資料，就無法查看執行後的結果了。為避免此情形，可以將資料的清除挪到準備資料之前。如上述測試程式所示，清除資料與準備資料的實現都放到了 setup 鉤子方法中。

在撰寫交易復原的測試使用案例時，可以故意營造拋出異常的情況，上述測試方法中，我故意透過 ValidDateRepository 刪除了提名場景需要的有效日期，導致拋出 DomainException 異常。應用服務在捕捉該領域異常後，統一拋出了 ApplicationException，因此交易復原標記的異常類型為 ApplicationException：

```
@Transactional(rollbackFor = ApplicationException.class)
public void nominate(NominationRequest nominationRequest) throws
ApplicationException {}
```

3. 遠端服務的實現

實現應用服務後，繼續逆流而上，撰寫作為北向閘道的遠端服務。如果將其定義為 REST 風格服務，需要遵循 REST 風格服務介面的設計原則，如 TicketResource 的實現：

```
@RestController
@RequestMapping("/tickets")
public class TicketResource {
```

```
    private Logger logger = Logger.getLogger(TicketResource.class.
getName());

    @Autowired
    private NominationAppService nominationAppService;

    @PutMapping
    public ResponseEntity<?> nominate(@RequestBody NominationRequest
nominationRequest) {
        if (Objects.isNull(nominationRequest)) {
            logger.log(Level.WARNING,"Nomination Request is Null.");
            return new ResponseEntity<>(HttpStatus.BAD_REQUEST);
        }
        try {
            nominationAppService.nominate(nominationRequest);
            return new ResponseEntity<>(HttpStatus.ACCEPTED);
        } catch (ApplicationException e) {
            logger.log(Level.SEVERE, "Exception raised by nominate REST
Call.", e);
            return new ResponseEntity<>(HttpStatus.INTERNAL_SERVER_ERROR);
        }
    }
}
```

REST 資源遠端服務定義了多個服務方法，雖然對應的服務契約存在差
異，但服務方法的實現卻大同小異，都會執行對應的應用服務的方法、
捕捉異常、根據執行結果返回帶有不同狀態碼的值。為了避免重複程
式，應用層定義的應用異常類別就派上了用場，利用 catch 捕捉不同類型
的應用異常，就可以實現相似的執行邏輯。為此，我在 **ddd-core** 模組 [3] 中
定義了一個 Resources 輔助類別：

```
public class Resources {
    private static Logger logger = Logger.getLogger(Resources.class.
getName());

    private Resources(String requestType) {
```

3　模組名原為 eas-core，即 EAS 邏輯架構中的公共上下文，考慮到它與具體的領域邏輯無
　　關，可作為領域驅動設計的公共元件，故改為 ddd-core。

```
        this.requestType = requestType;
    }

    private String requestType;
    private HttpStatus successfulStatus;
    private HttpStatus errorStatus;
    private HttpStatus failedStatus;

    public static Resources with(String requestType) {
        return new Resources(requestType);
    }

    public Resources onSuccess(HttpStatus status) {
        this.successfulStatus = status;
        return this;
    }

    public Resources onError(HttpStatus status) {
        this.errorStatus = status;
        return this;
    }

    public Resources onFailed(HttpStatus status) {
        this.failedStatus = status;
        return this;
    }

    public <T> ResponseEntity<T> execute(Supplier<T> supplier) {
        try {
            T entity = supplier.get();
            return new ResponseEntity<>(entity, successfulStatus);
        } catch (ApplicationValidationException ex) {
            logger.log(Level.WARNING, String.format("The request of %s is
invalid", requestType));
            return new ResponseEntity<>(errorStatus);
        } catch (ApplicationDomainException ex) {
            logger.log(Level.WARNING, String.format("Exception raised %s
REST Call", requestType));
            return new ResponseEntity<>(failedStatus);
        } catch (ApplicationInfrastructureException ex) {
            logger.log(Level.SEVERE, String.format("Fatal exception raised
%s REST Call", requestType));
            return new ResponseEntity<>(HttpStatus.INTERNAL_SERVER_ERROR);
        }
```

```
    }

    public ResponseEntity<?> execute(Runnable runnable) {
        try {
            runnable.run();
            return new ResponseEntity<>(successfulStatus);
        } catch (ApplicationValidationException ex) {
            logger.log(Level.WARNING, String.format("The request of %s is
invalid", requestType));
            return new ResponseEntity<>(errorStatus);
        } catch (ApplicationDomainException ex) {
            logger.log(Level.WARNING, String.format("Exception raised %s
REST Call", requestType));
            return new ResponseEntity<>(failedStatus);
        } catch (ApplicationInfrastructureException ex) {
            logger.log(Level.SEVERE, String.format("Fatal exception raised
%s REST Call", requestType));
            return new ResponseEntity<>(HttpStatus.INTERNAL_SERVER_ERROR);
        }
    }
}
```

execute() 方法的不同多載對應於返回各種回應訊息物件的場景。不同的異常類別對應的狀態碼由呼叫者傳入。為了有效地記錄日誌資訊，需要由呼叫者提供該服務請求的描述。引入 Resources 類別後，TicketResource 的服務實現為：

```
@RestController
@RequestMapping("/tickets")
public class TicketResource {
    private Logger logger = Logger.getLogger(TicketResource.class.getName());

    @Autowired
    private NominationAppService nominationAppService;

    @PutMapping
    public ResponseEntity<?> nominate(@RequestBody NominationRequest
nominationRequest) {
        return Resources.with("nominate ticket")
                .onSuccess(ACCEPTED)
                .onError(BAD_REQUEST)
                .onFailed(INTERNAL_SERVER_ERROR)
                .execute(() -> nominationAppService.
```

```
nominate(nominationRequest));
    }
}
```

TrainingResource 的實現為：

```
@RestController
@RequestMapping("/trainings")
public class TrainingResource {
    private Logger logger = Logger.getLogger(TrainingResource.class.
getName());

    @Autowired
    private TrainingAppService trainingAppService;

    @GetMapping(value = "/{id}")
    public ResponseEntity<TrainingResponse> findBy(@PathVariable String
id) {
        return Resources.with("find training by id")
                .onSuccess(HttpStatus.OK)
                .onError(HttpStatus.BAD_REQUEST)
                .onFailed(HttpStatus.NOT_FOUND)
                .execute(() -> trainingAppService.trainingOf(id));
    }
}
```

顯然，這樣的重構可以有效地避開遠端服務出現相似的重複程式。

為了保證遠端服務的正確性，應考慮為遠端服務撰寫整合測試或契約測試。若選擇 Spring Boot 作為 REST 框架，可利用 Spring Boot 提供的測試沙盒 spring-boot-starter-test 為遠端服務撰寫整合測試，或選擇 Pact 之類的測試框架為其撰寫消費者驅動的契約測試（consumer- driven contract test）。如果要針對前端定義控制器（controller），還可考慮引入 GraphQL 定義服務，這些服務為前端組成了邊緣層的 BFF 服務。此外，還可以引入 Swagger 為這些遠端服務定義 API 文件。

4. 完整的程式模型

架構映射階段根據系統分層架構與菱形對稱架構的規定，定義了 EAS 的程式模型。應根據確定的界限上下文劃分模組，並保證每個界限上下文

的內部遵循菱形對稱架構要求的程式模型。在完成了領域建模和融合設計後，EAS 最終的程式模型如圖 20-61 所示。

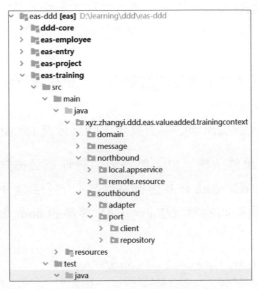

▲ 圖 20-61　EAS 的程式模型

以下是對程式模型的詳細説明。

- eas-ddd：專案名稱為 EAS。
- eas-training：以專案名稱為字首，命名界限上下文對應的模組。
- eas.valueadded.trainingcontext：界限上下文的命名空間，以 context 為尾碼，用 valueadded 表示它屬於業務價值層。
- message：訊息契約物件，遵循領域驅動設計發佈語言模式，亦可命名為 pl。
- northbound：北向閘道，遵循領域驅動設計的開放主機服務模式，亦可命名為 ohs。
  - remote：北向閘道的遠端服務，根據服務的不同可以分為 resource、controller、provider 和 subscriber。
  - local：北向閘道的本機服務。
    - appservice：領域驅動設計應用層的應用服務。

- domain：領域層，內部按照聚合邊界進行命名空間劃分。每個聚合內的實體、值物件和它對應的領域服務都定義在同一個聚合內部。若領域服務負責協調多個聚合，可以考慮將其放在主要聚合所在的命名空間。
- southbound：南向閘道，遵循領域驅動設計的防腐層模式，亦可命名為 acl。
  - port：所有存取外部資源的抽象定義，根據通訊埠類型的不同分為 repository、client 等。
  - adapter：對應於通訊埠的具體實現，同樣分為 repository、client 等。

即使 EAS 是一個單體架構，也仍然需要清晰地為每個界限上下文定義單獨的模組。其中，ddd-core 作為遵循共用核心的公共上下文，包含了各個界限上下文都需要呼叫的領域核心。EAS 專案的 pom 檔案表現了這些模組的定義：

```
<project xmlns="http://maven.apache.org/POM/4.0.0"
        xmlns:xsi="http://www.w3***/2001/XMLSchema-instance"
        xsi:schemaLocation="http://maven.apache.org/POM/4.0.0 http://
maven.apache.org/
xsd/maven-4.0.0.xsd">
    <modelVersion>4.0.0</modelVersion>

    <groupId>xyz.zhangyi.ddd</groupId>
    <artifactId>eas</artifactId>
    <version>1.0-SNAPSHOT</version>
    <packaging>pom</packaging>

    <modules>
        <module>ddd-core</module>
        <module>eas-employee</module>
        <module>eas-attendance</module>
        <module>eas-project</module>
        <module>eas-training</module>
        <module>eas-entry</module>
    </modules>
</project>
```

eas-entry 是整個系統的主程式入口，僅定義了一個 EasApplication 類別：

```
package xyz.zhangyi.ddd.eas;
```

```
import org.springframework.boot.SpringApplication;
import org.springframework.boot.autoconfigure.SpringBootApplication;
import org.springframework.transaction.annotation.
EnableTransactionManagement;

@SpringBootApplication
@EnableTransactionManagement
public class EasApplication {
   public static void main(String[] args) {
      SpringApplication.run(EasApplication.class, args);
   }
}
```

透過它可以為整個系統啟動一個服務。Spring Boot 需要的設定也定義在
eas-entry 模組的 resource 資料夾下。該入口載入的所有遠端服務均定義
在各個界限上下文的內部，確保了每個界限上下文的架構完整性。

EAS 系統的程式模型將界限上下文作為系統的業務邊界和應用邊界。作
為邏輯架構的組成部分，它並不受到或較少受到通訊邊界變化的影響，
如此就能降低架構從單體架構遷移到微服務架構的成本。事實上，若遵
循我建議的程式模型，就會發現：兩種迥然不同的架構風格其實擁有完
全相同的程式模型。執行架構遷移時，只需注意以下幾點：

- 與單體架構不同，需要為每個微服務提供一個主程式入口，即去掉
  eas-entry 模組，為每個界限上下文（微服務）定義一個 Application 類
  別。
- 修改 southbound\adapter\client 的實現，將處理程序內的通訊改為跨處
  理程序通訊。
- 修改資料庫的設定檔，讓資料庫的統一資源定位器（Uniform Resource
  Locator，URL）指向不同的資料庫。
- 調整應用層的交易處理機制。如果交易需要協調多個微服務之間的聚
  合，考慮使用分散式柔性交易。

以上修改皆不影響包括產品程式與測試程式在內的領域層程式。領域層
作為菱形對稱架構的核心，表現出一如既往的穩定性。

到此為止，我們嚴格遵循領域驅動設計統一過程，從全域分析、架構映射到領域建模，一絲不苟地採用了領域驅動設計參考過程模型推薦的方法與模式，獲得了各個階段要求輸出的工件，完成了 EAS 系統從問題空間到解空間的完整建構過程。

20.4 複習

許多人反映領域驅動設計很難。Eric Evans 創造了許多領域驅動設計的專有術語，這為團隊學習領域驅動設計製造了知識障礙。物件建模範式的領域驅動設計建立在良好的物件導向設計基礎上，如果開發人員對物件導向設計的本質思想了解不深，就會在運用領域驅動設計模式時感到迷茫，不知道該做出怎樣的設計決策才滿足領域驅動設計的要求。拘泥於書本知識的運用方式過於僵化，使開發人員一旦遇到設計難題又找不到標準答案，就會不知該如何是好。

本書試圖解構領域驅動設計，對領域驅動設計方法區塊系做了進一步精化與提煉，以領域驅動設計統一過程作為過程指導，複習了領域驅動設計的精髓，明確提出了「邊界是核心、紀律是關鍵」的要求，並以領域驅動設計參考過程模型作為具體的實踐參考。我們要明其道、求其術，如果説領域驅動設計方法區塊系是道，各種領域驅動設計的實踐就是術。道引導你走在正確的方向上，術幫助你走得更快、更穩健，道與術的融合開拓了更加寬廣的領域驅動設計之路。

這一切的基礎在於擁有一個成熟的領域驅動設計團隊。利用領域驅動設計能力評估模型對團隊進行評估，發現團隊成員的能力缺陷後進行針對性的訓練，提升敏捷迭代能力、需求分析能力、領域建模能力和架構設計能力，就能讓團隊推進領域驅動設計無往不利，距離領域驅動設計的成功就不遠了！

領域建模範式

我們把世界拿在手裡，就是為了一樣樣放好。　　　　　——顧城，《節日》

即使採用領域模型驅動設計，不同人針對同一個領域設計的領域模型也會差別很大。這除了因為不同人的設計能力、經驗以及對真實世界的了解不一致，還因為對模型產生根本影響的是建模範式（modeling paradigm）。

「範式」一詞最初由美國哲學家湯瑪斯‧庫恩（Thomas Kuhn）在其經典著作《科學革命的結構》（*The Structure of Scientific Revolutions*）中提出，用於對科學發展的分析。庫恩認為每一個科學發展階段都有特殊的內在結構，而表現這種結構的模型即範式。他明確地列出了一個簡潔的範式定義：「按既定的用法，範式就是一種公認的模型或模式。」[48]

範式可以用來界定什麼應該被研究、什麼問題應該被提出，也可以用來探索如何對問題進行質疑以及在解釋我們獲得的答案時該遵循什麼樣的規則。倘若將範式運用在軟體領域的建模過程中，就可以認為建模範式是建立模型的一種模式，是針對業務需求提出的問題進行建模時需要遵循的規則。

建立領域模型可以遵循的主要建模範式包括結構建模範式、物件建模範式和函數建模範式，恰好對應 3 種程式設計範式：結構化程式設計（structured programming）、物件導向程式設計（object-oriented

programming）和函數式程式設計（functional programming）。建模範式與
程式設計範式的對應關係，也證明了分析、設計和實現三位一體的關係。

A.1 結構建模範式

一提及針對過程設計，浮現在我們腦海中的大多是一些貶義詞：糟糕、
邪惡、混亂、貧瘠……實際上，針對過程設計就是結構化程式設計思想
的表現。如果追溯它的發展歷史，我們會發現該範式提倡的設計思想大
有可觀，一些設計原則為物件導向程式設計和函數式程式設計提供了有
價值的借鏡，並不一定代表「壞」的設計。

A.1.1 結構化程式設計的設計原則

結構化程式設計的理念最早由 Edsger Wybe Dijkstra 在 1968 年提出。
在替 *Communications of the ACM* 編輯的一封信中，Dijkstra 論證了使用
goto 是有害的，並明確提出了順序、選擇和循環 3 種基本的結構。這 3
種基本的結構可以使程式結構變.得更加清晰，富有邏輯。

結構化程式設計強調模組作為功能分解的基本單位。David Parnas 解釋
了何謂「結構」：「所謂『結構』通常指用於表示系統的部分。結構現為
分解系統為多個模組，確定每個模組的特徵，並明確模組之間的連接關
係。」[1] 針對模組間的連接關係，在同一篇論文中 Parnas 還提到：「模組間
的資訊傳遞可以視為介面（interface）」。這些觀點表現了結構化設計的系
統分解原則：透過模組對職責進行封裝與分離，透過介面管理模組之間
的關係。

模組對職責的封裝表現為資訊隱藏（information hiding），這一原則同樣
來自結構化程式設計。Parnas 在 1972 年發表的論文《論將系統分解為模

1　參見 David Parnas 的論文 "Information Distribution Aspect of Design Methodology"。

組的準則》中強調了資訊隱藏的原則。Steve McConnell 認為:「資訊隱藏是軟體的首要技術使命中格外重要的一種啟發式方法,因為它強調的就是隱藏複雜度,這一點無論是從它的名稱還是實施細節上都能看得很清楚。」[49] 在物件導向設計中,資訊隱藏其實就是封裝和隱私法則的表現。

結構化程式設計的著眼點是「針對過程」,採用結構化程式設計範式的語言就被稱為「針對過程語言」。因此,針對過程語言同樣可以表現「封裝」的思想,如 C 語言允許在標頭檔中定義資料結構和函數宣告,然後在程式檔案中具體實現。這種標頭檔與程式碼的分離,可以保證程式碼中的具體實現細節對呼叫者而言不可見。當然,結構化語言提供的封裝層次不如物件導向語言豐富,對資料結構不具有控制權。倘若有別的函數直接操作資料結構,會在一定程度上破壞這種封裝性。

以過程為中心的結構化程式設計思想強調「自頂向下、逐步向下」的設計原則。它對待問題空間的態度,就是將其分解為一個一個步驟,再由函數來實現每個步驟,並按照順序、選擇或循環的結構對這些函數進行呼叫,組成一個主函數。每個函數內部同樣採用相同的程式結構。以程序式的思想對問題進行步驟拆分,就可以利用功能分解讓程式的結構化繁為簡,變混亂為清晰。顯然,只要問題拆分合理,且注意正確的職責分配與資訊隱藏,採用結構化程式設計思想進行程式設計同樣可以交出優秀設計的答卷。

A.1.2 結構化程式設計的問題

不可否認,物件導向設計是針對過程設計暨結構化程式設計的進化,軟體設計人員也在這個發展過程中經歷了程式設計範式的遷移,即從結構化程式設計範式遷移到物件導向程式設計範式。為何要從表現結構的過程進化到物件呢?根本原因在於這兩種方法對程式的了解截然不同。Pascal 語言的發明人沃斯教授認為:資料結構 + 演算法 = 程式。這一公式概況了結構化程式設計範式的特點:資料結構與演算法分離,演算法用來操作資料結構。這一設計思想會導致以下幾個問題。

- 無法直觀說明演算法與資料結構之間的關係：當資料結構發生變化時，分散在整個程式各處的對應演算法都需要修改。
- 無法限制資料結構可被操作的範圍：任何演算法都可以操作任何資料結構，就有可能因為某個錯誤操作導致程式出現問題而崩潰。
- 操作資料結構的演算法被重複定義：演算法的重複定義並非人為所致，而是封裝性不足的必然結果。

假設演算法 f1() 和 f2() 分別操作了資料結構 X 和資料結構 Y[40]。粒度的原因使資料結構 X 和資料結構 Y 共用了底層資料結構 Z 中標記為 i 的資料。X、Y 和 Z 之間的關係如圖 A-1 所示。

如果 Z 的資料 i 發生了變化，會影響到演算法 f1() 和 f2()，由於三者的關係是清晰可知的，因此這一變化是可控的。由於資料結構與演算法完全分離，如果同時有別的開發人員增加了一個操作底層資料結構 Z 的演算法，原有開發人員卻不知情，如圖 A-2 所示，演算法 f3() 操作了資料結構 Z 的資料 i，就有可能在 i 發生變化時並沒有做對應調整，從而帶來隱藏的缺陷。

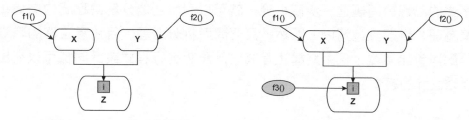

▲ 圖 A-1　X、Y 和 Z 的關係　　　▲ 圖 A-2　增加了對操作 Z 資料的演算法 f3()

物件導向則不然，它強調將資料結構與演算法封裝在一起。資料結構作為一個類別，它擁有的資料就是類別的屬性，操作資料的演算法則為類別的方法，這就使得資料結構與演算法之間的關係更加清晰。例如資料結構 X 與演算法 f1() 封裝在一起，資料結構 Y 和演算法 f2() 封裝在一起，同時為資料結構 Z 提供演算法 fi()，作為存取資料 i 的公有介面。任何需要存取資料 i 的操作包括前面提及的演算法 f3() 都必須透過 fi() 演算法進行呼叫，如圖 A-3 所示。

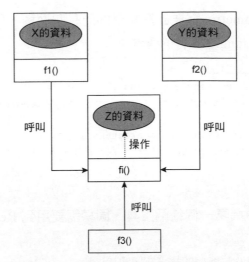

▲ 圖 A-3　封裝了資料 i 和演算法 fi() 的 Z

倘若 Z 的資料發生了變化，演算法 fi() 一定會知曉這個變化；由於 X 和 Y 的演算法 f1()、f2() 以及後來增加的 f3() 並沒有直接操作該資料，這種變化就被有效地隔離了，不會受到影響。

即使使用了物件導向語言，如果仍然遵循資料結構與演算法分離的設計原則，實則也是採用了結構化程式設計的程序式設計。舉例來説，在 Java 語言中定義一個矩形 Rectangle 類別，它具有寬度和長度的資料屬性：

```
public class Rectangle {
    private int width;
    private int length;

    public Rectangle(int width, int length) {
        this.width = width;
        this.length = length;
    }

    public int getWidth() {
        return width;
    }
    public int getLength() {
        return length;
    }
}
```

一個幾何類別 Geometric 需要計算矩形的周長和面積，因此定義了這兩個方法，並呼叫 Rectangle 擁有的資料：

```
public class Geometric {
    public int area(Rectangle rectangle) {
        return rectangle.getWidth() * rectangle.getLength();
    }
    public int perimeter(Rectangle rectangle) {
        return (rectangle.getWidth() + rectangle.getLength()) * 2;
    }
}
```

其他開發人員需要撰寫一個繪圖工具，同樣需要用到 Rectangle：

```
public class Painter {
    public void draw(Rectangle rectangle) {
        // ...

        // 產生了和 Geometric::area() 方法一樣的程式
        int area = rectangle.getWidth() * rectangle.getLength();

        //...
    }
}
```

由於 Rectangle 類別將資料與方法分別定義到了不同的地方，呼叫者 Painter 在重複使用 Rectangle 時並不知道 Geometric 已經提供了計算面積和周長的方法，因此首先想到的就是由自己實現。這就會造成相同的方法被多個開發人員重複實現的局面。只有極其用心的開發人員才會儘量地降低這類重複。當然，這是以付出額外精力為代價的。

倘若改變結構範式，將資料與操作它的方法放在一起，就能進一步提高封裝性。資料被隱藏，開發人員就失去了自由存取資料的權力。如果一個開發人員需要計算 Rectangle 的面積，資料存取權的喪失會讓他首先考慮的不是在類別的外部親自實現某個演算法，而是尋求重複使用別人的實現，從而最大限度地避免重複：

```
public class Rectangle {
    // 沒有存取 width 的需求時，就不曝露該欄位
    private int width;
```

```
   // 沒有存取 length 的需求時,就不曝露該欄位
   private int length;

   public Rectangle(int width, int length) {
      this.width = width;
      this.length = length;
   }

   public int area() {
      return this.width * this.length;
   }
   public int perimeter() {
      return (this.width + this.length) * 2;
   }
}
```

由於資料與方法封裝在了一起,因此當我們呼叫物件時,IDE 可以讓開發
人員迅速判斷被調物件是否提供了自己所需的介面,如圖 A-4 所示。

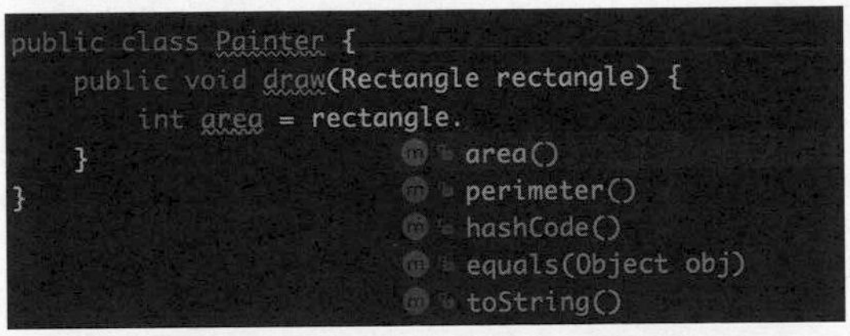

▲ 圖 A-4　IDE 的智慧感應

遵循結構化程式設計「資料結構與演算法分離」的原則建立領域模型,
是結構建模範式的典型特徵。獲得的領域模型往往只有資料沒有行為,
Martin Fowler 將這樣的物件組成的模型稱為貧血模型,他認為:「貧血模
型一個明顯的特徵是它僅是看上去和領域模型一樣,都擁有物件、屬性,
物件間透過關係連結。但是當你觀察模型所持有的業務邏輯時,你會發
現,貧血模型中除了一些 getter、setter 方法,幾乎沒有其他業務邏輯。」[2]

2　參見 Martin Fowler 的文章 "AnemicDomainModel"。

A.1.3 結構建模範式的設計模型

在進行模型驅動設計時,若以資料庫建立的模型作為設計的驅動力,就會很自然地得到貧血模型,因為在針對資料庫和資料表建模時,資料模型中的持久化物件(persistence object,PO)作為資料表的映射,可以認為是一種資料結構,而非真正意義上的物件。操作它的演算法(也就是業務邏輯)被轉移到了服務物件,通常以過程形式將整個業務服務按照順序分解為多個子任務,然後組合成為一個完整的過程,操作過程中需要的資料由持久化物件提供。與資料庫的互動交給資料存取物件(DAO),即由其「負責管理與資料來源的連接,並透過此連接獲取、儲存資料」[50]。資料存取物件封裝了資料存取及操作的邏輯,並分離持久化邏輯與業務邏輯,使得資料來源可以獨立於業務邏輯而變化。

在結構建模範式的指導下,遵循職責分離的設計原則,業務邏輯、資料存取和資料分別以不同的物件參與到設計模型中,形成圖 A-5 所示的關係。

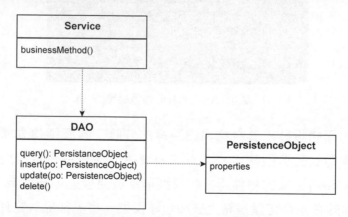

▲ 圖 A-5　結構建模範式的設計模型

雖然這一設計模型由類別來組成,但其設計思想卻採用了結建構模範式,持久化物件與服務物件各自表現了資料結構與演算法的特徵,二者是分離的。

1. 持久化物件

持久化物件的資料結構就是對資料表的映射。資料表的設計可以遵循包括一範式（1NF）、二範式（2NF）、三範式（3NF）、BC 範式（BCNF）和四範式（4NF）等資料庫範式。遵循這些範式可以保證資料表屬性的原子性，避免資料容錯等問題。

資料模型的關聯資料表並不支援自訂類型，設計模型時為了確保資料表的每一列保持原子性，必須將這個內聚的組合概念進行拆分。舉例來說，地址不能作為一個整體定義為資料表的列，因為系統需要造訪網址中的城市資訊，如果僅設計為一個地址列，就違背了一範式。為此，需要將地址概念設計為包含國家、城市、街道等資訊的多個資料列，此時的地址在資料模型中就成了一個分散的概念。

如果要保證地址的概念完整性，在關聯資料表中的解決方案是將地址定義為一個獨立的資料表，但這又會增加資料模型的複雜度，更會因為引入不必要的表連結影響資料庫的存取性能。

避免資料容錯的目的在於避免重複資料，以保證相同資料在整個資料庫中的一致性，但是，避免資料容錯並不表示程式能支援重複使用。舉例來說，員工表與客戶表都定義了「電子郵件」這個屬性列。該屬性列具有完全相同的業務含義，但在設計資料表時，卻分屬於兩個表不同的列，因為對資料表而言，「電子郵件」列其實是原子的，屬於 varchar 類型。

透過資料模型驅動出來的持久化物件往往與資料表的資料結構形成一一對應的關係。雖然仍可以將這樣的持久化物件定義為類別，但這樣往往沒有發揮物件模型的優勢。例如資料庫中的員工資料表與客戶資料表的定義為：

```
# 員工資料表
CREATE TABLE employees(
    id VARCHAR(50) NOT NULL,
    name VARCHAR(20) NOT NULL,
    gender VARCHAR(10),
    email VARCHAR(50) NOT NULL,
```

```
    employeeType SMALLINT NOT NULL,
    country VARCHAR(20),
    province VARCHAR(20),
    city VARCHAR(20),
    street VARCHAR(100),
    zip VARCHAR(10),
    onBoardingDate DATE NOT NULL,
    createdTime TIMESTAMP NOT NULL DEFAULT CURRENT_TIMESTAMP,
    updatedTime TIMESTAMP NULL DEFAULT NULL ON UPDATE CURRENT_TIMESTAMP,
    PRIMARY KEY(id)
);

# 客戶資料表
CREATE TABLE customers (
    id VARCHAR(50) NOT NULL,
    name VARCHAR(20) NOT NULL,
    gender VARCHAR(10),
    email VARCHAR(50) NOT NULL,
    customerType SMALLINT NOT NULL,
    country VARCHAR(20),
    province VARCHAR(20),
    city VARCHAR(20),
    street VARCHAR(100),
    zip VARCHAR(10),
    registeredDate DATE NOT NULL,
    createdTime TIMESTAMP NOT NULL DEFAULT CURRENT_TIMESTAMP,
    updatedTime TIMESTAMP NULL DEFAULT NULL ON UPDATE CURRENT_TIMESTAMP,
    PRIMARY KEY(id)
);
```

與這兩個資料表對應的物件模型如圖 A-6 所示。

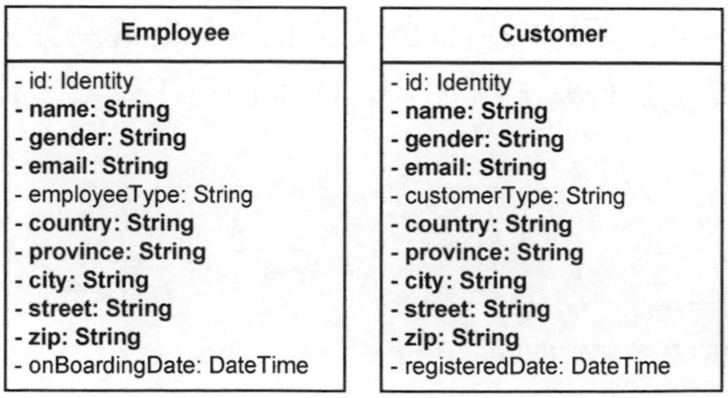

Employee	Customer
- id: Identity	- id: Identity
- name: String	- name: String
- gender: String	- gender: String
- email: String	- email: String
- employeeType: String	- customerType: String
- country: String	- country: String
- province: String	- province: String
- city: String	- city: String
- street: String	- street: String
- zip: String	- zip: String
- onBoardingDate: DateTime	- registeredDate: DateTime

▲ 圖 A-6　資料模型對應的物件模型

員工類別與客戶類別都定義了諸如 country、city 等地址資訊，但它們是分散的，各自被定義為基本類型，無法實現對地址概念的重複使用。遵循物件建模範式設計出來的物件模型就不同了，往往會引入細粒度的類型定義來表達高內聚的概念，如此即可提供恰如其分的重複使用粒度，如圖 A-7 所示。

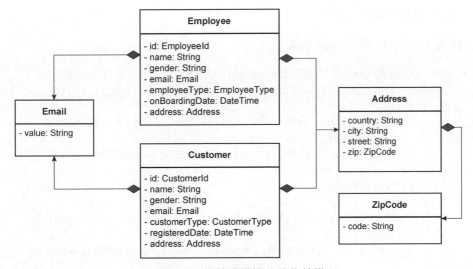

▲ 圖 A-7　物件建模範式的物件模型

遵循結構建模範式建立的模型不僅沒有利用好物件模型的優勢，還往往被當作資料結構，而將操作資料結構的演算法即物件的行為分配給了服務物件。

2. 服務物件

由於持久化物件和資料存取物件都不包含業務邏輯，服務物件就成了業務邏輯的唯一棲身之地。在實現一個業務服務時，持久化物件作為資料的提供者，服務則作為資料的操作者，將整個業務服務按照順序分解為多個子任務，然後組合為一個完整的過程。這一設計方式是交易指令稿（transaction script）的表現。

交易指令稿「使用過程來組織業務邏輯，每個過程處理來自表現層的單一請求」[12]。這是一種典型的程序式設計，每個服務功能都是一系列步

驟的組合，形成一個完整的過程交易[3]。舉例來說，為一個音樂網站提供增加好友功能，可以分解為以下步驟：

- 確定使用者是否已經是朋友；
- 確定使用者是否已被邀請；
- 若未邀請，發送邀請資訊；
- 創建朋友邀請。

採用交易指令稿模式定義的服務如下：

```
public class FriendInvitationService {
    public void inviteUserAsFriend(String ownerId, String friendId) {
        try {
            bool isFriend = friendshipDao.isExisted(ownerId, friendId);
            if (isFriend) {
                throw new FriendshipException(String.format("Friendship with
user id %s
is existed.", friendId));
            }
            bool beInvited = invitationDao.isExisted(ownerId, friendId);
            if (beInvited) {
                throw new FriendshipException(String.format("User with id %s
had been
invited.", friendId));
            }

            FriendInvitation invitation = new FriendInvitation();
            invitation.setInviterId(ownerId);
            invitation.setFriendId(friendId);
            invitation.setInviteTime(DateTime.now());

            User friend = userDao.findBy(friendId);
            sendInvitation(invitation, friend.getEmail());

            invitationDao.create(invitation);
        } catch (SQLException ex) {
            throw new ApplicationException(ex);
```

3　這裡的事務代表一個完整的業務行為過程，並非保證資料一致性的事務概念，要注意判別。

```
        }
    }
}
```

不要因為交易指令稿採用針對過程設計就排斥這一模式。Martin Fowler
對於交易指令稿說了一句公道話:「不管你是多麼堅定的物件導向的信
徒,也不要盲目排斥交易指令稿。許多問題本身是簡單的,一個簡單的
解決方案可以加快你的開發速度,而且運行起來也會更快。」[12]

即使採用交易指令稿,也可透過提取方法來改進程式的可讀性。每個方
法提供了一定的抽象層次,提取的方法可在一定程度上隱藏細節,保持
合理的抽象層次。這種方式被 Kent Beck 複習為組合方法(composed
method)模式 [28]:

- 把程式劃分為方法,每個方法執行一個可辨識的任務;
- 讓一個方法中的所有操作處於相同的抽象層;
- 這會自然地產生包含許多小方法的程式,每個方法只包含少量程式。

如上的 inviteUserAsFriend() 方法可重構為:

```
public class FriendInvitationService {
    public void inviteUserAsFriend(String ownerId, String friendId) {
        try {
            validateFriend(ownerId, friendId);
            FriendInvitation invitation = createFriendInvitation(ownerId,
friendId);
            sendInvitation(invitation, friendId);
            invitationDao.create(invitation);
        } catch (SQLException ex) {
            throw new ApplicationException(ex);
        }
    }
}
```

貧血模型加交易指令稿的實現直接而簡單,在面對相對簡單的業務邏輯
時,這種方式在處理性能和程式可讀性方面都具有明顯的優勢,但可能
會導致設計出一個龐大的持久化物件類別與服務類別。由於缺乏清晰而
粒度合理的領域概念,隨著需求的變化與增加,程式很容易膨脹。當程

式膨脹到一定程度後，由於缺乏對資料和行為的封裝，難以形成合理的職責分配，導致職責被擠在了一起，就會形成義大利麵似的程式。

顯然，結構建模範式並非一無是處，在模組劃分與層次分解方面建立的設計原則和設計思想仍然值得借鏡，實則物件建模範式要遵循的設計原則有許多來自結構建模範式的貢獻，但在建立領域模型時，結構建模範式提倡資料結構與演算法分離的做法，會影響領域物件的封裝能力。在面對紛繁複雜的領域邏輯時，封裝能力的不足會隨著規模的擴大而影響程式的品質，扁平的持久化物件形成的貧血模型缺乏業務的表達能力，服務物件又採用交易指令稿來表達業務邏輯，容易使相同的業務程式分散在各個服務方法乃至各個服務類別。程式缺乏邊界的控制，使得程式結構容易陷入混亂、無序和重複的局面，增加了系統的複雜度。

A.2 物件建模範式

領域驅動設計通常採用物件導向的程式設計範式，這種範式將領域中的所有概念都視為「物件」。遵循物件導向的設計思想，社區的重要聲音是避免設計出只有資料屬性的貧血模型。當然，物件建模範式要遵循的設計思想和原則並不止於此，要把握物件導向設計的核心，我認為需要抓住職責與抽象這兩個核心。

A.2.1 職責

職責（responsibility）之所以名為職責而非行為（behavior）或功能（function），是從角色擁有何種能力的角度做出的思考。職責是物件封裝的判斷依據：因為物件擁有了資料，即認為它掌握了某個領域的知識，從而具備完成某一功能的能力；因為該物件擁有了這一能力，故而在定義物件時，指定了它參與業務場景的角色，產生與其他物件之間的協作。以「職責」為核心進行物件導向設計，就是要透過職責去尋找應該履行該職責的角色，再思考角色之間如何協作完成一個完整的任務。

角色由物件承擔，職責的履行使得物件似乎擁有了生命與意識，使得我們能夠以擬人的方式對待物件。一個聰明的物件知道自己應該履行哪些職責、拒絕哪些職責以及如何與其他物件協作共同履行職責。這就要求物件必須成為一名行為的協作者，而非只知提供資料的愚笨物件。

1. 行為的協作者

設想在超市購物的場景，顧客 Customer 透過錢包 Wallet 付款給超市收銀員 Cashier。這 3 個物件之間的協作以下程式所示：

```java
public class Wallet {
   private float value;
   public Wallet(float value) {
      this.value = value;
   }
   public float getTotalMoney() {
      return value;
   }
   public void setTotalMoney(float newValue) {
      value = newValue;
   }
   public void addMoney(float deposit) {
      value += deposit;
   }
   public void subtractMoney(float debit) {
      value -= debit;
   }
}

public class Customer {
   private String firstName;
   private String lastName;
   private Wallet myWallet;
   public Customer(String firstName, String lastName) {
      this(firstName, lastName, new Wallet(0f));
   }
   public Customer(String firstName, String lastName, Wallet wallet) {
      this.firstName = firstName;
      this.lastName = lastName;
      this.myWallet = wallet;
   }
   public String getFirstName(){
```

```
        return firstName;
    }
    public String getLastName(){
        return lastName;
    }
    public Wallet getWallet(){
        return myWallet;
    }
}

public class Cashier {
    public void charge(Customer customer, float payment) {
        Wallet theWallet = customer.getWallet();
        if (theWallet.getTotalMoney() > payment) {
            theWallet.subtractMoney(payment);
        } else {
            throw new NotEnoughMoneyException();
        }
    }
}
```

在購買超市商品的業務場景下，Cashier 與 Customer 物件之間產生了協作。然而，這種協作關係很不合理：站在顧客角度講，他在付錢時必須將自己的錢包交給收銀員，曝露了自己的隱私，讓錢包處於危險的境地；站在收銀員的角度講，他需要像一個劫匪一般要求顧客把錢包交出來，在檢查錢包內的錢足夠之後，還要從顧客的錢包中掏錢出來完成支付。雙方對這次協作都不滿意，原因就在於參與協作的 Customer 物件僅作為資料提供者，為 Cashier 物件提供了 Wallet 資料。

這種職責協作方式違背了迪米特法則（Law of Demeter）。該法則要求任何一個物件或方法，只能呼叫下列物件：

■ 該物件本身；
■ 作為參數傳進來的物件；
■ 在方法內創建的物件。

作為參數傳入的 Customer 物件，可以被 Cashier 呼叫，但 Wallet 物件既非透過參數傳遞，又非方法內創建的物件，當然也不是 Cashier 物件本

身。按照迪米特法則，Cashier 不應該與 Wallet 協作，甚至都不應該知道 Wallet 物件的存在。

從程式壞味道的角度來講，以上程式屬於典型的「依戀情結」壞味道。Martin Fowler 認為這種經典氣味是：「函數對某個類別的興趣高過對自己所處類別的興趣。這種孺慕之情最通常的焦點便是資料。」[6]Cashier 對 Customer 的 Wallet 產生了過度的「熱情」，Cashier 的 charge() 方法操作的幾乎都是 Customer 物件的資料。該壞味道說明職責的分配有誤，應該將這些特性「歸還」給 Customer 物件：

```
public class Customer {
    private String firstName;
    private String lastName;
    private Wallet myWallet;

    public void pay(float payment) {
      // 注意這裡不再呼叫 getWallet()，因為 wallet 本身就是 Customer 擁有的資料
      if (myWallet.getTotalMoney() >= payment) {
        myWallet.subtractMoney(payment);
      } else {
        throw new NotEnoughMoneyException();
      }
    }
}

public class Cashier {
    // charge 行為與 pay 行為進行協作
    public void charge(Customer customer, float payment) {
      customer.pay(payment);
    }
}
```

將支付行為分配給 Customer 之後，收銀員的工作就變輕鬆了，顧客也不擔心錢包被收銀員看到了。協作的方式之所以煥然一新，原因就在於 Customer 不再作為資料的提供者，而是透過支付行為參與協作。Cashier 負責收錢，Customer 負責交錢，二者只需關注協作行為的介面，而不需要了解具體實現該行為的細節。這就是封裝概念提到的「隱藏細節」。這些被隱藏的細節其實就是物件的「隱私」，不允許輕易公開。當

Cashier 不需要了解支付的細節之後，Cashier 的工作就變得更加簡單，符合「Unix 之父」Dennis Ritchie 和 Ken Thompson 提出的「保持簡單和直接」（Keep It Simple and Stupid，KISS）原則。

注意區分重構前後的 Customer 類別定義。當我們將 pay() 方法轉移到 Customer 類別後，去掉了 getWallet() 方法，因為 Customer 不需要將自己的錢包公開出去。至於對 Wallet 錢包的存取，由於 pay() 與 myWallet 欄位都定義在 Customer 類別中，就可以直接存取定義在類別中的私有變數。

Jeff Bay 複習了優秀軟體設計的 9 筆規則，其中一筆規則為「不使用任何 getter/setter/property」[51]。這一規則是否打破了許多 Java 或 C# 開發人員的程式設計習慣？能做到這一點嗎？為何要這樣要求呢？Jeff Bay 認為：「如果可以從物件之外隨便詢問執行個體變數的值，那麼行為與資料就不可能被封裝到一處。在嚴格的封裝邊界背後，真正的動機是迫使程式設計師在完成程式開發之後，一定有為這段程式的行為找到一個適合的位置，確保它在物件模型中的唯一性。」[51]

這一原則其實就是為了避免一個物件在協作場景中「淪落」為一個低級的資料提供者。雖然在物件導向設計中，物件才是「一等公民」，但物件的行為才是讓物件社區活起來的唯一動力。以這個原則為基礎，我們可以繼續最佳化以上程式。我們發現，Wallet 的 totalMoney 屬性也無須公開給 Customer。採用行為協作模式，應該由 Wallet 自己判斷錢是否足夠，而非直接返回 totalMoney：

```java
public class Wallet {
    private float value;

    public boolean isEnough(float payment) {
        return value >= payment;
    }
    public void addMoney(float deposit) {
        value += deposit;
    }
    public void subtractMoney(float debit) {
        value -= debit;
    }
}
```

Customer 的 pay() 方法則修改為：

```
public class Customer {
    public void pay(float payment) {
        if (myWallet.isEnough(payment)) {
            myWallet.subtractMoney(payment);
        } else {
            throw new NotEnoughMoneyException();
        }
    }
}
```

透過行為協作的方式滿足命令而非詢問（tell, don't ask）原則。這個原則要求一個物件應該命令其他物件做什麼，而非去查詢其他物件的狀態來決定做什麼。顯然，顧客應該命令錢包：錢夠嗎？而非去查詢錢包中裝了多少錢，然後由顧客自己來判斷錢是否足夠。看到了嗎？在真實世界，錢包是一個沒有生命的東西，但到了物件的世界裡，錢包擁有了智慧意識，它自己知道自己的錢是否足夠。

在進行物件導向設計時，設計者需具有「擬人化」的設計思想。我們需要代入設計物件，就好像他們都是一個個可以自我思考的人一般。Cashier 不需要「知道」支付的細節，因為這些細節是 Customer 的「隱私」。這些隱藏的細節其實就是 Customer 擁有的「知識」，它能夠極佳地「了解」這些知識，並做出符合自身角色的智慧判斷。分配職責的標準是看哪個物件真正「了解」這個職責。怎麼才能了解呢？就是看物件是否擁有了解該職責的知識。知識即資訊，資訊就是物件所擁有的資料。這就是資訊專家模式的核心內容：資訊的持有者即為操作該資訊的專家。圖 A-8 清晰地表達了這一模式的本質。

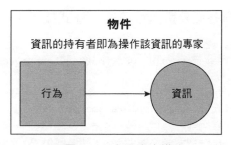

▲ 圖 A-8　資訊專家模式

2. 資訊專家模式

資訊專家模式表現了專業的事情交給專業的物件去做的行事原則。在物件世界裡，若每個物件都能成為資訊專家，就能做到各司其職、各盡其責。舉例來說，在報表系統中，ParameterController 類別需要根據客戶的 Web 請求參數作為條件動態生成報表。這些請求參數根據其資料結構的不同分為以下 3 種。

■ 簡單參數 SimpleParameter：代表鍵（key）和值（value）的一對一關聯性。

■ 元素項參數 ItemParameter：一個參數包含多個元素項，每個元素項又包含鍵和值的一對一關聯性。

■ 表參數 TableParameter：參數的結構形成一張表，包含行頭、列頭和資料儲存格。

這些參數都實現了 Parameter 介面，該介面的定義為：

```
public interface Parameter {
    String getName();
}

public class SimpleParameter implements Parameter {}
public class ItemParameter implements Parameter {}
public class TableParameter implements Parameter {}
```

在報表的中繼資料中已經設定了各種參數，包括它們的類型資訊。服務端在接收到 Web 請求時，透過 ParameterGraph 載入設定檔，利用反射創建各自的參數物件。此時，ParameterGraph 擁有的參數並沒有填充具體的值，需要透過 ParameterController 從 Servlet 套件的 HttpServletRequest 介面獲得參數值，對各個參數進行填充。程式如下：

```
public class ParameterController {
    public void fillParameters(HttpServletRequest request, ParameterGraph
parameterGraph) {
        for (Parameter para : parameterGraph.getParameters()) {
            if (para instanceof SimpleParameter) {
                SimpleParameter simplePara = (SimpleParameter) para;
                String[] values = request.getParameterValues(simplePara.
```

```
getName());
            simplePara.setValue(values);
        } else {
            if (para instanceof ItemParameter) {
                ItemParameter itemPara = (ItemParameter) para;
                for (Item item : itemPara.getItems()) {
                    String[] values = request.getParameterValues(item.
getName());
                    item.setValues(values);
                }
            } else {
                TableParameter tablePara = (TableParameter) para;
                String[] rows =
                        request.getParameterValues(tablePara.getRowName());
                String[] columns =
                        request.getParameterValues(tablePara.
getColumnName());
                String[] dataCells =
                        request.getParameterValues(tablePara.
getDataCellName());
                int columnSize = columns.length;
                for (int i = 0; i < rows.length; i++) {
                    for (int j = 0; j < columns.length; j++) {
                        TableParameterElement element = new
TableParameterElement();
                        element.setRow(rows[i]);
                        element.setColumn(columns[j]);
                        element.setDataCell(dataCells[columnSize * i + j]);
                        tablePara.addElement(element);
                    }
                }
            }
        }
    }
}
```

這 3 種參數物件都將自己的資料「屈辱」地交給了 ParameterController，卻沒想到自己擁有填充參數資料的能力，畢竟只有它們自己才最清楚各自參數的資料結構。如果讓這些參數物件成為操作自己資訊的專家，情況就完全不同了：

```java
public class SimpleParameter implements Parameter {
    public void fill(HttpServletRequest request) {
        String[] values = request.getParameterValues(this.getName());
        this.setValue(values);
    }
}

public class ItemParameter implements Parameter {
    public void fill(HttpServletRequest request) {
        ItemParameter itemPara = this;
        for (Item item : itemPara.getItems()) {
            String[] values = request.getParameterValues(item.getName());
            item.setValues(values);
        }
    }
}

// TableParameter 的實現略去
```

當參數自身履行了填充參數的職責時，ParameterController 就變得簡單了：

```java
public class ParameterController {
    public void fillParameters(HttpServletRequest request, ParameterGraph
parameterGraph) {
        for (Parameter para : parameterGraph.getParameters()) {
            if (para instanceof SimpleParameter) {
                ((SimpleParameter) para).fill(request);
            } else {
                if (para instanceof ItemParameter) {
                    ((ItemParameter) para).fill(request);
                } else {
                    ((TableParameter) para).fill(request);
                }
            }
        }
    }
}
```

各種參數的資料結構不同，導致了填充行為存在差異，但從抽象層面看，都是將一個 HttpServletRequest 填充到 Parameter 中。於是可以將 fill() 方法提升到 Parameter 介面，形成 3 種參數類型對 Parameter 介面的多形實現：

```
public class ParameterController {
    public void fillParameters(HttpServletRequest request, ParameterGraph
parameterGraph) {
        for (Parameter para : parameterGraph.getParameters()) {
            para.fill(request);
        }
    }
}
```

當一個物件成為操作自己資訊的專家時，呼叫者就可以僅關注物件能夠「做什麼」，無須操心其「如何做」，從而將實現細節隱藏起來。由於各種參數物件自身履行了填充職責，ParameterController 就可以只關注抽象 Parameter 提供的公開介面，無須考慮實現，物件之間的協作變得更加鬆散耦合，物件的多形能力才能得到充分表現。

3. 單一職責原則

資訊專家模式承諾將操作資訊的行為優先分配給擁有該資訊的物件，當它牢牢地攥緊自己擁有的資料時，就像小孩子害怕別人搶走自己的糖果緊緊捂住自己的口袋，騰不出手去搶別人口袋裡的糖果了。每個物件皆為操作資訊的專家，就能審時度勢地決定職責的履行者究竟是誰，併發出行為協作的請求。由於完成一個完整的職責往往需要操作分佈在不同物件的資訊，表示需要多個局部的資訊專家透過協作來完成任務，從而形成物件的分治。

要形成物件的分治，就要求物件擁有的職責不能過多，也不能什麼都不做。如何衡量職責的多寡？需要遵循單一職責原則（single responsibility principle，SRP），即「一個類別應該有且只有一個變化的原因」[26]。該如何了解這一原則？當一個類別只有一個引起它變化的原因時，就表示分配給它的職責必須是緊密相關的。如果發現一個類別存在多於一個的變化點，就應該分離變化。

將資訊專家模式與單一職責原則結合起來，就給了我們一個啟示，即優先根據資訊專家模式分配職責，當資訊專家擁有的職責存在多於一個的變化點時，再考慮分離其中一個變化點，分配給另外一個物件。舉例來

說，針對上游系統發送來的班機計畫資訊，需要將 JSON 格式的訊息轉為 Flight 物件。雖然 Flight 物件不具備 JSON 訊息擁有的資料，但由於它了解自己的結構，根據資訊專家模式，轉換邏輯可以優先分配給它來完成：

```
public class Flight {
    public void from(JsonObject flightPlanMessage) {}
}
```

隨著需求的變化，除了需要支援 JSON 格式，還需要支援 XML 格式的訊息。難道我們該直接修改 Flight 類別，使其支援這兩種訊息格式嗎？如下所示：

```
public class Flight {
    public void fromJson(JsonObject flightPlanMessage) {}
    public void fromXml(XmlNodes flightPlanMessage) {}
}
```

這一實現雖有見招拆招之嫌，不過畢竟滿足了變化的需求。然而，隨著變化不斷出現，系統需要支援越來越多的機場，每個機場發送班機計畫訊息的系統可能都不相同，訊息協定和訊息格式也不盡相同，難道我們應該為這些差異化不斷地增加新的方法嗎？設計是沒有定論的，每個設計原則都有其適用場景，到了此時，已不再是資訊專家模式所能滿足的，必須遵循單一職責原則，將發生變化的轉換行為分離出去，同時，還應對訊息協定做一層統一的抽象：

```
public interface FlightTransformer {
    Flight transformFrom(MessageNodes flightPlanMessage);
}
```

辨識變化是運用單一職責原則的關鍵，只有正確地辨識了變化，才能以正確的方式分離變化。有分就有合，分離出去的變化點還會被原有的類別呼叫。有了呼叫關係，就會出現依賴。如果分離出去的變化點是不穩定的，原有的類別依舊會受到變化的影響。容易變化的內容往往牽涉到具體的實現，只有抽象才是相對穩定不變的。

A.2.2 抽象

什麼是設計的抽象呢？我們來看一則故事。

3 個秀才到省城參加鄉試，臨行前 3 人都對自己能否中舉惴惴不安，於是求教於街頭的算命先生。算命先生徐徐伸出一個手指，就閉上眼睛不再言語，一副高深莫測的模樣。3 人納悶，給了銀子，帶著疑惑到了省城參加考試。放榜之日，3 人一起去看成績，得知結果後，3 人齊歡，算命先生真乃神人矣！

抽象就是算命先生的「一指禪」，一個指頭代表了 4 種完全不同的含義──是一切人高中，還是一個都不中？是一個人落榜，還是一個人高中？算命先生並不能未卜先知，因此只能列出一個包含了所有可能卻無具體實現的答案，至於是哪一種結果，就留給 3 個秀才慢慢琢磨吧。這就是抽象，它表示可以包容變化，也就表示穩定。

1. 提煉行為特徵

抽象是對共同特徵的一種高度提煉，可以從行為之間的差異辨識共通性。例如按鈕與燈泡之間的關係如圖 A-9 所示。

Button 依賴於具體的 Lamp 類別，使得按鈕只能控制燈泡，導致了二者之間的強耦合。如果沒有變化，這樣的耦合不會帶來壞的影響，一旦變化發生，耦合就會限製程式的擴充性。舉例來說，客戶希望生產的按鈕不僅能夠控制燈泡，還要能夠控制電視機或其他電器裝置，這一設計就不可取了。燈泡的開關和電視機的開關在行為上必然存在差異，抽象的共通性卻都是開和關。抹停電器裝置之間的差異，按鈕操作的是開關，而非具體的電器。根據這一共通性特徵，可定義一個抽象的介面 Switchable。該介面代表開和關的能力，只要具備這一能力的裝置都可以被按鈕控制，如圖 A-10 所示，增加了按鈕可以控制的電視機。

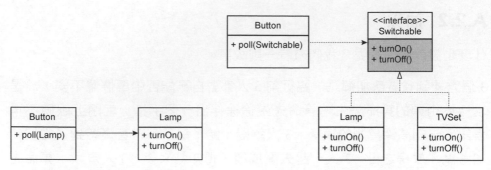

▲ 圖 A-9　按鈕與燈泡的關係　　　▲ 圖 A-10　抽象為 Switchable 介面

按鈕察覺不到電器裝置的存在，對 Button 而言，它只知道 Switchable 介面。只要該介面定義的 turnOn() 與 turnOff() 方法不變，Button 就不會受到影響。這表示任何實現了 Switchable 介面的電器裝置都可以替換 Lamp 或 TVSet，並被按鈕所操作。誰來決定按鈕操作的電器裝置呢？它們的呼叫者，如 Client 類別：

```
public class Client {
    public static void final main(String[] args) {
        Button button = new Button();

        Switchable switchable = new Lamp();
        // 開 / 關燈
        button.poll(switchable);

        switchable = new TVSet();
        // 開 / 關電視
        button.poll(switchable);
    }
}
```

Client 類別的 main() 函數透過 new 關鍵字分別創建了 Lamp 與 TVSet 具體類別的實例，帶來了 Client 與具體類別的依賴。

只要無法徹底繞開對具體物件的創建，抽象就不能完全解決耦合的問題。因此在物件導向設計中，需要儘量將導致具體依賴的創建物件邏輯往外插，直到呼叫者必須創建具體物件為止。這種把依賴往外插，直到在最外層不得不創建具體物件時，再將依賴從外部傳遞進來的方式，就是依賴注入。

2. 依賴注入

依賴注入最初的名稱叫「控制反轉」（inversion of control），Martin Fowler 在探索了這個模式的工作原理之後，給它取了現在這個更能表現其特點的名字。依賴注入解除了呼叫者與被呼叫者之間的耦合，其中的關鍵在於抽象和依賴外插，最後再透過某種機制注入依賴。

舉例來説，下訂單業務場景提供了同步和非同步插入訂單的策略，插入訂單時需要根據不同情況選擇本地交易和分散式交易。下訂單的實現者並不知道呼叫者會選擇哪種插入訂單的策略，插入訂單的實現者也不知道呼叫者會選擇哪種交易類型。要做到各自的實現者無須關心具體策略或交易類型的選擇，就應該將具體的決策向外插：

```
public interface TransactionScope {
    void using(Command command);
}
public class LocalTransactionScope implements TransactionScope {}
public class DistributedTransactionScope implements TransactionScope {}

public interface InsertingOrderStrategy {
    void insert(Order order);
}
public class SyncInsertingOrderStrategy implements InsertingOrderStrategy
{
    // 把對 TransactionScope 的具體依賴往外插
    private TransactionScope ts;
    // 透過建構函數允許呼叫者從外邊注入依賴
    public SyncInsertingOrderStrategy(TransactionScope ts) {
        this.ts = ts;
    }

    public void insert(Order order) {
        ts.using(() -> {
            // 同步插入訂單，實現略
            return;
        });
    }
}

public class AsyncInsertingOrderStrategy implements
```

```
InsertingOrderStrategy {
    // 把對 TransactionScope 的具體依賴往外插
    private TransactionScope ts;
    // 透過建構函數允許呼叫者從外邊注入依賴
    public AsyncInsertingOrderStrategy(TransactionScope ts) {
        this.ts = ts;
    }

    public void insert(Order order) {
        ts.using(() -> {
            // 非同步插入訂單，實現略
            return;
        });
    }
}

public class PlacingOrderService {
    // 把對 InsertingOrderStrategy 的具體依賴往外插
    private InsertingOrderStrategy insertingStrategy;
    // 透過建構函數允許呼叫者從外邊注入依賴
    public PlacingOrderService(InsertingOrderStrategy insertingStrategy) {
        this.insertingStrategy = insertingStrategy;
    }

    public void execute(Order order) {
        insertingStrategy.insert(order);
    }
}
```

從內到外，在 SyncInsertingOrderStrategy 和 AsyncInsertingOrderStrategy 類別
的實現中，把具體的 TransactionScope 依賴向外插給 PlacingOrderService；
在 Placing OrderService 類別中，又把具體的 InsertingOrderStrategy 依
賴向外插給潛在的呼叫者。到底使用何種插入策略和交易類型，與
PlacingOrderService 等提供服務行為的類別無關，選擇權交給了最終的呼
叫者。如果使用類似 Spring 這樣的依賴注入框架，就可以透過設定或註
釋等方式完成依賴的注入。例如使用註釋：

```
public interface InsertingOrderStrategy {
    void insert(Order order);
}
```

```
@Component
public class SyncInsertingOrderStrategy implements InsertingOrderStrategy
{
    @Autowired
    private TransactionScope ts;

    public void insert(Order order) {
        ts.using(() -> {
            // 同步插入訂單，實現略
            return;
        });
    }
}

public class PlacingOrderService {
    @Autowired
    private InsertingOrderStrategy insertingStrategy;

    public void execute(Order order) {
        insertingStrategy.insert(order);
    }
}
```

3. 封裝變化

單一職責原則要求將多餘的變化分離出去。分離，並不表示徹底斬斷關係，分離出去的行為還需要與原物件產生協作。若要降低協作產生的依賴強度，就需要進一步對變化進行抽象。辨識變化點，對變化的職責進行分離和抽象，這一設計思想可稱為「封裝變化」。封裝變化透過封裝隱藏內部的實現細節，對外公開不變的介面，如圖 A-11 所示。

要讓物件的核心保持穩定性，就需要將不穩定的因素排除在外。封裝變化的一種典型表現是「分離變化與不變」。一個物件的職責既有不變的部分，又有可變的部分，就不能讓變化影響不變的職責。解決方案是將可變的部分分離出去，抽象為一個不變的介面，再以委派的形式傳回原物件，如圖 A-12 所示。

▲ 圖 A-11　封裝變化　　　　　　▲ 圖 A-12　分離變化與不變

抽象出來的介面 Changable 其實就是策略（strategy）模式或命令（command）模式的表現。舉例來說，Java 執行緒的實現機制是不變的，但運行在執行緒中的業務卻隨時可變，將這部分可變的業務分離出來，抽象為 Runnable 介面，再以建構函數參數的方式傳入 Thread 中：

```
public class Thread ... {
   private Runnable target;
   public Thread(Runnable target) {
      init(null, target, "Thread-" + nextThreadNum(), 0);
   }

   public void run() {
      if (target != null) {
         target.run();
      }
   }
}
```

範本方法（template method）模式同樣分離了變與不變，只是分離變化的方向是向上提取為抽象類別的抽象方法，如圖 A-13 所示。

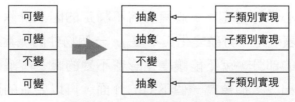

▲ 圖 A-13　向上提取抽象方法

這種形式有效地利用了繼承對程式重複使用和類型多形的支援。舉例來說，授權認證功能的主體是對認證資訊權杖進行處理，完成認證。如果

透過認證就返回認證結果，如果無法透過就拋出 AuthenticationException
異常。整個認證功能的執行步驟是不變的，但對權杖的處理需要根據
認證機制的不同提供不同實現，甚至允許使用者自訂認證機制。為
了滿足部分認證機制的變化，可以對這部分可變的內容進行抽象。
AbstractAuthenticationManager 是一個抽象類別，定義了 authenticate() 範
本方法：

```
public abstract class AbstractAuthenticationManager {
    // 範本方法，它是穩定不變的
    public final Authentication authenticate(Authentication authRequest)
        throws AuthenticationException {
      try {
        Authentication authResult = doAuthentication(authRequest);
        copyDetails(authRequest, authResult);
        return authResult;
      } catch (AuthenticationException e) {
        e.setAuthentication(authRequest);
        throw e;
      }
    }

    private void copyDetails(Authentication source, Authentication dest) {
      if ((dest instanceof AbstractAuthenticationToken) && (dest.
getDetails() == null)) {
        AbstractAuthenticationToken token = (AbstractAuthenticationToken)
dest;
        token.setDetails(source.getDetails());
      }
    }

    // 基本方法，定義為受保護的抽象方法，具體實現交給子類別
    protected abstract Authentication doAuthentication(Authentication
authentication)
        throws AuthenticationException;
}
```

該範本方法呼叫的 doAuthentication() 是一個受保護的抽象方法，沒有任
何實現。這就是可變的部分，交由子類別實現，如 ProviderManager 子類
別：

```
public class ProviderManager extends AbstractAuthenticationManager {
    // 實現了自己的認證機制
    public Authentication doAuthentication(Authentication authentication)
        throws AuthenticationException {
      Class toTest = authentication.getClass();
      AuthenticationException lastException = null;
      for (AuthenticationProvider provider : providers) {
        if (provider.supports(toTest)) {
          logger.debug("Authentication attempt using " + provider.
getClass().getName());
          Authentication result = null;
          try {
            result = provider.authenticate(authentication);
            sessionController.checkAuthenticationAllowed(result);
          } catch (AuthenticationException ae) {
            lastException = ae;
            result = null;
          }
          if (result != null) {
            sessionController.registerSuccessfulAuthentication(result);
            applicationEventPublisher.publishEvent(new AuthenticationS
uccessEvent(result));
            return result;
          }
        }
      }

      throw lastException;
    }
}
```

如果一個物件存在兩個可能變化的職責，就需要將其中一個變化的職責
分離出去，這也是單一職責原則的要求。為了應對變化，還需要分別抽
象，然後組合這兩個抽象職責，形成圖 A-14 所示的橋接（bridge）模式。

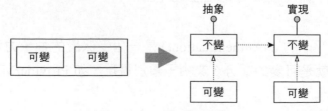

▲ 圖 A-14　分離並抽象變化

橋接模式充分利用了職責分離與抽象的穩定性。舉例來說，在實現資料許可權控制時，需要根據解析設定內容獲得資料許可權規則，再根據解析後的規則對資料進行過濾。規則解析職責與資料過濾職責的變化方向完全不同，不能將它們定義到一個類別或介面中：

```
public interface DataRuleParser {
    List<DataRule> parseRules();
    T List<T> filterData(List<T> srcData);
}
```

正確的做法是分離規則解析與資料過濾職責，定義到兩個獨立介面。資料許可權控制的過濾資料功能是實現資料許可權的目標，應以資料過濾職責為主，再透過依賴注入的方式傳入抽象的規則解析器：

```
public interface DataFilter<T> {
    List<T> filterData(List<T> srcData);
}

public interface DataRuleParser {
    List<DataRule> parseRules();
}

public class GradeDataFilter<Grade> implements DataFilter {
    private DataRuleParser ruleParser;

    // 注入一個抽象的 DataRuleParser 介面
    public GradeDataFilter(DataRuleParser ruleParser) {
        this.ruleParser = ruleParser;
    }

    @Override
    public List<Grade> filterData(List<Grade> sourceData) {
        if (sourceData == null || sourceData.isEmpty()) {
            return Collections.emptyList();
        }
        List<Grade> gradeResult = new ArrayList<>(sourceData.size());
        for (Grade grade : sourceData) {
            for (DataRule rule : ruleParser.parseRules()) {
                if (rule.matches(grade) {
                    gradeResult.add(grade);
                }
```

```
        }
    }
    return gradeResult;
  }
}
```

GradeDataFilter 是過濾規則的一種。它在過濾資料時選擇什麼解析模式，取決於透過建構函數參數傳入的 DataRuleParser 介面的具體實現類型。無論解析規則怎麼變，只要不修改介面定義，就不會影響到 GradeDataFilter 的實現。

封裝變化的關鍵在於辨識變化點，只有對可能發生變化的功能進行抽象才是合理的設計。譬如，領域模型的業務規則往往容易發生變化，如電子商務領域的商品促銷規則、支付規則、訂單有效性驗證規則隨時都可能調整，它就是我們需要封裝的變化點。

根據封裝變化的思想，首先需要將業務規則從領域模型物件分離出來，然後辨識規則的共同特徵，為其建立抽象介面。例如驗證購物車有效性需要針對國內顧客和國外顧客的購買行為提供不同的限制，驗證購物車採購數量的行為會因為顧客類型的不同發生變化，將其從領域模型物件 Basket 中分離出來，就不會因為驗證規則的變化影響它的穩定性。SellingPolicy 抽象了驗證規則的共同特徵，確保了驗證規則的開放性，二者又可以透過依賴注入的形式實現協作，並盡可能地將具體依賴推到外部的呼叫者。該設計如圖 A-15 所示。

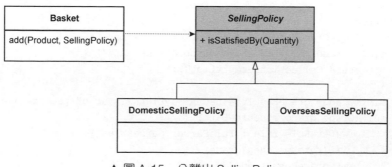

▲ 圖 A-15　分離出 SellingPolicy

這一設計實際上是規格（specification）模式的表現，該模式的目的就是對頻繁變化的業務規則進行分離與抽象。

我們也需要克制設計的過度抽象，不要考慮太多不切實際的擴充性與靈活性，避免引入過度設計，畢竟未來是不可預測的。

為了避免過度抽象，在引入抽象進行可擴充設計時，一定要結合具體的業務場景做出判斷。職責是良好設計的基礎，抽象就是對設計加分。應首先遵循資訊專家模式考慮職責的合理分配，在發現了超過一個變化點之後，再以單一職責原則分離職責為基礎，形成物件行為之間的協作，然後考慮是否需要對分離出去的變化進行抽象。抽象應保持足夠的前瞻性，又必須恰如其分，最好是水到渠成的設計決策。

無論是職責的合理分配，還是對變化的適度抽象，目的都在於建立一個良好協作的物件社區。物件範式的根本在於資訊專家模式，基於它就可以避免設計出貧血模型，形成了遵循物件建模範式的領域模型。普遍認為，良好的物件導向設計可以更進一步地應對複雜的業務邏輯，透過一張相互協作的物件圖來表達領域模型，也是領域驅動設計推崇的做法。

Martin Fowler 將領域模型分為以下兩種風格 [12]。

- 簡單領域模型：幾乎每一個資料庫表都與一個領域物件對應，通常使用活動記錄實現物件與資料的映射。這實際上是遵循結構建模範式建立的領域模型。
- 複雜領域模型：按照領域邏輯設計物件，廣泛運用了繼承、策略和其他設計模式，通常使用資料映射器實現物件與資料的映射。這實際上是遵循物件建模範式建立的領域模型，也是 Eric Evans 建議的建模方式。

建模範式對領域模型的影響可見一斑。結構建模範式未必不佳，但在表現領域邏輯的豐富性方面始終力有未逮。雖然 Eric Evans 認為「物件導向設計是目前大多數專案所使用的建模範式」[8]33，但隨著領域事件在領域驅動設計中逐漸凸顯的重要地位，我們也不能忽略另一種建模範式，那就是運用函數式程式設計思想的函數建模範式。

A.3 函數建模範式

Ken Scambler 認為函數範式的主要特徵為模組化（modularity）、抽象化（abstraction）和可組合（composability）。這 3 個特徵可以幫助我們撰寫簡單的程式。

為了降低系統複雜度，需要將系統分解為多個功能的組成部分，每個組成部分具有清晰的邊界。模組化的程式開發範式要支援實現者輕易地對模組進行替換，這就要求模組具有隔離性，避免在模組之間出現太多的糾纏。函數建模範式以「函數」為核心，將其作為模組化的重要組成部分，要求函數均為沒有副作用的純函數（pure function）。在推斷每個函數的功能時，由於函數沒有副作用，就可以不考慮該函數當前所處的上下文，形成清晰的隔離邊界。這種相互隔離的純函數使得模組化成為可能。

函數的抽象能力不言而喻，因為它本質上是一種將輸入類型轉為輸出類型的轉換行為。任何一個函數都可以視為一種轉換（transform）。這是對行為的最高抽象，代表了類型（type）之間的某種動作。極端情況下，我們甚至不用考慮函數的名稱和類型，只需要關注其數學本質：$f(x) = y$。其中，x 是輸入，y 是輸出，f 就是極度抽象的函數。

遵循函數建模範式建立的領域模型，其核心要素為代數資料類型（algebraic data type，ADT[4]）和純函數。代數資料類型表達領域概念，純函數表達領域行為。由於二者皆被定義為不變的、原子的，因此在類型的約束規則下可以對它們進行組合。可組合的特徵使得函數範式建立的領域模型可以由簡單到複雜，能夠利用組合子來表現複雜的領域邏輯。

4　在物件導向程式設計範式中，一個類別可以認為是抽象資料型態（abstract data type），碰巧，它的英文縮寫與代數資料型態的縮寫一樣，也是 ADT，但二者的含義迥然不同。

A.3.1 代數資料類型

代數資料類型借鏡了代數學中的概念，身為函數式資料結構，表現了函數建模範式的數學意義。一般來說代數資料類型不包含任何行為。它利用和類型（sum type）展示相同抽象概念的不同組合，使用積類型（product type）展示同一個概念不同屬性的組合。

和與積是代數中的概念，它們在函數程式設計範式中表現了類型的兩種組合模式。和表示相加，用以表達一種類型是它的所有子類別型相加的結果。例如表達時間單位的 TimeUnit 類型：

```
sealed trait TimeUnit

case object Days extends TimeUnit
case object Hours extends TimeUnit
case object Minutes extends TimeUnit
case object Seconds extends TimeUnit
case object MilliSeconds extends TimeUnit
case object MicroSeconds extends TimeUnit
case object NanoSeconds extends TimeUnit
```

TimeUnit 是對時間單位概念的抽象。定義為和類型，說明它的實例只能是以下值的任意一種：Days、Hours、Minutes、Seconds、MilliSeconds、MicroSeconds 或 NanoSeconds。這是一種邏輯或的關係，用加號來表示：

```
type TimeUnit = Days + Hours + Minutes + Seconds + MilliSeconds +
MicroSeconds + NanoSeconds
```

積類型表現了一個代數資料類型是其屬性組合的笛卡兒乘積，例如一個員工類型[5]：

```
case class Employee(number: String, name: String, email: String,
onboardingDate: Date)
```

它表示 Employee 類型是 (String, String, String, Date) 組合的集合，也就是

---

[5] Java 並非真正的函數式語言，較難表達一些函數式特性，因此，本節內容的程式使用 Scala 語言作為範例。

這 4 種資料類型的笛卡兒乘積,在類型語言中可以表達為:

```
type Employee = (String, String, String, Date)
```

也可以用乘號來表示這個類型的定義:

```
type Employee = String * String * String * Date
```

和類型和積類型的這一特點表現了代數資料類型的可組合(combinability)特性。代數資料類型的這兩種類型並非互斥的,有的代數資料類型既是和類型,又是積類型,例如銀行的帳戶類型:

```
sealed trait Currency
case object RMB extends Currency
case object USD extends Currency
case object EUR extends Currency

case class Balance(amount: BigDecimal, currency: Currency)

sealed trait Account {
    def number: String
    def name: String
}

case class SavingsAccount(number: String, name: String, dateOfOpening:
Date) extends Account
case class BilledAccount(number: String, name: String, dateOfOpening:
Date, balance:
Balance) extends Account
```

程式中將 Currency 定義為和類型,將 Balance 定義為積類型。Account 首先是和類型,它的值不是是 SavingsAccount,就是是 BilledAccount,同時,每個類型的 Account 又是一個積類型。

代數資料類型與物件建模範式的抽象資料類型具有基本的差異。前者表現了數學計算的特性,具有不變性。使用 Scala 的 case object 或 case class 語法糖會幫助我們創建一個不可變的抽象。當我們創建了以下的帳戶物件時,它的值就已經確定,不可改變:

```
val today = Calendar.getInstance.getTime
val balance = Balance(10.0, RMB)
```

```
val account = BilledAccount("9801301111110043", "Bruce Zhang", today,
balance)
```

資料的不變性使得程式可以更進一步地支援併發，可以隨意共用值而無須承受對可變狀態的擔憂。不可變資料是函數式程式設計實踐的重要原則之一，可以與純函數更進一步地結合。

代數資料類型既表現了領域概念的知識，又透過和類型和積類型定義了約束規則，從而建立了嚴格的抽象。例如類型組合 (String, String, Date) 是一種高度的抽象，但卻遺失了領域知識，因為它缺乏類型標籤。如果採用積類型方式進行定義，則在抽象的同時，還約束了各自的類型。和類型在約束上更進了一步，它將「變化」建模到特定的資料類型內部，限制了類型的設定值範圍。和類型與積類型結合起來，與操作代數資料類型的函數放在一起，就可利用模式符合實現表達業務規則的領域行為。

我們以 17.3.1 節列出的薪資管理系統的需求為例，針對「計算公司員工薪資」功能，利用函數建模範式來說明代數資料類型的特性。

從需求看，需要建立的領域模型是員工，它是一個積類型。注意，雖然需求清晰地勾勒出 3 種類型的員工，但它們的差異實則表現在收入的類型上，這種差異表現為和類型不同的值。於是，可以得到由以下代數資料類型呈現的領域模型：

```
// 代數資料類型，表現了領域概念
// Amount 是一個積類型，Currency 則為前面定義的和類型
case class Amount(value: BigDecimal, currency: Currency) {
   // 實現了運算子多載，支援 Amount 的組合運算
   def +(that: Amount): Amount = {
      require(that.currency == currency)
      Amount(value + that.value, currency)
   }
   def *(times: BigDecimal): Amount = {
      Amount(value * times, currency)
   }
}

// 以下類型皆為積類型，分別表現了工作時間卡與銷售憑據領域概念
case class TimeCard(startTime: Date, endTime: Date)
```

```
case class SalesReceipt(date: Date, amount: Amount)

// 支付週期是一個隱藏概念，不同類型的員工支付週期不同
case class PayrollPeriod(startDate: Date, endDate: Date)

// Income 的抽象表示成和類型與積類型的組合
sealed trait Income
case class WeeklySalary(feeOfHour: Amount, timeCards: List[TimeCard],
payrollPeriod:
PayrollPeriod) extends Income
case class MonthlySalary(salary: Amount, payrollPeriod: PayrollPeriod)
extends Income
case class Commission(salary: Amount, saleReceipts: List[SalesReceipt],
payrollPeriod:
PayrollPeriod)

// Employee 被定義為積類型，它組合的 Income 具有不同的抽象
case class Employee(number: String, name: String, onboardingDate: Date,
income: Income)
```

定義以上由代數資料類型組成的領域模型後，即可將其與表示領域行為的函數結合起來。由於 Income 被定義為和類型，它表達的是一種邏輯或的關係，因此它的每個子類別型都將成為模式符合的分支。和類型的組合具有確定的值（類型理論的術語將其稱為 inhabitant），舉例來說，Income 和類型的值為 3，模式符合的分支就應該是 3 個，這就使得 Scala 編譯器可以檢查模式符合的窮盡性。如果模式符合缺少了對和類型的值表示，編譯器會列出警告。倘若和類型增加了一個新的值，編譯器也會指出所有需要新增 ADT 變形來更新模式符合的地方。針對 Income 積類型，利用模式符合結合業務規則對它進行解構，程式如下：

```
def calculateIncome(employee: Employee): Amount = employee.income match {
   case WeeklySalary(fee, timeCards, _) => weeklyIncomeOf(fee, timeCards)
   case MonthlySalary(salary, _) => salary
   case Commision(salary, saleReceipts, _) => salary +
commistionOf(saleReceipts)
}
```

calculateIncome() 是一個純函數，利用模式符合，針對 Employee 的特定 Income 類型計算員工的不同收入。

A.3.2 純函數

函數建模範式往往使用純函數表現領域行為。所謂「純函數」，就是指沒有「副作用」（side effect）的函數。Paul Chiusano 與 Runar Bjarnason 認為常見的副作用包括[52]：

■ 修改一個變數；

■ 直接修改資料結構；

■ 設定一個物件的成員；

■ 拋出一個異常或以一個錯誤終止；

■ 列印到終端或讀取使用者的輸入；

■ 讀取或寫入一個檔案；

■ 在螢幕上繪畫。

舉例來說，讀取名冊檔案，解析內容獲得收件人電子郵寄清單的函數為：

```
def parse(rosterPath: String): List[Email] = {
      val lines = readLines(rosterPath)
      lines.filter(containsValidEmail(_)).map(toEmail(_))
}
```

程式中的 readLines() 函數需要讀取一個外部的名冊檔案，這是引起副作用的原因。該副作用為單元測試帶來了影響。要測試 parse() 函數，需要為它事先準備好一個名冊檔案，這增加了測試的複雜度。同時，該副作用使得我們無法根據輸入參數推斷函數的返回結果，因為讀取檔案可能出現一些未知的錯誤，如讀取檔案錯誤，又如有其他人同時在修改該檔案，就可能拋出異常或返回一個不符合預期的郵寄清單。

要將 parse() 定義為純函數，就需要分離這種副作用。一旦去掉副作用，呼叫函數返回的結果就與直接使用返回結果具有相同效果，二者可以互相替換，這稱為引用透明（referential transparency）。引用透明的替換性可以用於驗證一個函數是否是純函數。假設用戶端要根據解析獲得的電子郵寄清單發送郵件，解析的名冊檔案路徑為 roster.txt，解析該名冊得到的電子郵寄清單為：

```
List(Email("liubei@dddcompany.com"), Email("guanyu@dddcompany.com"))
```

如果 parse() 是一個純函數，遵循引用透明的原則，以下函數呼叫的行為
應該完全相同：

```
// 呼叫解析方法
send(parse("roster.txt"))
```

```
// 直接呼叫解析結果
send(List(Email("liubei@dddcompany.com"), Email("guanyu@dddcompany.
com")))
```

顯然，parse() 函數的定義做不到這一點。後者傳入的參數是一個電子郵
寄清單，而前者除了提供了電子郵寄清單，還讀取了名冊檔案。函數獲
得的電子郵寄清單不由名冊檔案路徑決定，而由讀取檔案的內容決定。
讀取外部檔案的這種副作用使得我們無法根據確定的輸入參數推斷出確
定的計算結果。要將 parse() 改造為支援引用透明的純函數，就需要分離
副作用，把讀取外部檔案的功能推向 parse() 函數外部：

```
def parse(content: List[String]): List[Emial] =
    content.filter(containsValidEmail(_)).map(toEmail(_))
```

修改之後，以下程式的行為完全相同：

```
send(parse(List("liubei, liubei@dddcompany.com", "noname", "guanyu,
guanyu@dddcompany.com")))
```

```
send(List(Email("liubei@dddcompany.com"), Email("guanyu@dddcompany.
com")))
```

這表示改進後的 parse() 可以根據輸入結果推斷出函數的計算結果，這正
是引用透明的價值所在。保持函數的引用透明，不產生任何副作用，也
是函數式程式設計的基本原則。如果説物件導向設計需要將依賴盡可能
向外插，最終採用依賴注入的方式來降低耦合，那麼，函數式程式設計
思想就是要利用純函數來隔離變化與不變，內部由無副作用的純函數組
成，純函數將副作用向外插，形成由不變的業務核心與可變的副作用週
邊組成的結構，如圖 A-16 所示。

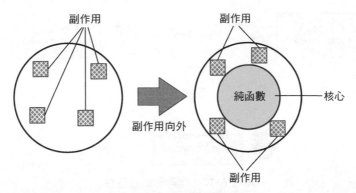

▲ 圖 A-16　將副作用往外插

具有引用透明特徵的純函數更加接近數學的函數概念：沒有計算，只有轉換。轉換操作不會修改輸入參數的值，只是基於某種規則把輸入參數值轉為輸出。輸入值和輸出值都是不變的，只要指定的輸入值相同，總會列出相同的輸出結果。舉例來說，我們定義 add1() 函數：

```
def add1(x: Int):Int => x + 1
```

以數學函數為基礎的轉換（transformation）特徵，完全可以將其翻譯為以下程式：

```
def add1(x: Int): Int => x match {
    case 0 => 1
    case 1 => 2
    case 2 => 3
    case 3 => 4
    // ...
}
```

我們看到的不是對變數 x 增加 1，而是根據 x 的值進行模式比對，然後基於業務規則返回確定的值。這就是純函數的數學意義。

引用透明、無副作用以及數學函數的轉換本質，為純函數提供模組化的能力，再結合高階函數的特性，使純函數具備強大的可組合特性，這正是函數式程式設計的核心原則。這種組合性如圖 A-17 所示。

▲ 圖 A-17　函數的組合特性

圖 A-17 中的 andThen 是 Scala 語言提供的組合子，可以組合兩個函數形成一個新的函數。Scala 還提供了 compose 組合子。二者的區別在於組合函數的順序不同。圖 A-17 的內容可以表現為以下 Scala 程式：

```
sealed trait Fruit {
    def weight: Int
}
case class Apple(weight: Int) extends Fruit
case class Pear(weight: Int) extends Fruit
case class Banana(weight: Int) extends Fruit

val appleToPear: Apple => Pear = apple => Pear(apple.weight)
val pearToBanana: Pear => Banana = pear => Banana(pear.weight)

// 使用組合
val appleToBanana = appleToPear andThen pearToBanana
```

組合後得到的函數類型，以及對該函數的呼叫如下所示：

```
scala> val appleToBanana = appleToPear andThen pearToBanana
appleToBanana: Apple => Banana = <function1>

scala> appleToBanana(Apple(15))
res0: Banana = Banana(15)
```

除了純函數的組合性，函數式程式設計中的 Monad 模式也支援組合。我們可以簡單地將一個 Monad 了解為提供 bind 功能的容器。在 Scala 語言中，bind 功能就是 flatMap 函數。要了解 flatMap 函數的功能，可以將其看作 map 與 flatten 的組合。舉例來說，針對以下的程式語言清單：

```
scala> val l = List("scala", "java", "python", "go")
l: List[String] = List(scala, java, python, go)
```

對該列表執行 map 操作，該操作接受 toCharArray() 函數，就可以把一個字串轉為同樣是 Monad 的字元陣列：

```
scala> l.map(lang => lang.toCharArray)
res7: List[Array[Char]] = List(Array(s, c, a, l, a), Array(j, a, v, a),
Array(p, y, t, h, o, n), Array(g, o))
```

map 函數完成了從 List[String] 到 List[Array[Char]] 的轉換。flatMap 函數則不同，傳入同樣的轉換函數：

```
scala> l.flatMap(lang => lang.toCharArray)
res6: List[Char] = List(s, c, a, l, a, j, a, v, a, p, y, t, h, o, n, g, o)
```

flatMap 函數將字串轉為字元陣列後，還執行了一次展平（flatten）操作，完成了 List[String] 到 List[Char] 的轉換。

在 Monad 的真正實現中，flatMap 並非 map 與 flatten 的組合。恰恰相反，map 函數是 flatMap 基於 unit 演繹出來的。Monad 的核心其實是flatMap 函數：

```
class M[A](value: A) {
    private def unit[B] (value : B) = new M(value)
    def map[B](f: A => B) : M[B] = flatMap {x => unit(f(x))}
    def flatMap[B](f: A => M[B]) : M[B] = ...
}
```

flatMap 和 map 以及 filter 往往可以組合起來，實現更加複雜的針對 Monad 的操作。一旦操作變得複雜，這種組合操作的可讀性就會降低。舉例來說，我們將兩個同等大小清單中的元素項相乘，使用 flatMap 與 map 的程式為：

```
val ns = List(1, 2)
val os = List(4, 5)
val qs = ns.flatMap(n => os.map(o => n * o))
```

這樣的程式並不好了解。為了提高程式的可讀性，Scala 提供了 for-comprehensions。它是 Monad 的語法糖，組合了 flatMap、map 和 filter 等

函數,但從語法上看,卻類似一個 for 迴圈。這就使得我們多了一種可讀
性更強的呼叫 Monad 的形式。使用 for-comprehensions 語法糖,同樣的
功能就變成了:

```
val qs = for {
  n <- ns
  o <- os
} yield n * o
```

這裡演示的 for 語法糖看起來像一個巢狀結構迴圈,分別從 ns 和 os 中設
定值,然後利用 yield 生成器將計算得到的積返回為一個列表。實質上,
這段程式與使用 flatMap 和 map 的程式完全相同。

在使用純函數表現領域行為時,我們可以讓純函數返回一個 Monad 容
器,再透過 for-comprehensions 進行組合。這種方式既保證了程式對領域
行為知識的表現,又能因為其不變性避免狀態變更帶來的缺陷。同時,
結合純函數的組合子特性,使得程式的表現力更加強大,非常自然地傳
遞了領域知識。

舉例來說,針對下訂單場景,需要驗證訂單,並對驗證後的訂單進行計
算。驗證訂單時,需要驗證訂單自身的合法性、客戶狀態和庫存;對訂
單的計算則包括計算訂單的總金額、促銷折扣和運費。遵循函數建模範
式對需求進行領域建模時,需要先尋找到表達領域知識的各個原子元
素,包括具體的代數資料類型和實現原子功能的純函數:

```
// 積類型
case class Order(id: OrderId, customerId: CustomerId, desc: String,
totalPrice: Amount, discount: Amount, shippingFee: Amount, orderItems:
List[OrderItem])

// 以下是驗證訂單的行為,皆為原子的純函數,並返回 scalaz6 定義的 Validation
Monad
val validateOrder : Order => Validation[Order, Boolean] = order =>
```

---

6 scalaz 是一個支援函數式程式設計的 scala 函數庫,在 GitHub 中透過搜尋 "scalaz" 可以
   存取其程式庫。

```
    if (order.orderItems isEmpty) Failure(s"Validation failed for order
$order.id")
    else Success(true)

val checkCustomerStatus: Order => Validation[Order, Boolean] = order =>
    Success(true)

val checkInventory: Order => Validation[Order, Boolean] = order =>
    Success(true)

// 以下定義了計算訂單的行為，皆為原子的純函數
val calculateTotalPrice: Order => Order = order =>
    val total = totalPriceOf(order)
    order.copy(totalPrice = total)

val calculateDiscount: Order => Order = order =>
    order.copy(discount = discountOf(order))

val calculateShippingFee: Order => Order = order =>
    order.copy(shippingFee = shippingFeeOf(order))
```

這些純函數是原子的、分散的、可組合的，接下來，可利用純函數與
Monad 的組合能力，撰寫滿足業務場景需求的實現程式：

```
val order = ...

// 組合驗證邏輯
// 注意返回的 orderValidated 也是一個 Validation Monad
val orderValidated = for {
    _ <- validateOrder(order)
    _ <- checkCustomerStatus(order)
    c <- checkInventory(order)
} yield c

if (orderValidated.isSuccess) {
    // 組合計算邏輯，返回了一個組合後的函數
    val calculate = calculateTotalPrice andThen calculateDiscount andThen
calculateShippingFee
    // 返回具有訂單總價、折扣與運費的訂單物件
    // 在計算訂單的過程中，訂單物件是不變的
    val calculatedOrder = calculate(order)

    // ...
}
```

A.3.3 函數建模範式的演繹法

遵循函數建模範式建立領域模型時，代數資料類型與純函數是主要的建模元素。代數資料類型中的和類型與積類型可以表達領域概念，純函數則用於表達領域行為。它們都被定義為不變的原子類別型。將這些原子的類型與操作組合起來，滿足複雜業務邏輯的需要。這是函數式程式設計中針對組合子（combinator）的建模方法，是函數建模範式的核心。

在觀察真實世界時，物件建模範式和函數建模範式遵循了不同的建模思想。

物件建模範式採用了歸納法，透過分析和歸納需求，找到問題並逐級分解問題，然後透過物件來表達領域邏輯，以職責的角度分析這些領域邏輯，並根據角色的特徵把職責分配給各自的物件，透過物件之間的協作實現複雜的領域行為。

函數建模範式採用了演繹法，透過在領域需求中尋找和定義最基本的原子操作，然後根據基本的組合規則利用組合子將這些原子類別型與原子函數組合起來。

因此，函數建模範式對領域建模的影響是全方位的。物件建模範式是在定義一個完整的世界，然後以「上帝」的身份去規劃各自行使職責的物件，而函數建模範式是在組合一個完整的世界，就像古代哲學家一般，看透了物質的本原，辨識出不可再分的原子微粒，再按照期望的方式組合這些微粒。故而，採用函數建模範式進行領域建模，關鍵是組合子以及組合規則的設計，既要簡單，又要完整，還需要保證每個組合子的正交性。只有如此，才能組合，使其互不容錯，互不干涉。這些組合子，就是代數資料類型和純函數。

函數建模範式的領域模型顛覆了物件導向思想中「貧血模型是壞的」這一觀點。不過，函數建模範式的貧血模型不同於結構建模範式的貧血模型。結構建模範式是將資料與行為分離，每個行為組成一個完成的過程，用以表現一個完整的業務場景。由於缺乏足夠的封裝性，因而無法

控制因為資料和行為的修改對其他呼叫者帶來的影響。物件建模範式之所以要求將資料與行為封裝在一起，就是為了解決這一問題。函數建模範式雖然同樣建立了貧血模型，但它的模組化、抽象化和可組合特徵降低了變化帶來的影響。在組合這些組合子時引入高內聚鬆散耦合的模組對這些功能進行分組，就能避免細粒度的組合子過於散亂，形成更加清晰的程式層次。

Debasish Ghosh 複習了函數建模範式的基本原則，用以規範領域模型的設計 [53]：

■ 利用函數組合的力量，把小函數組裝成一個大函數，獲得更好的組合性；

■ 純粹，領域模型的很多部分都由引用透明的運算式組成；

■ 透過方程式推導，可以很容易地推導和驗證領域行為。

不止如此，根據代數資料類型的不變性以及對模式比對的支援，它還天生適合表達領域事件。舉例來說，地址變更事件就可以用一個積類型來表示：

```
case class AddressChanged(eventId: EventId, customerId: CustomerId,
oldAddress:
Address, newAddress: Address, occurred: Time)
```

還可以用和類型對事件進行抽象，這樣就可以在處理事件時運用模式比對：

```
sealed trait Event {
    def eventId: EventId
    def occurred: Time
}

case class AddressChanged(eventId: EventId, customerId: CustomerId,
oldAddress: Address,
newAddress: Address, occurred: Time) extends Event
case class AccountOpened(eventId: EventId, Account: Account, occurred:
Time) extends
Event
```

```
def handle(event: Event) = event match {
    case ac: AddressChanged => ...
    case ao: AccountOpened => ...
}
```

函數建模範式的代數資料類型仍然可以用來表示實體和值物件，但它們都是不變的，二者的區別主要在於是否需要定義唯一識別碼。聚合的概念同樣存在，如果使用 Scala 語言，往往會為聚合定義滿足角色特徵的 trait，如此即可使聚合的實現透過混入多個 trait 來完成代數資料類型的組合。由於資源庫會與外部資源進行協作，表示它會產生副作用，因此遵循函數式程式設計思想，往往會將其推向純函數的外部。在函數式語言中，可以利用柯里化（currying，又譯作「咖喱化」）或 Reader Monad 來延後對資源庫具體實現的注入。

一般來説領域驅動設計運用物件建模範式進行領域建模，利用函數建模範式建立的領域模型多少顯得有點「另類」，因此，我將其稱為「非主流」的領域驅動設計。這裡所謂的「非主流」，僅是從建模範式的普及性角度來考慮的，並不能説明二者的優劣與高下之分。事實上，函數建模範式可以極佳地與事件結合在一起，以領域事件作為模型驅動設計的驅動力。針對事件進行建模，任何業務流程皆可用狀態機來表達。狀態的遷移，就是命令對事件的觸發。我們還可以利用事件風暴幫助我們辨識這些事件，而事件的不變性特徵又可以極佳地與函數式程式設計結合起來（參見附錄 B）。

事件驅動模型

企圖對一具體現象的存在全貌，在因果關係上做透徹而無遺漏的回溯，不僅在實際上辦不到，而且此一企圖根本就沒有意義。我們只能指出某些原因，因為就這些原因而言，我們有理由去推斷，在某個個案中，這些原因是某一個事件的「本質」性成素的成因。

———馬克思·韋伯，《學術與政治》

領域驅動設計可以選擇不同的建模範式，由此得到的領域模型也將有所不同。在附錄 A，我介紹了結建構模範式、物件建模範式、函數建模範式和領域模型之間的關係，尤其明解了物件建模範式和函數建模範式之間的本質區別。物件建模範式重視領域邏輯中的名詞概念，並將領域行為封裝到物件中；函數建模範式重視領域邏輯中的領域行為，將其視為類型的轉換操作，主張將領域行為定義為無副作用的純函數。本書講解的領域建模階段選擇了物件建模範式。

倘若領域驅動設計的整個過程圍繞著「事件」進行，就會因為事件改變我們觀察真實世界的方式。在第 15 章介紹領域事件時，我談到了它對建模思想的影響。由於事件的與眾不同之處，我特別將這種方式稱為事件建模範式。

事件建模範式的重點既非物件建模範式中的領域概念，也非函數建模範式中的領域行為，自然也不屬於結構建模範式，而是領域行為引起的領域概念狀態的變化。事件針對狀態建模，在此觀察角度下，大多數業務流程都

可以視為由命令觸發的引起狀態遷移的狀態機。狀態的遷移本質上可認為是形如 State1 => State2 這樣的純函數，這種建模方式更接近於函數建模範式，或說是函數建模範式的分支。

相比函數建模範式，事件建模範式有自己的獨到之處。分析與設計的驅動力是事件，建模的核心是事件，事件引起的是領域物件狀態的遷移。事件建模範式透過事件觀察真實世界，並圍繞著「事件」為中心去表達領域物件的狀態遷移，進而以事件來驅動業務場景。

事件建模範式影響的是建模者觀察真實世界的態度，而這種以事件為模型核心元素的範式又會影響到整個軟體的系統架構、模型設計和程式實現。透過事件建模範式驅動出來的模型，可稱為事件驅動模型，以此有別於物件建模範式驅動出來的領域模型[1]。對事件驅動模型而言，它使用的建模方法、模式和風格皆以事件為中心，表現出別具一格的特徵。事件驅動模型常用的建模方法就是事件風暴，與之相關的模式為事件溯源模式，以及事件驅動架構風格。

B.1 事件風暴

事件風暴由 Alberto Brandolini 提出，是一種以工作坊形式對複雜業務領域進行探索的高效協作方法，它的運用範圍自然不僅限於事件建模範式。然而，事件風暴提倡由「事件」驅動團隊觀察、探索和分析業務領域，更加契合事件建模範式的領域建模。

B.1.1 了解事件風暴

事件風暴之所以以事件為驅動力，源於事件意味一種因果關係。這使得一個靜態的概念隱藏著流動的張力。在辨識和了解事件時，可以考慮為

1　物件建模範式的領域模型同樣包含了領域事件，但它與事件驅動模型中的領域事件存在本質上的差異。我這裡提到的事件驅動模型仍然以領域作為核心驅動力為基礎，只是改變了建模的角度，與 Spring 提出的事件驅動模型有著本質的差異。

什麼要產生這一事件,以及為什麼要回應這一事件,進而思考回應事件的後續動作,驅動著設計者的「心流」不斷思考下去,猶如攪起了一場激烈的風暴。

不同的團隊角色在思考事件時,看到的可能是事物的不同面。事件猶如稜鏡一般將光線色散為不同色彩,折射到每個人的眼睛。

- 事件對於業務人員:事件前後的業務動作是什麼,產生了什麼樣的業務流程?
- 事件對於管理人員:事件導致的重要結果是什麼,會否影響到管理和營運?
- 事件對於技術人員:是什麼觸發了事件訊息,當事件訊息發佈時,誰來負責訂閱和處理事件?

雖然重點不同,但事件卻能夠讓這些不同的團隊角色「團結」到一個業務場景下,體會到統一語言的存在。業務場景就像一筆新聞報導,團隊的參與角色就是新聞報導的讀者,他們關注新聞的目的各不相同,卻又不約而同地被同一個新聞標題所吸引,這個新聞的標題就是事件。例如 2019 年 6 月 17 日,滬倫通正式啟動,許多新聞媒體皆有報導,如圖 B-1 所示。

London-Shanghai Stock Connect goes live

Jun 17, 2019 · London-Shanghai Stock Connect goes live. Jun. 17, 2019 3:48 AM ET | By: Yoel Minkoff, SA News Editor . Under the Connect scheme, Shanghai-listed companies can raise new funds via London's stock ...

London-Shanghai stock connect goes live, allowing foreign ...

Jun 17, 2019 · Huatai Securities, one of China's largest brokerages, made its trading debut on the London Stock Exchange at 8am local time as it became the first company to trade via the new link.

▲ 圖 B-1　滬倫通啟動的新聞網頁

這一影響甚至國際金融界的重磅事件吸引了許多人尤其是廣大投資人的目光。角色不同,對這一新聞事件的著眼點也不相同。經濟學家關心此次事件對證券交易市場特別是對上交所、倫交所帶來的影響,政治家關心這種金融互通機制對中英以及中歐之間政治格局帶來的影響,股市投資

人關心如何進入滬倫通進行股票交易以謀求高額投資回報，證券專業人士則關心滬倫通這種以存托憑證為基礎的跨境轉換方式和交易模式……不一而足，但他們關心的卻是同一筆新聞事件。

之所以將事件比喻為新聞，在於它們之間存在本質的共同點：它們都是過去已經發生的事實。新聞不可能報導未來，即使是對未來的預測，預測這個行為也是發生在過去的某個時間點。整筆新聞報導的背景就是該事件的場景要素，如表 B-1 所示。

表 B-1　新聞和事件

場景要素	新聞	事件
What	報導的新聞	發佈的事件
When	新聞事件的發生時間	何時發佈事件
Where	新聞事件的發生地點	在哪個界限上下文的哪個聚合
Why	為何會發生這樣一起新聞事件	發佈事件的原因以及事件結果的重要性
Who	新聞事件的牽涉群眾	誰發佈了事件，誰訂閱了事件
hoW	新聞事件的發生經過	事件如何沿著時間軸流動

在運用事件風暴時，分析者可以像一名記者那樣敏感地關注一些關鍵事件的發生，並按照時間軸的順序把這些事件串起來。設想乘坐地鐵的場景。

- 車票已購買 TicketPurchased：我只關心票買了，並不關心是怎麼支付的。
- 車票有效 TicketAccepted：我只關心閘機認可了車票的有效性，並不關係是刷卡還是插入卡片。
- 閘機門已打開 StationGateOpened：門打開了是刷卡有效的結果，表示我可以通行，我並不關心之前閘機門的狀態，例如某些地鐵站在人流高峰期會保持閘機門常開。
- 乘客已透過 PassengerPassed：我一旦透過閘機，就可以等候地鐵準備上車，我並不關心透過之後閘機門的狀態。
- 地鐵到站 MetroArrived：是否是我要乘坐的地鐵到站？如果是，我就要準備上車，我並不關心地鐵如何行駛。

- 地鐵車門已打開 MetroDoorOpened：只有車門打開了，我才能上車，我並不關心車門是如何打開的。
- ……

這就是與時間相關的一系列事件。分析乘坐地鐵的業務場景，辨識出一系列關鍵事件並將其連接起來，就會形成一條顯而易見的以時間軸為基礎的事件路徑，如圖 B-2 所示。

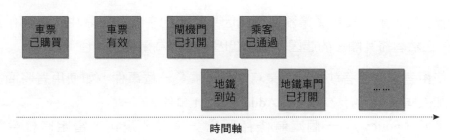

▲ 圖 B-2　乘坐地鐵的關鍵事件

以事件為領域分析建模的關注起點，就可以讓開發團隊與業務人員（包括領域專家）都能夠關注每個環節的結果，而不考慮每個環節的實現。事件可以讓整個團隊在事件風暴過程中統一到領域模型中。這種以「事件」為核心的建模想法，改變了我們觀察業務領域的世界觀。在事件風暴的眼中，領域的世界是一系列事件的留存。這些業務動作留下的不可磨滅的足跡牽涉到狀態之遷移、事實之發生，忠實地記錄了每次執行命令後產生的結果。如上所述，乘坐地鐵的事件路徑實則是乘客、閘機、地鐵等多個領域物件的狀態遷移。這種狀態遷移過程表現了業務之間的因果關係。

事件風暴中事件的特徵與領域事件相似，只是更加凸顯它對於建模的驅動力，除了領域事件具備的特徵（參見 15.7.1 節），還強調了：

- 事件會導致目標物件狀態的變化；
- 事件是管理者和營運者重點關心的內容，若缺少該事件，會對管理與營運產生影響；
- 事件具有時間點的特徵，所有事件連接起來會形成明顯的時間軸。

運用事件風暴的關鍵就是扭轉對真實世界業務的認識，以事件作為了解業務的起點，考慮在業務流程中究竟需要留存什麼樣的關鍵事實，以滿足管理和營運的要求，從而辨識出事件。

事件自身具備時間特徵，使得業務場景的事件一經辨識，就能形成動態的流程。事件會導致目標物件狀態的變更，說明唯有命令才會觸發事件，這就要求我們在開展事件風暴時，需要區分命令和查詢。

如前所述，事件表現了業務之間的因果關係。在事件風暴中，事件作為果，必然有將其觸發的起因，這些起因統統稱為事件的角色。

- 使用者：使用者執行一個業務活動，觸發一個事件，如使用者將商品加入購物車，觸發 ProductAddedToCart 事件。
- 策略（policy）：一個定時條件形成一筆業務規則，當定時條件滿足時會觸發一個事件，例如提交訂單後超過規定時間未支付，觸發 OrderCancelled 事件。
- 衍生系統：由目標系統之外的外部系統觸發一個事件，如外部的支付系統向電子商務平台返回交易憑證，觸發 PaymentCompleted 事件。
- 前置事件：一個事件成為另一事件的因，如提交訂單觸發的 OrderPlaced 事件，又作為起因觸發 InventoryLocked 事件。

事件的因與果表現為事件的發佈與訂閱，它們形成了因果關係的不斷傳遞。

事件風暴是一種高度強調交流與協作的視覺化工作坊，需大量使用大白紙與各色即時貼。面對著糊滿整面牆的大白紙，工作坊的參與人員透過充分地交流與溝通，然後用馬克筆在各色即時貼上寫下各個領域模型概念，貼在牆上呈現生動的模型。這些模型都是視覺化的，就可以給團隊直觀印象。大家站在牆面前觀察這些模型，及時開展討論。若發現有誤，就可以透過行動即時貼來調整與更新，也可以隨時貼上新的即時貼，完善建模結果。

Alberto Brandolini 設計的事件風暴通常分為兩個層次。如果在工作坊過程中將主要的精力用於尋找業務流程中產生的領域事件，可以認為是巨觀等級的事件風暴，目的是探索業務全景（big picture exploration）。在辨識出全景事件流之後，就可以標記時間軸的關鍵時間點作為劃分領域邊界和界限上下文邊界的依據，同時也可以以事件表達為基礎的業務概念對領域進行劃分，最終確定候選的子領域和界限上下文。採用事件風暴辨識界限上下文的方式仍然遵循界限上下文的 V 型映射過程。事件是業務服務的一種表現，對事件表達的業務概念進行劃分，就是利用語義相關性和功能相關性對業務知識進行歸類，進而獲得候選的界限上下文。

另一個層次則屬於設計等級的領域分析建模方法，透過探索業務全景獲得的事件流，圍繞事件獲得領域分析模型。這個模型除了包含事件與角色，還包括決策命令、寫入模型和讀取模型。事件風暴的領域分析建模方法通常會將業務全景探索的結果作為領域分析建模的基礎。

B.1.2 探索業務全景

在探索業務全景的過程中，為了使每個人保持專注，需要排除其餘領域概念的干擾，一心尋找沿著時間軸發展的事件。事件是事件風暴的主要驅動力，尋找出來的事件則是領域分析模型的骨架。事件風暴使用橙色即時貼代表事件（event）。

事件風暴工作坊要求沿著時間軸對事件進行辨識。通常由領域專家貼上第一張他／她最為關心的事件，然後由大家分頭圍繞該事件寫出在它之前和之後發生的事件，並按照時間順序從左向右排列。以電子商務平台購物流程的業務為例，領域專家認為「訂單已創建」是我們關注的核心事件，於是就可以在整面牆的中間貼上橙色即時貼，上面寫上訂單已創建事件，如圖 B-3 所示。

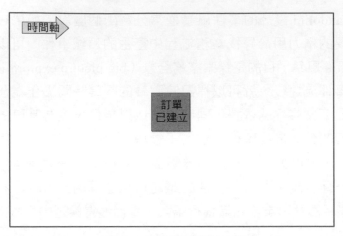

▲ 圖 B-3　貼上第一個核心事件

在確定該核心事件後，以此為中心，向前推導它的起因，向後推導它的結果，根據這種因果關係層層推進，逐漸形成一條或多條沿著時間軸且彼此之間存在因果關係的事件流，如圖 B-4 所示。

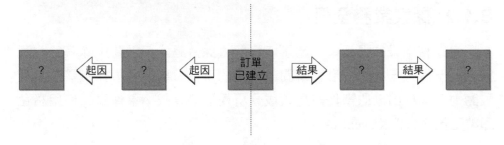

▲ 圖 B-4　事件的前後因果關係

在辨識事件的過程中，工作坊的參與人員應盡可能站在管理和營運的角度去思考事件。這裡所謂的「因果關係」，也可以視為，產生事件的前置條件是什麼，由此推導出前置事件；事件導致的後置結果是什麼，由此推導出後置事件。

從「訂單已創建」事件往前推導，它的前置條件是什麼呢？顯然，需要買家將商品加入購物車，才可以創建訂單，於是可推導出前置事件「商品被加入購物車」，如圖 B-5 所示。

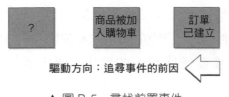

▲ 圖 B-5　尋找前置事件

從「訂單已創建」事件往後推導，它的結果是什麼呢？訂單創建後，為
了避免超賣，需要鎖定庫存，由此得到後置事件「庫存已鎖定」。隨後，
買家發起支付請求，產生後置事件「訂單已支付」，如圖 B-6 所示。

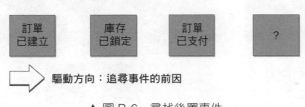

▲ 圖 B-6　尋找後置事件

事件風暴是一種探索性的建模活動。在探索事件的過程中，不要急於去辨
識其他的領域物件；以事件結果為基礎，也不要急於去尋找導致事件發生
的起因。尤其是在探索業務全景期間，更要如此。畢竟人的注意力是有限
的。從一開始，就應該讓工作坊的參與人員集中精力專注於事件。倘若存
在疑問，又或需要提醒業務人員或技術人員特別注意，可以用粉紅色即時
貼表達該警告資訊，Alberto Brandolini 將其稱為熱點（hot spot），舉例來
說，圖 B-7 針對「庫存已鎖定」事件，需要說明若訂單支付逾時，需要釋
放庫存；「訂單已支付」事件需要考慮支付成敗的異常情況。

▲ 圖 B-7　增加熱點

除了透過分析事件的前置條件和後置結果來尋找事件,也可以發揮集體的力量,由參與事件風暴工作坊的所有人按照自己對業務流程的了解逐一辨識出事件,然後整理所有人的輸出,進一步整理獲得最終的事件流,如圖 B-8 所示。

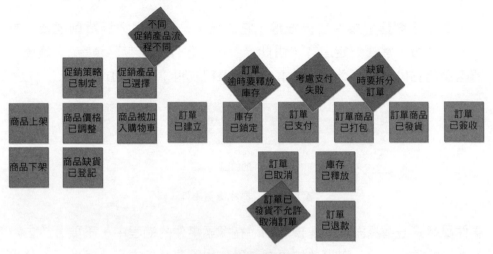

▲ 圖 B-8　訂單事件流

觸發事件的起因就是事件的角色。透過事件風暴進產業務全景探索時,可在獲得全景事件流後,明確各個事件的角色,分別用不同顏色的即時貼進行標記。

- 使用者:標記參與事件的使用者角色,用黃色小即時貼繪製火柴棍人表示。
- 策略:標記引起事件的策略角色,用紫色小即時貼表示。
- 衍生系統:標記引起事件的目標系統外的衍生系統角色,用淺粉色小即時貼表示。

如果一個事件沒有上述 3 種角色,説明它的前置事件是觸發事件的起因,就無須標記了。

前面獲得的事件流在增加了角色後,表示為圖 B-9。

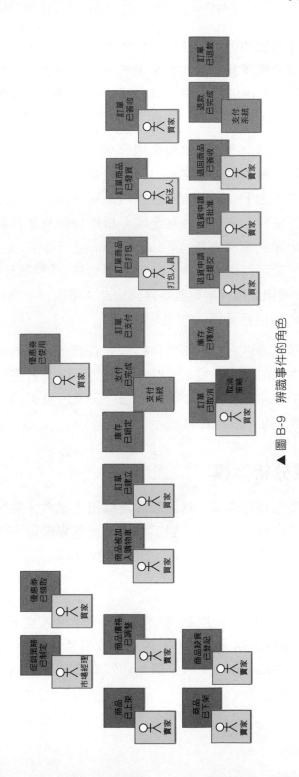

▲ 圖 B-9　辨識事件的角色

不要小看對事件起因的標記。在完成全景事件流之後,對事件的起因進行再一次整理有助團隊就辨識的事件達成一致,檢查事件是否存在疏漏和謬誤。作為事件起因的使用者、策略和衍生系統,還為後面的領域分析建模奠定基礎。辨識出的衍生系統也有助我們繪製系統上下文圖。

事件風暴的探索業務全景過程屬於全域分析階段的一種方法,透過事件展示了分析者對業務需求的探索和分析。在獲得全景的事件流後,可在此基礎上辨識界限上下文。該方法透過辨識關鍵事件,將整個事件流劃分為多個明確的階段,它對應於在全域分析階段劃分業務流程獲得的業務場景。辨識出來的業務場景也可以作為界限上下文的參考。如圖 B-9 所示的事件流,就可以透過「商品被加入購物車」「訂單已支付」「訂單商品已打包」3 個關鍵事件將整個事件流分為 4 個階段:商品、訂單、庫存和物流,如圖 B-10 所示。

尋找事件時,描述事件、熱點和角色都需要在統一語言的指導下完成,一個或多個事件可能組成一個業務服務,仍然可以對它們開展 V 型映射過程,即根據業務相關性進一步明確界限上下文。獲得初步確定了界限上下文邊界的事件流,如圖 B-11 所示。

B.1.3 領域分析建模

透過事件風暴探索業務全景,幫助團隊辨識出了事件、熱點以及作為角色的使用者、策略和衍生系統,到了領域分析建模階段,要繼續使用事件風暴,還需要了解決策命令、寫入模型和讀取模型。

1. 決策命令

實際上,使用者、策略、衍生系統和前置事件等角色都需要執行一個命令(command)來觸發事件,命令才是直接導致事件發生的「因」。在事件風暴中,Alberto Brandolini 將命令稱為決策命令(decision command),使用藍色即時貼表示。

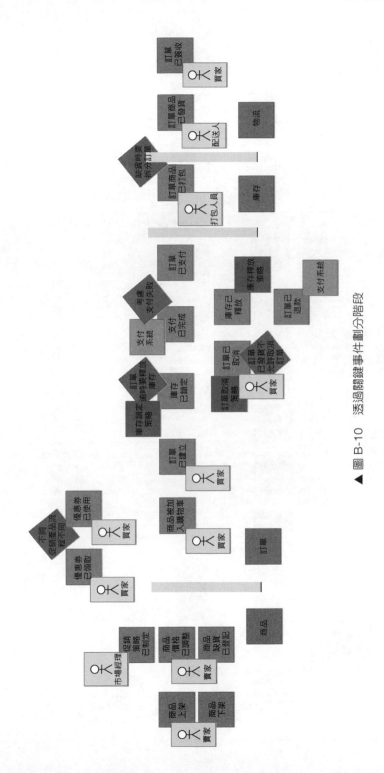

▲ 圖 B-10　透過關鍵事件劃分階段

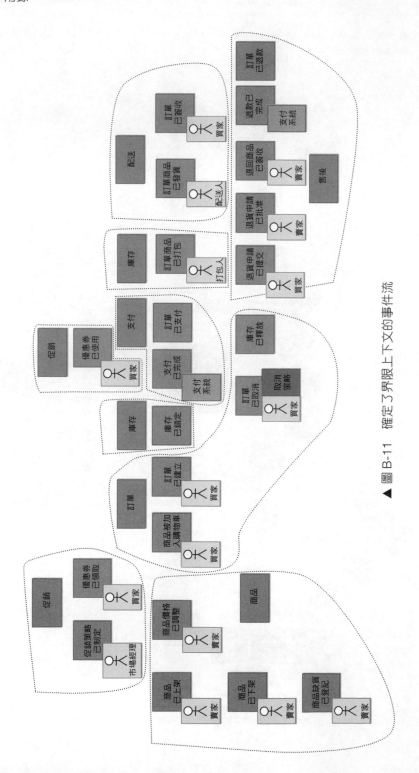

▲ 圖 B-11　確定了界限上下文的事件流

決策命令往往由動詞子句組成，例如提交訂單（place order）、發送邀請（send invitation）等。

由於決策命令和事件存在因果關係，二者往往一一對應。舉例來說，取消訂單（Cancel Order）決策命令會觸發 OrderCanceled 事件，預訂課程（subscribe course）決策命令會觸發 CourseSubscribed 事件。這種一一對應關係使得它們存在語義上的重疊。

2. 寫入模型

寫入模型（write model）[2]就是狀態發生了變化的目標物件，正是寫入模型狀態的變更才導致了事件的觸發。如此一來，辨識寫入模型就是水到渠成的過程，因為在探索業務全景時，我們判別事件的特徵，就是看它是否引起目標物件狀態的變化。辨識出了事件，表示已經明確了狀態發生變化的目標物件，它就是我們要尋找的寫入模型。寫入模型用黃色即時貼表示。

寫入模型狀態的變化分為 3 種形式：

- 從無到有創建了新的寫入模型物件，例如 OrderCreated 事件標誌著新訂單的產生；
- 修改了寫入模型物件的屬性，例如 OrderCanceled 事件使得訂單從之前的狀態變更為 Canceled，也可能表示內容的變化，如 CartItemAdded 事件，説明購物車增加了一個新的專案；
- 從有到無刪除了已有的寫入模型物件，例如一個錯誤的班機被刪除觸發的 FlightDeleted 事件；當然，在大多數業務場景中，所謂的刪除並非真正的從有到無，而是修改了寫入模型物件的屬性值，如

2　Alberto Brandolini 的事件風暴引入的概念為聚合（aggregate）。我沒有使用這一定義，因為 Eric Evans 在領域驅動設計中也提出了聚合這一概念。Alberto Brandolini 並沒有明確指出這兩個概念一定等同（似乎也沒有否認）。在領域驅動設計的事件風暴實踐中，如果使用了聚合概念，就會在領域建模階段帶來設計概念的混淆。考慮到事件會引起領域模型狀態的變更，參考事件風暴的讀取模型，我將其命名為寫入模型，如

MemberUnregistered 事件和 ProductRemoved 事件，都不會真正刪除會員和商品，而是將寫入模型的狀態修改為 Unregistered 與 Removed。

寫入模型的狀態一旦發生變更，就會觸發事件，因為事件是狀態變更產生的事實。這表示該由寫入模型承擔發佈事件的職責，因為只有它才具備偵知狀態是否變更以及何時變更的能力。以買家創建訂單為例，一旦成功創建訂單，就表示訂單狀態從 Pending 變更為 Created，觸發訂單已創建事件 OrderCreated，所以寫入模型就是訂單 Order，如圖 B-12 所示。

▲ 圖 B-12　訂單寫入模型的獲得

3. 讀取模型

角色執行決策命令時，如何才能變更寫入模型的狀態呢？很明顯，需要結合業務場景為角色提供充足的資訊，角色才能做出正確的決策。業務場景為角色提供的資訊在事件風暴中被稱為讀取模型（read model）。讀取模型用綠色即時貼表示。

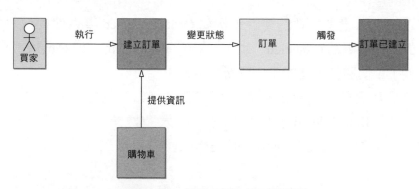

▲ 圖 B-13　購物車讀取模型的獲得

讀取模型擁有的資訊可以由角色透過讀取（查詢）操作獲得。在業務場景中，讀取模型為角色提供恰如其分的決策資訊。舉例來說，買家創建訂單，要先查看購物車，只有獲得了購物車內容才能成功創建訂單、觸

發訂單已創建事件。這時，查看購物車獲得的資訊購物車 ShoppingCart
就是讀取模型，如圖 B-13 所示。

讀取模型是使用者執行決策命令必需的輸入資訊，在程式層面，讀取模
型就是執行決策命令領域行為所需的輸入參數。

如果決策命令的角色是使用者，就是使用者執行了某個活動。使用者活
動的執行與使用者體驗有關。真實世界的業務場景正是透過使用者體驗
將使用者與讀取模型結合起來，把資訊傳輸給事件風暴的決策命令。以
創建訂單為例，買家點擊了「創建訂單」按鈕。但在此之前，是使用者
執行了查看購物車列表，獲得了購物車，然後將其作為讀取模型傳遞給
了提交訂單決策命令。有的事件風暴實踐者將查詢操作也納入到事件風
暴的模型中，認為是使用者執行查詢操作獲得讀取模型後，觸發了決策
命令，如圖 B-14 所示。

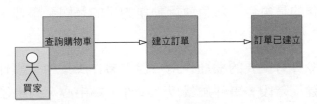

▲ 圖 B-14　將查詢操作納入事件風暴中

我認為這一方式並不妥當，它將流程圖與事件的因果關係混為一談了。
流程圖反映了現實世界的問題空間，事件風暴獲得領域模型是解空間的
內容，分屬領域驅動設計的兩個階段。買家查詢購物車然後創建訂單，
是買家的操作流程。從事件的因果關係看，並非查詢購物車觸發了創建
訂單這個決策命令，而是使用者在查詢獲得購物車讀取模型後，再度由
使用者發起創建訂單的決策命令，觸發了訂單已創建事件。查詢購物車
和創建訂單是兩個不同的業務服務，不具有時序上的連續性，可以認為
是兩個獨立的業務服務。根據事件的定義，查詢操作不會改變目標物件
的狀態，因而不會觸發事件，也不會導致決策命令的發生。因此，事件
風暴驅動的建模過程沒有查詢操作的位置，操作的結果會以讀取模型的
形式出現。

4. 事件風暴的領域模型

在事件風暴中，決策命令造成了連接角色、事件、寫入模型和讀取模型的樞紐作用。圖 B-15 清晰地表現了決策命令的核心地位。

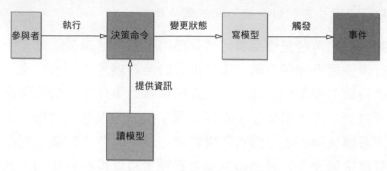

▲ 圖 B-15　決策命令的核心地位

決策命令並不只是觸發事件的命令這麼簡單。決策命令代表了一個動作，執行動作的是角色。角色執行動作的目的是觸發事件，而事件的觸發又源於寫入模型狀態的變化。

雖說決策命令具有重要的樞紐作用，但在事件風暴中，事件才是中心。在領域分析建模階段，事件風暴以「事件」為中心，列出了一條有章可循的領域分析建模路徑，如圖 B-16 所示。

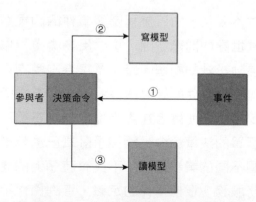

▲ 圖 B-16　事件風暴的領域分析建模路徑

透過探索業務全景獲得的事件流，按照時間軸順序從左到右對每一個事件進行以下過程的領域分析建模。

① 透過事件反向驅動出決策命令：從事件驅動出決策命令非常容易，只需將事件的過去時態轉為動詞形式的決策命令即可。

② 根據事件狀態變更的目標確定寫入模型：一個事件只能有一個寫入模型，若出現多個寫入模型，不是說明這多個寫入模型之間存在聚合關係，就是說明遺漏了寫入模型對應的事件。

③ 綜合確定讀取模型：從角色角度思考決策命令的執行，若要讓寫入模型物件的狀態發生變更，需要提供哪些讀取模型。一個事件對應的決策命令可能需要零到多個讀取模型。

以訂單事件流為例，我選擇了圖 B-17 中的 3 個事件演示透過事件風暴建立領域分析模型的過程。

首先是買家參與的「商品被加入購物車」事件。執行第 1 步，由該事件反在驅動出決策命令「增加商品到購物車」。第 2 步根據事件狀態變更的目標，確定「商品被加入購物車」事件影響了購物車的狀態，由此驅動出「購物車」寫入模型。第 3 步從角色思考決策命令的執行：買家要將商品增加到購物車，需要的前置資訊是「商品」和「買家」，若缺乏這兩個資訊，買家就無法做出「增加商品到購物車」的決策。獲得的領域模型如圖 B-18 所示。

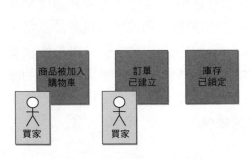

▲ 圖 B-17　訂單的 3 個事件

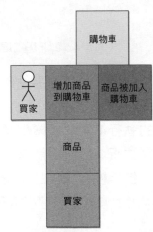

▲ 圖 B-18　商品被加入購物車事件驅動獲得的領域模型

選擇下一個後置事件「訂單已創建」。它的角色仍然是買家，決策命令為「創建訂單」。毫無疑問，「訂單已創建」事件改變了訂單的狀態，獲得寫入模型「訂單」。買家要創建訂單，需要購物車、買家、聯繫資訊、配送地址，在創建訂單時，還需要根據訂單驗證規則驗證訂單的有效性，由此可以獲得對應的讀取模型。庫存已鎖定事件的領域模型推導也如是。結果如圖 B-19 所示。

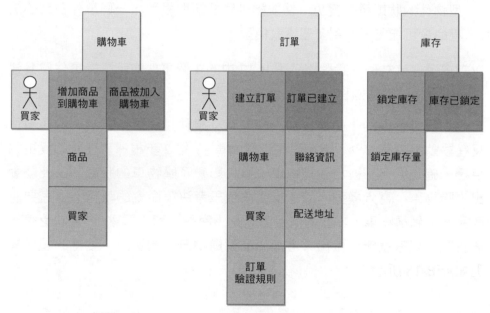

▲ 圖 B-19　增加卡號已生成事件的領域模型

以「事件」為驅動力的事件風暴領域分析建模過程提供了清晰的建模步驟，具有可操作性。參與事件風暴工作坊的建模人員按照步驟依次進行，每一步的執行都需要團隊與領域專家討論和確認，保證辨識出來的模型物件遵循該領域的統一語言。辨識的每個領域模型物件都具有建模的參考依據，包括模型物件的身份特徵、彼此之間的關係、承擔的職責。這在一定程度上減輕了對建模人員經驗的依賴。

B.1.4 事件風暴與建模範式

在事件風暴確定了由事件、決策命令、寫入模型和讀取模型組成的領域分析模型之後，就可根據建模範式的不同，將其映射為不同的領域模型設計要素。

若選擇物件建模範式，可考慮將寫入模型映射為一個聚合的聚合根實體。讀取模型則不確定，要結合具體的業務場景確定究竟是實體、值物件還是聚合根實體。事件通常被建模為領域事件，不過，如果不需要將聚合間的協作實現為事件協作風格，就未必需要領域事件這一設計要素，事件風暴辨識出來的事件僅作為驅動建模的動力而已。至於決策命令，通常被定義為聚合根實體的領域行為，執行了改變其狀態的業務邏輯。如果根據事件協作風格引入了領域事件，通常就由決策命令發佈領域事件。

若遵循事件建模範式，透過事件風暴獲得的以事件為核心的模型，就是事件驅動模型。該模型是對狀態建模的真實表現，事件風暴辨識的事件就是領域事件。每一個領域場景，都表現為一系列決策命令 - 領域事件的回應模式，寫入模型作為聚合，是狀態的持有者，讀取模型是決策命令或領域事件攜帶的訊息資料。

事件建模範式針對狀態遷移進行建模，領域事件作為聚合狀態遷移歷史的「留存」，改變了聚合的生命週期管理方式。聚合由狀態的持有者和控制者變成了回應命令和發佈事件的中轉站，聚合的狀態也不再發生變更，而是以「事實」為基礎的特徵，為每次狀態的變更記錄（新增）一筆領域事件記錄。聚合不再被持久化，被持久化的是一系列沿著時間軸不停記錄下來的歷史事件。這就是與事件建模範式相符合的事件溯源模式。該模式對事件的溯源，滿足管理和營運的稽核需求，透過回溯整個狀態變更的過程可以完美地重現聚合的生命旅程。

B.2　事件溯源模式

事件溯源（event sourcing）模式是為事件建模範式提供的設計模式。在這一模式下，領域事件與聚合成了領域設計模型的核心要素。

事件溯源模式不同於物件建模範式，主要表現為對聚合生命週期的管理。物件建模範式的資源庫負責管理聚合的生命週期，直接針對邊界內的實體與值物件執行持久化，事件溯源則不然，它將聚合以一系列事件的方式進行持久化，因為領域事件記錄的就是聚合狀態的變化，如果能夠將每次狀態變化產生的領域事件記錄下來，就相當於記錄了聚合生命週期每一步成長的腳印。此時，持久化的事件就成了一個自由的「時空穿梭機」，隨時可以根據需求透過重放（replaying）回到任意時刻的聚合物件。

Chris Richardson 複習了事件溯源的優點和缺點：「事件溯源有幾個重要的好處。舉例來說，它保留了聚合的歷史記錄，這對於實現稽核和監管的功能非常有幫助。它可靠地發佈領域事件，這在微服務架構中特別有用。事件溯源也有弊端。它有一定的學習曲線，因為這是一種完全不同的業務邏輯開發方式。」[61]177

事件溯源模式的首要原則是「事件永遠是不變的」，因此對事件的持久化就變得非常簡單：無論發生什麼樣的事件，在持久化時都是追加操作。這就好似在 GitHub 上提交程式，每次提交都會在提交日誌上增加一筆記錄。因此，了解事件溯源模式需把握兩個關鍵原則：

- 聚合的每次狀態變化，都是一個事件的發生；
- 事件是不變的，以追加方式記錄事件，形成事件日誌。

由於事件溯源模式運用在界限上下文的邊界內，它所操作的事件屬於領域設計模型的一部分。若要準確說明，應稱其為領域事件，以區分發佈/訂閱模式操作的應用事件。

B.2.1 領域事件的定義

事件溯源既然以追加形式持久化領域事件，就可以不受聚合持久化實現機制的限制，如物件與關係之間的阻抗不符合、複雜的資料一致性問題、聚合的歷史記錄儲存等。事件溯源持久化的不是聚合，而是由聚合狀態變化產生的領域事件。這種持久化方式稱為事件儲存（event store）。

事件儲存會建立一張事件表，記錄下事件的 ID、類型、連結聚合、事件的內容和事件產生的時間戳記，其中，事件內容將作為重建聚合的資料來源。事件表需要支援各種類型的領域事件，表示事件內容需要儲存不同結構的資料值，因此通常選擇 JSON 格式的字串。例如 IssueCreated 事件：

```
{
    "eventId": "111",
    "eventType": "IssueCreated",
    "aggregateType": "Issue",
    "aggregateId": "100",
    "eventPayload": {
        "issueId": "100",
        "title": "Global Consent Management",
        "description": "Manage global consent for customer",
        "label": "STORY",
        "iterationId": "111",
        "points": 5
    },
    "occuredOn": "2019-08-30 12:10:11 756"
}
```

只要保證 eventPayload 的內容為可解析的標準格式，IssueCreated 事件也可儲存在關聯式資料庫[3]中，透過 eventType、aggregateType 和 aggregateId 可以確定事件以及該事件對應的聚合，重建聚合的資料則來自 eventPayload 的值。領域事件包含的值必須是訂閱方需要了解的資訊，例如 IssueCreated 事件會創建一張任務卡，如果事件沒有提供該任務的 title、description 等值，就無法透過這些值重建 Issue 聚合物件。

3　目前 MySQL 與 PostgreSQL 已經支援 JSON 字串。

B.2.2 聚合的創建與更新

實現事件溯源需要執行的操作（或職責）包括：

- 處理命令；
- 發佈事件；
- 儲存事件；
- 查詢事件；
- 創建以及重建聚合。

事件溯源雖然採用了和傳統領域驅動設計不同的建模範式和設計模式，但仍然需要遵守領域驅動設計的根本原則：保證領域模型的純粹性。參與到事件溯源的角色構造型包括領域事件、命令、聚合、資源庫和事件儲存，其中，資源庫與事件儲存屬於南向閘道，定義了通訊埠和介面卡。

事件溯源由於採用了事件儲存模式，因此與發佈／訂閱模式不同，並不會真正發佈事件到訊息佇列或事件匯流排。事件溯源的所謂「發佈事件」實則為創建並儲存事件。

領域事件、命令和聚合屬於內部領域層的領域設計模型。為保證領域模型的純粹性，應將儲存事件和查詢事件的職責交給事件儲存。與服務驅動設計的要求相似，領域服務承擔了協作這些領域模型物件實現業務服務的職責，並由它與事件儲存通訊埠協作。為了讓領域服務知道該如何儲存事件，聚合在處理了命令之後，需要將生成的領域事件返回給領域服務。聚合僅負責創建領域事件，領域服務透過呼叫事件儲存通訊埠對領域事件進行持久化。

初次創建聚合實例時，聚合還未產生任何一次狀態的變更，不需要重建聚合。因此，聚合的創建操作與更新操作的流程並不相同，在實現事件溯源時需區分對待。

創建聚合需要執行以下活動：

- 創建一個新的聚合實例；

- 聚合實例接收命令生成領域事件；
- 運用生成的領域事件改變聚合狀態；
- 儲存生成的領域事件。

舉例來說，專案經理在專案管理系統中創建一張新的問題卡片。在領域層，首先由領域服務接收命令：

```
@DomainService
public class CreatingIssueService {
    private EventStore eventStore;

    public void execute(CreateIssue command) {
        Issue issue = Issue.newInstance();
        List<DomainEvent> events = issue.process(command);
        eventStore.save(events);
    }
}
```

領域服務透過 Issue 聚合的工廠方法創建一個新的聚合，然後呼叫該聚合實例的 process() 方法處理創建 Issue 的決策命令，然後透過 EventStore 通訊埠將返回的事件集合持久化。

Issue 聚合的 process() 方法首先會驗證命令有效性，然後根據命令執行領域邏輯，再生成新的領域事件。在返回領域事件之前，會呼叫 apply() 方法更改聚合的狀態：

```
@Aggregate
public class Issue {
    public List<DomainEvent> process(CreateIssue command) {
        try {
            command.validate();
            IssueCreated event = new IssueCreated(command.issueDetail());
            apply(event);
            return Collections.singletonList(event);
        } catch (InvalidCommandException ex) {
            logger.warn(ex.getMessage());
            return Collections.emptyList();
        }
    }
```

```
public void apply(IssueCreated event) {
    this.state = IssueState.CREATED;
}
}
```

process() 方法並不負責修改聚合的狀態,這一職責交給了單獨定義的 apply() 方法,並在返回領域事件之前呼叫該方法。之所以要單獨定義 apply() 方法,是為了聚合的重建。重建聚合時需要先遍歷該聚合發生的所有領域事件,再呼叫單獨定義的 apply() 方法完成對聚合實例的狀態變更。如此設計就能重用該邏輯,並保證聚合狀態變更的一致性,真實地表現狀態變更的歷史。

IssueCreated 事件是不可變的,process() 方法就可以定義為一個沒有副作用的純函數。此為狀態變遷的本質特徵,即聚合從一個狀態(事件)變遷到另一個新的狀態(事件),而非修改聚合本身的狀態值。這也正是事件建模範式與函數建模範式更為契合的原因所在。

聚合處理了命令並返回領域事件後,領域服務透過聚合依賴的事件儲存通訊埠儲存這些領域事件。事件的儲存既可認為是對外部資源的依賴,也可以認為是一種副作用。將儲存事件的職責轉移給領域服務,既符合物件導向儘量將依賴向外插的設計原則,也符合函數程式設計將副作用往外插的設計原則。遵循這一原則設計的聚合,能極佳地支援單元測試的撰寫。

更新聚合需要執行以下活動:

- 從事件儲存載入聚合對應的事件;
- 創建一個新的聚合實例;
- 遍歷載入的事件,完成對聚合的重建;
- 聚合實例接收命令生成領域事件;
- 運用生成的領域事件改變聚合狀態;
- 儲存生成的領域事件。

舉例來說，要將剛才創建好的 Issue 分配給團隊成員，可發送命令 AssignIssue 給領域服務：

```
@DomainService
public class AssigningIssueService {
    private EventStore eventStore;

    public void execute(AssignIssue command) {
        Issue issue = Issue.newInstance();
        List<DomainEvent> events = eventStore.eventsOf(command.
aggregateId());
        issue.applyEvents(events);
        // 注意 process 方法內部會呼叫 apply() 方法運用新的領域事件
        List<DomainEvent> events = issue.process(command);
        eventStore.save(events);
    }
}
```

領域服務首先創建了一個新生的聚合物件，然後透過 EventStore 與命令傳遞過來的聚合 ID 獲得與該聚合相關的歷史事件，然後針對新生的聚合進行生命狀態的重建。這就相當於重新執行了一遍曾經執行過的領域行為，使得當前聚合恢復到接受本次命令之前的正確狀態，然後處理當前決策命令，生成事件並儲存。

B.2.3 快照

聚合的生命週期各有長短。舉例來說，專案管理系統中 Issue 聚合的生命週期就相對簡短，一旦該問題被標記為完成，幾乎就可以認為具有該身份標識的 Issue 已經壽終正寢。除了極少數的 Issue 需要被重新打開，該聚合不會再發佈新的領域事件了。有的聚合則不同，或許聚合變化的頻率不高，但它的生命週期相當漫長。舉例來說，銀行系統的帳戶 Account 聚合就可能隨著時間的演進，累積大量的領域事件。一個聚合的歷史領域事件一旦隨著時間的演進變得越來越多，如前所述的載入事件以及重建聚合的執行效率就會越來越低。

事件溯源透過「快照」（snapshot）來解決此問題。

使用快照時，通常會定期將聚合以 JSON 格式持久化到聚合快照表中。注意，快照表持久化的是聚合資料，而非事件資料。故而快照表記錄了聚合類型、聚合 ID 和聚合的內容，當然也包括持久化快照時的時間戳記。創建聚合時，可直接根據聚合 ID 從快照表中獲取聚合的內容，然後透過反序列化創建聚合實例。如此即可讓聚合實例直接從某個時間戳記「帶著記憶重生」，省去了從初生到快照時間戳記的重建過程。快照內容不一定是最新的聚合值，因而還需要運用快照時間戳記之後的領域事件，才能快速而正確地回歸到最新狀態：

```
@DomainService
public class AssigningIssueService {
    private EventStore eventStore;
    private SnapshotRepository snapshotRepo;

    public void execute(AssignIssue command) {
        // 利用快照重建聚合
        Snapshot snapshot = snapshotRepo.snapshotOf(command.aggregateId());
        Issue issue = snapshot.rebuildTo(Issue.getClass());

        // 獲得快照時間戳記之後的領域事件
        List<DomainEvent> events = eventStore.eventsAfter(command.
aggregateId(), snapshot.
createdTimestamp());
        // 運用快照時間戳記之後的領域事件，回歸最新狀態
        issue.applyEvents(events);

        List<DomainEvent> events = issue.process(command);
        eventStore.save(events);
    }
}
```

B.2.4 針對聚合的事件溯源

事件溯源有兩個不同的角度。一個角度針對事件，另一個角度針對聚合。在前述程式中，無論是獲取事件、儲存事件或運用事件，其目的都是操作聚合。舉例來說，獲取事件是為了實例化或重建一個聚合實例；儲存事件雖然是針對事件的持久化，但最終目的還是將來對聚合的重建，可

等同為聚合的持久化；運用事件是為了正確地變更聚合的狀態，相當於更新聚合。因此，我們可以透過聚合資源庫來封裝事件溯源與事件儲存的底層機制。這樣既能簡化領域服務的邏輯，又能幫助程式的閱讀者更加直觀地了解領域邏輯。仍以 Issue 聚合為例，可定義 IssueRepository 類別：

```
public class IssueRepository {
    private EventStore eventStore;
    private SnapshotRepository snapshotRepo;

    // 查詢聚合
    public Issue issueOf(IssueId issueId) {
        Snapshot snapshot = snapshotRepo.snapshotOf(issueId);
        Issue issue = snapshot.rebuildTo(Issue.getClass());

        List<DomainEvent> events = eventStore.eventsAfter(command.
aggregateId(), snapshot.createdTimestamp());
        issue.applyEvents(events);

        return issue;
    }

    // 新建聚合
    public void add(CreateIssue command) {
        Issue issue = Issue.newInstance();
        processCommandThenSave(issue, command);
    }

    // 更新聚合
    public void update(AssignIssue command) {
        Issue issue = issueOf(command.issueId());
        processCommandThenSave(issue, command);
    }

    private void processCommandThenSave(Issue issue, DecisionCommand
command) {
        List<DomainEvent> events = issue.process(command);
        eventStore.save(events);
    }
}
```

定義了針對聚合的資源庫後，事件溯源的細節就被隔離在資源庫內，領域服務操作聚合就如同物件建模範式的實現，不同之處在於領域服務接

收的仍然是決策命令，使得它從承擔領域行為的職責蛻變為對決策命令的分發，由於領域服務封裝的領域邏輯非常簡單，因此可以為一個聚合定義一個領域服務：

```
public class IssueService {
    private IssueRepository issueRepo;

    public void execute(CreateIssue command) {
        issueRepo.add(command);
    }

    public void execute(AssignIssue command) {
        issueRepo.update(command);
    }
}
```

領域服務的職責是完成對命令的分發，在事件建模範式中，可考慮將領域服務命名為命令分發器，如將 IssueService 改名為 IssueCommand Dispatcher，才算名副其實。

B.2.5 匯總查詢的改進

透過 IssueRepository 的實現，可以看出事件溯源在匯總查詢功能上存在的限制：僅支援以主鍵為基礎的查詢。這是由事件儲存機制決定的。若要提高對聚合的查詢能力，唯一有效的解決方案就是在儲存事件的同時儲存聚合。

聚合的儲存與領域事件無關，它是根據領域模型物件的資料結構進行設計和管理的，可以滿足複雜的匯總查詢請求。儲存的事件由於真實地反映了聚合狀態的變遷，故而用於滿足用戶端發起的命令請求，因為只有命令請求才會引起狀態的變化；儲存的聚合則依照物件建模範式的聚合物件進行設計，透過 ORM 框架就能滿足對聚合的進階查詢請求。事件與聚合的分離，表示命令與查詢的分離，實際上就是命令查詢職責分離（CQRS）模式（參見第 18 章）的設計初衷。

CQRS 模式將系統的領域模型分為查詢與命令兩個類別：查詢模型與命令模型。查詢模型採用查詢視圖模式，直接查詢業務資料庫獲得聚合；命令模型採用事件溯源模式，聚合負責命令的處理與事件的創建，需要同時操作事件資料庫和業務資料庫，前者用於每一個事件資料的儲存，後者用於更新或創建聚合。

這一機制存在一個風險：若事件的持久化與聚合的持久化不一致該怎麼辦？

一個聚合產生的所有領域事件和聚合應處於同一個界限上下文。因此，可以選擇將事件儲存與聚合儲存放在同一個資料庫，以保證事件儲存與聚合儲存的交易強一致性。儲存事件時，同時將更新後的聚合持久化。既然資料庫已經儲存了聚合的最新狀態，就無須透過事件儲存來重建聚合，但領域邏輯的處理模式仍然表現為命令 - 事件的狀態遷移形式。至於查詢，就與事件無關了，可以直接查詢聚合所在的資料庫。修改後的 **IssueRepository** 如下所示：

```
public class IssueRepository {
    private EventStore eventStore;
    private AggregateRepository<Issue> repo;

    public Issue issueOf(IssueId issueId) {
        return repo.findBy(issueId);
    }

    public List<Issue> allIssues() {
        return repo.findAll();
    }

    public void add(CreateIssue command) {
        Issue issue = Issue.newInstance();
        processCommandThenSave(issue, command);
    }

public void update(AssignIssue command) {
    // 這裡不再透過事件進行聚合的重建，而是直接查詢聚合資料庫
    Issue issue = issueOf(command.issueId());
    processCommandThenSave(issue, command);
}
```

```
    private void processCommandThenSave(Issue issue, DecisionCommand
command) {
        List<DomainEvent> events = issue.process(command);
        eventStore.save(events);
        repo.save(issue);
    }
}
```

該方案的優勢在於事件儲存和聚合儲存都在本地資料庫，透過本地交易即可保證資料儲存的一致性，且在支援事件追溯與稽核的同時，還能避免重建聚合帶來的性能影響。與不變的事件不同，聚合會被更新，因此它的持久化要比事件儲存更加複雜。由於本地已經儲存了聚合物件，事件的重要性就被削弱了，事件溯源的價值僅表現為對狀態變遷的追溯。由於儲存事件與聚合的操作發生在一個強一致的交易範圍內，事件的非同步非阻塞特性被「無情」地抹殺了。

要充分發揮事件非同步非阻塞的特性，可以考慮將事件和聚合儲存在不同資料庫，先持久化事件，然後將事件的最新狀態反映到業務資料庫，形成對聚合的操作。這實際上才是事件的拿手好戲，透過發佈或輪詢事件架設事件儲存與聚合儲存之間溝通的橋樑。事件不僅能用於溯源，還有著通知狀態變更的作用。

由於事件模型與聚合模型分屬不同的處理程序，一旦選擇發佈事件，就需要引入事件匯流排作為傳輸事件的通道，並使用諸如 Kafka、RabbitMQ 之類的訊息中介軟體作為事件匯流排以支援分散式訊息的傳輸。這就相當於在事件溯源模式的基礎之上引入了發佈/訂閱模式。要通知狀態變更，可以直接將領域事件視為應用事件進行發佈，也可以將領域事件轉為耦合度更低的應用事件。

事件儲存端是發行者。當聚合接收到命令請求後生成領域事件，然後將領域事件或轉換後的應用事件發佈到事件匯流排。發佈事件的同時還需儲存事件，以支援事件的溯源。

聚合儲存端是訂閱者。它會訂閱自己關心的事件，借由事件攜帶的資料創建或更新業務資料庫中的聚合。由於事件訊息的發佈是非同步的，處

理命令請求和儲存聚合資料的功能又分佈在不同的處理程序，就能更快地回應用戶端發送來的命令請求，提高整個系統的回應能力。

如果不需要即時發佈事件，也可以讓訂閱者定時輪詢儲存在事件表的事件，獲取未曾發佈的新事件發佈到事件匯流排。為了避免事件的重複發佈，可以在事件表中增加一個 published 列，用於判斷該事件訊息是否已經發佈。一旦成功發佈了該事件訊息，就需要更新事件表中的 published，將其標記為 true。

無論發佈還是輪詢事件，都需要考慮分散式交易的一致性問題，交易範圍要協調的操作包括：

- 儲存領域事件（針對發佈事件）；
- 發送事件訊息；
- 更新聚合狀態；
- 更新事件表標記（針對輪詢事件）。

雖然在一個交易範圍內要協調的操作較多，但要保證資料的一致性也沒有想像中那麼棘手。事件的儲存與聚合的更新並不要求強一致性，尤其對命令端而言，選擇了這一模式，表示你已經接受了執行命令請求時的非同步非即時能力。要選擇即時發佈事件，為了避免儲存領域事件與發送事件訊息之間的不一致，可以考慮在事件儲存成功之後再發送事件訊息。由於領域事件是不變的，儲存事件皆以追加方式進行，故而無須對資料行加鎖來控制併發，這使得領域事件的儲存操作相對高效。

許多訊息中介軟體都可以保證訊息投遞做到「至少一次」，只要事件的訂閱方保證更新聚合狀態操作的冪等性，就能避免重複消費事件訊息，變相地做到了「恰好一次」。更新聚合狀態的操作包括創建、更新和刪除，除了創建操作，其餘操作本身就是冪等的。可以透過聚合的 ID 保證創建操作的冪等性：在執行創建操作之前先檢查業務資料庫是否已經存在該聚合 ID，若已存在，證明該事件訊息已經消費過，應忽略該事件訊息，避免重複創建。當然，我們也可以在事件訂閱方引入事件發送歷史表。

該歷史表可以和聚合所在的業務資料表放在同一個資料庫，可保證二者的交易強一致性，也能避免事件訊息的重複消費。

針對輪詢事件的實現方式，由於訊息中介軟體保證了事件訊息的成功投遞，就無須等待事件訊息發送的結果，即可更新事件表標記。即使更新標記的操作有可能出現錯誤，只要能保證事件的訂閱者遵循了冪等性，就能避免事件訊息的重複消費，降低一致性要求。哪怕更新事件表的標記時未能滿足一致性，也不會產生負面影響。

剩下的問題就是如何保證聚合狀態的成功更新。在確保了事件訊息已成功投遞之後，對聚合狀態更新的操作已經由分散式交易的協調「降低」為對本地資料庫的存取操作。許多訊息中介軟體都可以快取甚至持久化佇列中的事件，在設定了合理的保存週期後，倘若事件的訂閱者處理失敗，還可透過重試機制提高更新操作的成功率[4]。

B.3 事件驅動架構

倘若採用事件驅動模型，應優先考慮界限上下文之間的協作遵循事件驅動架構風格。

B.3.1 事件驅動架構風格

事件驅動架構（event-driven architecture）是一種以事件為媒介、實現元件或服務之間最大鬆散耦合的架構風格。遵循事件驅動架構風格，界限上下文的協作將採用發行者/訂閱者模式，事件訊息的傳遞透過事件匯流排完成。事件匯流排往往由訊息中介軟體承擔，訊息中介軟體支援訊息

4　這裡所示的保證事件與聚合一致性的手段實則就是柔性事務的可靠訊息模式，具體實現機制參見第 18 章。

的非同步和併發處理，並利用分散式系統的擴充優勢，整體提高系統的回應能力。

事件驅動架構不僅是一種架構風格，實際上還延續了事件建模範式的思想，改變了我們觀察界限上下文之間協作的角度。Sam Newman 就認為界限上下文之間的協作有兩種不同的風格：編排（orchestration）與協作（choreography）[3]36。

編排協作風格會將一個界限上下文的應用服務作為中心控制器，由它來協調多個界限上下文之間的協作。這一方式清晰地表現了該服務方法的執行過程，但問題在於主服務「作為中心控制點承擔了太多職責」，這樣的協作方式自然也帶來了多個界限上下文之間的耦合。

協作協作風格採用發佈事件和訂閱事件的方式。主服務以非同步方式將事件發佈到事件匯流排，與之相關的界限上下文透過訂閱該事件各自處理屬於自己的業務。界限上下文之間透過事件匯流排隔離，唯一的耦合點就是事件。

事件驅動架構採用了協作協作風格。這一風格是對發行者 / 訂閱者上下文映射模式的運用。作為事件發行者的上游界限上下文發佈事件到事件匯流排，關注該事件的下游界限上下文訂閱該事件，並在接收到該事件後處理事件，完成相關的領域行為。

B.3.2　引入事件流

事件的發佈和訂閱屬於一種非同步通訊機制，觸發事件的只能是引起目標物件狀態變化的命令請求，而查詢操作就不會觸發事件，且請求者在發起查詢操作後，需要即時等待查詢返回的結果，屬於同步操作。若查詢操作發生在界限上下文之間，就不能基於事件進行協作了。這一協作方式帶來了界限上下文之間的耦合，同步的執行方式也會抵消非同步非阻塞操作帶來的高回應優勢。

一個純粹的事件驅動架構需要將所有界限上下文參與協作的業務場景都設計為發佈／訂閱事件的非同步協作模式。改進方法是引入事件流，在當前界限上下文快取和同步本該由上游界限上下文提供的資料，以將本該屬於跨界限上下文的查詢操作改為本地查詢操作。舉例來說，訂單上下文下訂單時，本來需要呼叫庫存上下文的庫存服務，以驗證商品是否缺貨。為了避免呼叫庫存上下文的遠端服務，就可以在訂單上下文的資料庫中也建立一個庫存表，並透過訂閱庫存上下文發佈的 InventoryChanged 事件，將庫存記錄的變更同步到訂單上下文的庫存表，保證庫存資料的一致。當訂單上下文需要驗證商品是否缺貨時，只需查詢自己的庫存表，跨界限上下文的查詢服務就變成了界限上下文內部的查詢操作。

這一改進徹底消除了界限上下文之間的同步查詢操作，將所有協作都變成了非同步模式的命令操作，每個界限上下文只需要考慮向事件匯流排發佈事件，並訂閱自己感興趣的事件，真正做到了界限上下文的自治（事件訊息協定產生的耦合除外）。

為了清晰地展現引入事件流之後界限上下文協作方式的變化，我們以訂單、支付、庫存和通知上下文之間的關係為例加以説明。首先，考慮下訂單業務服務，透過事件進行通訊的序列圖如圖 B-20 所示。

訂單上下文的物件在同一個處理程序內協作。OrderAppService 在接收到下訂單請求後，需要透過 InventoryService 領域服務驗證庫存量。注意，InventoryService 是訂單上下文的領域模型物件，在它的 checkInventory() 方法實現中，呼叫了 InventoryRepository 查詢了庫存表，確定庫存量是否滿足訂單的購買要求（這一協作過程在圖 B-20 中被省略了，沒有表現）。Inventory Repository 和庫存表也屬於訂單上下文，因為訂單上下文透過事件流同步了庫存上下文的庫存資料（該同步操作在支付場景中有所表現）。下訂單成功後，由 OrderEventPublisher 發佈 OrderPlaced 事件。通知上下文的 OrderPlacedEventSubscriber 訂閱了 OrderPlaced 事件，在收到事件後由 OrderEventHandler 處理該事件，然後透過 NotificationAppService 應用服務發送通知。

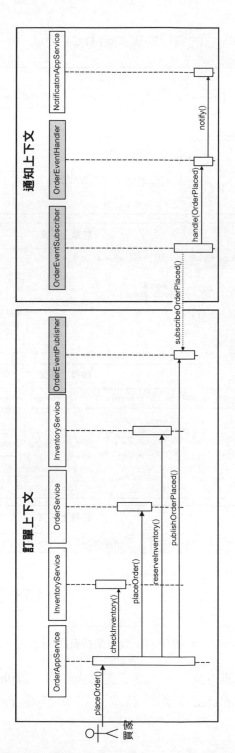

▲ 圖 B-20　下訂單業務服務

再考慮支付業務服務，它的執行序列如圖 B-21 所示。

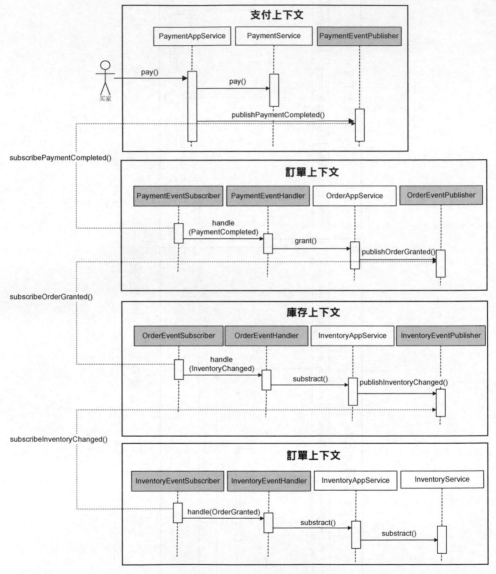

▲ 圖 B-21　支付業務服務

買家向支付上下文發起付款請求。完成支付操作後，PaymentEventPublisher 發佈了 PaymentCompleted 事件。訂單上下文訂閱了該事件，收到該

事件後由 OrderAppService 對訂單進行了確認，將訂單的狀態修改為 Granted，然後發佈 OrderGranted 事件。庫存上下文訂閱了這一事件，由 InventoryAppService 執行扣減庫存量的操作，並發佈 InventoryChanged 事件。為了實現庫存上下文與訂單上下文庫存表的同步，訂單上下文訂閱了 InventoryChanged 事件，並在收到該事件後由訂單上下文的 InventoryAppService 對本地的庫存表執行扣減庫存量的操作，保證庫存資料的一致性。

支付業務服務的界限上下文協作相比較較複雜。實際上這裡還省略了其他界限上下文的協作，例如除了庫存上下文訂閱了訂單上下文發佈的 OrderGranted 事件，通知上下文也會訂閱該事件，並在收到該事件後向庫存管理人員、買家和賣家發送通知。

圖 B-20 和圖 B-21 所示的界限上下文之間的協作均透過非同步的事件進行，因此較難看出明顯的整體業務流程，這也是事件驅動架構的缺陷。但是，對每個界限上下文而言，它們只需負責處理屬於自己的業務，並在完成業務後發佈對應的事件，充分表現了自治的特徵。

事件驅動架構在引入事件匯流排後，透過事件流將遠端查詢操作改為本地查詢操作，大幅地保證了參與協作的每個界限上下文做到充分自治。如圖 B-22 所示，每個界限上下文除需要關心發佈和訂閱的事件外，只需要知道作為事件匯流排的 Kafka。

事件驅動架構雖然改變了界限上下文之間的協作方式，但仍然屬於領域驅動架構的一部分。採用事件驅動架構進行界限上下文協作，對應的上下文映射模式即為發行者／訂閱者模式。事件的發佈與訂閱仍然屬於一種服務契約，其類型為服務事件契約。若將採用事件協作的界限上下文視為微服務，可將這樣的微服務稱為事件驅動服務[5]。

5　Ben Stopford 的文章 "Build Services on a Backbone of Events"。

事件驅動架構與事件溯源模式並不矛盾，前者關注界限上下文之間的協作，後者關注界限上下文內部的領域邏輯。二者也可以結合起來，圍繞著事件建立事件驅動模型。以界限上下文為邊界，對內，將所有的領域行為都了解為狀態的變更，然後以事件形式進行儲存和處理；對外，將所有的通訊機制都了解為是事件訊息的傳遞，然後以事件形式進行發佈與訂閱。如此就能做到系統的可追溯性、高回應性、彈性伸縮和鬆散耦合。這正是事件驅動模型的核心優勢。

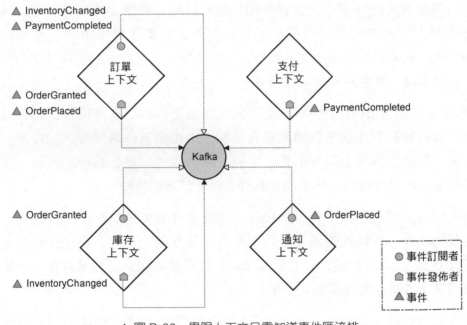

▲ 圖 B-22　界限上下文只需知道事件匯流排

毫無疑問，事件驅動模型存在一定的複雜度，若對此缺乏駕馭信心，就需慎用這一模型，或選擇性地為部分業務場景建立事件驅動模型，並做好界限上下文邊界的控制。作為函數建模範式的分支，事件驅動模型還可以採用函數式程式設計，甚至考慮引入響應式程式設計框架，以符合這種非同步非阻塞的事件流模式。

領域驅動設計魔方

只有系統在其輪廓形成時從理念世界的構造本身獲得了靈感，它才是有效的。

——瓦爾特·班雅明，《德意志悲苦劇的起源》

在領域驅動設計統一過程中，結合我對領域驅動設計的了解和專案實踐，我引入了一些新的模式和方法，豐富了領域驅動設計的知識系統。

實際上，領域驅動設計知識系統本身就不是一成不變的，從 2003 年 Eric Evans 的著作《領域驅動設計》面世以來，領域驅動設計身為模型驅動設計方法就在不斷的演化和豐富之中。在豐富領域驅動設計知識系統之前，可以對領域驅動設計的發展做一次歷史性的回眸。

C.1 發展過程的里程碑

在領域驅動設計的發展過程中，有幾個值得注意的里程碑。

首先是領域事件的引入。它不僅豐富了領域驅動設計元模型，還引起了建模思想與建模範式的變革。圍繞領域事件，社區提出了諸多設計模式與架構模式，如事件溯源、事件儲存、CQRS，事件驅動架構也在潛移默化地影響著領域驅動架構。領域事件關注狀態的遷移，可以促進我們定義出無副作用的純函數，從而改變過去以「名詞」為主的物件建模範式，逐步豐富以「動詞」為主的函數建模範式，甚至單獨形成了以「事件」為核心的事件建模範式。

其次，微服務的引入凸顯了領域驅動設計的重要性。除去微服務架構技術設施自身具有的複雜度，設計人員面臨的最大難題就是如何設計合理的微服務。除了高內聚鬆散耦合原則，微服務的設計原則竟然乏善可陳。此時，領域驅動設計進入了設計者的視野，界限上下文表現出來的自治性，對領域概念的知識語境界定和業務能力切分，恰好與微服務的粒度與邊界不謀而合。誰能想到，Eric Evans 已經為十年後誕生的微服務架構風格量身定做了這一套完整的方法區塊系？借由微服務架構的大行其道，人們似乎又重新認識了領域驅動設計，並將界限上下文抬高到了至高無上的地位。

作為「企業級能力重複使用平台[1]」的業務中台戰略，也在領域驅動設計中找到了完美的契合點。首先，領域驅動設計問題空間的核心子領域代表了企業的核心價值，這一核心價值又透過解空間的界限上下文彰顯其業務能力，如圖 C-1 所示。

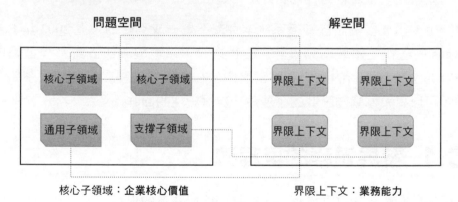

▲ 圖 C-1　核心子領域與界限上下文

要做到企業級能力的重複使用，界限上下文是關鍵，內部的領域模型可作為基本的重複使用單元。在界限上下文知識語境下定義的領域模型，可在統一語言的指導下準確地表達領域概念，經過領域分析建模、領域設計建模和領域實現建模獲得的領域模型，以可運行的程式工件為解決

1　參見王健的文章《白話中台戰略 -3：中台的定義》

企業相關問題的解決方案子集，並逐步演化為企業資訊系統需要的核心資產。

業務中台是企業級的規劃與設計戰略，領域驅動設計的作用域更傾向於軟體系統。但是，我們也可以在領域驅動設計統一過程的全域分析階段，開展對整個企業問題空間的整理。這其實也對領域驅動設計提出了更高的要求，也就是我們需要突破領域驅動設計作為技術系統的定位，將其視為一種設計哲學，即領域驅動設計哲學（domain-driven design philosophy）。

為何說是哲學？哲學是一種智慧，是人類對宇宙、世界和人的洞見與思考，並由此提出的一種認知宇宙、世界和人的觀點。如果將軟體需要解決的真實世界視為宇宙或世界，一種設計系統不就是一套哲學觀點嗎？領域驅動設計將「領域」作為打開真實世界運行規律箱子的鑰匙，表現的正是軟體設計的一種哲學觀。要符合這種哲學觀，就需要為領域驅動設計建構一套相對完整的知識系統。世界總在變化，為了對準我們觀察的世界，這套知識系統自然也應該不斷豐富和演化。

C.2 領域驅動設計魔方

為了豐富領域驅動設計的知識系統，我們需要突破領域驅動設計的定義，擴大領域驅動設計的外延，引入更多與之相關的知識來豐富這一套方法區塊系，彌補自身的不足。這套方法區塊系能夠從更大的範圍打破戰略與戰術之間的隔閡，將二者在一個規範的知識系統中融合起來。我將這一知識系統稱為領域驅動設計魔方（domain-driven design magic cube）。

要融合領域驅動的戰略設計和戰術設計，需要打破按照不同抽象層次進行割裂的過程方法，引入更為豐富的維度，全方位說明領域驅動設計方法區塊系。將整個系統分為 3 個維度進行剖析。

■ X 維度：基於觀察角度定義維度。領域驅動設計不僅是一種架構設計方法，還牽涉到了研發過程的各個環節與內容，故而根據不同的觀察

角度將其分為業務、技術和管理 3 部分；

- Y 維度：基於設計階段定義維度。戰略設計與戰術設計不足以表現從問題空間到解空間的全過程，根據領域驅動設計統一過程的要求，將整個系統劃分為全域分析、架構映射和領域建模 3 個階段；

- Z 維度：基於實踐方式定義維度。每個抽象層次針對業務、技術和管理 3 個方面需要思考和分析的實踐方式，包括方法、模式和工件。

如果將整個目標系統視為一個正方體，則它被從 X 軸、Y 軸和 Z 軸 3 個維度切割，恰似一個可以任意轉動的魔方，這正是「領域驅動設計魔方」

得名之由來。X 維度限定領域驅動設計的內容，Y 維度分解領域驅動設計的過程，Z 維度蘊含領域驅動設計的實踐。由此站在全方位的角度融合了領域驅動的戰略設計與戰術設計，但又不至於過分地誇大領域驅動設計的作用，依舊將整個程序控制在領域驅動設計的範圍。領域驅動設計魔方的形式如圖 C-2 所示。

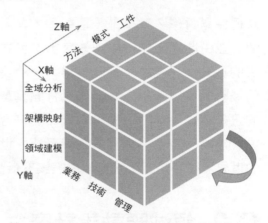

▲ 圖 C-2　領域驅動設計魔方的形式

下面我將根據全域分析、架構映射和領域建模 3 個階段，依次對領域驅動設計魔方進行闡釋。

C.3　全域分析的魔方切面

全域分析階段是問題空間的定義與分析階段，主要目的是明確系統的願景與目標，確定業務問題、技術風險和管理挑戰，透過全域調研與戰略分析，在巨觀層面確定整個系統在業務、技術和管理方面的戰略目標、指導原則，為架構映射階段與領域建模階段提供有價值的輸出。

全域分析的魔方切面如圖 C-3 所示。

▲ 圖 C-3　全域分析的魔方切面

C.3.1　業務角度

業務角度的全域分析階段就是確定整個系統的願景與目標，確保開發的軟體專案能夠對準戰略目標，避免軟體投資偏離戰略目標。透過全方位的全域分析，了解系統的當前狀態，確定系統的未來狀態，為探索系統的解決方案提供戰略指導和範圍界定。對應的 Z 軸實踐包括：

- 方法──商業模式畫布、服務藍圖、業務流程圖、業務服務圖、事件風暴；
- 模式──價值流、統一語言、子領域；
- 工件──業務全域分析文件[2]，包括系統的利益相關者、系統願景與範圍、系統核心子領域、系統通用子領域與支撐子領域、業務流程、業務場景、業務服務。

在全域分析的業務角度，透過引入商業模式畫布、服務藍圖等方法，遵循全域分析 5W 模型，獲得目標系統的價值需求與業務需求，組成業務全域分析文件。

2　即全域分析階段輸出的全域分析規格說明書，具體範本參見附錄 D

C.3.2 技術角度

技術角度的全域分析需要考慮問題空間的技術需求，即對軟體架構提出的品質屬性需求。針對技術問題，團隊需要調查架構資源，明確架構目標，評估整個系統可能存在的風險，確定風險優先順序，由此確定架構戰略。對應的 Z 軸實踐包括：

- 方法——RAID 風暴[3]；
- 模式——風險驅動設計[4]；
- 工件——架構全域分析文件[5]，包括架構資源與架構目標、技術風險優先順序清單。

在全域分析的技術角度，透過引入 RAID 風暴辨識目標系統的風險、假設、問題和依賴，對品質屬性需求進行整理，調查架構資源，明確架構目標，評估風險並確定風險優先順序，由此獲得架構全域分析文件。

C.3.3 管理角度

軟體開發歸根結底屬於工程學的範圍，必須要有對應的管理系統支援。許多企業實施領域驅動設計之所以沒有取得成功，固然有團隊技能不足的原因，但無法在專案管理流程、需求管理系統和團隊管理制度做出對應調整，可能才是主因。領域驅動設計統一程序定義了 3 個支撐工作流，分別回應專案管理、需求管理和團隊管理的要求。全域分析階段對

3　RAID 即風險（risk）、假設（assumption）、問題（issue）、依賴（dependency），RAID 風暴以工作坊的形式開展，召集團隊成員以視覺化的手段共同評估風險、明確假設、分析問題、辨識依賴。由於將所有軟體系統可能面臨的問題分為了 RAID 4 類別，明確了討論的範圍與類別，因此參與者能夠以更加收斂更加清晰的思路參與進來。

4　風險驅動設計方法來自我翻譯的《恰如其分的軟體架構》。該方法分為 3 個步驟：辨識風險並排定優先順序、選定解決方案、評估風險是否得到降低。可以將該方法用於架構設計，避免過度設計。

5　該文件透過品質屬性這一技術因素驅動獲得，與領域驅動出來的架構映射戰略方針並非同一個文件，之所以分開，也是希望儘量減少技術對業務的影響。

應的 Z 軸實踐包括：

- 方法——精益需求管理、敏捷專案管理；
- 模式——最小可用產品、故事地圖；
- 工件——需求故事系統，包括史詩故事、特性和使用者故事，制訂發佈和迭代計畫。

全域分析階段屬於管理流程的先啟階段，在確定了目標系統的需求後，可以按照精益需求管理系統的要求，將業務需求分解為史詩故事、特性與使用者故事，按照最小可用產品（minimal viable product，MVP）劃分發佈階段，根據敏捷專案管理的要求制訂發佈與迭代計畫，並建立故事地圖。

C.4 架構映射的魔方切面

架構映射階段是解空間中確定軟體系統架構的設計階段。它會針對問題空間尋找和確定戰略層面的解決方案，以領域驅動架構風格獲得系統為基礎的業務架構、應用架構、資料架構和技術架構，並由系統的架構確定團隊的組織結構，對業務需求和品質屬性需求進行工作分配，滿足領域驅動設計迭代建模的前置條件。

架構映射的魔方切面如圖 C-4 所示。

▲ 圖 C-4　架構映射的魔方切面

C.4.1 業務角度

根據全域分析階段輸出的業務全域分析文件，引入業務架構的價值流和業務序列圖，確定系統上下文，透過結合語義和功能進行相關性分析的

V 型映射過程辨識界限上下文，明確每個業務服務的服務序列圖確定界限上下文之間的協作關係，進而確定以界限上下文為架構單元的業務架構、應用架構和資料架構。對應的 Z 軸實踐包括：

- 方法——價值流、業務序列圖、V 型映射過程、服務序列圖、事件風暴；
- 模式——系統上下文、界限上下文、上下文映射、菱形對稱架構、系統分層架構；
- 工件——業務架構設計方案[6]，包括系統的業務架構、應用架構、資料架構和服務定義文件。

透過引入業務架構的價值流分析、C4 模型中的系統上下文圖和業務序列圖執行組織級映射，獲得系統上下文；透過 V 型映射過程執行業務級映射，獲得界限上下文，定義菱形對稱架構，透過服務序列圖確定上下文映射模式與服務契約；透過子領域確定界限上下文的層次，進而確定系統分層架構。然後，在領域驅動架構風格的指導下，以系統上下文、界限上下文為基礎確定系統的業務架構、應用架構和資料架構，形成業務架構設計方案。

C.4.2 技術角度

根據全域分析階段輸出的架構全域分析文件，對系統的技術風險清單做出技術決策，確定系統的架構風格，如選擇單體架構風格、微服務架構風格或事件驅動架構風格，明確不同業務場景的通訊協定。在評估風險後，確定解決或降低風險的架構因素，對具體的設計方案進行技術選型，確定目標系統的技術架構，並根據 RUP 4+1 視圖列出整個系統的整體架構。對應的 Z 軸實踐包括：

- 方法——RUP 4+1 視圖；

---

6 該方案即架構映射戰略設計方案。

- 模式——單體架構風格、微服務架構風格、事件驅動架構風格、CQRS 模式；
- 工件——技術架構設計方案，包括系統的技術架構，以及品質屬性清單和對應的解決方案。

根據全域分析階段輸出的風險列表和架構戰略，結合不同的業務場景確定架構風格，從而明確界限上下文的邊界與通訊模式，並對每個界限上下文的內部架構進行技術選型，遵循業務與技術分離的原則確定技術架構，形成技術架構設計方案。最後，利用 RUP 4+1 視圖對系統整體架構進行規範，基於業務場景視圖確定系統的邏輯視圖、開發視圖、處理程序視圖和物理視圖，獲得架構映射戰略設計方案。

C.4.3 管理角度

根據康威定律，目標系統的架構應與團隊組織結構保持一致，架構映射階段在業務角度確定了界限上下文這一架構單元，又在技術角度確定了系統的架構風格。如此就能確定界限上下文的物理邊界和系統分層架構，然後根據系統分層架建構立與之映射的領域特性團隊和元件團隊，規定團隊各個角色的職責，根據上下文映射模式確定各個團隊之間的協作模式。同時，在明確了專案管理流程和需求管理系統之後，根據全域分析階段確定的發佈與迭代計畫，按照優先順序為迭代待辦項（spring backlog）撰寫業務服務歸約。對應的 Z 軸實踐包括：

- 方法——康威定律、業務服務；
- 模式——領域特性團隊、元件團隊；
- 工件——確定團隊組織結構，明確團隊的溝通形式，由業務服務歸約組成的需求規格說明書。

架構映射階段仍然屬於管理流程的先啟階段。根據康威定律組建與系統分層架構符合的由領域特性團隊與元件團隊組成的專案團隊，並根據 Scrum 敏捷專案管理要求，按照發佈與迭代計畫完成高優先順序的業務服務需求分析。

C.5 領域建模

全域分析與架構映射偏重於巨觀層次的問題分析與戰略規劃，領域建模的活動則屬於戰術環節，需要根據架構設計的要求對業務需求做進一步整理和細化，深化設計領域模型，並在技術實現過程中進一步評估技術風險對架構帶來的影響，從而列出可行的設計方案，繼續整理和細化需求，確定每個領域特性團隊的任務，在敏捷專案管理的要求下推動整個系統以迭代建模與增量開發的方式完成建構。

▲ 圖 C-5　領域建模的魔方切面

領域建模的魔方切面如圖 C-5 所示。

C.5.1 業務角度

根據界限上下文所處領域是否為核心子領域確定不同的建模範式，然後在統一語言的指導下，分別開展領域分析建模、領域設計建模和領域實現建模，從而為界限上下文輸出領域模型。對應的 Z 軸實踐包括：

- 方法──快速建模法、事件風暴、四色建模法、服務驅動設計、測試驅動開發；
- 模式──角色構造型（包含了聚合與領域服務）、實體、值物件、領域事件、事件溯源；
- 輸出──領域模型，包括領域分析模型、領域設計模型和領域實現模型。

在領域建模階段的業務角度，透過快速建模法、四色建模法或事件風暴確定領域分析模型，然後遵循角色構造型的要求確定以聚合為核心的領域設計模型，利用服務驅動設計將不同的職責分配給對應的角色構造型，豐富領域設計模型，最後結合測試驅動開發獲得由業務產品程式和測試程式組成的領域實現模型。當然，不同建模範式得到的領域模型會有所差異，甚至可以圍繞著事件進行分析和設計，獲得事件驅動模型。

C.5.2 技術角度

在菱形對稱架構模式的要求下確保技術複雜度與業務複雜度的隔離，評估技術實現對領域模型帶來的影響，例如持久化框架、交易一致性對領域模型的影響。同時，也需要評估領域模型對技術實現的影響，例如事件溯源模式對基礎設施的影響。由此進行框架應用程式開發，實現基礎設施程式。同時，還需要考慮運行維護部署的技術因素，包括自動化測試、持續整合等 DevOps 實踐。對應的 Z 軸實踐包括：

- 方法——框架應用程式開發、持續整合；
- 模式——ORM、交易模式、測試金字塔；
- 輸出——基礎設施的產品程式與測試程式。

領域建模的技術角度需要確定持久化框架等基礎設施的技術選型，確定交易、安全等橫切重點的實現要求，在隔離業務複雜度與技術複雜度的原則下進行框架應用程式開發，實現基礎設施程式，保證讓整個軟體系統能夠運行起來，滿足客戶的業務需求和品質屬性需求。除了必要的基礎設施實現程式，還應遵循 DevOps 的專案實踐，提供自動化測試程式與自動化運行維護指令稿。

C.5.3 管理角度

需求的管理步伐必須與業務和技術保持一致。進入領域建模階段後，需求分析與業務服務歸約的撰寫直接影響了領域建模的品質和進度。進度

管理的重點是對迭代計畫的把控，即在迭代過程中合理安排不同層次的設計與開發活動，尤其是領域建模活動的時間與內容，並即時了解迭代開發過程的健康狀況。在團隊管理方面，需要繼續促進開發團隊與領域專家在領域建模過程中的交流與協作，透過定期召開回顧會議，複習最佳實踐，整理技術債務。在迭代開發過程中引入一些實踐如故事引導會與故事驗收來加強團隊不同角色之間對需求的溝通。對應的 Z 軸實踐包括：

- 方法──Scrum 或極限程式設計流程；
- 模式──Scrum 四會、任務看板、迭代實踐，即故事引導會與故事驗收；
- 輸出──由業務服務歸約組成的需求規格說明書、迭代計畫、技術債雷達圖、進度燃燒圖 / 燃盡圖、回顧會議待辦項。

無論是領域特性團隊，還是元件團隊，都必須遵循迭代計畫的開發要求，在 Scrum 的迭代週期內完成。團隊透過使用者故事 [7] 表現需求，透過看板追蹤迭代進度。為了加強需求、開發、測試等角色之間的交流，引入諸如故事引導會與故事驗收等迭代實踐，最終的進度情況可以透過燃盡圖或燃燒圖來表示。

雖然領域驅動設計以業務為主，但業務與技術、管理是相互影響的。領域驅動設計魔方以領域驅動設計研發方法論為中心，將有利於將領域驅動設計的諸多方法、模式和實踐整合進來，形成多層次、多維度、多角度的整體知識系統。領域驅動設計統一過程建立了以「領域」為核心驅動力的動態設計過程，領域驅動設計魔方則建立了一套靜態的多層次知識系統，可以作為企業或組織實施領域驅動設計的參考系統。

---

7 在領域驅動設計統一過程的領域建模階段，可以將一個業務服務當作一個使用者故事，並根據業務服務來安排迭代任務。

領域驅動設計統一過程發表物

全域分析規格說明書

（以領域驅動設計為基礎統一過程）

版本：V1.0

D.1 價值需求

描述目標系統的價值需求，可以附上商業模式畫布。

D.1.1 利益相關者
描述目標系統的利益相關者，包括終端使用者、企業組織、投資人等。

D.1.2 系統願景
描述利益相關者共同達成一致的願景，該願景的描述需要對準企業的戰略目標。

D.1.3 系統範圍
確定了目標系統問題空間的範圍和邊界，可以透過未來狀態減去當前狀態確定範圍。

1. 當前狀態
辨識當前已有的資源（人、資金），已有的系統，當前的業務執行流程。

2. 未來狀態
根據業務願景和利益相關者確定建構目標系統後希望達到的未來狀態。

- 附錄

3. 業務目標

明確各個利益相關者提出的業務目標。

D.2 業務需求

D.2.1 概述

對目標系統整體業務需求的描述，展開對整個問題空間的探索，劃分核心子領域、通用子領域和支撐子領域，可附上子領域映射圖。

D.2.2 業務流程

整個目標系統的核心業務流程和主要業務流程，可以透過服務藍圖、水道圖或活動圖繪製業務流程圖。

D.2.3 子領域 1⋯n

按照每個子領域對業務需求進行描述。業務需求的層次：

子領域 -> 業務場景 -> 業務服務

1. 業務場景 1⋯n

描述業務場景的業務目標，並透過業務服務圖表現業務場景與業務服務之間的關係。

業務服務 1⋯n

按照業務服務歸約的模式撰寫業務服務。

（1）編號

標記業務服務的唯一編號。

（2）名稱

動詞子句形式的業務服務名稱。

（3）描述

作為 <角色>；
我想要 <服務功能>；
以便於 <服務價值>。

（4）觸發事件

角色主動觸發的該業務服務的具體事件，可以是點擊 UI 的控制項、具體的策略或衍生系統發送的訊息。

（5）基本流程

用於表現業務服務的主流程，即執行成功的場景，也可以稱之為「主成功場景」。

（6）替代流程

用於表現業務服務的擴充流程，即執行失敗的場景。

（7）驗收標準

一系列可以接受的條件或業務規則，以要點形式列舉。

架構映射戰略設計方案

（以領域驅動設計為基礎統一過程）

版本：V1.0

D.3 系統上下文

結合全域分析階段獲得的價值需求（利益相關者、系統願景、系統範圍）確定系統上下文，表現使用者、目標系統與衍生系統之間的關係。

D.3.1 概述

繪製系統上下文圖，明確解空間的系統邊界。

D.3.2 系統協作

業務流程 1…n

根據全域分析階段獲得的業務流程，為每個業務流程繪製業務序列圖，並以文字簡要說明彼此之間的協作關係。

D.4 業務架構

結合業務願景與業務範圍，描繪出核心子領域、支撐子領域與通用子領域之間的關係。

D.4.1 業務元件

結合全域分析階段獲得的業務服務，根據 V 型映射過程從業務相關性辨識界限上下文，並將其作為組成業務架構的業務元件，透過業務服務圖展現業務服務與業務元件之間的包含關係。為每個業務元件中的業務服務繪製服務序列圖，展現前端、業務元件（界限上下文）與衍生系統之間的呼叫關係。

D.4.2 業務架構視圖

確定業務元件與子領域之間的關係，從業務角度繪製整個目標系統的業務架構。

D.5 應用架構

D.5.1 應用元件

在界限上下文的指導與約束下，將業務架構的業務元件映射為應用架構的應用元件。應用元件的粒度對應於界限上下文，但需要從團隊維度和技術維度進一步整理界限上下文的邊界，同時根據品質屬性的要求確定處理程序邊界。應用元件以函數庫或服務的形式呈現，除共用核心外，應用元件的內部架構遵循菱形對稱架構的要求。

D.5.2 應用架構視圖

在業務架構視圖的指導下，透過系統分層架構表現應用架構視圖。其中，系統分層架構的業務價值層與基礎層由具有界限上下文特徵的應用元件組成。

D.6 子領域架構

根據各個不同的子領域，設計各自的架構。

D.6.1 核心子領域 $1 \cdots n$

1. 概述

描述核心子領域提供的業務能力，並以清單方式列出每個應用元件的說明，為其繪製上下文映射圖，表現該子領域內各個應用元件的協作關係。

2. 應用元件 1…*n*

描述應用元件的基本資訊,包括元件名稱、元件描述與元件類型。

全域分析階段輸出的業務服務對應於解空間的服務契約,而服務契約又屬於應用元件。為當前應用元件撰寫服務契約定義,包括服務功能、服務功能描述、服務方法、生產者、消費者、模式、業務服務與服務操作類型,以表 D-1 的形式列出。

表 D-1 服務契約清單

服務功能	服務功能描述	服務方法	生產者	消費者	模式	業務服務	服務操作類型
×××	×××	×××	×××	×××	×××	×××	×××

服務契約 1…n

詳細描述每一個服務契約定義,內容包括服務功能、服務功能描述、服務方法、生產者、消費者、模式、業務服務與服務操作類型,並列出與服務品質相關的要素,包括冪等性、安全性、同步或非同步及其他設計要素,如性能、相容性、環境等。

D.6.2 支撐子領域
同 D.6.1 核心子領域。

D.6.3 通用子領域
同 D.6.1 核心子領域。

- 附錄

Appendix

E

參考文獻

[1] 蜜雪兒 . 複雜 [M]. 唐璐 , 譯 . 長沙 : 湖南科學技術出版社 ,2018.

[2] 阿佩羅 . 管理 3.0: 培養和提升敏捷領導力 [M]. 李忠利 , 任發科 , 徐毅 ,
譯 . 北京 : 清華大學出版社 ,2012.

[3] NEWMAN S. 微服務設計 [M]. 崔力強 , 張駿 , 譯 . 北京 : 人民郵電出版
社 ,2016.

[4] 湯瑪斯 , 亨特 . 程式設計師修煉之道 : 通向務實的最高境界 [M]. 雲風 ,
譯 . 2 版 . 北京 : 電子工業出版社 ,2011.

[5] SPINELLIS D, GOUSIOS G. 架構之美 : 頂級業界專家揭秘軟體設計之
美 [M]. 王海鵬 , 蔡黃輝 , 徐鋒 , 等譯 . 北京 : 機械工業出版社 ,2010.

[6] 福勒 . 重構 : 改善既有程式的設計 [M]. 熊節 , 譯 . 2 版 . 北京 : 人民郵電
出版社 ,2015.

[7] 沙洛維 , 特羅特 . 設計模式解析 [M]. 徐言聲 , 譯 . 北京 : 人民郵電出版
社 ,2006.

[8] EVANS E. 領域驅動設計 : 軟體核心複雜性應對之道 [M]. 趙俐 , 盛海
豔 , 等譯 . 北京 : 人民郵電出版社 ,2010.

[9] NEWELL A, SIMON H A. Human Problem Solving[M]. Englewood
Cliffs, N.J.: Prentice-Hall, 1972.

[10] 徐鋒 . 有效需求分析 [M]. 北京 : 電子工業出版社 ,2017.

[11] MILLETT S, TUNE N. 領域驅動設計模式、原理與實踐 [M]. 蒲成 , 譯 .
北京 : 清華大學出版社 ,2016.

[12] 福勒 . 企業應用架構模式 [M]. 北京 : 中國電力出版社 , 2004.

[13] 迪馬可 , 利斯特 . 人件 : 原書第 3 版 [M]. 肖然 , 張逸 , 滕雲 , 譯 . 北京 :
機械工業出版社 ,2014.

[14] 帕頓 . 使用者故事地圖 [M]. 李濤 , 向振東 , 譯 . 北京 : 清華大學出版社 ,2016.

[15] SIBBET D. 視覺會議 : 應用視覺思維工具提高團隊生產力 [M]. 臧賢凱 , 譯 . 北京 : 電子工業出版社 ,2012.

[16] BOOCH G, RUMBAUGH J, JACOBSON I. UML 使用者指南 [M]. 北京 : 機械工業出版社 , 2006.

[17] 潘加宇 . 軟體方法 : 業務建模和需求 : 上冊 [M]. 北京 : 清華大學出版社 ,2013.

[18] WIEGERS K E. 軟體需求 [M]. 劉偉琴 , 劉洪濤 , 譯 . 北京 : 清華大學出版社 ,2004.

[19] 克勞利 , 卡美隆 , 塞爾瓦 . 系統架構 : 複雜系統的產品設計與開發 [M]. 愛飛翔 , 譯 . 北京 : 機械工業出版社 ,2017.

[20] COCKBURN A. 撰寫有效使用案例 [M]. 北京 : 電子工業出版社 ,2012.

[21] 侯世達 . 哥德爾、艾舍爾、巴赫 : 集異璧之大成 [M]. 北京 : 商務印書館 ,1997.

[22] 付曉岩 . 企業級業務架構設計 : 方法論與實踐 [M]. 北京 : 機械工業出版社 ,2019.

[23] HIGHSMITH J. Adaptive Software Development:A Collaborative Approach to Managing Complex Systems[M]. [S.l]: [s.n.], 1999.

[24] SHASHA D E, LAZERE C A. 奇思妙想 :15 位電腦天才及其重大發現 [M]. 向怡寧 , 譯 . 北京 : 人民郵電出版社 ,2012.

[25] 福特 , 帕森斯 , 柯 . 演進式架構 [M]. 周訓傑 , 譯 . 北京 : 人民郵電出版社 ,2019.

[26] 馬丁 . 敏捷軟體開發 : 原則、模式與實踐 [M]. 鄧輝 , 譯 北京 : 清華大學出版社 ,2003.

[27] HUNT A. 程式設計師的思維修煉 : 開發認知潛能的九堂課 [M]. 崔康 , 譯 . 北京 : 人民郵電出版社 ,2011.

[28] BECK K. Smalltalk Best Practice Patterns[M] [S.l.]:Prentice Hall,1997.

[29] FORD N. 卓有成效的程式設計師 [M]. ThoughtWorks 中國公司 , 譯 . 北京 : 機械工業出版社 ,2009.

[30] 周濂 . 打開 : 周濂的 100 堂西方哲學課 [M]. 上海 : 上海三聯書店 ,2019.

[31] GAMMA E. 設計模式：可重複使用物件導向軟體的基礎 [M]. 李英軍，譯. 北京：機械工業出版社,2000.

[32] Philippe K. The Rational Unified Process: An Introduction[M]. 2rd Edition. Addison-Wesley, 2000

[33] Len B, Paul C, Rick K. 軟體架構實踐 [M]. 3 版影印板. 北京：清華大學出版社, 2013

[34] BUSCHMANN F, HENNEY K, SCHMIDT D C. 針對模式的軟體架構：卷 4 分散式運算的模式語言 [M]. 肖鵬，陳立，譯. 北京：人民郵電出版社,2010.

[35] FOWLER M. 分析模式可重複使用的物件模型 [M]. 樊東平，張路，等譯. 北京：機械工業出版社,2004.

[36] COAD P, LEFEBVRE E, DE LUCA J. 彩色 UML 建模 [M]. 王海鵬，等譯. 北京：機械工業出版社,2008.

[37] VERNON V. 實現領域驅動設計 [M]. 滕雲，譯. 北京：電子工業出版社,2014.

[38] HOHPE G, WOOLF B. 企業整合模式：設計、建構及部署訊息傳遞解決方案 [M]. 荊濤，王宇，杜枝秀，譯. 北京：中國電力出版社,2006.

[39] WIRFS-BROCK R, MCKEAN A. 物件設計：角色、責任和協作 [M]. 倪碩，陳師，譯. 北京：人民郵電出版社,2006.

[40] RIEL A J. OOD 啟思錄 [M]. 鮑志雲，譯. 北京：人民郵電出版社,2004.

[41] LARMAN C. UML 和模式應用 [M]. 方梁，等譯. 北京：機械工業出版社,2005.

[42] BOSWELL D, FOUCHER T. 撰寫讀取程式的藝術 [M]. 尹哲，鄭秀雯，譯. 北京：機械工業出版社,2012.

[43] MARTIN R C. 架構整潔之道 [M]. 孫宇聰，譯. 北京：電子工業出版社,2018.

[44] WEBBER J, PARASTATIDIS S, ROBINSON L. REST 實戰 [M]. 李錕，等譯. 南京：東南大學出版社,2011.

[45] SHALLOWAY A, 等. 敏捷技能修煉：敏捷軟體開發與設計的最佳實踐 [M]. 鄭立，鄒駿，黃靈，譯. 北京：機械工業出版社,2012.

[46] 布希曼，等. 針對模式的軟體系統結構：卷 1 模式系統 [M]. 賈可榮，譯. 北京：機械工業出版社,2003.

[47] BROOKS F P, Jr. 設計原本：電腦科學巨匠 Frederick P. Brooks 的思考 [M]. 北京：電子工業出版社 ,2012.

[48] 庫恩 . 科學革命的結構 [M]. 金吾倫 , 胡新和 , 譯 . 4 版 . 北京：北京大學 出版社 ,2012.

[49] MCCONNELL S. 程式大全 [M]. 金戈 , 等譯 . 2 版 . 北京：電子工業出版 社 ,2011.

[50] ALUR D, 等 . J2EE 核心模式 [M]. 牛志奇 , 等譯 . 北京：機械工業出版 社 ,2002.

[51] ThoughtWorks 公司 . 軟體開發沉思錄 :ThoughtWorks 文集 [M]. ThoughtWorks 中國公司 , 譯 . 北京：人民郵電出版社 ,2009.

[52] CHIUSANO P, BJARNASON R. Scala 函數式程式設計 [M]. 王宏江 , 鐘 倫甫 , 曹靜靜 , 譯 . 北京：電子工業出版社 ,2016.

[53] GHOSH D. 函數響應式領域建模 [M]. 李源 , 譯 . 北京：電子工業出版 社 ,2018.

[54] SILVERSTON L. 資料模型資源手冊：卷 1[M]. 林友芳 , 等譯 . 北京：機 械工業出版社 ,2004.

[55] GOETZ B, PEIERLS T, BLOCH J, 等 JAVA 併發程式設計實踐 [M]. 北 京：電子工業出版社 ,2007.

[56] BOOCH G, MAKSIMCHUK R A, 等 . 物件導向分析與設計 [M]. 王海 鵬 , 潘加宇 , 譯 . 3 版 . 北京：人民郵電出版社 ,2009.

[57] BLOCH J. Effective Java 中文版 [M]. 楊春花 , 俞黎敏 , 譯 . 北京：機械 工業出版社 ,2009.

[58] ABELSON H, SUSSMAN G J, 等 . 電腦程式的構造和解釋 [M]. 裘宗燕 , 譯 . 北京：機械工業出版社 ,2004.

[59] FEATHERS M C. 修改程式的藝術 [M]. 劉未鵬 , 譯 . 北京：人民郵電出 版社 ,2007.

[60] BECK K. 實現模式 [M]. 李劍 , 熊節 , 郭曉剛譯 . 北京：人民郵電出版 社 ,2009.

[61] RICHARDSON C. 微服務架構設計模式 [M]. 喻勇 , 譯 . 北京：機械工業 出版社 ,2019.

[62] NILSSON J. 領域驅動設計與模式實戰 [M]. 趙俐 , 馬燕新 , 等譯 . 北京： 人民郵電出版社 , 2009.